U0340462

Creo Parametric 1.0 中文版
数控加工从入门到精通

三维书屋工作室

胡仁喜　王宏　等编著

机械工业出版社

本书将理论与实践相结合，由浅入深、循序渐进地介绍了 Creo Parametric 1.0 中文版数控加工的使用方法和一般操作流程。内容包括数控加工技术基础、Creo Parametric 1.0 数控加工基础、制造模型的创建、加工操作设置、NC 序列设置和刀具路径检测、数控铣削加工、数控车削加工、数控线切割加工以及后置处理等。

本书共分 10 章，内容翔实，实例丰富，层次清晰。每一章均首先介绍相应的基本概念、理论知识以及利用 Creo Parametric 1.0 软件进行数控加工的关键要点和基本操作过程等，然后安排适当的应用实例来引导读者动手练习。理论和实践相结合是本书最大的特点之一，具有很强的实用性。

本书可作为高等院校、高职高专以及各类成人教育院校机械设计与制造专业数控加工方向、材料成形及控制工程专业模具设计与制造方向进行数控加工的辅助教材，还可以作为企事业单位相关专业工程技术人员的培训教材。

图书在版编目（CIP）数据

Creo Parametric 1.0 中文版数控加工从入门到精通/胡仁喜等编著. —北京：机械工业出版社，2012.7

ISBN 978-7-111-39462-4

Ⅰ.①C… Ⅱ.①胡… Ⅲ.①数控机床—加工—计算机辅助设计—应用软件 Ⅳ.①TG659-39

中国版本图书馆 CIP 数据核字（2012）第 191353 号

机械工业出版社（北京市百万庄大街 22 号 邮政编码 100037）

策划编辑：曲彩云 责任编辑：曲彩云

责任印制：杨 曦

北京中兴印刷有限公司印刷

2012 年 9 月第 1 版第 1 次印刷

184mm×260mm · 19.75 印张 · 484 千字

0 001—4 000 册

标准书号：ISBN 978-7-111-39462-4

ISBN 978-7-89433-598-2（光盘）

定价：48.00 元（含 1DVD）

凡购本书，如有缺页、倒页、脱页，由本社发行部调换

电话服务

社服务中心：(010)88361066

销售一部：(010)68326294

销售二部：(010)88379649

读者购书热线：(010)88379203

策划编辑：(010) 88379782

网络服务

教材网：http://www.cmpedu.com

机工官网：http://www.cmpbook.com

机工官博：http://weibo.com/cmp1952

封面无防伪标均为盗版

前　言

Creo Parametric 1.0 是美国 参数技术公司（Parametric Technology Corporation，PTC）推出的一款集 CAD/CAM/CAE 为一体的大型应用软件。该软件在工业造型设计、机械设计、模具设计、数控加工、结构有限元分析等领域的应用日益广泛。作为 CAD/CAM/CAE 领域的领导者，Creo Parametric 软件一直注重新功能的添加以及原有功能的改进，每一个新版本的 Creo Parametric 总能给用户耳目一新的感觉。Creo Parametric 1.0 中文版是 PTC 最新推出的版本。与前三个野火版本相比，Creo Parametric 1.0 蕴涵了丰富的最佳实践，可以帮助用户更快、更轻松地完成工作。

本书将理论与实践相结合，由浅入深、循序渐进地介绍了 Creo Parametric 1.0 中文版数控加工的使用方法和一般操作流程，内容包括数控加工技术基础、Creo Parametric 1.0 数控加工基础、制造模型的创建、加工操作设置、NC 序列设置和刀具路径检测、数控铣削加工、数控车削加工、数控线切割加工以及后置处理等。

本书共分 10 章，内容翔实，实例丰富，层次清晰。在每一章，均首先介绍相应的基本概念、理论知识以及利用 Creo Parametric 1.0 软件进行数控加工的关键要点和基本操作过程等，同时在每一章的最后还安排了适当的应用实例来引导读者动手练习。理论和实践相结合是本书最大的特点之一，因此具有很强的实用性。

本书可作为高等院校、高职高专以及各类成人教育院校机械设计与制造专业数控加工方向、材料成形及控制工程专业模具设计与制造方向进行数控加工的辅助教材，还可以作为企事业单位相关专业工程技术人员的培训教材。

为了让读者更好地掌握本书内容，本书附带多媒体光盘一张。其中包括两部分内容：一部分是本书各章中所提到的实例文件；另一部分是多媒体视频教学录像（*.avi 格式）。在使用本书光盘之前，建议读者先将所有文件复制到计算机的硬盘中。

本书从内容的策划到实例的讲解完全是由专业人士根据他们多年的工作经验以及自己的心得来进行的。本书将理论与实践相结合，具有很强的针对性。读者在学习本书之后，可以很快地学以致用，提高自己的数控加工操作能力，使自己在纷繁的求职世界中立于不败之地。

本书由三维书屋工作室总策划，胡仁喜、王宏、周广芬、李鹏、周冰、董伟、李瑞、王敏、张俊生、王玮、孟培、王艳池、阳平华、袁涛、王佩楷、王培合、路纯红、王义发、王玉秋、杨雪静、张日晶、刘昌丽、卢园、万金环、王渊峰、王兵学等参加编写工作。本书在编写过程中参考了很多文献资料，在此向这些文献的作者表示衷心的感谢！

由于时间仓促，本书难免有不足甚至错误之处，非常欢迎广大读者登录网站 www.sjzsanweishuwu.com 或联系 win76050@126.com 批评指正，以期共同提高。

编　者

目　录

第1章 数控加工技术基础

本章导读

数控加工技术是20世纪40年代后期为适应复杂外形零件的精密加工而发展起来的一种自动化加工技术。它是根据被加工零件的图样和工艺要求，编制成以数码表示的程序，然后输入到机床的数控系统中，以控制刀具与工件的相对运动，从而加工出合格的零件。本章主要介绍了数控加工技术的发展状况、数控加工原理与特点、数控机床类型以及数控加工程序的编制内容与步骤，为后续章节的学习打下基础。

重点与难点

- 数控加工原理
- 数控加工特点
- 数控机床的分类
- 数控机床坐标系的设定
- 数控加工工艺参数的设定
- 数控程序编制内容与步骤

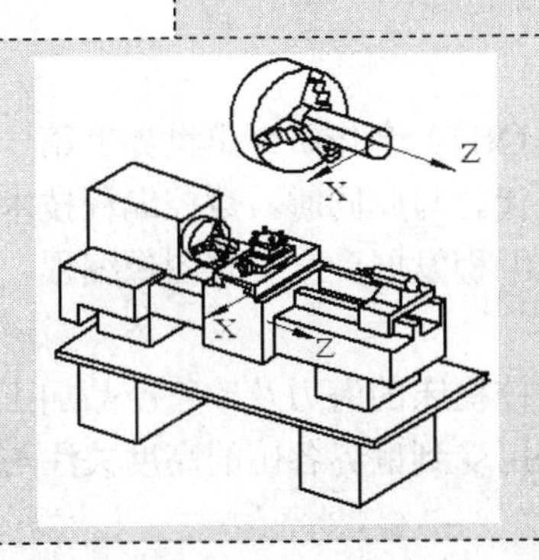

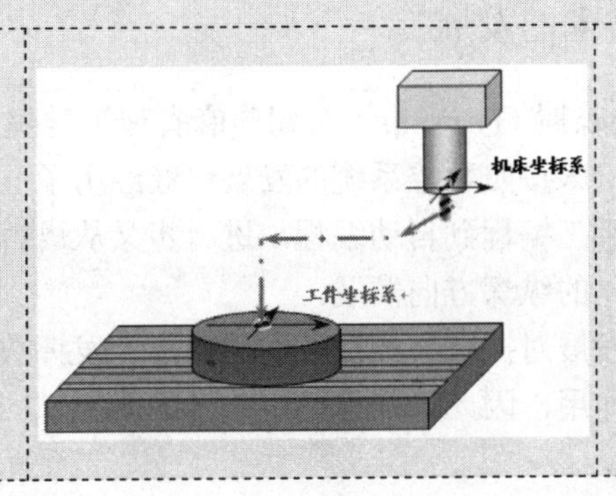

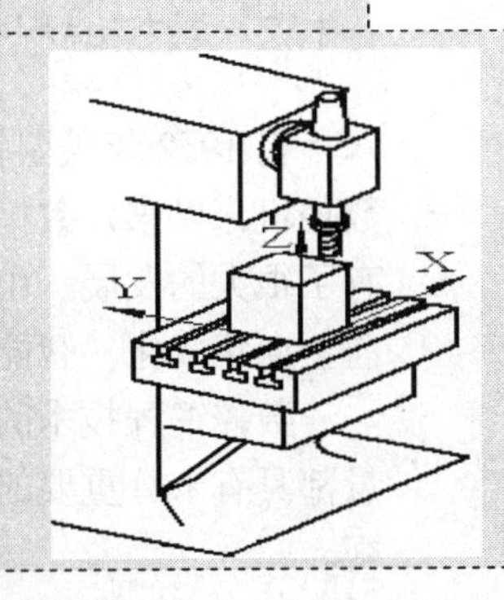

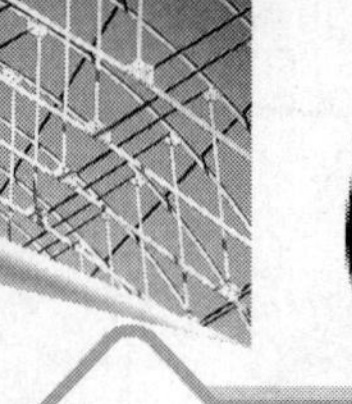

1.1 数控加工技术发展概述

近年来，在微电子技术、计算机技术、信息工程和材料工程等高新技术的推动下，传统的制造技术得到了飞速的发展，迅速发展成为一门新兴的制造技术——数字化制造技术。与传统制造技术相比，其重要的特征就是数控加工技术得到了广泛的应用，这一发展的原动力来自于制造业对产品制造效率的强烈追求。

1.1.1 数控系统的发展

数控系统是数字控制系统（Numerical Control System）的简称，它能逻辑地处理输入到系统中具有特定代码的程序，并将其译码，从而驱动机床加工出用户所需的零件。数控系统的发展到现在已经经历了两个阶段。

第一阶段为常规数控（NC）阶段，即逻辑数字控制阶段。数控系统主要是由电路的硬件和连线组成，故又称为硬件数控系统。其特点是具有很多硬件电路和连接结点、电路复杂、可靠性不好。这个阶段数控系统的发展经历了三个时代，即电子管时代（1952 年）、晶体管时代（1959 年）和小规模集成电路时代（1965 年）。

第二阶段为计算机数字控制（CNC）阶段。数控系统主要由计算机硬件和软件组成，其突出特点是利用存储在存储器里的软件控制系统工作，故又称为软件控制系统。这种系统容易扩大功能、柔性好、可靠性高。第二阶段数控系统的发展也经历了三个时代。20 世纪 60 年代末，先后出现了由一台计算机直接控制多台机床的直接数控系统（简称 DNC，又称群控系统）及采用小型计算机控制的计算机数控系统，使数控系统进入了以小型计算机化为特征的第四代。从 1974 年微处理器开始用于数控系统，数控系统发展到第五代，即微型机数控（MNC）系统。经过几年的发展，数控系统从性能到可靠性均得到了很大的提高，自 70 年代末到 80 年代，数控技术在全世界得到了大规模的发展和应用。从 90 年代开始，个人计算机（PC）的发展日新月异，基于 PC 平台的数控系统（称为 PC 数控系统）应运而生，数控系统的发展进入第六代。现在市场上流行和企业普遍使用的仍然是第五代数控系统，其典型代表是日本的 FANUC-0 系列和德国的 SINUMERIK 810 系列数控系统。

1.1.2 数控编程技术的发展

自 1952 年美国帕森斯（Parsons）公司与麻省理工学院（MIT）合作研究出世界上第一台数控机床以来，数控机床按照数控系统的发展已经经历了五代。与此同时，数控编程技术也有了很大的发展，由手工编程到自动编程，进一步又从语言编程发展到交互式图像编程，当前正向集成化、智能化的纵深方向发展。

数控编程技术的发展对提高数控加工的生产率、发挥数控机床的潜力及改善产品加工质量都具有十分重要的作用，因此对数控编程技术的研究和应用受到世界各国的高度关注与重视。

■　手工编程

手工编程是指由人工编制零件数控加工程序的各个步骤，即从零件图样分析、工艺分析、确定加工路线和工艺参数、计算数控系统所需输入的数据、编写零件的数控加工程序单到程序的检验均由人工来完成。

对于点位加工或几何形状不太复杂的零件加工，数控编程计算较简单，程序段较少，使用手工编程即可实现。而对轮廓形状不是由简单直线、圆弧组成的复杂零件，特别是具有复杂空间曲面的零件以及几何形状虽不复杂，但程序量很大的零件，由于数值计算相当繁琐，工作量大，容易出错，且难以校对，使用手工编程就比较困难。因此，为了缩短生产周期，提高数控机床的利用率，有效地解决复杂零件的加工问题，仅仅使用手工编程已不能满足生产要求，此时可以采用自动编程的方法。

■　自动编程

自动编程是指利用计算机来帮助人们解决复杂零件的数控加工编程问题，即数控编程的大部分工作由计算机来完成。自动编程代替设计人员完成了枯燥、繁琐的数值计算工作，并省去了编写程序单的工作量，因此可将编程效率提高几十倍，同时也解决了手工编程无法解决的复杂形状零件的加工编程问题。

根据编程方式的不同，自动编程又可分为 APT(Automatically Creogrammed Tool)编程与交互式图像编程两种方式。

（1）APT 编程：自第一台数控机床问世不久，麻省理工学院即开始研究自动编程的语言系统，即 APT 语言。把用该语言书写的零件加工程序输入到计算机，经计算机 APT 编译系统编译，产生数控加工程序。经过不断的发展，APT 编程能够承担复杂自由曲面加工的编程工作。然而，由于 APT 语言是开发得比较早的计算机数控编程语言，而当时计算机的图像处理能力不强，因而必须在 APT 源程序中用语言的形式去描述本来十分直观的几何图形信息及加工过程，再由计算机处理生成加工程序。这样致使其直观性差，编程过程比较复杂而不易掌握。目前已被交互式图形编程所取代。

（2）交互式图像编程：交互式图像编程是一种计算机辅助编程技术。它的主要特点是以图形要素为输入方式，而不需要使用数控语言。从编程数据的来源，零件及刀具几何形状的输入、显示和修改，刀具相对于工件的运动方式的定义，走刀轨迹的生成，加工过程的动态仿真显示，刀位检测到数控加工程序的产生等都是在图形交互方式下利用屏幕菜单和命令驱动进行的。因此，交互式图像编程具有形象、直观和效率高等优点。

20 世纪 70 年代出现的交互式图像编程技术，推动了 CAD 和 CAM 向一体化方向发展。到了 20 世纪 80 年代，在 CAD/CAM 一体化概念的基础上，逐步形成了计算机集成制造系统(CIMS)的概念。目前，国内外对 CIMS 的近期目标看法不一，但一致认为 CAD/CAM 技术是 CIMS 的基础研究内容，而 CAM 的一个重要组成部分则是数控编程技术。为了适用 CIMS 及 CAD/CAM 一体化技术的发展需要，数控编程技术出现了向集成化和智能化发展的趋势。

目前，在我国应用较为广泛的集成化图像数控编程软件主要有 Creo、UG、CATIA、EUCLID、Master CAM 等。这些软件的数控编程功能都比较强，且各有特色。

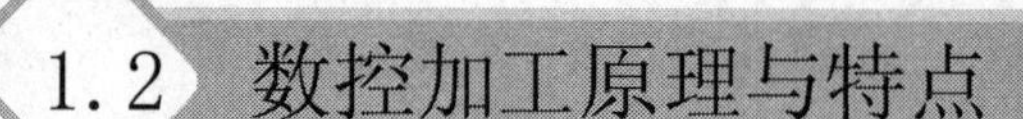

1.2 数控加工原理与特点

1.2.1 数控加工原理

在数控机床上加工零件时，首先要将被加工零件的几何信息和工艺信息数字化。先根据零件加工图样的要求确定零件加工的工艺过程、工艺参数、刀具参数，再按数控机床规定采用的代码和程序格式，将与加工零件有关的信息如加工件的尺寸、刀具运动中心轨迹、位移量、切削参数(主轴转速、切削进给量、背吃刀量)以及辅助操作(换刀、主轴的正转与反转、切削液的开与关)等编制成数控加工程序，然后将程序输入到数控装置中，经数控装置分析处理后，发出指令控制机床进行自动加工。其过程如图 1-1 所示。

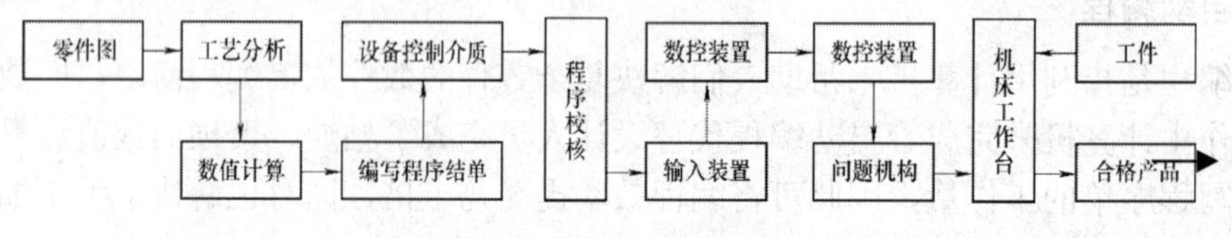

图 1-1 数控加工原理图

1.2.2 数控加工特点

数控加工与常规机床加工在方法与内容上有许多相似之处，不同点主要表现在控制方式上。在常规机床上加工零件时，是用工艺规程、工艺卡片来规定每道工序的操作程序，操作人员按规定的步骤加工零件。而在数控机床上加工零件时，要把被加工的全部工艺过程、工艺参数和位移数据编制成程序，并以数字信息的形式记录在控制介质（穿孔纸带、磁盘等）上，用它来控制机床加工。因此，与常规机床加工相比，数控加工具有以下特点：

■ **数控加工工艺内容要求具体而详细**

在使用常规机床加工时，许多具体的工艺问题，如工艺中各工步的划分与安排、刀具的几何形状及尺寸、走刀路线、加工余量、切削用量等，在很大程度上都是由操作人员根据自己的实践经验和习惯自行考虑和决定的，一般不需要工艺人员在设计工艺规程时进行过多的规定，零件的尺寸精度也可由试切削来保证。而在数控加工时，原本在常规机床上由操作人员灵活掌握并可通过适时调整来处理的上述工艺问题，不仅成为数控工艺设计时必须认真考虑的内容，而且编程人员必须事先设计和安排好并做出正确的选择，编入加工程序中。数控工艺不仅包括详细描述的切削加工步骤，而且还包括夹具型号、规格、切削用量和其他特殊要求的内容。在自动编程中更需要详细地确定各种工艺参数。

■ **数控加工工艺要求更严密而精确**

数控机床虽然自动化程度高，但自适应性差。它不像常规机床加工那样，可以根据加工过程中出现的问题比较灵活自由地进行人为调整。如在攻螺纹时，数控机床不知道孔中是否已挤满切屑，是否需要退刀清理切屑再继续进行，这种情况必须事先由工艺员精心考虑，否则可能导致严重的后果。在常规机床上加工零件时，通常是经过多次“试切削”过程来满足零件的精度要求，而数控加工过程是严格按程序规定的尺寸进给的，因此在对图形进行数学处理、计算和编程时一定要准确无误，以使数控加工顺利进行。

■　**制定数控加工工艺要进行零件图形的数学处理和编程尺寸设定值的计算**

编程尺寸并不是零件图上设计尺寸的简单再现，在对零件图进行数学处理和计算时，编程尺寸设定值要根据零件尺寸公差要求和零件的形状几何关系重新调整计算，才能确定合理的编程尺寸。

■　**选择切削用量时要考虑进给速度对加工零件形状精度的影响**

数控加工时，刀具怎么从起点沿运动轨迹走向终点是由数控系统的插补装置或插补软件来控制的。根据插补原理可知，在数控系统已定的条件下，进给速度越快，则插补精度越低；插补精度越低，工件的轮廓形状精度越差。因此，选择数控加工切削用量时要考虑进给速度对加工零件形状精度的影响，特别是高精度加工时影响非常明显。

■　**数控加工工艺的特殊要求**

（1）由于数控机床较常规机床的刚度高，所配的刀具也较好，因而在同等情况下，所采用的切削用量通常比常规机床大，加工效率也较高。选择切削用量时要充分考虑这些特点。

（2）由于数控机床的功能复合化程度越来越高，因此，工序相对集中是现代数控加工工艺的特点，明显表现为工序数目少、工序内容多，并且由于在数控机床上尽可能安排较复杂的工序，所以数控加工的工序内容要比常规机床加工的工序内容复杂。

（3）由于数控加工的零件比较复杂，因此在确定装夹方式和设计夹具时，要特别注意刀具与夹具、工件的干涉问题。

■　**程序的编写、校验与修改是数控加工工艺的一项特殊内容**

常规机床加工工艺中划分工序、选择设备等重要内容对数控加工工艺来说属于已基本确定的内容，所以制订数控加工工艺的着重点在于整个数控加工过程的分析，关键在确定进给路线及生成刀具运动轨迹。

1.3　数控机床的组成与分类

1.3.1　数控机床的组成

数控机床一般由机床本体、输入装置、数控装置、伺服单元、驱动装置（或称执行机构）、测量装置及辅助装置组成。

1．机床本体

数控机床的机床本体与常规机床相似，由主轴传动装置、进给传动装置、床身、工作台以及辅助运动装置、液压气动系统、润滑系统、冷却装置等组成。但数控机床在整体布局、外观造型、传动系统、刀具系统的结构以及操作机构等方面都已发生了很大的变化。这种变

化的目的是为了满足数控机床的要求和充分发挥数控机床的特点。

2. 输入装置

输入装置的作用是将程序载体上的数控代码信息转换成相应的电脉冲信号并传送至数控装置的存储器。根据程序控制介质的不同，输入装置可以是光电阅读机、录放机或软盘驱动器。最早使用光电阅读机对穿孔纸带进行阅读，之后大量使用磁带机和软盘驱动器。有些数控机床不用任何程序存储载体，而是将程序清单的内容通过数控装置上的键盘，用手工的方式输入，也可采用通信方式将数控程序由编程计算机直接传送至数控装置。

3. 数控装置

数控装置是数控机床的中枢，主要包括微型计算机、各种接口电路、显示器等硬件及相应的软件。它能完成信息的输入、存储、变换、插补运算以及各种控制功能。

数控装置接受输入装置送来的脉冲信号，经过编译、运算和逻辑处理后，输出各种信号和指令来控制机床的各个部分，并按程序要求实现规定的、有序的动作。这些控制信号包括：各坐标轴的进给位移量、进给方向和速度的指令信号；主运动部件的变速、换向和启停指令信号；选择和交换刀具的刀具指令信号；控制冷却、润滑的启停，工件和机床部件松开、夹紧，分度工作台转位等辅助信号等。

4. 伺服单元

伺服单元是数控装置和机床本体的联系环节。它把来自数控装置的微弱指令信号放大成控制驱动装置的大功率信号。根据接收指令的不同，伺服单元有脉冲式和模拟式之分，而模拟式伺服单元按电源种类又可分为直流伺服单元和交流伺服单元。

5. 驱动装置

驱动装置把经放大的指令信号变为机械运动，通过简单的机械连接部件驱动机床，使工作台精确定位或按规定的轨迹作严格的相对运动，最后加工出图样所要求的零件。驱动装置和伺服单元可合称为伺服驱动系统。它是机床工作的动力装置，数控装置的指令要靠伺服驱动系统付诸实施，所以，伺服驱动系统是数控机床的重要组成部分。从某种意义上说，数控机床功能的强弱主要取决于数控装置，而数控机床性能的好坏主要取决于伺服驱动系统。

6. 测量装置

测量装置也称反馈元件，通常安装在机床的工作台或丝杠上，相当于常规机床的刻度盘和人的眼睛。它把机床工作台的实际位移转变成电信号反馈给数控装置，供数控装置与指令值比较产生误差信号，以控制机床向消除该误差的方向移动。

按有无检测装置，数控系统有开环与闭环之分。闭环数控系统按测量装置的安装位置又可分为闭环与半闭环数控系统。开环数控系统的控制精度取决于步进电机和丝杠的精度，闭环数控系统的控制精度取决于检测装置的精度。因此，测量装置是高性能数控机床的重要组成部分。

7. 辅助装置

辅助控制装置的主要作用是接收数控装置输出的开关量指令信号，经过编译、逻辑判别和运算，再经功率放大后驱动相应的电器，带动机床的机械、液压、气动等辅助装置完成指令规定的开关量动作。这些控制包括主轴运动部件的变速、换向和启停指令，刀具的选择和交换指令，冷却、润滑装置的启停，工件和机床部件的松开、夹紧，分度工作台转位分度等开关辅助动作。目前已广泛采用可编程控制器（PLC）作为数控机床的辅助控制装置。

1.3.2　数控机床的分类

数控机床可以根据不同的方法进行分类。常用的分类方法有按伺服系统控制方式分类、按运动轨迹分类、按联动轴数分类和按控制系统的功能水平分类。

■　按伺服系统控制方式分类

按伺服系统控制方式的不同，数控机床可分为开环控制机床、半闭环控制机床、闭环控制机床。

1．开环控制机床

图1-2为开环控制机床的示意图。这类数控机床采用开环进给伺服系统。其数控装置发出的指令信号是单向的，没有检测反馈装置对运动部件的实际位移量进行检测，不能进行运动误差的校正，因此步进电机的步距角误差、齿轮和丝杠组成的传动链误差都将直接影响加工零件的精度。

开环控制机床通常为经济型、中小型机床，具有结构简单、价格低廉、调试方便等优点，但通常输出的扭矩值大小受到限制，而且当输入的频率较高时，容易产生失步，难以实现运动部件的控制。因此，这类机床已不能充分满足日益提高的功率、运动速度和加工精度的控制要求。

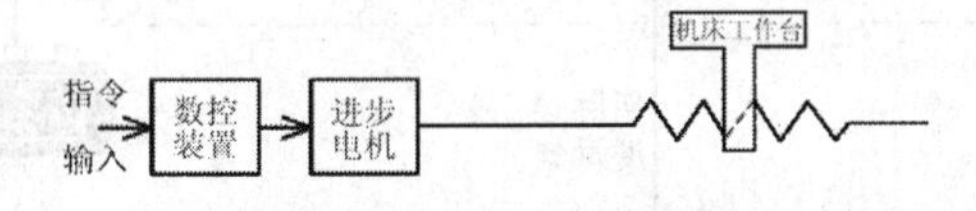

图1-2 开环控制机床示意图

2．闭环控制机床

图1-3为闭环控制机床的示意图。这类机床的位置检测装置安装在进给系统末端的执行部件上，该位置检测装置可实测进给系统的位移量或位置。数控装置将位移指令与工作台端测得的实际位置反馈信号进行比较，根据其差值不断控制运动，使运动部件严格按照实际需要的位移量进行运动；还可利用测速元器件随时测得驱动电机的转速，将速度反馈信号与速度指令信号相比较，对驱动电机的转速随时进行修正。这类机床的运动精度主要取决于检测装置的精度，与机械传动链的误差无关，因此可以消除由于传动部件制造过程中存在的精度误差给工件加工带来的影响。

相比于开环数控机床，闭环数控机床精度更高，速度更快，驱动功率更大。但是，这类机床价格昂贵，对机床结构及传动链依然提出了严格的要求。传动链的刚度、间隙，导轨的低速运动特性，机床结构的抗振性等因素都会增加系统调试困难。闭环系统设计和调整不好，很容易造成系统的不稳定。所以，闭环控制数控机床主要用于一些精度要求很高的镗铣床、超精车床、超精磨床等。

3．半闭环控制机床

图1-4为半闭环控制机床示意图。这类机床的检测元件装在驱动电机或传动丝杠的端部，

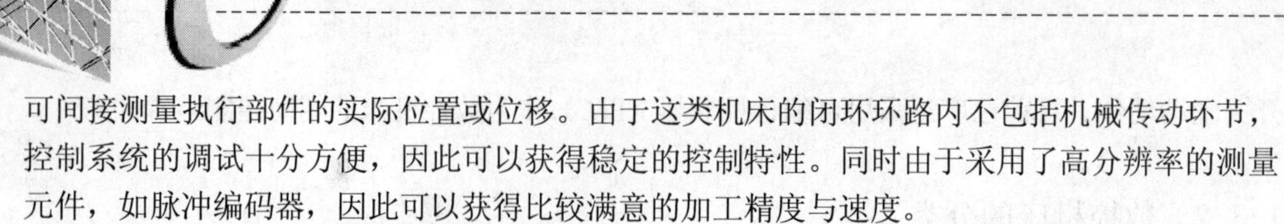

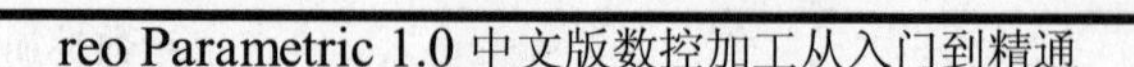

可间接测量执行部件的实际位置或位移。由于这类机床的闭环环路内不包括机械传动环节，控制系统的调试十分方便，因此可以获得稳定的控制特性。同时由于采用了高分辨率的测量元件，如脉冲编码器，因此可以获得比较满意的加工精度与速度。

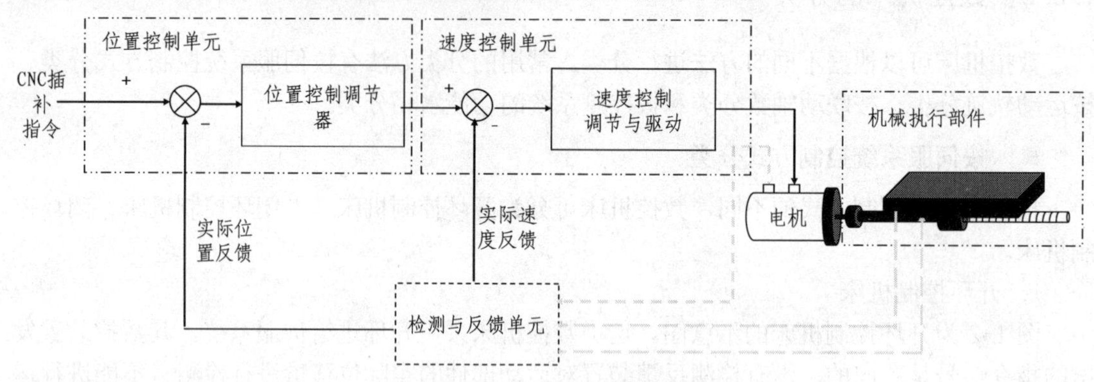

图 1-3 闭环控制机床示意图

与开环数控机床相比，半闭环数控机床可以获得更高的精度，但由于机械传动链的误差无法得到消除或校正，因此它的加工精度比闭环数控机床的要低。

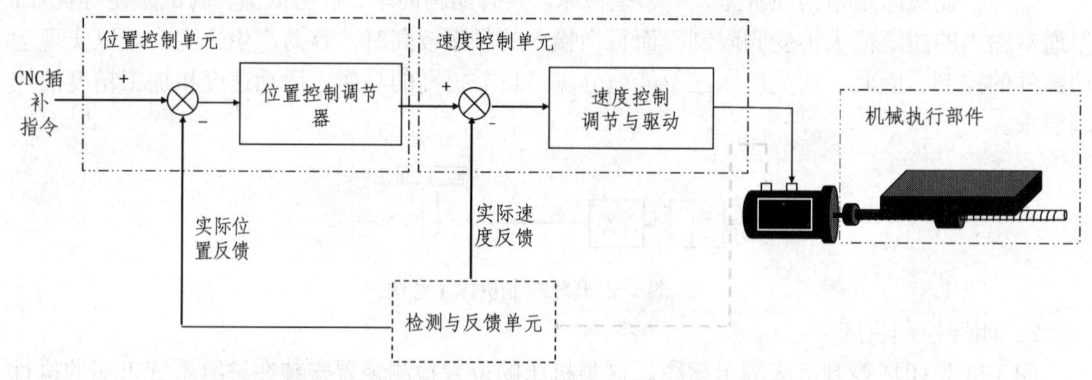

图 1-4 半闭环控制机床示意图

■ **按运动轨迹分类**

按照刀具与工件相对运动的不同，可将数控机床分为点位控制数控机床、点位直线控制数控机床、轮廓控制数控机床。

1. 点位控制数控机床

图 1-5 为点位控制数控机床的加工示意图。这类机床的数控装置只能控制机床移动部件从一个位置（点）精确地移动到另一个位置（点），即仅控制行程终点的坐标值。刀具在移动过程中不进行任何切削加工，至于两相关点之间的移动速度及路线则取决于生产率。为了在精确定位的基础上有尽可能高的生产率，刀具在两相关点之间的移动先是以快速移动到接近定位点，然后进行分级或连续降速，使之慢速趋近定位点。常见的点位控制数控机床有数控钻床、数控冲床等。

2. 点位直线控制机床

图 1-6 为点位直线控制机床的加工示意图。这类机床是指数控系统除控制直线轨迹的起

点和终点的准确定位外，还要控制在这两点之间以指定的进给速度进行直线切削。常见的点位直线控制机床有数控车床、数控磨床等。

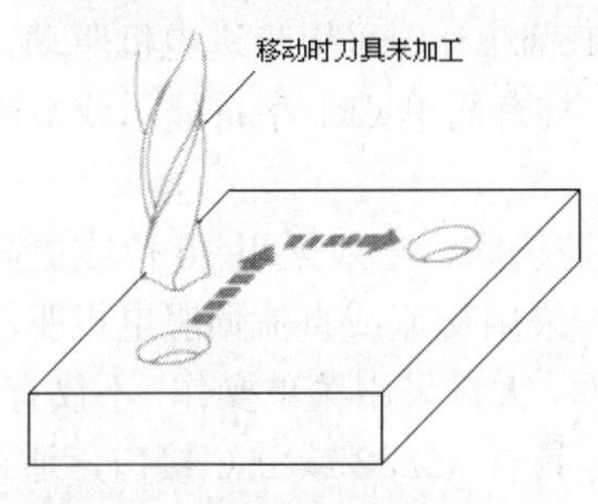

图 1-5 点位控制加工示意图

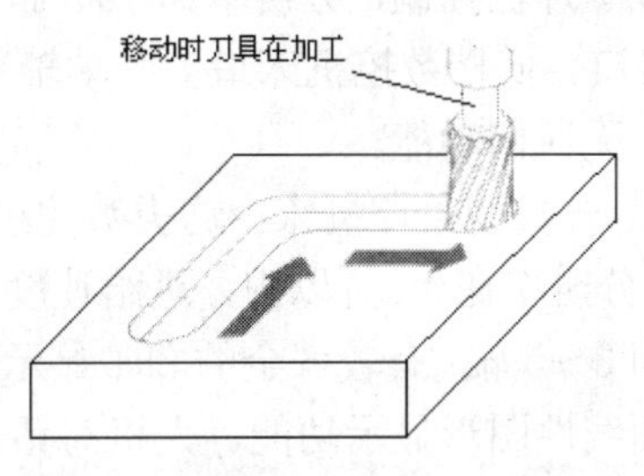

图 1-6 点位直线控制加工示意图

3. 连续控制数控机床

图 1-7 为连续控制机床的加工示意图。这类机床也称为轮廓控制机床。它能对两个或两个以上的坐标轴（二轴、二轴半、三轴、四轴、五轴联动）同时进行控制，不仅要控制机床移动部件的起点和终点坐标，而且要控制整个加工过程中每一点的速度、方向和位移量。常见的连续控制数控机床有数控车床、数控铣床、数控线切割机、数控加工中心等。

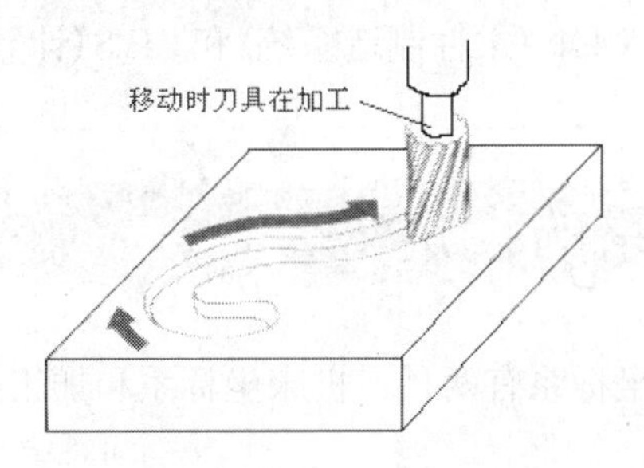

图 1-7 连续控制加工示意图

■ 按联动坐标轴数分类

按照联动坐标数的不同，数控机床可分为以下几种：

（1）两坐标联动数控机床　这类机床能同时控制两个坐标轴联动，适于数控车床加工旋转曲面或数控铣床铣削平面轮廓。

（2）两个半坐标联动数控机床　这类机床本身有三个坐标轴，能作三个方向运动，但机床控制装置只能同时联动控制两个坐标轴，第三个坐标轴仅能作等距的周期移动，如经济型数控铣床。

（3）三坐标联动数控机床　这类机床能同时控制三个坐标轴的联动，可以用于加工不太复杂的空间曲面，如三坐标数控铣床。

（4）多坐标数控机床　这类机床能同时控制四个或四个以上坐标轴的联动，其结构复杂、精度要求高、程序编制复杂，适于加工形状复杂的零件，如叶轮、叶片类零件。

■ 按控制系统的功能水平分类

按控制系统的功能水平，可以把数控机床分为经济型、普及型、高级型三类，主要由技术参数、功能指标、关键部件的功能水平来决定。这些指标具体包括 CPU 性能、分辨率、进

给速度、伺服性能、通信功能、联动轴数等。

（1）经济型数控机床　经济型数控机床也称为低档数控机床。这类数控机床一般采用 8 位 CPU 或单片机控制，分辨率为 10μm，进给速度为 6～15 m/min，采用步进电机驱动，具有 RS232 接口。低档数控机床最多联动轴数为二轴或三轴，具有简单 CRT 字符显示或数码管显示功能，无通信功能。

（2）普及型数控机床　这类数控机床通常为中档数控机床，一般采用 16 位或更高性能的 CPU，分辨率在 1μm 以内，进给速度为 15～24 m/min，采用交流或直流伺服电机驱动；联动轴数为 3～5 轴；有较齐全的 CRT 显示及很好的人机界面，大量采用菜单操作，不仅有字符，还有平面线性图形显示功能、人机对话、自诊断等功能；具有 RS232 或 DNC 接口，通过 DNC 接口，可以实现几台数控机床之间的数据通信，也可以直接对几台数控机床进行控制。

（3）高级型数控机床　这类数控机床通常为高档数控机床，一般采用 32 位或 64 位 CPU，并采用精简指令集 RISC 作为中央处理单元，分辨率可达 0.1μm，进给速度为 15～100 m/min，采用数字化交流伺服电机驱动，联动轴数在五轴以上，有三维动态图形显示功能。高档数控机床具有高性能通信接口，具备联网功能，通过采用 MAP（制造自动化协议）等高级工业控制网络或 Ethernet（以太网），可实现远程故障诊断和维修，为解决不同类型不同厂家生产的数控机床的联网和数控机床进入 FMS（柔性制造系统）和 CIMS（计算机集成制造系统）等制造系统创造了条件。

1.4 数控加工坐标系的设定

在数控加工中需要了解的坐标系有两种：机床坐标系和加工坐标系。这两种坐标系的建立遵守下列两个原则：

1. 刀具相对于静止的工件运动原则

虽然机床的结构不同，有的是刀具运动、零件固定，有的是零件运动、刀具固定等，但为了编程方便，一律规定为零件固定不动、刀具运动。同时运动的正方向是增大工件和刀具之间距离的方向。

2. 标准坐标系均采用右手直角笛卡儿坐标系原则

坐标轴 X、Y、Z 的关系及其正方向用右手直角定则来判定，大拇指方向为 X 轴的正方向，食指方向为 Y 轴的正方向，中指方向为 Z 轴的正方向。围绕 X、Y、Z 轴的回转运动及其正方向+A、+B、+C 用右手螺旋定则来判定，大拇指分别指向 X、Y、Z 的正向，则四指弯曲的方向为对应的 A、B、C 的正向，如图 1-8 所示。

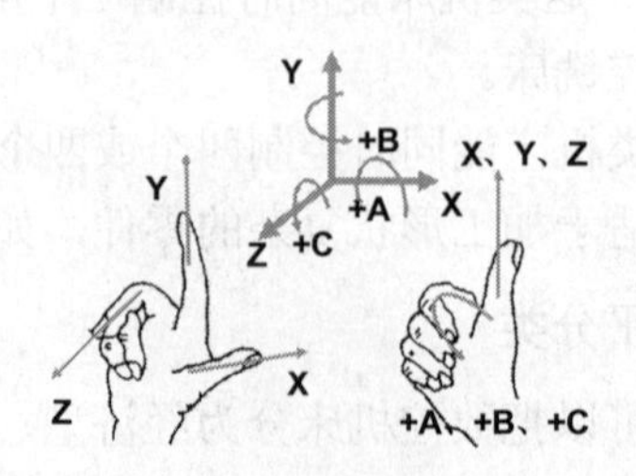

图 1-8 直角笛卡儿坐标轴

1.4.1　机床坐标系

数控机床一般都有一个基准位置，称为机床原点或机床绝对原点，是机床制造商设置在机床上的一个物理位置。以这个原点建立的坐标系称为机床坐标系（也称绝对坐标系），是机床固有的坐标系，一般情况下不允许用户改动。机床坐标系的原点一般位于机床坐标轴的正向最大极限处。

对数控机床的坐标轴及其运动方向规定如下：

1）Z 轴定义为平行于机床主轴，Z 轴正方向定义为从工作台到刀具夹持的方向，即刀具远离工作台的运动方向。

2）X 轴定义为平行于工件的装夹平面。对于刀具旋转的机床（如铣床），从主轴向立柱看，X 轴的正方向指向右方，如图 1-9 所示。对于工件旋转的机床（如车床），刀架上的刀具离开工件旋转中心的方向为 X 轴的正方向，如图 1-10 所示。

3）Y 轴的正方向根据 X 轴和 Z 轴由右手定则确定。

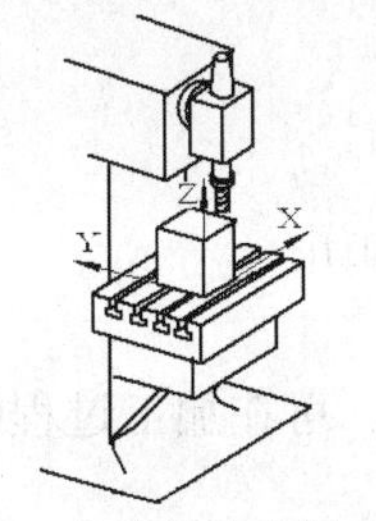

图 1-9 立式铣床坐标系

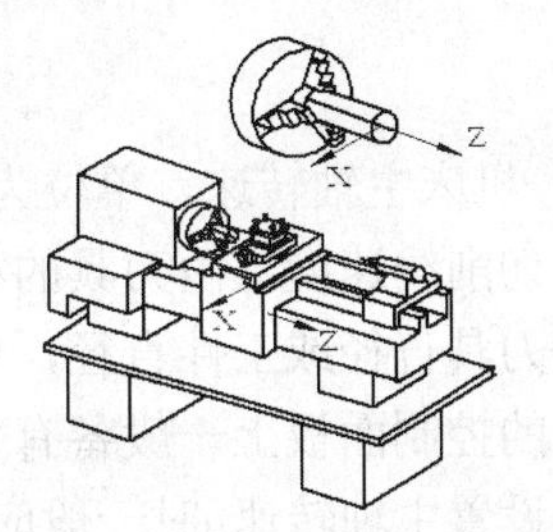

图 1-10 卧式车床坐标系

1.4.2　工件坐标系

编程时一般选择工件上的某一点作为程序原点，并以这个原点作为坐标系的原点建立一个新的坐标系。这个坐标系就称为工件坐标系（也称加工坐标系）。为了编程方便，选择工件原点时，应尽可能将其选择在工艺定位基准上，这样对保证加工精度有利。如数控车削的加工坐标系原点，通常选在零件轮廓右端面或左端面的主轴线上；数控铣削的加工坐标系原点一般选在工件的一个顶角上。工件原点一旦确立，工件坐标系也就确定了。图 1-11 所示为工件坐标系与机床坐标系的位置关系。

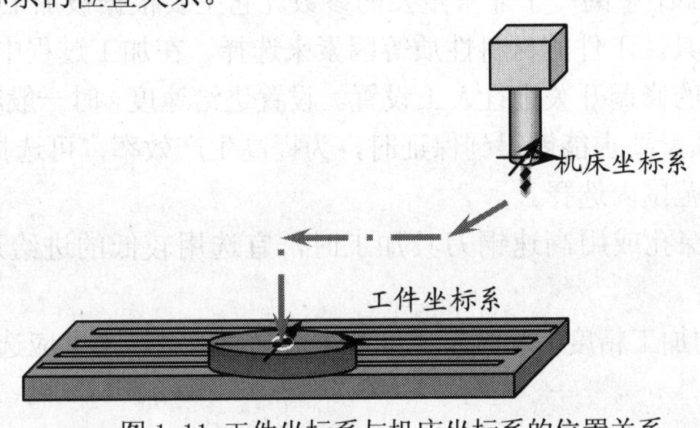

图 1-11 工件坐标系与机床坐标系的位置关系

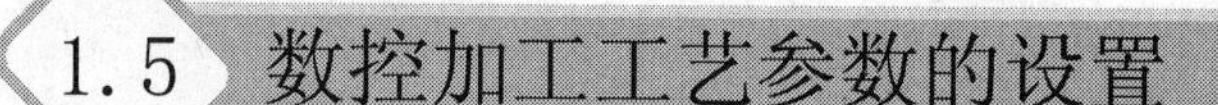

1.5 数控加工工艺参数的设置

数控加工工艺参数作为数控加工中的关键因素之一，其设置的可靠与否直接影响到加工效率、刀具寿命和零件精度等问题。合理选择数控加工工艺参数的原则是：粗加工时，一般以提高生产率为主，但也应考虑经济性和加工成本；半精加工和精加工时，应在保证加工质量的前提下，兼顾切削效率、经济性和加工成本。具体数值应根据机床说明书、刀具说明书、切削用量手册并结合经验来确定。

1.5.1 主轴转速 n 的确定

主轴转速n 一般应根据允许的切削速度、刀具直径大小、刀具材料、零件材料等情况设定。其计算公式为

$$n = \frac{1000v_c}{\pi D_c}$$

式中　n ——机床主轴转速，单位为r/min；

v_c——切削线速度，由刀具的材料和寿命决定，单位为m/min；

D_c——刀具直径或工件直径，单位为mm。

数控机床的控制面板上一般备有主轴转速修调（倍率）开关，可在加工过程中对主轴转速进行设置。设置主轴转速n时一般应遵从下面几点：

1）刀具直径越大，为使每刀齿的切削完全，设置主轴转速应越小。

2）刀具直径越小，为保证刀具的刚性，设置主轴转速应越高。

3）刀具材料越硬，为避免刀具刀齿受过慢速影响，冲击刀具，设置主轴转速应越高。

4）切削材料塑性越大，如纯铜电极加工，主轴转速应越高。

5）切削材料硬度大，塑性韧性越小，主轴转速应越小。

1.5.2 进给速度 V_f 的确定

进给速度v_f是数控加工中的一个非常重要的参数。它主要根据被加工零件的加工精度和表面粗糙度要求以及刀具、工件的材料性质等因素来选择。在加工过程中，进给速度v_f可通过数控机床控制面板上的修调开关进行人工设置。设置进给速度v_f时一般应遵从以下原则：

1）当工件的加工质量要求能够得到保证时，为提高生产效率，可选择较高的进给速度。一般在100～200mm/min范围内选择。

2）在切断、加工深孔或用高速钢刀具加工时，宜选用较低的进给速度，一般在20～50mm/min范围内选择。

3）当被加工零件的加工精度、表面粗糙度要求较高时，进给速度应选小些，一般在20～50mm/min范围内选择。

4）刀具空行程时，特别是远离“回零”时，可以选择该机床数控系统给定的最高进给速度。但最高进给速度要受到机床刚度和进给系统性能等的限制。

1.5.3　背吃刀量 a_p 的确定

背吃刀量a_p主要根据机床、夹具、刀具和工件的刚度来确定。在刚度允许的条件下，应尽量选择背吃刀量等于工件的加工余量，这样可以减少刀具的进给次数、提高加工效率。为了保证零件的加工精度和表面粗糙度，一般应留一定的余量进行精加工。数控机床的精加工余量可略小于常规机床。

1.6　数控加工程序编制的内容与步骤

数控加工程序的编制所包含的内容非常广泛，从零件图样的工艺分析开始到最终获得加工程序为止，其主要任务是依次计算加工过程中刀具走过的刀位（Cutter Location）点，生成刀具轨迹，然后用数控机床规定的指令代码及程序格式编成加工程序单。

1. 分析零件图样

通过对零件的材料、形状、尺寸、精度及毛坯形状和热处理工艺的分析，确定零件是否适宜在数控机床上进行加工。由于数控机床具有加工精度高、适应性强的特点，因此，批量小、形状复杂、精度要求高的零件，特别适合在数控机床上加工。

2. 确定工艺过程

在确定工艺过程时，编程人员要根据图样对工件的形状、尺寸、技术要求、毛坯等进行详细分析，从而选择加工方案，确定工步顺序、加工路线、定位夹紧，并合理选用刀具及切削用量等。制订数控加工工艺除考虑通常的一般工艺原则外，还应考虑充分发挥所用数控机床的指令功能，走刀路线要短，换刀次数尽可能少。

3. 数值计算

根据零件图的几何尺寸、进给路线及设定的工件坐标系，计算工件粗、精加工刀具各运动轨迹关键点的坐标值。对于形状比较简单的零件（如直线和圆弧组成的零件）的轮廓加工，需要计算几何要素的起点、终点、圆弧的圆心、两几何要素的交点或切点的坐标值，有时还包括由这些数据转化而来的刀具中心运动轨迹的坐标值。对于形状比较复杂的零件（如非圆曲线、曲面组成的零件），需要用直线段或圆弧段逼近，计算出逼近线段的交点坐标值，并限制在允许的误差范围内，这种情况一般要用计算机来完成数值计算的工作。

4. 编写程序单

根据计算出的运动轨迹坐标值和已确定的进给路线、刀具参数、切削参数、辅助动作，按照数控系统规定的功能指令代码及程序段格式，逐段编写加工程序单。在程序段之前加上

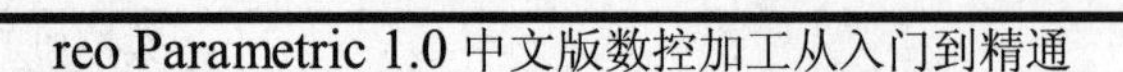

程序的顺序号，在其后加上程序段结束符号，并附上必要的加工示意图、刀具布置图、零件装夹图和有关的工艺文件，如工序卡、机床调整卡、数控刀具卡、夹具卡等，以及必要的说明（如零件名称与图号、零件程序号、机床类型以及日期等）。

5. 制备控制介质

将程序单上的内容记录在控制介质上，作为数控装置的输入信息。若程序较简单，也可以将其通过键盘输入。

6. 程序校验与试切削

程序单与制备好的控制介质必须经过校验和零件试切后才能正式使用。通常的方法是将控制介质上的内容直接输入到数控装置进行机床空运转检查。对于平面轮廓工件可在机床上用笔代替刀具，坐标纸代替工件进行试切，检查机床运动轨迹的正确性。对于空间曲面零件，可用木料或塑料工件进行试切，以此检查机床运动轨迹的正确性。在具有 CRT 屏幕图形显示的数控机床上，则采用另一种校验方法，即用图形模拟刀具相关对于工件的运动。但这些方法只能粗略检验运动轨迹是否正确，不能检查被加工零件的误差大小。因此，还必须进行工件的首件试切。当发现错误时，应进一步分析错误产生的原因，或者修改程序单，或者调整刀具补偿尺寸，直到符合图样规定的精度要求为止。

第2章

Creo Parametric 1.0 数控加工基础

本章导读

Creo Parametric 1.0 是目前最常用的一款集 CAD/ACM/CAE 为一体的大型软件，广泛应用于机械、电子、航空等工业领域。利用其提供的 NC 加工模块，可对各种类型的加工机床与加工方式自动产生适合具体数控机床的数控加工程序。本章主要介绍了 Creo Parametric 1.0 的用户操作界面、Creo Parametric 1.0 数控加工的基础概念以及利用 Creo Parametric 1.0 进行数控加工的一般操作流程。通过本章的学习，读者将对 Creo Parametric 1.0 数控加工有一个全面的了解。

重点与难点

- Creo Parametric 1.0 的用户界面
- Creo Parametric 1.0 的主要功能模块
- Creo Parametric 1.0 NC 加工基本概念
- Creo Parametric 1.0 NC 加工模块界面
- Creo Parametric 1.0 NC 加工操作流程

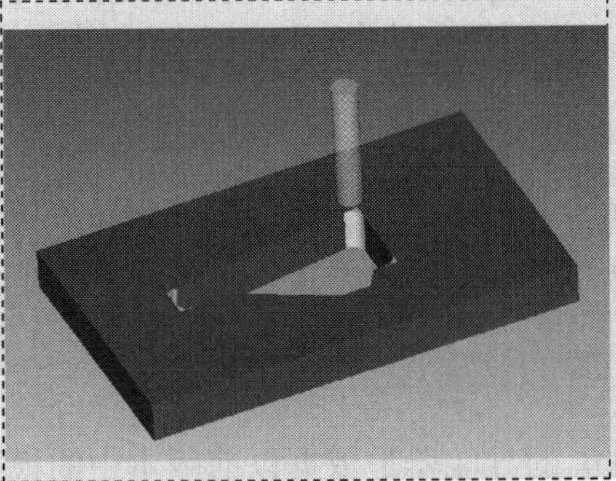

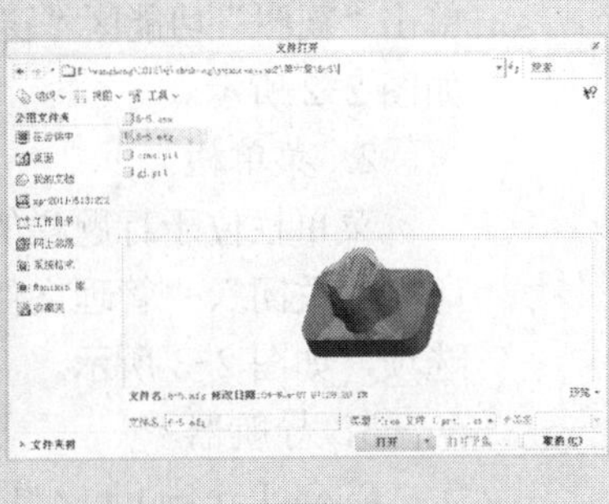

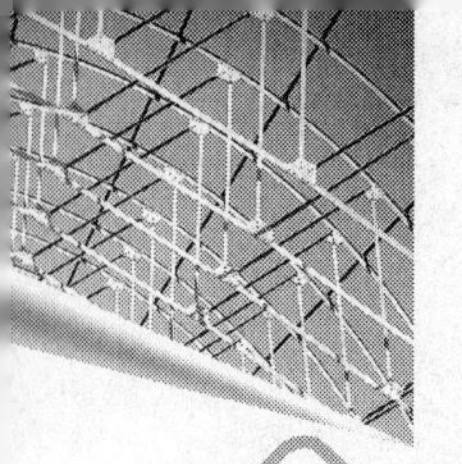

2.1 Creo Parametric 1.0 概述

Creo Parametric 1.0 是美国参数技术公司（Parameter Technology Corporation，简称 PTC）于 1988 年开发出的一套集 CAD/CAM/CAE 为一体的大型应用软件，其功能涵盖了概念设计、工业造型设计、三维模型设计、分析计算、动态模拟与仿真、工程图设计、产品装配、数控加工、产品数据管理以及产品生命周期管理等。Creo Parametric 1.0 软件采用的是基于特征、全参数化、全相关、单一数据库的设计理念。这种全新的设计理念彻底改变了 CAD/CAM/CAE 系统的传统设计模式，使之成为当今世界 CAD/CAM/CAE 领域的新标准。利用 Creo Parametric 1.0 软件能将产品设计至生产全过程集成到一起，让所有的用户能够同时进行同一产品的设计、制造工作，即实现所谓的并行工程。

Creo Parametric 1.0 是 PTC 推出的融合了智能与协作的第四代产品，是一个具有突破性的版本，在可用性、易用性和联通性上有了很大的改变，能够让用户在较短的时间内，以较低的成本开发产品，快速响应市场。与前三个野火版本相比，Creo Parametric 1.0 蕴涵了丰富的最佳实践，可以帮助用户更快、更轻松地完成工作。

2.1.1 Creo Parametric 1.0 的用户界面

Creo Parametric 1.0 系统的用户界面是设计人员和计算机信息交互的窗口。因此，熟悉、掌握系统用户界面的基本操作将会极大地提高设计人员的设计效率。自 PTC 推出 Creo Parametric 1.0 以来，它的窗口操作界面深受用户的喜欢，许多常用的命令以图标的形式布置在窗口周围，不仅使窗口更加人性化，也使初学者更加容易熟悉 Creo Parametric 1.0 的操作。

启动 Creo Parametric 1.0 后，系统打开如图 2-1 所示的用户操作界面。在这种交互式用户操作界面中包含了标题栏、菜单栏、导航器、IE 浏览器、快速访问工具栏、功能区、信息提示栏、拾取过滤器等。

1. 标题栏

标题栏位于用户操作界面的最上方，系统在此会显示当前创建或打开的文件名称。若在文件名后出现“(活动的)”这三个字样，则表示此视窗是目前的工作视窗。如果没有这三个字，则表示视窗处于非“活动”状态，此时不能对它进行任何操作。要激活一个窗口，可以单击“视图”功能区“窗口”面板上的“窗口”下拉按钮，在下拉列表中选择要激活文件，如图 2-2 所示。

2. 菜单栏

菜单栏位于标题栏的下方最左侧。它包含了“新建”、“打开”、“保存”、“另存为”、“打印”、“关闭”、“管理文件”、“准备”、“发送”、“管理会话”、“帮助”、“选项”、“退出”菜单选项，如图 2-3 所示。

3. 导航器

Creo Parametric 1.0 的导航器是依据以前版本中的模型树设计的，并添加了资源管理器、收藏夹和网络技术资源。它们之间的相互切换只需要单击导航器上方的选项卡，如图 2-4 所示。导航器能够使设计者及时了解设计模型的构成，便于文件管理和与其他设计者交流。

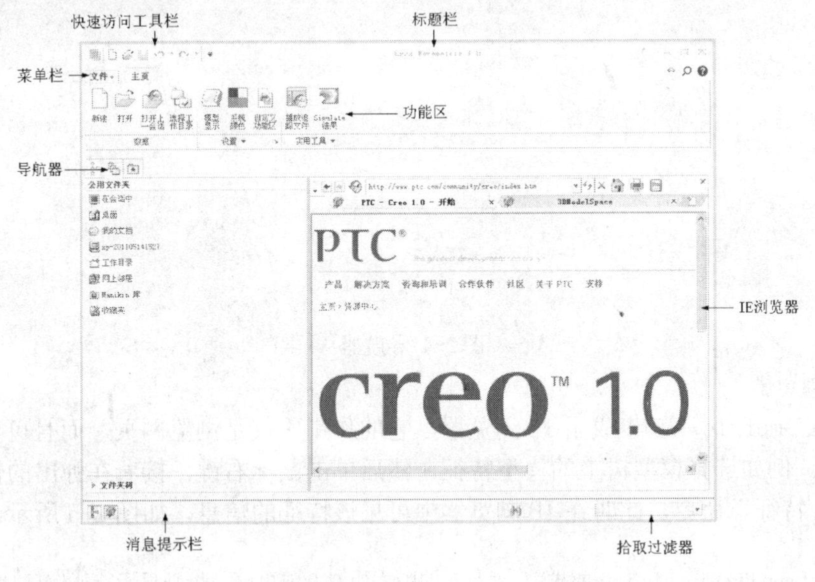

图 2-1　Creo Parametric 1.0 用户操作界面

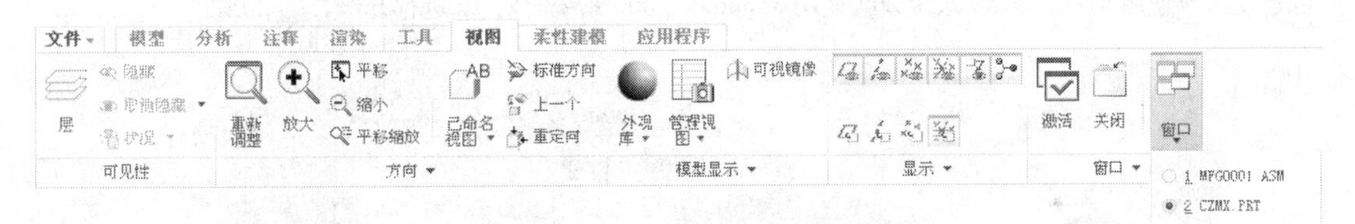

图 2-2　激活窗口

图 2-3　菜单栏

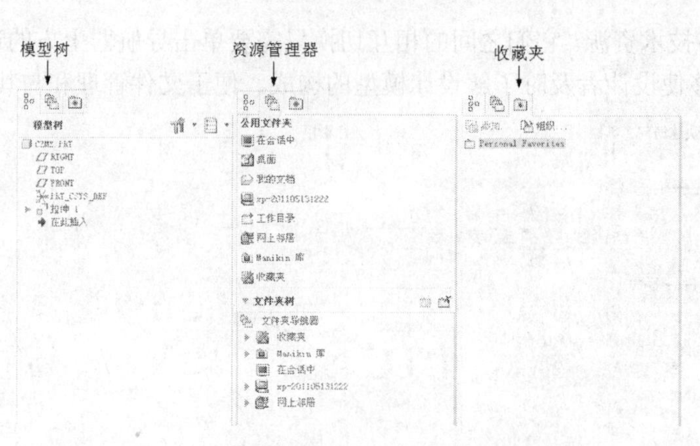

图 2-4 导航器

4. IE 浏览器

Creo Parametric 1.0 集成了 IE 浏览器，它的作用不仅是浏览网页，而且可以显示模型的特征信息。例如选择模型树上的模型特征，然后单击鼠标右键，接着在弹出的快捷菜单中选择“信息/特征”命令，此时在 IE 浏览器中可见该特征的信息，如图 2-5 所示。

提示： Creo Parametric 1.0 要求 IE 浏览器的版本为 6.0 或更高，否则显示特征信息时会提示错误。所以建议用户使用 Windows XP 系统或在使用 Windows 2000 系统时对 IE 进行升级。

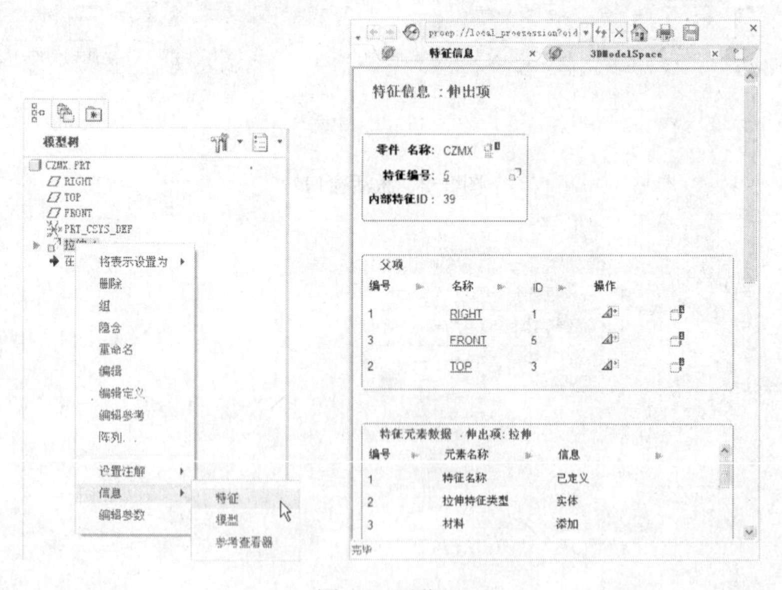

图 2-5 浏览器

5. 图形显示区

图形显示区是 Creo Parametric 1.0 最为重要的操作区域，占据了屏幕的大部分空间。在设计过程中，如果出现图形显示区被其他窗口遮蔽，可单击图形显示区左侧向左的箭头，将浏览器遮蔽而显示图形显示区。有时需要调整图形显示区的大小，可移动鼠标至图形显示区的边界处，当鼠标符号变成“⇔”时，按下鼠标左键左右拖动，即可调整图形显示区的大小；也可单击信息提示栏左侧的按钮，在窗口与浏览器之间进行切换，如图 2-6 所示。

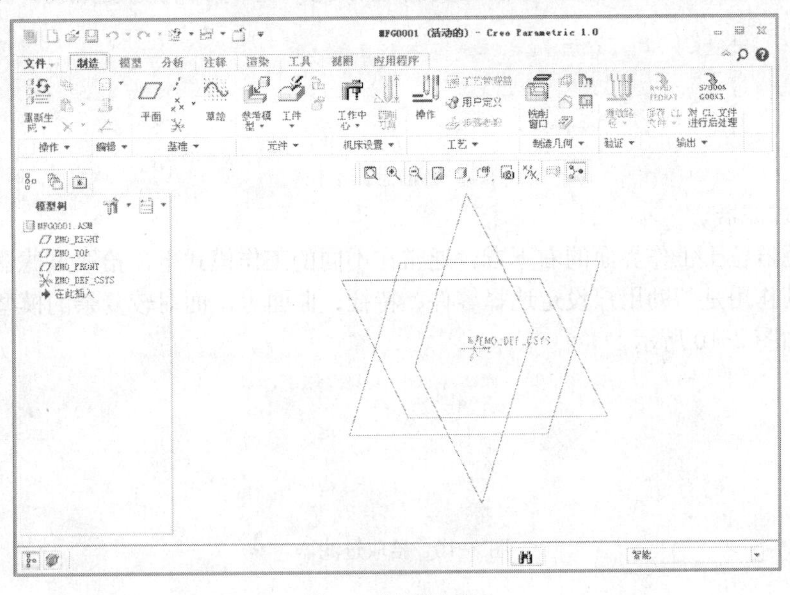

图 2-6 图形显示区

6．快速访问工具栏

快速访问工具栏位于模具模块工作界面的左上方，如图 2-7 所示。它把 Creo Parametric 1.0 操作中经常用到的一些命令以图标的形式显示出来。工具栏上部分图标按钮的功能在菜单栏的选项中都可以找到。当执行某个常用操作时，可以不必去点击繁琐的多级菜单，只需单击工具栏上的相应图标就可以了。用户可以单击“自定义快速访问工具栏”下拉按钮，自行设计工具栏的内容，如图 2-8 所示。

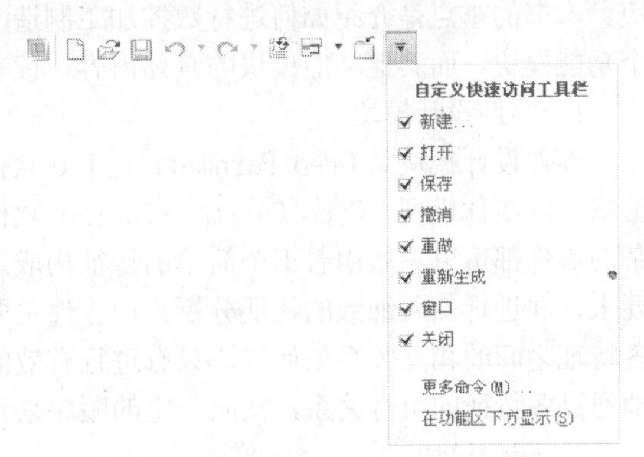

图 2-7 快速访问工具栏　　图 2-8 “自定义快速访问工具栏”下拉按钮

7．信息提示栏

信息提示栏位于图形显示区的下方，如图 2-9 所示。它是用来记录和报告系统的操作进程。随着用户设计过程的进行，信息提示栏中会显示系统操作向导以及信息输入文本框。对于初学者来说，在进行命令操作时，应该多留意信息提示栏显示的内容，以便获知执行命令的结构和下一步操作的内容。

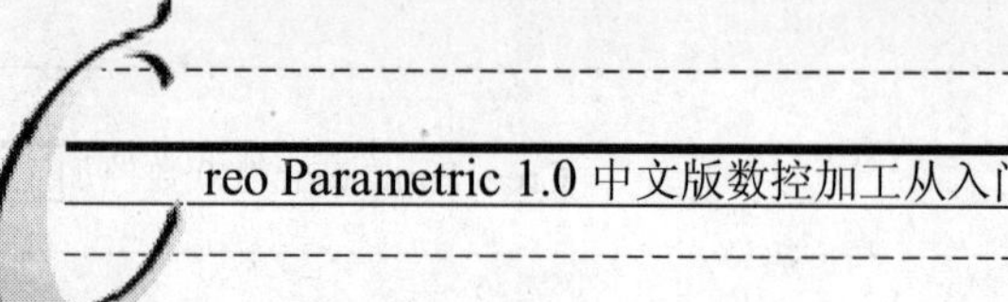

提示：用户应养成在操作过程中注意信息提示栏的习惯，这对操作有很大的帮助。

➡选择一个草绘。(如果首选内部草绘，可在放置面板中找到"定义"选项。)
➡选择一个平面或曲面以定义草绘平面。
➡选择一个参考（例如曲面、平面或边）以定义视图方向。
• 截面已经重定位到2维定向。

图 2-9 信息提示栏

8. 拾取过滤器

拾取过滤器位于工作界面的右下方。通常在不同的工作模式下，拾取过滤器中会出现不同的选项。其作用是帮助用户设定选择零件、特征、曲面等，面对较复杂的模型时可降低选择出错率，如图 2-10 所示。

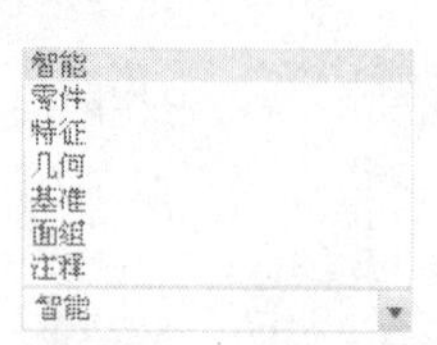

图 2-10 拾取过滤器

2.1.2 Creo Parametric 1.0 的主要功能模块

Creo Parametric 1.0 是一个功能非常强大的三维造型软件，它集零件设计、产品装配、模具开发、数控加工、造型设计、逆向工程、结构分析、管路布置等功能模块和专用模块于一体。设计人员可以根据需要来调用相应的功能模块，不同的功能模块创建的文件具有不同的文件扩展名。此外，对于有更高要求的用户，还可以使用二次开发软件编写相应的功能模块。本书的重点是介绍如何进行数控加工制造，因此下面着重介绍与数控加工制造相关的几个功能模块。而其他功能模块的具体内容，读者可查阅其他相关的教程。

1. 零件设计模块

零件设计模块是 Creo Parametric 1.0 软件最基本也是最核心的模块，主要用于创建和编辑三维实体模型。Creo Parametric 1.0 软件的零件设计是基于特征的设计，任何一个复杂的零件都可以看做由若干个简单的特征构成。在进行零件设计之前，应该把握零件的使用要求，并进行深入细致的特征分析，如零件主要由哪些特征组成、各特征的形状结构如何、各特征之间的相互关系如何等。只有进行有效的特征分析以及其他设计准备工作，才能更好地通过各特征的组合关系，按照一定的顺序来设计零件模型。

2. 装配模块

装配就是将多个零件按照实际的生产流程组装成一个部件或完整的产品的过程。Creo Parametric 1.0 的装配模块是一个参数化组装管理系统，能提供用户自定义手段去生成一组组装系列及可自动地更换零件。在装配过程中，按照装配的要求，用户不但可以添加新零件或对已有零件进行编辑和修改，还可以采用图形分解的方式来显示所有已装零件之间的相互位置关系。

3. NC 模块

Creo Parametric 1.0 在设计 NC 加工程序的环节上提供了功能强大的 Creo/NC 模块。用户利用该模块可将产品的计算机辅助设计（CAD）和计算机辅助制造（CAM）结合起来。配合 NC 加工制造过程中所需要的各项加工参数及相应的夹具、刀具、机床等设置，可自动产生刀位（CL, Cutter Location）数据，利用检测模块可对刀具的走刀路线进行模拟，观察工件的切削情况，预测误差及验证是否发生过切。如果刀位数据符合要求，则可以调用后置处理模块（Creo/NC－POST）进行数据的转换，以得到适于实际加工的数控程序。

Creo/NC 模块运用的是图像法自动编程技术，由软件引导编程，编程思路清晰，避免了人工编程过程中各种不确定因素的干扰，最大程度地避免了人为误差。利用该技术，使数控编程人员不再对那些低层次的几何信息（如点、线、面、实体）进行操作，而转变为直接对符合工程技术人员习惯的特征进行数控编程，大大提高了编程效率。

2.2 Creo Parametric 1.0 NC 加工基本概念

2.2.1 参考模型

参考模型也称为设计模型，是所有 NC 加工中不可缺少的部分，就像在三维实体建模中使用基准特征一样。参考模型上的所有特征都可以作为建立刀具加工轨迹的参考。因此，在数控加工前，参考模型的几何尺寸数据必须预先确定好，这样才能进行下一步刀位数据的计算及数控程序的生成。参考模型可以是由 Creo Parametric 1.0 基本模块产生的实体零件、钣金件，也可以是装配件。在 NC 加工操作时，参考模型可以从 NC 模块外调用，也可以在 NC 模块中直接创建。由于 Creo Parametric 1.0 系统的所有模块都是全相关的，因此，对参考模型进行修改后，所有相关的加工操作都会自动更新。图 2-11 所示为一简单的参考模型。

图 2-11 参考模型

2.2.2 工件

工件就是工程上所说的毛坯件，是 NC 加工操作的对象。在 Creo/NC 模块中，工件的创建是可选的，如果设计者想在 NC 加工操作设置完成后，对加工切削过程进行动态模拟和过切检查，那必须设置工件，否则可以不设置。与参考模型一样，工件可以是由 Creo Parametric 1.0 基本模块产生的实体零件、钣金件，也可以是装配件。对于形状简单的工件可以在 Creo/NC 模块中直接创建，对于形状复杂的工件可以在 Creo Parametric 1.0 基本模块中预先设计好，然后以装配的方式加入。图 2-12 所示为图 2-11 参考模型的工件（毛坯）。

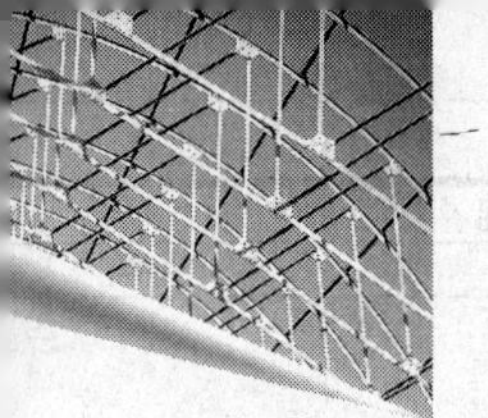

提示：在 Creo/NC 模块中，创建工件能建立动态的材料去除模拟加工和过切检查，没有创建工件则不能进行模拟加工。

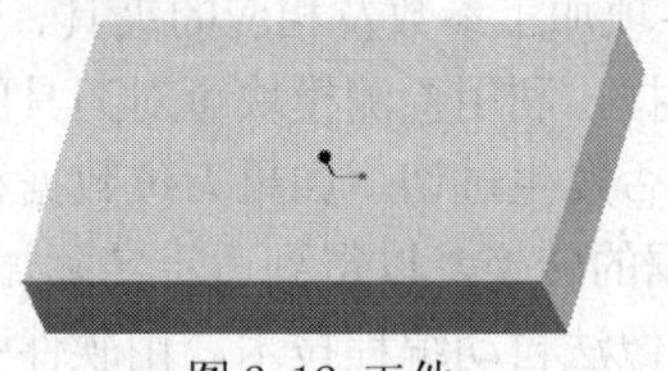

图 2-12 工件

2.2.3 制造模型

制造模型又称为加工模型，一般是由参考模型和工件组装而成，如图 2-13 所示（图中外线框表示工件，实体部分表示参考模型）。其中参考模型为必不可少的基本构成元素，而工件为可选择性的构成元素。根据加工的需要，制造模型可以是任何复杂级别的组件，也可以包含任意数量独立的参考模型和工件，还可以包含其他属于制造组件的一部分但对实际加工过程没有直接影响的相关设备（如夹具、转台等）。在 Creo/NC 模块中，制造模型的创建一般由下列四个文件组成：①参考模型（文件扩展名为 prt）；②工件（可选，文件扩展名为 prt）；③制造组件（文件扩展名为 asm）；④加工过程文件（文件扩展名为 mfg）。

图 2-13 制造模型

2.2.4 加工坐标系

加工坐标系是 NC 加工一个不可缺少的元素，既可以在设置操作时定义坐标系，也可以在设置 NC 序列时定义坐标系。通过加工坐标系可确定工件在机床上的位置。在 Creo/NC 加工中，刀具路径数据都是相对于加工坐标系来计算的，当加工坐标系发生变化，NC 加工程序也将随之改变。在 Creo/ NC 加工中，使用的加工坐标系可以属于参考模型或工件。用户可以选择已经存在的坐标系（即在将模型导入到制造模型之前所创建的坐标系），也可以在 NC 加工模块中直接创建一个新的坐标系。

2.2.5 退刀曲面

当对工件的不同区域进行加工时，每加工完一个区域后，刀具需要退到离工件一定的高度，然后横向移动到另外一个加工区域的上方，再继续下刀进行加工。刀具退刀到离工件一定高度所在的面叫做退刀面。退刀面的设置可以避免刀具在不同加工区域之间移动时与工件、夹具等发生碰撞的危险。退刀面可以是平面，也可以是曲面。

2.2.6　NC 序列

NC 序列主要用于对刀具的加工路径进行设置。加工过程中的主要参数（如序列名称、备注、加工刀具、工艺参数、坐标系统、退刀面、加工几何、起始点和终止点等信息）都是在 NC 序列中设置的。

2.2.7　刀具路径

刀具路径也称为刀具轨迹，由多个刀位点连接组成。它产生于设定的 NC 序列，决定了加工刀具的运动方向和位置。Creo/NC 模块产生的刀具路径数据文件经后置处理后，能够成为驱动数控机床运动的数控程序。

2.2.8　后置处理

在建立起加工模型并设置完各项加工参数后，Creo/NC 模块首先生成的是刀具路径数据(CLD)文件。这是一种 ASCII 格式的数据文件，这种文件不能直接驱动数控机床进行加工。要使数控机床能够进行预期的动作，就必须对这种数据文件进行必要的解释和翻译，将其转化成指定数控机床能够执行的数控程序，这一解释翻译过程就称为后置处理。在 Creo Parametric 1.0 中，经过后置处理产生的文件被称为加工控制数据（MCD）文件。

2.3　Creo Parametric 1.0 NC 加工界面简介

2.3.1　启动 NC 加工模块

在 Creo Parametric 1.0 中，启动 NC 加工模块的方法有两种：一种是新建一个 NC 加工文件，另一种是打开一个已经存在的 NC 加工文件。

1. 新建一个 NC 加工制造文件

启动 Creo Parametric 1.0 后，选择“文件”→“新建”命令，或者单击“快速访问”工具栏中的“新建”按钮，则系统打开如图 2-14 所示的“新建”对话框，然后在对话框的“类型”栏中选择“制造”，在“子类型”栏中选择“NC 装配”(系统默认选择此选项)，接着在“名称”文本框中输入文件名或采用系统默认的文件名。最后单击对话框中的 确定 按钮，即可进入 NC 加工模块。

2. 打开已有的 NC 加工制造模型文件

启动 Creo Parametric 1.0 后，选择“文件”→“打开”命令，或者单击“快速访问”工具栏中的“打开”按钮，则系统打开“文件打开”对话框，选择一个 NC 加工模型文件(*.mfg)，如图 2-15 所示。最后单击对话框中的 打开 按钮，即可打开 NC 加工模块。

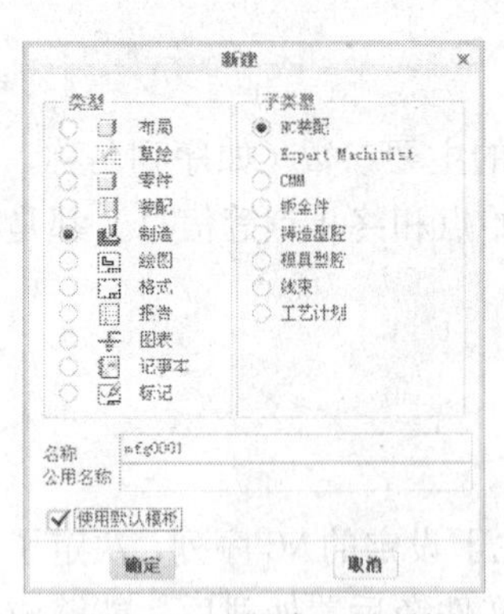

图 2-14 “新建”对话框

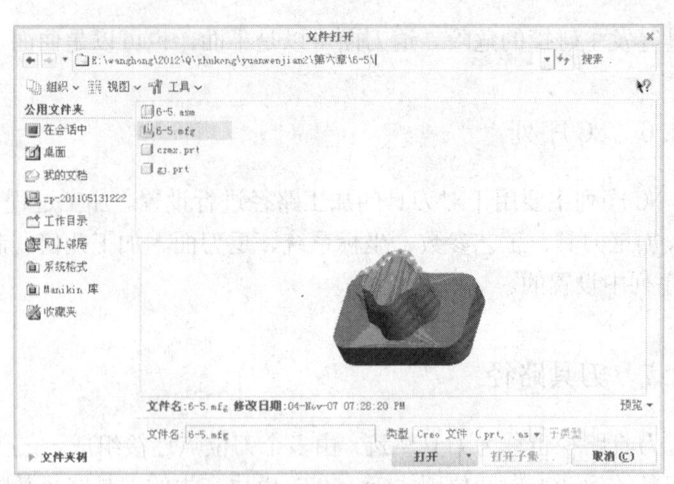

图 2-15 “文件打开”对话框

2.3.2 功能区面板

启动 NC 加工模块后，系统将进入如图 2-16 所示的工作界面。该界面的主体结构与系统的初始界面类似，不同的是增加了多个功能区面板，每个功能区面板中又包含了多个面板选项，如图 2-17 所示。下面将针对其中的“制造”面板简单介绍一下。

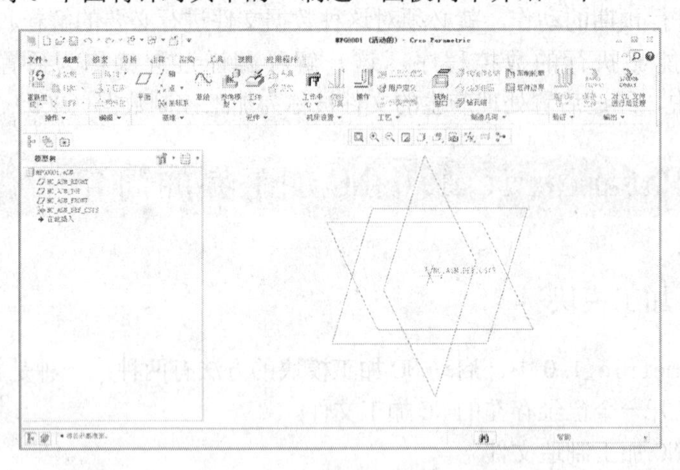

图 2-16 Creo Parametric 1.0 NC 工作界面

图 2-17 功能区面板

“制造”面板主要用于执行制造模型的有关操作。在“制造”面板中包含以下选项：

- “操作”面板：主要用于对关系式进行编辑，如复制、粘贴、查找，并对制造模型及加工操作环境参数重新进行运算以得到修改后的正确参数等。

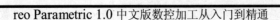

- “编辑”面板：主要用于编辑某操作的 CL 数据，或查看 NC 序列的 CL 数据等。
- “基准”面板：基准是特征的一种，主要用于单独创建基准，或创建其他特征的过程中临时创建基准特征。
- “元件”面板：主要用于处理装配元件与工件。
- “机床设置”面板：主要用于对加工机床进行选择、设置等。
- “工艺”面板：主要用于创建一种新的操作、自动钻孔 NC 序列及对加工工艺进行管理等。
- “制造几何”面板：主要用于创建车削轮廓及设置加工几何等。
- “验证”面板：主要针对选定的操作或步骤执行动态模拟加工过程。
- “输出”面板：主要用于创建 MCD 文件，或编写 CL 文件，以后再进行后置处理。

2.3.3　常用面板命令

在 Creo/NC 加工界面中，大多数加工命令位于“制造”功能区面板中，还有一些常用的命令位于其他功能区面板，下面将对这些命令进行简单介绍。

1.“NC 信息对话框”命令

单击“工具”功能区“调查”面板上的“NC 信息对话框”按钮，系统将打开如图 2-18 所示的“制造信息”对话框。该对话框包含“状况”和“刀具路径信息”两个选项卡。

图 2-18 “制造信息”对话框

- 状况

“状况”选项卡包含操作、机床、机床坐标系、序列、刀具和序列坐标系等选项。分别单击这些选项可以进入详细的信息窗口。

- 刀具路径信息

“刀具路径信息”选项卡中列出了所有关于刀具路径信息的设定，如图 2-19 所示。

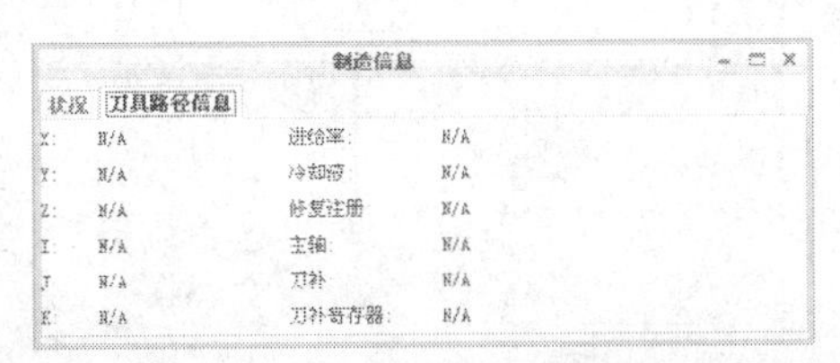

图 2-19 “刀具路径信息”选项卡

2.“切削刀具”命令

单击“制造”功能区“机床设置”面板上的“切削刀具”按钮，系统将打开如图 2-20 所示的“刀具设定”对话框。利用该对话框可以修改加工中所使用的刀具。

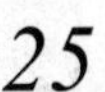

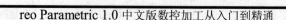

提示：只有设置刀具参数后，才能激活“切削刀具”命令。

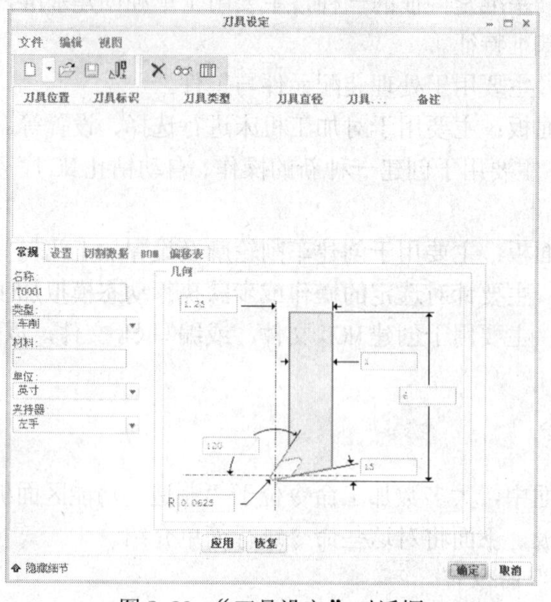

图 2-20 “刀具设定”对话框

3．“步骤参数”命令

单击“制造”功能区“工艺”面板上的“步骤参数”按钮后，系统将打开如图 2-21 所示的“编辑序列参数”对话框。利用该对话框可以对 NC 加工工艺参数进行修改。

提示：选择一个已有的序列，这样才能激活“步骤参数”按钮。

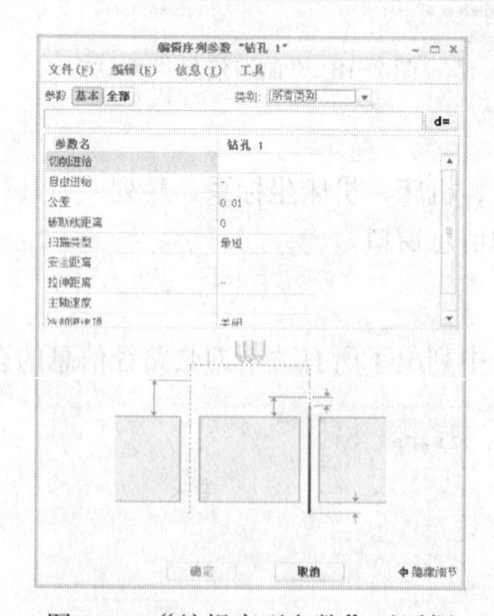

图 2-21 “编辑序列参数”对话框

4．“工艺管理器”命令

单击“制造”功能区“工艺”面板上的“工艺管理器”按钮，系统将打开如图 2-22 所示的“制造工艺表”对话框。该对话框列出了全部的制造工艺对象，如机床、操作、夹具设置、刀具和 NC 序列。它允许用户创建新的对象和修改现有对象的属性。也可根据现有序列定义加工模板，然后使用这些模板创建不同模型中的 NC 加工序列。

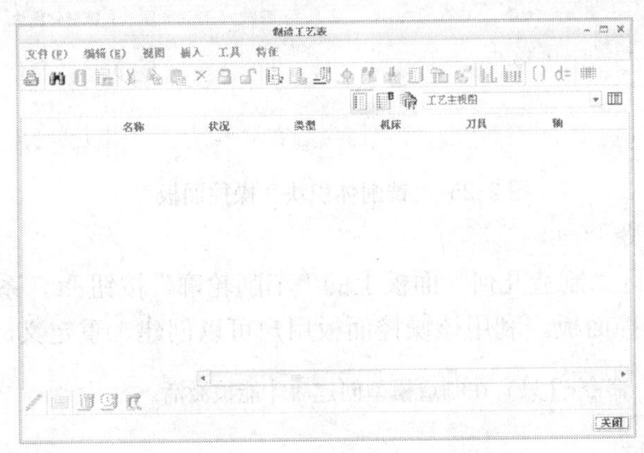

图 2-22 “制造工艺表”对话框

提示：“工艺管理器”命令只有在机床、操作、夹具设置、刀具和 NC 序列设置完以后才能被激活。

5.“铣削窗口”命令

单击“制造”功能区“制造几何”面板上的“铣削窗口”按钮，系统将在工作界面的上方弹出如图 2-23 所示的“铣削窗口”操控面板。用户利用该操控面板可定义铣削加工范围。

提示：“铣削窗口”选项只有在制造模型创建后才能被激活。

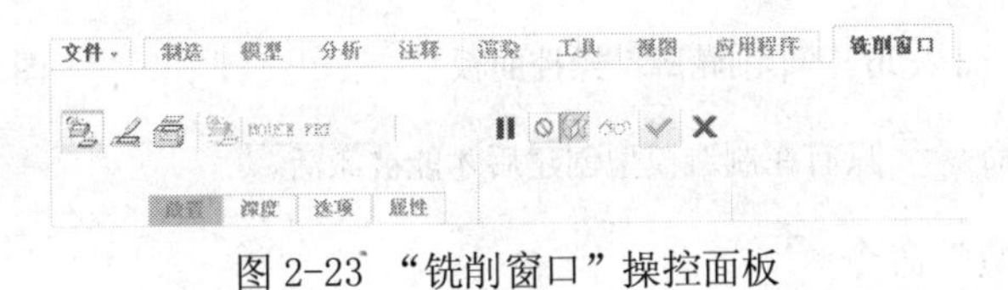

图 2-23 “铣削窗口”操控面板

6.“铣削曲面”命令

单击“制造”功能区“制造几何”面板上的“铣削曲面”按钮，系统将打开如图 2-24 所示的“铣削曲面”操控面板。用户利用这个功能面板可创建铣削曲面。

提示：“铣削曲面”命令只有在制造模型创建后才能被激活。

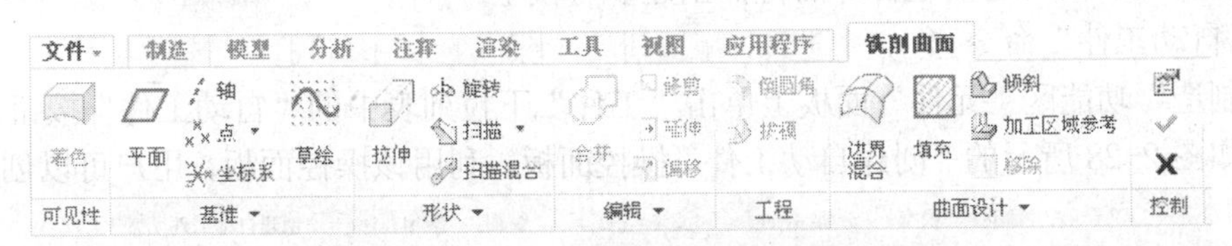

图 2-24 “铣削曲面”操控面板

7.“铣削体积块”命令

单击“制造”功能区“制造几何”面板上的“铣削体积块”按钮，系统将打开如图 2-25 所示的“铣削体积块”操控面板。利用该操控面板用户可以创建铣削体积块。

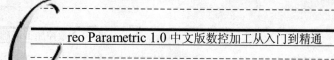

提示：“铣削体积块”命令只有在制造模型创建后才能被激活。

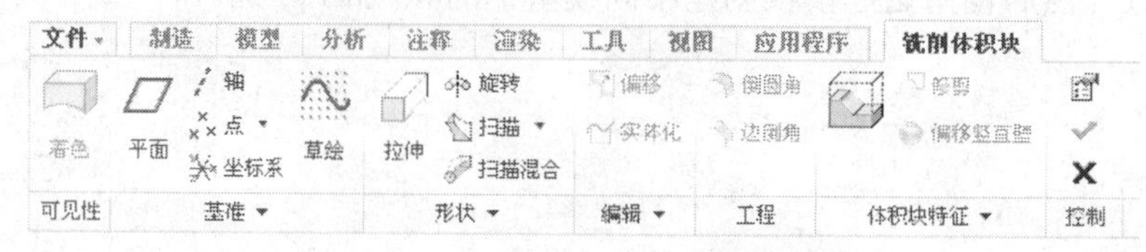

图 2-25 “铣削体积块”操控面板

8.“车削轮廓”命令

单击“制造”功能区“制造几何”面板上的“车削轮廓”按钮，系统将打开如图 2-26 所示的“车削轮廓”操控面板。利用该操控面板用户可以创建、重定义、删除车削轮廓。

提示：“车削轮廓”命令只有在制造模型创建后才能被激活。

9.“钻孔组”命令

单击“制造”功能区“制造几何”面板上的“钻孔组”按钮，系统将打开如图 2-27 所示的“钻孔组”菜单。利用该下拉菜单用户可以创建、修改、删除、遮蔽钻孔组。

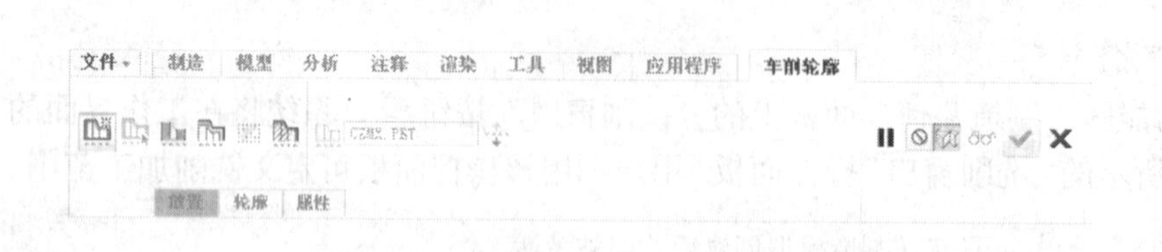

图 2-26 “车削轮廓”操控面板

图 2-27 “钻孔组”菜单

提示：“钻孔组”命令只有在制造模型创建后才能被激活。

10.“装配参考模型”命令

在“制造”功能区“元件”面板上单击“参考模型”下拉列表中的“装配参考模型”按钮，系统将打开“打开”对话框。利用该对话框用户可将预先创建好的实体零件、钣金件和装配件等装配到制造模型中。单击“参考模型”下拉按钮，在下拉列表中包括另外两个选项：“继承参考模型”、“合并参考模型”。它们分别表示使用从所选模型的继承的特征创建参考模型和使用由所选模型合并的特征创建参考模型。

11.“自动工件”命令

在“制造”功能区“元件”面板上单击“工件”下拉列表中的“自动工件”按钮，系统将打开如图 2-28 所示的“创建自动工件”操控面板。利用该操控面板，用户可以创建矩形

图 2-28 “创建自动工件”操纵面板

或圆形工件。单击“工件”下拉按钮，在下拉列表中包括另外 4 个选项：“装配工件”、“继承工件”、“合并工件”、“创建工件”。它们分别表示使用装配方式创建工件、使用从所选模型的继承的特征创建工件、使用由所选模型合并的特征创建工件和手动创建工件。

2.4 Creo Parametric 1.0 NC 加工操作流程

利用 Creo/NC 加工模块实现产品数控加工的基本过程与实际加工的过程基本相同。先是利用计算机辅助设计（CAD）将零件的几何图形绘制到计算机中，形成零件的图形文件，然后调用 Creo/NC 加工模块进行刀具路径处理，由计算机自动对零件加工轨迹进行计算和数学处理，从而生成刀位数据文件，然后经过相应的后置处理自动生成数控加工代码，并在计算机上动态模拟刀具的加工轨迹。整个过程如图 2-29 所示。

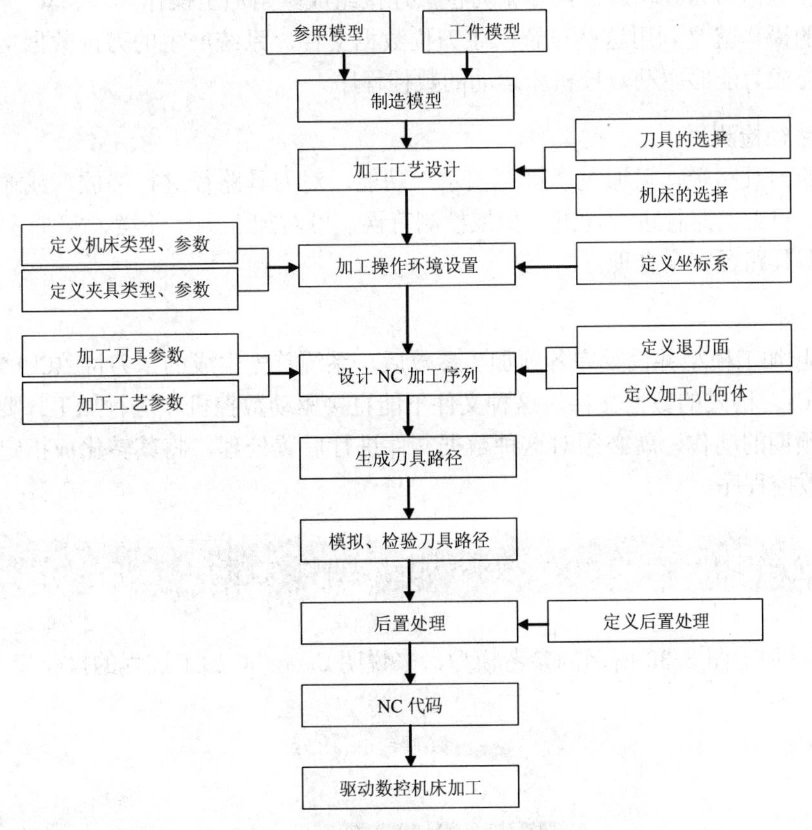

图 2-29　Creo Parametric 1.0 NC 加工操作流程

由图 2-29 可知，Creo/NC 加工主要包括以下操作步骤：

1. 创建制造模型

在进行 Creo/NC 加工时，必须先自定义制造模型，然后在此基础上设定加工参数，并产生正确的刀具路径。一个完整的制造模型一般包含参考模型和工具模型两部分。其中设计模型是必需的，而工件是可选的。如果在加工工艺的设计上不需要考虑工件在加工过程中的影响，则在创建制造模型时可以省略工件的设计步骤，直接将参考模型作为制造模型。

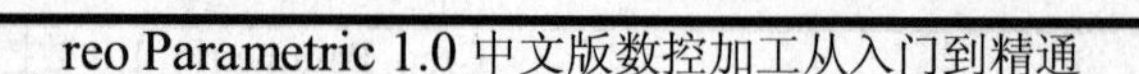

2. 设置加工操作环境

Creo/NC 加工模块可以对实际的加工操作环境进行模拟。在模拟之前，必须先设置相应的参数，如加工艺操作名称、加工机床、刀具、夹具、加工坐标系、加工安全退刀面等，这些参数统称为加工环境参数。设定好了具体的参数，也就明确了加工操作环境。

3. 定义 NC 序列

Creo/ NC 加工模块提供了 10 多种加工方法，为响应这些不同的加工方法，在 Creo/ NC 加工模块中可通过 NC 序列对刀具路径进行设置。加工过程中的主要参数都是在 NC 序列中设置的，通常包括序列名称、备注、加工刀具、工艺参数、坐标系统、退刀面、加工几何、起始点和终止点等信息。

4. 生成刀具路径数据文件

刀具路径也称为刀具轨迹，由多个刀位点连接组成。当加工操作环境、NC 序列设置完后，接下来的操作就是利用这些设置产生刀位数据文件。系统产生的刀位数据文件经过后置处理后，会成为能够驱动数控机床运动的数控程序。

5. 刀具路径检测

对产生的刀具路径，可通过“屏幕演示”功能，对刀具路径进行播放，或通过“过切检查”功能，对刀具路径进行检测。如果检测有误，可对加工操作环境、NC 序列进行编辑修改，直至刀具路径完全合理。

6. 后置处理

在建立起加工模型并设置完各项加工参数后，系统首先生成的是刀位 (CL)数据文件。这是一种 ASCII 格式的数据文件，这种文件不能直接驱动数控机床进行加工。要使数控机床能够进行预期的动作，就必须对这种数据文件进行后置处理，将其转化成指定数控机床能够执行的数控程序。

2.5 实例练习——Creo 数控加工操作过程

下面将通过加工图 2-30 所示的参考模型，来说明 Creo/NC 加工过程的操作步骤。

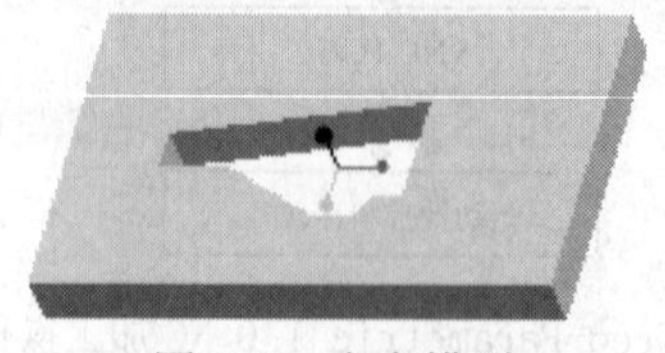

图 2-30 参考模型

2.5.1 创建 NC 加工文件

1）启动 Creo Parametric 1.0 后，选择“文件”→“新建”命令，或者单击“快速访问”工具栏中的“新建”按钮，则系统打开如图 2-31 所示的“新建”对话框。在“新建”对话框的“类型”栏中选择“制造”，在“子类型”栏中选择“NC 装配”，然后在“名称”文本框中输入名称“2-1”，同时取消对“使用默认模板”复选框的勾选，最后单击对话框中的 确定 按钮。

2）系统打开“新文件选项”对话框，然后在“模板”选项框中选择“mmns_mfg_nc”选项，接着单击对话框中的 确定 按钮进入系统的 NC 加工界面。

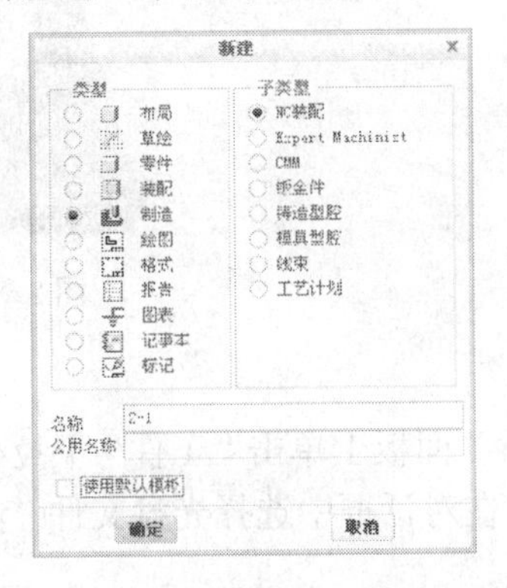

图 2-31 “新建”对话框

2.5.2 创建制造模型

1. 装配参考模型

（1）在“制造”功能区“元件”面板上单击“参考模型”下拉列表中的“装配参考模型”按钮，则系统打开如图 2-32 所示的“打开”对话框，在对话框中选择光盘文件“yuanwenjian\2\czmx.prt”，然后单击对话框中的 打开 按钮。

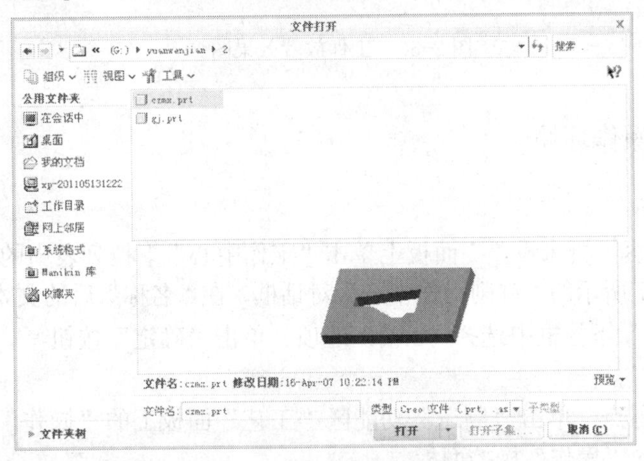

图 2-32 “打开”对话框

（2）系统打开如图 2-33 所示的“元件放置”操控面板，选择约束类型为“默认”，表示在默认位置装配参考模型。此时操控面板上“状况”后面显示为“完全约束”。单击操控面板中的“完成”按钮，系统打开如图 2-34 所示的“警告”对话框，单击 确定 按钮完成模型放置，放置效果如图 2-35 所示。

图 2-33 “元件放置”操控面板

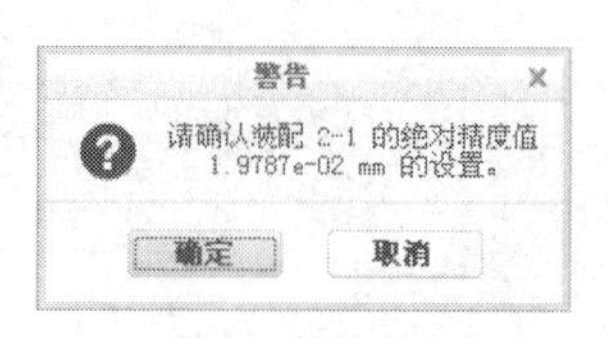

图 2-34 “警告”对话框

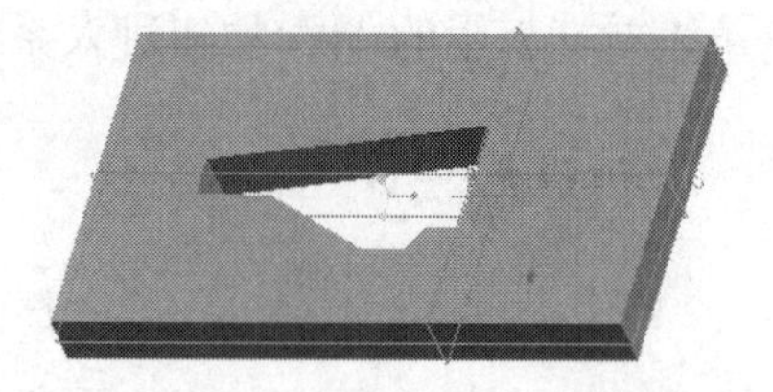

图 2-35 模型放置效果图

2. 装配工件

（1）在“制造”功能区“元件”面板上单击“工件”下拉列表中的“装配工件”按钮，则系统再次弹出“打开”对话框。在对话框中选择光盘文件“yuanwenjian\2\gj.prt”，然后单击对话框中的 打开 按钮。

（2）系统打开“元件放置”操控面板，选择约束类型为“默认”，表示在默认位置装配参考模型。此时操控面板上“状况”后面显示为“完全约束”。单击操控面板中的“完成”按钮，完成模型放置。放置效果如图 2-36 所示。

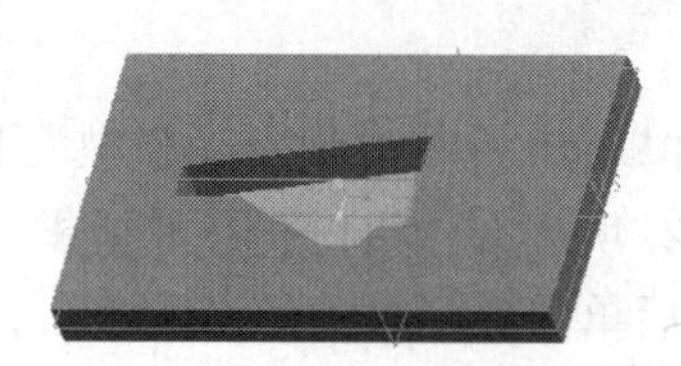

图 2-36 工件放置效果图

2.5.3 设置加工操作环境

1. 定义工作机床

在“制造”功能区“机床设置”面板上单击“工作中心”下拉列表中的“铣削”按钮，则系统打开如图 2-37 所示的“铣削工作中心”对话框，在“名称”后的文本框中输入操作名称“2-1”；在“轴数”下拉框中选择“3 轴”选项。单击“确定”按钮，完成机床定义。

2. 操作设置

（1）定义加工零点 单击“制造”功能区“工艺”面板上的“操作”按钮，系统将打开如图 2-38 所示的“操作”操控面板。

用户可以直接在模型树窗口中精确选择现有的坐标系，也可以自行创建一个新的坐标系。本实例采用后者，单击“模型”功能区“基准”面板上的“坐标系”按钮，系统打开如图 2-39 所示的“坐标系”对话框，然后按住 Ctrl 键，在制造模型中依次选择 NC_ASM_FRONT、NC_ASM_RIGHT 基准平面和参照模型的上表面，此时“坐标系”对话框中的设置如图 2-40 所示。选择“方向”选项卡，单击“反向”按钮调整，对话框设置如图 2-41 所示，其中 Z 轴的方向如图 2-42 所示。最后单击“坐标系”对话框中的 确定 按钮，完成坐标系创建。在模型中选择新创建的坐标系。

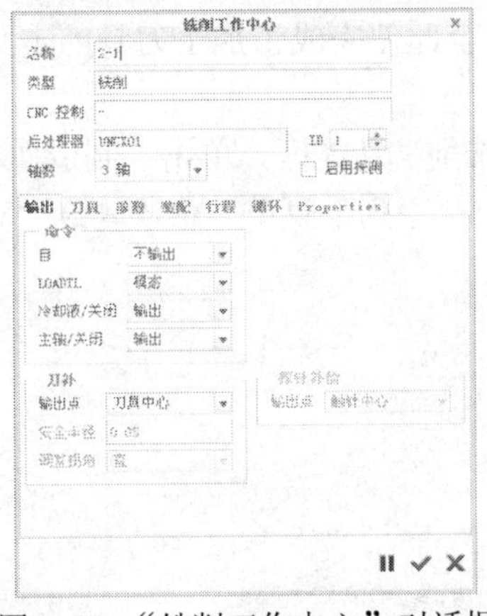

图 2-37 “铣削工作中心”对话框

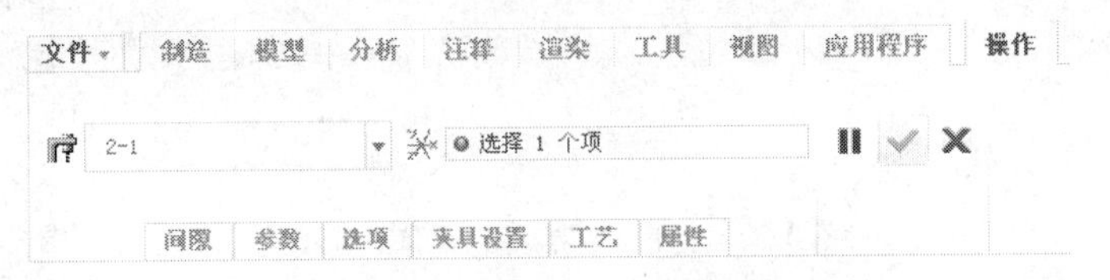

图 2-38 “操作”操控面板

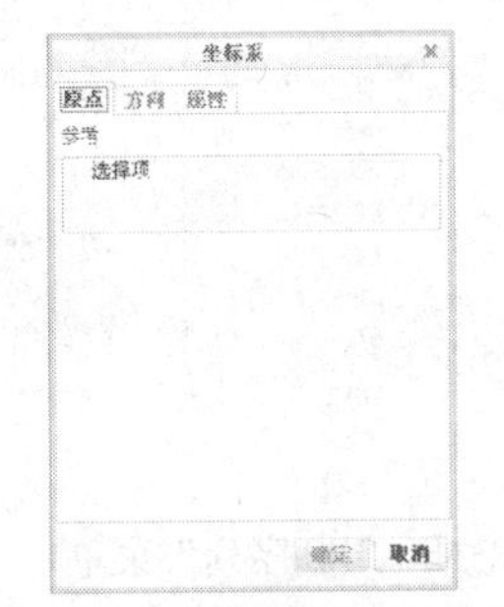

图 2-39 “坐标系”对话框

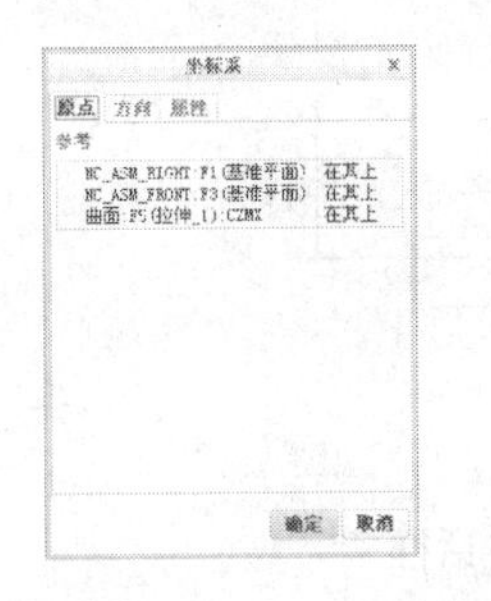

图 2-40 “坐标系”对话框设置

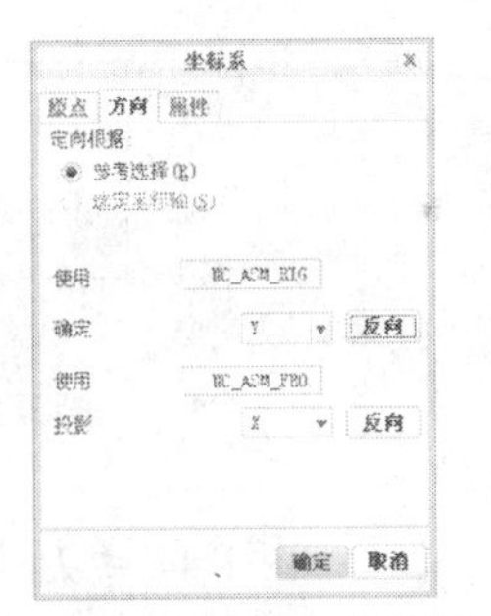

图 2-41 调整方向设置

（2）定义退刀面　单击“间隙”下拉按钮，在下滑面板中设置退刀类型为“平面”；选择参考为新创建的坐标系；设置沿加工坐标系 Z 轴的深度值为“10”，下滑面板设置如图 2-43 所示。单击操控面板中的“完成”按钮，完成设置。

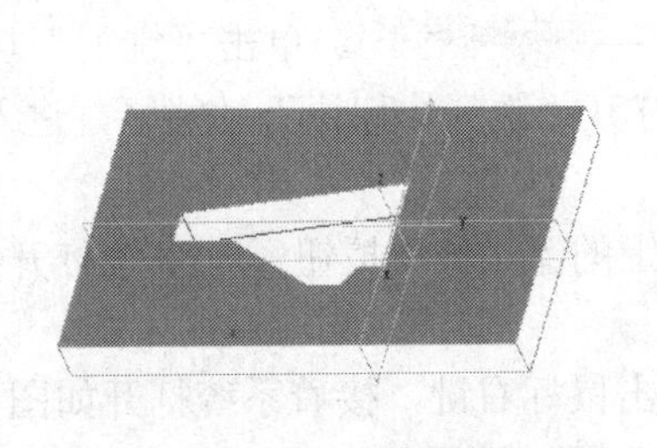

图 2-42 Z 轴方向

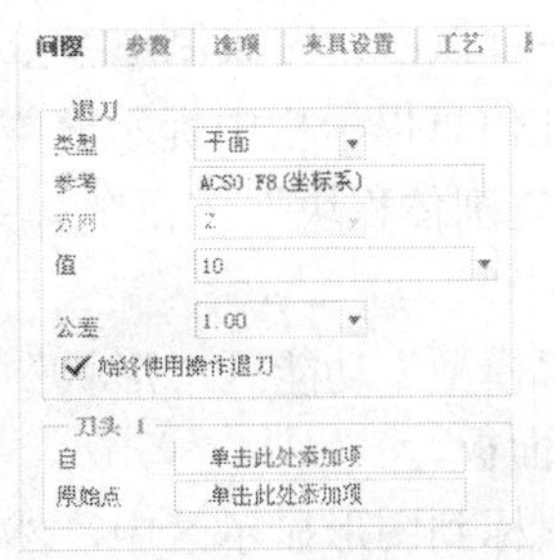

图 2-43 “间隙”下滑面板

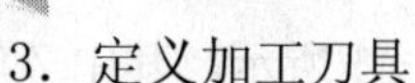
3. 定义加工刀具

单击“制造”功能区“机床设置”面板上的“切削刀具”按钮，系统打开“刀具设定”对话框，按照图 2-44 所示设置刀具的各项常规参数。参数设置完成后依次单击“刀具设定”对话框中的 应用 → 确定 按钮，至此便完成了加工刀具的定义。

4. 定义铣削体积块

（1）此时在功能区弹出“铣削”功能区，单击“制造”功能区“铣削”面板上的“体积块粗加工”按钮，系统打开“NC 序列”菜单。依次勾选“刀具”→“参数”→“体积”→“完成”选项，如图 2-45 所示。

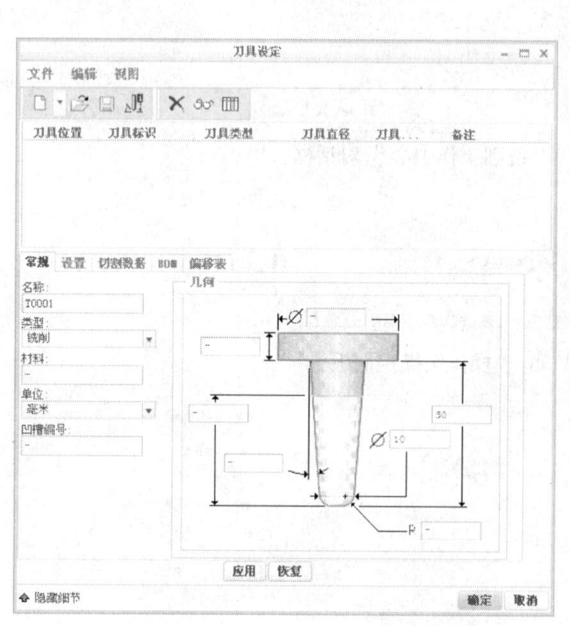

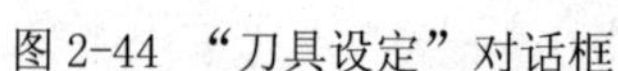
图 2-44 “刀具设定”对话框

图 2-45 “NC 序列”菜单

（2）系统打开如图 2-46 所示的“刀具设定”对话框，因在加工操作环境的设置中已对刀具进行了定义，故此处只需单击“刀具设定”对话框中的 确定 按钮即可。

（3）系统打开“编辑序列参数‘体积块铣削’”对话框，然后按照图 2-47 所示在“编辑序列参数‘体积块铣削’”对话框中设置各个制造参数。单击“编辑序列参数‘体积块铣削’”对话框中的 确定 按钮，完成制造参数设置。

（4）系统在信息提示栏中提示 选择先前定义的铣削体积块.。单击“铣削”功能区“制造几何”面板上的“铣削体积块”按钮，系统打开“铣削体积块”功能区，进入如图 2-48 所示的工作界面。

（5）单击“模型”功能区“形状”面板上的“拉伸”按钮，系统打开如图 2-49 所示的“拉伸”操控面板。

（6）移动鼠标到图形显示区中，然后单击鼠标右键，接着系统打开如图 2-50 所示的下拉菜单，在下拉菜单中选择“定义内部草绘”选项。则系统打开如图 2-51 所示的“草绘”对话框，同时在信息栏中提示◆选择一个平面或曲面以定义草绘平面.。然后在图形显示区中选择参考模型上表面作为草绘平面，且提示接受系统的默认参照平面，此时“草绘”对话框中的设置如图 2-52 所示。最后单击“草绘”对话框中“草绘”按钮，进入草绘界面。

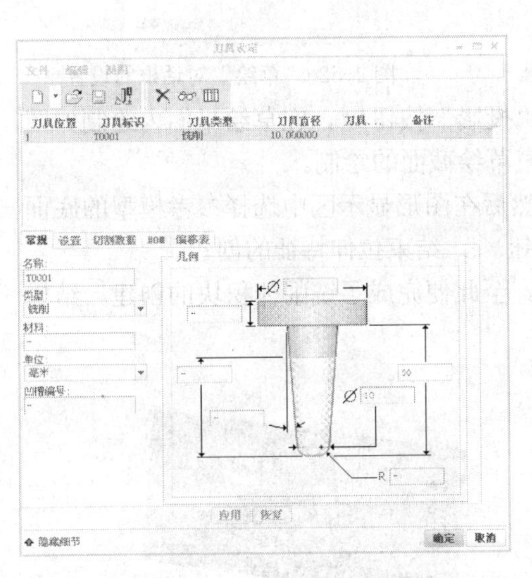

图 2-46 “刀具设定”对话框

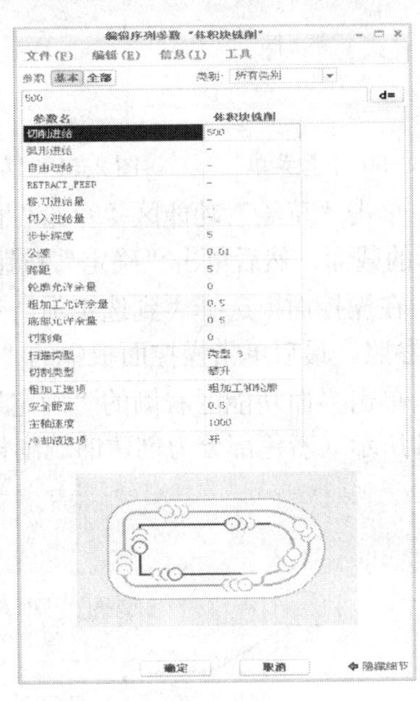

图 2-47 “编辑序列参数‘体积块铣削’”对话框

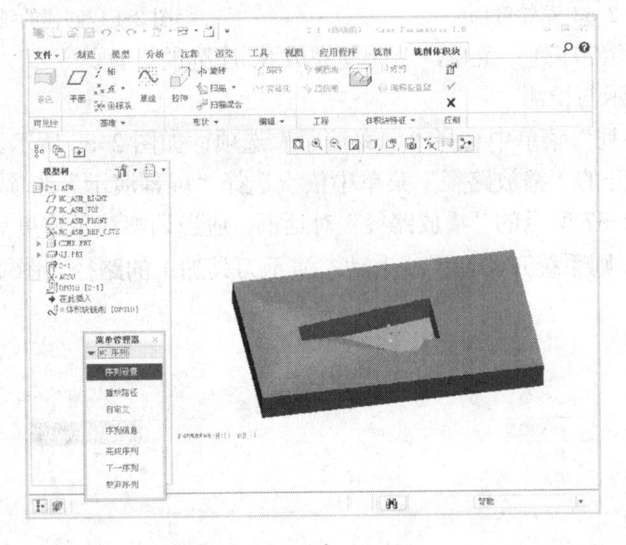

图 2-48 系统工作界面

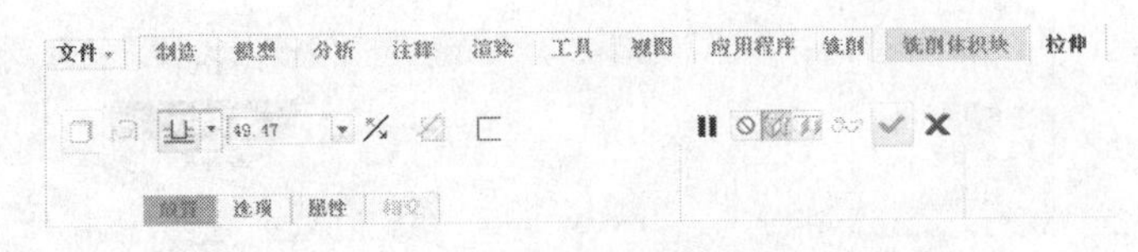

图 2-49 “拉伸”操控面板

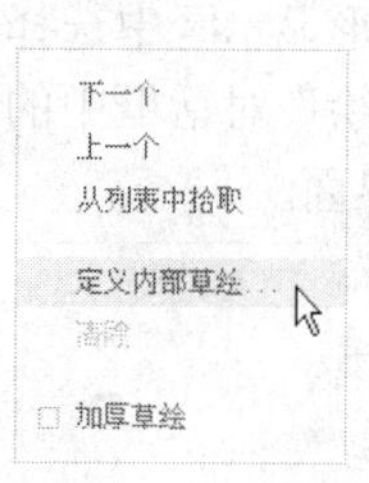

图 2-50 下拉菜单

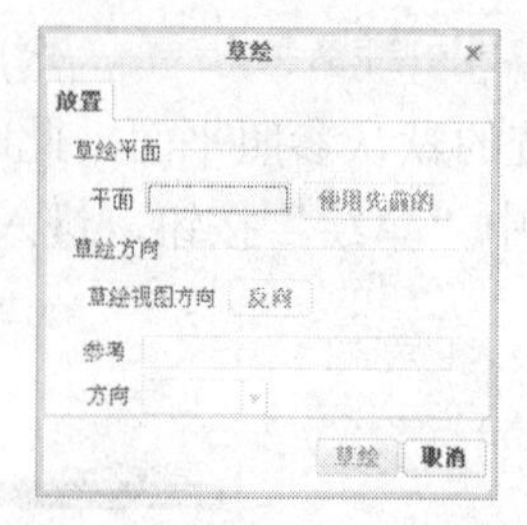

图 2-51 “草绘”对话框

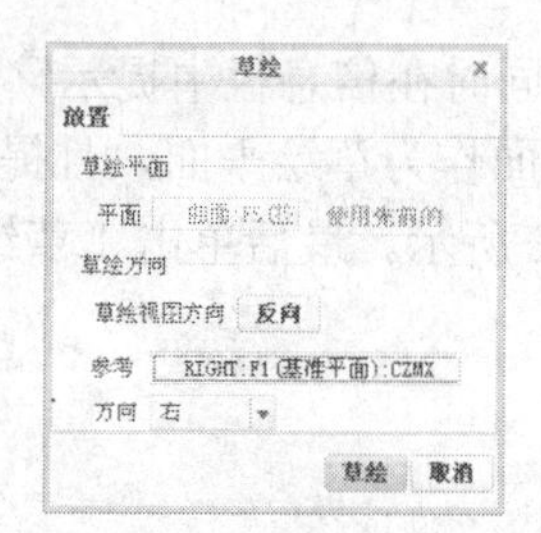

图 2-52 “草绘”对话框的设置

（7）单击“草绘”功能区“草绘”面板上的“投影”按钮□，在草绘平面内绘制如图 2-53 所示的截面，然后单击“确定”按钮✔，结束草绘截面的绘制。

（8）在操控面板选择“到选定项”选项，然后在图形显示区中选择参考模型的底面作为拉伸参照。最后单击操控面板中的“完成”按钮✔，结束拉伸特征的创建。

（9）单击界面功能区右侧的“确定”按钮✔。至此便完成了铣削体积块的创建。结果如图 2-54 所示（着色部分为创建的铣削体积块）。

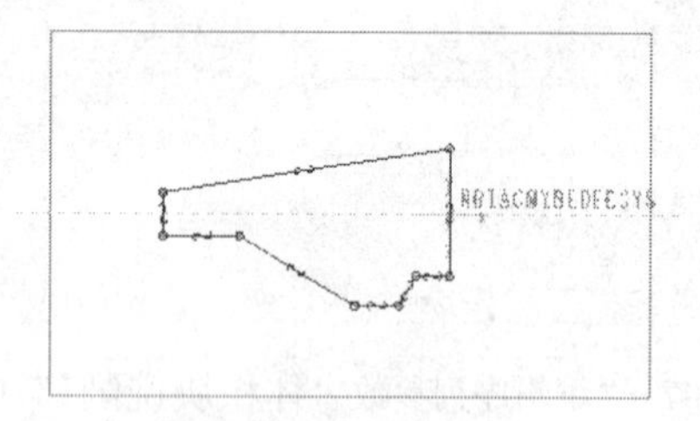

图 2-53 草绘截面

图 2-54 创建的铣削体积块

（10）返回到“NC 序列”菜单，至此便完成 NC 序列的设置。

5. 刀具路径演示与检测

（1）在“NC 序列”菜单中选择“屏幕演示”选项，如图 2-55 所示。

（2）在系统打开的“播放路径”菜单中依次选择“屏幕演示”选项，如图 2-56 所示。接着系统打开如图 2-57 所示的“播放路径”对话框，适当调整演示速度后，单击对话框中的 ▶ 按钮，则系统开始在屏幕上动态演示刀具加工的路径。图 2-58 所示为屏幕演示完后的结果。

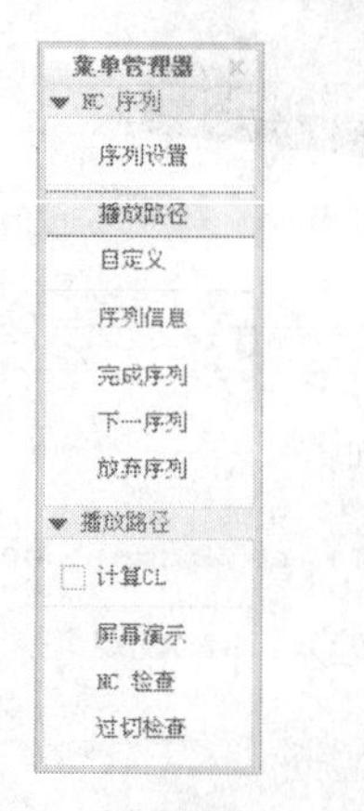

图 2-55 “播放路径”选项

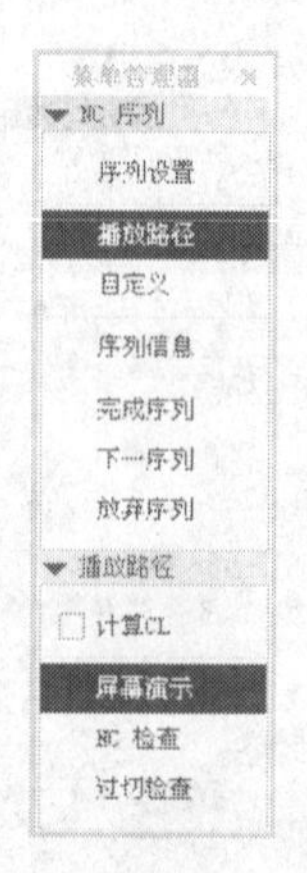

图 2-56 选择“屏幕演示”选项

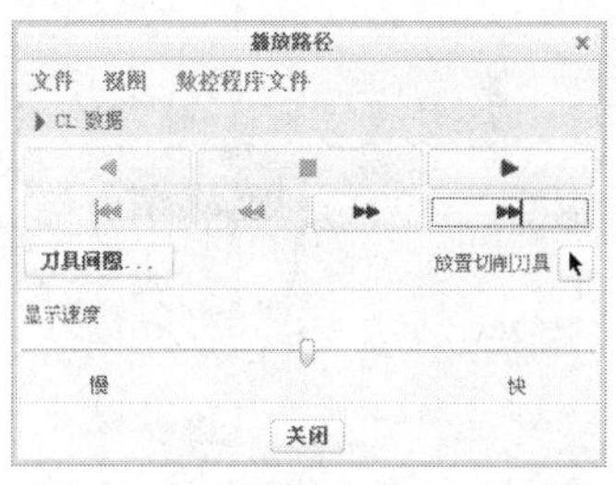

图 2-57 “播放路径”对话框

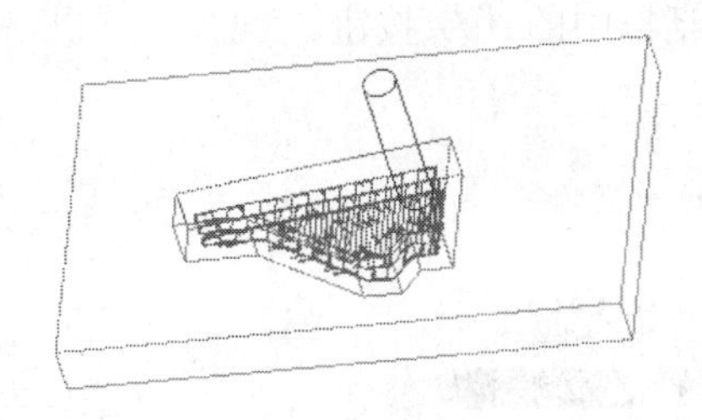

图 2-58 生成的刀具路径

（3）刀具路径演示完后，单击“播放路径”对话框中的关闭按钮。然后单击“播放路径”菜单中的“NC 检查”选项，如图 2-59 所示。

（4）系统进入 VERICUT 仿真模拟工作界面，适当调整模拟速度后，单击按钮开始进行动态加工模拟。图 2-60 为加工模拟完成后的效果图。

提示：只有在安装了 VERICUT 模拟仿真软件后，才能使用 VERICUT 进行模拟加工。

菜单管理器
NC 序列
序列设置
播放路径
自定义
序列信息
完成序列
放弃序列
播放路径
计算CL
屏幕演示
NC 检查
过切检查

图 2-59 “播放路径”菜单

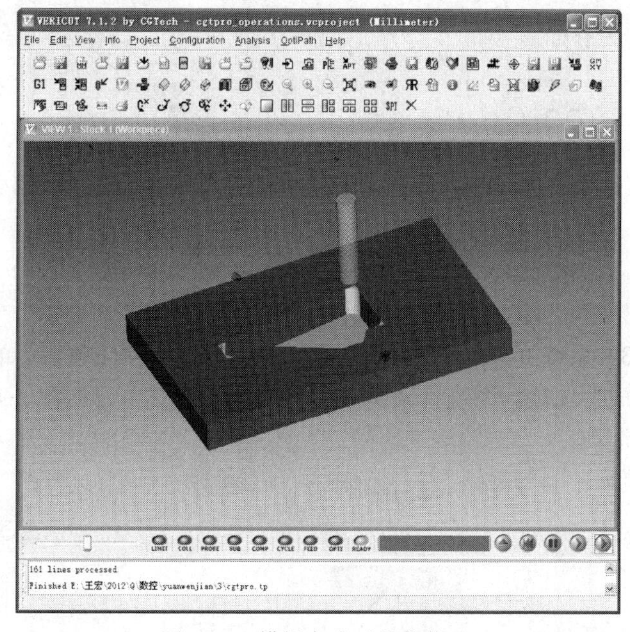

图 2-60 模拟完成后的菜单

（5）关闭界面，返回“NC 序列”菜单，选择“完成序列”选项退出。

6. 后置处理

（1）单击“制造”功能区“输出”面板上的“保存 CL 文件”按钮，系统打开“选择特征”菜单，如图 2-61 所示；依次选择“选择”→“NC 序列”选项，系统打开“NC 序列列表”菜单，如图 2-62 所示；选择“1：体积块铣削，操作：OP010”选项，系统打开“路径”菜单，如图 2-63 所示；选择“文件”选项。

（2）系统打开如图 2-64 所示的“输出类型”菜单，依次勾选“CL 文件”→“MCD 文件”→“交互”选项后选择“完成”选项，系统打开“保存副本”对话框，在对话框的“新建名称”文本框中输入文件名称“2-1”，如图 2-65 所示，系统自动为文件添加后缀“.ncl”。然

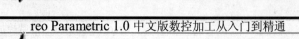

后单击对话框中的 确定 按钮。

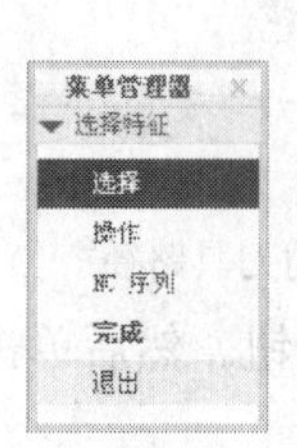

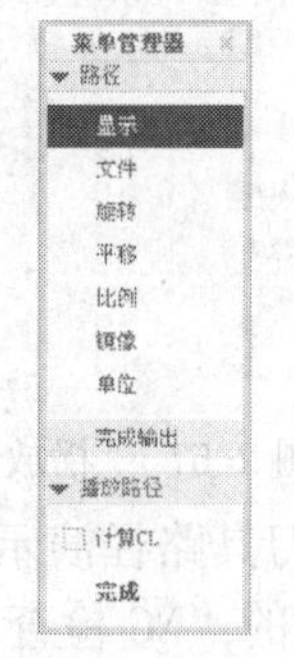

图 2-61 “选择特征”菜单　图 2-62 “NC 序列列表”菜单　图 2-63 “路径”菜单

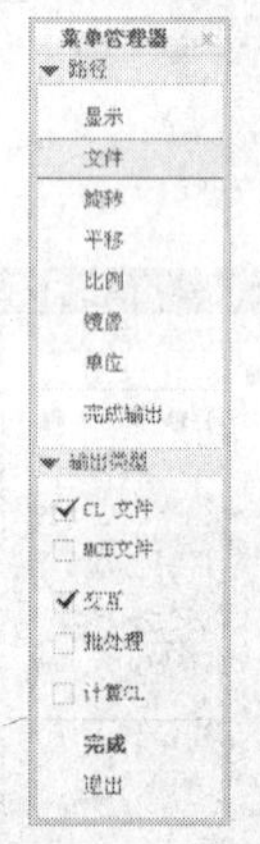

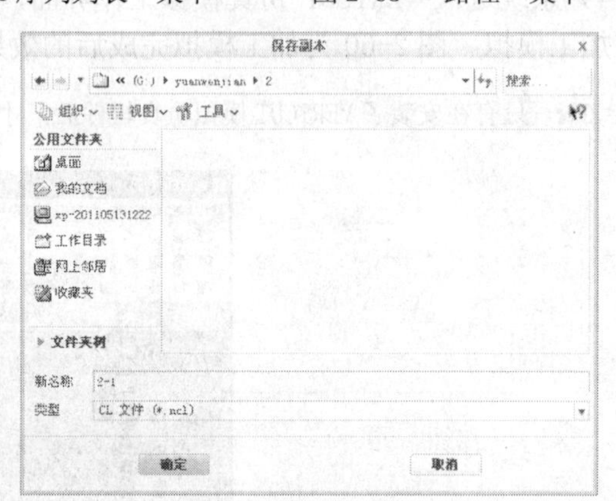

图 2-64 “输出类型”菜单　　　　　　　　　　图 2-65 “保存副本”对话框

（3）系统打开如图 2-66 所示的“后置期处理选项”菜单，依次勾选“详细”→“追踪”→“完成”选项。系统打开“后置处理列表”菜单，如图 2-67 所示，选择“UNC01.P11”配置文件选项。

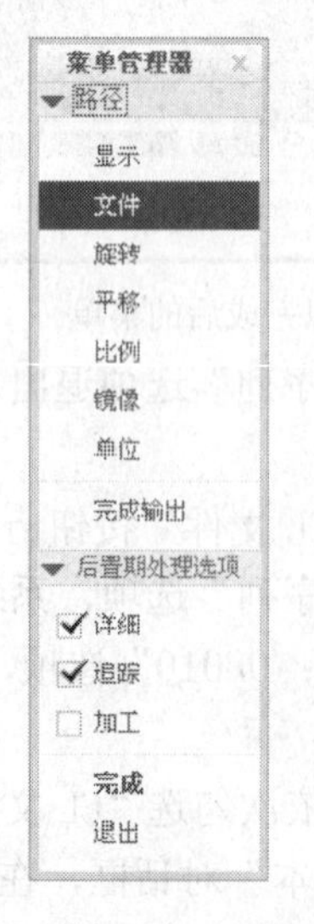

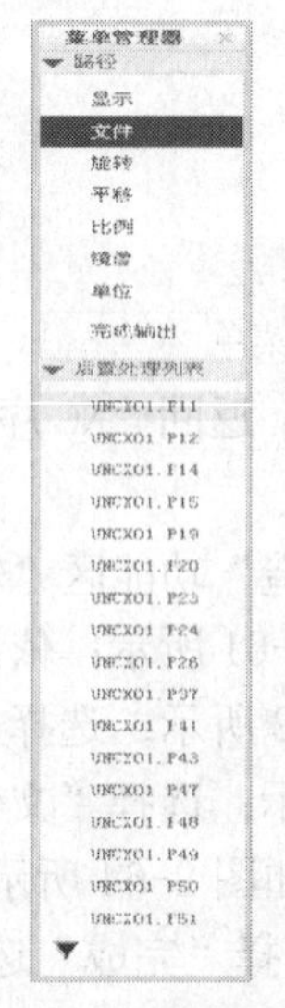

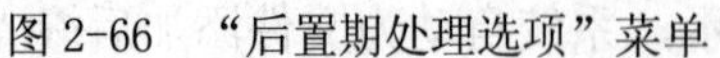
图 2-66 “后置期处理选项”菜单　　图 2-67 “后置处理列表”菜单

（4）单击回车键后系统打开“信息窗口”对话框，如图 2-68 所示。

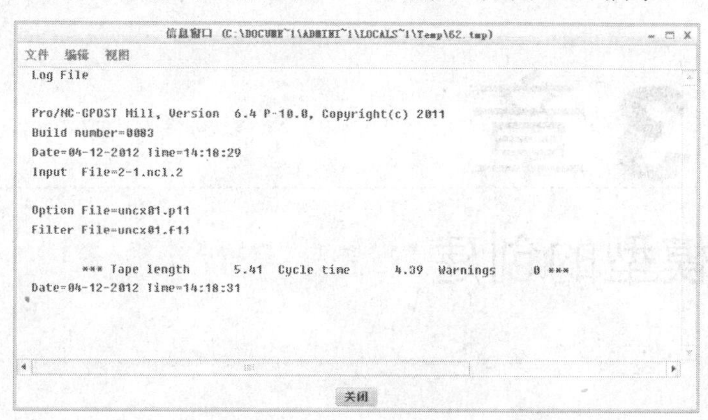

图 2-68 “信息窗口”对话框

（5）在该对话框中系统显示了一些与后置处理相关的信息。最后单击对话框中的 关闭 按钮，关闭“信息窗口”对话框。

（6）返回到“路径”菜单，选择“完成输出”选项。此时在工作目录下，生成了“2-1.ncl”和“2-1.tap”文件。

（7）在工作目录中找到“2-1.tap”文件，然后用记事本打开该文件，则结果如图 2-69 所示。

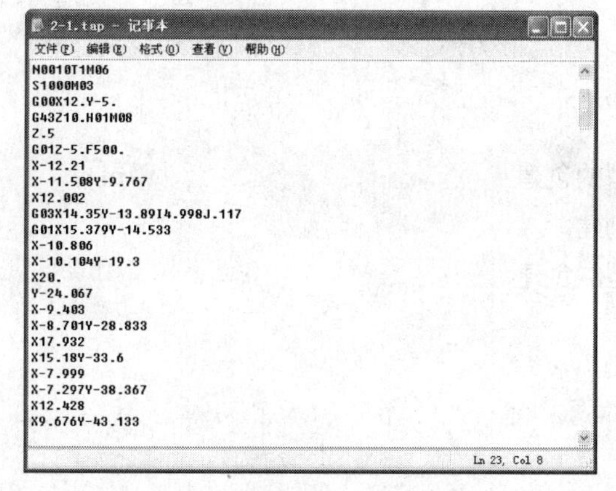

图 2-69 用记事本应用程序打开的“2-1.tap”文件

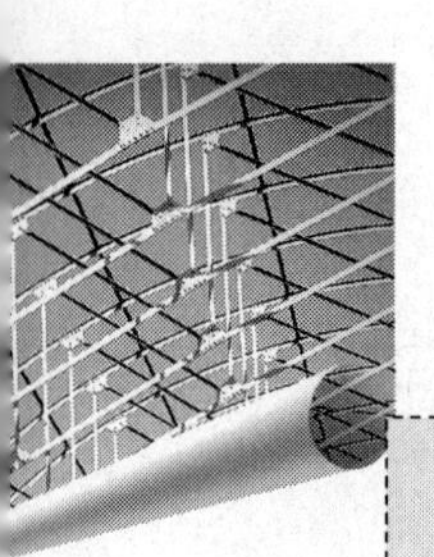

第3章

制造模型的创建

本章导读

在进行 Creo/NC 加工时，必须首先创建制造模型。一个完整的制造模型一般包含参考模型和工件。本章主要介绍在 Creo/NC 加工模块中如何创建参考模型和工件。相信读者通过本章的学习，将对制造模型的创建有一个深刻的了解。

重点与难点

- 参考模型的创建
- 工件的创建
- 制造模型的创建

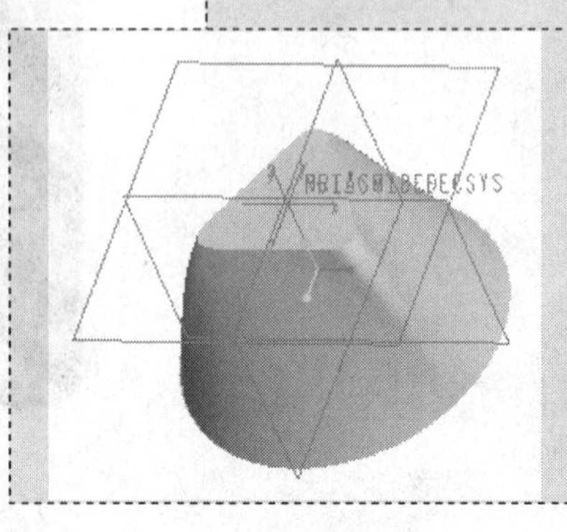

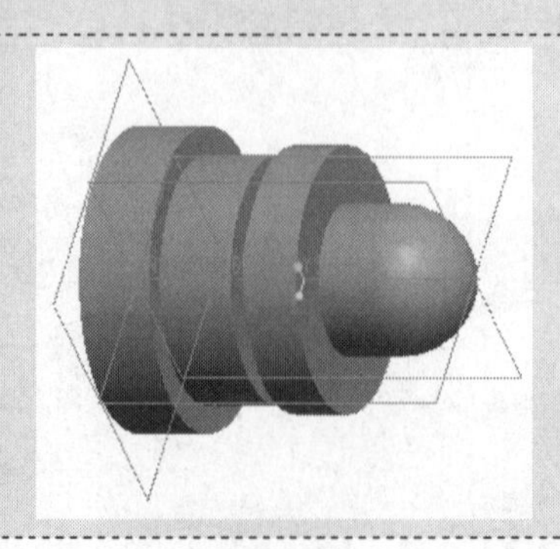

3.1 参考模型的创建

参考模型是Creo/NC加工中不可缺少的部分。在Creo/NC加工模块中，获得参考模型的方法有两种：第一种是将预先设计好的实体零件、钣金件和装配件，以装配方式导入Creo/NC加工模块；另一种是在Creo/NC加工模块中直接创建。但在实际加工中通常采用第一种方法，因为在实际加工中参考模型往往就是要设计的产品，而产品的设计一般由专业的设计人员来完成，然后交给生产人员去加工。

3.1.1 以装配方式创建参考模型

以装配方式创建参考模型，就是通过装配操作命令将预先创建好的实体零件、钣金件和装配件加入到制造模型中。下面通过一个简单的实例，来说明以装配方式创建参考模型的操作步骤。

1. 进入Creo/NC加工模块

（1）启动Creo Parametric 1.0后，选择“文件”→“新建”命令，或者单击“快速访问”工具栏中的“新建”按钮，则系统打开如图3-1所示的“新建”对话框。在“新建”对话框的“类型”栏中选择“制造”，在“子类型”栏中选择“NC装配”，然后在“名称”文本框中输入名称“3-1”，同时取消对“使用默认模板”复选框的勾选，最后单击对话框中的 确定 按钮。

（2）系统打开如图3-2所示的“新文件选项”对话框，然后在“模板”选项框中选择“mmns_mfg_nc”选项，接着单击对话框中的 确定 按钮进入系统的NC加工界面。

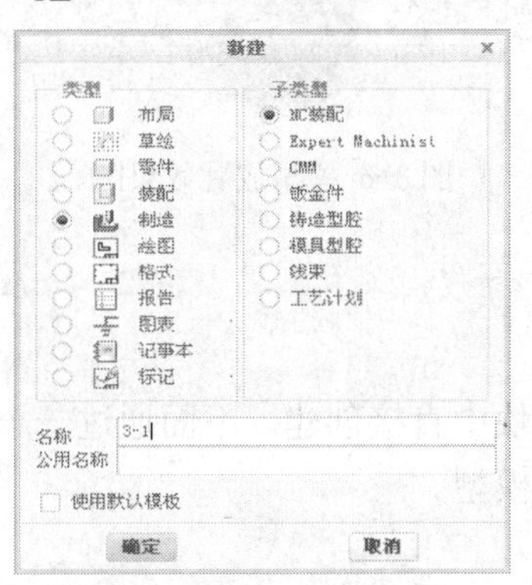

图3-1 “新建”对话框

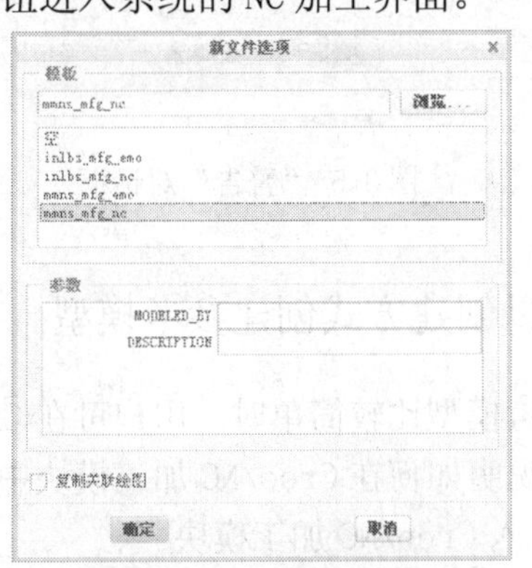

图3-2 “新文件选项”对话框

2. 以装配方式创建参考模型

（1）在“制造”功能区“元件”面板上单击“参考模型”下拉列表中的“装配参考模型”按钮，则系统打开如图3-3所示的“打开”对话框，在对话框中选择光盘文件“yuanwenjian\3\3.1\czmx.prt”，然后单击对话框中的 打开 按钮。

（2）系统打开如图3-4所示的“元件放置”操控面板，选择约束类型为“默认”，表示在默认位置装配参考模型。此时操控面板上“状况”后面显示为“完全约束”。单击操控面

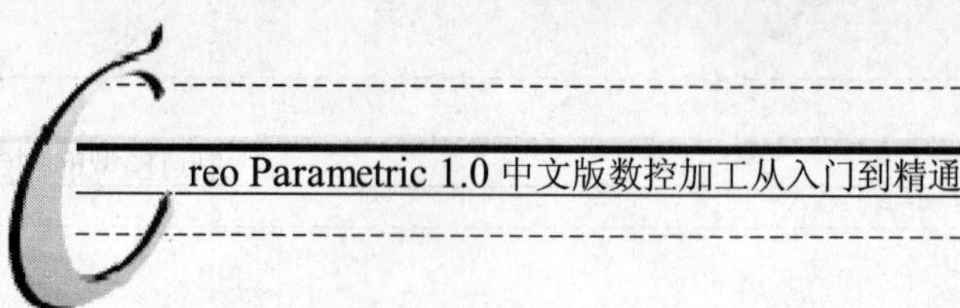

板中的“完成”按钮，系统打开如图 3-5 所示的“警告”对话框，单击确定按钮完成模型放置，放置效果如图 3-6 所示。

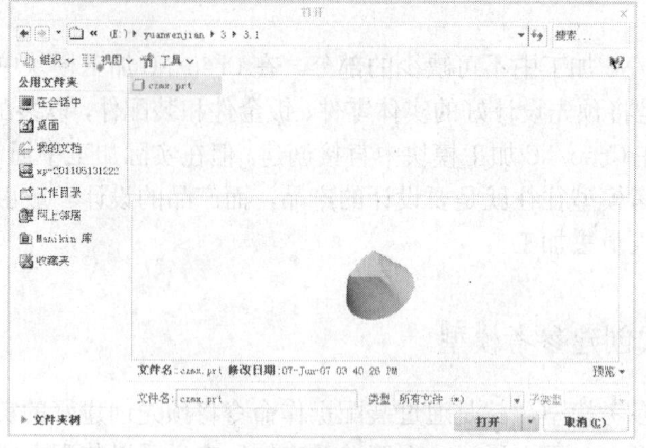

图 3-3 “打开”对话框

（3）选择“文件”→“保存”命令，或者单击“快速访问”工具栏中的“保存”按钮，将当前的文件保存。

图 3-4 “元件放置”操控面板

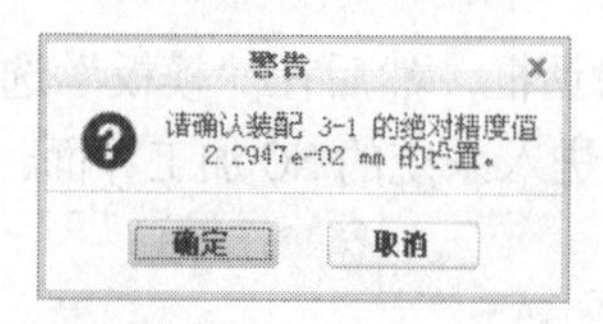

图 3-5 “警告”对话框

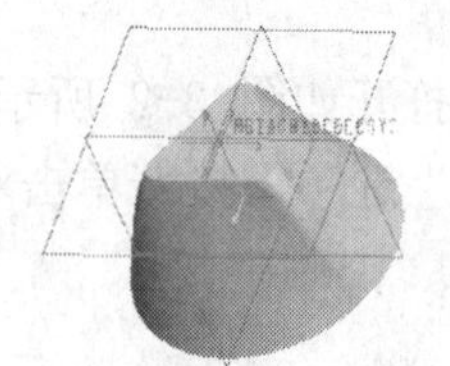

图 3-6 模型放置效果图

3.1.2 以创建方式创建参考模型

当参考模型比较简单时，用户可在 Creo/NC 加工模块中直接创建。下面通过一个简单的实例，来说明如何在 Creo/NC 加工模块中直接创建参考模型。

1. 进入 Creo/NC 加工模块

（1）启动 Creo Parametric 1.0 后，选择“文件”→“新建”命令，或者单击“快速访问”工具栏中的“新建”按钮，则系统打开如图 3-7 所示的“新建”对话框。在“新建”对话框的“类型”栏中选择“制造”，在“子类型”栏中选择“NC 装配”，然后在“名称”文本框中输入名称“3-2”，同时取消对“使用默认模板”复选框的勾选，最后单击对话框中的确定按钮。

（2）系统打开如图 3-8 所示的“新文件选项”对话框，然后在“模板”选项框中选择“mmns_mfg_nc”选项，接着单击对话框中的确定按钮进入系统的 NC 加工界面。

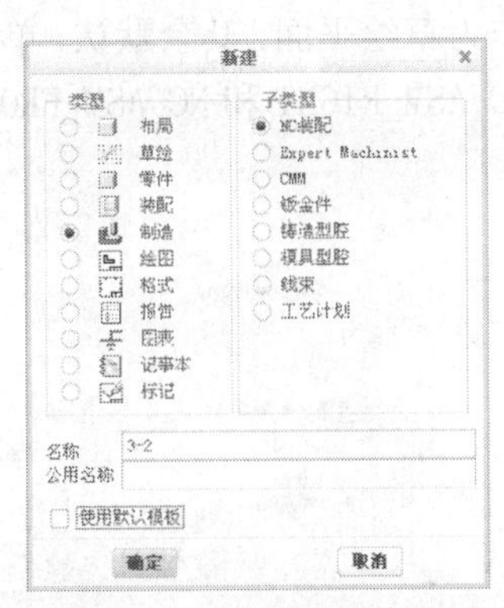

图3-7 “新建”对话框

图3-8 “新文件选项”对话框

2．在NC模块中创建参考模型

（1）单击“模型”功能区“元件”面板上的“创建”按钮，系统打开“复合类型”菜单，选择“零件”选项，如图3-9所示。

（2）在弹出的文本框内输入模型的名称“czmx1”，单击“完成”按钮，如图3-10所示。

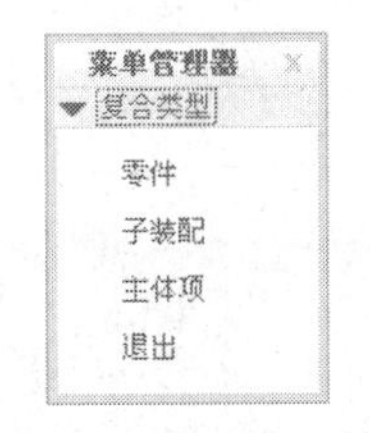

图3-9 “复合类型”菜单

图3-10　输入名称

（3）系统打开“零件选项”菜单，如图3-11所示，选择“实体”选项。系统打开“特征类”菜单，如图3-12所示，选择“伸出项”选项。系统打开“实体选项”菜单，如图3-13所示，选择“拉伸”→“实体”→“完成”选项。

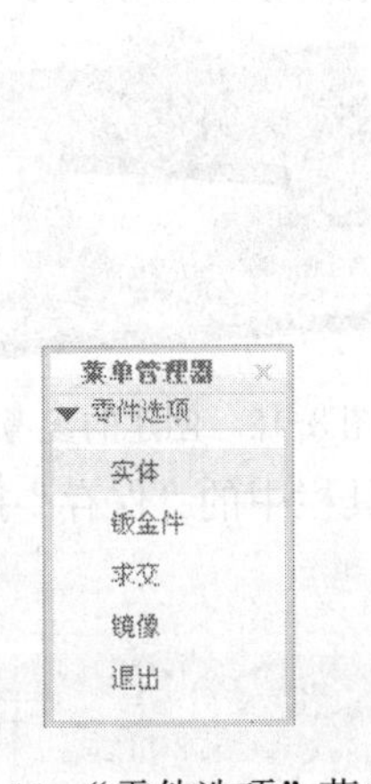

图3-11 “零件选项”菜单

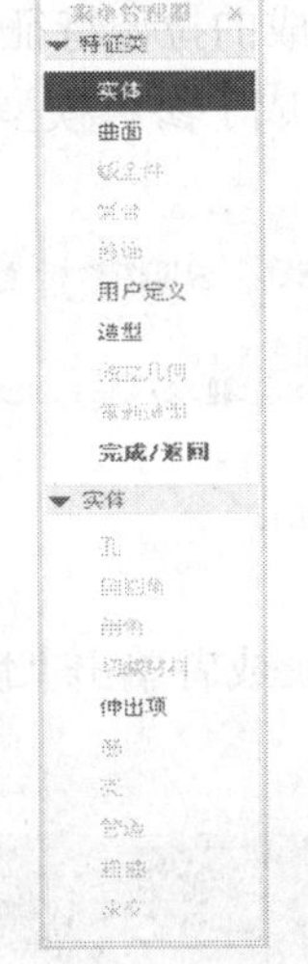

图3-12 “特征类”菜单

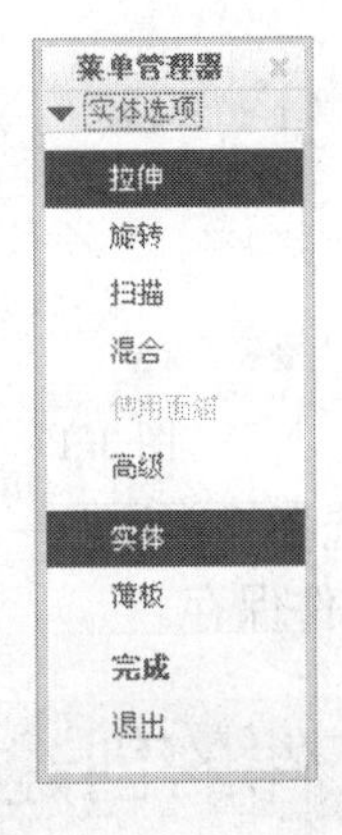

图3-13 “实体选项”菜单

（4）系统打开如图3-14所示的“拉伸”操控面板，在“放置”下滑面板中单击定义...

按钮，系统打开“草绘”对话框，选择 NC_ASM_TOP 基准面作为草绘平面，其余默认，单击草绘按钮。系统打开如图 3-15 所示的“参考”对话框，选择 NC_ASM_RIGHT 和 NC_ASM_FRONT 基准面作为草绘参考平面，单击关闭(C)按钮，进入草绘界面。

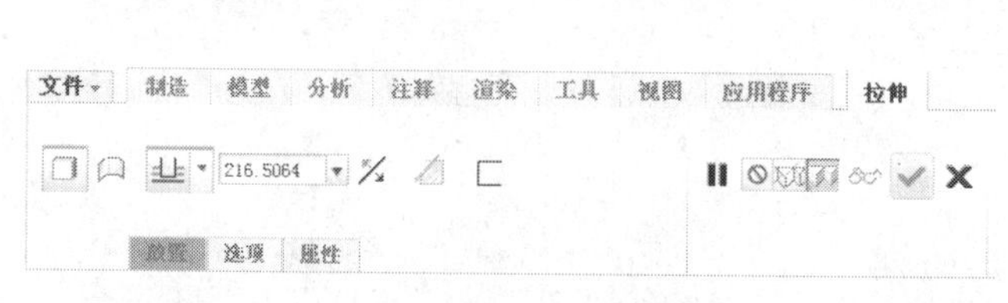

图 3-14　“拉伸”操控面板

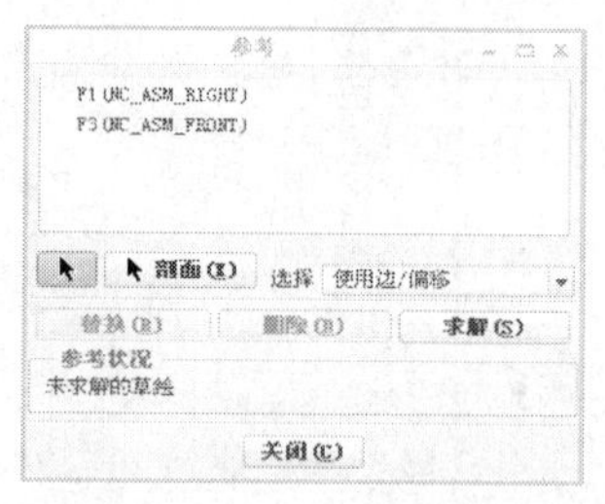

图 3-15　“参考“对话框

（5）单击“显示”工具栏中的“草绘视图”按钮，使基准平面正视。然后在图形显示区中绘制如图 3-16 所示的拉伸实体截面（其中尺寸“12”和“100”需要绘制水平中心线来约束其两端点对称）。单击“确定”按钮，退出草图绘制环境。

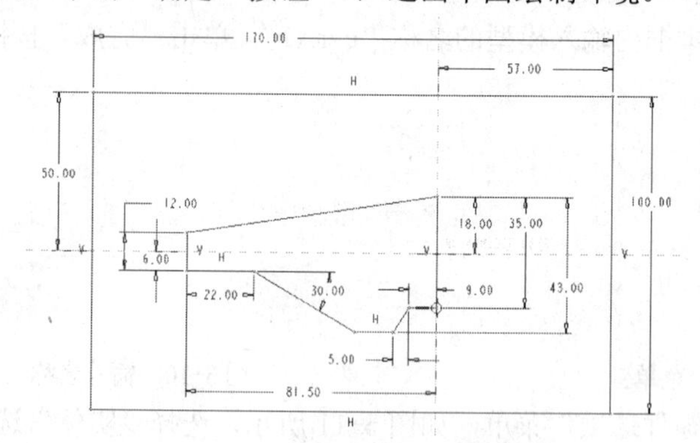

图 3-16　草绘截面

（6）在拉伸操控面板中设置拉伸方式为“两侧对称”，然后输入实体拉伸深度为“16”，如图 3-17 所示。接着单击按钮对生成的拉伸特征进行预览，当对预览结果满意时，单击操控面板中的“完成”按钮。至此完成了参考模型的创建，结果如图 3-18 所示。

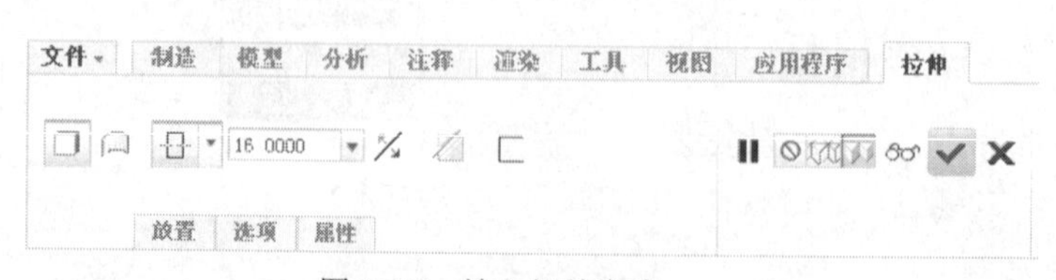

图 3-17　输入拉伸高度

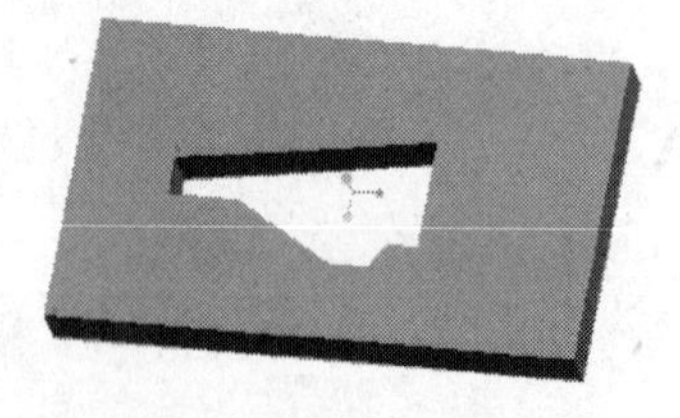

图 3-18　创建的参考模型

（7）选择“文件”→“保存”命令，或者单击“快速访问”工具栏中的“保存”按钮，将当前的文件保存。

3.2　工件的创建

在 Creo/NC 加工中，工件的设置并不是必需的，不过通常推荐对其进行设置，这样不但在生成NC序列时系统可自动定义加工尺寸，而且可以通过加工模拟观察加工的全过程，此外利用系统自带的干涉检查功能还可对加工过程进行干涉检查，从而有利于设计NC加工程序。与参考模型一样，工件也可以通过以下的两种方法获得。

3.2.1　以装配方式创建工件

下面通过一个简单的实例，来说明以装配方式创建工件的操作步骤。

1. 进入Creo/NC加工模块

启动Creo Parametric 1.0后，选择“文件”→“打开”命令，或者单击“快速访问”工具栏中的“打开”按钮，则系统打开如图3-19所示的“文件打开”对话框。然后在“文件打开”对话框中选择本章3.1.1节所保存的文件“3-1.mfg”，然后单击对话框中的 打开 按钮即进入系统的NC加工模块。

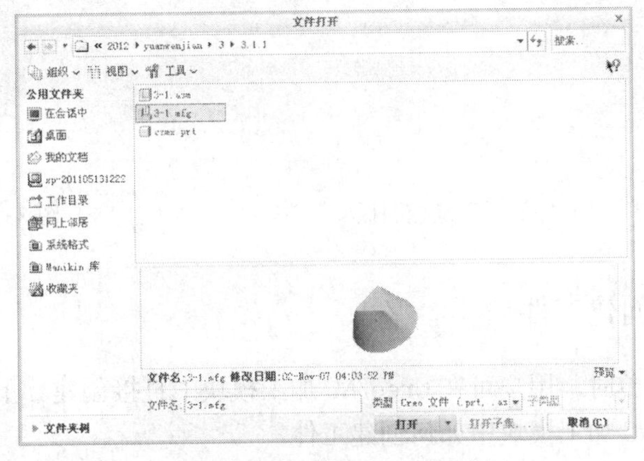

图3-19 “文件打开”对话框

2. 以装配方式创建工件

（1）在“制造”功能区“元件”面板上单击“工件”下拉列表中的“装配工件”按钮，接着系统打开如图3-20所示的“打开”对话框。选择光盘文件“yuanwenjian\3\3.1.1\gj.prt”，最后单击对话框中的 打开 按钮，则系统立即在图形显示区中导入工件，如图3-21所示。

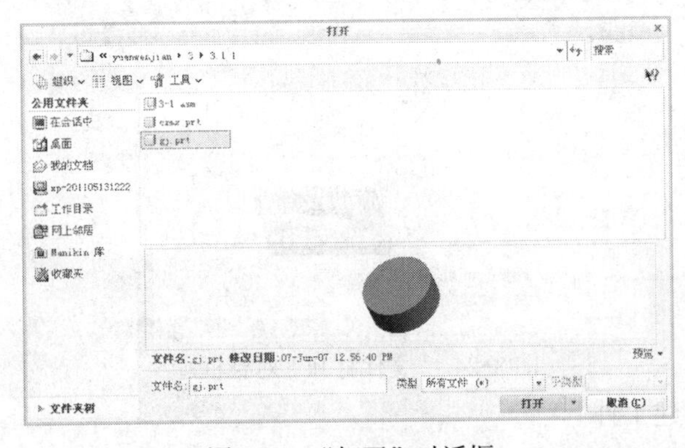

图3-20 “打开”对话框

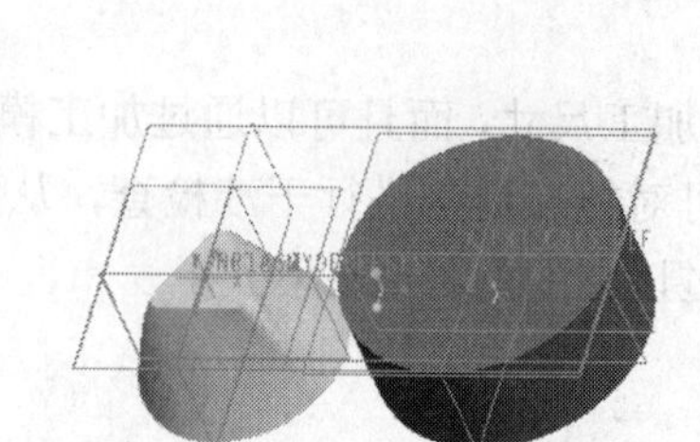

图 3-21 导入的工件

（2）系统打开如图 3-22 所示的“元件放置”操控面板，选择约束类型为“默认”，表示在默认位置装配参考模型。此时操控面板上“状况”后面显示为“完全约束”。单击操控面板中的“完成”按钮，放置效果如图 3-23 所示。

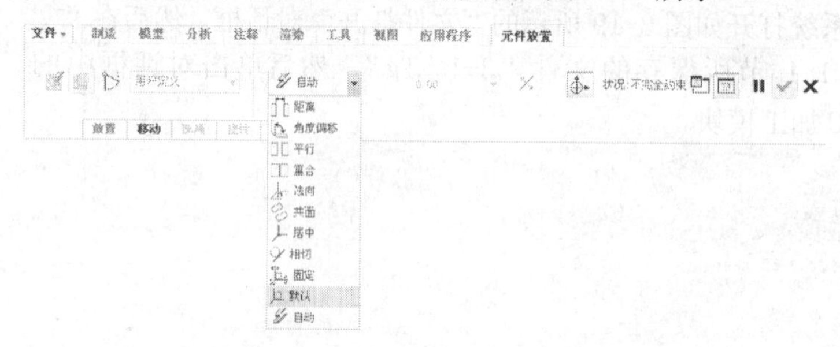

图 3-22 “元件放置”操控面板

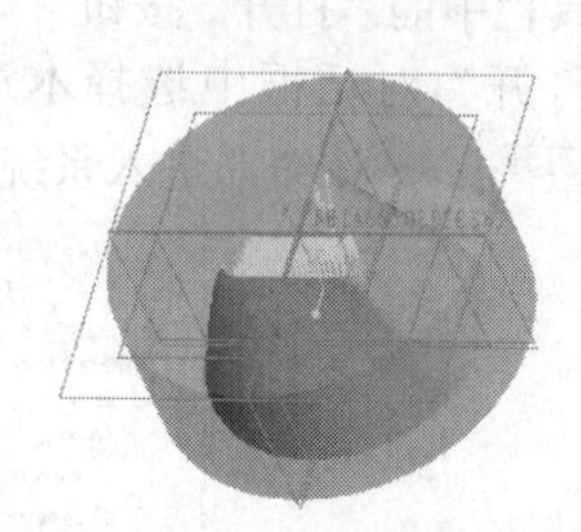

图 3-23 装配后的工件

3.2.2 以创建方式创建工件

当工件形状比较简单时，用户可在 Creo/NC 加工模块中直接创建。下面通过一个简单的实例，来说明在 Creo/NC 加工模块中如何创建工件。

1．进入 Creo/NC 加工模块

启动 Creo Parametric 1.0 后，选择“文件”→“打开”命令，或者单击“快速访问”工具栏中的“打开”按钮，则系统打开如图 3-24 所示的“文件打开”对话框。然后在“文件打开”对话框中选择本章 3.1.2 节所保存的文件“3-2.asm”，然后单击对话框中的 打开 按钮即进入系统的 NC 加工模块。

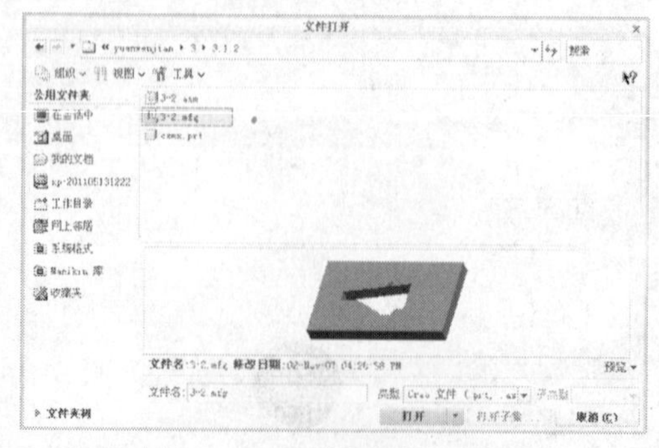

图 3-24 “文件打开”对话框

2．在 NC 模块中创建工件

（1）在“制造”功能区“元件”面板上单击“工件”下拉列表中的“创建工件”按钮，

在弹出的文本框中输入零件名称“gj”，如图 3-25 所示，单击✓按钮。

图 3-25　提示文本框

（2）系统打开如图 3-26 所示的“特征类”菜单，选择“伸出项”菜单，系统打开如图 3-27 所示的“实体选项”菜单，依次选择“拉伸”→“实体”→“完成”选项。

（3）系统打开“拉伸”操控面板，在“放置”下滑面板中单击[定义...]按钮，系统打开“草绘”对话框，选择参考模型的上表面作为草绘平面，选择 NC_ASM_RIGHT 基准面作为参照，如图 3-28 所示，单击[草绘]按钮，系统打开“参考”对话框，选取 NC_ASM_RIGHT 和 NC_ASM_FRONT 基准面单击“关闭”按钮，进入草绘界面。

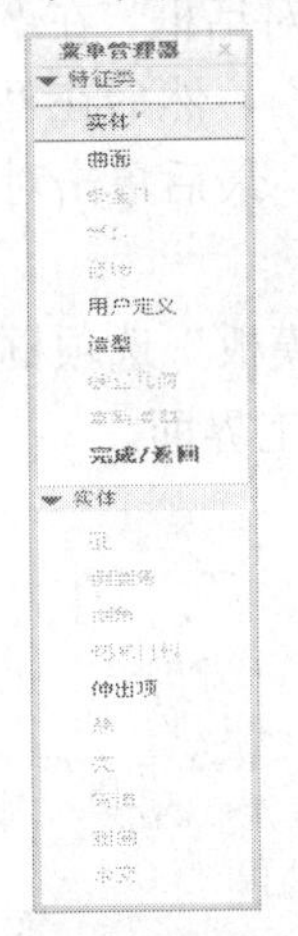

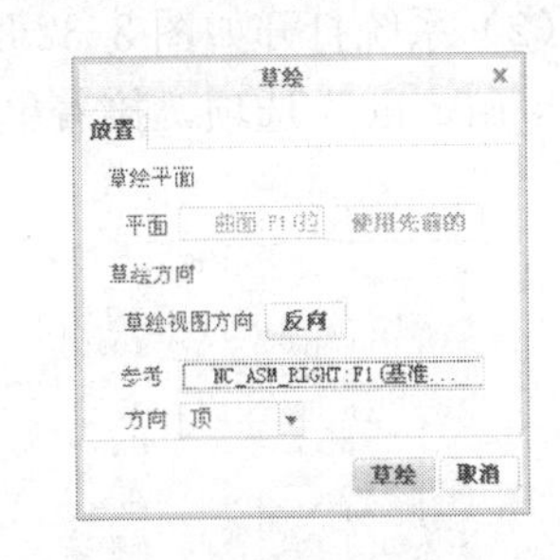

图 3-26　“特征类”菜单　　图 3-27　“实体选项”菜单　　图 3-28　“草绘”对话框的设置

（4）单击“显示”工具栏中的“草绘视图”按钮，使基准平面正视。然后在图形显示区中创建如图 3-29 所示的拉伸实体截面。单击“确定”按钮✓，退出草图绘制环境。

（5）在拉伸操控面板中设置拉伸方式为“到选定项”，然后选择参考模型的底面作为拉伸深度的参照。接着单击按钮对生成的拉伸特征进行预览，当对预览结果满意时，单击操控面板中的“完成”按钮✓。至此完成了工件的创建，结果如图 3-30 所示。

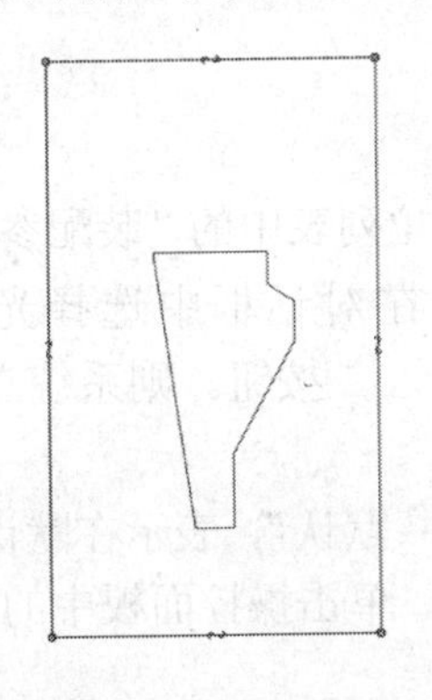

图 3-29　草绘截面

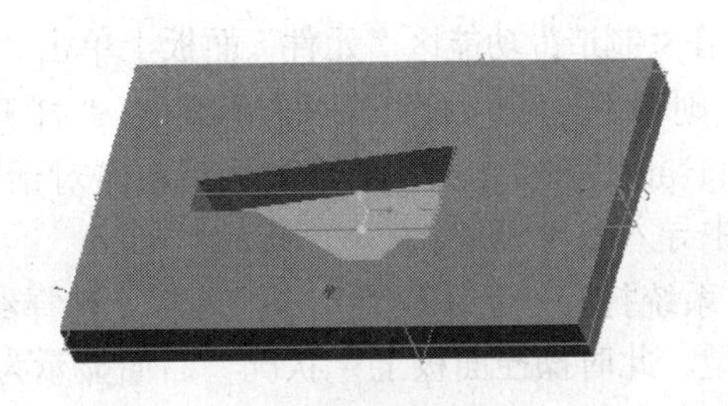

图 3-30　创建的工件

3.3 实例练习——制造模型的创建

制造模型是 Creo/NC 加工模块中最高级的模型，一般由参考模型和工件组成。与参考模型和工件一样，制造模型也可以通过装配方式和直接创建方式来获得。下面通过一个实例，来说明制造模型的创建过程。其中参考模型以装配方式创建，工件在 NC 模块中直接创建。

3.3.1 进入 Creo/NC 加工模块

（1）启动 Creo Parametric 1.0 后，选择“文件”→“新建”命令，或者单击“快速访问”工具栏中的“新建”按钮，则系统打开如图 3-31 所示的“新建”对话框。在“新建”对话框的“类型”栏中选择“制造”，在“子类型”栏中选择“NC 装配”，然后在“名称”文本框中输入名称“zzmx”，同时取消对“使用默认模板”复选框的勾选，最后单击对话框中的 确定 按钮。

（2）系统打开如图 3-32 所示的“新文件选项”对话框，然后在“模板”选项框中选择“mmns_mfg_nc”选项，接着单击对话框中的 确定 按钮进入系统的 NC 加工界面。

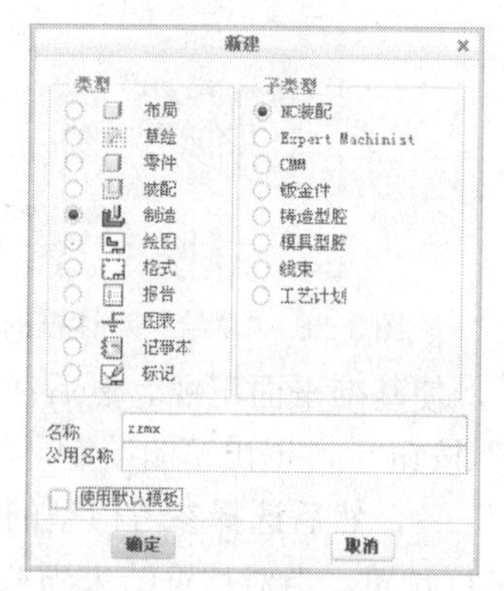

图 3-31 “新建”对话框

图 3-32 “新文件选项”对话框

3.3.2 以装配方式创建参考模型

（1）在“制造”功能区“元件”面板上单击“参考模型”下拉列表中的“装配参考模型”按钮，则系统打开如图 3-33 所示的“打开”对话框，在对话框中选择光盘文件“yuanwenjian\3\3.3\czmx.prt”，然后单击对话框中的 打开 按钮。则系统立即在图形显示区中导入参考模型。

（2）系统打开“元件放置”操控面板，选择约束类型为“默认”，表示在默认位置装配参照模型。此时操控面板上“状况”后面显示为“完全约束”。单击操控面板中的“完成”按钮，放置效果如图 3-34 所示。

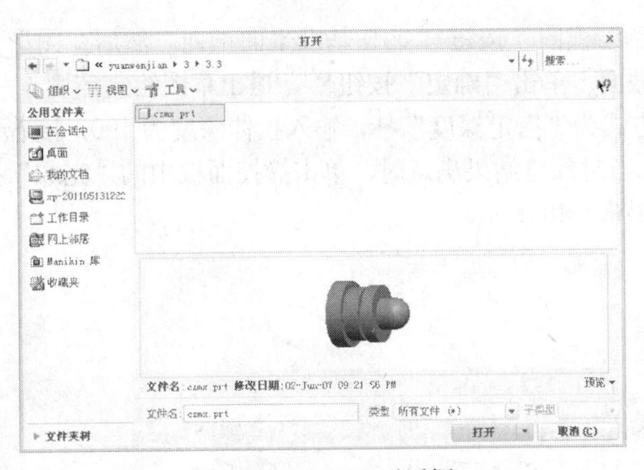

图 3-33 “打开”对话框

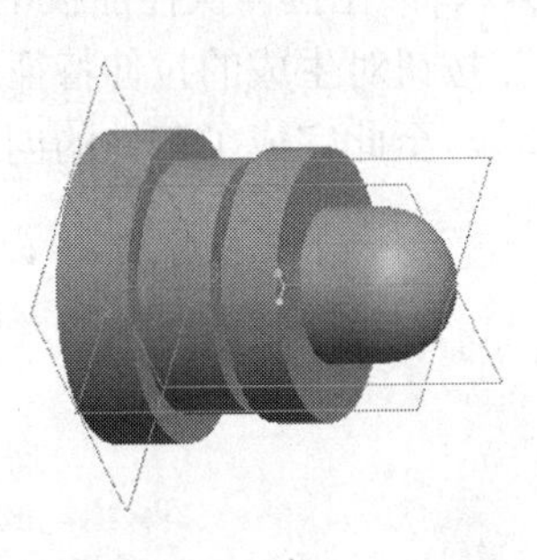

图 3-34 装配后的参考模型

3.3.3 在NC模块中创建工件

（1）在“制造”功能区“元件”面板上单击“工件”下拉列表中的“创建工件”按钮，在弹出的文本框中输入零件名称“gj”，如图3-35所示，单击“完成”按钮。

图 3-35 提示文本框

（2）系统打开如图3-36所示的“特征类”菜单，选择“伸出项”选项，系统打开如图3-37所示的“实体选项”菜单，依次选择“拉伸”→“实体”→“完成”选项。

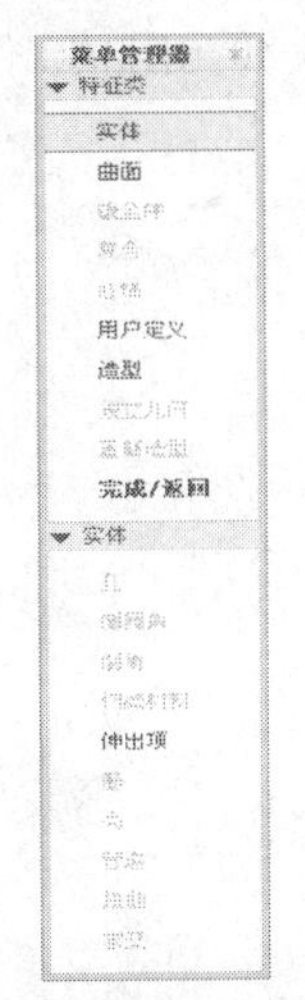

图 3-36 “特征类”菜单

图 3-37 “实体选项”菜单

（3）系统打开“拉伸”操控面板，在“放置”下滑面板中单击 定义... 按钮，系统打开“草绘”对话框，选择NC_ASM_RIGHT基准面作为草绘平面，其余默认，如图3-38所示，单击 草绘 按钮，系统打开“参考”对话框，选取NC_ASM_TOP和NC_ASM_FRONT基准面单击“关闭”按钮，进入草绘界面。

（4）单击“显示”工具栏中的“草绘视图”按钮，使基准平面正视。然后在图形显示区中创建如图 3-39 所示的拉伸实体截面。单击“确定”按钮，退出草图绘制环境。

（5）在拉伸操控面板中设置拉伸方式为“指定深度”，输入拉伸深度为 190。接着单击按钮对生成的拉伸特征进行预览，当对预览结果满意时，单击操控面板中的“完成”按钮。至此完成了工件的创建，结果如图 3-40 所示。

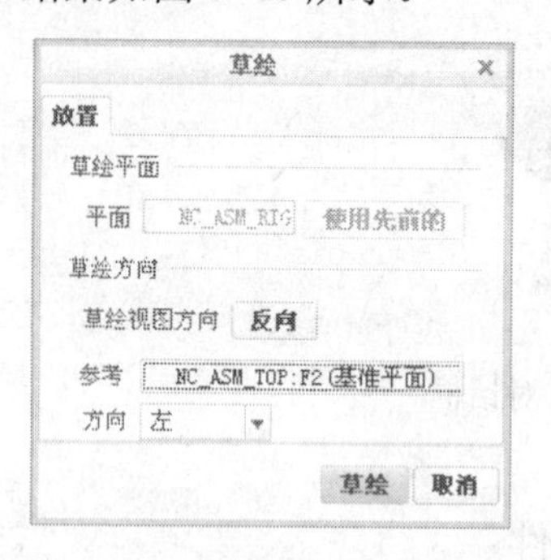

图 3-38 “草绘”对话框的设置

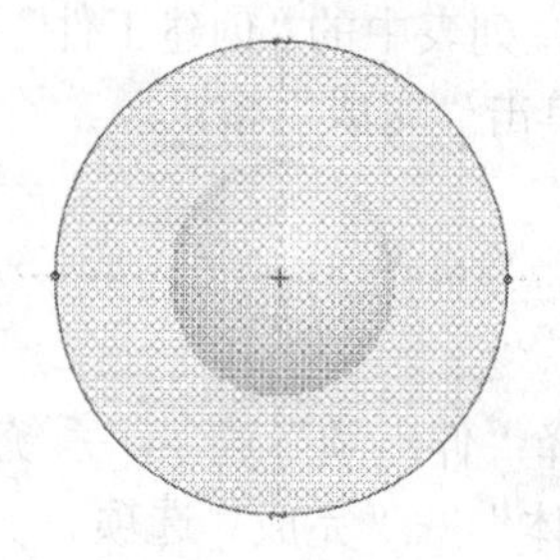

图 3-39 草绘截面

图 3-40 创建的工件

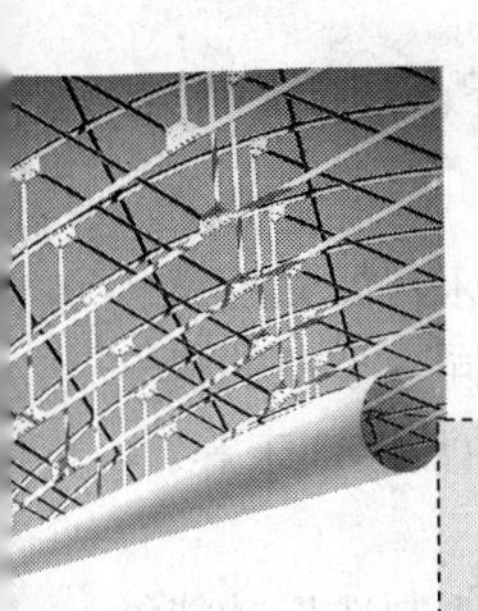

第4章

加工操作设置

本章导读

加工操作设置在Creo/NC加工中是必需也是非常重要的一个步骤，它直接影响到后续能否生成正确的刀具路径。因此，在学习Creo/NC加工之前，应掌握一些与加工操作设置相关的知识。本章将详细介绍工作机床和刀具的设置方法以及夹具、加工坐标系、退刀面的创建方式。

重点与难点

- 工作中心设置
- 刀具的设置
- 夹具的设置
- 加工坐标系的创建
- 退刀面的设置

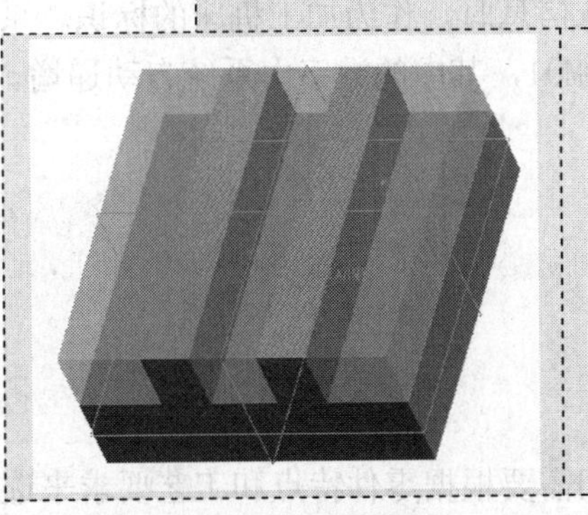

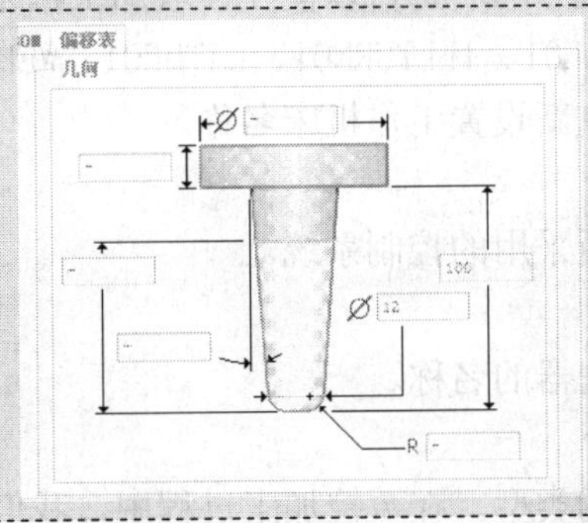

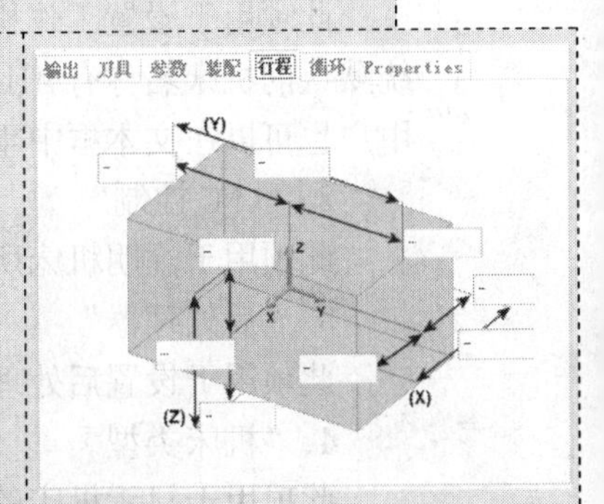

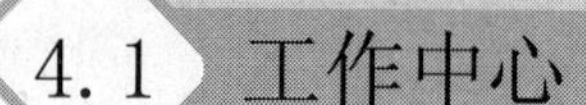

4.1 工作中心

根据加工工艺的不同，实际加工过程中可能会用到各种不同类型的数控机床，如数控铣床、数控车床、数控钻床、数控磨床、数控线切割机床、加工中心等。即使是同一类型的机床，也可能因其构成方式的不同而不同，如三轴数控铣床、四轴数控铣床、五轴数控铣床等。因此，在加工之前，用户必须根据所设计的加工工艺选择适用的机床类型。

在Creo/NC加工中，“工作中心”的设置即机床类型设置，主要集中放置在“制造”功能区面板中。在“制造”功能区“机床设置”面板上单击“工作中心”下拉按钮，在下拉列表中包括五种工作中心：“铣削”、“铣削—车削”、“车床”、“线切割”、“用户定义的工作中心”。图4-1所示为 “铣削工作中心”对话框。

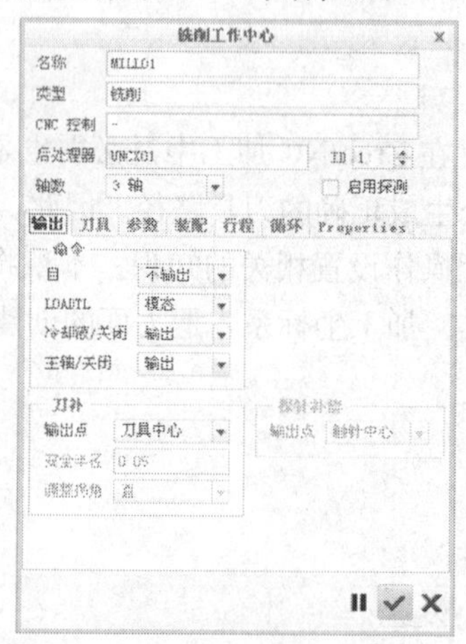

图4-1 铣削工作中心

下面以“铣削工作中心”对话框为例进行简单介绍。

4.1.1 基本选项设置

在“铣削工作中心”对话框中，基本设置选项包括以下几个：

1.“名称”

此项用于设置工作机床的名称，以便在读取加工机床信息时，作为加工机床的标识。系统默认的机床名称有MILL01、ILLTURN01、LATHE01、WEDM01，其中的数字由系统自动递增。用户也可以在文本框中重新设置工作机床名称。

2.“CNC控制”

此项用于注明机床所采用的控制系统。

3.“后处理器”

此项用于设置后处理器的名称。

4.“机床类型”

此项用于显示机床的类型。在数控加工过程中，我们需要根据零件特点和工艺要求来选择不同类型的机床。机床的类型决定了在该机床上进行加工时的加工轨迹类型。在 Creo/NC 加工中，用户可选用的机床类型及加工轨迹类型如表 4-1 所示。

表 4-1 Creo/NC 加工机床及加工轨迹类型

机床类型	说明	轨迹类型
铣床	3～5 轴铣削	体积块加工、局部铣削、曲面铣削、轮廓铣削、轨迹铣削、螺纹铣削、雕刻、插削
	孔加工	钻孔、镗孔、沉孔、铰孔、攻丝
车床	2～4 轴车削	区域车削、轮廓车削、凹槽车削、螺纹车削
	孔加工	钻孔、镗孔、沉孔、铰孔、攻丝
车铣中心	2 轴车削	区域车削、轮廓车削、凹槽车削、螺纹车削
	5 轴铣削	体积块加工、局部铣削、曲面铣削、轮廓铣削、轨迹铣削、螺纹铣削、雕刻、插削
	孔加工	钻孔、镗孔、沉孔、铰孔、攻丝
线切割	2 轴或 4 轴线切割	线切割加工

5.“轴数”

此项用于定义机床的主轴轴数。选择不同的机床类型，“轴数”选项会相应地发生变化。在 Creo/NC 加工中，不同的机床可供选用的轴数（转塔数）不同。

- 对于铣削，可选的轴数有：3 轴（默认值）、4 轴或 5 轴。
- 对于车削，可选的转塔数有：1 个转塔（默认值）或 2 个转塔。
- 对于铣削—车削，可选的轴数有：2 轴、3 轴、4 轴或 5 轴（默认值）。
- 对于线切割，可选的轴数有：2 轴（默认值）或 4 轴。

6.“ID”

此项用于选择指定的数控系统。

7.“启用探测”选项框

此项用于设置是否启用“探测”。

4.1.2　选项卡设置

除了上述的基本选项外，“工作中心”对话框中还有以下几个选项卡：

1. “输出”选项卡

图 4-2 所示为“输出”选项卡。包括三个选项区：“命令”、“刀补”、“探针补偿”。其中“命令”选项区主要用于对刀具位置的输出进行设置；“刀补”选项区主要用于对刀具的补偿方式进行设置；“探针补偿”选项区主要用于减少探针的系统误差。

2.“刀具”选项卡

图 4-3 所示为“刀具”选项卡，利用它可以设置刀具的换刀时间和刀具几何参数。换刀所需的时间，以 s 为单位，用户可在“刀具更改时间”选项后的文本框中直接键入换刀时间，或使用文本框旁的“向上”或“向下”箭头来增加或减少换刀时间。单击 刀具... 按钮，弹出“刀具设定”对话框，在此对话框中可进行刀具几何参数的设置。本节不作详细讲解，将在本章 4.2 节进行详细介绍。

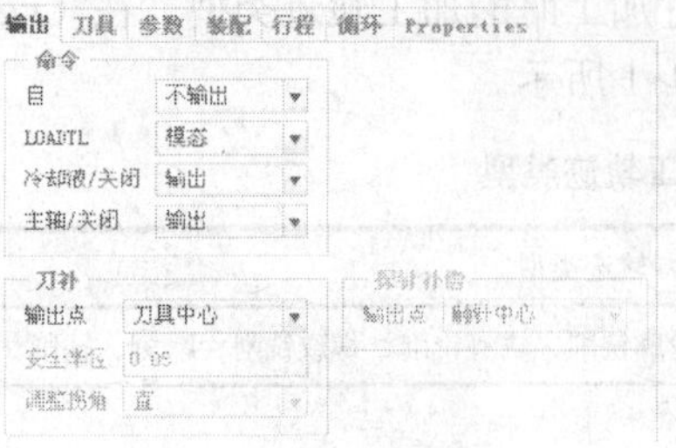

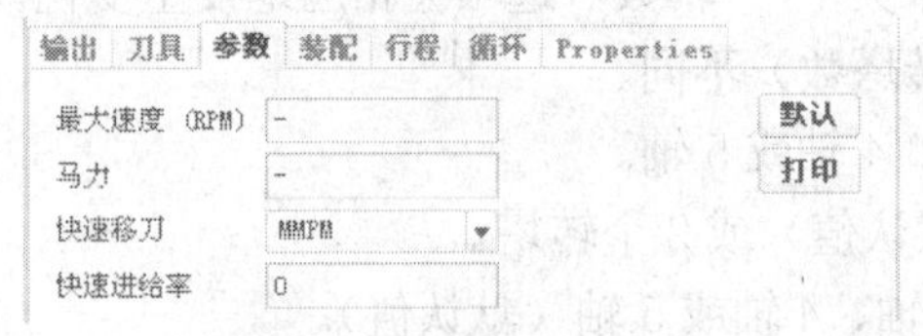

图 4-2 “输出”选项卡

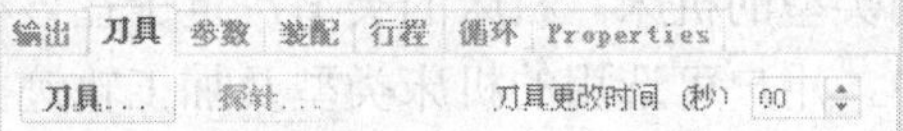

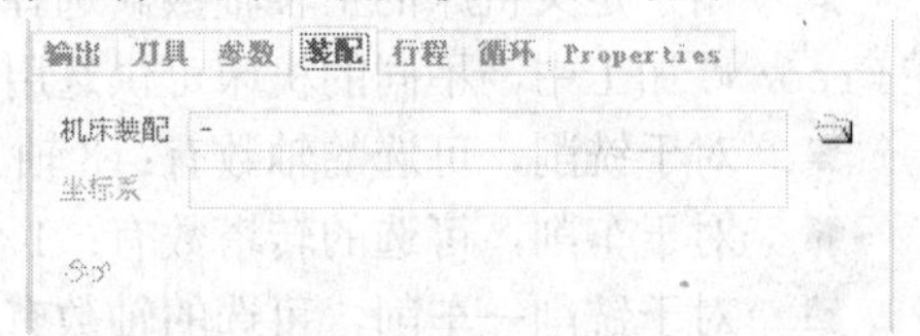

图 4-3 “刀具”选项卡

3. “参数”选项卡

图 4-4 所示为“参数”选项卡，主要用于设置最大转速（系统给定的单位为 RPM，即转数每分钟）、功率、进给量单位、机床最大快进速度。在“快速移刀”选项中系统给出的单位有：FPM（英尺每分钟）、IPM（英寸每分钟）、MMPM（毫米每分钟）、FPR（英尺每转）、IPR（英寸每转）、MMPR（毫米每转）。

4. “装配”选项卡

图 4-5 所示为“装配”选项卡，主要用于选择机床组件和用于装配模型的坐标系。

图 4-4 “参数”选项卡

图 4-5 “装配”选项卡

5. “行程”选项卡

图 4-6 所示为“行程”选项卡，利用它可以设置工作机床在 X、Y、Z 轴方向上的最大和最小移动量。如果某个加工操作特征超出了所定义的机床行程极限，则在显示或输出 CL 数据时，系统将打开“信息窗口”窗口并列出所超过的极限值及其相应的实际值。

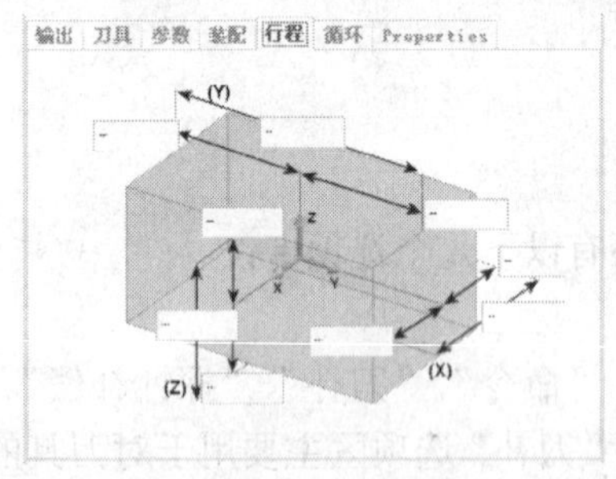

图 4-6 “行程”选项卡

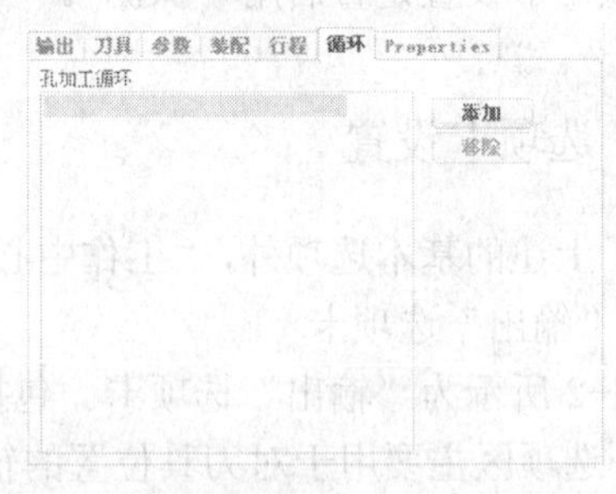

图 4-7 “循环”选项卡

6. “循环”选项卡

图 4-7 所示为“循环”选项卡，单击右侧的 添加 按钮，系统打开如图 4-8 所示的“自定义循环”对话框，利用该对话框，用户可对孔加工循环过程进行设置。对于添加的循环可以利用“循环”选项卡右侧的 移除 按钮进行删除。

7. “Properties” 选项卡

图 4-9 所示为“Properties”选项卡，在该选项卡中设置备注名称、位置及工作机床的

相关文字说明，以便其他用户了解机床的设置内容。

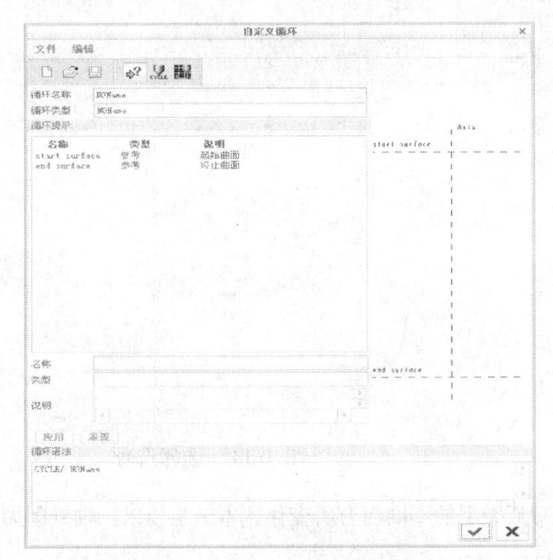

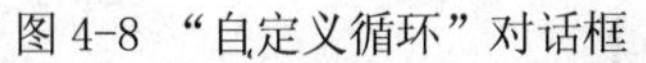

图 4-8 “自定义循环”对话框

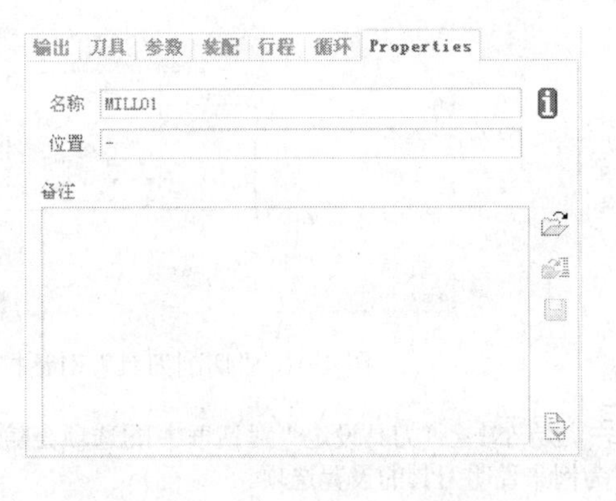

图 4-9 “Properties”选项卡

4.2 刀具设置

与工作机床一样，刀具也是数控加工过程中不可缺少的硬件设备。不同的加工方式、不同的加工对象所选用的刀具和刀具几何参数不同。在实际生产中，要根据加工方式、切削参数、工件的几何尺寸及材料等一系列因素来确定刀具的类型、尺寸、形状、材料。在 Creo/NC 加工中，刀具的设置主要集中在“刀具设定”对话框中。

4.2.1 打开“刀具设定”对话框

在 Creo/NC 加工中，用户可通过以下三种方法来打开“刀具设定”对话框：

（1）在“制造”功能区“机床设置”面板上单击“工作中心”下拉列表中的“铣削”按钮，系统打开“铣削工作中心”对话框，选择“刀具”选项卡，在选项卡中单击 刀具... 按钮，弹出“刀具设定”对话框，如图 4-10 所示。

（2）在 NC 序列设置过程中，勾选“序列设置”菜单中的“刀具”选项后再选择“完成”选项，如图 4-11 所示，则系统将打开“刀具设定”对话框。

（3）若用户已对刀具进行了定义，则可以直接在 Creo/NC 主界面的工具栏中单击“制造”功能区“机床设置”面板上的“切削刀具”按钮，打开“刀具设定”对话框。

4.2.2 选项说明

“刀具设定”对话框主要由菜单栏、工具栏、刀具列表区、选项卡等组成。它包含了刀具设置的所有内容。

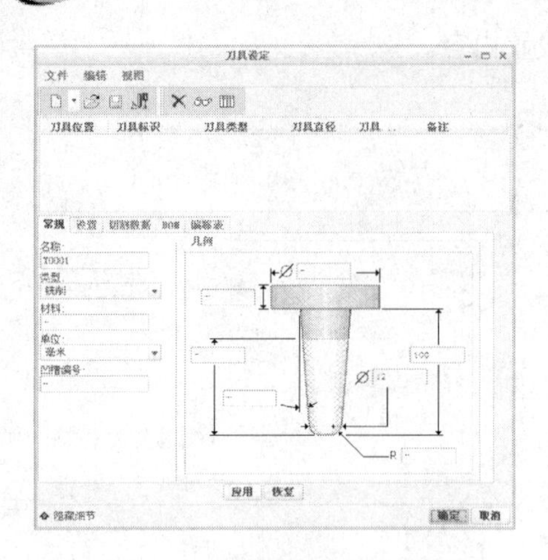

图 4-10 “切削刀具”对话框　　　　图 4-11 选择选项

提示：“刀具设定”对话框中的选项会随所选刀具类型的不同而有所变化。本节主要以三轴铣削刀具为例来说明刀具的设置选项。

1．菜单栏

“刀具设定”对话框的菜单栏中包含有“文件”、“编辑”、“视图”选项。它集中了刀具设置的各个操作。

- “文件”：用于对刀具文件进行管理，如定义新刀具、打开已经存在的刀具和保存刀具信息等。
- “编辑”：用于对刀具参数进行修改、删除。
- “视图”：用于查看刀具信息。

2．工具栏

“刀具设定”对话框的工具栏如图 4-12 所示。它以直观的图标按钮显示了刀具设置过程中常用的命令。下面就工具栏中各按钮的含义进行简单介绍：

- 按钮：用于创建一把新的刀具。单击按钮旁的向下三角箭头按钮，系统将打开如图 4-13 所示的刀具选择界面，在该界面中用户可以选择所需的刀具类型。

图 4-12 “刀具设定”对话框的工具栏

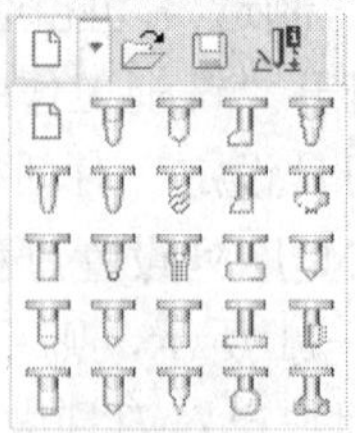

图 4-13 “刀具类型”选择界面

- 按钮：用于打开已有的刀具文件。单击该按钮，系统将打开“打开”对话框，然后在对话框中用户可以选择要打开的刀具文件。
- 按钮：用于保存已设置好的刀具文件。单击该按钮，系统自动将刀具文件保存到当前工作目录下。刀具文件以.xml 为扩展名。
- 按钮：用于显示所选刀具的信息。单击该按钮，系统将打开如图 4-14 所示的“信息窗口”对话框，其中显示了所选刀具的相关信息。

- ✕按钮：用于删除所选定的刀具。刀具删除后将从列表区中消失。
- 按钮：根据当前的参数设置在刀具预览窗口中显示刀具。单击该按钮后，系统将打开刀具预览窗口。

提示： 在刀具预览窗口中，用户可以通过鼠标中键放大或缩小刀具图形；按住鼠标中键，则可以移动目前显示的刀具部分。

- 按钮：用于定义刀具列表栏中的列。单击该按钮后，系统将打开如图 4-15 所示的“列设置创建程序”对话框。用户可在该对话框的左侧列表栏中选择相应的刀具参数，然后单击 >> 按钮，将所选的刀具参数添加到右侧列表栏中，最后单击对话框中的 确定 按钮。则可将所选的刀具参数添加到“刀具设定”对话框的刀具列表栏中。

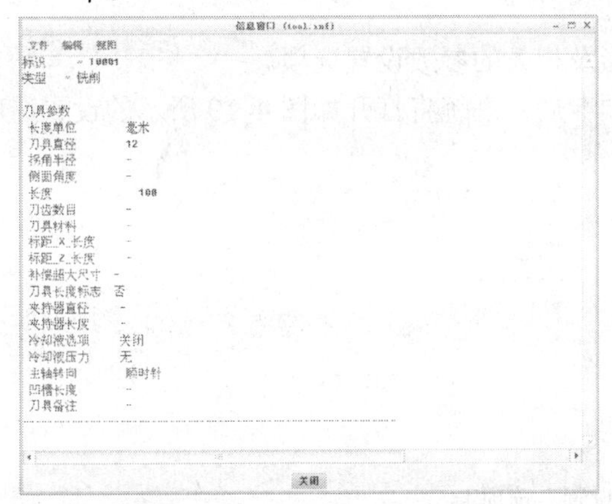

图 4-14 “信息窗口”对话框

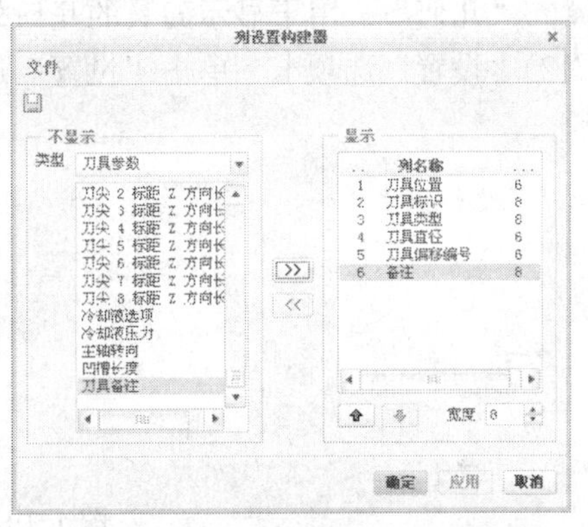

图 4-15 “列设置创建程序”对话框

3．刀具列表栏

“刀具设定”对话框中的刀具列表栏如图 4-16 所示。它列出了用户已定义或打开的刀具信息。若用户需要增加其他的刀具信息，则可通过图 4-17 所示的“常规”选项卡来设置。

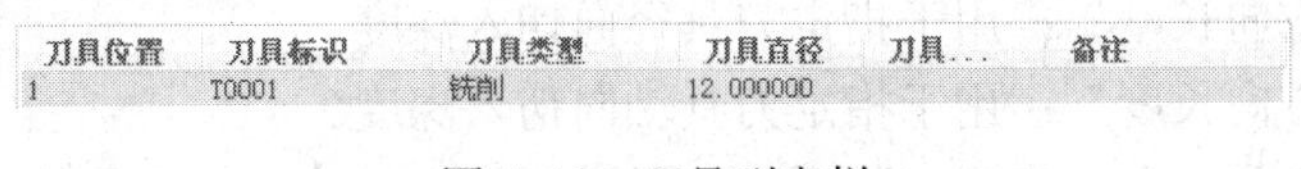

刀具位置	刀具标识	刀具类型	刀具直径	刀具...	备注
1	T0001	铣削	12.000000		

图 4-16 刀具列表栏

4．选项卡

在“刀具设定”对话框中，主要有以下五个选项卡：

(1)“常规”选项卡　单击“常规”选项卡后，系统将打开如图 4-17 所示的设置选项。

- “名称”：用于定义刀具名称。系统默认的刀具名称为 T0001、T0002 等。
- “类型”：用于选择刀具类型。单击文本框右侧的向下箭头▼，系统将打开如图 4-18 所示的下拉列表，用户可以从中选择所需的刀具类型。刀具类型确定后，在“几何”分组框中将显示相应刀具的几何外形。
- “材料”：用于设置刀具材料。

- “单位”：用于设置刀具几何参数的单位，系统提供了英寸、英尺、毫米、厘米等 4 个选项。系统默认的单位为工件的几何参数单位。

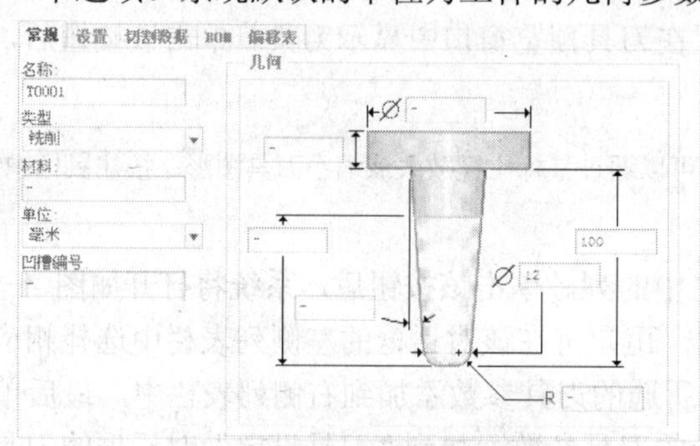
图 4-17 “常规”选项卡

图 4-18 刀具类型下拉列表

- “凹槽编号”：用于设置刀具齿数。
- “几何”：用于显示刀具的几何外形及相关的参数设置选项。

（2）“设置”选项卡　单击“设置”选项卡后，系统将打开如图 4-19 所示的设置选项。

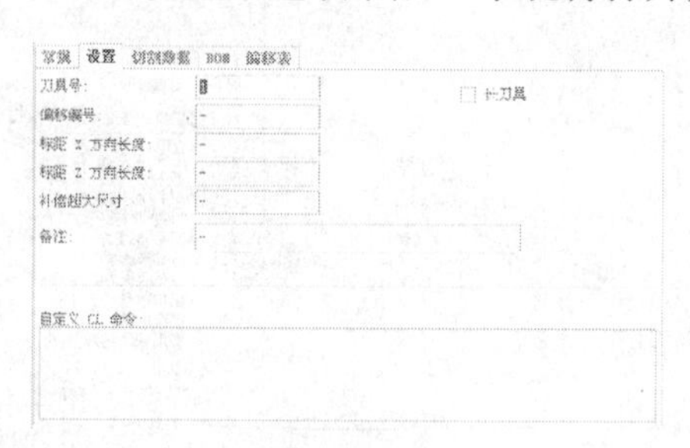
图 4-19 “设置”选项卡

- “刀具号”：用于设置刀具在刀库中的存放位置编号。由于在数控加工过程中可能会用到多把刀具，因此需要根据刀具在机床刀库中存放的位置来设置编号，以便机床在自动换刀时能按指定的刀具编号正确地转换刀具。
- “偏移编号”：用于指定当前刀具的偏距数值。
- “标距 X 方向长度”：用于指定刀具径向切入深度。
- “标距 Z 方向长度”：用于指定刀具轴向切入深度。
- “补偿超大尺寸”：表示切削刀具的最大测量直径与切削刀具的公称直径之差。如果切削刀具的实际直径大于切削刀具的编程直径，则需要设置该参数值。系统将使用该值进行过切检查。
- “备注”：用于对刀具信息进行文字说明。
- “长刀具”复选框：如果在 4 轴机床加工中，刀具太长以致无法退刀到“旋转间隙”级，则需要选中此复选框。如果将刀具标记为长刀具，则刀具尖端将会在工作台旋转过程中移到“安全旋转点”。
- “自定义 CL 命令”：用于插入一条要在换刀时运行的 CL 命令。该 CL 命令将被插入到 CL 文件中 LOADTL 命令的前面。

（3）“切割数据”选项卡　单击“切割数据”选项卡后，系统将打开如图 4-20 所示的设置选项。

图 4-20 “切割数据”选项卡

- “属性”分组框：主要包括应用程序的选择，如粗加工、精加工；坯件材料的选择；单位的选择，如英制、公制。
- “切削数据”分组框：主要是根据坯件的类型和加工条件，对粗加工或精加工的切削参数进行设置，包括切削速度、进给量、轴向深度和径向深度。
- “杂项数据”分组框：包括冷却液选项，有开、关闭、喷淋雾等下拉选项；冷却液压力，有高、低、中等下拉选项；主轴方向，有顺时针和逆时针下拉选项。

(4)“BOM”选项卡　单击“BOM”选项卡后，系统将打开如图 4-21 所示的设置选项。该选项卡主要用于列出刀具的元件名称、类型、数量和备注等信息。

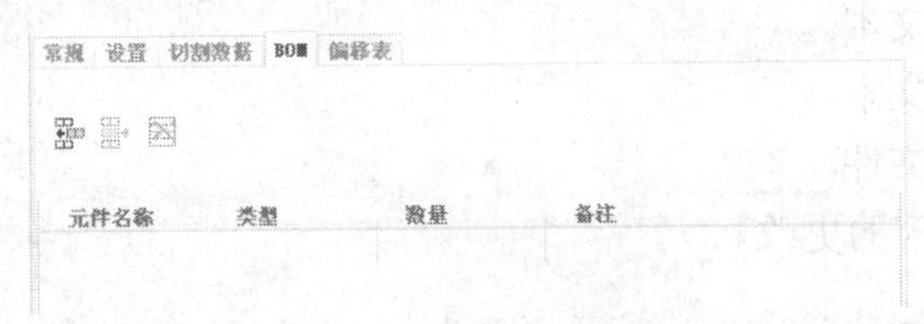

图 4-21 “BOM”选项卡

(5)“偏移表”选项卡　单击“偏移表”选项卡后，系统将打开如图 4-22 所示的设置选项。利用该选项卡用户可设置具有多个刀尖的铣削刀具。这项功能由配置选项 allow_multiple_tool_tips 来控制。

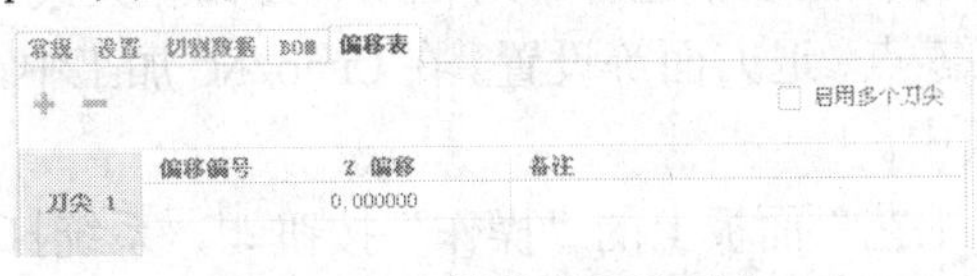

图 4-22 “偏移表”选项卡

4.3 夹具设置

在实际加工过程中，由于工件受到刀具的切削力作用，会产生振动甚至发生位移，因此需要设置夹具以固定工件，从而保证工件不会因切削力的作用而偏离原来的位置。在 Creo/NC 加工中，如果夹具不影响工件的加工，为节省设计时间一般可省略夹具的设置；如果夹具会直接影响到刀具路径，那么就必须定义夹具。

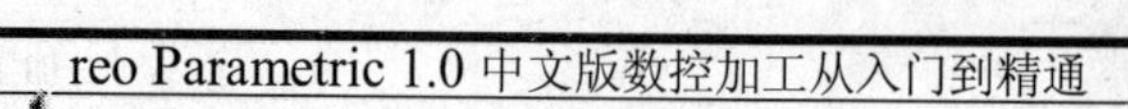

在 Creo/NC 加工中，夹具的设置主要集中在“夹具设置”操控面板中。单击“制造”功能区“元件”面板上的“夹具”按钮，系统将打开如图 4-23 所示的“夹具设置”操控面板，其中各选项的含义如下：

图 4-23 “夹具设置”操控面板

1.“元件”下滑面板：

：用于复制已存在的夹具设置。这样可以从被复制的设置中引入所有夹具元件。

：用于创建新的夹具元件。夹具元件创建好后，其名称将出现在“元件”下滑面板的列表中。

：显示与新添加的夹具元件前，表示新添加的夹具元件状态为可见。

：显示与新添加的夹具元件前，表示新添加的夹具元件状态为不可见。

2.“工艺”下滑面板：

“实际时间”输入框：用于设置时间。

3.“属性”下滑面板：

名称栏：用于修改夹具名称。

：显示添加的夹具元件的特征信息。

：从文件中读取文本。

：从文件中插入文本。

：将文本保存到文件。

：接受对文本内容的更改。

4.4 “操作”设置

在 Creo/NC 加工中，当制造模型创建好后，进行机床、刀具、夹具等设置，接下来需要进行操作设置。在“操作”操控面板中包含了对机床、刀具、夹具等设置的选择或修改，还包括了制造工艺参数、加工零点、退刀面等设置。在 Creo/NC 加工中，“操作”命令放置在“制造”功能区的“工艺”面板中。

单击“制造”功能区“工艺”面板上的“操作”按钮，系统打开如图 4-24 所示的“操作”操控面板。

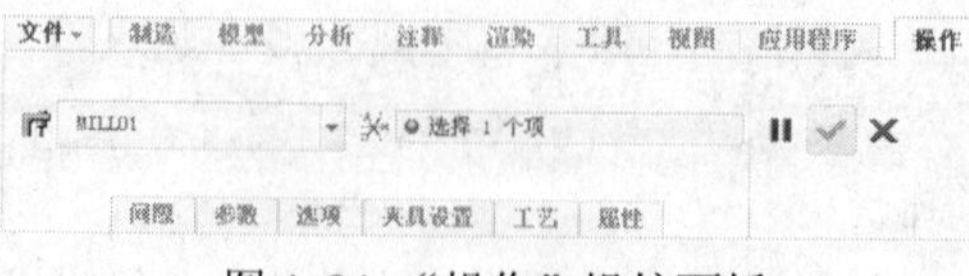

图 4-24 “操作”操控面板

对于操控面板中的一些选项，有一些系统已经给了默认值，而有一些未给出默认值。对于给了默认值的选项用户可以不用重新设置，而未给出默认值的选项需要用户给出相应的设置。

下面对“操作”操控面板中的各个选项进行简单介绍。

4.4.1 机床选择栏

“机床选择栏”选项用于选择或设置加工所使用的机床。在加工操作设置之前，如果用户已设置了一些机床，则它们会自动出现在“机床选择栏”的列表中以供用户选用。若用户要修改或创建新机床，则可单击操控面板右侧的“制造设置”下拉列表中的机床命令，系统提供了多种机床设置命令，如图 4-25 所示。

4.4.2 “加工零点”选择栏

编程时一般选择工件上的某一点作为程序原点，并以这个原点作为坐标系的原点建立一个新的坐标系。这个新的坐标系就称为加工坐标系。加工坐标系的原点也称加工零点。其后产生的刀位数据都是相对于加工零点进行计算的。在进行铣削加工时，加工零点一般设置在工件外形轮廓的某个角落或工件的中心上；在进行车削加工时，一般将加工零点设置在工件主轴中心线上的右端面或左端面上。

“加工零点”选择框用于加工零点坐标系的选择。用户可以在模型树窗口中选择一个已经存在的坐标系作为加工零点坐标系。如果没有合适的坐标系可以选择，用户可单击操控面板右侧“基准”下拉列表中的“坐标系”按钮，然后在系统打开的“坐标系”对话框中设置合适的坐标系，如图 4-26 所示。

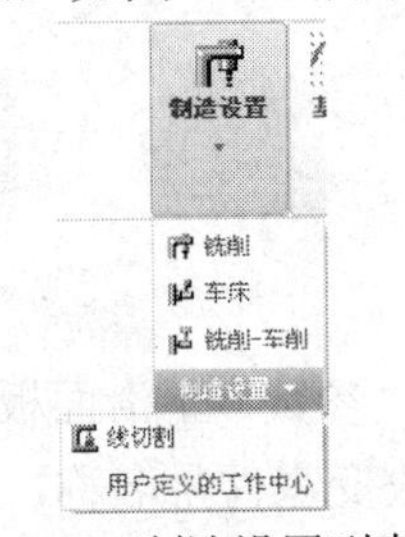

图 4-25　制造设置列表

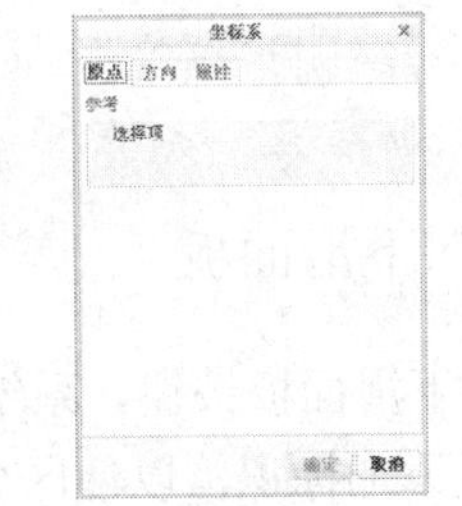

图 4-26　“坐标系”对话框

4.4.3 “间隙”下滑面板

在实际加工中，刀具会在不同的加工区域之间移动。为了避免刀具与工件或其他设备之间发生碰撞，每加工完一个区域后，都需要将刀具退到离工件一定的高度。这个高度所在的面就称为退刀面。

在 Creo/NC 加工中，退刀面的设置位于“操作”操控面板上的“间隙”下滑面板中。单击“间隙”下滑面板按钮，弹出如图 4-27 所示的“间隙”下滑面板。在该下滑面板中，用户可以对退刀面进行相关设置。

退刀类型列表：用于设置退刀面的类型，此列表包括了 5 种类型，如图 4-28 所示。5 种类型对应的下滑面板设置内容有所不同，如图 4-29 所示。对于不同的类型，选择的参考有所

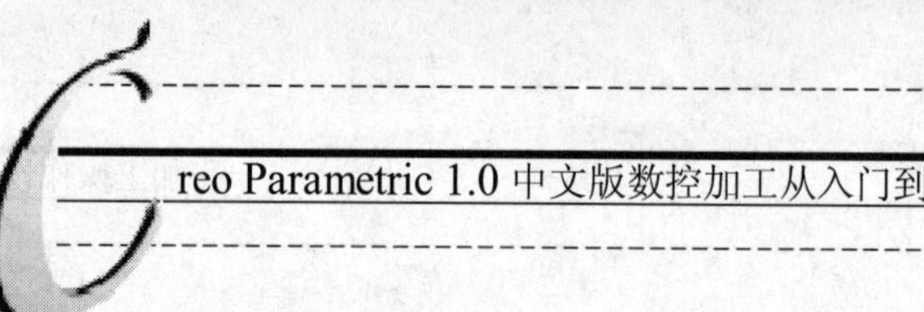

不同，选择参考后其余选项变为可用，可对选项内容进行设置。

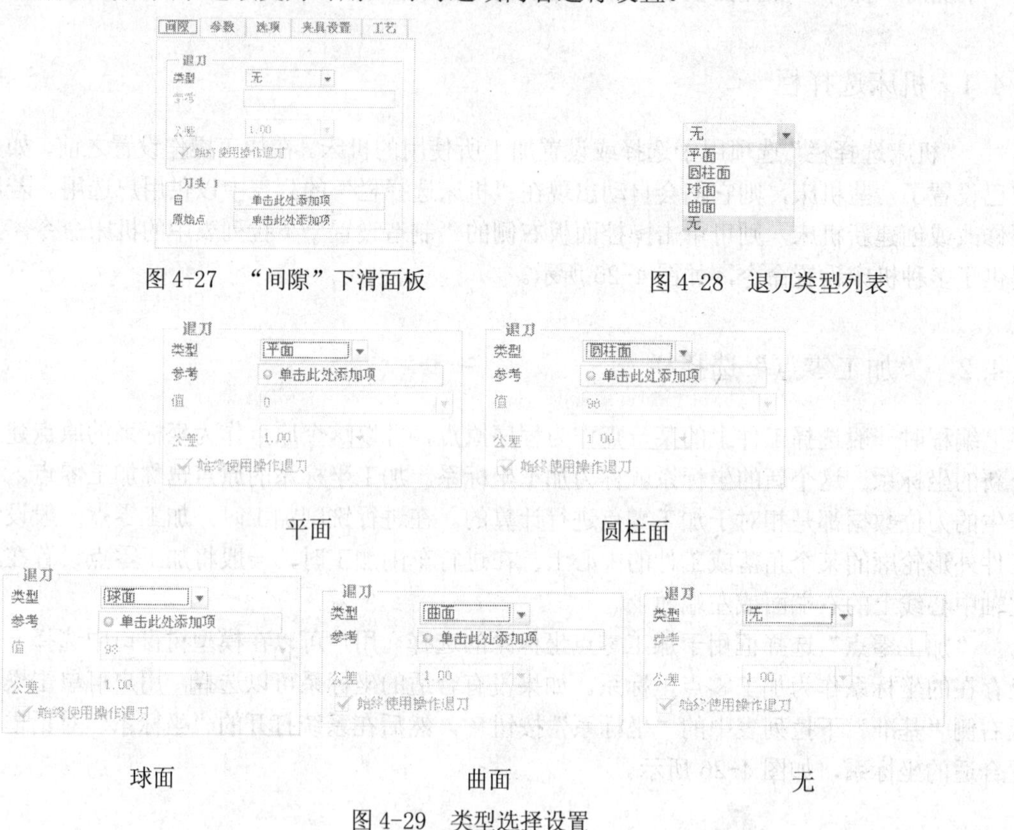

图 4-27　“间隙”下滑面板　　　　图 4-28　退刀类型列表

平面　　　　圆柱面

球面　　　　曲面　　　　无

图 4-29　类型选择设置

4.4.4　“参数”下滑面板

单击“参数”下滑面板按钮，系统打开如图 4-30 所示的“参数”下滑面板。此面板主要是为加工操作设置添加标识，以便区分操作类型。用户若要改变零件号名称，可以在“零件号”文本框中输入所需的名称。也可对启动文件和关闭文件进行设置。同时系统会给出默认的操作输出文件名称，名称为 OP010、OP020、OP030 等，其中的数字由系统自动递增。

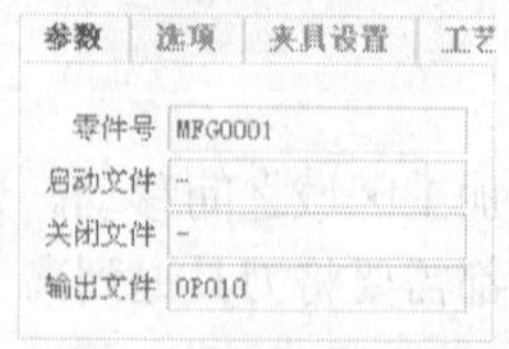

图 4-30　“参数”下滑面板

4.4.5　“选项”下滑面板

“选项”下滑面板主要用来指定工件材料。在预先设置材料的目录结构的前提下才可以进行工件材料的设置。单击“选项”下滑面板按钮，系统打开如图 4-31 所示的下滑面板。此时用户可以选择一个已经指定的材料；如果没有指定的材料，则用户单击面板中的 新建 按钮，在弹出如图 4-32 所示的对话框中输入新的工件材料符号进行添加。

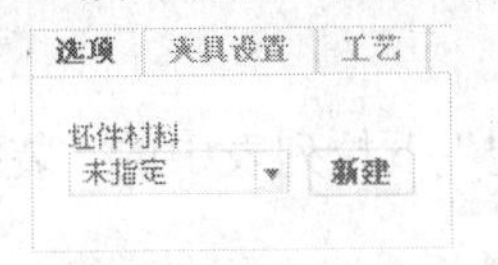

图 4-31　“选项”下滑面板

图 4-32　“坯件材料”对话框

4.4.6　“夹具设置”下滑面板

“夹具设置”下滑面板用于设置夹具参数，为后续的干涉检测作准备。在 Creo/NC 加工中，如果夹具不影响实际的加工，为了节约时间一般可省略夹具的相关设置；如果夹具会直接影响到刀具路径，那么用户就必须选择或设置夹具。在加工操作设置之前，若用户已设置了一些夹具，则它们会自动出现在“夹具设置”下滑面板的列表框中以供用户选用。

“工艺”及“属性”下滑面板中的选项功能与“夹具设置”操控面板中的选项功能相同。

4.5　实例练习——加工操作设置

下面将通过一个实例，来说明如何对 Creo/NC 的加工操作进行设置。

4.5.1　进入 Creo/NC 加工模块

（1）启动 Creo Parametric 1.0 后，选择“文件”→“新建”命令，或者单击“快速访问”工具栏中的“新建”按钮，则系统打开如图 4-33 所示的“新建”对话框。在“新建”对话框的“类型”栏中选择“制造”，在“子类型”栏中选择“NC 装配”，然后在“名称”文本框中输入名称“4-1”，同时取消对“使用默认模板”复选框的勾选，最后单击对话框中的 确定 按钮。

（2）系统打开如图 4-34 所示的“新文件选项”对话框，在“模板”选项框中选择“mmns_mfg_nc”选项，接着单击对话框中的 确定 按钮进入系统的 NC 加工界面。

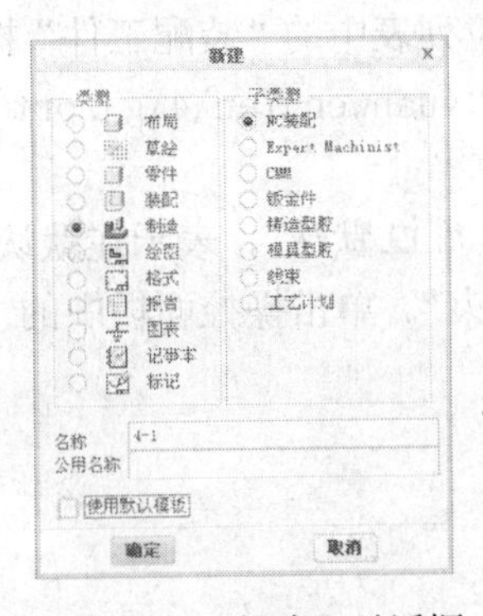

图 4-33　“新建”对话框

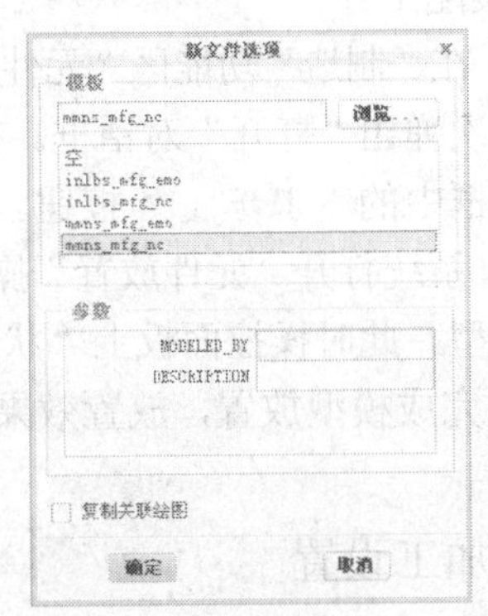

图 4-34　“新文件选项”对话框

4.5.2 建立制造模型

1．装配参照模型

（1）在“制造”功能区“元件”面板上单击“参考模型”下拉列表中的“装配参考模型”按钮，系统打开如图 4-35 所示的“打开”对话框。

（2）在对话框中选择光盘文件“yuanwenjian\4\czmx.prt”，然后单击对话框中的 打开 按钮，则系统立即在图形显示区中导入所选的参考模型。

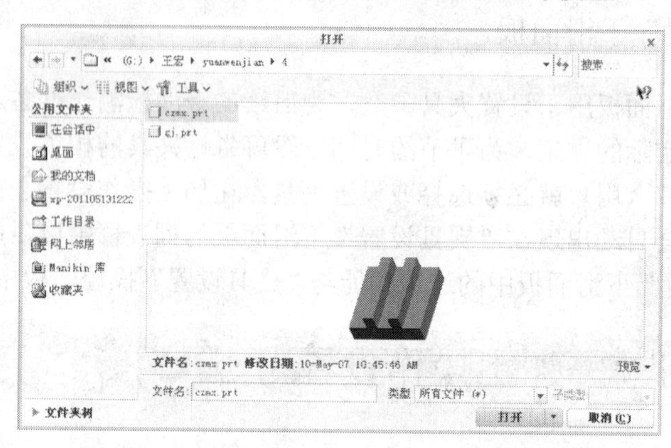

图 4-35 “打开”对话框

（3）系统打开如图 4-36 所示的“元件放置”操控面板，选择约束类型为“默认”，表示在默认位置装配参考模型。此时操控面板上“状况”后面显示为“完全约束”。单击操控面板中的“完成”按钮，系统打开如图 4-37 所示的“警告”对话框，单击 确定 按钮完成模型放置，放置效果如图 4-38 所示。

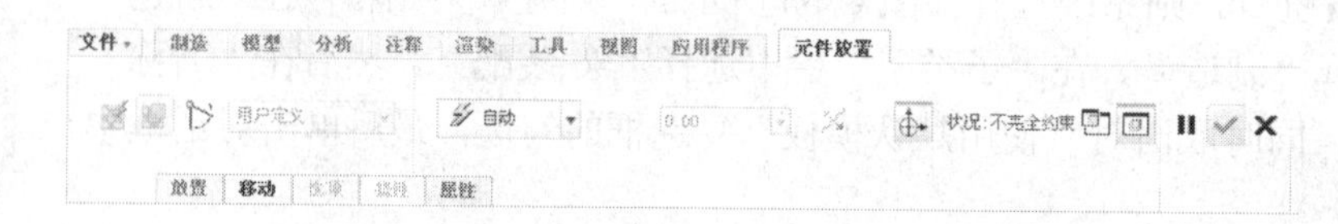

图 4-36 “元件放置”操控面板

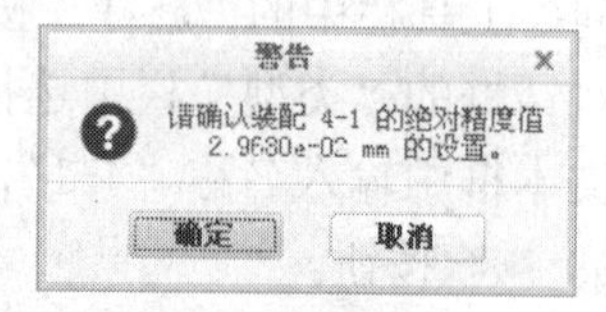

图 4-37 “警告”对话框

2．装配工件

（1）在“制造”功能区“元件”面板上单击“工件”下拉列表中的“装配工件”按钮，则系统再次弹出“打开”对话框。在对话框中选择光盘文件“yuanwenjian\4\gj.prt”，然后单击对话框中的 打开 按钮。

（2）系统打开“元件放置”操控面板，选择约束类型为“默认”，表示在默认位置装配参考模型。此时操控面板上“状况”后面显示为“完全约束”。单击操控面板中的“完成”按钮，完成模型放置，放置效果如图 4-39 所示。

4.5.3 加工设置

1．定义工作机床及刀具

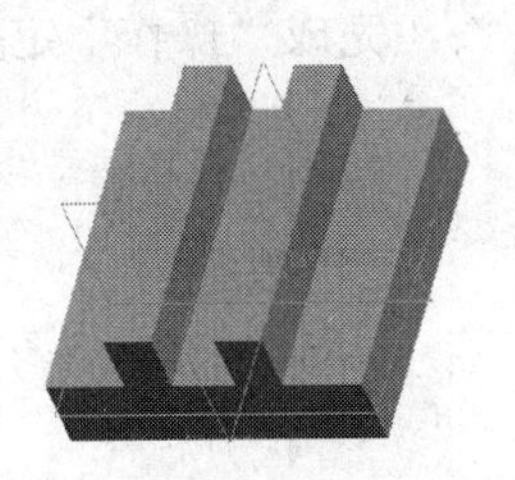

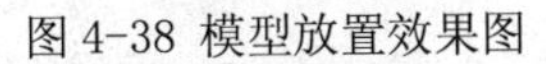

图 4-38 模型放置效果图

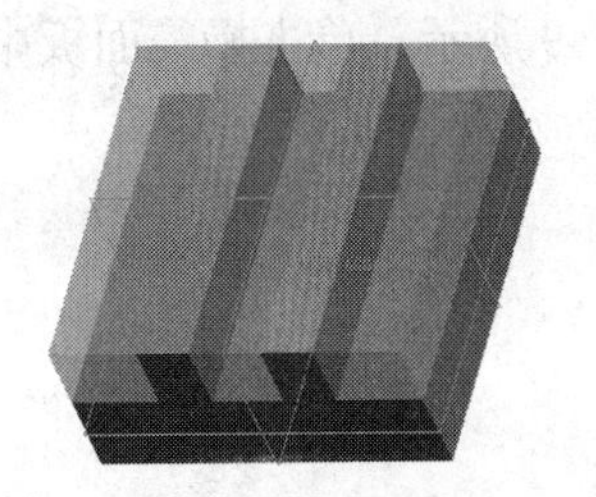

图 4-39 工件放置效果图

（1）在“制造”功能区“机床设置”面板上单击“工作中心”下拉列表中的“铣削”按钮，则系统打开如图 4-40 所示的“铣削工作中心”对话框，在“名称”后的文本框中输入操作名称“MILLER”；在“轴数”下拉框中选择“3 轴”选项。

（2）在对话框中单击“刀具”选项卡，如图 4-41 所示。单击 刀具... 按钮，系统打开“刀具设定”对话框。对“刀具设定”对话框进行设置，如图 4-42 所示。参数设置完成后依次单击“刀具设定”对话框中的 应用 → 确定 按钮，至此便完成了加工刀具的定义。最后单击“确定”按钮，完成机床定义。

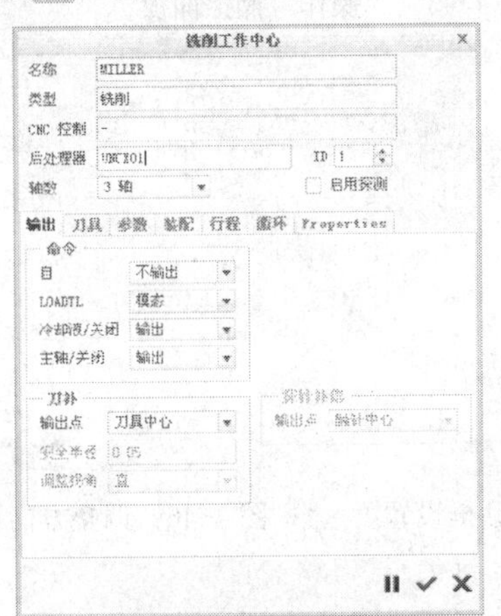

图 4-40　“铣削工作中心”对话框

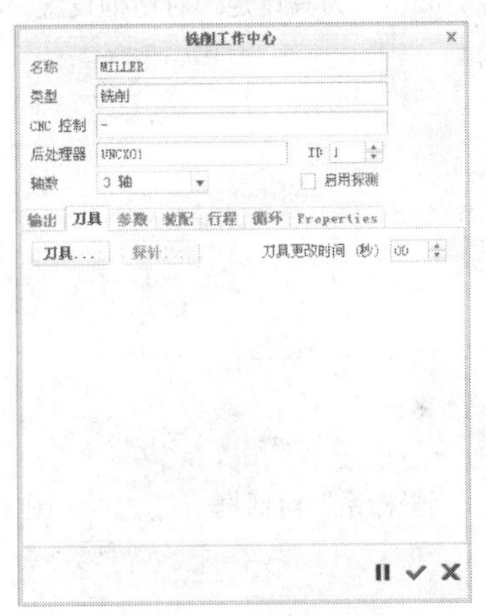

图 4-41　“刀具”选项卡

2．操作设置

（1）单击“制造”功能区“工艺”面板上的“操作”按钮，系统将打开如图 4-43 所示的“操作”操控面板。

（2）可以直接在模型树窗口中精确选择现有的坐标系，也可以自行创建一个新的坐标系。本实例采用后者，单击“模型”功能区“基准”面板上的“坐标系”按钮，系统打开如图 4-44 所示的“坐标系”对话框，然后按住 Ctrl 键，在制造模型中依次选择 NC_ASM_FRONT、NC_ASM_RIGHT 基准平面和参照模型的上表面，此时“坐标系”对话框中的设置如图 4-45 所示。选择“方向”选项卡，单击“反向”按钮调整，对话框设置如图 4-46 所示，其中 Z 轴的方向如图 4-47 所示。最后单击“坐标系”对话框中的 确定 按钮，完成坐标系创建。在模型中选择新创建的坐标系。

（3）单击“间隙”下拉按钮，在下滑面板中设置退刀类型为“平面”；选择参考为新创建的坐标系，设置沿加工坐标系 Z 轴的深度值为“10”，下滑面板设置如图 4-48 所示。退刀

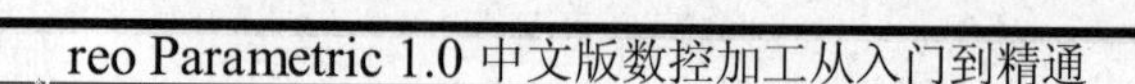

面结果如图 4-49 所示。单击操控面板中的“完成”按钮✓，完成“操作”定义。

至此完成加工操作的设置。

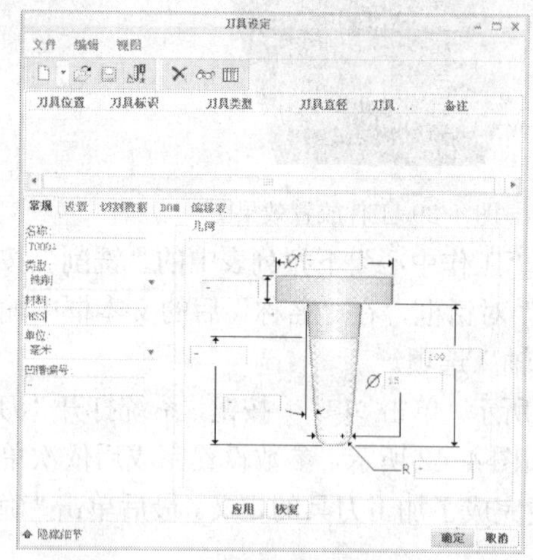

图 4-42 “刀具设定”对话框设置

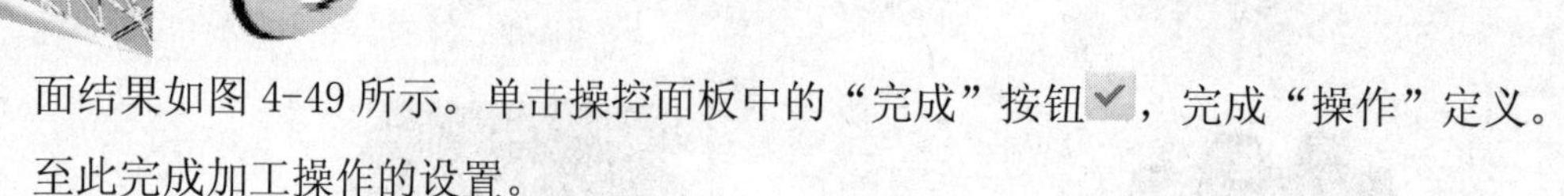

图 4-43 “操作”操控面板

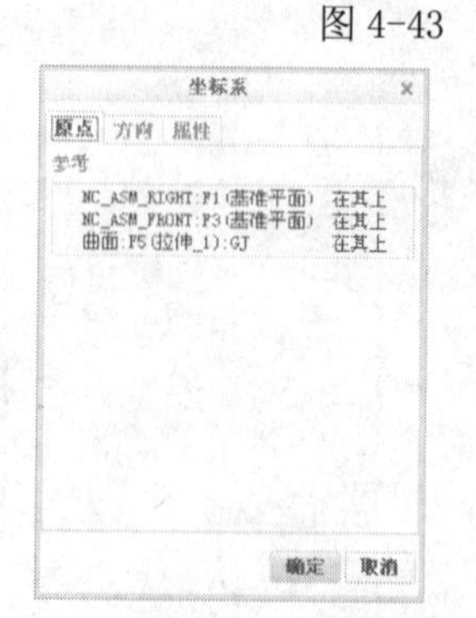

图 4-44 “坐标系”对话框

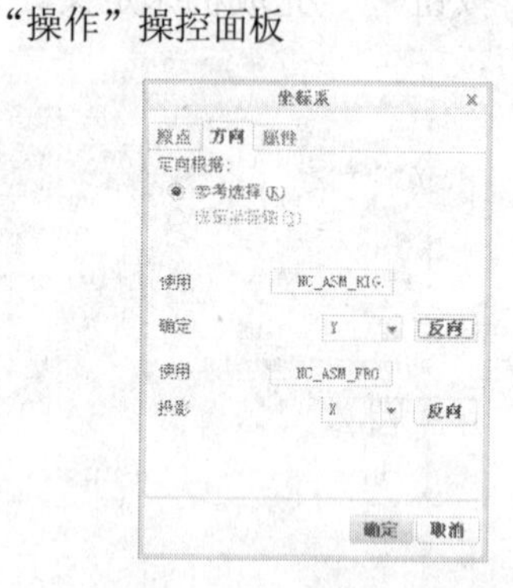

图 4-45 “坐标系”对话框设置

图 4-46 调整方向设置

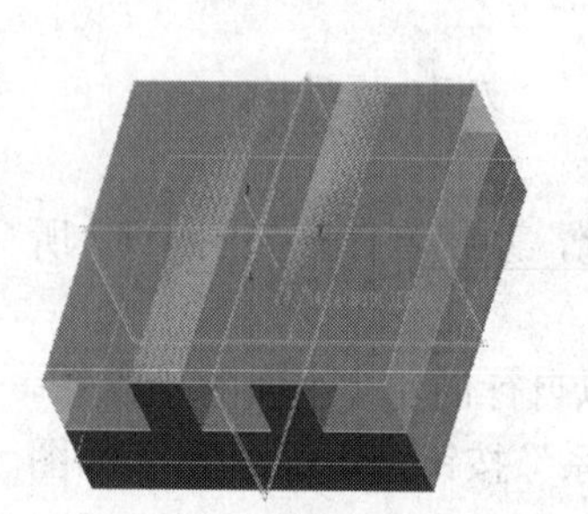

图 4-47 Z 轴方向

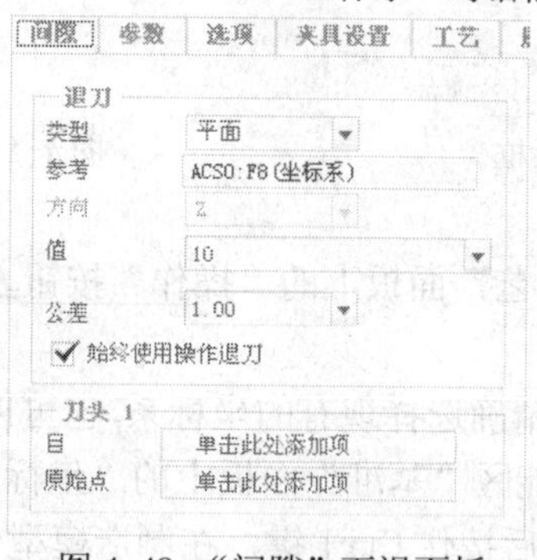

图 4-48 “间隙”下滑面板

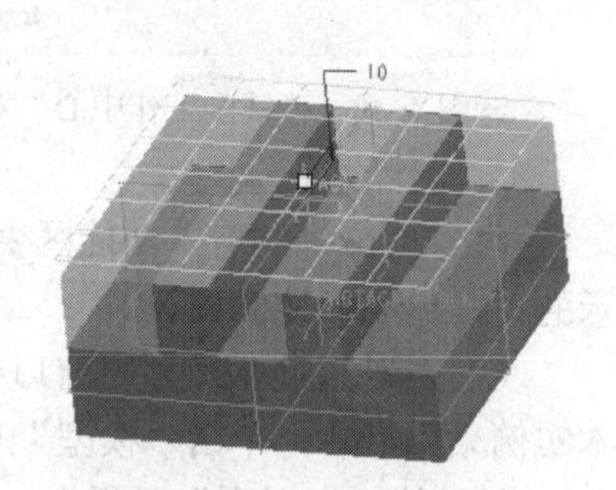

图 4-49 创建的退刀面

第5章 NC序列设置与刀具路径检测

本章导读

NC序列设置是Creo/NC加工过程中最重要也是最复杂的一个环节。由于加工过程涉及多种加工方法（如铣削、车削、线切割等），而各种加工方法又包含多种加工方式（如铣削加工包含体积块铣削、曲面铣削、轮廓铣削等），各种加工方式所对应的NC序列设置又不相同，所以，要正确地进行NC序列设置，就必须深入了解各种加工方法及其加工方式。本章详细介绍了NC序列的设置内容、刀具路径的演示与检测。通过本章的学习，相信读者对NC序列的设置、刀具路径的演示与检测将有一个全面的了解。

重点与难点

- NC序列设置
- 刀具路径演示
- 刀具路径检测
- 过切检查

5.1 NC 序列设置

NC 序列（NC Sequence）主要用于对刀具加工路径进行设置。一般在工作机床、刀具、夹具、加工坐标系、退刀面等设置完成后才开始进行 NC 序列的设置。在 Creo/NC 加工中根据不同类型的加工机床和加工方法，系统提供了相应的 NC 序列设置选项以供用户选择。每种 NC 序列设置所产生的刀具轨迹数据形态和适用条件均不同。当用户完成 NC 序列的各项设置后，系统会根据规划的加工程序，自动生成刀具轨迹数据。因此，为了生成满意的刀具轨迹数据，用户必须选择合理的加工方法，并对 NC 序列进行正确设置。本章将以三轴铣削体积块粗加工为例，来说明 NC 序列的设置。

5.1.1 “NC 序列”加工类型

完成了加工操作环境的设置后系统打开“铣削”功能区面板，如图 5-1 所示。在该功能区面板中，系统提供了多种类型的加工方式。将命令面板展开如图 5-2 所示，对常用的命令简单介绍如下：

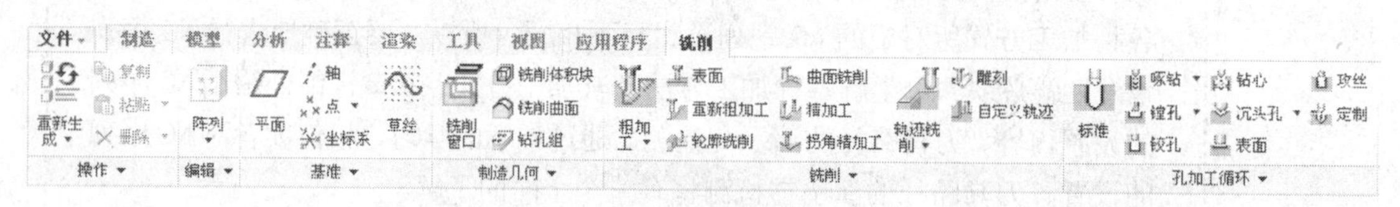

图 5-1 “铣削”功能区面板

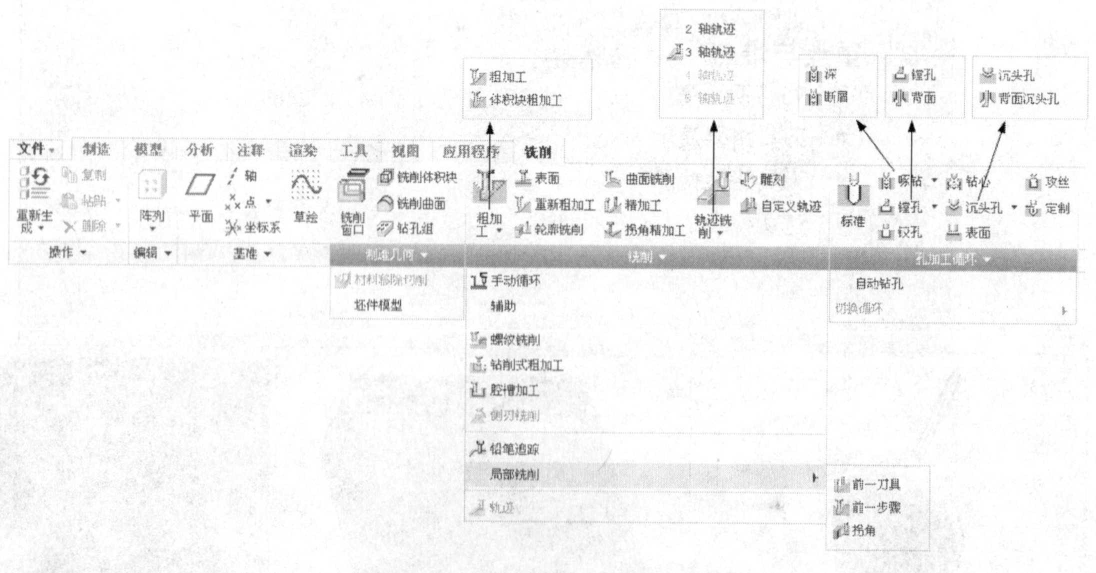

图 5-2 面板展开

- “体积块粗加工”：该加工方式主要用于去除“铣削体积块”内的材料。根据序列设置的铣削体积，配合给定的操作设置与加工参数，系统用层切面的方法切除工件的多余材料。它是 Creo/NC 加工中最常用的一种加工方法，主要用于粗加工。

- “局部铣削”：该加工方式主要用于对先前 NC 加工序列所残留的工件材料进行清理。通常以直径较小的刀具、较高的切削速度、较大的进给量，进行清根和清圆角的精加工。
- “曲面铣削”：主要用于对曲面进行铣削。系统提供了直切、自曲面等值线、切削线、投影切削等方法来定义曲面切削和生成刀具路径。
- “表面”：用平端铣刀或半径端铣刀对工件进行表面加工。用户可选择平行于退刀平面的一个平曲面或多个共面曲面来定义加工表面。所选表面（孔，槽）中的所有内部轮廓将被系统自动排除。系统将根据选择的曲面生成相应的刀具路径。
- “轮廓铣削”：用来粗铣削（或精铣削）垂直或倾斜的轮廓曲面。
- “腔槽加工”：主要用于各种不同形状的凹槽加工。
- “轨迹”：用于沿着用户定义的轨迹进行加工。它可用来铣削水平槽，此时刀具形状必须与槽的形状一致。它也可用于倒角铣削。
- “孔加工循环”：主要用于孔的加工，如钻孔、镗孔、攻丝、铰孔等。
- “螺纹铣削”：用于加工零件上的螺纹，可以是内螺纹也可以是外螺纹。
- “雕刻”：用于雕刻文字或图像。在刻模加工中，大多数情况下首先要在 Creo 的零件模块下创建修饰特征，然后在制造模式下才能进行刻模加工。
- “钻削式粗加工”：主要用于加工具有凹槽或凸台特征的工件。
- “粗加工”：用于对工件进行大面积的材料切除，使其形状接近参考模型。
- “重新粗加工”：用于加工上一“粗加工”或“重新粗加工”序列无法加工的区域。通常，用较小的刀具执行重新粗加工，并加工由于刀具尺寸原因而无法进入的区域。
- “精加工”：一般在“粗加工”和“重新粗加工”后，使用“精加工”来加工参照零件的细节部分。

5.1.2　NC 序列

在“铣削”功能区面板中，用户可以根据需要选择其中一种加工方式。本节以体积块粗加工为例，来说明“NC 序列”菜单。该菜单包含以下选项：

- “序列设置”：用于指定与 NC 序列类型相适应的几何参照，例如，选择要铣削的曲面或草绘用于车削的切削区域。此选项也允许改变模态设置（如刀具、坐标系、退刀），并指定 NC 序列的制造参数。对多数 NC 序列类型，系统将根据序列设置结果生成默认的刀具路径。
- “播放路径”：主要用于在完成 NC 序列之前显示切刀路径和刀具模拟，从而校验刀具路径，并对于与夹具和模型特征的干涉进行可视化检测。
- “自定义”：主要用于创建、修改、删除“刀具运动”和“CL 命令”。
- “序列信息”：用于显示 NC 序列信息。
- “完成序列”：完成当前 NC 序列的设置并返回到“加工”菜单。
- “下一序列”：完成当前 NC 序列的设置并立即开始定义相同类型且带有相同初始设

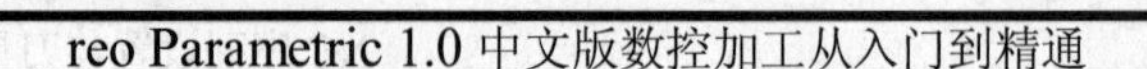

置（刀具、参数和切削几何）的新 NC 序列。

■ “放弃序列”：用于中止定义当前 NC 序列的设置。

5.1.3 NC 序列设置

在“NC 序列”菜单中单击“序列设置”选项（见图 5-3），系统打开如图 5-4 所示的“序列设置”菜单，在该菜单中用户可以选择需要设置的参数选项。对于不同的加工方式，“序列设置”菜单中列出的参数选项有所不同。在定义 NC 加工序列时，“序列设置”菜单中的选项无需全部定义。虽然不同的加工方式所对应的参数选项不完全相同，但总有几个参数项是相同的，而且是必须要定义的。下面就对这些相同的参数项进行说明，其他的参数项将在介绍各种具体的加工方式时进行说明。

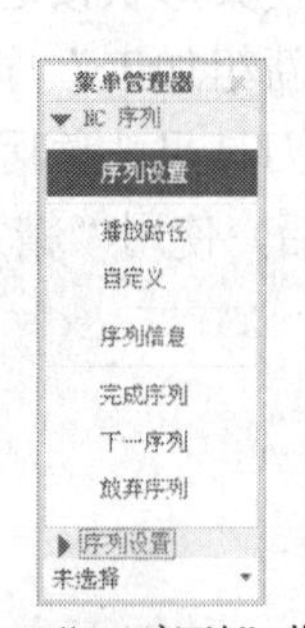

图 5-3 “NC 序列”菜单

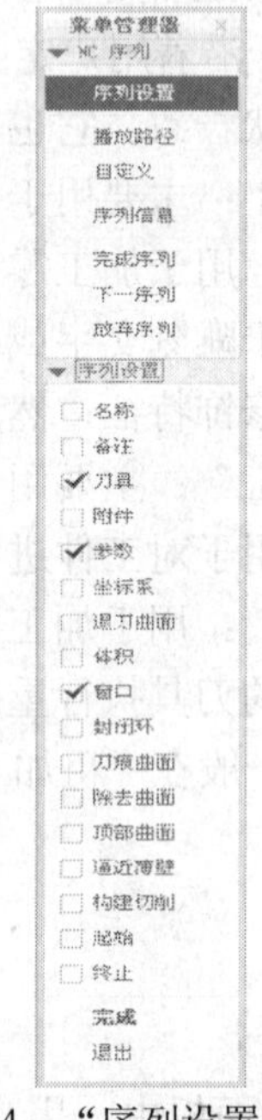

图 5-4 “序列设置”菜单

1.“名称”

在 NC 序列设置中，“名称”选项是可选的。它主要用于定义 NC 序列的名称。如果选择了“名称”参数选项，则在定义 NC 序列时系统会弹出文本提示框，如图 5-5 所示。此时用户可在文本框中输入 NC 序列的名称。如果用户没有选择“名称”参数选项，则系统会根据用户所选的加工方式自动给出相应的默认名称。

2.“备注”

“备注”选项主要用于对 NC 序列信息进行说明。通过备注可让其他用户了解当前 NC 序列的基本信息。如果选择了“备注”选项，则在定义 NC 序列时系统会弹出如图 5-6 所示的“NC 序列注解”对话框，在该对话框中用户可以输入 NC 序列的说明信息，然后单击窗口中的 确定 按钮，即可完成备注信息的设置。

3.“刀具”

在 NC 序列的设置过程中，“刀具”设置选项的选择与否，要看用户是否已对刀具进行了设置。如果用户已经通过“铣削工作中心”对话框中的“刀具”选项卡对刀具参数进行了设置，则在“序列设置”菜单中可以不用选择“刀具”设置项。如果未对刀具参数进行设置，则在“序列设置”菜单中必须选择“刀具”设置项。选择了“刀具”设置项后，则在定义 NC 序列时，系统会自动弹出如图 5-7 所示的“刀具设定”对话框，在该对话框中用户可以进行刀具几何参数的设置。

图 5-5　名称文本提示框

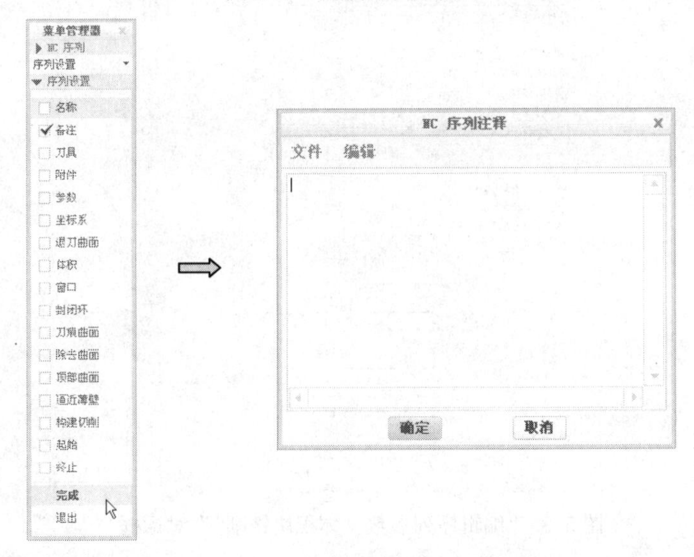

图 5-6 “NC 序列注解”对话框

4.“参数”

在 NC 序列设置过程中，“参数”设置项是一个必选项。它主要用于制造参数的显示、设置、检索等操作。在“序列设置”菜单中选择了“参数”设置项后，则在定义 NC 序列时，系统会弹出如图 5-8 所示的“编辑序列参数‘体积块铣削’”对话框，利用该对话框用户可以进行制造参数的各项设置。

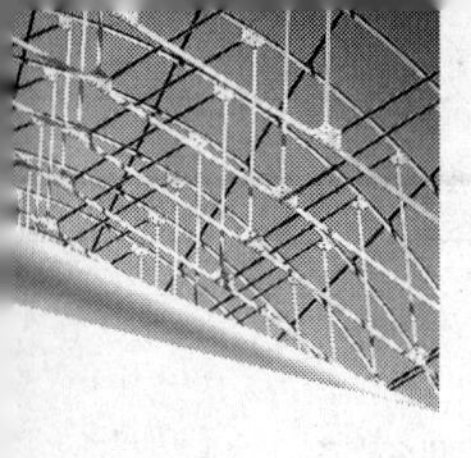
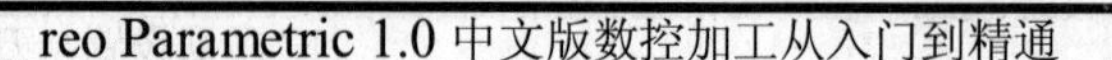

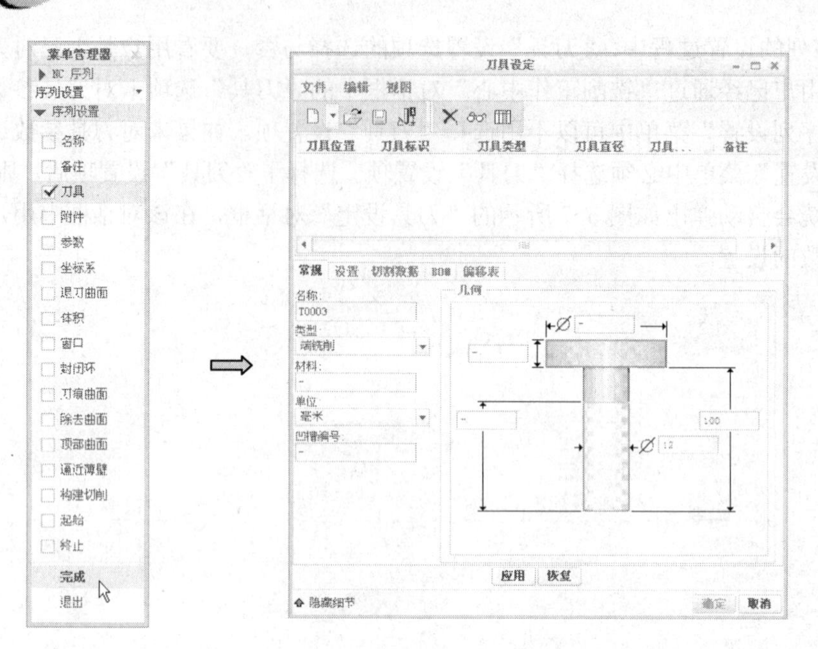

图 5-7 “刀具设定”对话框

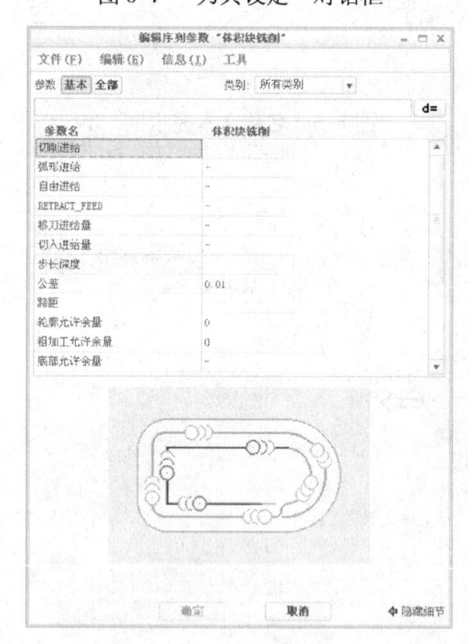

图 5-8 “编辑序列参数‘体积块铣削’”对话框

5.“坐标系”

在 Creo/NC 加工中，加工坐标系可在定义加工操作时进行设置，也可在定义 NC 序列时进行设置，但这两种方法设置的坐标系是不相同的。操作设置中定义的坐标系是所有刀位数据的默认原点，它是在操作设置时通过操控面板中的“加工零点”选项来创建或选择的。而在 NC 序列中用“序列设置”菜单中的“坐标系”选项来创建或选择的坐标，只能影响当前所设置 NC 序列的刀位数据。

用户若在“操作设置”操控面板中已完成加工坐标系的设置，则进行NC序列的设置时，系统将会以该坐标系作为NC序列的预设加工坐标系。若用户要为NC序列重新设置坐标系，则需选择“序列设置”菜单中的“坐标系”选项，在进行NC序列的坐标系设置时，系统将打出如图5-9所示的“序列坐标系”菜单，利用该菜单可在模型树窗口中选择已有的坐标系作为NC序列指定加工坐标系。如果没有合适的坐标系可以选择，用户也可单击操控面板右侧“基准”下拉列表中的“坐标系”按钮，则系统打开如图5-10所示的“坐标系”对话框，然后在图形显示区中选择适当的放置参照即可创建所需的加工坐标系。

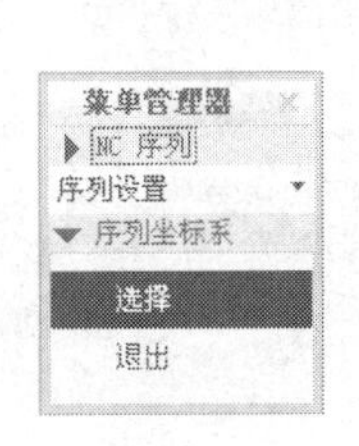

图5-9 “序列坐标系”菜单

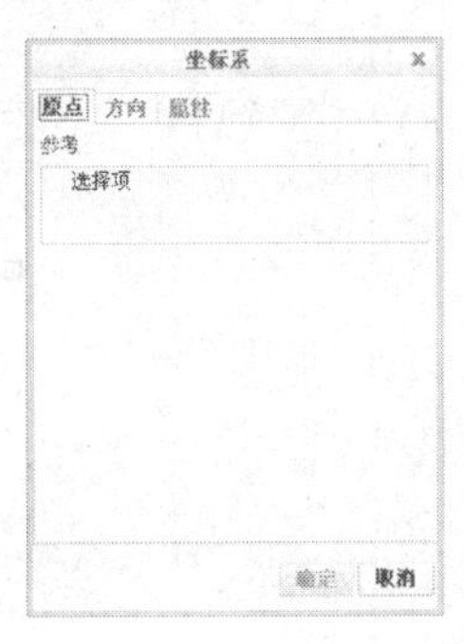

图5-10 “坐标系”对话框

6.“退刀曲面”

完成NC序列的设置后，系统会自动生成刀具轨迹数据来加工所指定的加工对象。若指定的加工对象由多个区域组成，则刀具需要在不同的加工区域之间进行转换。为了避免刀具在不同加工区域之间转换时造成与工件或其他设备发生碰撞，需设置刀具的退刀面。与加工坐标系一样，退刀面可在定义加工操作时进行设置，也可以在定义NC序列时进行设置。但这两种方法设置的退刀面是不同的。在“操作设置”操控面板的“间隙”下滑面板中的“退刀”栏中设置的退刀面是所有NC序列都可以使用的退刀面；而在定义NC序列时用“序列设置”菜单中的“退刀曲面”选项来设置的退刀面，则只应用于当前所设置的NC序列。

用户若在“操作设置”操控面板中已设置了退刀面，则在定义NC序列时，系统将会以该退刀面作为NC序列的预设退刀面。若用户要为NC序列设置新的退刀面，则需选择“序列设置”菜单中的“退刀曲面”选项。在进行NC序列的退刀面设置时，系统会弹出如图5-11所示的“退刀设置”对话框，利用该对话框用户可为当前NC序列指定退刀面。

7.“体积”

在Creo/NC加工中，为了达到零件的外形、尺寸精度及表面粗糙度等加工要求，一般需要通过多道工序来完成。而每道加工工序都有其加工的几何范围，只有依次完成各道工序的加工几何范围后方可得到所要求的加工产品。因此，在定义零件的NC加工序列时，必须为每一个NC序列定义其加工几何范围。

“序列设置”菜单中的“体积”选项主要用于创建或选择NC序列的铣削体积块。选择该选项后，在进行NC序列的设置时，系统会进入如图5-12所示的界面，同时在信息栏中提示➡选择先前定义的铣削体积块.。此时用户必须为NC序列选择或创建铣削体积块。在Creo/NC加工中，系统提供了两种基本方法来创建铣削体积块。

（1）直接创建法　单击“制造”功能区“制造几何”面板上的“铣削体积块”按钮或

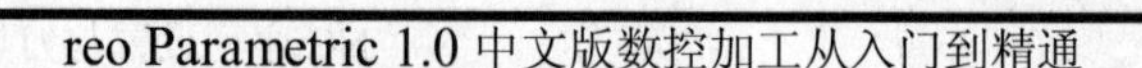

单击“铣削”功能区“制造几何”面板上的“铣削体积块”按钮，系统将进入如图 5-13 所示的铣削体积块创建工作界面。在该界面中用户可通过拉伸、旋转、扫描等命令来创建 NC 序列的铣削体积块，其创建过程与实体零件的创建过程类似。

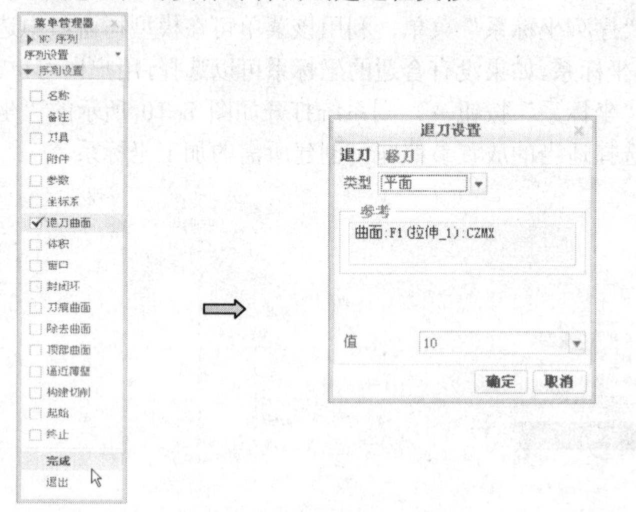

图 5-11 “退刀设置”对话框

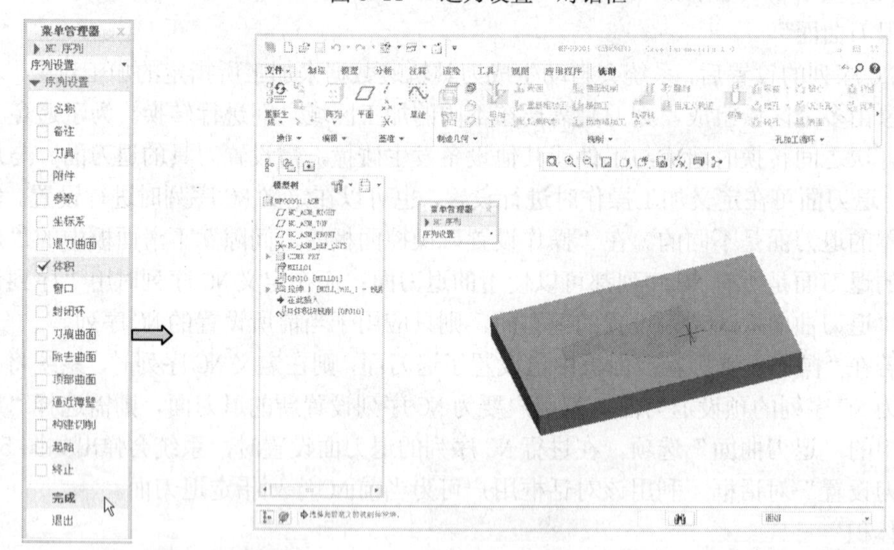

图 5-12 工作界面

（2）聚合法　在进入如图 5-13 所示的工作界面后单击“体积块特征”面板中的“收集体积块工具”按钮，接着系统打开如图 5-14 所示的“聚合体积块”及“聚合步骤”菜单。该菜单包含以下选项：

- “定义”：通过定义闭合曲面来创建加工体积块。只有选择此选项时对应弹出“聚合步骤”菜单。该菜单中各选项的功能如下：
  - “选择”：从制造模型中选择曲面或特征来定义基本的闭合曲面。
  - “排除”：从体积块定义中排除边或曲面环。
  - “填充”：在体积块上填充内部轮廓线或曲面上的孔。

● “封闭”：通过选择顶平面和邻接边来闭合体积块。

■ “显示选择”：用于显示当前选择的曲面。所选曲面的外（边界）边将显示为黄色；内（双侧）边和侧面影像边显示为洋红色。

■ “显示体积块”：可在制造模型中显示定义的铣削体积块，以查看铣削体积块的设置结果。

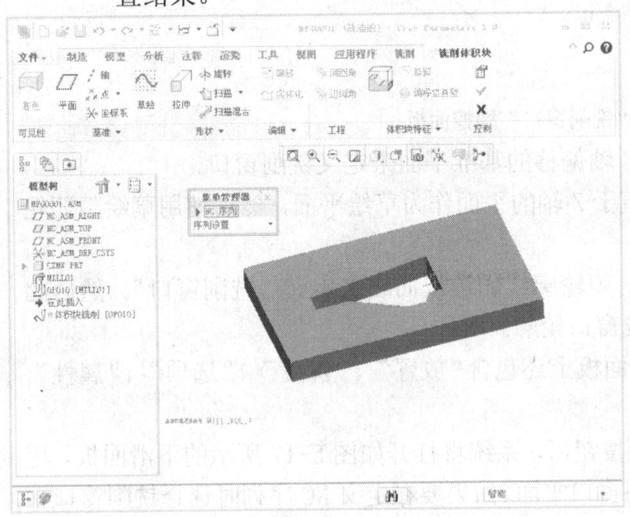

图 5-13　铣削体积块创建工作界面

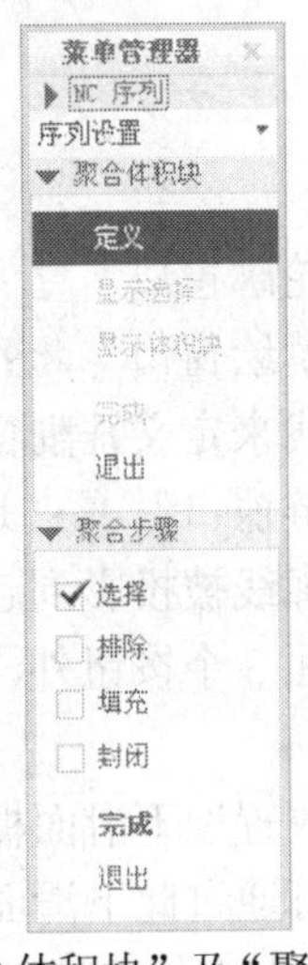

图 5-14 “聚合体积块”及“聚合步骤”菜单

8. “窗口”

“窗口”选项主要用在需要大量清除加工材料的 NC 序列设置中。它通过草绘或选择退刀面中的封闭轮廓线来定义加工几何范围，是“体积块”或 3 轴“曲面”铣削加工中定义加工几何范围最简单的一种方法。该选项与“体积”选项是相互排斥的。如果用户在“序列设置”菜单中选择“窗口”选项，则“体积”选项处于不可选状态。

在“序列设置”菜单中选择“窗口”选项后，在进行 NC 序列设置时，系统将在信息栏中提示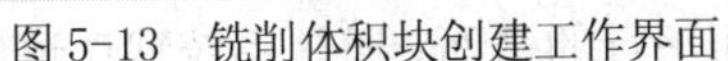，如图 5-15 所示。

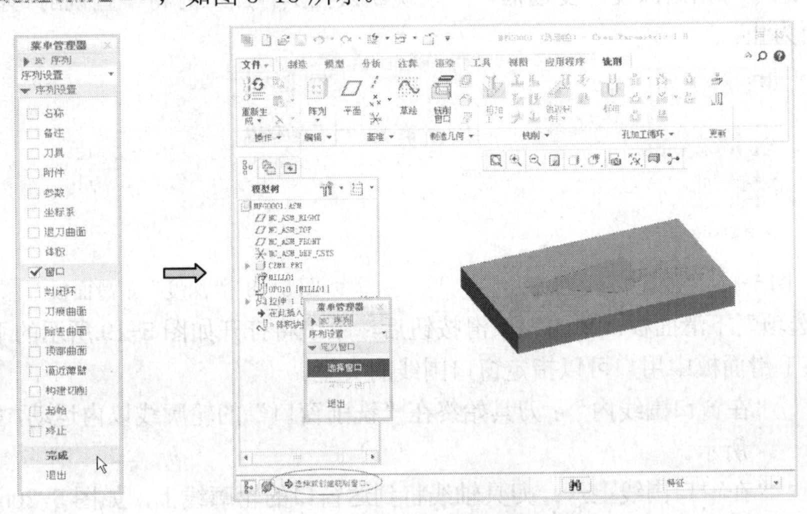

图 5-15　系统工作界面

在如图 5-15 所示的工作界面上，单击“制造几何”面板中的“铣削窗口”按钮，系统打开如图 5-16 所示的“铣削窗口”操控面板。在该操控面板上系统提供了 3 种方式来创建铣削窗口。

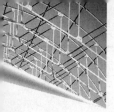

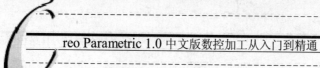

图 5-16 “铣削窗口”操控面板

- “轮廓窗口”：通过创建沿 Z 轴偏移的基准平面来定义铣削窗口。
- “草绘窗口”：通过选择垂直于 Z 轴的平面作为草绘平面，然后使用草绘封闭轮廓线来定义铣削窗口。
- “链窗口”：通过选择构成封闭轮廓线的边或曲线来定义“铣削窗口”。然后此轮廓线被投影到起始平面以构成窗口轮廓。

除了上面 3 个按钮外，铣削窗口操控面板上还包含“放置”、“深度”、“选项”、“属性”下滑面板。

- “放置”下滑面板：单击该下滑按钮后，系统将打开如图 5-17 所示的下滑面板。用户可通过此下滑面板来选择铣削窗口平面。如果要在定义 NC 序列时选择铣削窗口平面，则必须选择与 NC 序列坐标系的 XY 平面平行的平面。通常系统默认退刀平面为铣削窗口平面。“保留内环”复选框用于指定是否将封闭环里面的工件切除。
- “深度”下滑面板：单击该下滑按钮后，系统将打开如图 5-18 所示的下滑面板。在该下滑面板中用户可以设置铣削窗口的加工深度。如果勾选了“指定深度”复选框，那么铣削窗口的切削深度将根据“深度选项”的规定来执行。在“深度选项”框中，选择“指定深度”选项，输入距测量平面或坐标系的深度值；选择“到选定项”选项，在铣削窗口平面下面选择一个平行于铣削窗口平面的平面。如果用户未选中“指定深度”复选框，则系统默认在执行加工时将一直铣削到参考模型的表面为止。

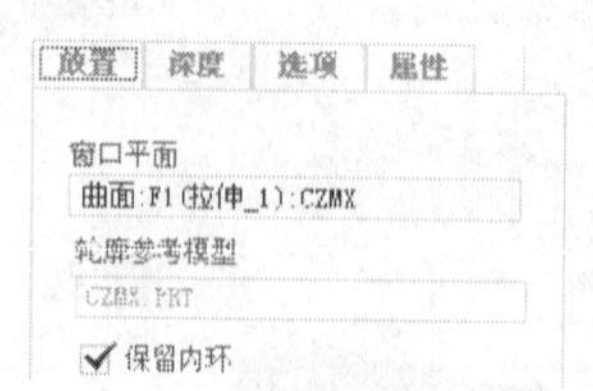

图 5-17 “放置”下滑面板

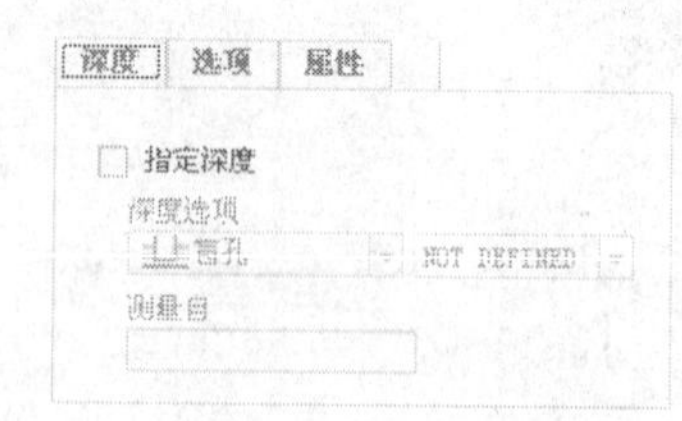

图 5-18 “深度”下滑面板

- “选项”下滑面板：单击该下滑按钮后，系统将打开如图 5-19 所示的下滑面板。在该下滑面板中用户可以指定窗口围线的类型。
  - “在窗口围线内”：刀具始终在“铣削窗口”的轮廓线以内运动，如图 5-20a 所示。
  - “在窗口围线上”：刀具轴线将到达窗口的轮廓线上，如图 5-20b 所示。
  - “在窗口围线上”：刀具将完全越过窗口轮廓线，如图 5-20c 所示。

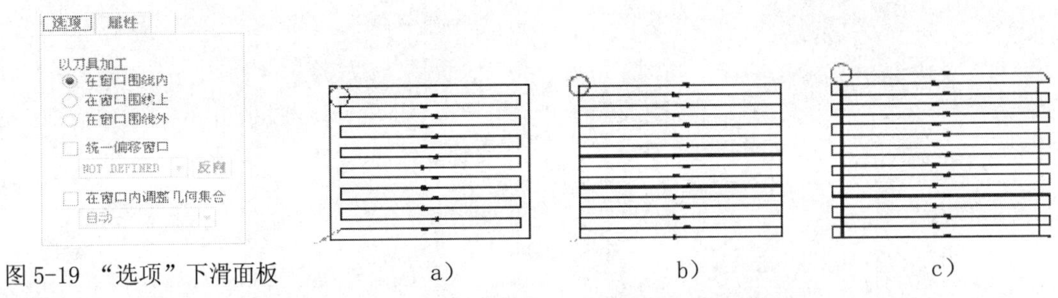

图 5-19 “选项”下滑面板　　a)　　b)　　c)

图 5-20 窗口围线

■　“属性”下滑面板：单击该下滑按钮后，系统将打开如图 5-21 所示的下滑面板。在该下滑面板的“名称”文本框中，可为建立的铣削窗口输入一个名称。

9.“起始”与“终止”

“起始”与“终止”设置项在“序列设置”菜单中为可选的设置项。在进行 NC 序列设置时，如果加工刀具轨迹的起始与终止位置对加工环境或加工结果有影响，则可分别在“序列设置”菜单中选择这两个设置项以针对加工刀具轨迹的起始与终止位置进行定义。

进行起始与终止位置的定义时，系统分别打开如图 5-22 所示的“定义起点”菜单和“定义结束”菜单，其中包含“选择”、“移除”选项。

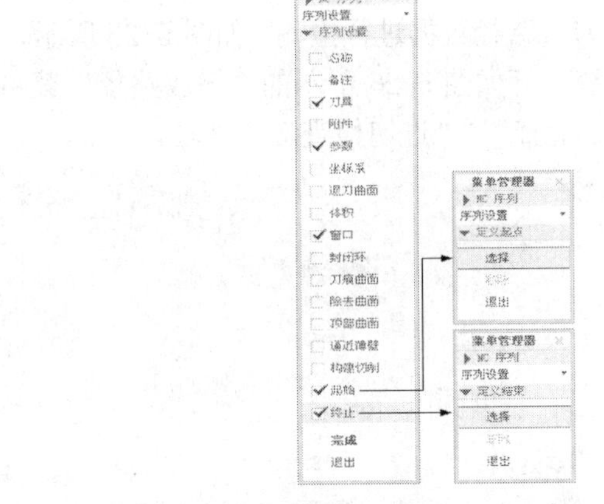

图 5-21 “属性”下滑面板　　图 5-22 “定义起点”菜单和“定义结束”菜单

■　“选择”：用于选择现有基准点作为起始点或终止点。

■　“移除”：该选项只有在指定了适当类型的点后才被激活，主要用于删除起始点或终止点。

5.2 查看 NC 序列信息

完成 NC 序列的各项设置后，系统会依据设置项内容自动完成加工刀具轨迹的计算。如果用户想要查看 NC 序列的各项设置内容，可单击“NC 序列”菜单中的“序列信息”选项，如图 5-23 所示。系统将打开如图 5-24 所示的“信息窗口”对话框，依次显示各选项的设置内容与计算结果。

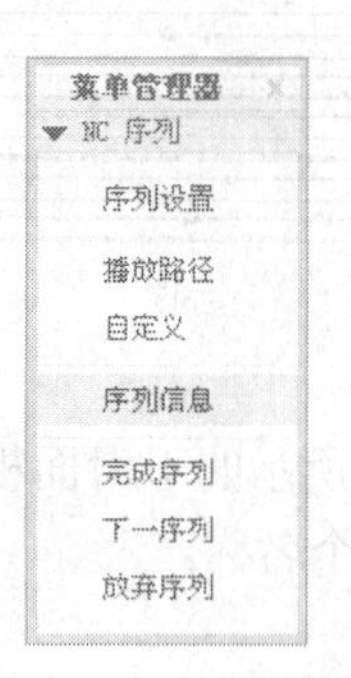

图 5-23 “NC 序列”菜单

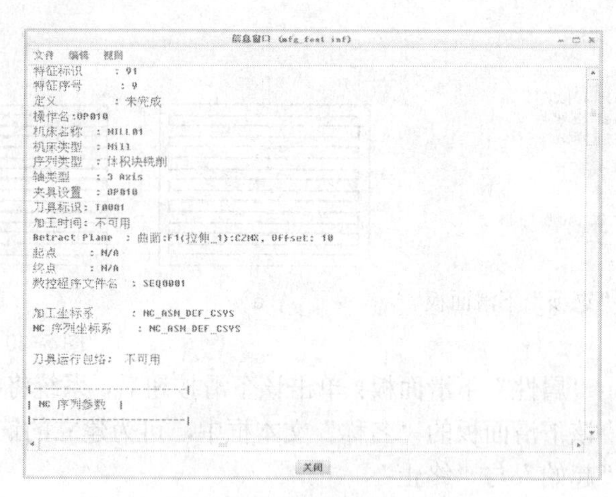

图 5-24 “信息窗口”对话框

5.3 刀具路径演示与检测

完成 NC 序列的各项设置后，系统会自动返回到“NC 序列”菜单，利用此菜单可依照 NC 序列的各项设置自动完成刀具路径数据的计算。为了确定系统生成的刀具路径数据是否合理，用户必须对刀具路径数据进行检测。如图 5-25 所示，在“NC 序列”菜单中选择“播放路径”选项，则系统打开如图 5-26 所示的“播放路径”菜单，其中包含“计算 CL”复选框、“屏幕演示”、“NC 检查”、“过切检查”等选项。

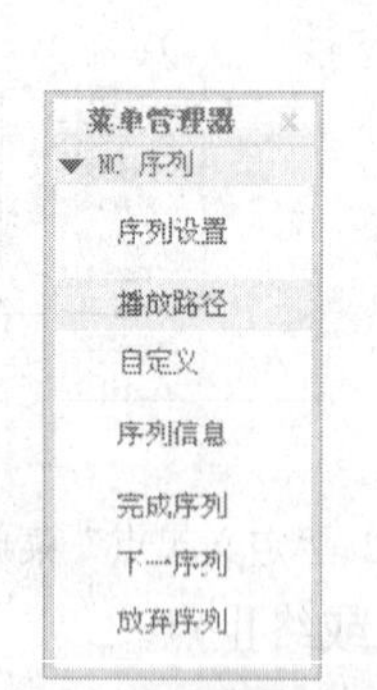

图 5-25 “NC 序列”菜单

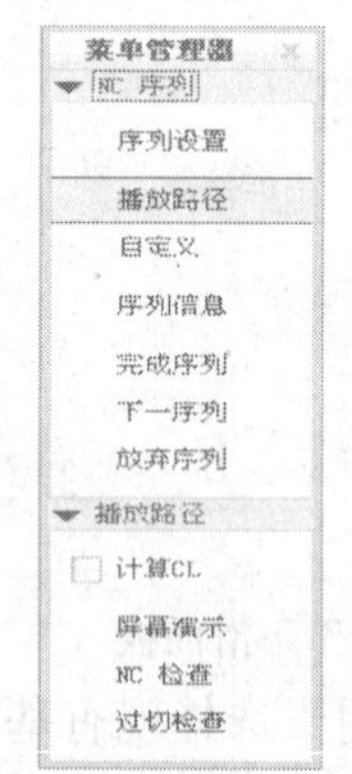

图 5-26 “播放路径”菜单

5.3.1 刀具路径计算

Creo/NC 加工的刀具路径演示功能是依照 NC 序列所计算出来的刀具路径数据进行的。若在演示刀具路径之前用户更改了某些参数或设置值而未重新计算刀具路径数据时，会造成演示的刀具路径并非正确的刀具路径，因此在“播放路径”菜单中勾选“计算 CL”复选框选项，可强制系统在演示刀具路径前重新依照 NC 序列的参数设置再进行刀具路径数据的计算，以得到正确刀具路径数据，然后再进行刀具路径的演示。

5.3.2　屏幕演示

如果用户想在屏幕中的制造模型上动态演示刀具的加工路径，则可选择“播放路径”菜单中的“屏幕演示”选项，接着系统打开如图5-27所示的“播放路径”对话框。其中包括菜单栏、CL数据显示栏、播放控制栏、显示速度栏等。

1．菜单栏

“播放路径”对话框的菜单栏中包括以下三个选项：

- “文件”：对刀具路径数据文件进行操作。
- “视图”：设置加工刀具的显示状态。
- “数控程序文件”：对刀具路径数据进行操作。

2．CL数据显示栏

单击“播放路径”对话框中“CL数据”栏前的▶按钮，可打开刀具路径数据显示区，以查看NC序列刀具路径的文字数据，如图5-28所示。在演示刀具的加工路径时，CL数据会根据刀具路径的播放进度显示加工步骤与命令。

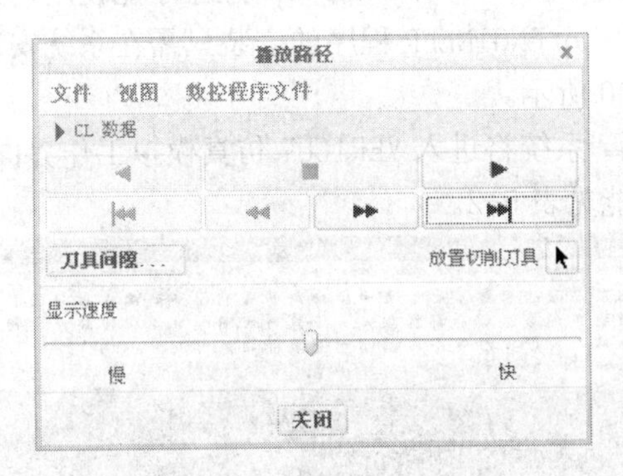

图5-27　“播放路径”对话框

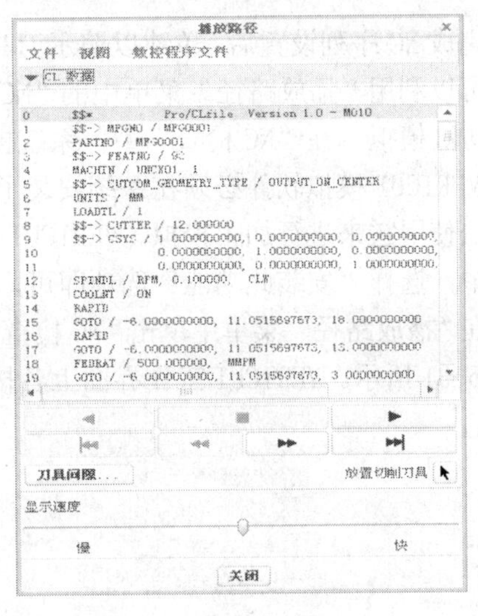

图5-28　刀具路径数据显示

3．播放控制栏

在“播放路径”对话框中可单击播放控制栏中各控制按钮，以对播放过程进行操作。播放控制栏中各控制按钮的功能见表5-1。

4．播放速度栏

利用鼠标拖动“播放速度”栏中的控制滑块，可调整刀具路径数据的播放速度。向右拖动滑块可使播放速度加快；向左拖动可使播放速度减慢，如图5-29所示。

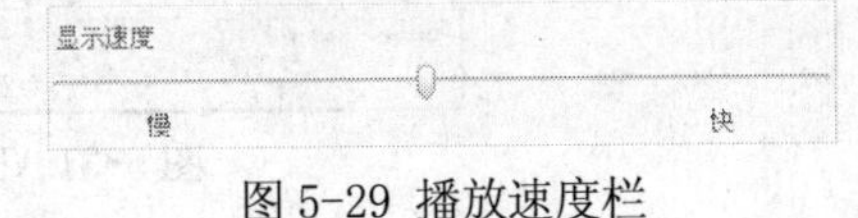

图5-29　播放速度栏

表 5-1　播放控制栏中各控制按钮的功能

按钮图标	功能
◀	回放功能键。从刀具的当前位置返回，并显示刀具运动
■	停止功能键。停止显示刀具路径
▶	播放功能键。从刀具的当前位置向前以显示刀具运动
⏮	回到上一个 CL 记录。转到文件中的上一个 CL 记录
◀◀	退回功能键。退回到刀具路径的开始
▶▶	快进功能键。快进到刀具路径的结尾
⏭	转到下一个 CL 记录。转到文件中的下一个 CL 记录
刀具间隙...	使用“测量”功能，以计算刀具干涉和间隙
↖	在刀具路径上选择点来放置切削刀具

5.3.3　NC 检查

完成 NC 序列设置后，单纯以演示刀具路径的方式还无法完全表现实际加工的情形，此时用户可以利用“播放路径”菜单中的“NC 检查”选项以实体加工模式进行刀具路径与加工效果的仿真模拟。在“NC 检查”中，系统提供了 VERICUT 和 NCCHECK 两种模拟软件以供选择。其中 VERICUT 模拟软件必须在系统安装了 VERICUT(R) for Creo/ENGINEER 程序才能使用，否则无法使用它来进行加工模拟。VERICUT(R) for Creo/ENGINEER 程序的安装只需在系统安装选项中，选择“安装此功能”选项即可，如图 5-30 所示。

在“播放路径”菜单中单击“NC 检查”选项后，系统将进入 VERICUT 仿真模拟工作界面，如图 5-31 所示。VERICUT 工作界面上各按钮的功能见表 5-2。

图 5-30　安装选项

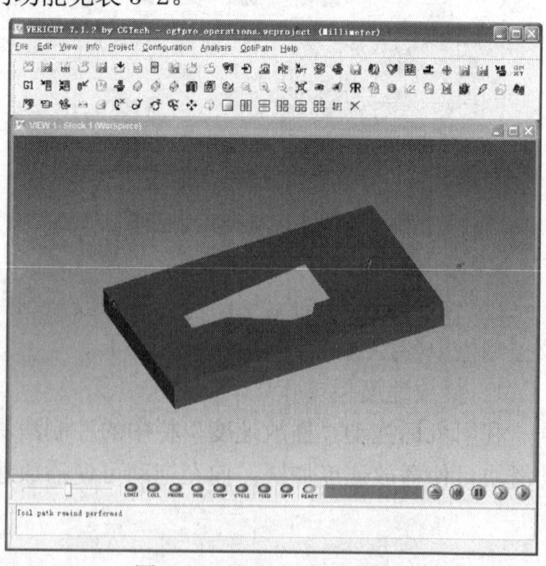

图 5-31　VERICUT 工作界面

表 5-2　VERICUT 工作界面按钮功能

按钮图标	功能
	打开 User 文件图标按钮。打开已经保存的模拟加工结果文件
	保存 User 文件图标按钮。保存当前的模拟加工结果文件
	打开 In-Creocess 文件图标按钮。打开一个已经保存的模拟加工结果文件
	保存 In-Creocess 文件图标按钮。保存当前的模拟加工结果文件，为下一个 NC 序列的模拟加工做准备
	编辑图标按钮。编辑刀具路径文件
	颜色编辑按钮。编辑界面的颜色
	录像功能图标按钮。对模拟加工的过程进行录像，并进行保存
	录像回放图标按钮。对保存的模拟加工录像文件进行回放
	打印功能图标按钮
	自动保存功能图标按钮。对模拟加工过程进行自动保存
	渲染模型图标按钮。对模型进行渲染
	线框模型图标按钮。以线框显示模型
	打开剖面窗口图标按钮。
	透明化功能图标按钮。将需要加工的部分透明化，便于检查
	模型转动图标按钮。对加工模型进行绕 X 轴转动
	模型转动图标按钮。对加工模型进行绕 Y 轴转动
	模型转动图标按钮。对加工模型进行绕 Z 轴转动
	模型转动图标按钮。对加工模型进行绕 XY 轴转动
	模型转动图标按钮。对加工模型进行平移
	缩放图标按钮。对加工模型进行动态缩放。按鼠标左键，向上放大，向下缩小
	窗口放大图标按钮。对模型进行框选放大显示
	放大图标按钮。对模型进行放大。单击图标一次显示放大一次
	缩小图标按钮。对模型进行缩小。单击图标一次显示缩小一次
	充满图标按钮。将全部显示内容在界面中放到最大
	精确显示图标按钮。显示放大后如果不清楚，单击该按钮让其清晰显示
	上一个精确显示图标按钮。回到上一个精确显示的位置
	模型翻转图标按钮。翻转模型
	组件树图标按钮。单击图标将显示组件树，在组件树中可以进行一些编辑操作
	删除材料图标按钮。用它可以选择是否删除切削下来的工件材料
	G 代码设置图标按钮。用它可以对 G 代码的生成进行控制。但在 Creo 中不使用它来控制
	刀具管理图标按钮。在 Creo 中不使用它
	打开机床文件图标按钮。在 Creo 中不使用它
	保存机床文件图标按钮。在 Creo 中不使用它
	打开控制文件图标按钮。在 Creo 中不使用它

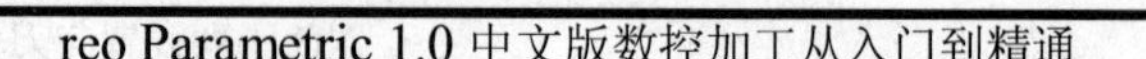

（续）

按钮图标	功能
	保存控制文件图标按钮。在 Creo 中不使用它
	MDI 方式图标
	查看刀具路径文件图标
	查看信息图标按钮。在仿真运行的过程中随时查看刀具轨迹位置、刀具号、切削时间、进给速度和主轴转速等
	打开 LOG 文件图标按钮。可以打开 LOG 文件用于显示错误、警告和验证结果等信息
	AUTO-DIFF 图标按钮。可以用它将仿真模型与设计模型进行比较，检查仿真的过切或欠切
	X-Caliper 检测图标按钮。可以用于检测模型的尺寸、形状和加工信息等。在 Creo 中不使用它
	刀具路径重新显示图标按钮。在模拟加工以后，可以用它重新模拟加工。它可以一边模拟加工一边同步显示轨迹文件，还可以单段回放
	校验图标按钮
	最优化控制图标按钮
	快速铣削图标按钮
	模拟加工工作状态图标按钮。单击该图标回到显示模拟加工状态
	显示 Machine/Cut Stock 视图图标按钮。单击该图标显示加工完成的状态。回到模拟加工状态时用上一个图标
	关闭模拟加工图标按钮
	关闭图标按钮
	仿真显示速度调整键。按鼠标左键并向左拖动，显示模拟加工速度减慢
READY	仿真工作灯。在仿真时它会变红
	重置模型功能键。重新设置模拟加工的模型
	重新执行功能键。重新执行刀具路径的模拟加工
	停止功能键。停止显示模拟加工切削
	单步功能键。每按一次显示一句“CL 数据”的模拟加工切削
	播放功能键。从刀具的当前位置向前以显示模拟加工切削

5.3.4 过切检查

Creo/NC 加工生成的刀具路径有可能对加工零件产生过切现象，产生过切现象将会导致严重的后果，要么零件报废，要么刀具损坏。在 Creo/NC 加工中系统提供了过切检查功能。在“播放路径”菜单中选择“过切检查”选项后，系统将打开如图 5-32 所示的“制造检测”菜单及“选择”对话框，并自动选取“过切检查”选项，接着分别出现“曲面零件选择”菜单、“选择曲面”菜单、“选择曲面”菜单。系统提示 ➡给过切检查选择曲面或面组.。完成选择后，系统将打开如图 5-33 所示的“过切检查”菜单，选择菜单中的“运行”选项后，系统将自动计算过切的数据点。

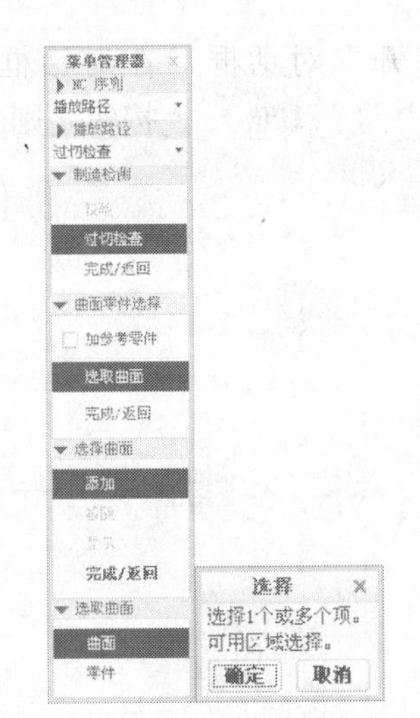

图 5-32 “制造检测”菜单及“选择”对话框

图 5-33 “过切检查”菜单

5.4 实例练习——NC 序列设置与刀具路径检测

下面将通过加工图 5-34 所示的参考模型，来说明 NC 序列设置与刀具路径检测的操作过程与技巧。

图 5-34 参考模型

5.4.1 创建 NC 加工文件

（1）启动 Creo Parametric 1.0 后，选择“文件”→“新建”命令，或者单击“快速访问”工具栏中的“新建”按钮，则系统打开如图 5-35 所示的“新建”对话框。在“新建”对话框的“类型”栏中选择“制造”，在“子类型”栏中选择“NC 装配”，然后在“名称”文本框中输入名称“5-1”，同时取消对“使用默认模板”复选框的勾选，最后单击对话框中的 确定 按钮。

（2）系统打开如图 5-36 所示的“新文件选项”对话框，在“模板”选项框中选择“mmns_mfg_nc”选项，接着单击对话框中的 确定 按钮进入系统的 NC 加工界面。

5.4.2 装配参考模型

（1）在“制造”功能区“元件”面板上单击“参考模型”下拉列表中的“装配参考模型”

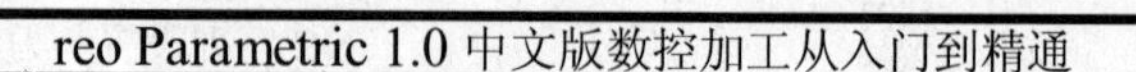

按钮，则系统打开如图 5-37 所示的“打开”对话框，在对话框中选择光盘文件“yuanwenjian\5\czmx.prt”，然后单击对话框中的 打开 按钮。则系统立即在图形显示区中导入参考模型。

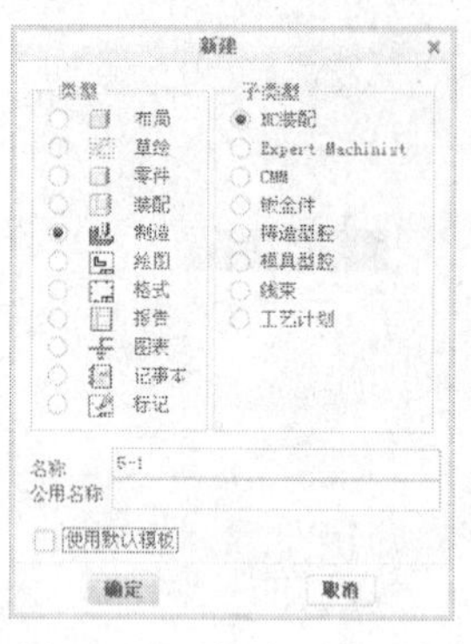

图 5-35 “新建”对话框

图 5-36 “新文件选项”对话框

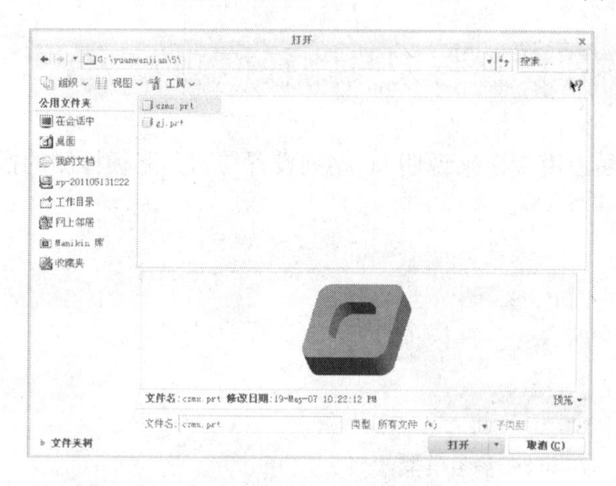

图 5-37 “打开”对话框

图 5-38 装配后的参考模型

（2）系统打开“元件放置”操控面板，选择约束类型为“默认”，表示在默认位置装配参照模型。此时操控板上“状况”后面显示为“完全约束”。单击操控板中的“完成”按钮，在系统打开的“警告”对话框中单击 确定 按钮完成模型放置，放置效果如图 5-38 所示。

5.4.3 装配工件

（1）在“制造”功能区“元件”面板上单击“工件”下拉列表中的“装配工件”按钮，则系统再次弹出“打开”对话框。在对话框中选择光盘文件“yuanwenjian\5\gj.prt”，然后单击对话框中的 打开 按钮。

（2）系统打开“元件放置”操控面板，选择约束类型为“默认”，表示在默认位置装配参考模型。此时操控板上“状况”后面显示为“完全约束”。单击操控板中的“完成”按钮，完成模型放置，放置效果如图 5-39 所示。

5.4.4　设置加工操作环境

1．定义工作机床

在“制造”功能区“机床设置”面板上单击“工作中心”下拉列表中的“铣削”按钮，则系统打开如图 5-40 所示的“铣削工作中心”对话框，在“名称”后的文本框中输入操作名称“5-1”；在“轴数”下拉框中选择“3 轴”选项。单击“确定”按钮，完成机床定义。

图 5-39 工件放置效果图

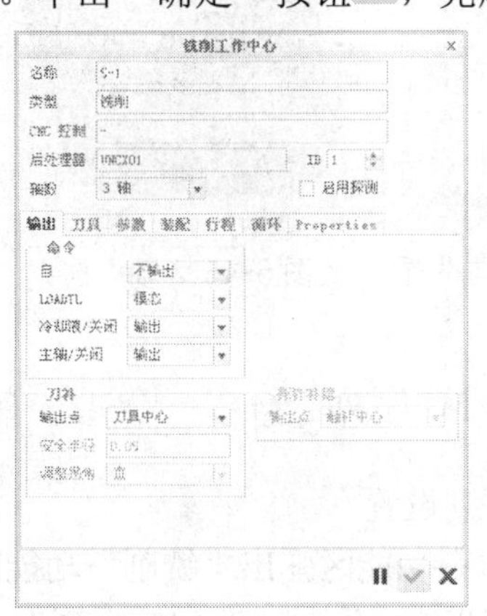

图 5-40 “铣削工作中心”对话框

2．操作设置

（1）定义加工零点　单击“制造”功能区“工艺”面板上的“操作”按钮，系统将打开如图 5-41 所示的“操作”操控面板。

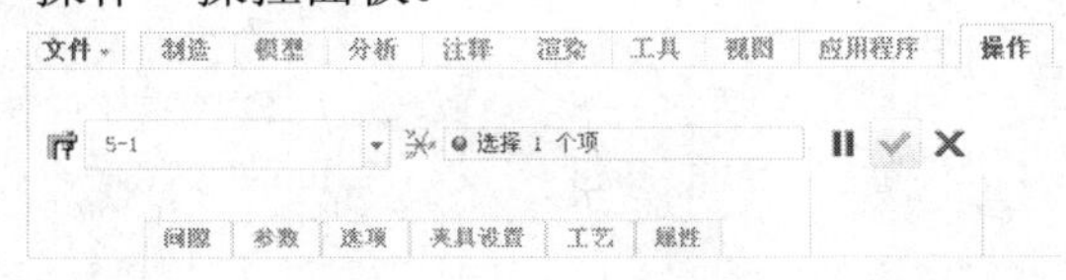

图 5-41 “操作”操控面板

用户可以直接在模型树窗口中精确选择现有的坐标系，也可以自行创建一个新的坐标系。本实例采用后者，单击“模型”功能区“基准”面板上的“坐标系”按钮，系统打开如图 5-42 所示的“坐标系”对话框，然后按住 Ctrl 键，在制造模型中依次选择 NC_ASM_FRONT、NC_ASM_RIGHT 基准平面和参照模型的上表面，此时“坐标系”对话框中的设置如图 5-43 所示。选择“方向”选项卡，单击“反向”按钮调整，对话框设置如图 5-44 所示，其中 Z 轴的方向如图 5-45 所示。最后单击“坐标系”对话框中的 确定 按钮，完成坐标系创建。在模型中选择新创建的坐标系。

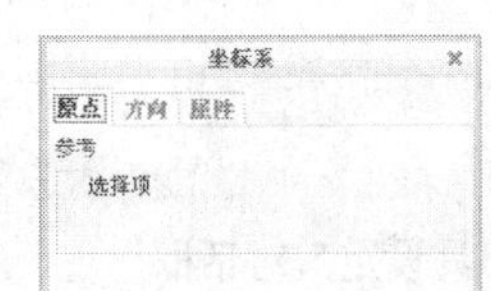

图 5-42 “坐标系”对话框

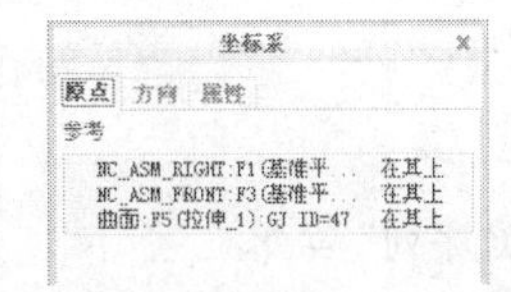

图 5-43 “坐标系”对话框设置

（2）定义退刀面　单击“间隙”下拉按钮，在下滑面板中设置退刀类型为“平面”；选

择参考为新创建的坐标系；设置沿加工坐标系 Z 轴的深度值为“10”，下滑面板设置如图 5-46 所示，创建的平面如图 5-47 所示。单击操控面板中的“完成”按钮✓，完成设置。

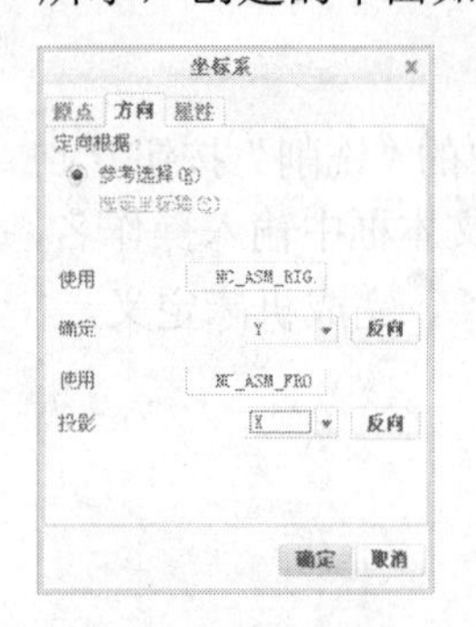
图 5-44 调整方向设置

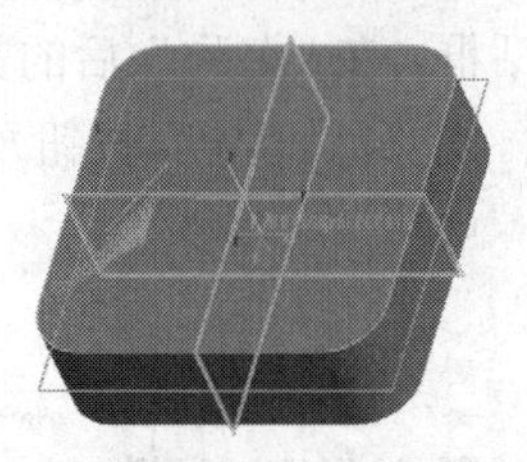
图 5-45 Z 轴方向

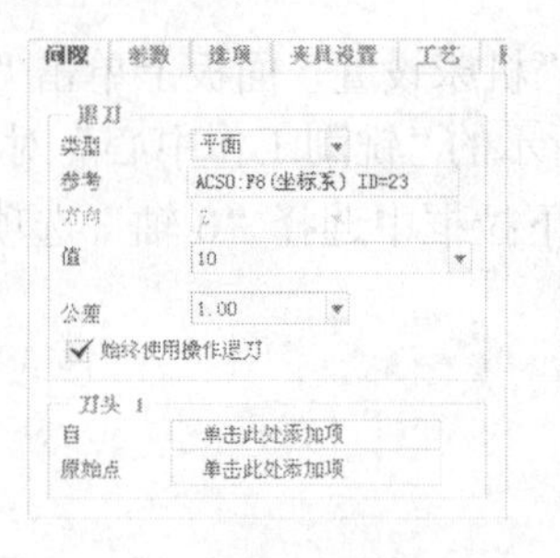

图 5-46 “间隙”下滑面板

图 5-47 创建的平面

5.4.5 创建 NC 序列

1. NC 序列设置

（1）此时在功能区弹出“铣削”功能区，单击“制造”功能区“铣削”面板上的“体积块粗加工”按钮，系统打开“NC 序列”菜单。依次勾选“刀具”→“参数”→“体积”→“完成”选项，如图 5-48 所示。

（2）系统打开“刀具设定”对话框，因在加工操作环境的设置中已对刀具进行了定义，如图 5-49 所示，故此处只需单击“刀具设定”对话框中的 应用 → 确定 按钮即可。

图 5-48 “NC 序列”菜单

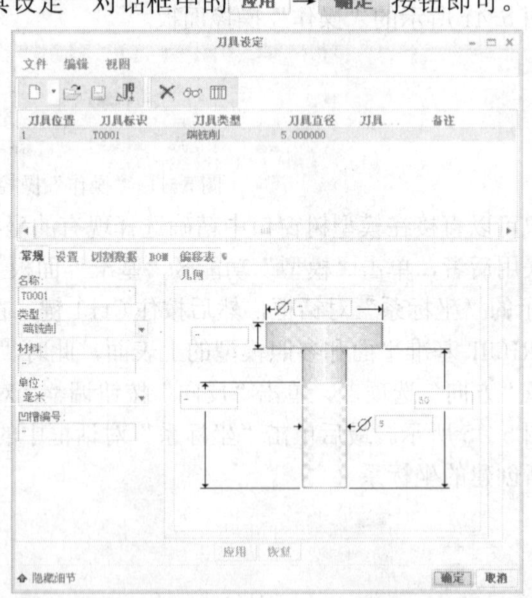

图 5-49 “刀具设定”对话框

（3）系统打开“编辑序列参数‘体积块铣削’”对话框，然后按照图 5-50 所示，在“编辑序列参数‘体积块铣削’”对话框中设置各个制造参数。单击 确定 按钮完成设置。

（4）系统在信息提示栏中提示➡选择先前定义的铣削体积块.。单击“铣削”功能区“制造几何”面板上的“铣削体积块”按钮，系统打开“铣削体积块”功能区，进入工作界面。

（5）单击“体积块特征”面板中的“收集体积块工具”按钮，接着系统打开如图 5-51 所示的“聚合体积块”及“聚合步骤”菜单。在菜单中依次选择“选择”→“封闭”→“完成”选项。

（6）系统打开“聚合选取”菜单，如图 5-52 所示，然后在菜单中依次选择“曲面和边界”→ “完成”选项。

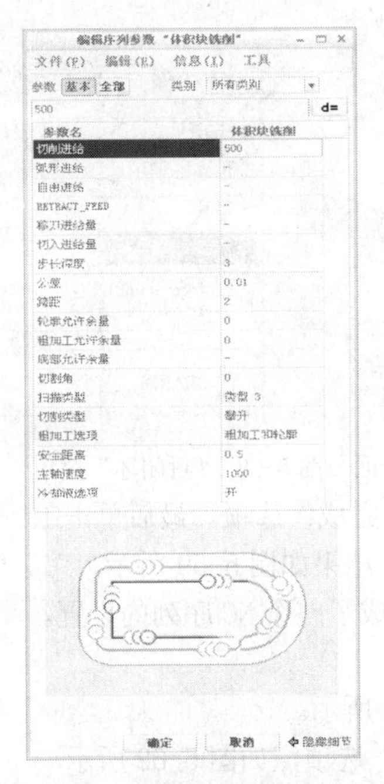

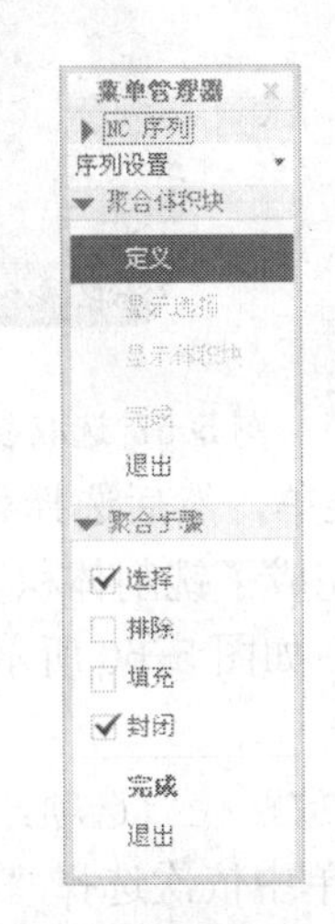

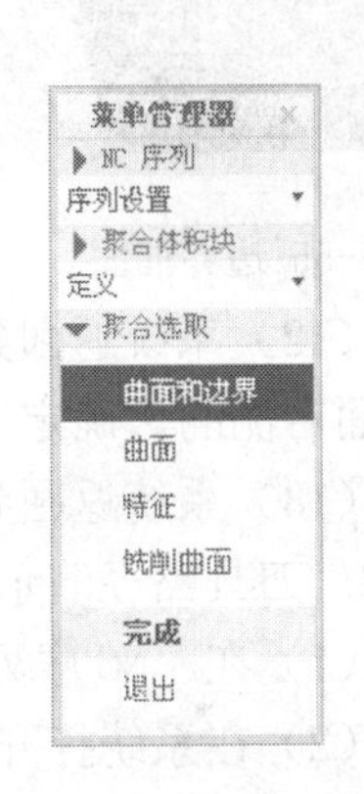

图 5-50　编辑序列参数“‘体积块铣削’”对话框　　图 5-51　“聚合体积块”及“聚合步骤”菜单　　图 5-52　“聚合选取”菜单

（7）系统提示选择一个种子曲面。，然后选择参考模型的凹腔底面作为种子曲面，如图 5-53 所示。

（8）系统打开如图 5-54 所示的“曲面边界”菜单及“选择”对话框，同时在信息提示栏中提示指定限制加工曲面的边界曲面。。然后选择参考模型的上表面作为边界曲面，如图 5-55 所示。最后依次选择“选择”对话框中的“确定”按钮、“特征参考”菜单中的“完成参考”选项和“曲面边界”菜单中的“完成/返回”选项。

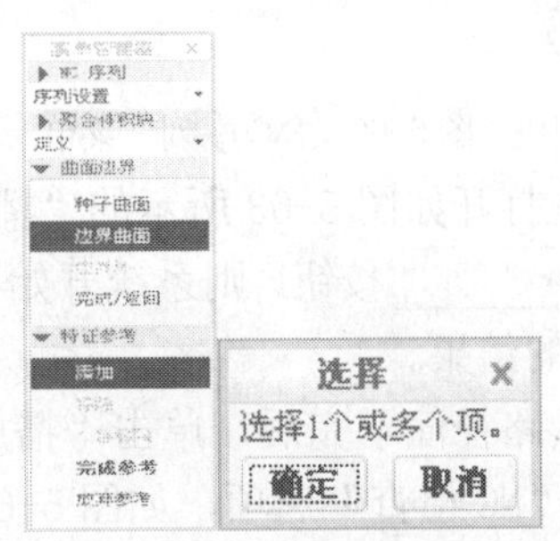

图 5-53 种子曲面　　　　图 5-54 “曲面边界”菜单及“选择”对话框

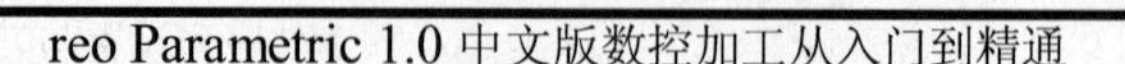

（9）系统打开如图 5-56 所示的“封合”菜单，然后在菜单中依次选择“顶平面”→“全部环”→“完成”选项。

（10）系统打开“封闭环”菜单，同时在图 5-57 所示的参考模型上表面作为顶平面。

（11）系统又返回到“封合”菜单中，在菜单中选择“完成”选项，则系统打开如图 5-58 所示的“封闭环”菜单，同时在信息栏中继续提示➡选择或创建一平面，盖住闭合的体积块。，由于此时铣削体积块已封闭，故只需直接选择“封闭环”菜单中“完成/返回”选项即可。

图 5-55 边界曲面

图 5-56 “封合”菜单

图 5-57 选取参考模型上表面

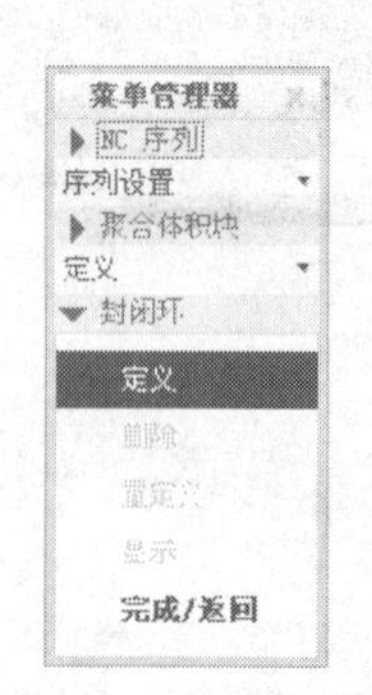

图 5-58 “封闭环”菜单

（12）系统返回到“聚合体积块”菜单，然后选择菜单中的“完成”选项。最后单击工作界面右侧的“确定”按钮✔。至此便完成了铣削体积块的创建，结果如图 5-59 所示。

（13）系统返回到“NC 序列”菜单，如图 5-60 所示。至此完成了整个 NC 序列的设置。

2．刀具路径演示与检测

（1）在“NC 序列”菜单中选择“播放路径”选项，如图 5-61 所示。

（2）在系统打开的“播放路径”菜单中依次选择“屏幕演示”选项，如图 5-62 所示。

图 5-59 铣削体积块

图 5-60 “NC 序列”菜单

图 5-61 “播放路径”选项

图 5-62 选择“屏幕演示”选项

（3）系统打开如图 5-63 所示的“播放路径”对话框，适当调整演示速度后，单击对话框中的 ▶ 按钮，则系统开始在屏幕上动态演示刀具加工的路径。图 5-64 所示为屏幕演示完后的结果。

（4）刀具路径演示完后，单击“播放路径”对话框中的 关闭 按钮。然后单击“播放路径”菜单中的“NC 检查”选项，如图 5-65 所示。

（5）系统进入 VERICUT 仿真模拟工作界面，适当调整模拟速度后，单击按钮开始进行动态加工模拟。图5-66为加工模拟完成后的效果图。

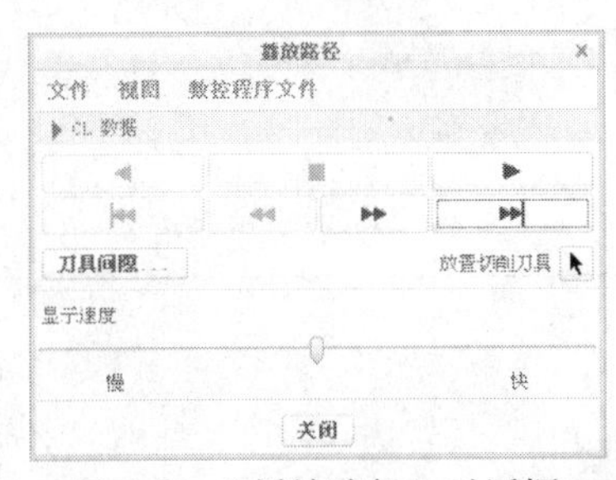

图5-63 “播放路径”对话框

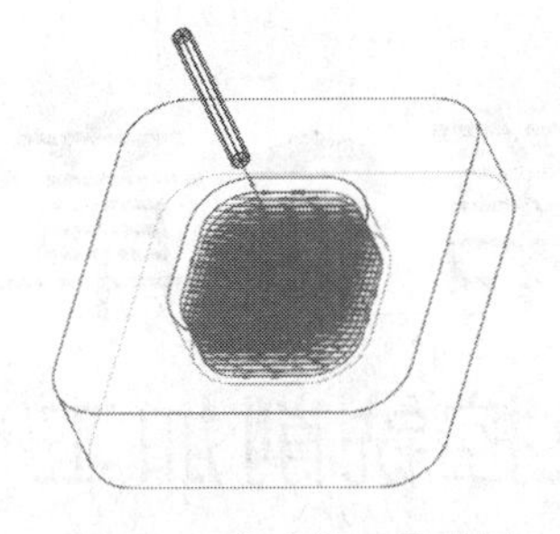

图5-64 生成的刀具路径

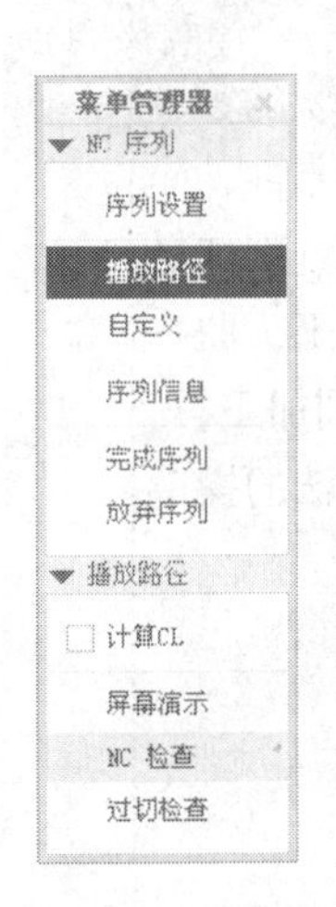

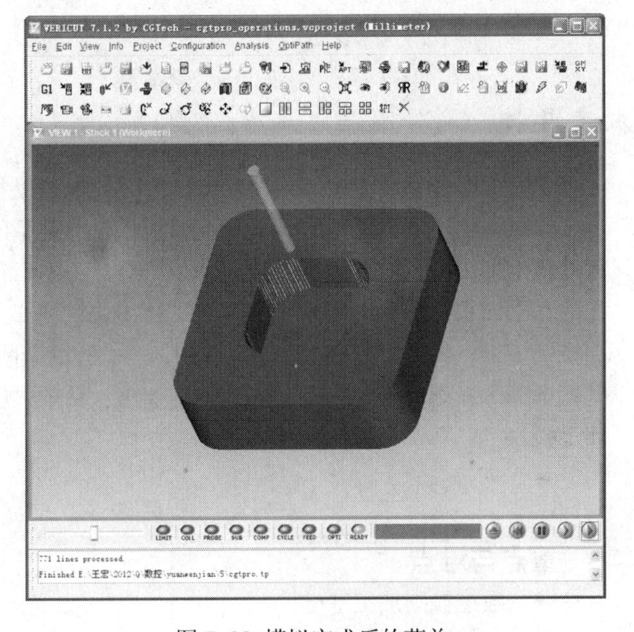

图5-65 “播放路径”菜单　　　　图5-66 模拟完成后的菜单

（6）关闭界面，返回“NC序列”菜单，选择“完成序列”选项退出。

第6章

数控铣削加工

本章导读

数控铣削是最常用的机械加工方法之一，既可以加工具有平面形状的零件，又可以加工曲面零件，此外还可以加工带有孔系的盘、套、板类零件，因此铣削加工在机械加工行业中应用十分广泛。本章首先介绍了数控铣削加工的基础知识，然后以实例详细介绍了体积块铣削加工、局部铣削加工、曲面铣削加工、表面铣削加工、轮廓铣削加工、腔槽铣削加工、轨迹铣削加工、孔铣削加工、螺纹铣削加工、雕刻铣削加工、钻削式粗加工等加工方法的操作过程。

重点与难点

- 数控铣削加工基础
- 体积块铣削、局部铣削
- 曲面铣削、表面铣削、轮廓铣削
- 腔槽铣削、轨迹铣削
- 孔铣削、螺纹铣削、雕刻铣削
- 钻削式粗加工

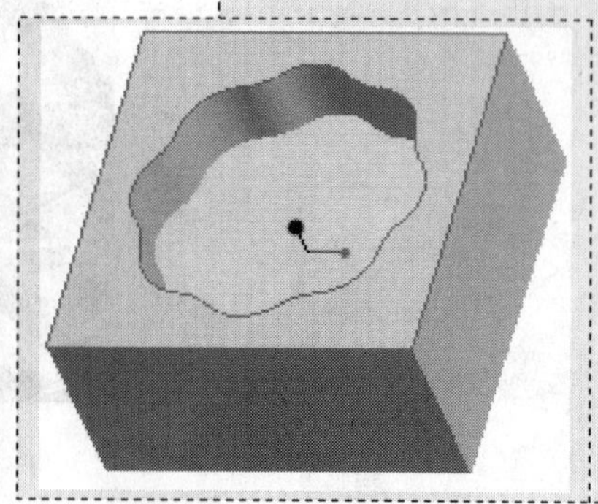

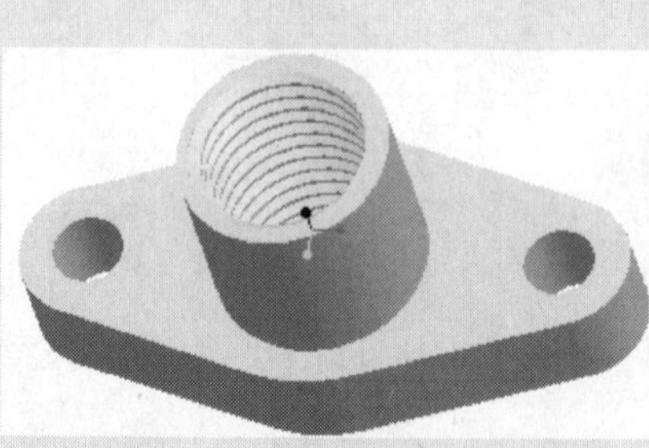

6.1 数控铣削加工基础

现有典型CAM平台在进行数控铣削编程时，其流程基本相同，主要涉及加工对象定义、刀具选择、加工模式选择、轨迹优化编辑修改控制、后处理与实体模拟等方面内容。典型CAM平台在三轴联动数控铣削加工编程方面，都包括粗加工、精加工、清根加工三种模式以及实体模拟仿真。刀具轨迹的生成控制方式主要包括二维轮廓粗精加工、深孔钻削加工、平行或环形等高分层铣削、螺旋铣削、曲面流线、投影加工、曲面清根、放射加工等功能。在高速铣削加工方面一般都提供高速R圆角控制、变速处理、直线拟合、样条插补等轨迹优化策略。

6.1.1 铣削加工对象

铣削加工是由铣刀绕固定轴旋转与工作台移动进给共同完成工件材料切除的加工过程。刀具的旋转是主运动，工作台的移动是进给运动。大部分数控铣床具有3轴及3轴以上的联动功能。适用于数控铣床加工的对象主要有以下三类：

- 平面类零件。这类零件是数控铣削加工中最简单也是最常见的一类零件，一般用3轴数控铣床的2轴联动就可直接加工出来。
- 变斜角类零件。这类零件的加工面与水平面的夹角呈连续变化，一般采用4轴或5轴数控铣床进行加工，也可采用3轴数控铣床进行近似加工。
- 空间曲面类零件。这类零件常采用3轴数控铣床加工。当曲面较复杂时需采用4轴或5轴数控铣床进行加工。

6.1.2 铣削加工方式

根据铣刀的旋转产生的切线方向与工件的进给方法是否相同，铣削加工可分为顺铣和逆铣两种。铣刀旋转产生的切线方向与工件进给方向相同，称为顺铣，如图6-1所示；铣刀旋转产生的切线方向与工件进给方向相反，称为逆铣，如图6-2所示。顺铣时，切削由薄变厚，刀齿从已加工表面切入，对铣刀的使用有利；逆铣时，当铣刀刀齿接触工件后不能立即切入金属层，而是在工件表面滑动一小段距离，在滑动过程中，由于强烈的摩擦，会产生大量的

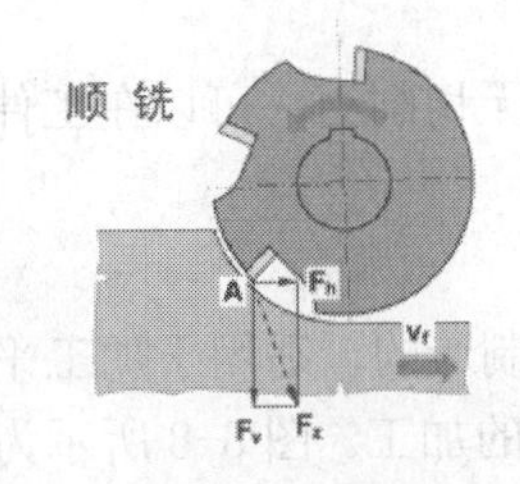

图6-1 顺铣

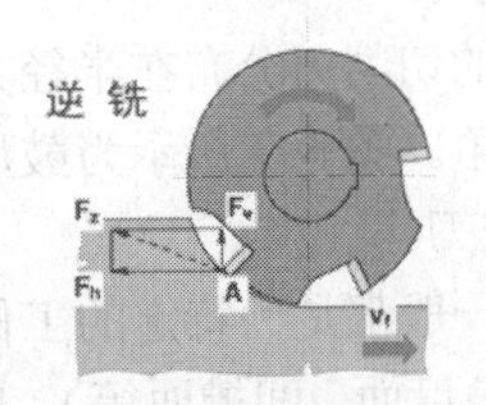

图6-2 逆铣

热量，同时在待加工表面易形成硬化层，降低刀具的寿命，影响工件的表面粗糙度，给切削

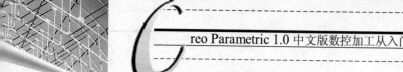

带来不利。与逆铣相比，顺铣的功率消耗要小，在同等切削条件下，顺铣功率消耗要低 5%～10%，同时顺铣也更有利于排屑。因此，一般应尽量采用顺铣法加工，以降低被加工零件的表面粗糙度，保证尺寸精度。但是在切削面上有硬质层、积渣、切削面凸凹不平时，如加工锻造毛坯，应采用逆铣法。

6.1.3 铣削刀具的种类

数控铣削刀具的种类很多，这里只介绍数控机床上常用的几种铣刀。

1．盘铣刀

盘铣刀又称端面铣刀，一般采用在盘状刀体上机夹刀片或刀头组成，常用于端铣较大的平面。图 6-3 所示为盘铣刀。

2．立铣刀

立铣刀是数控铣床上应用最多的一种铣刀。它的圆柱表面和端面上都有切削刃，圆柱表面的切削刃为主切削刃，端面上的切削刃为副切削刃。为了能加工较深的沟槽并保证有足够的备磨量，立铣刀的轴向长度一般较长。图 6-4 所示为立铣刀。

图 6-3 盘铣刀

图 6-4 立铣刀

3．球头铣刀

球头铣刀主要适用于加工空间曲面零件或平面类零件上有较大的转接凹圆弧的过渡加工。图 6-5 所示为球头铣刀。

4．键槽铣刀

键槽铣刀一般有两个刀齿，圆柱面和端部都有切削刃，断面刃延至中心，既像立铣刀又像钻头。加工时先轴向进给达到槽深，然后沿键槽方向铣出键槽全长。图 6-6 所示为键槽铣刀。

图 6-5 球头铣刀

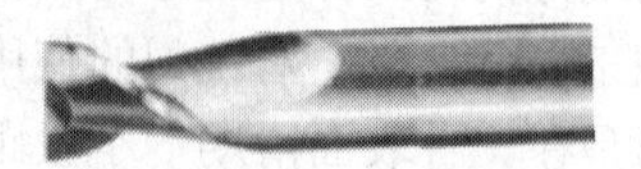

图 6-6 键槽铣刀

5．鼓形铣刀

鼓形铣刀的切削刃分布在半径为 R 的圆弧面上，端面无切削刃，可以在工件上切出从负到正的不同斜角。图 6-7 所示为鼓形铣刀。

6．成形铣刀

成形铣刀一般都是为特定的工件或加工内容专门设计制造的，适用于加工平面类零件的特定形状（如角度面、凹槽面等），也适用于特形孔或凸台的加工。图 6-8 所示为常用的几种成形铣刀。

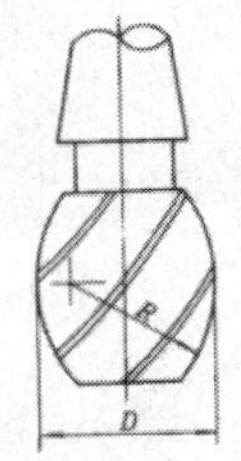
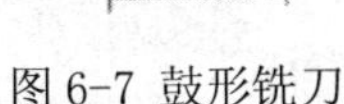
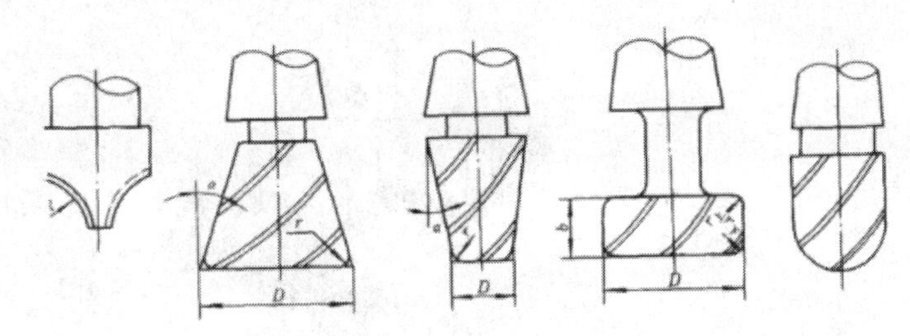

图 6-7 鼓形铣刀　　　　图 6-8 成形铣刀

6.1.4 铣削刀具的选择

在数控铣削加工中，刀具的选择直接影响着零件的加工质量、加工效率和加工成本，因此正确选择刀具有着十分重要的意义。刀具的选择通常要考虑机床的加工能力、工件的材料、加工表面类型、机床的切削用量、刀具的寿命和刚度等，此外由于数控铣刀的种类和规格很多，选择时还要考虑不同种类和规格刀具的不同加工特点。其一般原则是：

1. 根据被加工型面形状选择刀具类型

对于凹形表面，在半精加工和精加工时，应选择球头铣刀，以得到好的表面质量，但在粗加工时宜选择平底立铣刀或圆角立铣刀，这是因为球头铣刀切削条件较差；对凸形表面，粗加工时一般选择平底立铣刀或圆角立铣刀，但在精加工时宜选择圆角立铣刀，这是因为圆角铣刀的几何条件比平底立铣刀好；对带脱模斜度的侧面，宜选用锥度铣刀，虽然采用平底立铣刀通过插值也可以加工斜面，但会使加工路径变长而影响加工效率，同时会加大刀具的磨损而影响加工的精度。

2. 根据从大到小的原则选择刀具

零件一般包含有多个类型的曲面，因此在加工时一般不能选择一把刀具完成整个零件的加工。无论是粗加工还是精加工，应尽可能选择大直径的刀具，因为刀具直径越小，加工路径越长，造成加工效率降低，同时刀具的磨损会造成加工质量的明显差异。

3. 根据加工型面曲率的大小选择刀具

在精加工时，所用最小刀具的半径应小于或等于被加工零件上的内轮廓圆角半径，尤其是在拐角加工时，应选用半径小于拐角处圆角半径的刀具并以圆弧插补的方式进行加工，这样可以避免采用直线插补而出现过切现象；在粗加工时，考虑到尽可能采用大直径刀具的原则，一般选择的刀具半径较大，这时需要考虑的是粗加工后所留余量是否会给半精加工或精加工刀具造成过大的切削负荷，因为较大直径的刀具在零件轮廓拐角处会留下更多的余量，这往往是精加工过程中出现切削力的急剧变化而使刀具损坏或裁刀的直接原因。

4. 粗加工时尽可能选择圆角立铣刀

一方面，圆角立铣刀在切削过程中可以在刀刃与工件接触的 0°～90° 范围内给出比较连续的切削力变化，这不仅对加工质量有利，而且会使刀具寿命大大延长；另一方面，在粗加工时选用圆角立铣刀，与球头铣刀相比具有良好的切削条件，与平底立铣刀相比可以留下较为均匀的精加工余量，这对后续加工是十分有利的。

图 6-9 所示为根据不同结构形状所选用的铣削刀具。

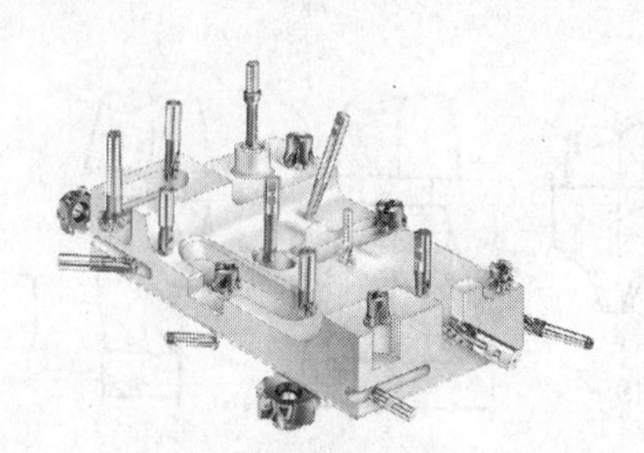

图 6-9 根据不同结构形状所选用的铣削刀具

6.2 体积块铣削加工

6.2.1 体积块铣削加工简介

体积块铣削加工是铣削加工中最基本的材料去除方法和工艺手段，主要用在需要大量切除材料体积块的粗加工制造过程中。它是根据 NC 序列设置的加工几何形状（铣削体积块或铣削窗口），配合刀具几何参数数据与加工参数设置，以等高分层的方式产生刀具路径数据将加工几何范围内的工件材料切除。其中被切除掉的工件材料称为体积块。一般来说，采用具有两轴半联动功能的数控铣床即可完成体积块铣削加工。

6.2.2 体积块铣削加工参数说明

体积块铣削加工参数的设置在如图 6-10 所示的“编辑序列参数‘体积块铣削’”对话框中进行。其中标记为“-”的参数选项，为可选设定选项，但在创建合理的刀具轨迹时，这些选项也要适当地选择并设定；而未有任何标记的参数选项，用户必须进行合理的设定。另外，如果参数选项已有系统预设值，则用户可单击文本输入框后面的下三角按钮▼显示所有的预设值，并选择合理的预设值。下面对体积块铣削加工中的常用加工参数选项进行说明。

- “切削进给”：用于设定切削进给速度，单位通常为 mm/min。
- “弧形进给”：用于设定所有沿弧的切割移动的进给率。
- “自由进给”：用于设定非切割运动进给率。
- “RETRACT_FEED”：用于设定退刀速度。
- “移刀进给量”：用于设定所有横向刀具运动的进给率。
- “切入进给量”：用于设定插入移动速度。
- “步长深度”：用于设定纵向进给步距，即背吃刀量，也就是分层铣削中，每一层的切削深度。单位通常为 mm。
- “公差”：用于设定刀具轨迹与模型几何的最大允许偏差。
- “跨距”：用于设定横向步距，即相邻两条刀具轨迹之间的距离。该值一般应与刀具的有效直径成正比，一般情况下取 0.5～0.8D（D 为刀具的有效直径）。粗加工时可取 0.9D 以上。

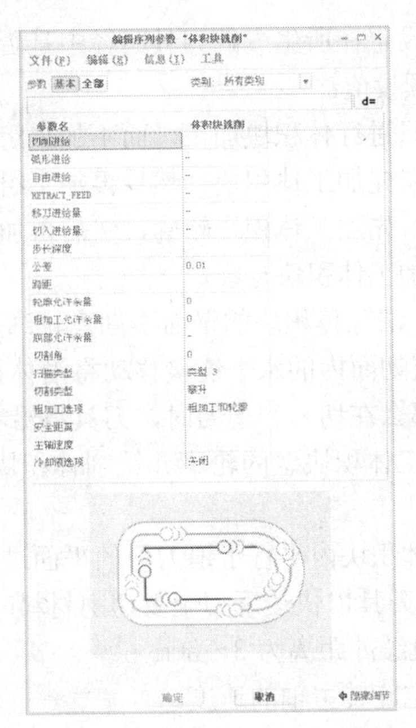

图6-10 “编辑序列参数‘体积块铣削’”对话框

- “轮廓允许余量”:用于设定侧向表面的加工余量,该值要小于或者等于粗加工余量。
- “粗加工允许余量”: 用于设定粗加工余量。该值必须大于或等于轮廓允许余量参数值。
- “底部允许余量”: 用于设定底部的加工余量。
- “切割角”: 用于设定刀具路径与加工坐标系X轴的夹角。
- “扫描类型”: 用于设定刀具路径的拓扑结构。在该选项中, 系统提供了以下几个预设值:
  - “类型1”: 刀具连续加工体积块, 遇到凸起部分时, 自动退刀。
  - “类型2”: 刀具连续加工体积块, 遇到凸起部分时, 刀具绕过凸起, 而不退刀。
  - “类型3”: 刀具连续加工体积块, 遇到凸起部分时, 刀具分区进行加工。系统默认该预设值。
  - “类型螺纹”: 刀具螺旋走刀。
  - “类型一方向”: 刀具只进行单向切削。在每个切削走刀终点位置退刀并返回到工件的另一侧, 以相同的方向开始下一切削。
  - “类型1连接”: 刀具只进行单向切削。在每个切削走刀终止位置退刀, 迅速返回到当前走刀的起始点, 然后横向移动到下一走刀的起始位置开始加工。
  - “常数_加载”: 用大约恒定的刀具载入扫描薄片。
  - “螺旋保持切割方向”: 采用螺旋扫描方式并保持切割方向。
  - “螺旋保持切割类型”: 采用螺旋扫描方式并保持切割类型。
  - “跟随硬壁”: 每一个切口都将沿特征的硬壁方向。
- “切割类型”: 用于选择加工的切削类型。系统提供了三个选项: 向上切割、攀升、转弯-急转。

- "粗加工选项"：用于设定在所生成的刀具路径中是否出现轮廓走刀。在该选项中，系统提供了以下几个预设值：
  - "仅限粗加工"：只进行体积块加工，而不加工组成体积块的轮廓。
  - "粗加工和轮廓"：先加工体积块，然后再加工组成体积块的轮廓。
  - "轮廓和粗加工"：先加工体积块轮廓，然后再加工体积块。
  - "仅限轮廓"：仅加工体积块轮廓。
  - "粗加工和清理"：清除体积块的壁而不创建轮廓走刀。如果扫描类型设置为类型 3，那么每个层切面内的水平连接移动将沿体积块的壁进行。如果扫描类型设置为类型 1，那么在切入和退刀时，刀具将沿着体积块的壁垂直移动。
  - "腔槽加工"：加工体积块壁的轮廓并铣削体积块内平行于退刀平面的所有平面。
  - "仅表面"：只对体积块内平行于退刀面的平面进行加工。
- "安全距离"：用于设置刀具以快速下刀至要切削材料时变成以进给速度下刀之间的缓冲距离。通常取这段缓冲距离为 3～5mm
- "主轴速度"：用于设定旋转主轴的速度。
- "冷却液选项"：用于设定冷却液的开启和关闭。在该选项中，系统提供了以下几个预设值：
  - "FLOOD"：冷却液淹没工件。
  - "喷淋雾"：产生喷淋水雾。
  - "关闭"：关闭冷却液。
  - "开"：开启冷却液。
  - "攻丝"：将冷却液设置为攻丝设定。
  - "THRU"：冷却液通过转轴。

6.2.3 实例练习——体积块铣削加工

下面以加工图 6-11 所示的参考模型为例，来说明体积块铣削加工的操作过程与技巧。

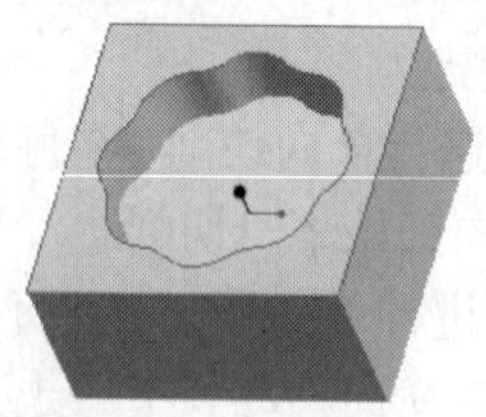

图 6-11 参考模型

1. 创建 NC 加工文件

（1）启动 Creo Parametric 1.0 后，选择"文件"→"新建"命令，或者单击"快速访问"工具栏中的"新建"按钮，则系统打开如图 6-12 所示的"新建"对话框。在"新建"对话框的"类型"栏中选择"制造"，在"子类型"栏中选择"NC 装配"，然后在"名称"文本框中输入名称"6-2"，同时取消对"使用默认模板"复选框的勾选，最后单击对话框中的 确定按钮。

（2）接着系统打开如图 6-13 所示的“新文件选项”对话框，在“模板”选项框中选择“mmns_mfg_nc”选项，接着单击对话框中的 确定 按钮进入系统的 NC 加工界面。

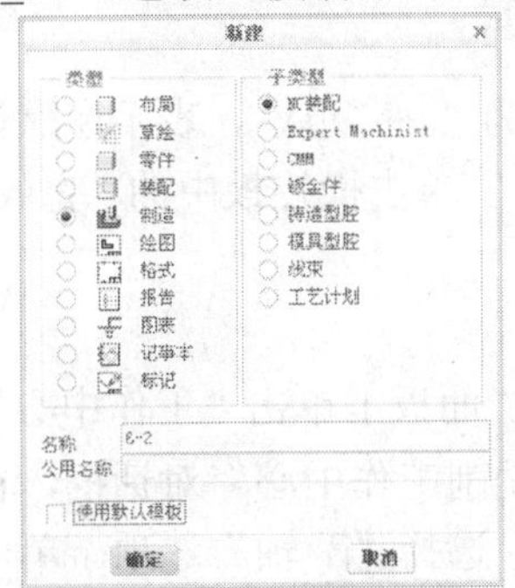

图 6-12　“新建”对话框

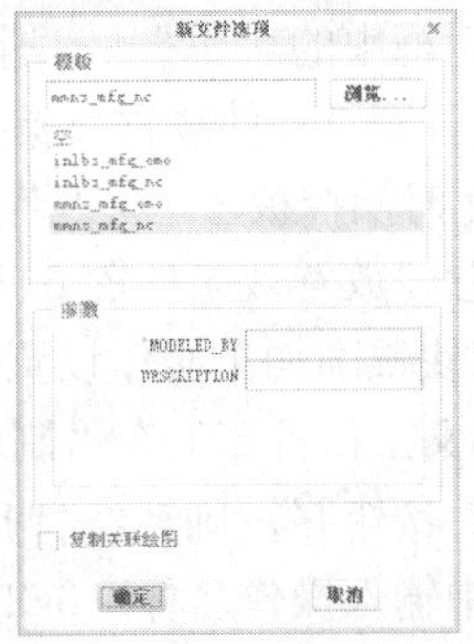

图 6-13　“新文件选项”对话框

2．创建制造模型

（1）装配参考模型

1）在“制造”功能区“元件”面板上单击“参考模型”下拉列表中的“装配参考模型”按钮，则系统打开如图 6-14 所示的“打开”对话框，在对话框中选择光盘文件“yuanwenjian\6\6-2\czmx.prt”，然后单击对话框中的 打开 按钮，则系统立即在图形显示区中导入参考模型。

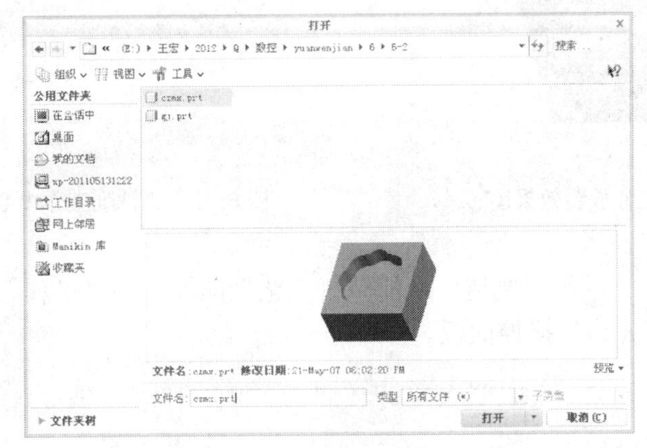

图 6-14　“打开”对话框

2）系统打开“元件放置”操控面板，选择约束类型为“默认”，表示在默认位置装配参照模型。此时操控板上“状况”后面显示为“完全约束”。单击操控板中的“完成”按钮，系统打开如图 6-15 所示的“警告”对话框，单击 确定 按钮完成模型放置，如图 6-16 所示。

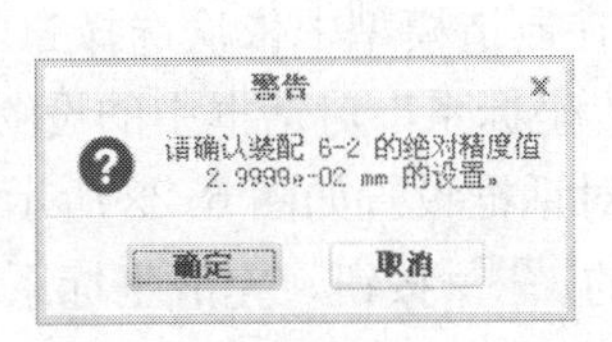

图 6-15　“警告”对话框

图 6-16 装配后的参考模型

（2）装配工件

1）在“制造”功能区“元件”面板上单击“工件”下拉列表中的“装配工件”按钮，则系统再次弹出“打开”对话框。在对话框中选择光盘文件“yuanwenjian\6\6-2\gj.prt”，然后单击对话框中的 打开 按钮。

2）系统打开“元件放置”操控面板，选择约束类型为“默认”，表示在默认位置装配参考模型。此时操控板上“状况”后面显示为“完全约束”。单击操控板中的“完成”按钮，完成模型放置，放置效果如图 6-17 所示。

3. 体积块铣削加工操作设置

（1）定义工作机床　在“制造”功能区“机床设置”面板上单击“工作中心”下拉列表中的“铣削”按钮，则系统打开如图 6-18 所示的“铣削工作中心”对话框，在“名称”后的文本框中输入操作名称“6-2”；在“轴数”下拉框中选择“3 轴”选项。单击“确定”按钮，完成机床定义。

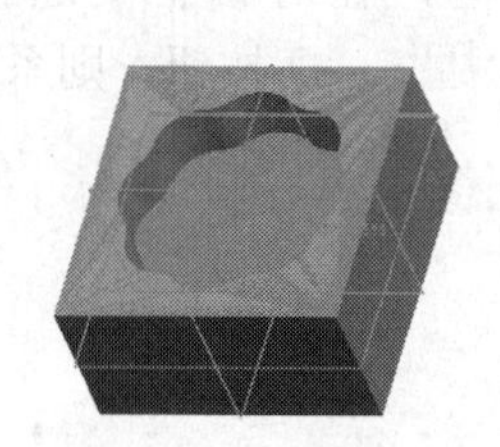

图 6-17 工件放置效果图

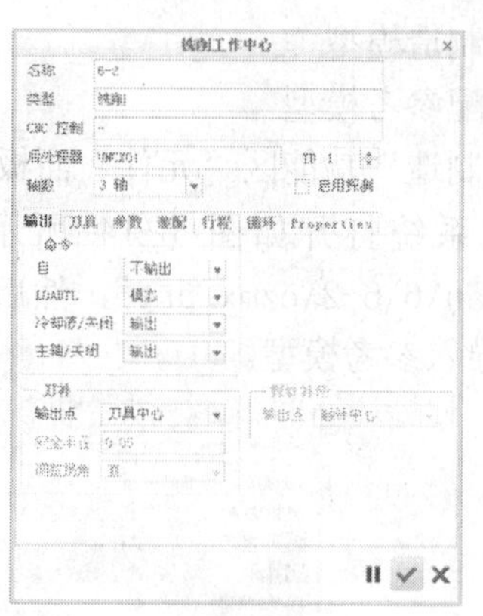

图 6-18　“铣削工作中心”对话框

（2）操作设置

1）定义加工零点。单击“制造”功能区“工艺”面板上的“操作”按钮，系统将打开如图 6-19 所示的“操作”操控面板。

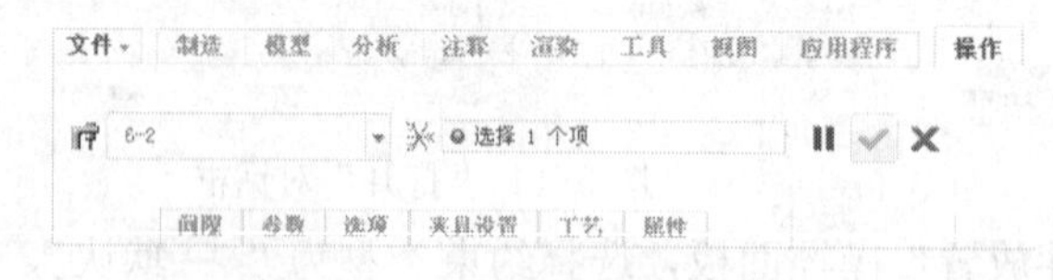

图 6-19　“操作”操控面板

2）可以直接在模型树窗口中精确选择现有的坐标系，也可以自行创建一个新的坐标系。本实例采用后者，单击“模型”功能区“基准”面板上的“坐标系”按钮，系统打开如图 6-20 所示的“坐标系”对话框，然后按住 Ctrl 键，在制造模型中依次选择 NC_ASM_FRONT、NC_ASM_RIGHT 基准平面和参照模型的上表面，此时“坐标系”对话框中的设置如图 6-21 所示。选择“方向”选项卡，单击“反向”按钮调整，对话框设置如图 6-22 所示，其中 Z 轴的方向如图 6-23 所示。最后单击“坐标系”对话框中的 确定 按钮，完成坐标系创建。在模型中选择新创建的坐标系。

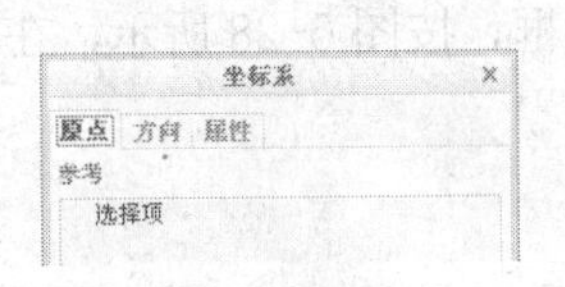

图 6-20 “坐标系”对话框

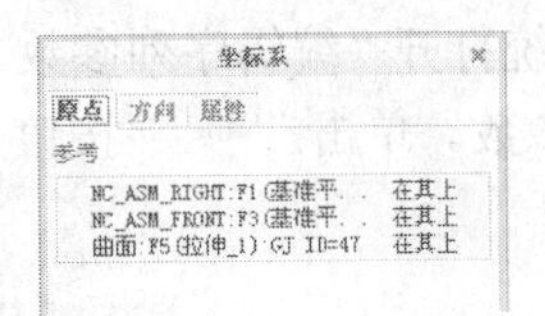

图 6-21 “坐标系”对话框设置

3）定义退刀面。单击“间隙”下拉按钮，在下滑面板中设置退刀类型为“平面”；选择参考为新创建的坐标系；设置沿加工坐标系 Z 轴的深度值为 5，下滑面板设置如图 6-24 所示，创建的退刀面如图 6-25 所示。单击操控面板中的“完成”按钮，完成设置。

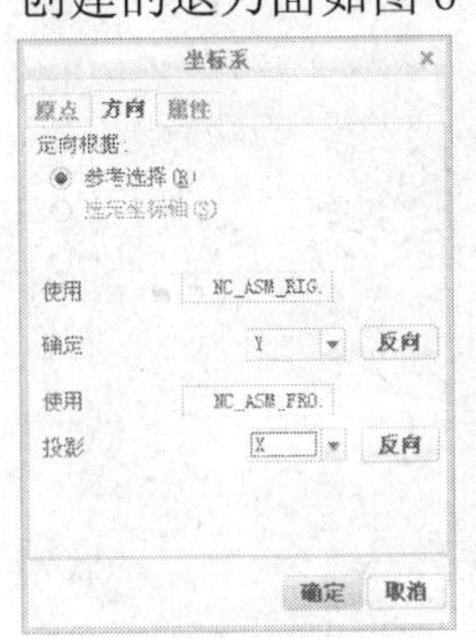

图 6-22 调整方向设置

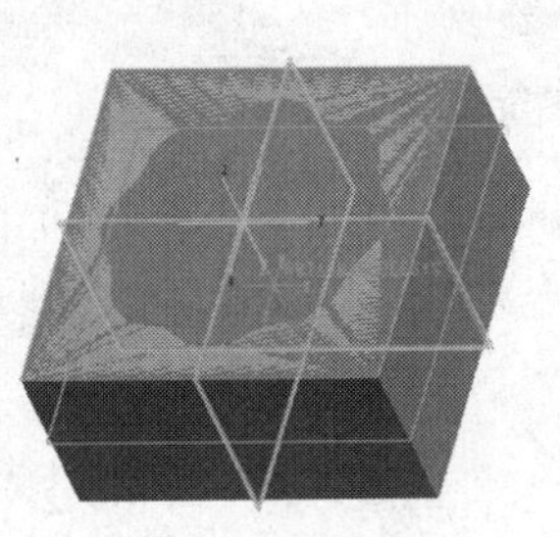

图 6-23 Z 轴方向

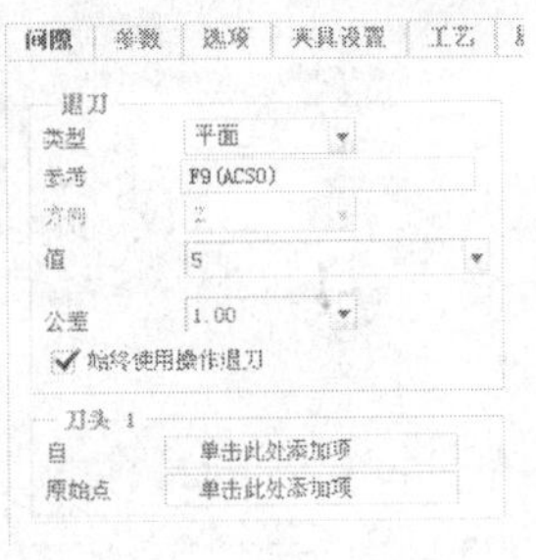

图 6-24 “间隙”下滑面板

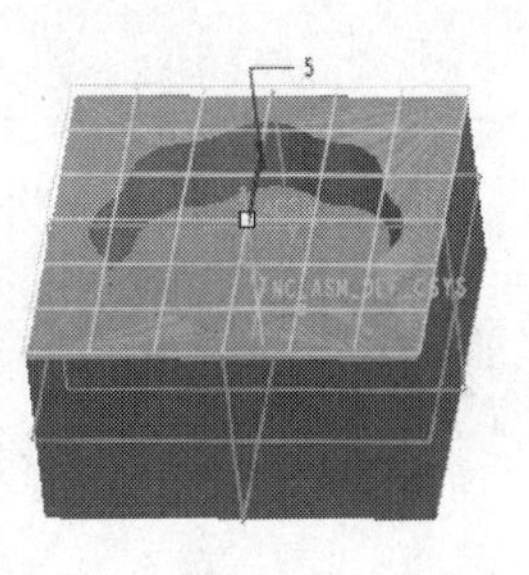

图 6-25 创建的退刀面

4．创建 NC 序列

（1）此时在功能区弹出“铣削”功能区，单击“铣削”功能区“铣削”面板上的“体积块粗加工”按钮，系统打开“NC 序列”菜单。依次勾选“刀具”→“参数”→“体积”→“完成”选项，如图 6-26 所示。

（2）系统打开“刀具设定”对话框，因在加工操作环境的设置中已对刀具进行了定义，如图 6-27 所示，故此处只需单击“刀具设定”对话框中的 应用 → 确定 按钮即可。

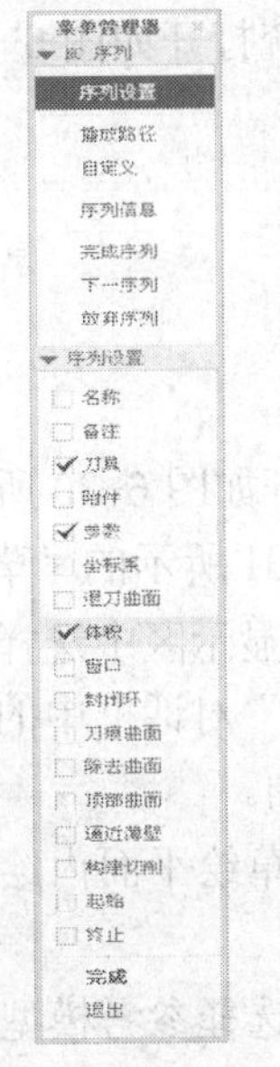

图 6-26 “NC 序列”菜单

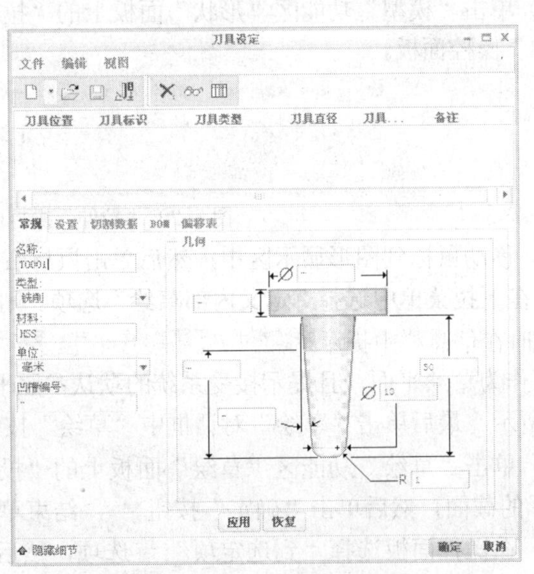

图 6-27 “刀具设定”对话框

（3）系统打开“编辑序列参数‘体积块铣削’”对话框，按图 6-28 所示，在对话框中设置各个制造参数。单击 确定 按钮完成设置。

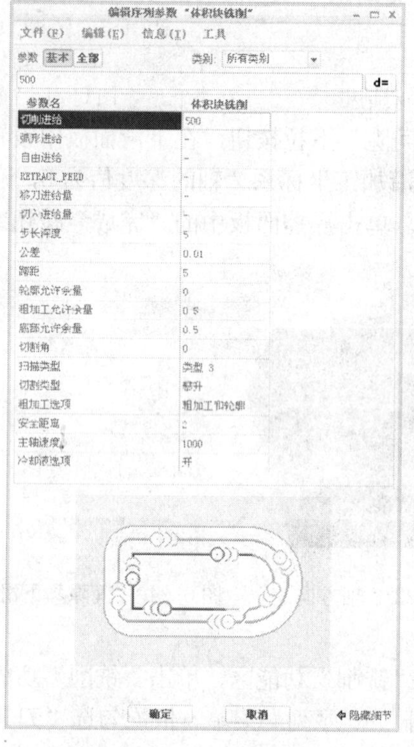

图 6-28 “编辑序列参数‘体积块铣削’”对话框

（4）系统在信息提示栏中提示◆选择先前定义的铣削体积块。。单击“铣削”功能区“制造几何”面板上的“铣削体积块”按钮，系统打开“铣削体积块”功能区，进入工作界面。

（5）单击“模型”功能区“形状”面板上的“拉伸”按钮，系统打开如图 6-29 所示的“拉伸”操控面板。

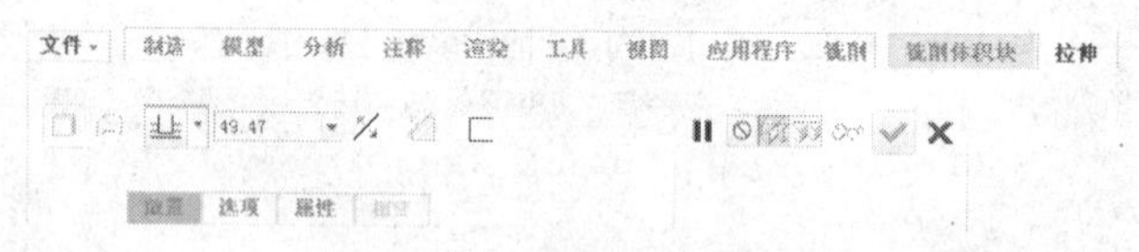

图 6-29 “拉伸”操控面板

（6）移动鼠标到图形显示区中，然后单击鼠标右键，接着系统打开如图 6-30 所示的下拉菜单，在下拉菜单中选择“定义内部草绘”选项。则系统打开如图 6-31 所示的“草绘”对话框，同时在信息栏中提示◆选择一个平面或曲面以定义草绘平面。。然后在图形显示区中选择参考模型上表面作为草绘平面，且提示接受系统的默认参照平面，此时“草绘”对话框中的设置如图 6-32 所示。最后单击“草绘”对话框中“草绘”按钮，进入草绘界面。

（7）单击“草绘”功能区“草绘”面板上的“投影”按钮，在草绘平面内绘制如图 6-33 所示的截面，然后单击“确定”按钮，结束草绘截面的绘制。

（8）在操控面板选择“到选定项”选项，然后在图形显示区中选择参考模型的凹腔底面作为拉伸深度的参照。最后单击操控面板中的“完成”按钮，结束拉伸特征的创建。

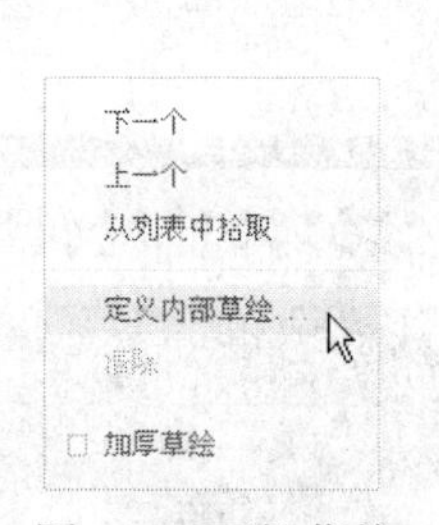

图6-30 下拉菜单

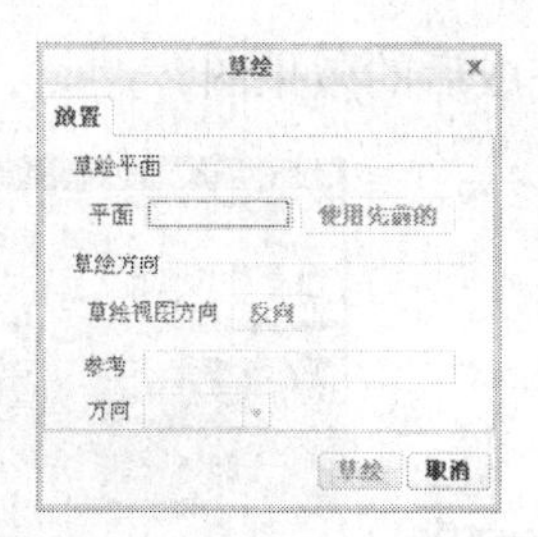

图6-31 “草绘”对话框

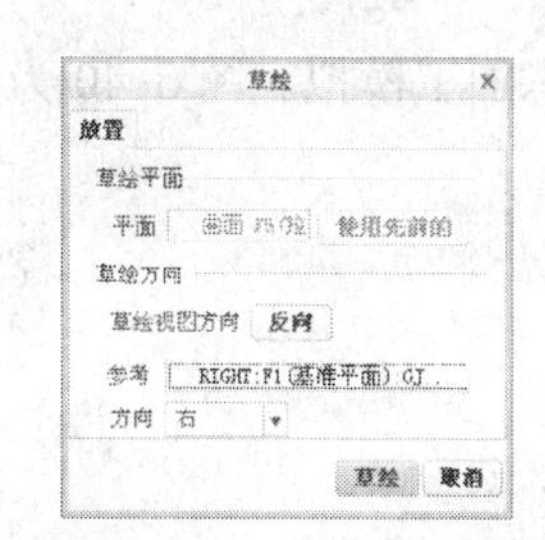

图6-32 “草绘”对话框的设置

（9）单击界面功能区右侧的“确定”按钮✓，至此便完成了铣削体积块的创建。结果如图6-34所示（着色部分为创建的铣削体积块）。

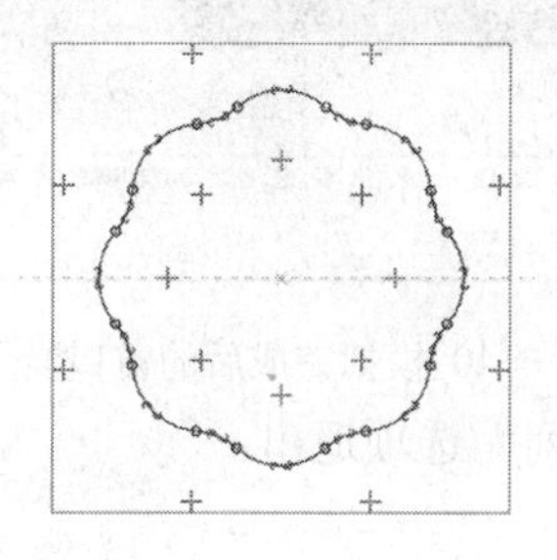

图6-33 草绘截面

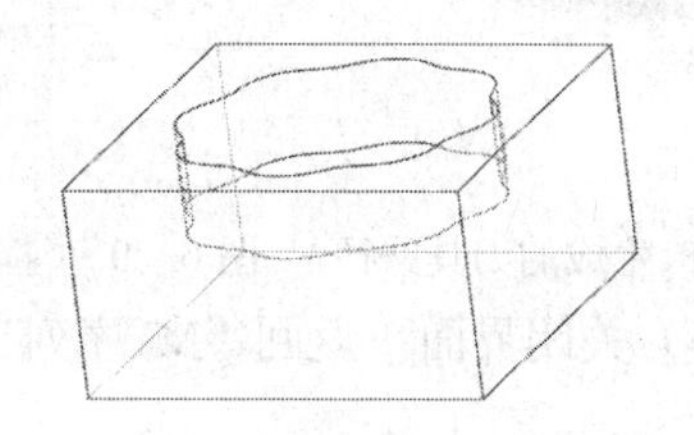

图6-34 创建的铣削体积块

（10）返回到“NC序列”菜单，至此便完成NC序列的设置。

5．刀具路径演示与检测

（1）在“NC序列”菜单中选择“播放路径”选项，如图6-35所示。在系统打开的“播放路径”菜单中依次选择“屏幕演示”选项，如图6-36所示。

（2）系统打开如图6-37所示的“播放路径”对话框，适当调整演示速度后，单击对话框中的▶按钮，则系统开始在屏幕上动态演示刀具加工的路径。图6-38所示为屏幕演示完后的结果。

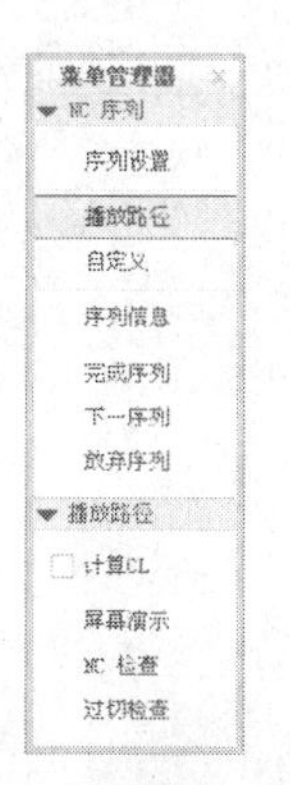

图6-35 “播放路径”选项

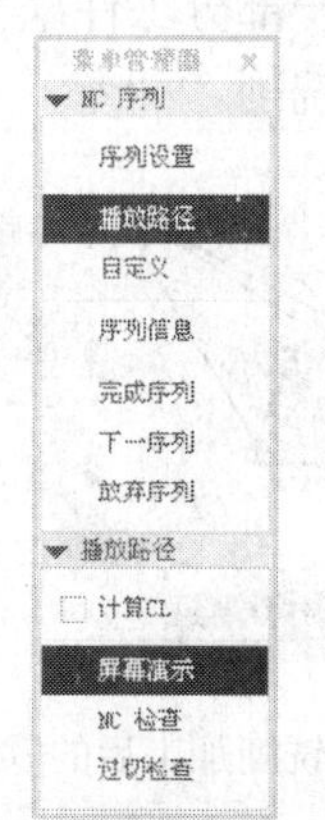

图6-36 选择“屏幕演示”选项

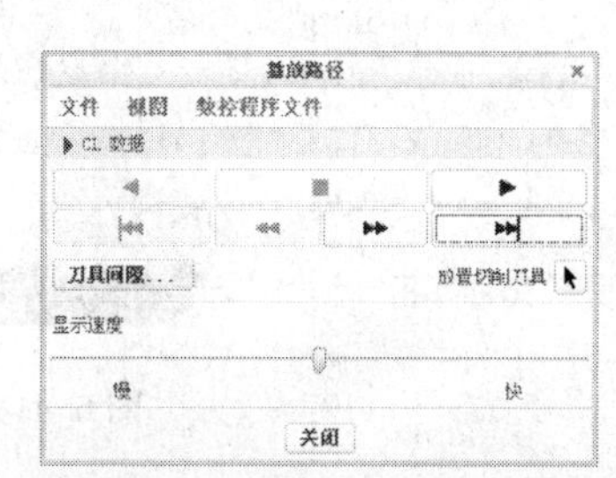

图6-37 “播放路径”对话框

（3）刀具路径演示完后，单击“播放路径”对话框中的关闭按钮，然后单击“播放路径”菜单中的“NC检查”选项，如图6-39所示。

（4）系统进入VERICUT仿真模拟工作界面，适当调整模拟速度后，单击按钮开始进

行动态加工模拟。图 6-40 为加工模拟完成后的效果图。

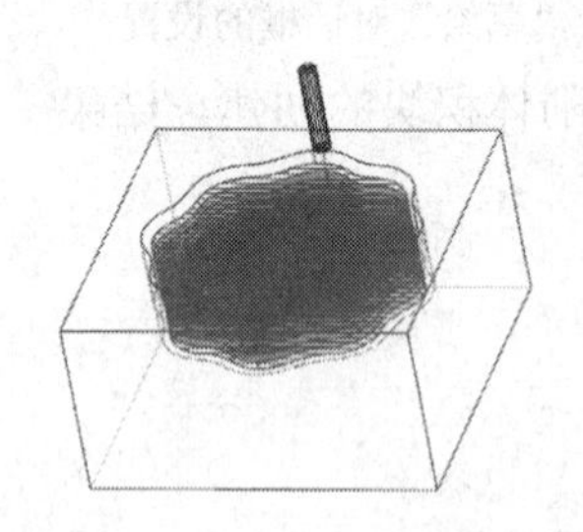

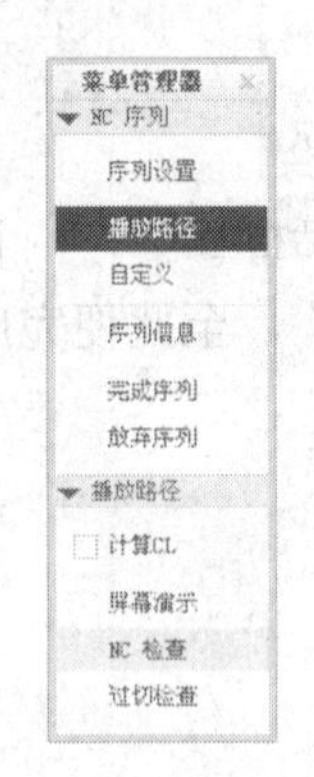

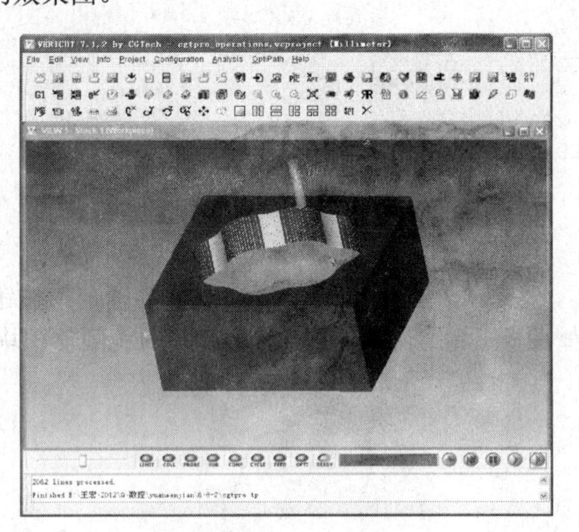

图 6-38 生成的刀具路径　图 6-39 “播放路径”菜单　图 6-40 模拟完成后的窗口

（5）关闭界面，返回“NC 序列”菜单，选择“完成序列”选项退出。

6.3 局部铣削加工

6.3.1 局部铣削加工简介

局部铣削加工是通过改用直径相对较小的刀具对“体积块”铣削加工序列或其他铣削加工序列之后的残留材料进行进一步加工，起到清理工件拐角处以及工件底部多余材料的作用。图 6-41 所示为体积块铣削加工后的零件图。从图中可以看出铣削体积块的绝大部分已被加工完。但在三个拐角处因刀具直径原因而残留一部分工件未被清除。为了将这部分残留的工件切除，就需要采用直径较小的刀具进行局部铣削。

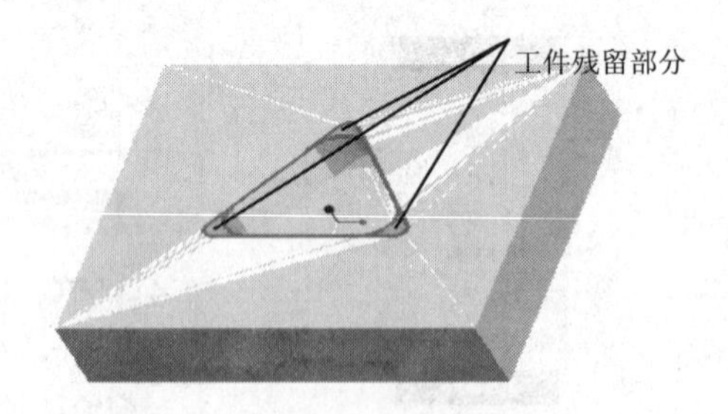

图 6-41 体积块铣削加工后的零件图

6.3.2 局部铣削加工区域设置

与体积块铣削加工一样，局部铣削加工也要对加工区域进行设置。在 Creo/ NC 加工中，系统提供了3种方法来设置局部铣削的加工区域。下面就“局部铣削”的3种方法进行简单介绍：

- “前一刀具”：依据先前NC序列中所使用的加工刀具，来计算选定曲面上的剩余材料，然后用较小的刀具来清除选定曲面上的剩余材料。这种方法要求先前NC序列中所使用的加工刀具必须是球头铣刀。
- “前一步骤”：主要用于去除“体积块”、“轮廓”、“曲面”或另一局部铣削NC序列之后剩下的材料。通常要求所使用的刀具直径应比先前NC序列中所用的刀具直径小。
- “拐角”：通过选择边来指定要清除的拐角。系统将根据CORNER_OFFSET 参数值或先前NC序列中所用的刀具直径值来计算要去除的材料数量。

6.3.3　局部铣削加工参数说明

在Creo/NC加工中，局部铣削加工参数的设置内容会因铣削区域定义方式的不同而发生变化。下面就“局部铣削”的四种方法所对应的加工参数进行说明：

- “前一步骤”：在“铣削”功能区“铣削”下拉面板中选择“局部铣削”下拉列表中的“前一步骤”命令，系统打开如图6-42所示的“选择特征”菜单，系统在信息提示栏中提示➔选择参考铣削操作.。选择参考铣削操作的方法有两种：第一种是在模型树中选取操作后系统打开如图6-43所示的“选取菜单”菜单，选择“切削运动#1”选项，系统弹出如图6-44所示的“NC序列”菜单，当用户选择“NC序列”选项进行铣削区域定义时，则在进行加工参数设置时，系统将打开如图6-45所示“编辑序列参数“局部铣削”” 对话框；第二种是在“选择特征”菜单中选择“NC序列”选项，系统打开如图6-46所示的“NC序列列表”菜单，选取列表中的任意一种操作后系统打开如图6-43所示的“选取菜单”菜单，此后的操作与第一种方法相同。

接下来对“编辑序列参数‘局部铣削’”对话框的设置与体积块铣削加工基本一样，具体请参阅本章6.2.2节。

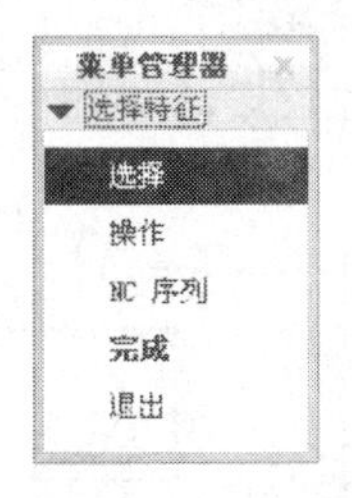

图6-42　“选择特征”菜单

图6-43　“选取菜单”菜单

- “拐角”：在“铣削”功能区“铣削”下拉面板中选择“局部铣削”下拉列表中的“拐角”命令，当用户选择“局部铣削”下拉列表中的“拐角”命令进行铣削区域定义时，则在进行加工参数设置时，系统将打开如图6-47所示“编辑序列参数‘拐角局部铣削’”对话框。其中各选项的含义可参阅本章6.2.2节。
- “前一刀具”：当用户选择“局部铣削”下拉列表中的“前一刀具”命令进行铣削区域定义时，则在进行加工参数设置时，系统将打开如图6-48所示“编辑序列参数‘按

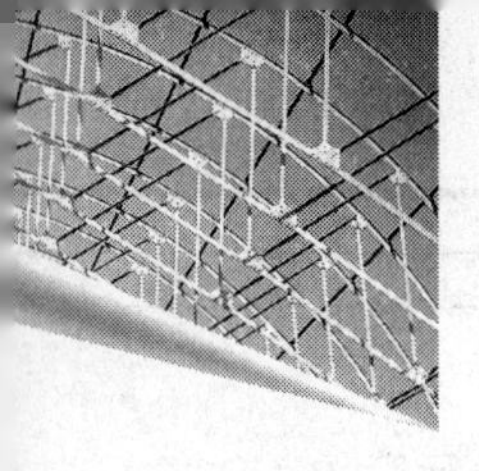

先前刀具局部铣削’”对话框。其中各选项的含义可参阅本章 6.2.2 节。

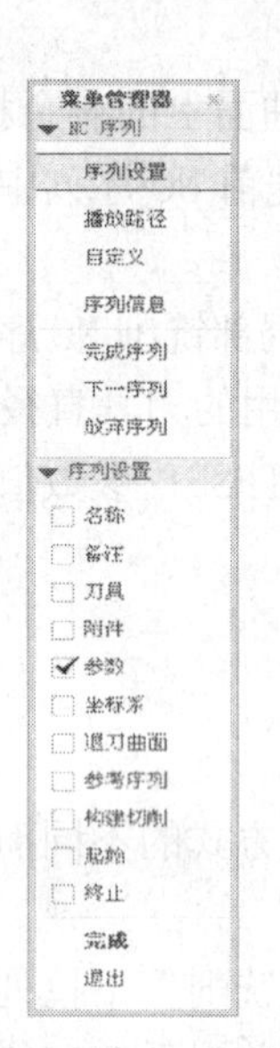

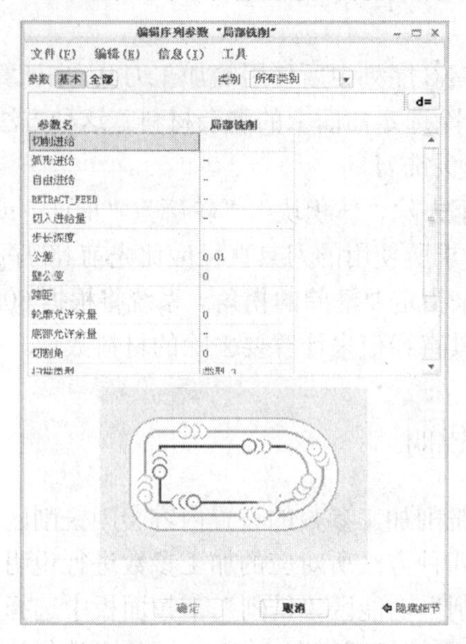

图 6-44 “NC 序列”菜单　图 6-45 “编辑序列参数‘局部铣削’”对话框　图 6-46 “NC 序列列表”菜单

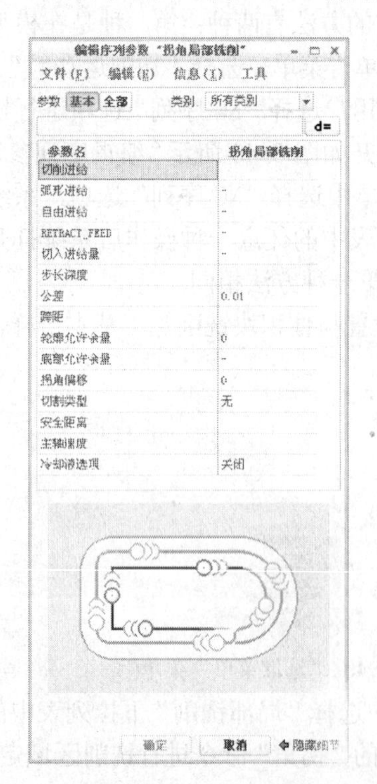

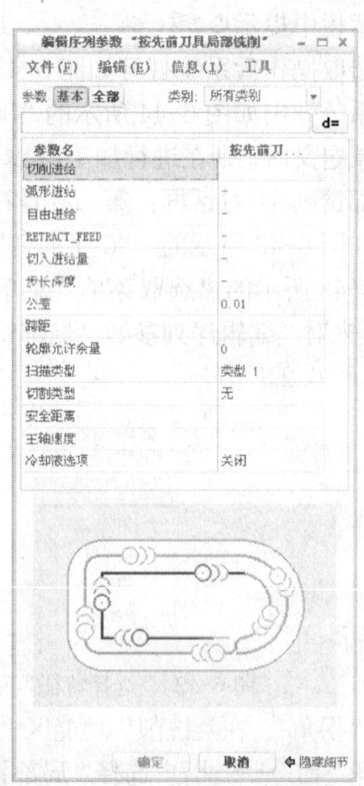

图 6-47 “编辑序列参数‘拐角局部铣削’”对话框　图 6-48 “编辑序列参数‘按先前刀具局部铣削’”对话框

■ “铅笔追踪”：当用户选择“铣削”面板下拉列表中的“铅笔追踪”命令进行铣削区域定义时，则在进行加工参数设置时，系统将打开如图 6-49 所示“编辑序列参数‘铅笔追踪’”对话框。其中各选项的含义可参阅本章 6.2.2 节。

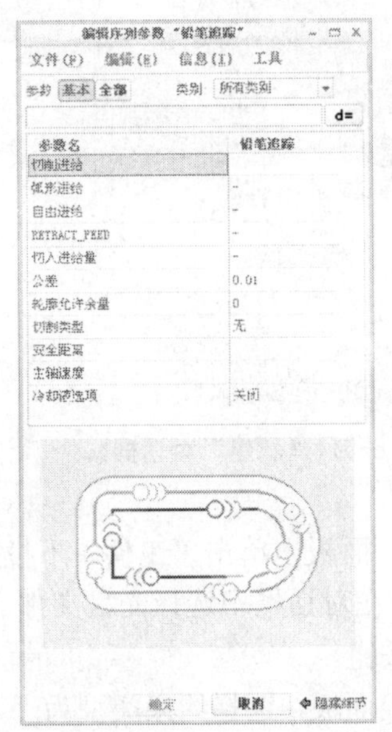

图 6-49 "编辑序列参数'铅笔追踪'"对话框

6.3.4　实例练习——局部铣削加工

下面将通过加工图 6-50 所示的参考模型，来说明局部铣削加工的操作过程与技巧。根据零件的结构特点我们先用"体积块"铣削进行粗加工，然后采用局部铣削进行精加工来完成零件的加工。

1. 创建 NC 加工文件

（1）启动 Creo Parametric 1.0 后，选择"文件"→"新建"命令，或者单击"快速访问"工具栏中的"新建"按钮，则系统打开如图 6-51 所示的"新建"对话框。在"新建"对话框的"类型"栏中选择"制造"，在"子类型"栏中选择"NC 装配"，然后在"名称"文本框中输入名称"6-3"，同时取消对"使用默认模板"复选框的勾选，最后单击对话框中的确定按钮。

（2）系统打开"新文件选项"对话框，在"模板"选项框中选择"mmns_mfg_nc"选项，接着单击对话框中的确定按钮进入系统的 NC 加工界面。

2. 创建制造模型

（1）装配参考模型

1）在"制造"功能区"元件"面板上单击"参考模型"下拉列表中的"装配参考模型"按钮，则系统打开"打开"对话框，在对话框中选择光盘文件"yuanwenjian\6\6-3\czmx.prt"，然后单击对话框中的打开按钮。则系统立即在图形显示区中导入参考模型。

2）系统打开"元件放置"操控面板，选择约束类型为"默认"，表示在默认位置装配参照模型。此时操控板上"状况"后面显示为"完全约束"。单击操控板中的"完成"按钮，系统打开"警告"对话框，单击确定按钮完成模型放置，放置效果如图 6-52 所示。

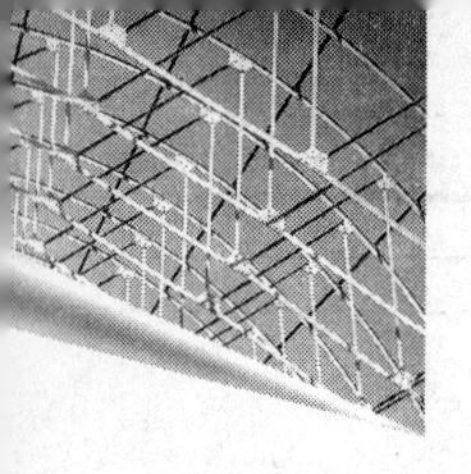
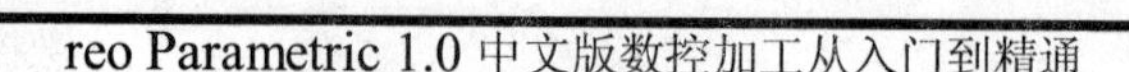

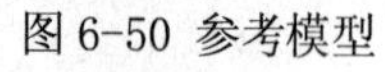
图 6-50 参考模型

图 6-51 “新建”对话框

图 6-52 装配后的参考模型

（2）装配工件

1）在“制造”功能区“元件”面板上单击“工件”下拉列表中的“装配工件”按钮，则系统再次弹出“打开”对话框。在对话框中选择光盘文件“yuanwenjian\6\6-3\gj.prt”，然后单击对话框中的 打开 按钮。

2）系统打开“元件放置”操控面板，选择约束类型为“默认”，表示在默认位置装配参考模型。此时操控板上“状况”后面显示为“完全约束”。单击操控板中的“完成”按钮，完成模型放置，放置效果如图 6-53 所示。

3．设置加工操作环境

（1）定义工作机床　在“制造”功能区“机床设置”面板上单击“工作中心”下拉列表中的“铣削”按钮，则系统打开如图 6-54 所示的“铣削工作中心”对话框，在“名称”后的文本框中输入操作名称“6-3”；在“轴数”下拉框中选择“3 轴”选项。单击“确定”按钮，完成机床定义。

图 6-53 工件放置效果图

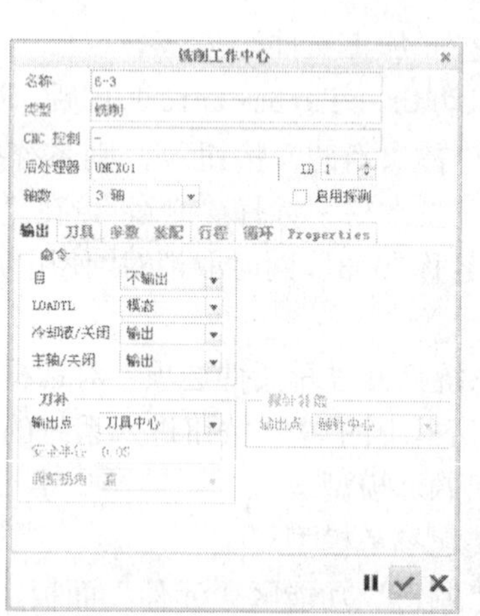

图 6-54 “铣削工作中心”对话框

（2）操作设置

1）定义加工零点。单击“制造”功能区“工艺”面板上的“操作”按钮，系统将打开如图 6-55 所示的“操作”操控面板。

用户可以直接在模型树窗口中精确选择现有的坐标系，也可以自行创建一个新的坐标系。本实例采用后者，单击“模型”功能区“基准”面板上的“坐标系”按钮，系统打开如图

6-56 所示的“坐标系”对话框，然后按住 Ctrl 键，在制造模型中依次选择 NC_ASM_FRONT、NC_ASM_RIGHT 基准平面和参照模型的上表面，此时“坐标系”对话框中的设置如图 6-57 所示。选择“方向”选项卡，单击“反向”按钮调整，对话框设置如图 6-58 所示，其中 Z 轴的方向如图 6-59 所示。最后单击“坐标系”对话框中的 确定 按钮，完成坐标系创建。在模型中选择新创建的坐标系。

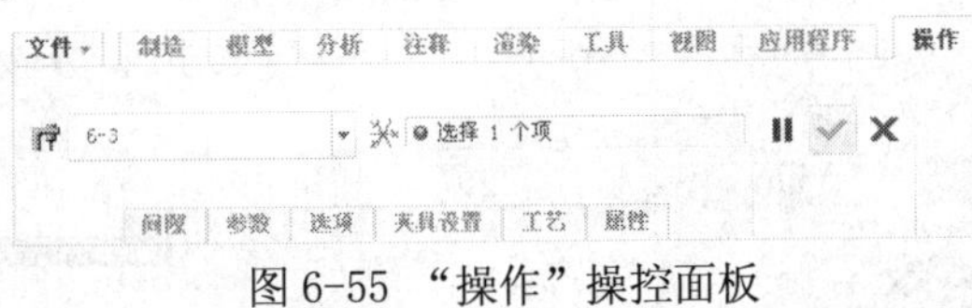

图 6-55　“操作”操控面板

图 6-56　“坐标系”对话框

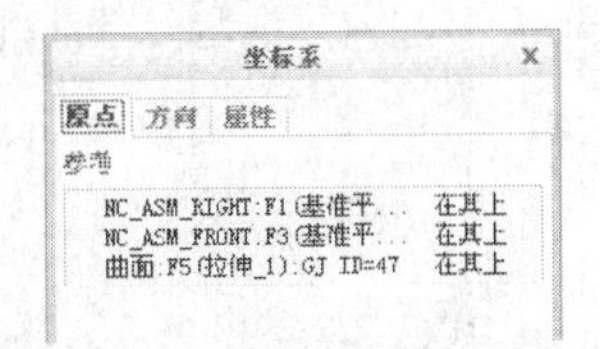

图 6-57　“坐标系”对话框设置

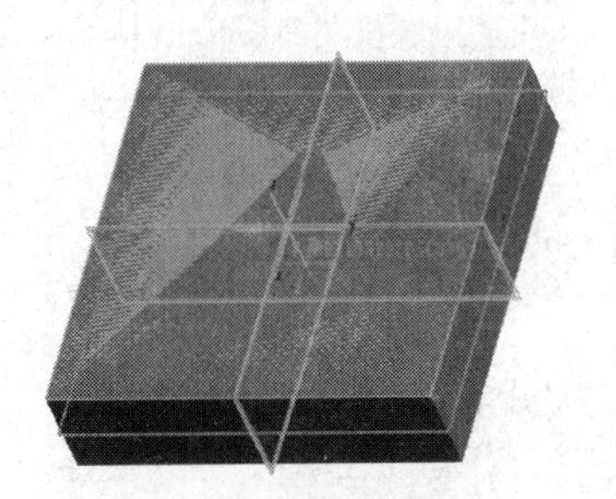

图 6-58 调整方向设置　　图 6-59 Z 轴方向

2）定义退刀面。单击“间隙”下拉按钮，在下滑面板中设置退刀类型为“平面”；选择参考为新创建的坐标系；设置沿加工坐标系 Z 轴的深度值为“5”，下滑面板设置如图 6-60 所示，创建的退刀面如图 6-61 所示。单击操控面板中的“完成”按钮，完成设置。

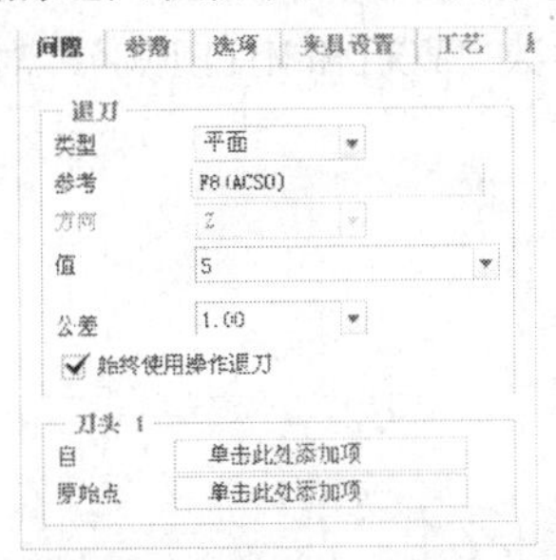

图 6-60　“间隙”下滑面板

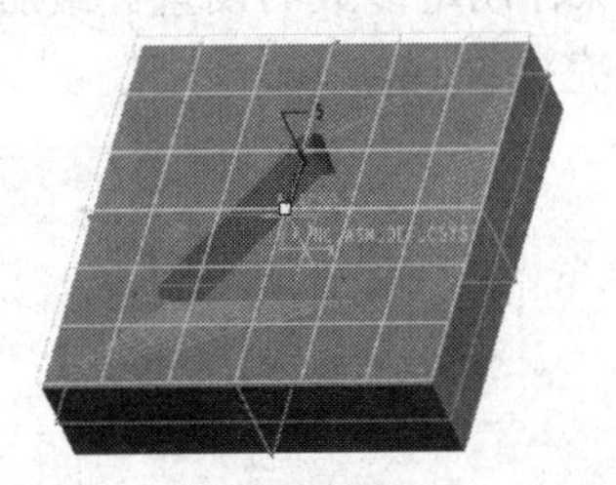

图 6-61　创建的退刀面

4．使用直径较大的刀具创建体积块铣削 NC 加工序列

（1）此时在功能区弹出“铣削”功能区，单击“铣削”功能区“铣削”面板上的“体积块粗加工”按钮，系统打开“NC 序列”菜单。依次勾选“名称”→“刀具”→“参数”→“体积”→“完成”选项，如图 6-62 所示。

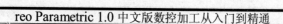

（2）系统打开 NC 序列名称文本框，输入 NC 序列名称“VOLUMEMILLING”，单击✓按钮。

（3）系统打开“刀具设定”对话框，因在加工操作环境的设置中已对刀具进行了定义，如图 6-63 所示，故此处只需单击“刀具设定”对话框中的 应用 → 确定 按钮即可。

（4）系统打开“编辑序列参数‘VOLUMEMILLING’”对话框，按照图 6-64 所示，在对话框中设置各个制造参数。

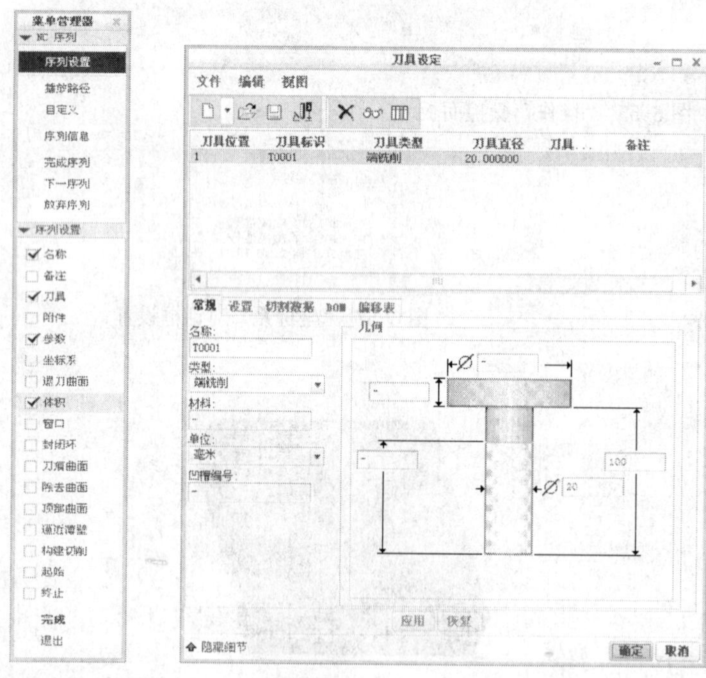

图 6-62 “NC 序列”菜单

图 6-63 “刀具设定”对话框

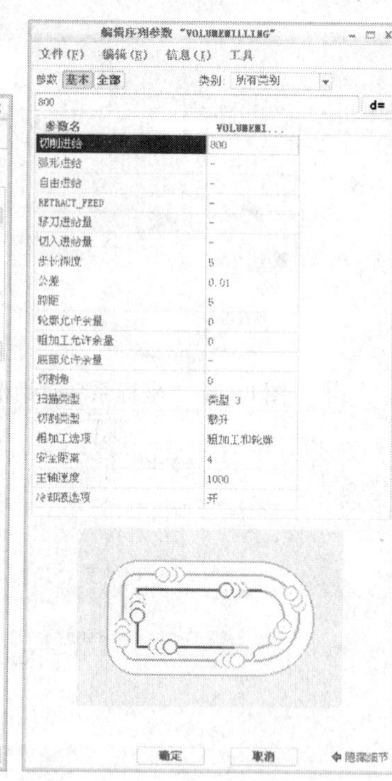

图 6-64 “编辑序列参数‘VOLUMEMILLING’”对话框

（5）单击“编辑序列参数‘VOLUMEMILLING’”对话框中的“文件”菜单栏，在下拉列表中选择“另存为”命令，接着在系统打开的“保存副本”对话框中直接单击 确定 按钮，如图 6-65 所示，保存制造参数的设置。最后单击“编辑序列参数‘VOLUMEMILLING’”对话框中的 确定 按钮完成设置。

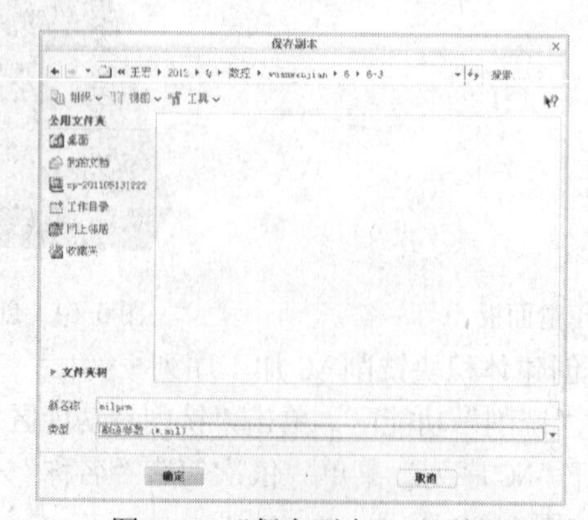

图 6-65 “保存副本”对话框

（6）系统在信息提示栏中提示◆选择先前定义的铣削体积块.。单击“铣削”功能区“制造几何”面板上的“铣削体积块”按钮，系统打开“铣削体积块”功能区，进入工作界面。

（7）单击“体积块特征”面板中的“收集体积块工具”按钮，接着系统打开如图6-66所示的“聚合体积块”及“聚合步骤”菜单。在菜单中依次选择“选择”→“封闭”→“完成”选项。

（8）系统打开“聚合选取”菜单，如图6-67所示，然后在菜单中依次选择“特征”→“完成”选项。

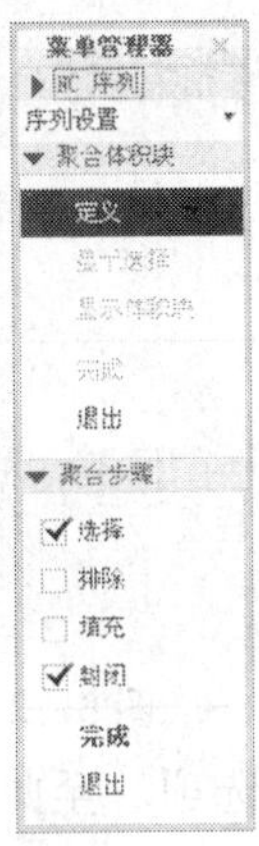

图6-66 “聚合体积块”及“聚合步骤”菜单

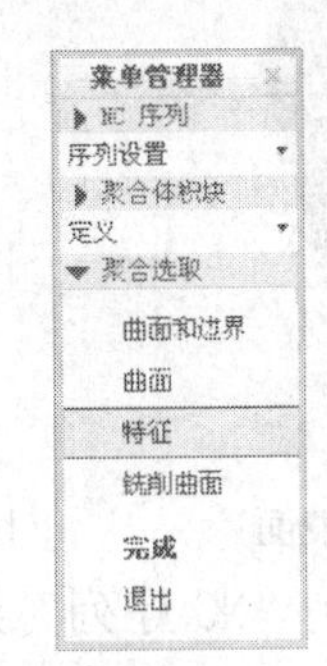

图6-67 “聚合选取”菜单

（9）系统提示◆给加工指定特征.，然后选择参考模型上的凹腔特征作为指定的加工特征，如图6-68所示。

（10）依次选择图6-69所示的“选择”对话框中的“确定”按钮→“特征参考”菜单中的“完成参考”选项，接着系统打开如图6-70所示的“封合”菜单，然后在菜单中依次选择“顶平面”→“全部环”→“完成”选项。

图6-68 选取特征

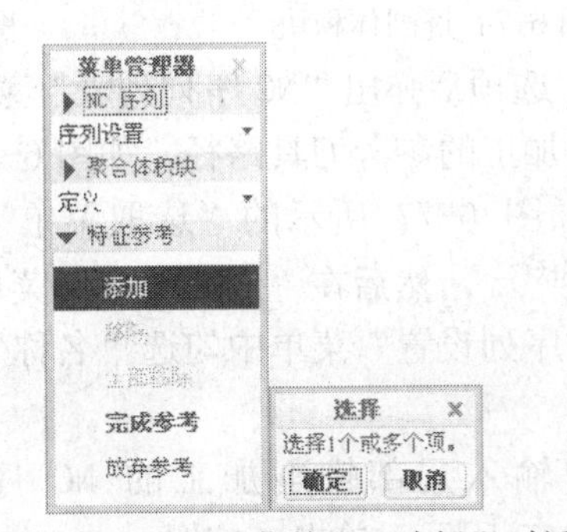

图6-69 “曲面边界”菜单及“选择”对话框

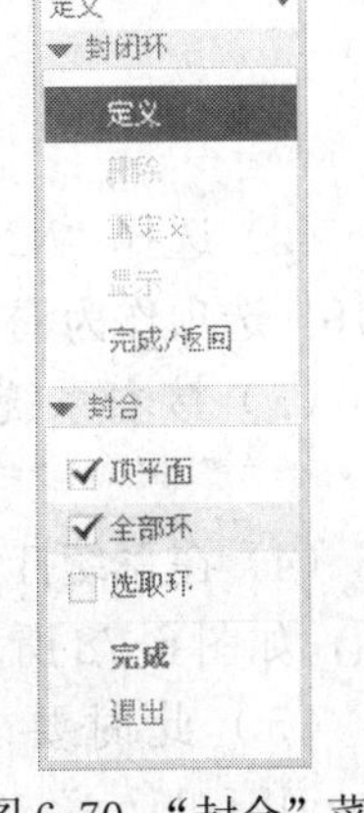

图6-70 “封合”菜单

（11）系统打开如图6-72所示的“封闭环”菜单，同时在信息栏中提示

➡选择或创建一平面，盖住闭合的体积块。。然后在图形显示区中选择如图 6-71 所示的参考模型上表面作为顶平面。

（12）接着系统又返回到“封合”菜单中，在菜单中选择“完成”选项，则系统打开如图 6-72 所示的“封闭环”菜单，同时在信息栏中继续提示➡选择或创建一平面，盖住闭合的体积块。，由于此时铣削体积块已封闭，故只需直接选择“封闭环”菜单中“完成/返回”选项即可。

（13）系统返回到“聚合体积块”菜单，然后选择菜单中的“完成”选项。最后单击工作界面右侧的“确定”按钮✓。至此便完成了铣削体积块的创建，结果如图 6-73 所示。

图 6-71 选取参考模型上表面

图 6-72 “封闭环”菜单

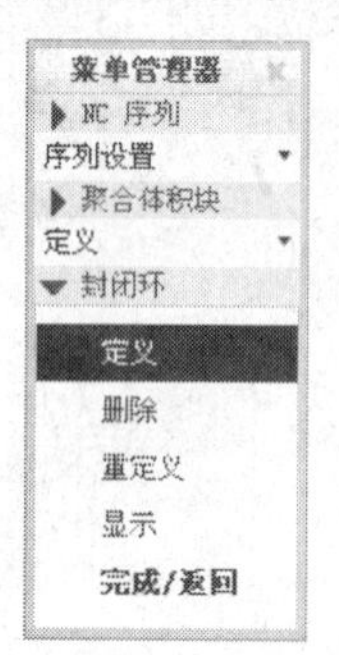

图 6-73 “聚合体积块”菜单

（14）系统返回到“NC 序列”菜单，选择“完成序列”选项。至此完成了整个 NC 序列的设置。

5. 创建局部铣削 NC 加工序列

（1）在“铣削”功能区“铣削”下拉面板中选择“局部铣削”下拉列表中的“前一步骤”命令，系统弹出如图 6-75 所示的“选择特征”菜单。

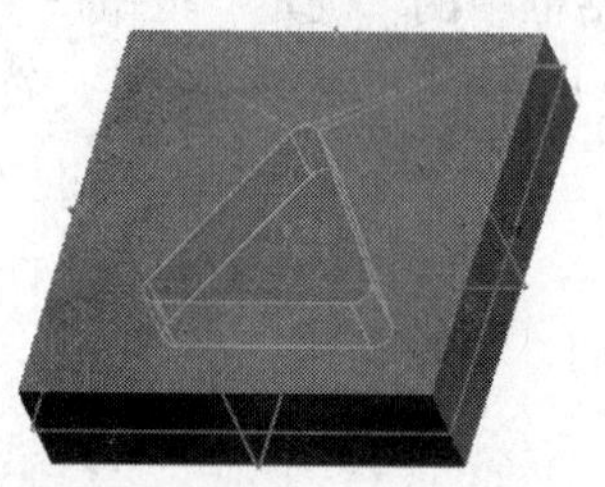
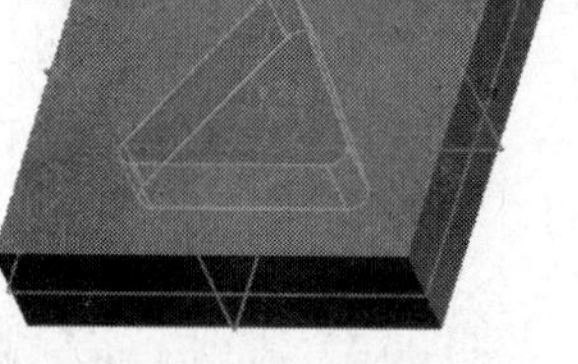

图 6-74 铣削体积块

图 6-75 “选择特征”菜单

（2）选择“NC 序列”选项后弹出“NC 序列列表”菜单，选择“VolumeMilling，操作：OP010”选项作为局部铣削加工的参考刀具路径，如图 6-76 所示。

（3）接着系统打开如图 6-77 所示的“选取菜单”菜单，同时在信息栏中系统提示➡选择参考体积块铣削 NC 序列的切削动作。，然后在“选取菜单”菜单中选择“切削运动 #1”选项。

（4）在系统打开的“序列设置”菜单中勾选“名称”→“刀具”→“参数”→“完成”选项，如图 6-78 所示。

（5）此时要求用户输入局部铣削加工的 NC 序列名称，在文本框中输入名称“LocalMilling”，如图 6-79 所示，单击✓按钮。

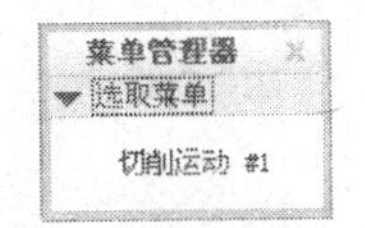

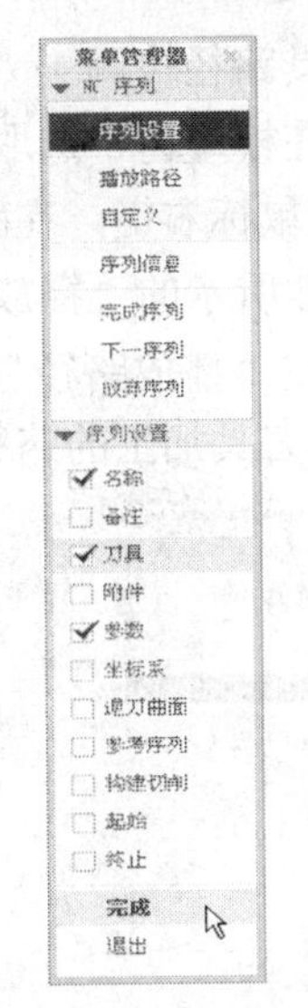

图 6-76 “NC 序列列表”菜单　　图 6-77 “选取菜单”菜单　　图 6-78 “序列设置”菜单

图 6-79　文本框

(6) 系统弹出“刀具设定”对话框，在系统打开的“刀具设定”对话框中设置刀具的各项几何参数，如图 6-80 所示，设置完后，依次单击对话框中的 应用 → 确定 按钮。

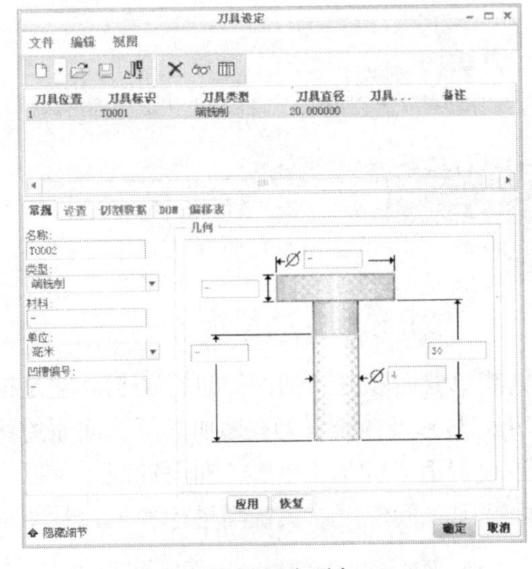

“常规”选项卡

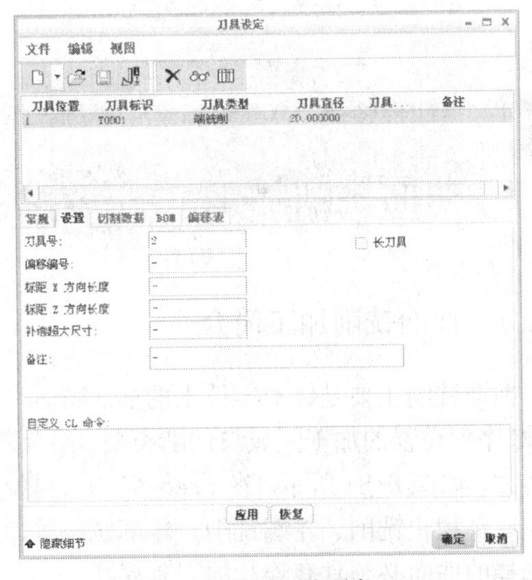

“设置”选项卡

图 6-80 “刀具设定”对话框设置

(7) 结束刀具的设定后，系统打开“编辑序列参数‘LOCALMILLING’”对话框，然后按图 6-81 设置各个制造参数，接着单击对话框中的 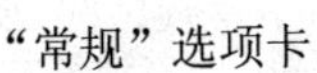 按钮，完成加工参数的设置。

(8) 选择“NC 序列”菜单的“完成序列”选项。至此完成了局部铣削加工 NC 序列的设置。

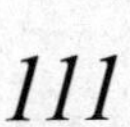

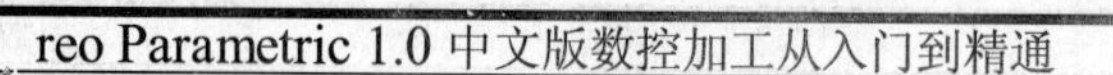

6．刀具路径检测

（1）在模型树中选取“1．VOLUMEMILLING［OP010］”和“2．LOCALMILLING［OP010］”特征后单击鼠标右键，在弹出的右键快捷菜单中选择“播放路径”选项，系统通过计算后弹出如图 6-82 所示的“播放路径”对话框。

（2）在“播放路径”对话框中单击 ▶ 按钮，则系统开始在屏幕上按加工顺序动态演示刀具加工的路径。图 6-83 所示为屏幕演示完后的结果。

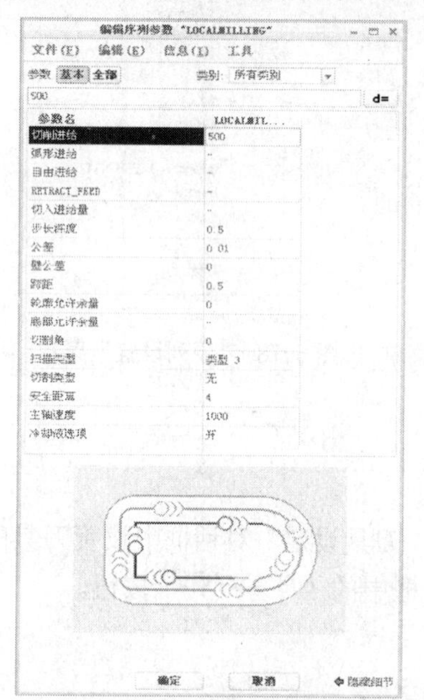

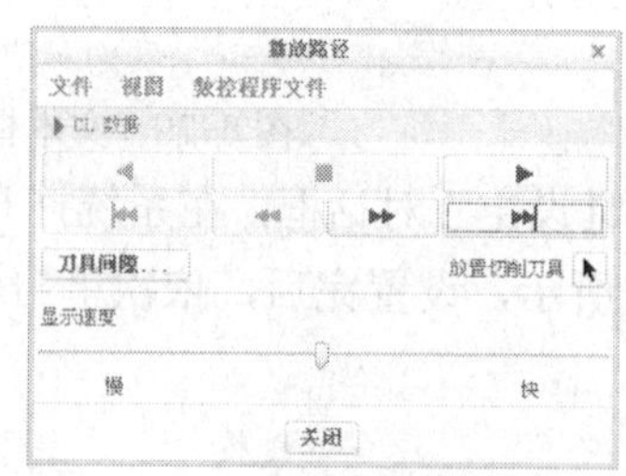

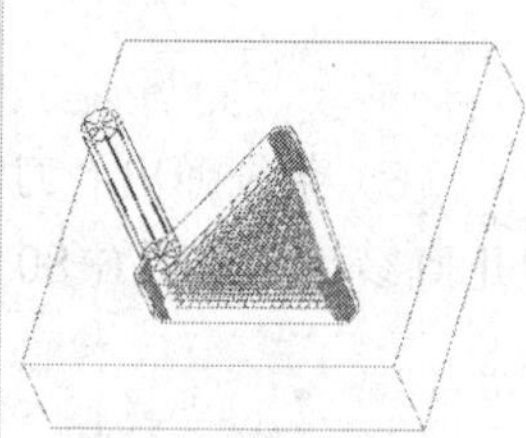

图 6-81 “编辑序列参数‘LOCALMILLING’”对话框　图 6-82 “播放路径”对话框　图 6-83 生成的刀具路径

6.4 曲面铣削加工

6.4.1 曲面铣削加工简介

曲面铣削主要是针对零件上的曲面特征（包括简单曲面和复杂曲面）进行加工。它是根据 NC 序列设置的加工区域与切削类型，配合刀具几何参数及制造参数，来加工所选曲面的几何造型，如图 6-84 所示。在 Creo/NC 加工中，通过设置适当的加工参数，曲面铣削还可以用来完成体积块铣削、轮廓铣削、轮廓铣削等。曲面铣削一般使用球头铣削进行加工，且要求所选择的曲面必须具有连续的刀具路径。

6.4.2 曲面铣削加工区域设置

在 Creo/NC 加工中，进行曲面铣削时，需要对加工区域进行设置。如图 6-85 所示，系统提供了 4 种方法来设置曲面铣削加工区域。

■ “模型”：通过从制造模型中的任何零件上选择曲面来定义曲面铣削加工范围。
■ “工件”：通过从工件上选择连续曲面来定义曲面铣削加工范围。
■ “铣削体积块”：通过创建或选择一个“铣削体积块”，然后从此体积块上选择所有或某些曲面来定义曲面铣削范围。
■ “铣削曲面”：通过创建或选择“铣削曲面”来定义曲面铣削范围。

图6-84 曲面铣削加工示意图

图6-85 曲面铣削加工区域的设置方法

6.4.3 曲面铣削加工方式设置

在Creo/NC加工中，系统提供了四种方法来定义生成曲面铣削加工的刀具路径。这四种方法分别是直线切削、自由面等值线、切割线、投影切削。

■ “直线切削”：通过生成一系列相互平行的刀具路径来铣削所指定的加工曲面。刀具路径的方向可通过指定与坐标系X轴的夹角来确定，也可通过指定曲面或边来定义。图6-86所示为通过指定与坐标系X轴的夹角生成的刀具路径。
■ “自由面等值线”：通过铣削曲面的等高线来生成刀具路径，如图6-87所示。一般在“直线切削”效果不理想时，可使用该方法来定义铣削刀具路径。

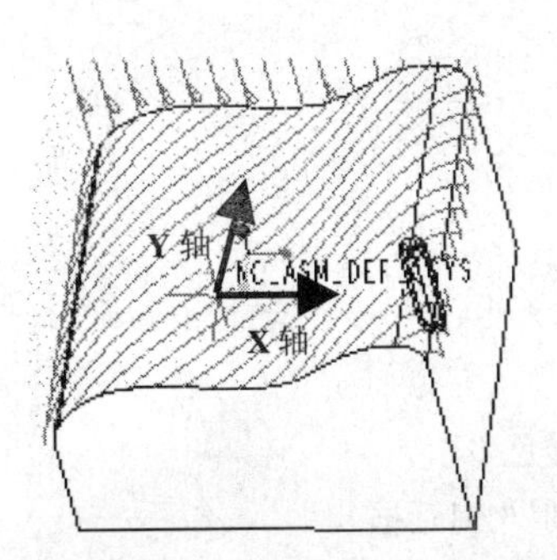

图6-86 通过指定与坐标系X轴的夹角生成刀具路径

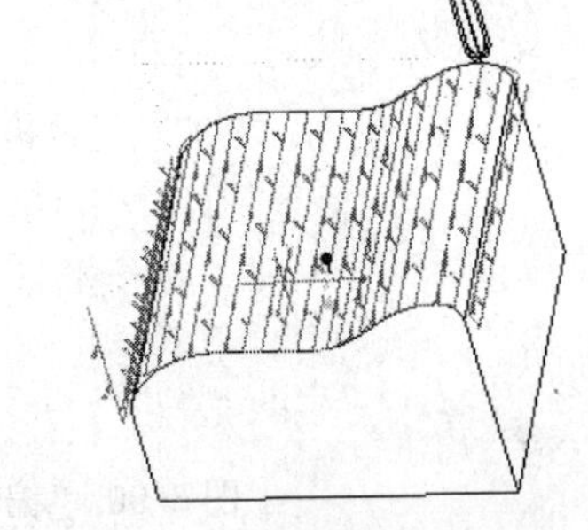

图6-87 通过“自由面等值线”方式生成刀具路径

■ “切割线”：通过定义第一条线、最后一条线和中间的一些线来生成形状与铣削所选曲面相对应的刀具路径。图6-88所示为通过“切割线”方式生成的刀具路径。

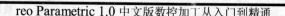

■ “投影切削”：对选择的曲面进行铣削时，首先将曲面轮廓投影到退刀平面上，再在退刀面上创建一个平坦的“刀具路径”，然后再将这个平坦的“刀具路径”投影到被加工曲面上。图 6-89 所示为通过“投影切削”方式生成的刀具路径。此方式只可用于“3 轴曲面铣削”。

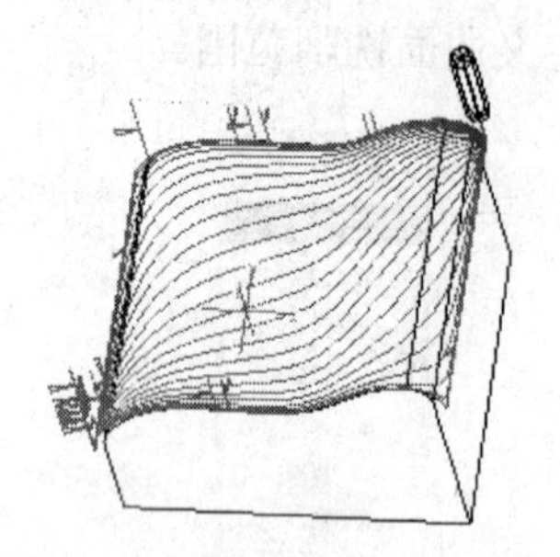

图 6-88 通过“切割线”方式生成的刀具路径

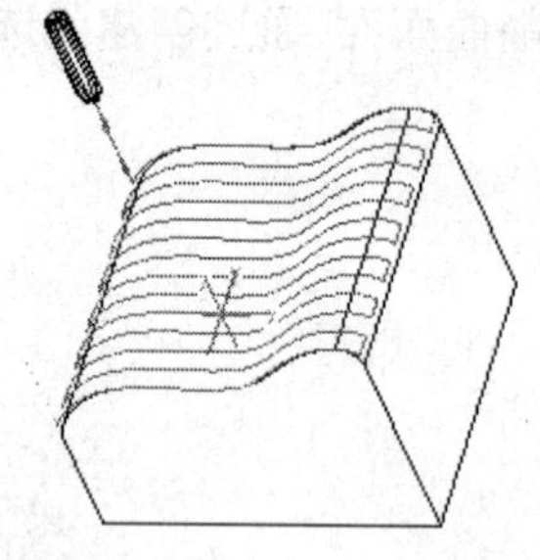

图 6-89 通过“投影切削”方式生成的刀具路径

6.4.4 曲面铣削加工参数说明

曲面铣削加工参数的设置在如图 6-90 所示的“编辑序列参数‘曲面铣削’”对话框中进行，其中大部分参数选项与体积块铣削加工中相同，下面重点就新出现的几个参数选项进行说明。

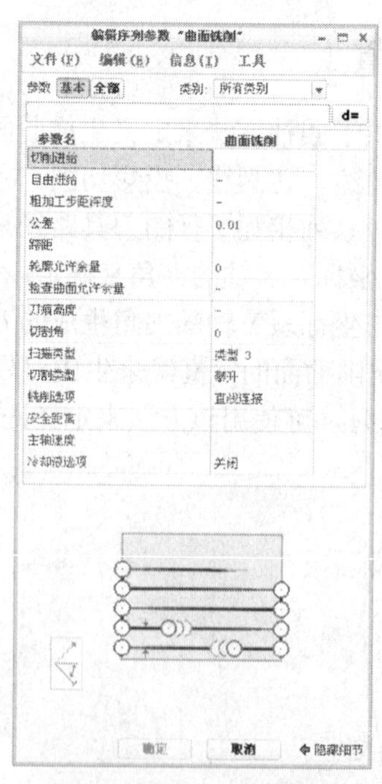

图 6-90 “编辑序列参数‘曲面铣削’”对话框

■ “粗加工步距深度”：用于设定粗加工时分层铣削每一层的切削深度，即沿坐标系 Z 轴方向的步距。

■ “检查曲面允许余量”：用于设定铣削完成后留在检测曲面上的材料量。

■ “扇形高度”：用于设定刀具在加工曲面上留下的残痕高度。

■ “铣削选项”：用于确定刀具的连接方式。在该选项中，系统提供了“否”、“直线连接”、“曲线连接”、“弧连接”、“环连接”等几种连接方式。

6.4.5　实例练习——曲面铣削加工

下面通过加工图6-91所示参考模型曲面来说明曲面铣削加工的一般流程与操作技巧。

1. 创建NC加工文件

（1）启动Creo Parametric 1.0后，选择“文件”→“新建”命令，或者单击“快速访问”工具栏中的“新建”按钮，则系统打开如图6-92所示的“新建”对话框。在“新建”对话框的“类型”栏中选择“制造”，在“子类型”栏中选择“NC装配”，然后在“名称”文本框中输入名称“6-4”，同时取消对“使用默认模板”复选框的勾选，最后单击对话框中的确定按钮。

图6-91　参考模型

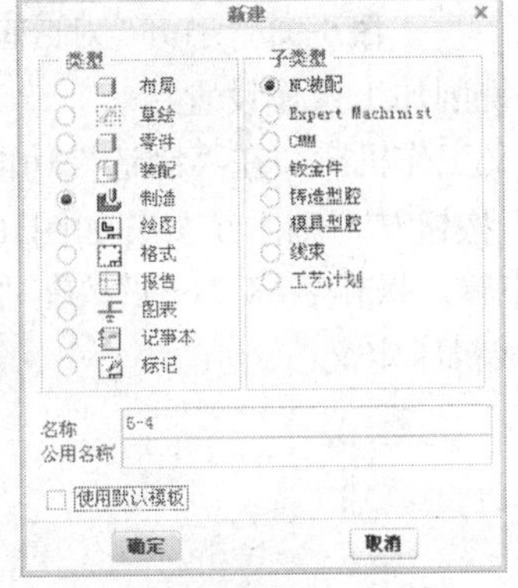

图6-92　“新建”对话框

（2）系统打开“新文件选项”对话框，在“模板”选项框中选择“mmns_mfg_nc”选项，接着单击对话框中的确定按钮进入系统的NC加工界面。

2. 装配参考模型

（1）在“制造”功能区“元件”面板上单击“参考模型”下拉列表中的“装配参考模型”按钮，则系统打开如图6-93所示的“打开”对话框，在对话框中选择光盘文件“yuanwenjian\6\6-4\czmx.prt”，然后单击对话框中的打开按钮。则系统立即在图形显示区中导入参考模型。

（2）系统打开“元件放置”操控面板，选择约束类型为“默认”，表示在默认位置装配参照模型。此时操控板上“状况”后面显示为“完全约束”。单击操控板中的“完成”按钮，在系统打开的“警告”对话框中单击确定按钮完成模型放置，放置效果如图6-94所示。

（3）装配工件。

1）在“制造”功能区“元件”面板上单击“工件”下拉列表中的“装配工件”按钮，则系统再次弹出“打开”对话框。在对话框中选择光盘文件“yuanwenjian\6\6-4\gj.prt”，然后单击对话框中的打开按钮。

2）系统打开“元件放置”操控面板，选择约束类型为“默认”，表示在默认位置装配

参考模型。此时操控板上“状况”后面显示为“完全约束”。单击操控板中的“完成”按钮✓，完成模型放置，放置效果如图 6-95 所示。

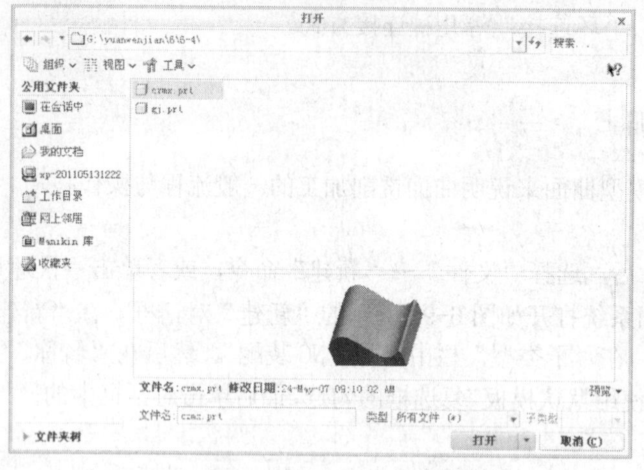

图 6-93 “打开”对话框

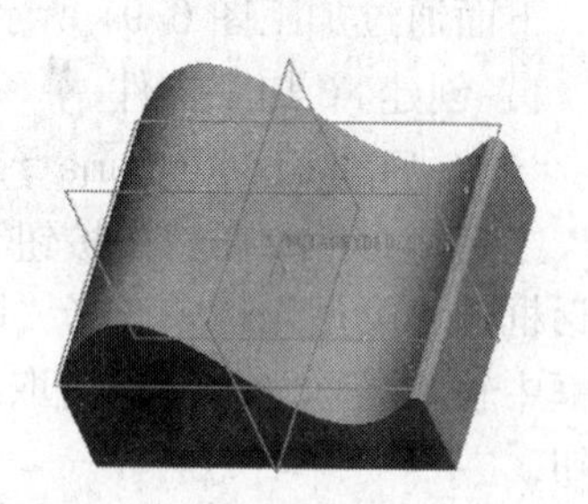

图 6-94 装配后的参考模型

3. 曲面铣削加工操作设置

（1）定义工作机床。在“制造”功能区“机床设置”面板上单击“工作中心”下拉列表中的“铣削”按钮，则系统打开如图 6-96 所示的“铣削工作中心”对话框，在“名称”后的文本框中输入操作名称“6-4”；在“轴数”下拉框中选择“3 轴”选项。单击“确定”按钮✓，完成机床定义。

图 6-95 工件放置效果图

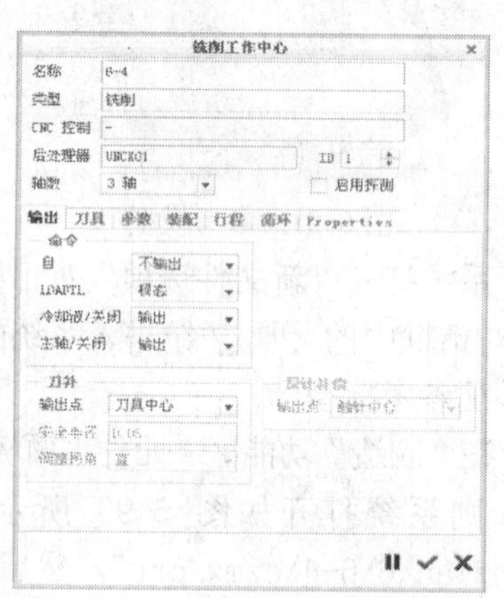

图 6-96 “铣削工作中心”对话框

（2）操作设置

1）定义加工零点。单击“制造”功能区“工艺”面板上的“操作”按钮，系统将打开如图 6-97 所示的“操作”操控面板。

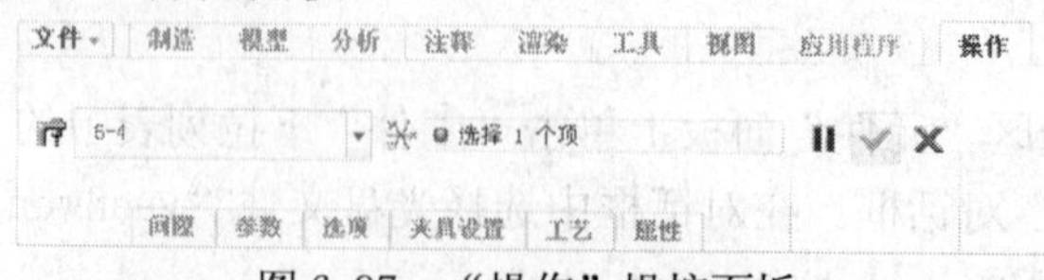

图 6-97 “操作”操控面板

用户可以直接在模型树窗口中精确选择现有的坐标系，也可以自行创建一个新的坐标系。

本实例采用后者，单击“模型”功能区“基准”面板上的“坐标系”按钮，系统打开如图6-98所示的“坐标系”对话框，然后按住Ctrl键，在制造模型中依次选择NC_ASM_FRONT、NC_ASM_RIGHT基准平面和参照模型的上表面，此时“坐标系”对话框中的设置如图6-99所示。选择“方向”选项卡，单击“反向”按钮调整，对话框设置如图6-100所示，其中Z轴的方向如图6-101所示。最后单击“坐标系”对话框中的 确定 按钮，完成坐标系创建。在模型中选择新创建的坐标系。

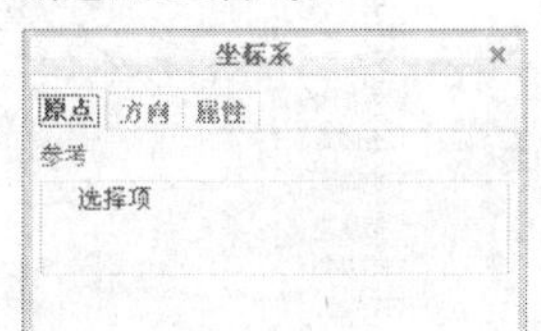

图6-98 “坐标系”对话框

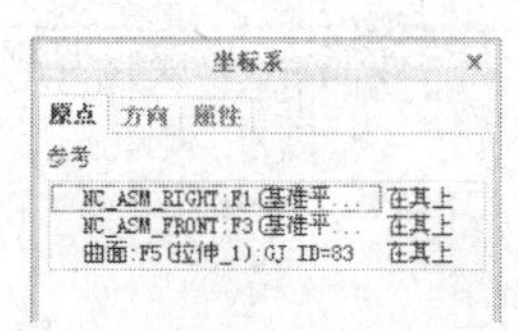

图6-99 “坐标系”对话框设置

图6-100 调整方向设置

图6-101 Z轴方向

2）定义退刀面。单击“间隙”下拉按钮，在下滑面板中设置退刀类型为“平面”；选择参考为新创建的坐标系；设置沿加工坐标系Z轴的深度值为“10”，下滑面板设置如图6-102所示，创建的平面如图6-103所示。单击操控面板中的“完成”按钮，完成设置。

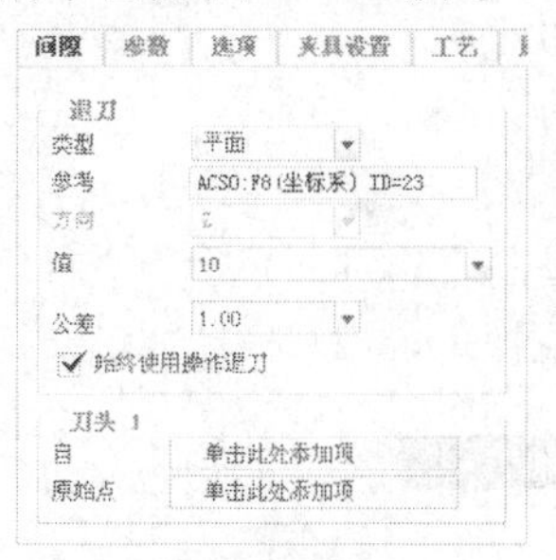

图6-102 “间隙”下滑面板

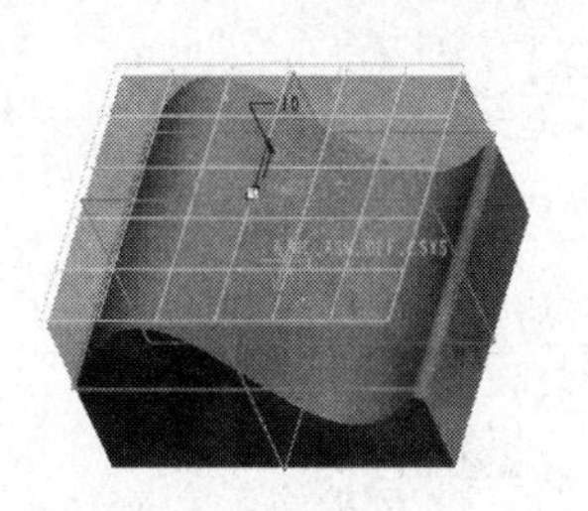
图6-103 创建的退刀面

4．创建曲面铣削NC加工序列

（1）此时在功能区弹出“铣削”功能区，单击“铣削”功能区“铣削”面板上的“曲面铣削”按钮，系统打开“NC序列”菜单。依次勾选“刀具”→“参数”→“曲面”→“定义切削”→“完成”选项，如图6-104所示。

（2）系统打开“刀具设定”对话框，因在加工操作环境的设置中已对刀具进行了定义，如图6-105所示，故此处只需单击“刀具设定”对话框中的 应用 → 确定 按钮即可。

（3）系统打开“编辑序列参数“曲面铣削””对话框，然后按照图6-106所示，在“编辑序列参数‘曲面铣削’”对话框中设置各个制造参数。单击 确定 按钮完成设置。

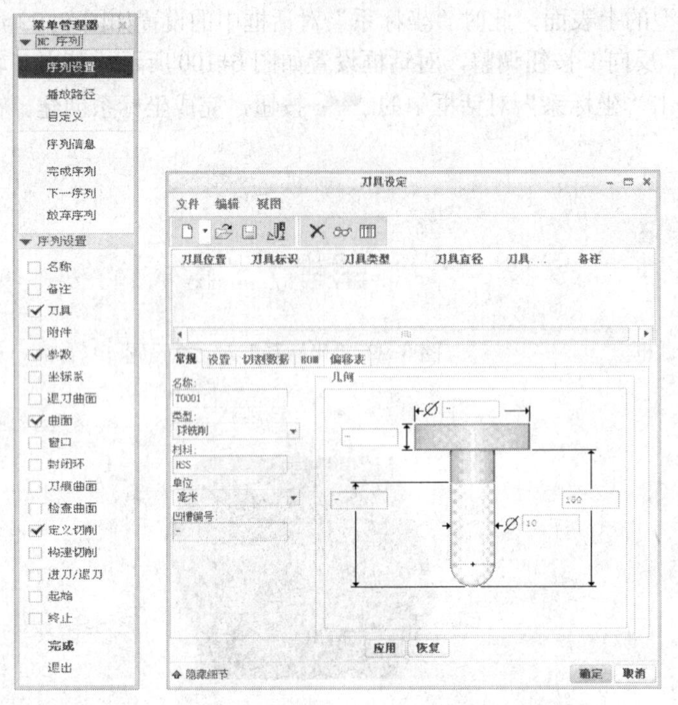

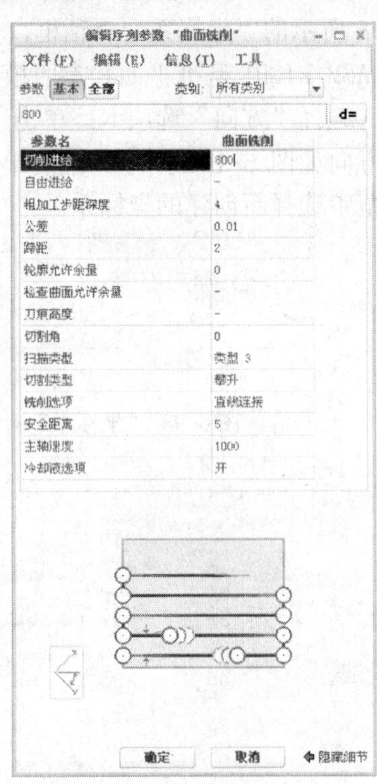

图 6-104 “NC 序列”菜单　　图 6-105 “刀具设定”对话框　　图 6-106 “编辑序列参数‘曲面铣削’”对话框

（4）随后系统打开如图 6-107 所示的“曲面拾取”菜单，选择菜单中的“模型”和“完成”选项。接着系统打开如图 6-108 所示的“选择曲面”菜单和“选择”对话框，同时在信息栏中提示➡选择要加工模型的曲面.。

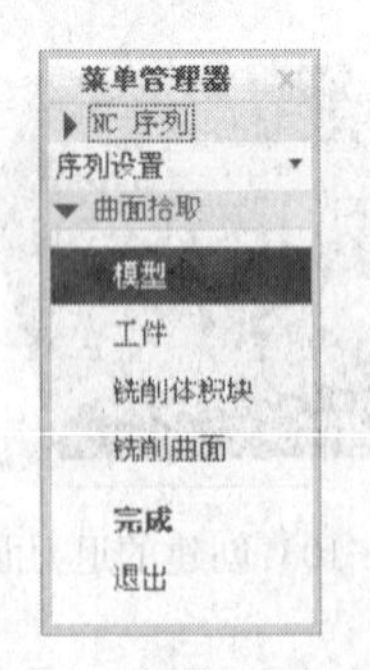

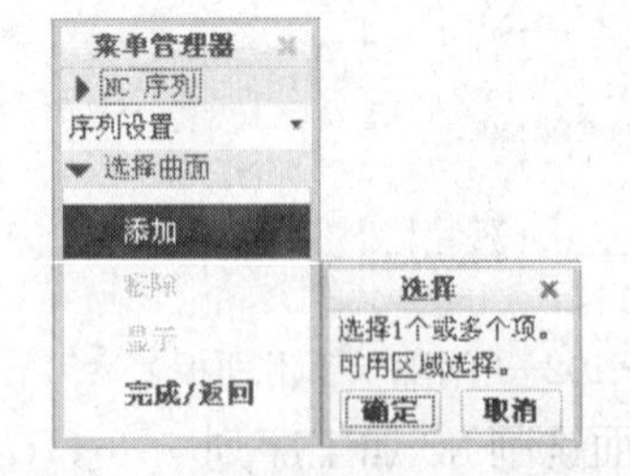

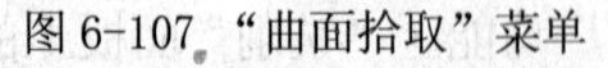
图 6-107 “曲面拾取”菜单　　图 6-108 “选择曲面”菜单

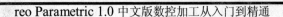

（5）选择参考模型的上表面作为要铣削的曲面，如图 6-109 所示，然后单击“选择曲面”菜单中的“完成/返回”选项。

（6）系统打开“切削定义”对话框，在“切削类型”中选择“直线切削”单选项，在“直线切削”中选择“相对于 X 轴”单选项，然后在切削角度文本框中输入相对于坐标系 X 轴的角度为 180º，如图 6-110 所示，最后单击对话框中的 确定 按钮，完成曲面铣削方式的定义。

（7）完成了曲面铣削加工 NC 序列的设置。

5. 刀具路径演示与检测

（1）在“NC 序列”菜单中选择“播放路径”选项，如图 6-111 所示。在系统打开的“播放路径”菜单中依次选择“屏幕演示”选项，如图 6-112 所示。

（2）接着系统打开如图 6-113 所示的“播放路径”对话框，适当调整演示速度后，单击对话框中的 ▶ 按钮，则系统开始在屏幕上动态演示刀具加工的路径。图 6-114 所示为屏幕演示完后的结果。

图 6-109　选择的铣削曲面

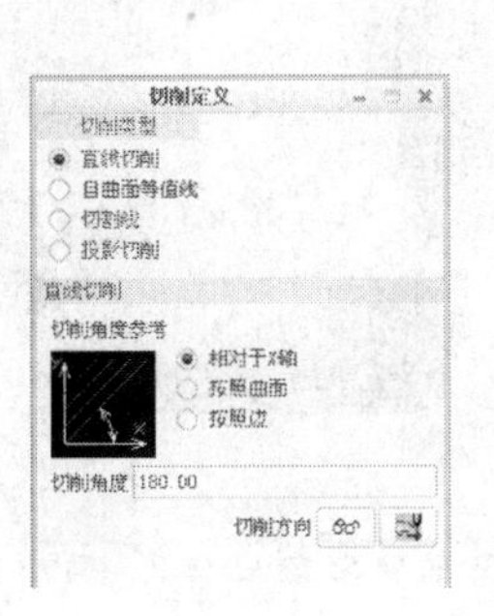

图 6-110　“切削定义”对话框

图 6-111　“播放路径”选项

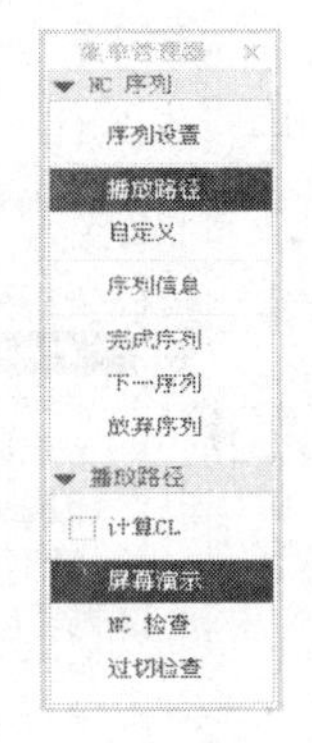

图 6-112　选择“屏幕演示”选项

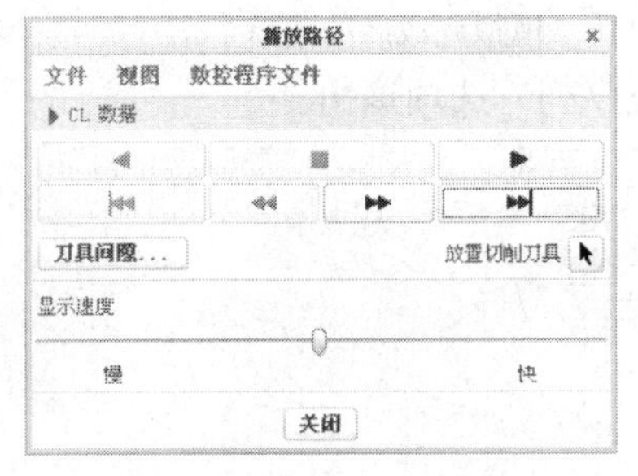

图 6-113　“播放路径”对话框

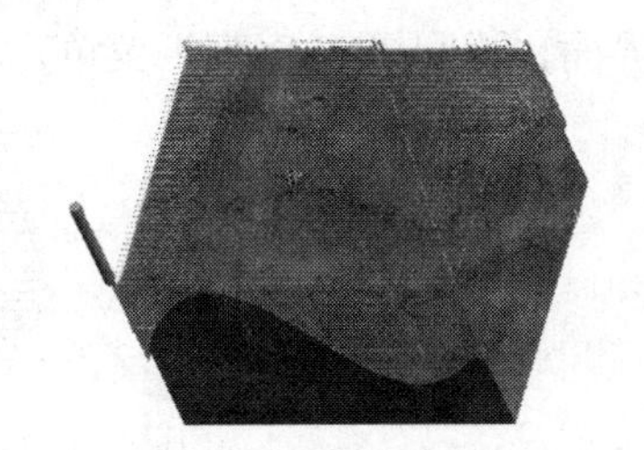

图 6-114　生成的刀具路径

（3）刀具路径演示完后，单击“播放路径”对话框中的 关闭 按钮。然后单击“播放路径”菜单中的“NC 检查”选项，如图 6-115 所示。

（4）系统进入 VERICUT 仿真模拟工作界面，适当调整模拟速度后，单击按钮开始进行动态加工模拟。图 6-116 为加工模拟完成后的效果图。

6.5　表面铣削加工

6.5.1　表面铣削加工简介

表面铣削加工也称为平面铣削加工。它是针对大面积的平面特征或平面度要求较高的平面特征所使用的一种加工方法，如图 6-117 所示。通常以平底端铣刀或半径端铣刀并配以适

当的加工参数对所指定的铣削表面进行加工。铣削表面必须是平面而且必须与退刀面平行，可以是一个平面也可以是多个共面的平面。加工时，系统会自动将铣削平面的所有内部特征（孔，槽）排除。

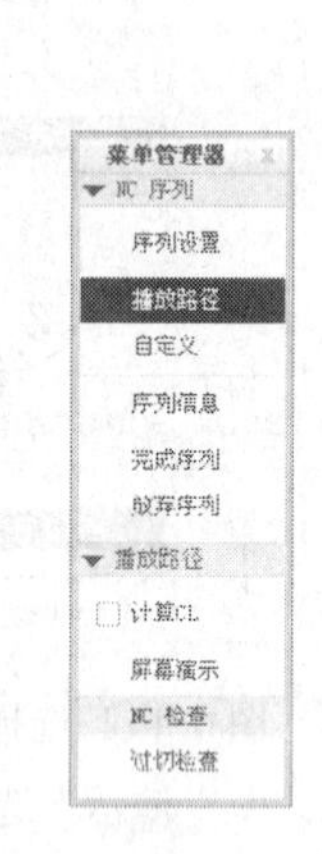

图 6-115 “播放路径”菜单

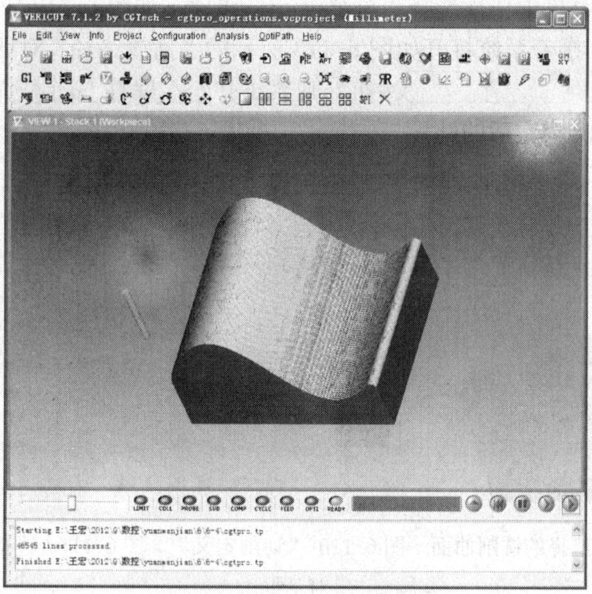

图 6-116 模拟完成后的菜单

关闭界面，返回“NC 序列”菜单，选择“完成序列”选项退出。

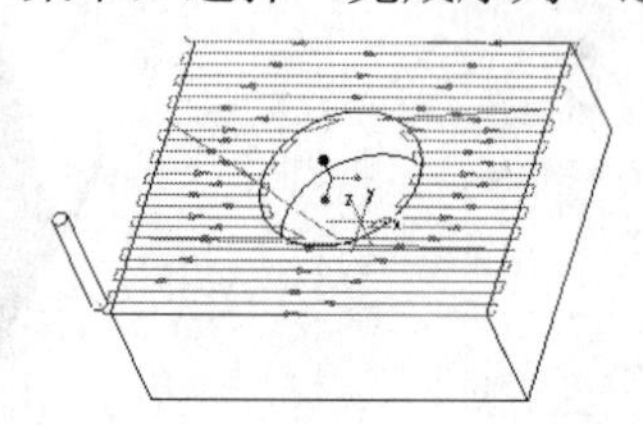

图 6-117 表面铣削加工示意图

6.5.2 表面铣削加工设置

在 Creo/NC 加工中，进行表面铣削加工时，需要对加工操作环境设置，包括了机床、操作、刀具、参考、参数等。其中机床和操作单独设置，其余的设置内容位于“表面铣削”操控面板中。单击“铣削”功能区“铣削”面板上的“表面”按钮，系统打开如图 6-118 所示的“表面铣削”操控面板。下面对操控面板上的各个选项进行简单说明：

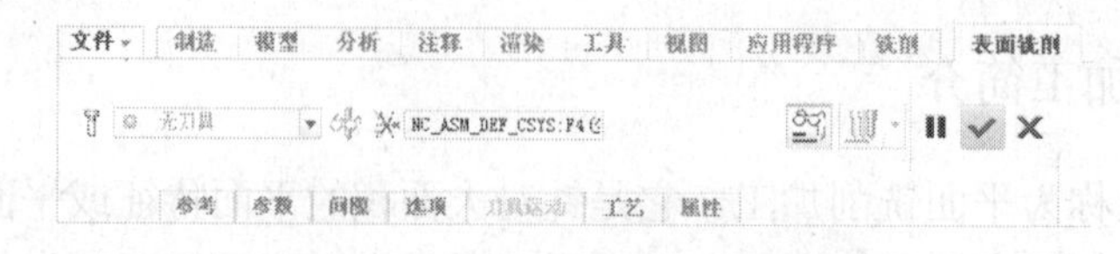

图 6-118 “表面铣削”操控面板

- “刀具管理器”按钮：用于对表面铣削刀具进行设置，单击此按钮会打开“刀具设定”对话框。
- “刀具放置位置预览”按钮：设置好了刀具后单击此按钮可显示刀具的所在位置，用户也可在界面自行放置刀具。
- “刀具路径预览”按钮：用于选择是否在模型上显示刀具路径。
- “显示刀具路径”按钮：产生刀具路径后单击此按钮打开“播放路径”对话框，对刀具路径进行播放设置。
- “计算和显示”按钮：单击此按钮系统会打开“制造检测”菜单，通过此菜单可以对刀具路径进行检测。
- “显示切削刀具运动”按钮：单击此按钮后系统会打开 VERICUT 仿真模拟工作界面，在界面中以实体加工模式进行刀具路径与加工效果的仿真模拟。
- “参考”下滑面板：用于设置表面铣削的加工面。
- “参数”下滑面板：用于设置制造加工的各项参数。
- “间隙”下滑面板：用于对退刀面进行修改或设置。
- “选项”下滑面板：用于对刀具的进入点、进刀轴、退刀轴等进行设置。
- “刀具运动”下滑面板：设置好刀具及路径后刀具信息会显示在此面板中，对刀具信息可以进行修改或添加。
- “工艺”下滑面板：用于设置时间。
- “属性”下滑面板：用于设置名称和备注。

6.5.3　表面铣削加工参数说明

表面铣削加工参数的设置在如图 6-119 所示的“表面铣削”操控面板上的“参数”下滑面板中进行，其中大部分参数选项在前面已说明。下面重点对新出现的参数选项进行说明。

- “接近距离”：用于设置进刀点距平面轮廓的附加距离，如图 6-120 所示。
- “退刀距离”：用于设置退刀点距平面轮廓的附加距离，如图 6-120 所示。

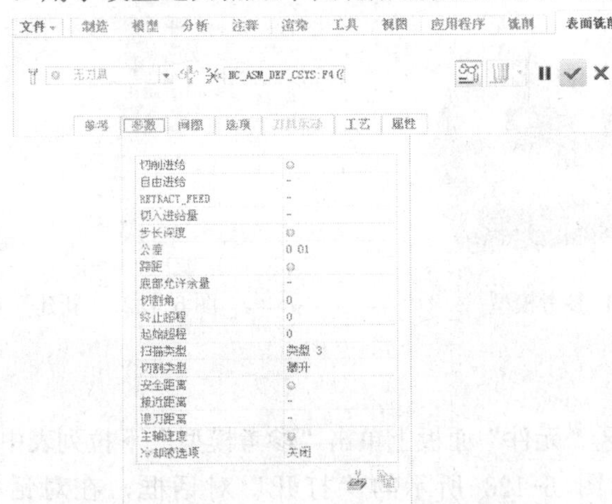

图 6-119 “参数”下滑面板

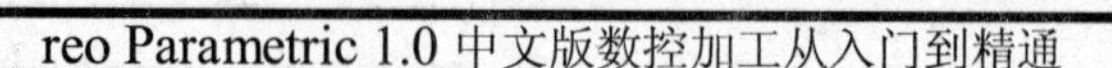

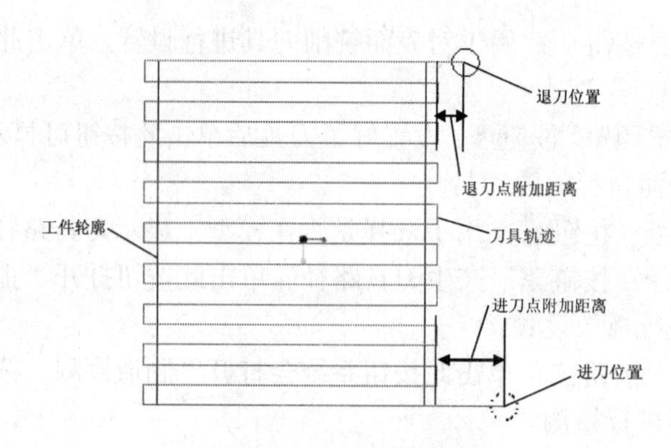

图 6-120 制造参数说明

6.5.4 实例练习——表面铣削加工

下面将通过加工如图 6-121 所示的参考模型表面来说明表面铣削加工的一般流程与操作技巧。

1. 创建 NC 加工文件

（1）启动 Creo Parametric 1.0 后，选择“文件”→“新建”命令，或者单击“快速访问”工具栏中的“新建”按钮，则系统打开如图 6-122 所示的“新建”对话框。在“新建”对话框的“类型”栏中选择“制造”，在“子类型”栏中选择“NC 装配”，然后在“名称”文本框中输入名称“6-5”，同时取消对“使用默认模板”复选框的勾选，最后单击对话框中的确定按钮。

（2）接着系统打开“新文件选项”对话框，在“模板”选项框中选择“mmns_mfg_nc”选项，接着单击对话框中的确定按钮进入系统的 NC 加工界面。

图 6-121 参考模型

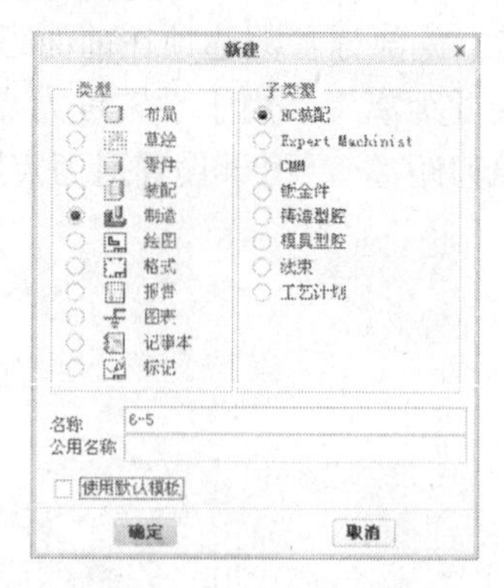

图 6-122 “新建”对话框

2. 创建制造模型

（1）装配参考模型。

1）在“制造”功能区“元件”面板上单击“参考模型”下拉列表中的“装配参考模型”按钮，则系统打开如图 6-123 所示的“打开”对话框，在对话框中选择光盘文件“yuanwenjian\6\6-5\czmx.prt”，然后单击对话框中的打开按钮。则系统立即在图形显示区中导入参考模型。

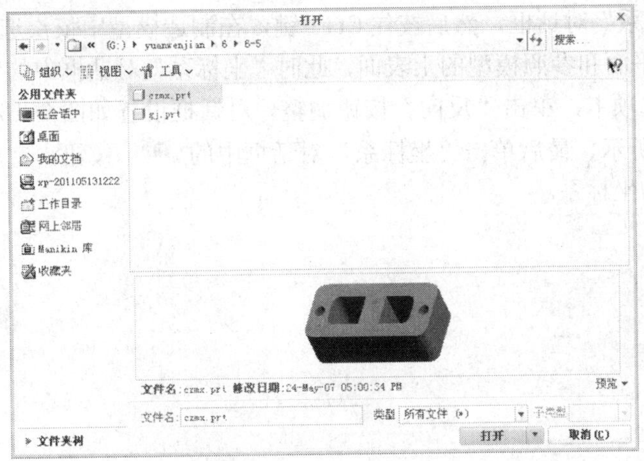

图 6-123 “打开”对话框

2）系统打开“元件放置”操控面板，选择约束类型为“默认”，表示在默认位置装配参照模型。此时操控板上“状况”后面显示为“完全约束”。单击操控板中的“完成”按钮，在系统打开的“警告”对话框中单击确定按钮完成模型放置，放置效果如图 6-124 所示。

（2）装配工件。

1）在“制造”功能区“元件”面板上单击“工件”下拉列表中的“装配工件”按钮，则系统再次弹出“打开”对话框。在对话框中选择光盘文件“yuanwenjian\6\6-5\gj.prt”，然后单击对话框中的打开按钮。

2）系统打开“元件放置”操控面板，选择约束类型为“默认”，表示在默认位置装配参考模型。此时操控板上“状况”后面显示为“完全约束”。单击操控板中的“完成”按钮，完成模型放置，放置效果如图 6-125 所示。

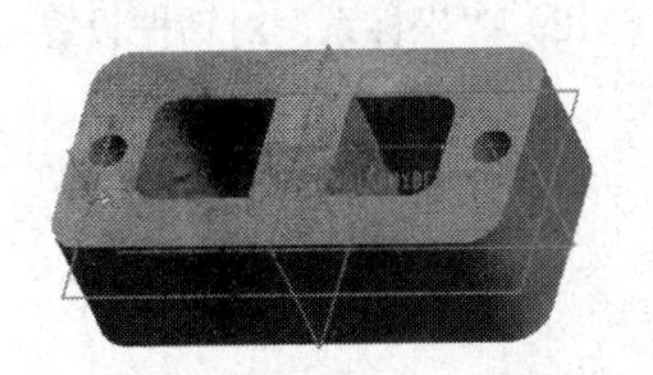

图 6-124 装配后的参考模型

图 6-125 工件放置效果图

3．表面铣削加工操作设置

（1）定义工作机床。在“制造”功能区“机床设置”面板上单击“工作中心”下拉列表中的“铣削”按钮，则系统打开如图 6-126 所示的“铣削工作中心”对话框，在“名称”后的文本框中输入操作名称“6-5”；在“轴数”下拉框中选择“3 轴”选项。单击“确定”按钮，完成机床定义。

（2）操作设置

1）定义加工零点。单击“制造”功能区“工艺”面板上的“操作”按钮，系统将打开如图 6-127 所示的“操作”操控面板。

用户可以直接在模型树窗口中精确选择现有的坐标系，也可以自行创建一个新的坐标系。

本实例采用后者，单击“模型”功能区“基准”面板上的“坐标系”按钮，系统打开如图 6-128 所示的“坐标系”对话框，然后按住 Ctrl 键，在制造模型中依次选择 NC_ASM_FRONT、NC_ASM_RIGHT 基准平面和参照模型的上表面，此时“坐标系”对话框中的设置如图 6-129 所示。选择“方向”选项卡，单击“反向”按钮调整，对话框设置如图 6-130 所示，其中 Z 轴的方向如图 6-131 所示。最后单击“坐标系”对话框中的 确定 按钮，完成坐标系创建。在模型中选择新创建的坐标系。

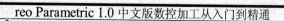

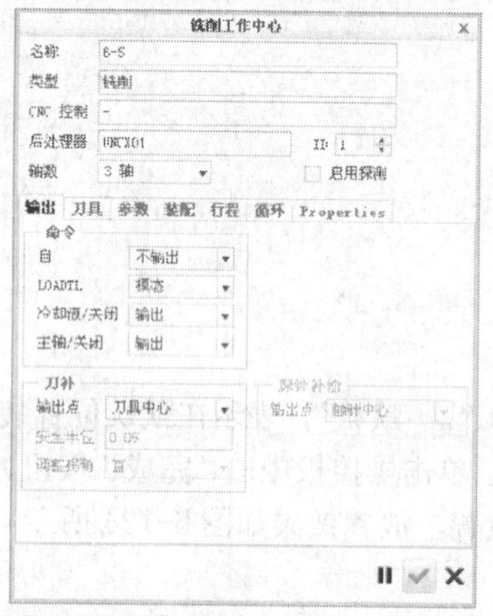

图 6-126 “铣削工作中心”对话框

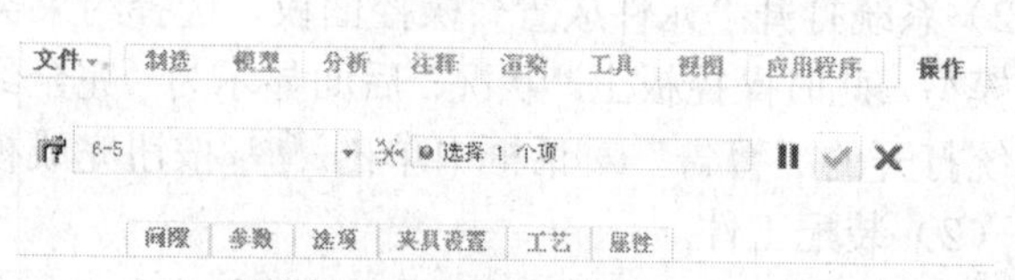

图 6-127 “操作”操控面板

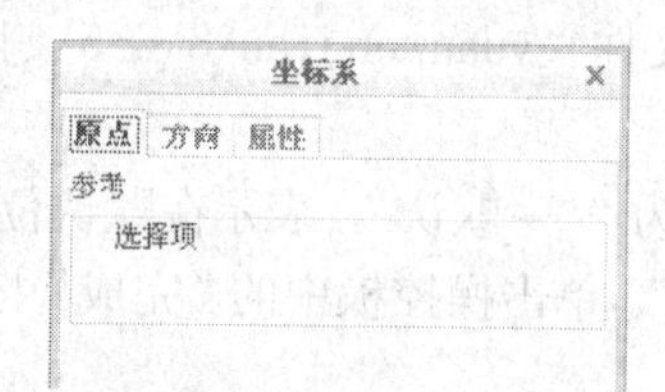

图 6-128 “坐标系”对话框

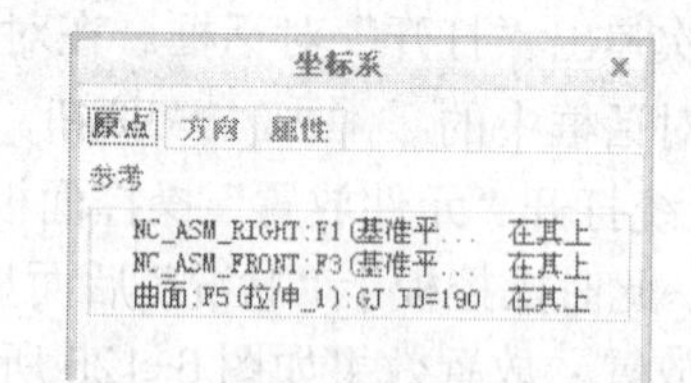

图 6-129 “坐标系”对话框设置

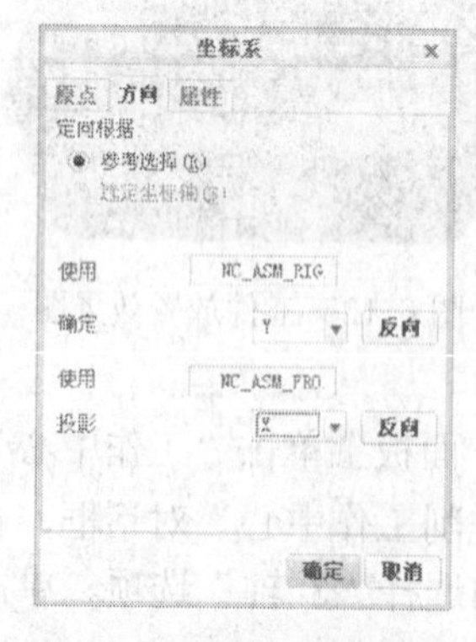

图 6-130 调整方向设置

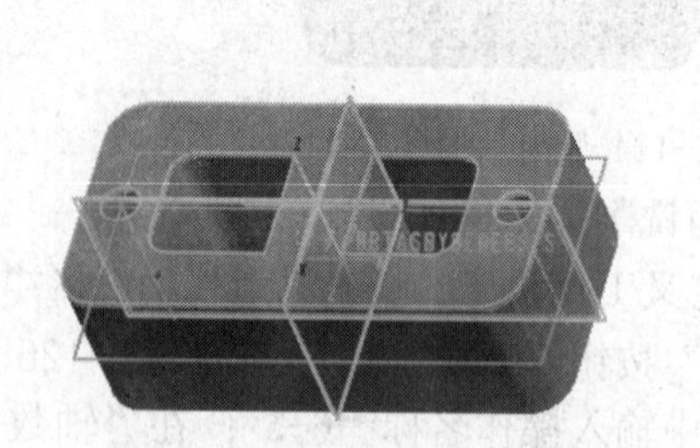
图 6-131 Z 轴方向

2）定义退刀面。单击“间隙”下拉按钮，在下滑面板中设置退刀类型为“平面”；选择参考为新创建的坐标系；设置沿加工坐标系 Z 轴的深度值为“5”，下滑面板设置如图 6-132 所示，创建的平面如图 6-133 所示。单击操控面板中的“完成”按钮，完成设置。

4．创建表面铣削 NC 加工序列

（1）此时在功能区弹出“铣削”功能区，单击“铣削”功能区“铣削”面板上的“表面”按钮，系统打开“表面铣削”操控面板，如图 6-134 所示。

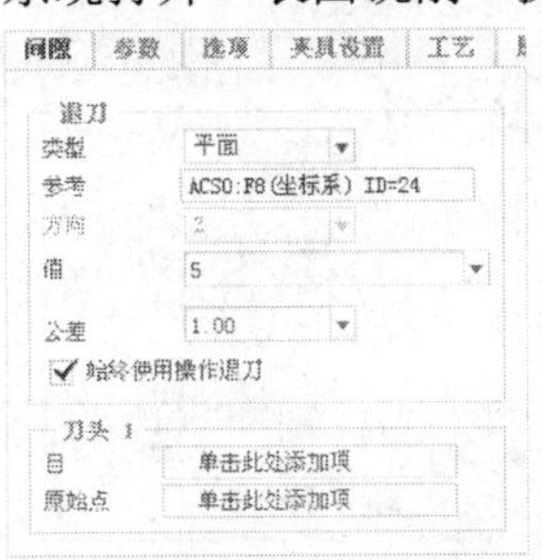

图 6-132 “间隙”下滑面板

图 6-133 创建的退刀面

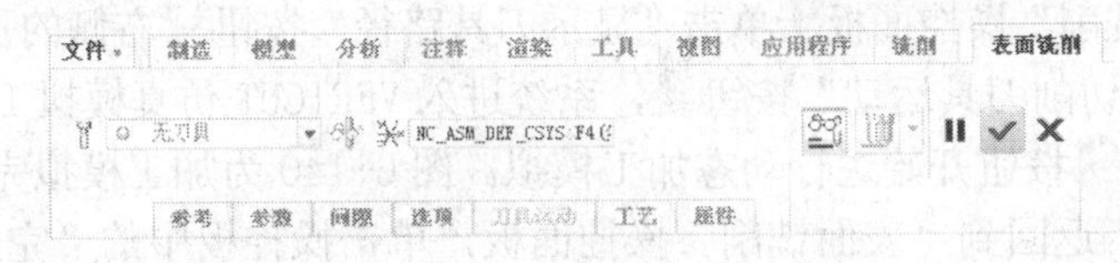

图 6-134 “表面铣削”操控面板

（2）在操控面板上单击“刀具管理器”按钮，系统打开“刀具设定”对话框，定义表面铣削加工刀具，设置如图 6-135 所示，设置完成后依次单击“刀具设定”对话框中的 应用 → 确定 按钮。

（3）结束刀具的设定后，单击操控面板上的“参数”下滑按钮，弹出“参数”下滑面板，然后按照图 6-136 所示设置各制造参数。

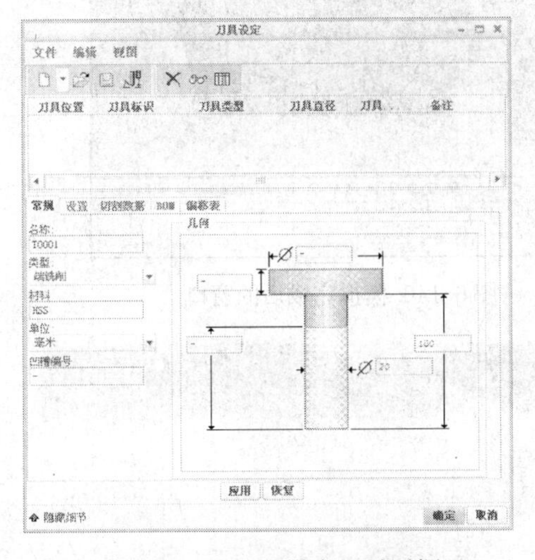

图 6-135 “刀具设定”对话框

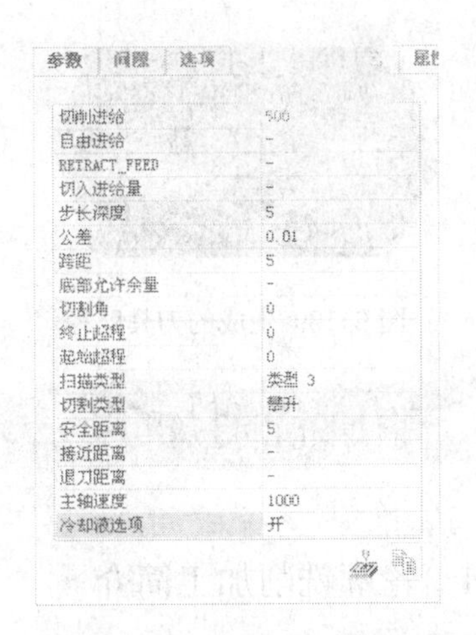

图 6-136 “参数”下滑面板

（4）参数设定后，单击操控面板上的“参考”下滑按钮，弹出“参考”下滑面板，选取类型为“曲面”，选择如图 6-137 所示的参考模型的上表面作为铣削平面。至此完成了表面铣削加工 NC 序列的设置。

5．刀具路径演示与检测

（1）在“表面铣削”操控面板上单击“显示刀具路径”按钮，系统打开如图 6-138

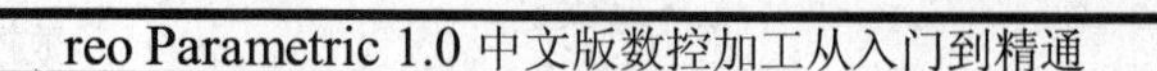

所示的“播放路径”对话框，适当调整演示速度后，单击对话框中的[▶]按钮，则系统开始在屏幕上动态演示刀具加工的路径。图 6-139 所示为屏幕演示完后的结果。

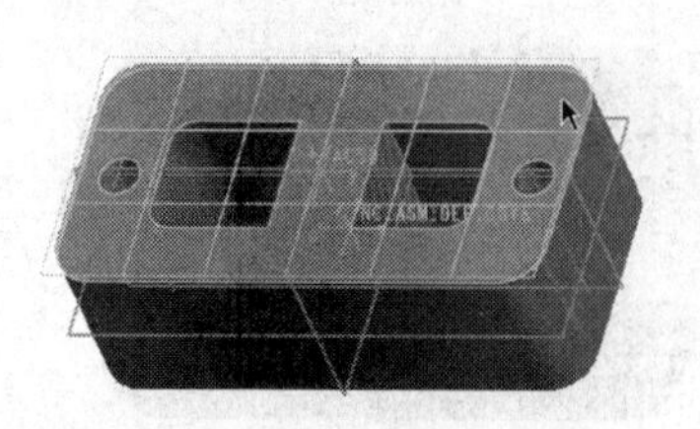

图 6-137 选择的铣削平面

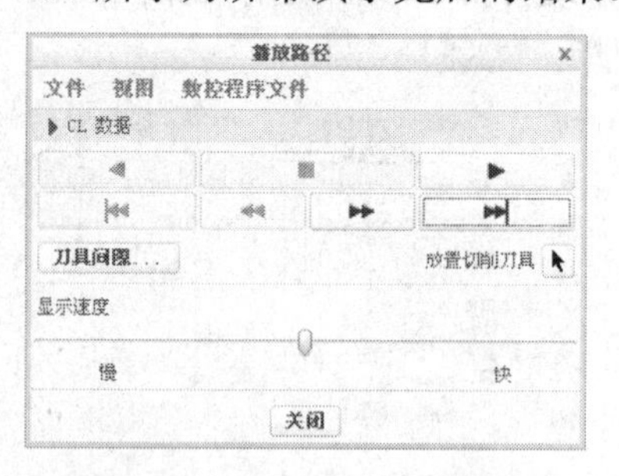

图 6-138 “播放路径”对话框

（2）在“表面铣削”操控面板上单击“显示刀具路径”按钮右侧的下拉按钮，在下拉列表中单击“显示切削刀具运动”按钮，系统进入 VERICUT 仿真模拟工作界面，适当调整模拟速度后，单击按钮开始进行动态加工模拟。图 6-140 为加工模拟完成后的效果图。

（3）关闭界面，返回到“表面铣削”操控面板，单击操控板中的“完成”按钮，完成创建。

图 6-139 生成的刀具路径

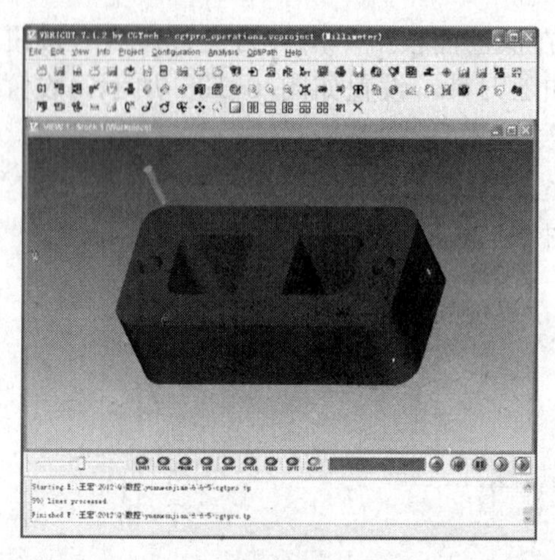

图 6-140 模拟完成后的窗口

6.6 轮廓铣削加工

6.6.1 轮廓铣削加工简介

轮廓铣削主要是针对垂直及倾斜角度不大的轮廓曲面所使用的一种加工方法。它是通过刀具的侧刃并配以适当的加工参数，以等高切削方式对所指定的轮廓曲面（必须能够形成连续的走刀路径）进行分层加工，如图 6-141 所示。该方法既可以用于大切削余量的粗加工，又可以用于较小切削余量的精加工。一般采用具有两轴半联动功能的数控铣床便可完成轮廓铣削加工。

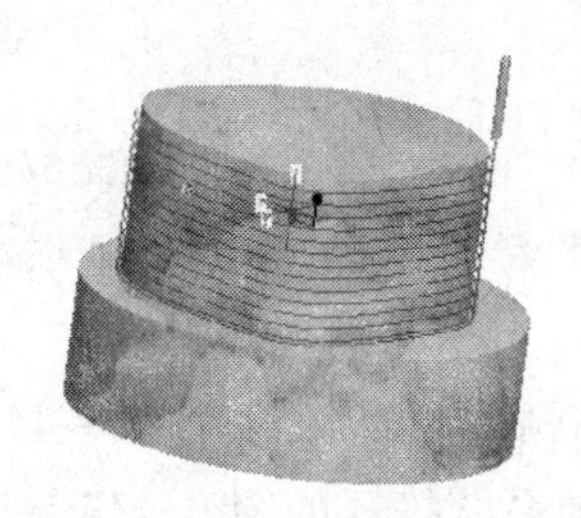

图 6-141 轮廓铣削加工示意图

6.6.2　轮廓铣削加工设置

在 Creo/NC 加工中，进行轮廓铣削加工时，需要对加工操作环境设置，包括了机床、操作、刀具、参考、参数等。其中机床和操作单独设置，其余的设置内容位于“轮廓铣削”操控面板中。单击“铣削”功能区“铣削”面板上的“轮廓铣削加”按钮，系统打开如图 6-142 所示的“轮廓铣削”操控面板。此操控面板中的各选项功能与“表面铣削”操控面板中的选项大体一致，在此对于多出的选项进行简单说明：

“检查曲面”下滑面板：用于设置检查曲面。

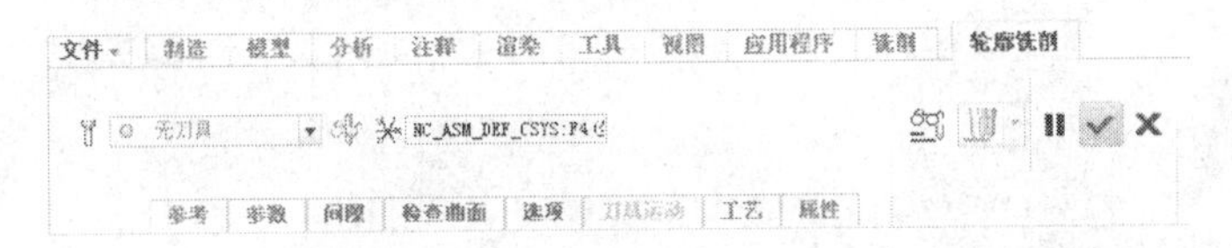

图 6-142 “轮廓铣削”操控面板

6.6.3　轮廓铣削加工参数说明

轮廓铣削加工参数的设置在如图 6-143 所示的“表面铣削”操控面板上的“参数”下滑面板中进行，其中大部分参数选项在前面已说明。下面重点就新出现的参数选项进行说明。

“壁刀痕高度”：用于设置铣削刀具在侧壁加工面上留下的残料形状高度。

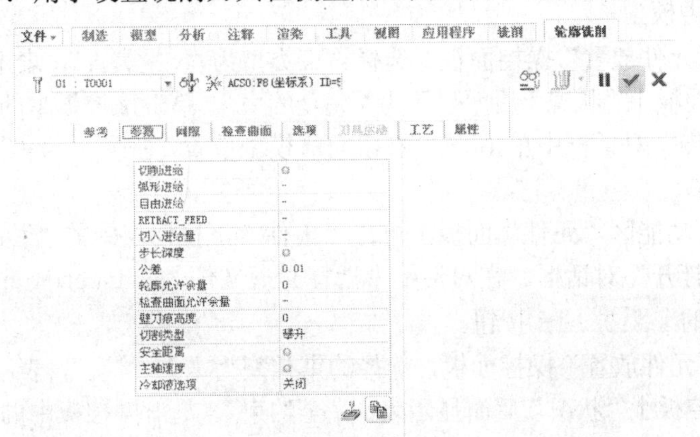

图 6-143 “参数”下滑面板

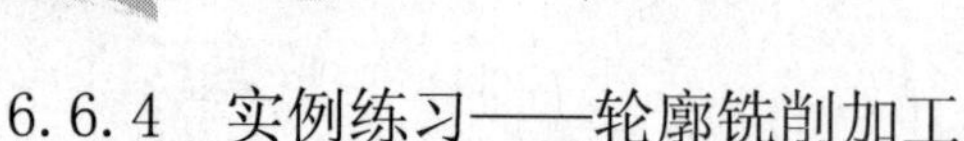

6.6.4 实例练习——轮廓铣削加工

下面将通过加工图 6-144 所示的参考模型，来说明轮廓铣削加工的一般流程与操作技巧。

1. 创建 NC 加工文件

（1）启动 Creo Parametric 1.0 后，选择“文件”→“新建”命令，或者单击“快速访问”工具栏中的“新建”按钮，则系统打开如图 6-145 所示的“新建”对话框。在“新建”对话框的“类型”栏中选择“制造”，在“子类型”栏中选择“NC 装配”，然后在“名称”文本框中输入名称“6-6”，同时取消对“使用默认模板”复选框的勾选，最后单击对话框中的确定按钮。

（2）接着系统打开“新文件选项”对话框，在“模板”选项框中选择“mmns_mfg_nc”选项，接着单击对话框中的确定按钮进入系统的 NC 加工界面。

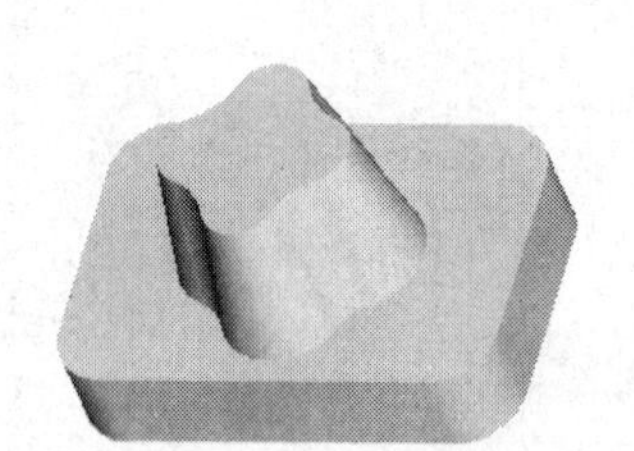
图 6-144 参考模型

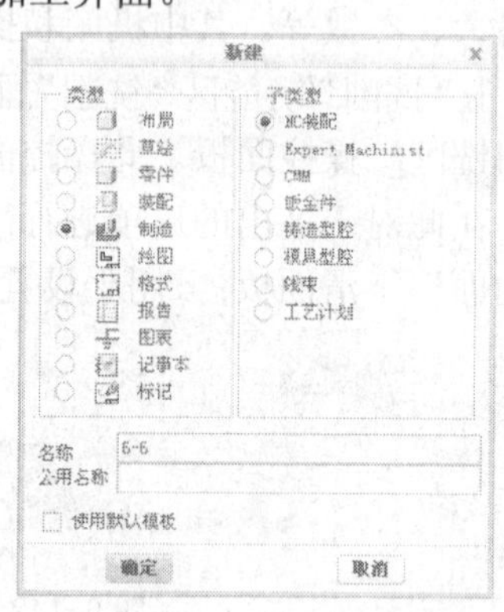

图 6-145 “新建”对话框

2. 创建制造模型

（1）装配参考模型

1）在“制造”功能区“元件”面板上单击“参考模型”下拉列表中的“装配参考模型”按钮，则系统打开如图 6-146 所示的“打开”对话框，在对话框中选择光盘文件“yuanwenjian\6\6-6\czmx.prt”，然后单击对话框中的打开按钮。则系统立即在图形显示区中导入参考模型。

2）系统打开“元件放置”操控面板，选择约束类型为“默认”，表示在默认位置装配参照模型。此时操控板上“状况”后面显示为“完全约束”。单击操控板中的“完成”按钮，在系统打开的“警告”对话框中单击确定按钮完成模型放置，放置效果如图 6-147 所示。

（2）装配工件

1）在“制造”功能区“元件”面板上单击“工件”下拉列表中的“装配工件”按钮，则系统再次弹出“打开”对话框。在对话框中选择光盘文件“yuanwenjian\6\6-6\gj.prt”，然后单击对话框中的打开按钮。

2）系统打开“元件放置”操控面板，选择约束类型为“默认”，表示在默认位置装配参考模型。此时操控板上“状况”后面显示为“完全约束”。单击操控板中的“完成”按钮，完成模型放置，放置效果如图 6-148 所示。

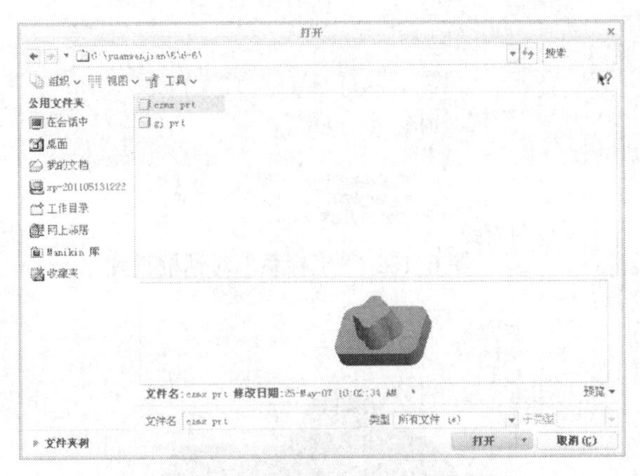

图 6-146 “打开”对话框

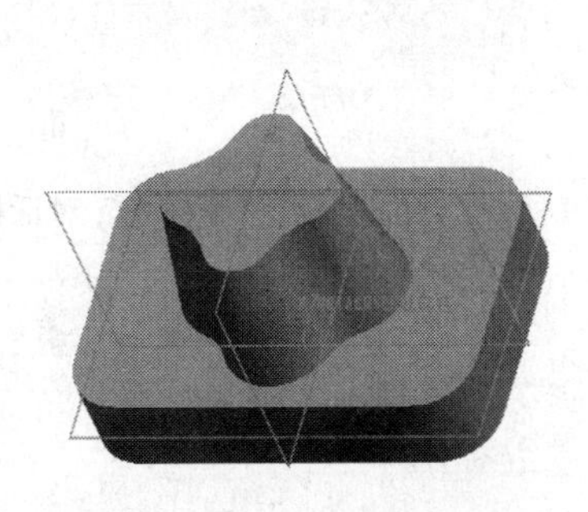

图 6-147 装配后的参考模型

3．轮廓铣削加工操作设置

（1）定义工作机床。在“制造”功能区“机床设置”面板上单击“工作中心”下拉列表中的“铣削”按钮，则系统打开如图 6-149 所示的“铣削工作中心”对话框，在“名称”后的文本框中输入操作名称“6-6”；在“轴数”下拉框中选择“3 轴”选项。单击“确定”按钮，完成机床定义。

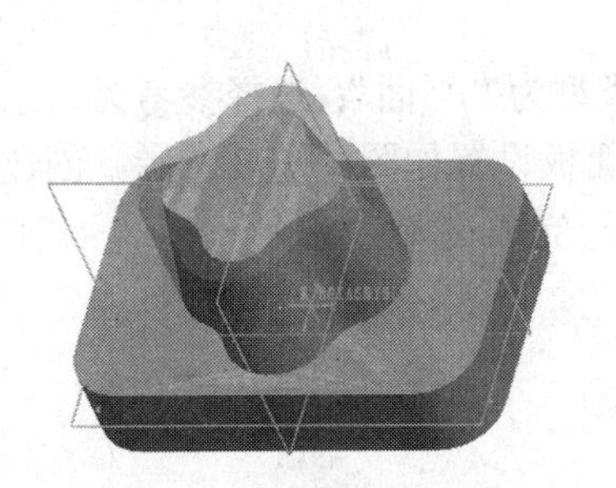

图 6-148 工件放置效果图

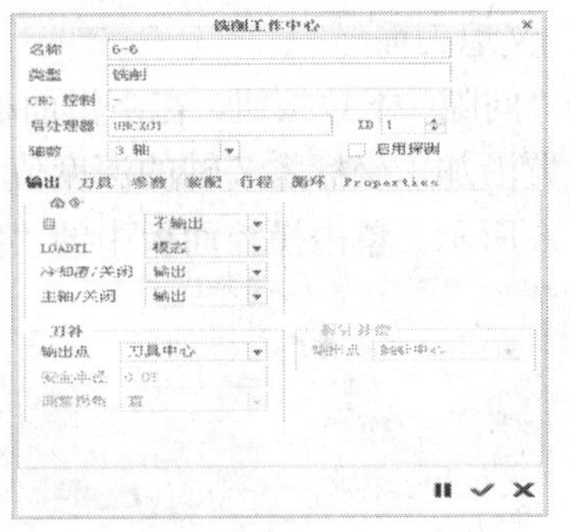

图 6-149 “操作设置”对话框

（2）操作设置

1）定义加工零点。单击“制造”功能区“工艺”面板上的“操作”按钮，系统将打开如图 6-150 所示的“操作”操控面板。

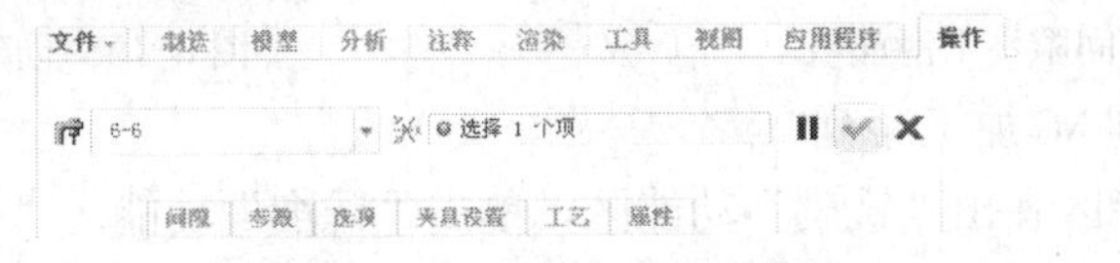

图 6-150 “操作”操控面板

用户可以直接在模型树窗口中精确选择现有的坐标系，也可以自行创建一个新的坐标系。本实例采用后者，单击“模型”功能区“基准”面板上的“坐标系”按钮，系统打开如图 6-151 所示的“坐标系”对话框，然后按住 Ctrl 键，在制造模型中依次选择 NC_ASM_FRONT、NC_ASM_RIGHT 基准平面和工件的上表面，此时“坐标系”对话框中的设置如图 6-152 所示。选择“方向”选项卡，单击“反向”按钮调整，对话框设置如图 6-153 所示，其中 Z 轴的方向如图 6-154 所示。最后单击“坐标系”对话框中的 确定 按钮，完成坐标系创建。在模型

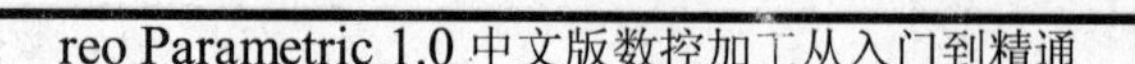

中选择新创建的坐标系。

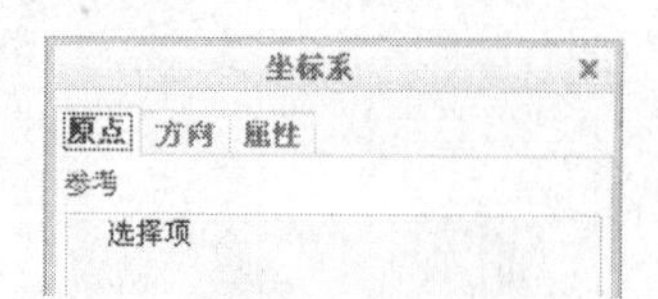

图 6-151 “坐标系”对话框

图 6-152 “坐标系”对话框设置

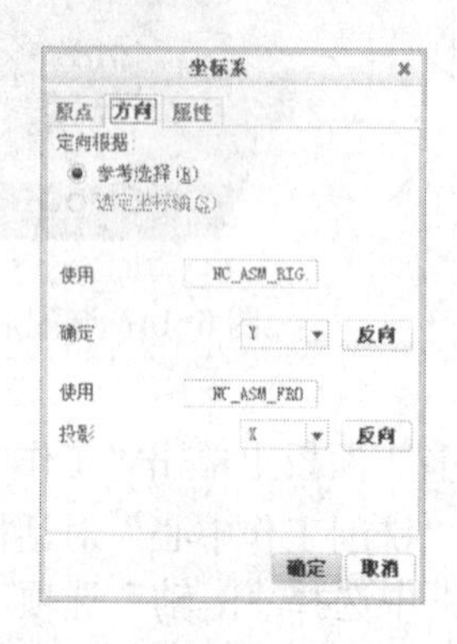

图 6-153 调整方向设置

图 6-154 Z 轴方向

2）定义退刀面

单击“间隙”下拉按钮，在下滑面板中设置退刀类型为“平面”；选择参考为新创建的坐标系；设置沿加工坐标系 Z 轴的深度值为“5”，下滑面板设置如图 6-155 所示，创建的平面如图 6-156 所示。单击操控面板中的“完成”按钮，完成设置。

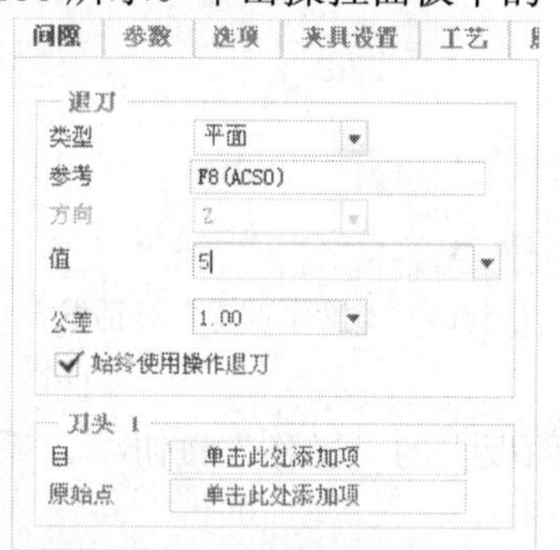

图 6-155 “间隙”下滑面板

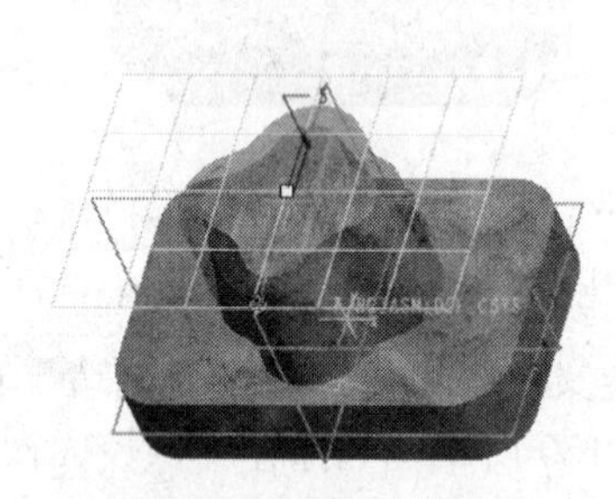

图 6-156 创建的退刀面

4．创建轮廓铣削 NC 加工序列

（1）此时在功能区弹出“铣削”功能区，单击“铣削”功能区“铣削”面板上的“轮廓铣削”按钮，系统打开“轮廓铣削”操控面板，如图 6-157 所示。

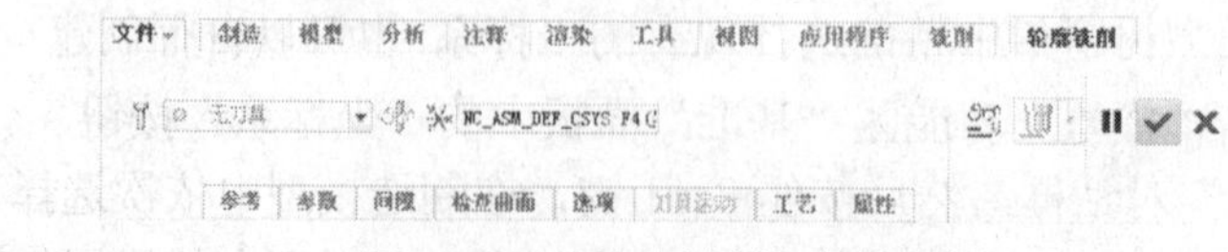

图 6-157 “轮廓铣削”操控面板

（2）在操控面板上单击“刀具管理器”按钮，系统打开“刀具设定”对话框，定义表面铣削加工刀具，设置如图 6-158 所示，设置完成后依次单击“刀具设定”对话框中的

应用 → 确定 按钮。

（3）结束刀具的设定后，单击操控面板上的“参数”下滑按钮，弹出“参数”下滑面板，然后按照图 6-159 所示设置各制造参数。

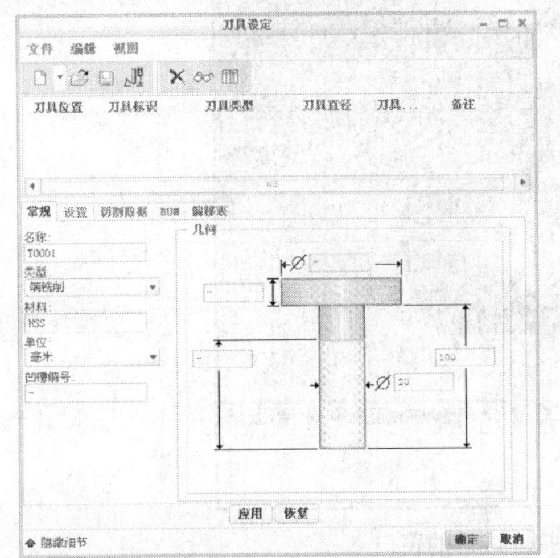

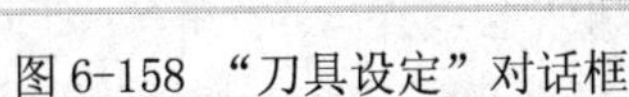

图 6-158 “刀具设定”对话框

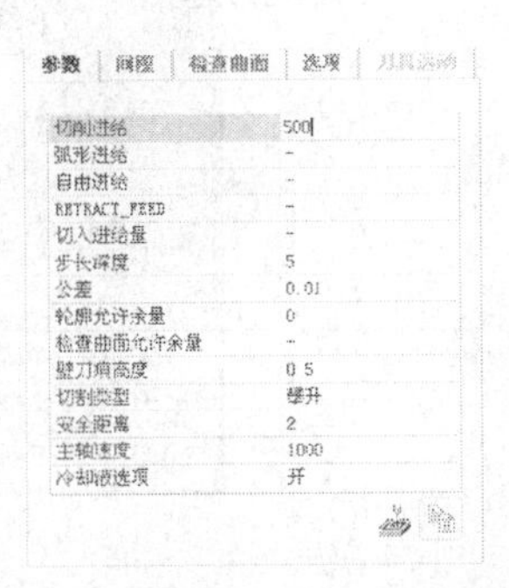

图 6-159 “参数”下滑面板

（4）参数设定后，单击操控面板上的“参考”下滑按钮，弹出“参考”下滑面板，选取类型为“曲面”，选择如图 6-160 所示的参考模型的曲面作为铣削曲面。至此完成了轮廓铣削加工 NC 序列的设置。

5．刀具路径演示与检测

（1）在“表面铣削”操控面板上单击“显示刀具路径”按钮，系统打开如图 6-161 所示的“播放路径”对话框，适当调整演示速度后，单击对话框中的 ▶ 按钮，则系统开始在屏幕上动态演示刀具加工的路径。图 6-162 所示为屏幕演示完后的结果。

图 6-160 选择的铣削曲面

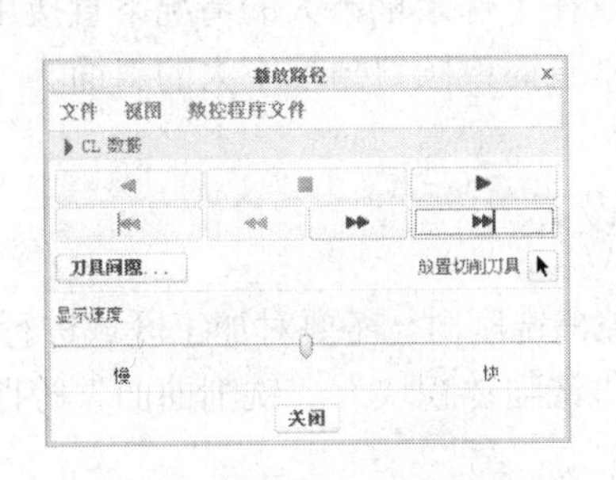

图 6-161 “播放路径”对话框

图 6-162 生成的刀具路径

（2）在“表面铣削”操控面板上单击“显示刀具路径”按钮右侧的下拉按钮，在下拉列表中单击“显示切削刀具运动”按钮，系统进入 VERICUT 仿真模拟工作界面，适当调整模拟速度后，单击按钮开始进行动态加工模拟。图 6-163 为加工模拟完成后的效果图。

（3）关闭界面，返回到“轮廓铣削”操控面板，单击操控板中的“完成”按钮，完成创建。

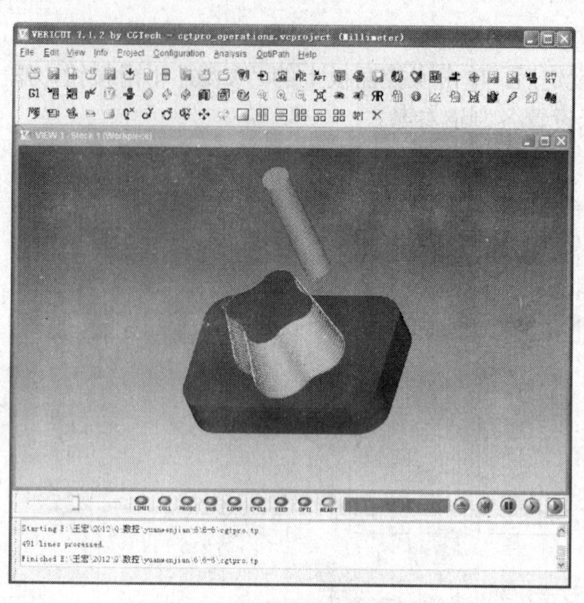

图 6-163 模拟完成后的窗口

6.7 腔槽铣削加工

6.7.1 腔槽铣削加工简介

腔槽铣削主要是针对零件上的凹槽特征所使用的一种加工方法。它可以看成是体积块铣削加工同轮廓铣削加工的混合，在加工凹槽底部时，其刀具进给方式类似于体积块铣削加工；在加工凹槽侧面部分时，其刀具进给方式类似于轮廓铣削加工。腔槽铣削可以作为体积块粗铣加工之后的精铣加工，也可以在工件余量不大的情况下直接用做精铣加工。腔槽铣削加工所选用的曲面可以是水平面、垂直面或倾斜角度不大的斜面。

6.7.2 腔槽铣削加工区域设置

在 Creo/NC 加工中，进行腔槽铣削时，需要对加工区域进行设置。与轮廓铣削加工一样。系统提供了“模型”、“工件”、“铣削体积块”、“铣削曲面”等四种方法来设置腔槽铣削加工区域。

6.7.3 腔槽铣削加工参数说明

腔槽铣削加工参数的设置在如图 6-164 所示的“编辑序列参数‘腔槽铣削’”对话框中进行，其中大部分参数选项在前面已说明。下面重点对新出现的参数选项进行说明。

■ “底部刀痕高度”：用于设置铣削刀具在凹槽底部加工面上留下的残料形状高度。

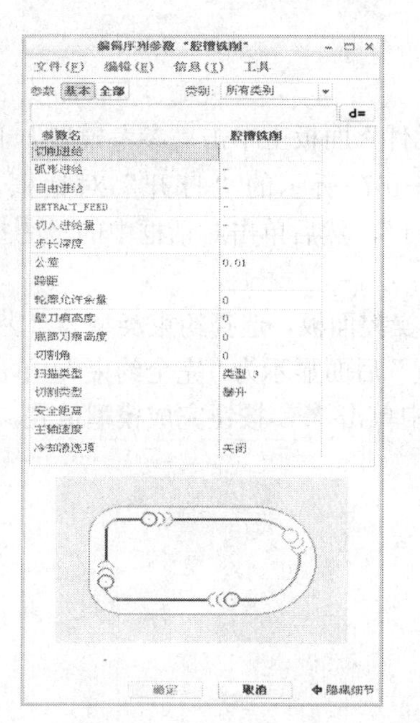

图 6-164　“编辑序列参数‘腔槽铣削’”对话框

6.7.4　实例练习——腔槽铣削加工

下面将通过加工图 6-165 所示的参考模型凹槽来说明凹槽铣削加工的一般流程与操作技巧。

1. 创建 NC 加工文件

（1）启动 Creo Parametric 1.0 后，选择“文件”→“新建”命令，或者单击“快速访问”工具栏中的“新建”按钮，则系统打开如图 6-166 所示的“新建”对话框。在“新建”对话框的“类型”栏中选择“制造”，在“子类型”栏中选择“NC 装配”，然后在“名称”文本框中输入名称“6-7”，同时取消对“使用默认模板”复选框的勾选，最后单击对话框中的确定按钮。

（2）系统打开“新文件选项”对话框，在“模板”选项框中选择“mmns_mfg_nc”选项，接着单击对话框中的确定按钮进入系统的 NC 加工界面。

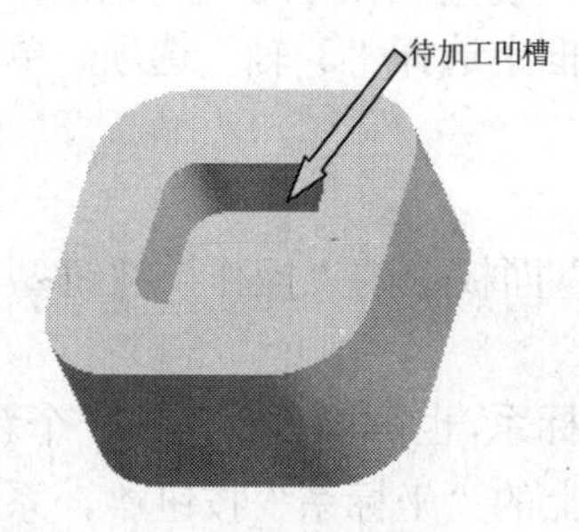

图 6-165　参考模型

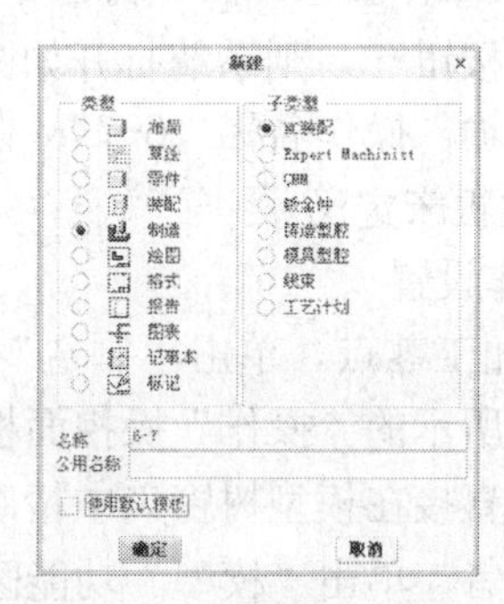

图 6-166　“新建”对话框

2．创建制造模型

（1）装配参考模型

1）在“制造”功能区“元件”面板上单击“参考模型”下拉列表中的“装配参考模型”按钮，则系统打开如图 6-167 所示的“打开”对话框，在对话框中选择光盘文件“yuanwenjian\6\6-7\czmx.prt”，然后单击对话框中的打开按钮。则系统立即在图形显示区中导入参考模型。

2）系统打开“元件放置”操控面板，选择约束类型为“默认”，表示在默认位置装配参照模型。此时操控板上“状况”后面显示为“完全约束”。单击操控板中的“完成”按钮，在系统打开的“警告”对话框中单击确定按钮完成模型放置，放置效果如图 6-168 所示。

图 6-167 “打开”对话框

图 6-168 装配后的参考模型

（2）装配工件

1）在“制造”功能区“元件”面板上单击“工件”下拉列表中的“装配工件”按钮，则系统再次弹出“打开”对话框。在对话框中选择光盘文件“yuanwenjian\6\6-7\gj.prt”，然后单击对话框中的打开按钮。

2）系统打开“元件放置”操控面板，选择约束类型为“默认”，表示在默认位置装配参考模型。此时操控板上“状况”后面显示为“完全约束”。单击操控板中的“完成”按钮，完成模型放置，放置效果如图 6-169 所示。

3．腔槽铣削加工操作设置

（1）定义工作机床。在“制造”功能区“机床设置”面板上单击“工作中心”下拉列表中的“铣削”按钮，则系统打开如图 6-170 所示的“铣削工作中心”对话框，在“名称”后的文本框中输入操作名称“6-7”；在“轴数”下拉框中选择“3 轴”选项。单击“确定”按钮，完成机床定义。

（2）操作设置

1）定义加工零点。单击“制造”功能区“工艺”面板上的“操作”按钮，系统将打开如图 6-171 所示的“操作”操控面板。

用户可以直接在模型树窗口中精确选择现有的坐标系，也可以自行创建一个新的坐标系。本实例采用后者，单击“模型”功能区“基准”面板上的“坐标系”按钮，系统打开如图 6-172 所示的“坐标系”对话框，然后按住 Ctrl 键，在制造模型中依次选择 NC_ASM_FRONT、

NC_ASM_RIGHT 基准平面和参照模型的上表面，此时“坐标系”对话框中的设置如图 6-173 所示。选择“方向”选项卡，单击“反向”按钮调整，对话框设置如图 6-174 所示，其中 Z 轴的方向如图 6-175 所示。最后单击“坐标系”对话框中的 确定 按钮，完成坐标系创建。在模型中选择新创建的坐标系。

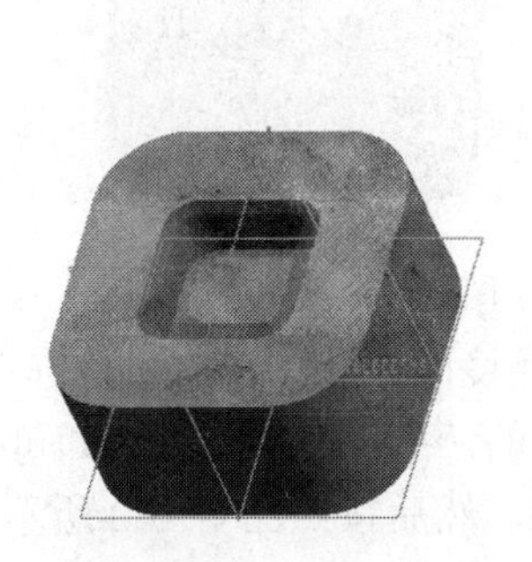

图 6-169 工件放置效果图

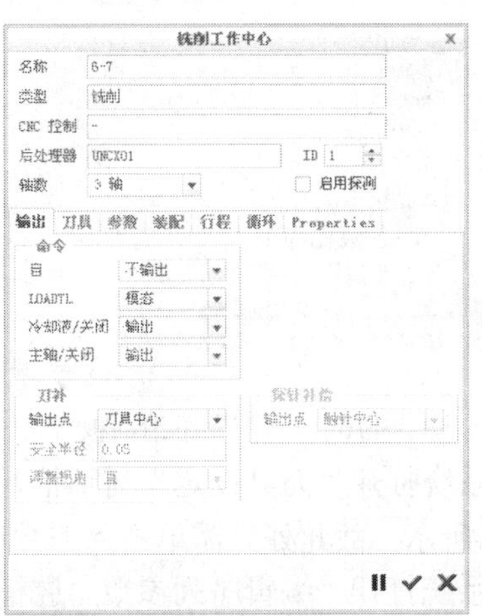

图 6-170 “铣削工作中心”对话框

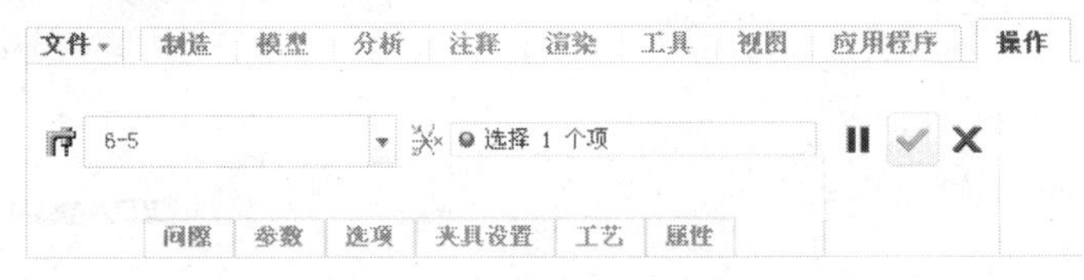

图 6-171 “操作”操控面板

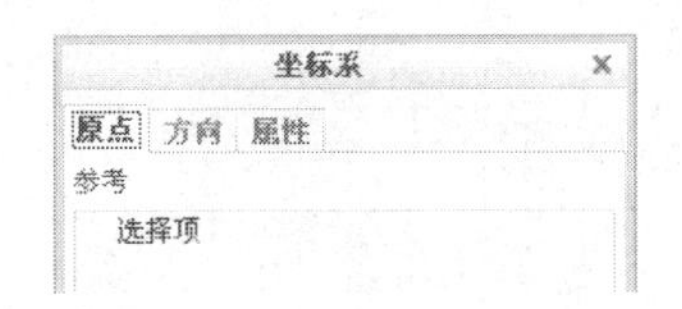

图 6-172 “坐标系”对话框

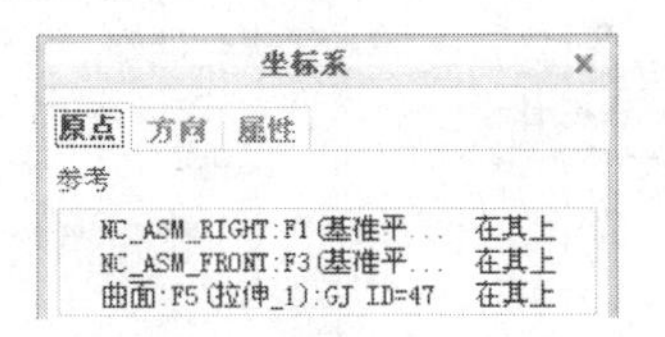

图 6-173 “坐标系”对话框设置

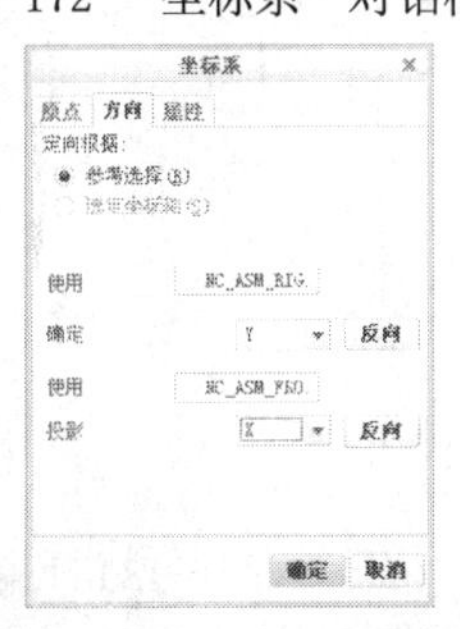

图 6-174 调整方向设置

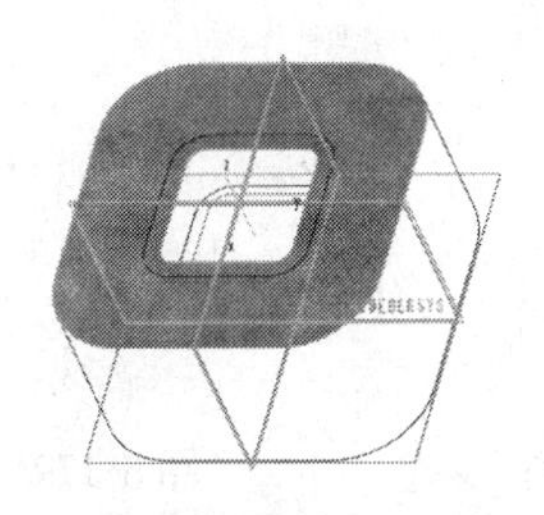

图 6-175 Z 轴方向

2）定义退刀面。单击“间隙”下拉按钮，在下滑面板中设置退刀类型为“平面”；选择参考为新创建的坐标系；设置沿加工坐标系 Z 轴的深度值为“5”，下滑面板设置如图 6-176 所示，创建的平面如图 6-177 所示。单击操控面板中的“完成”按钮✔，完成设置。

4．创建腔槽铣削加工 NC 加工序列

（1）此时在功能区弹出“铣削”功能区，单击“铣削”功能区“铣削”面板上的下拉按钮，在下拉列表中单击的“腔槽加工”按钮，系统打开“NC 序列”菜单。依次勾选“刀具”→“参数”→“曲面”→“完成”选项，如图 6-178 所示。

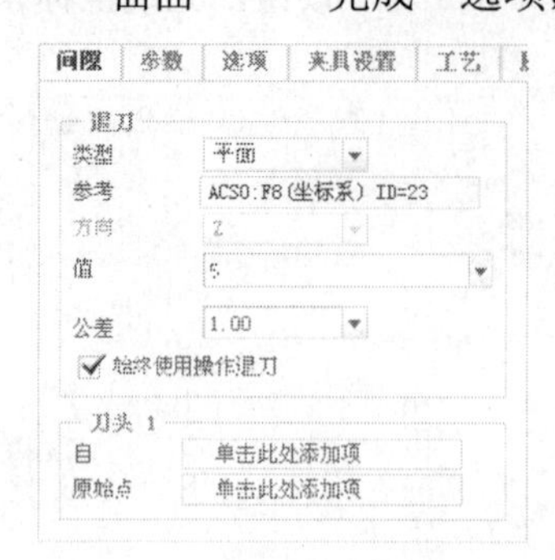

图 6-176 “间隙”下滑面板

图 6-177 创建的退刀面

（2）系统打开“刀具设定”对话框，因在加工操作环境的设置中已对刀具进行了定义，如图 6-179 所示，故此处只需单击“刀具设定”对话框中的 应用 → 确定 按钮即可。

（3）系统打开“编辑序列参数‘腔槽铣削’”对话框，然后按照图 6-180 所示，在对话框中设置各个制造参数。单击 确定 按钮完成设置。

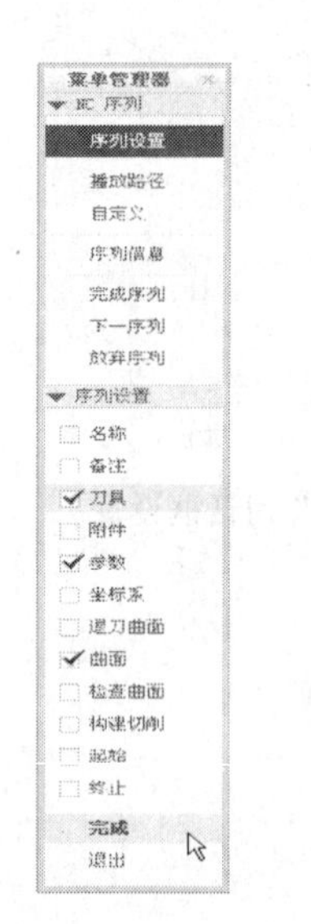

图 6-178 “NC 序列”菜单

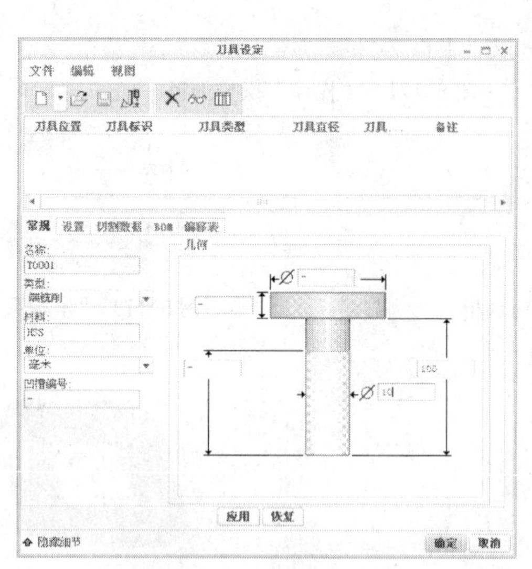

图 6-179 “刀具设定”对话框

图 6-180 “编辑序列参数‘腔槽铣削’”对话框

（4）随后系统打开如图 6-181 所示的“曲面拾取”菜单，选择菜单中的“模型”和“完成”选项。接着系统打开如图 6-182 所示的“选择曲面”菜单和“选择”对话框，同时在信息栏中提示“选择要加工模型的曲面.”。

（5）选择参考模型的腔槽底面和四周的侧面作为要铣削的加工面，如图 6-183 所示，然后单击“选择曲面”菜单中的“完成/返回”选项。至此完成了曲面铣削加工 NC 序列的设置。

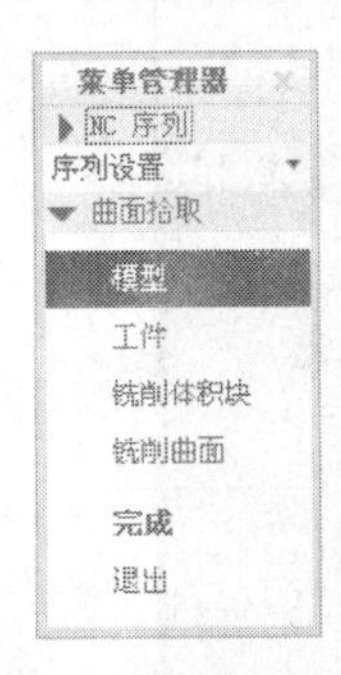

图 6-181 “曲面拾取”菜单

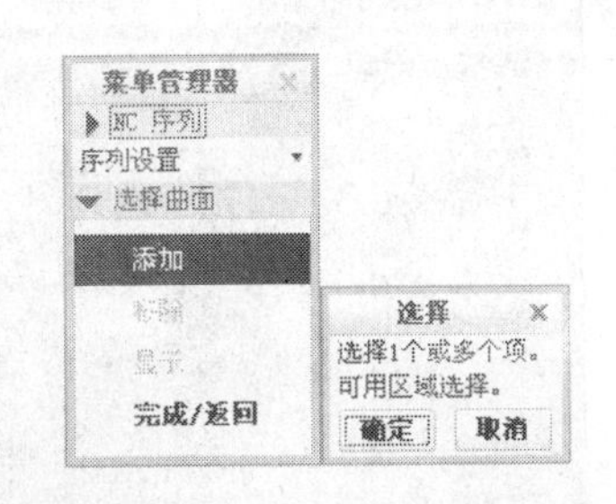

图 6-182 “选择曲面”菜单

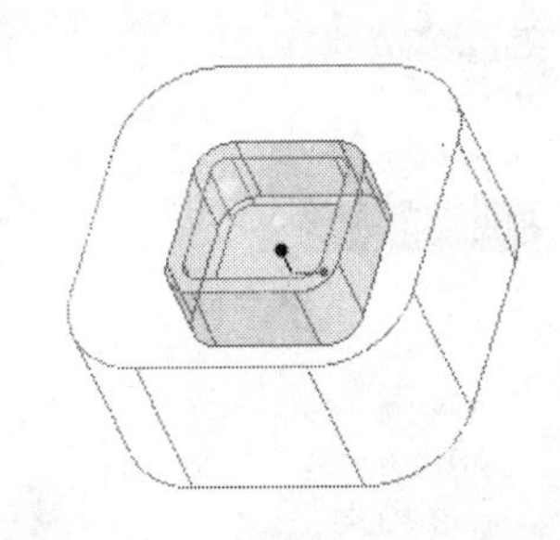

图 6-183 选择的铣削曲面

5．刀具路径演示与检测

（1）在“NC 序列”菜单中选择“播放路径”选项，如图 6-184 所示。在系统打开的“播放路径”菜单中依次选择“屏幕演示”选项，如图 6-185 所示。

（2）接着系统打开如图 6-186 所示的“播放路径”对话框，适当调整演示速度后，单击对话框中的按钮，则系统开始在屏幕上动态演示刀具加工的路径。图 6-187 所示为屏幕演示完后的结果。

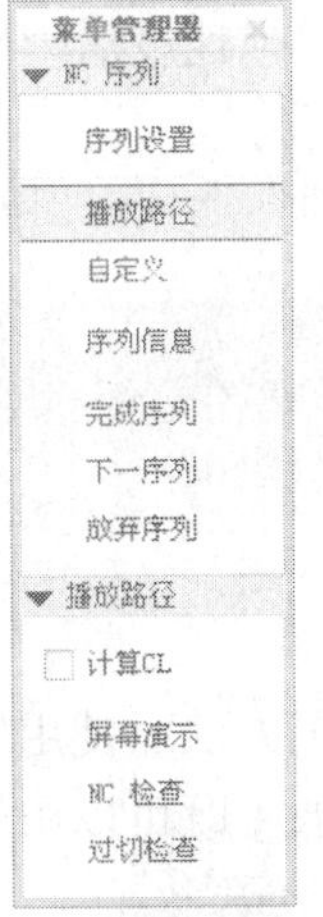

图 6-184 “播放路径”选项

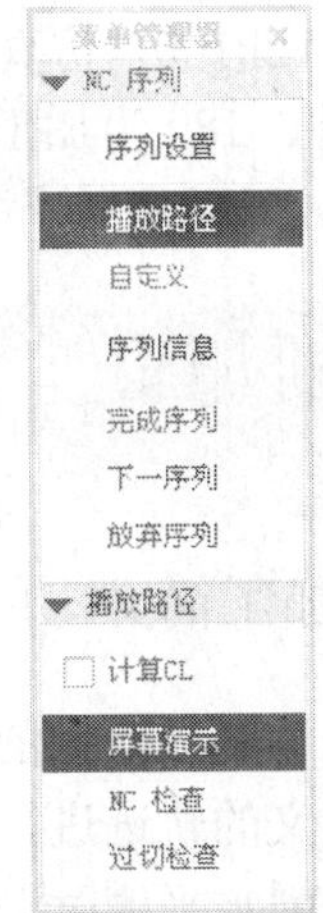

图 6-185 选择“屏幕演示”选项

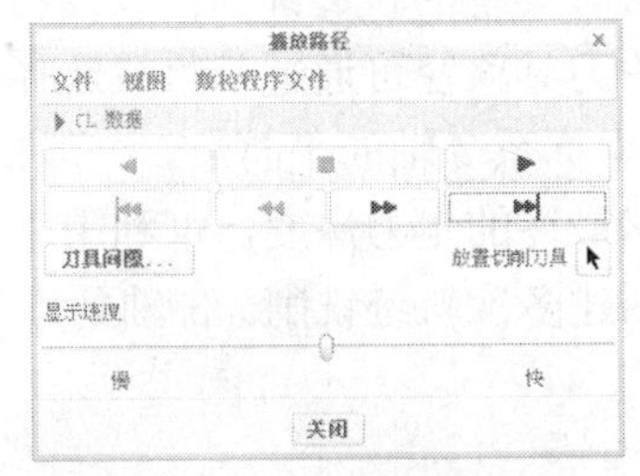

图 6-186 “播放路径”对话框

图 6-187 生成的刀具路径

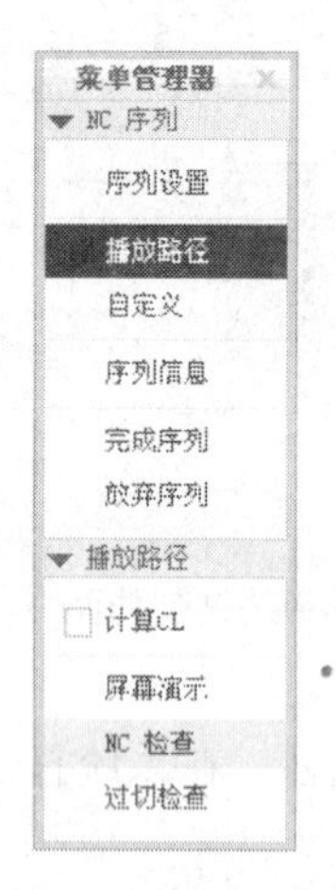

图 6-188 “播放路径”菜单

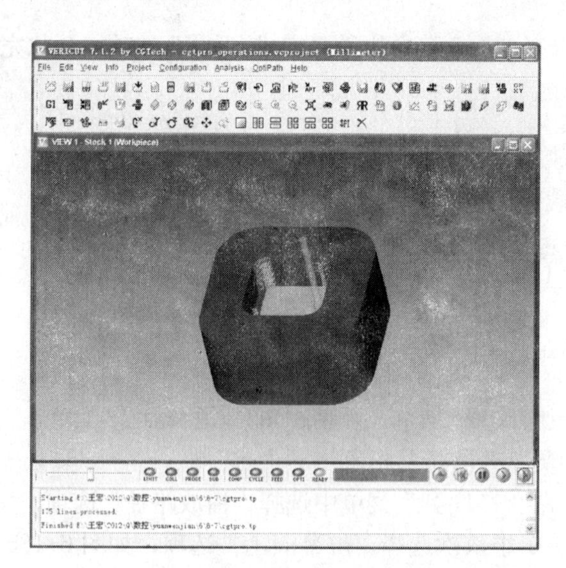

图 6-189 模拟完成后的菜单

（3）刀具路径演示完后，单击“播放路径”对话框中的关闭按钮。然后单击“播放路径”菜单中的“NC 检查”选项，如图 6-188 所示。

（4）系统进入 VERICUT 仿真模拟工作界面，适当调整模拟速度后，单击按钮开始进行动态加工模拟。图 6-189 为加工模拟完成后的效果图。

（5）关闭界面，返回“NC 序列”菜单，选择“完成序列”选项退出。

6.8 轨迹铣削加工

6.8.1 轨迹铣削加工简介

轨迹铣削主要是针对零件上的扫描特征所使用的一种加工方法。使用轨迹铣削加工时，刀具可以沿着用户定义的轨迹进行扫描切削运动。轨迹铣削加工既可以用于铣削水平槽也可以用于倒角铣削。铣削水平槽时，刀具形状必须与槽的形状一致。

在 Creo/NC 加工中，可将标准铣削和钻孔刀具用于所有类型的轨迹铣削，以及将草绘自定义刀具用于 2 轴和 3 轴轨迹铣削加工。2 轴轨迹铣削的刀具路径可通过草绘或选择轨迹曲线来定义。但草绘或选择的曲线必须位于垂直于 NC 序列坐标系 Z 轴的平面上。一般情况下，刀具将沿此轨迹曲线进行单次切削走刀。如果用户要调整最终的走刀深度，可利用垂直偏移来指定多次切削走刀，此外用户也可以利用水平偏移来创建多次轨迹铣削。3 轴到 5 轴轨迹铣削的刀具路径，必须使用“自定义”功能来指定。

6.8.2 轨迹铣削加工区域设置

在 Creo/NC 加工中，进行轨迹铣削时，需要对加工区域（轨迹）进行设置。轨迹铣削加工的轨迹设置在如图6-190所示的“刀具运动”下滑面板中进行。可以通过四种方法来设置轨迹铣削的加工区域。

- “草绘”：通过草绘的方式来创建铣削加工轨迹。
- “边”：通过选择模型的边来创建铣削加工轨迹。
- “曲线”：通过选择已有的基准曲线来创建铣削加工轨迹。
- “曲面”：通过选择曲面来创建铣削加工轨迹。

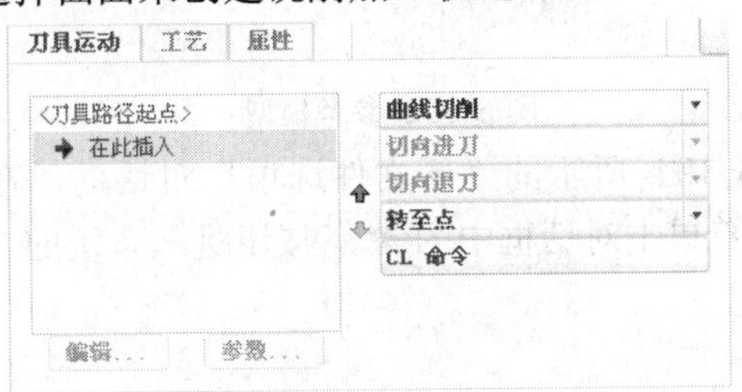

图6-190　“刀具运动”下滑面板

6.8.3　轨迹铣削加工参数说明

轨迹铣削加工参数的设置在如图6-191所示的“轨迹”操控面板上的“参数”下滑面板中进行，其中包含“切入进给量”、“步长深度”、“轮廓允许余量”、“检查曲面允许余量”、“安全距离”、“主轴速度”、“冷却液选项”等参数选项。这些参数选项在前面的章节中进行过说明，请读者参阅。

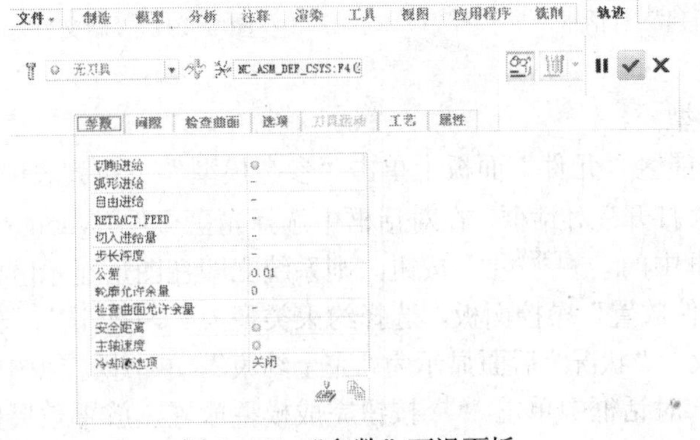

图6-191　“参数”下滑面板

6.8.4　实例练习——轨迹铣削加工

下面通过加工图6-192所示参考模型的U形槽，来说明轨迹铣削加工的一般流程与操作技巧。

1. 创建NC加工文件

（1）启动Creo Parametric 1.0后，选择“文件”→“新建”命令，或者单击“快速访问”工具栏中的“新建”按钮，则系统打开如图6-193所示的“新建”对话框。在“新建”

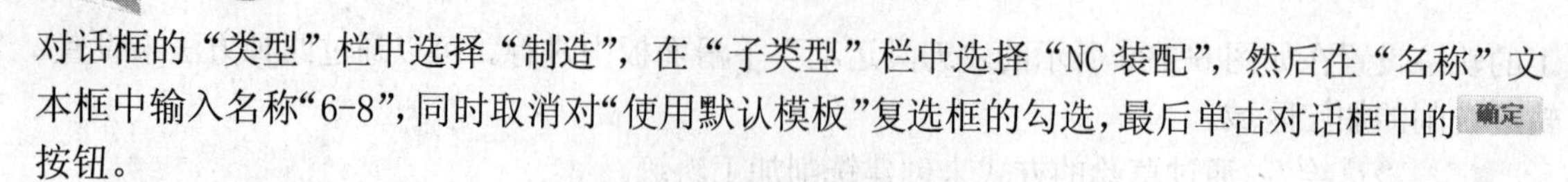
对话框的“类型”栏中选择“制造”，在“子类型”栏中选择“NC装配”，然后在“名称”文本框中输入名称“6-8”，同时取消对“使用默认模板”复选框的勾选，最后单击对话框中的确定按钮。

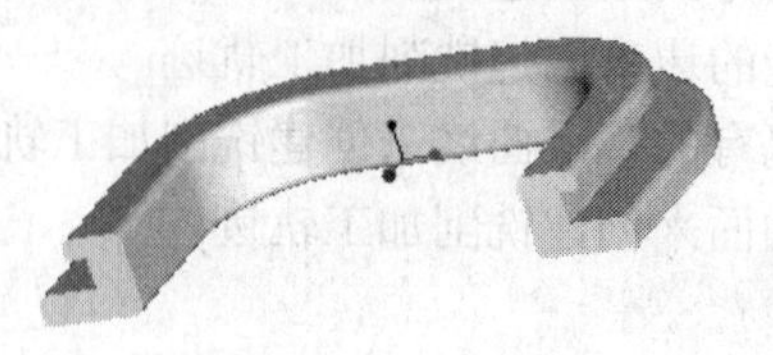

图 6-192 参考模型

（2）系统打开如图 6-194 所示的“新文件选项”对话框，在“模板”选项框中选择“mmns_mfg_nc”选项，接着单击对话框中的确定按钮进入系统的 NC 加工界面。

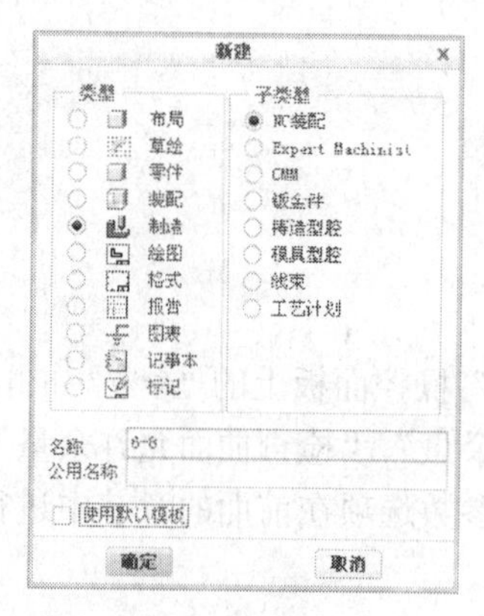

图 6-193 “新建”对话框

图 6-194 “新文件选项”对话框

2. 创建制造模型

（1）装配参考模型

1）在“制造”功能区“元件”面板上单击“参考模型”下拉列表中的“装配参考模型”按钮，则系统打开“打开”对话框，在对话框中选择光盘文件“yuanwenjian\6\6-8\czmx.prt”，然后单击对话框中的打开按钮，则系统立即在图形显示区中导入参考模型。

2）系统打开“元件放置”操控面板，选择约束类型为“默认”，表示在默认位置装配参照模型。此时操控板上“状况”后面显示为“完全约束”。单击操控板中的“完成”按钮，在系统打开的“警告”对话框中单击确定按钮完成模型放置，放置效果如图 6-195 所示。

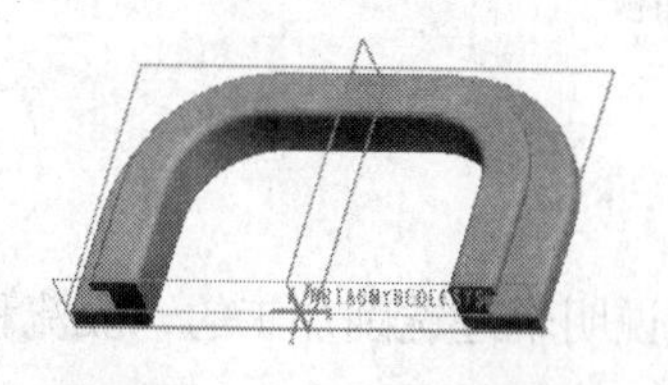

图 6-195 装配后的参考模型

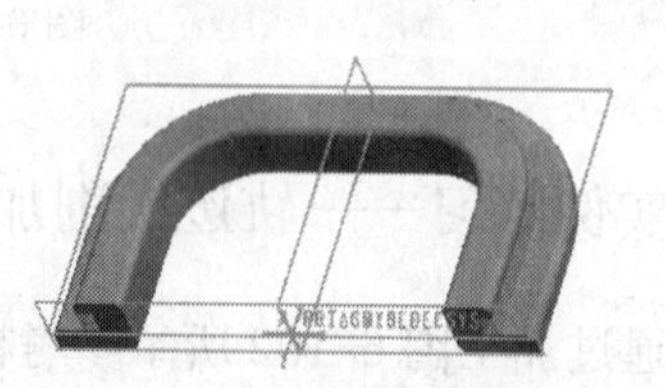

图 6-196 工件放置效果图

（2）装配工件

1）在“制造”功能区“元件”面板上单击“工件”下拉列表中的“装配工件”按钮，则系统再次弹出“打开”对话框。在对话框中选择光盘文件“yuanwenjian\6\6-8\gj.prt”，然后单击对话框中的 打开 按钮。

2）系统打开“元件放置”操控面板，选择约束类型为“默认”，表示在默认位置装配参考模型。此时操控板上“状况”后面显示为“完全约束”。单击操控板中的“完成”按钮，完成模型放置，放置效果如图 6-196 所示。

3．轨迹铣削加工操作设置

（1）定义工作机床及刀具

1）在“制造”功能区“机床设置”面板上单击“工作中心”下拉列表中的“铣削”按钮，则系统打开如图 6-197 所示的“铣削工作中心”对话框，在“名称”后的文本框中输入操作名称“6-8”；在“轴数”下拉框中选择“3 轴”选项。

2）在“铣削工作中心”对话框中选取“刀具”选项卡，在选项卡中单击 刀具... 按钮，系统打开“刀具设定”对话框，设置刀具的各项参数，如图 6-198 所示，依次单击“刀具设定”对话框中的 应用 → 确定 按钮，完成刀具的设置返回到“铣削工作中心”对话框，再单击“确定”按钮，完成机床定义。

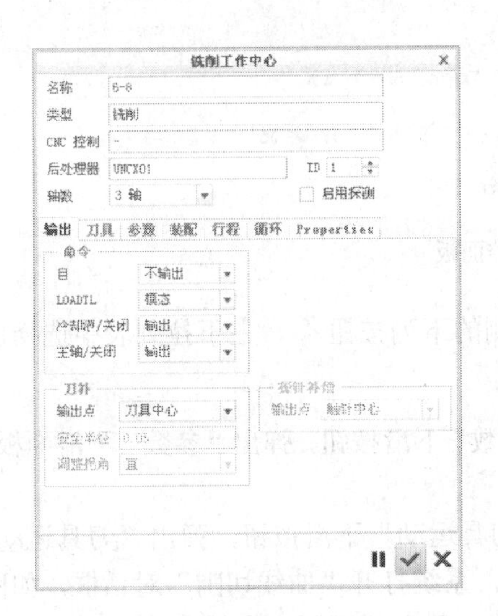

图 6-197 “操作设置”对话框

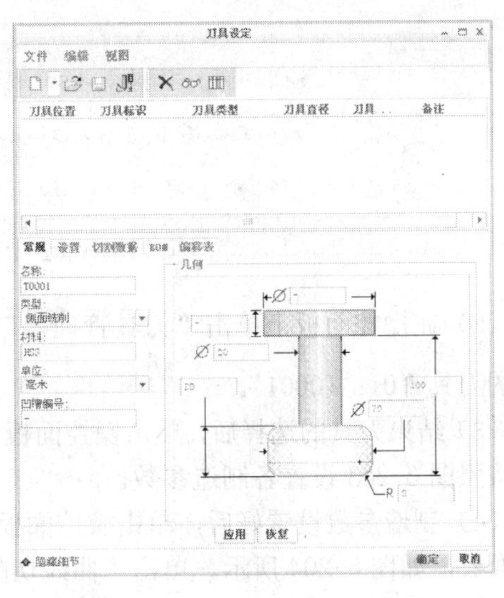

图 6-198 “刀具设定”对话框

（2）操作设置

1）定义加工零点。单击“制造”功能区“工艺”面板上的“操作”按钮，系统将打开如图 6-199 所示的“操作”操控面板。

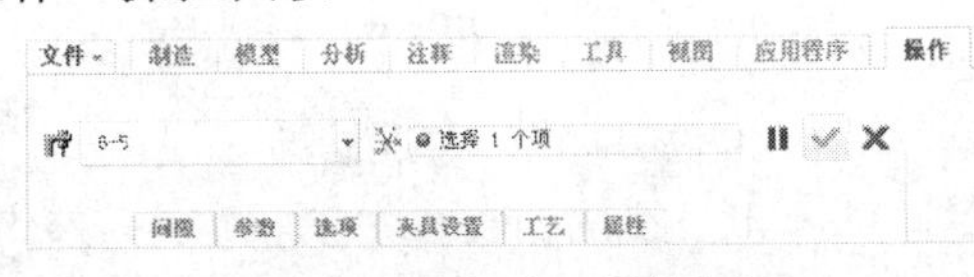

图 6-199 “操作”操控面板

用户可以直接在模型树窗口中精确选择现有的坐标系，也可以自行创建一个新的坐标系。在此采用前者，直接在模型树窗口中选择系统坐标系 NC_ASM_DEF_CSYS 作为加工坐标系。

2）定义退刀面。单击“间隙”下拉按钮，在下滑面板中设置退刀类型为“平面”；设置沿加工坐标系 Z 轴的深度值为“60”，下滑面板设置如图 6-200 所示，创建的平面如图 6-201

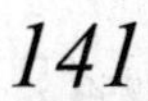

所示。单击操控面板中的“完成”按钮✔，完成设置。

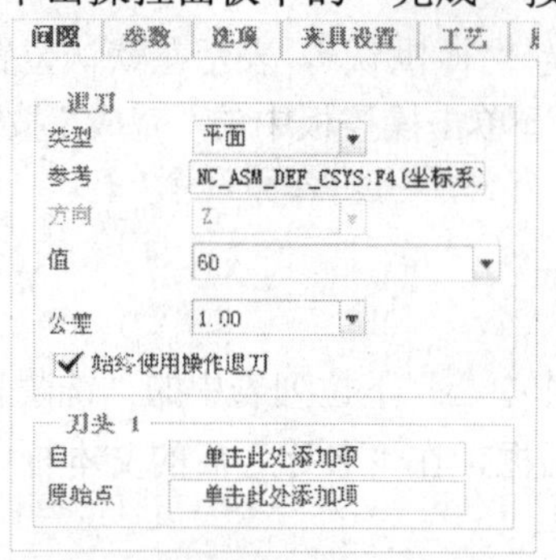

图 6-200 “间隙”下滑面板

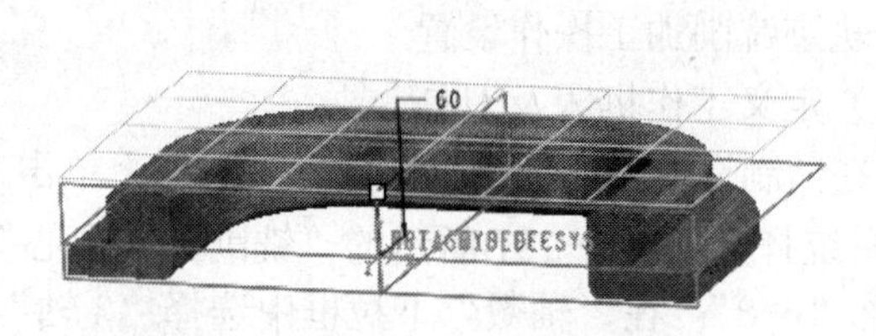

图 6-201 创建的退刀面

4．创建轨迹铣削 NC 加工序列

（1）此时在功能区弹出“铣削”功能区，单击“铣削”功能区“铣削”面板上的下拉按钮，在下拉列表中单击的“3 轴轨迹”按钮，系统打开“轨迹”操控面板，如图 6-202 所示。

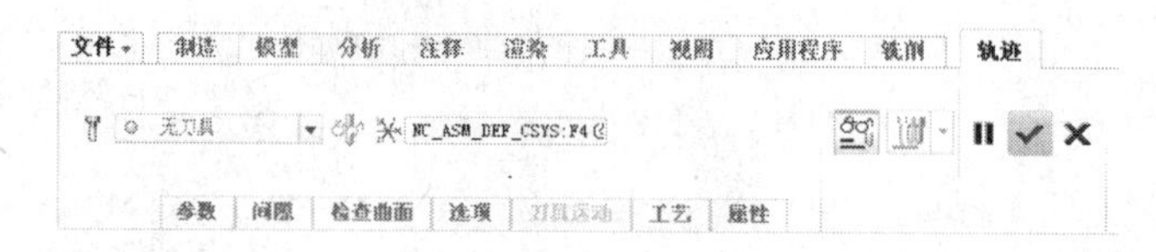

图 6-202 “轨迹”操控面板

（2）在操控面板上单击“刀具管理器”按钮右侧的下列按钮▼，在下拉列表中选择已设置的刀具“01：T0001”。

（3）结束刀具的选择后，单击操控面板上的“参数”下滑按钮，弹出“参数”下滑面板，然后按照图 6-203 设置各制造参数。

（4）制造参数设置好后，单击操控面板上的“刀具运动”下滑按钮，弹出“刀具运动”下滑面板，如图 6-204 所示。单击“曲线切削”按钮，系统打开“曲线切削”对话框，如图 6-205 所示。在对话框中可以看出刀具路径还没有定义，因此需要用户自行定义刀具路径。

切削进给	500
弧形进给	-
自由进给	-
RETRACT_FEED	-
切入进给量	-
步长深度	-
公差	0.01
轮廓允许余量	0
检查曲面允许余量	-
安全距离	2
主轴速度	1000
冷却液选项	开

图 6-203 “参数”下滑面板

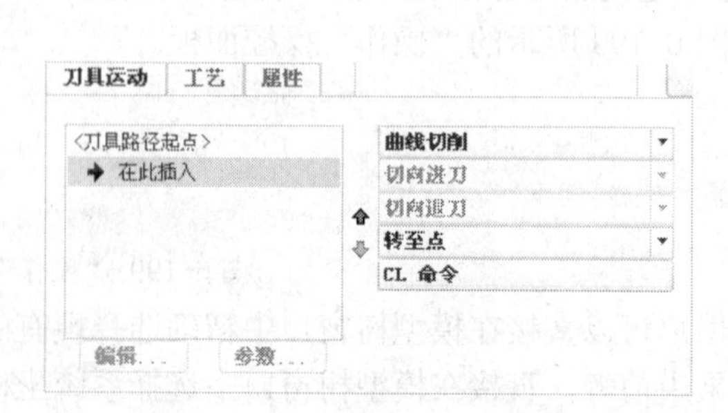

图 6-204 “刀具运动”下滑面板

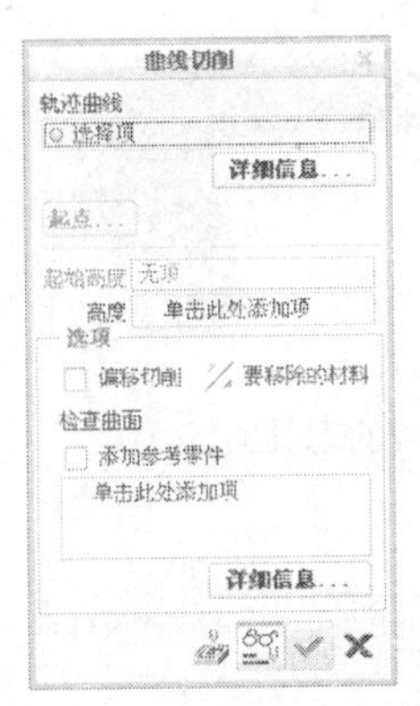

图 6-205 “曲线切削”对话框

图 6-206 草绘平面

（5）单击操控面板右侧“基准”面板上的“草绘”按钮，系统打开“草绘”对话框，同时在信息栏中提示◆选择一个平面或曲面以定义草绘平面。。然后在制造模型中选择图 6-206 所示的平面作为草绘平面。单击“草绘”按钮，进入草绘界面。

（6）在草绘平面上绘制如图 6-207 所示的曲线，然后单击“确定”按钮✔，退出草图绘制环境。

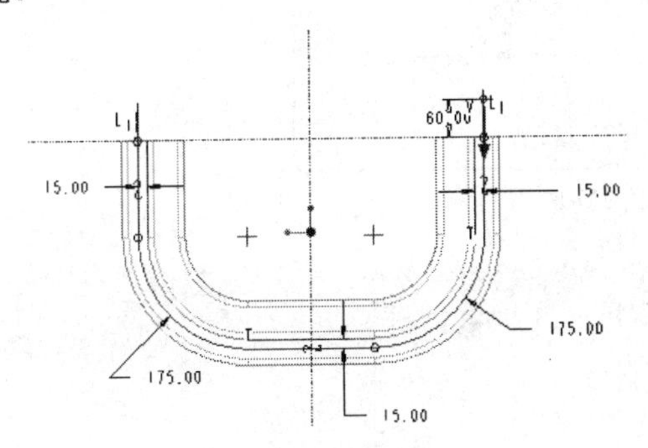

图 6-207 绘制的轨迹曲线

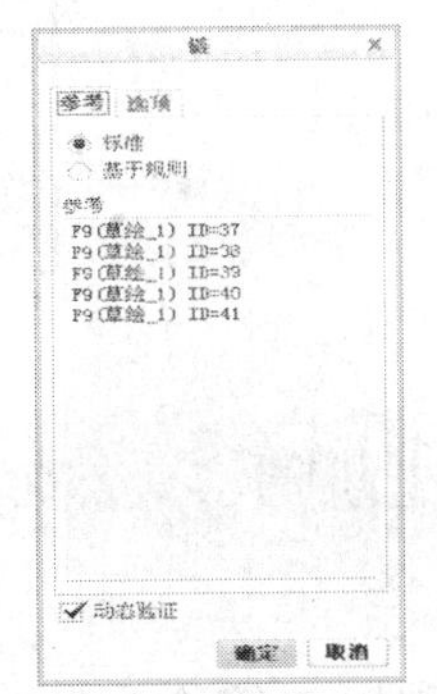

图 6-208 “链”对话框

（7）在“曲线切削”对话框中单击“详细信息”按钮，系统打开“链”对话框，按住 Ctrl 键依次选取上一步创建的草图曲线，如图 6-208 所示，单击“确定”按钮，返回到“曲线切削”对话框，单击“确定”按钮。

5. 刀具路径演示与检测

（1）在“表面铣削”操控面板上单击“显示刀具路径”按钮，系统打开如图 6-209 所示的“播放路径”对话框，适当调整演示速度后，单击对话框中的▶按钮，则系统开始在屏幕上动态演示刀具加工的路径。图 6-210 所示为屏幕演示完后的结果。

（2）在“表面铣削”操控面板上单击“显示刀具路径”按钮右侧的下拉按钮，在下拉列表中单击“显示切削刀具运动”按钮，系统进入 VERICUT 仿真模拟工作界面，适当调整模拟速度后，单击按钮开始进行动态加工模拟。图 6-211 为加工模拟完成后的效果图。

（3）关闭界面，返回到“轨迹”操控面板，单击操控板中的“完成”按钮，完成创建。

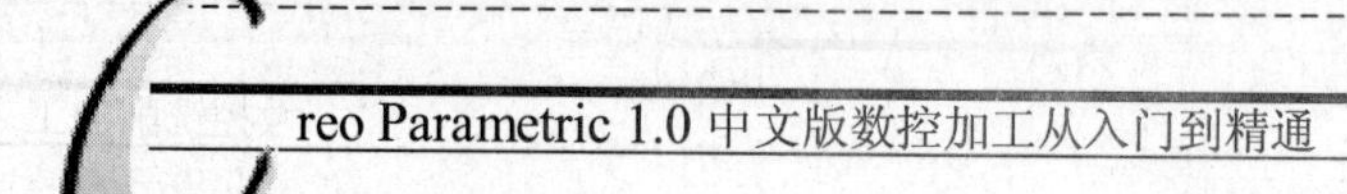

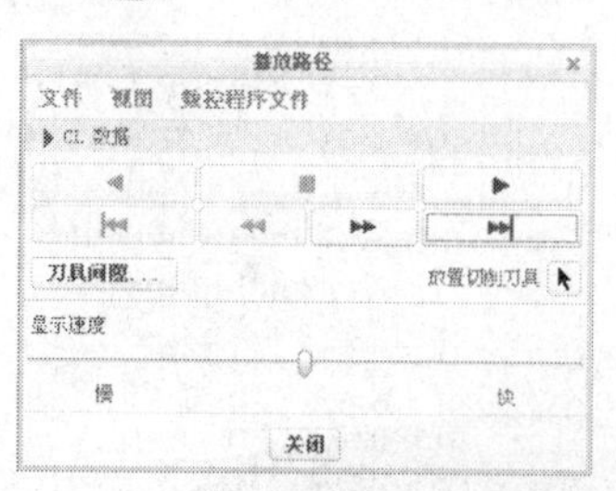

图 6-209 “播放路径”对话框

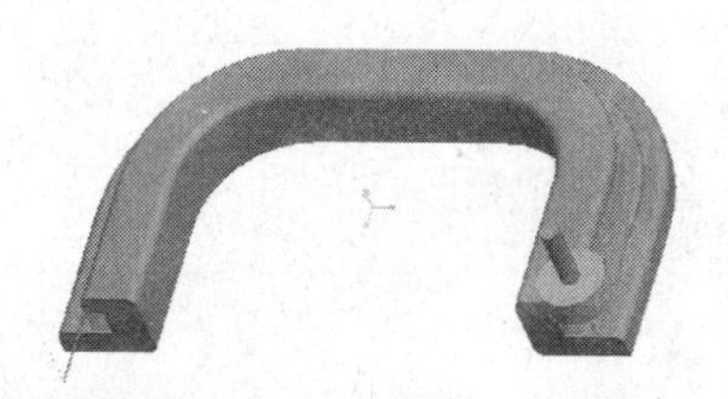

图 6-210 生成的刀具路径

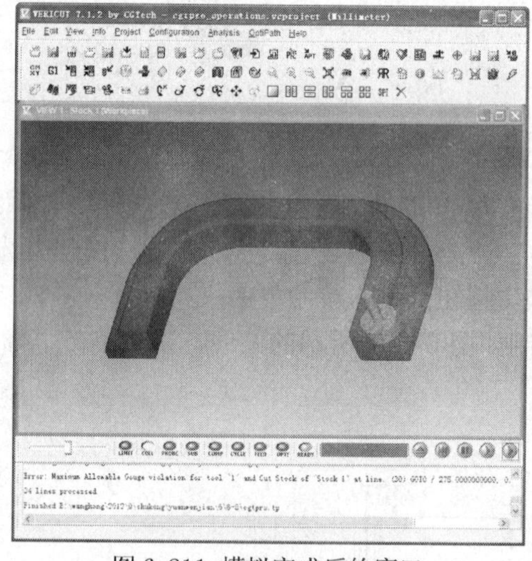

图 6-211 模拟完成后的窗口

6.9 孔加工

6.9.1 孔加工简介

孔加工主要是针对零件上的孔特征所使用的一种加工方法。在 Creo/NC 加工中，孔加工 NC 序列需要通过选择孔加工循环类型并指定要铣削的孔来创建。如图 6-212 所示，系统提供了以下 13 种孔加工循环类型。

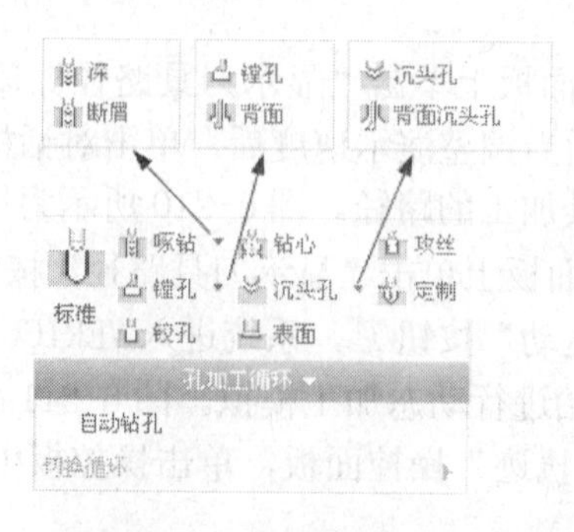

图 6-212 “孔加工循环”面板

- “标准”：系统默认的标准孔加工。
- “深”：用于深孔的加工。
- “断屑”：用于断屑进给的深孔加工。
- “镗孔”：用镗刀对孔进行精加工以创建具有高精度的孔直径。
- “背面”：该循环允许使用特殊类型的刀具执行背面镗孔加工。
- “铰孔”：利用铰孔方式创建精确的孔直径。
- “钻心”：用循环钻孔法进行多层板的孔加工。
- “沉头孔”：为埋头螺钉钻倒角。
- “背面沉头孔”：该循环允许使用特殊类型的刀具执行沉头孔加工。
- “表面”：表示钻孔时可选择在最终深度位置停顿，这样有助于确保孔底部的曲面光洁。
- “攻丝”：用于钻螺纹孔。
- “定制”：对当前机床创建并使用自定义循环。
- “自动钻孔”：用系统自动钻孔法进行孔加工。

在确定孔加工的刀具走刀路线时，应以刀具空行程距离最短和刀具定位准确为原则。在孔加工中，由于不同的孔工件所制定的加工工艺不同，因此所用的刀具也将随之变化。表6-1给出了几种不同工艺下孔加工所使用的刀具。

表6-1　不同工艺下孔加工所使用的刀具

刀具	加工类型								
	标准	深	断屑	背面	表面	镗孔	沉头孔	攻丝	铰孔
钻头	★	★	★		★	★	★		★
沉头孔刀具	★	★	★		★	★	★		★
丝锥								★	
绞刀	★	★	★		★	★			★
镗刀	★	★	★		★	★			★
中心钻	★	★	★		★	★	★		★
背面定位钻				★					
端铣刀	★	★	★		★	★			★

6.9.2　孔加工区域设置

在Creo/NC中进行孔加工时，需要对欲加工的孔进行选择。孔的选择方式主要在图6-213所示的“孔”对话框中进行。在“孔”对话框中系统提供了四种方法来选择要加工的孔特征。

（1）基于规则的轴：通过对规则图形进行选取，以此确定孔位置。包括以下四种类型：

- “直径”：通过输入直径值来指定孔。系统自动指定包括所有相同直径的“孔”或圆形“槽”特征，如图6-213所示。
- “曲面”：通过选择参照零件或工件上的曲面来指定孔。系统自动选择曲面上的所有

“孔”或圆形“槽”特征，如图 6-214 所示。

■ “参数”：选择带有特征参数值的孔，如图 6-215 所示。

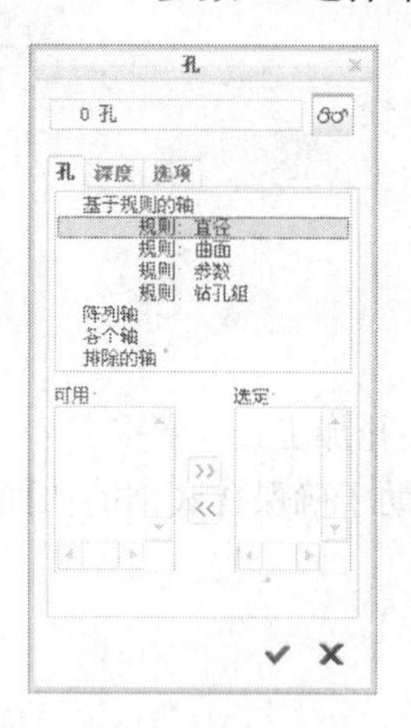

图 6-213 “孔”对话框

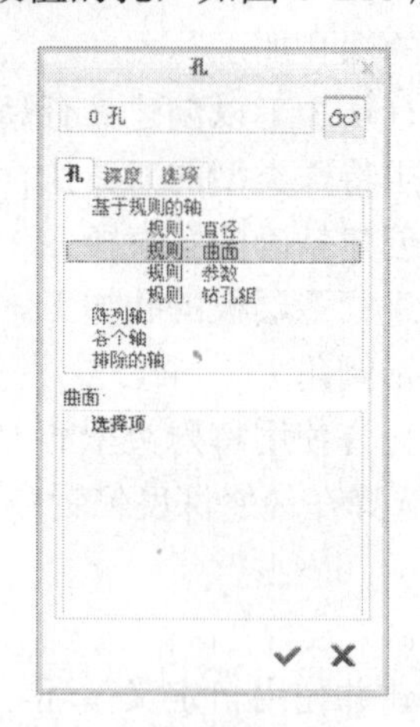

图 6-214 曲面方式选择孔

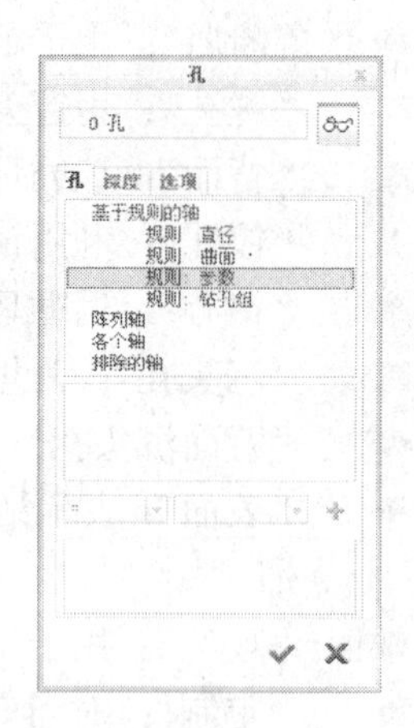

图 6-215 参数方式选择孔

■“钻孔组”：通过选择预定义的钻孔组来指定要加工的孔，如图 6-216 所示。

（2）“阵列轴”：通过选择阵列的孔轴线的来指定要加工的孔，如图 6-217 所示。

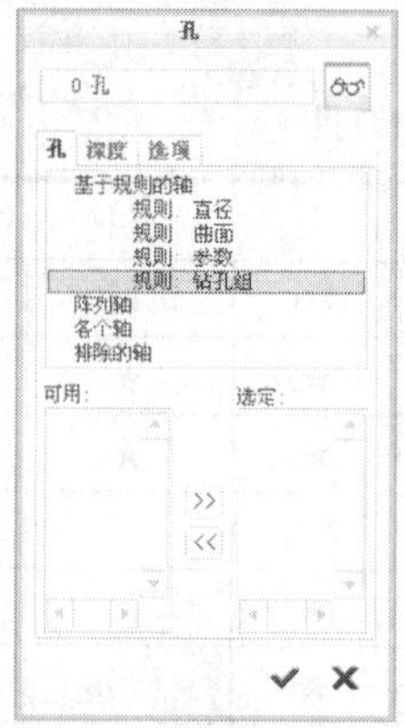
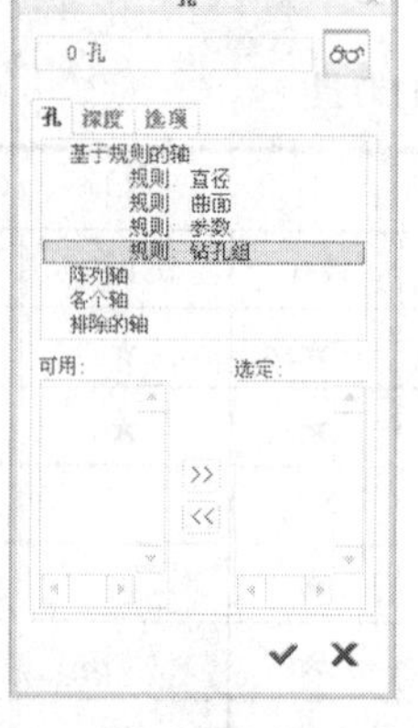

图 6-216 “钻孔组”方式选择孔

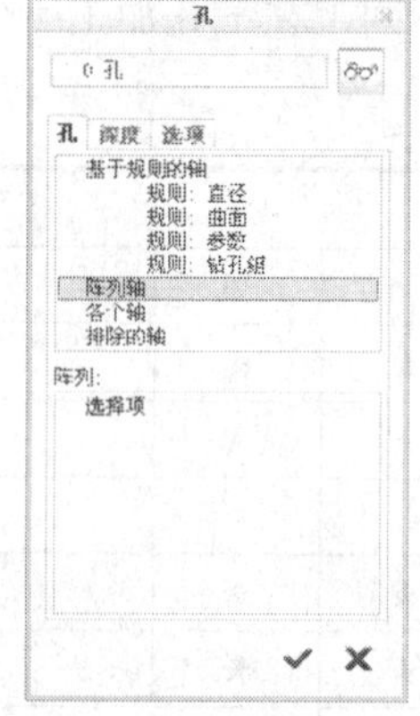

图 6-217 阵列轴方式选择孔

（3）“各个轴”：通过选择单个孔轴线的来指定要加工的孔，如图 6-218 所示。

（4）“排除的轴”：通过选择孔轴线的来指定不需要加工的孔，如图 6-219 所示。

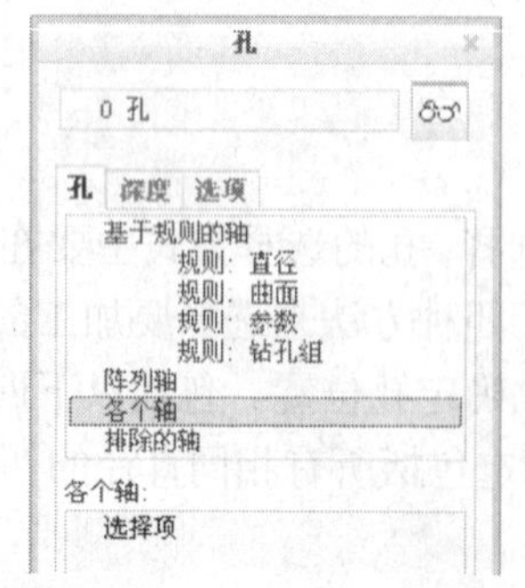

图 6-218 各个轴方式选择孔

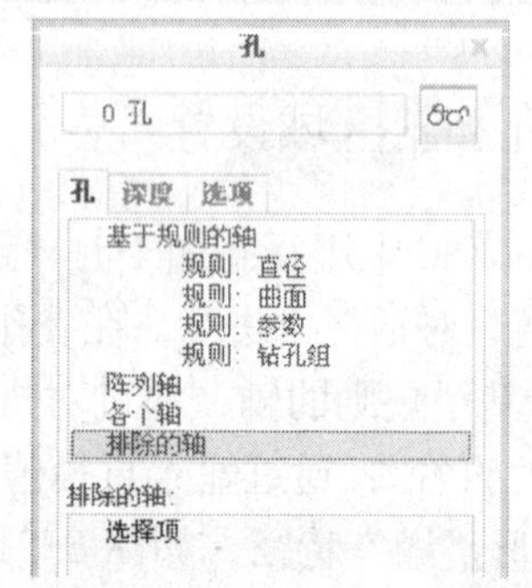

图 6-219 排除的轴方式选择孔

6.9.3　孔加工参数说明

在Creo/NC中，孔加工的常用加工参数会因孔加工循环方式的不同而不同。下面就不同孔加工循环方式所对应的加工参数进行说明。

1. 标准

当用户选择了使用标准钻孔循环方式进行孔加工时，需要对加工参数设置，加工参数的设置在如图6-220所示的“钻孔”操控面板上的“参数”下滑面板中进行。其中有些参数选项在前面章节中已有说明。下面着重就新出现的参数选项进行说明。

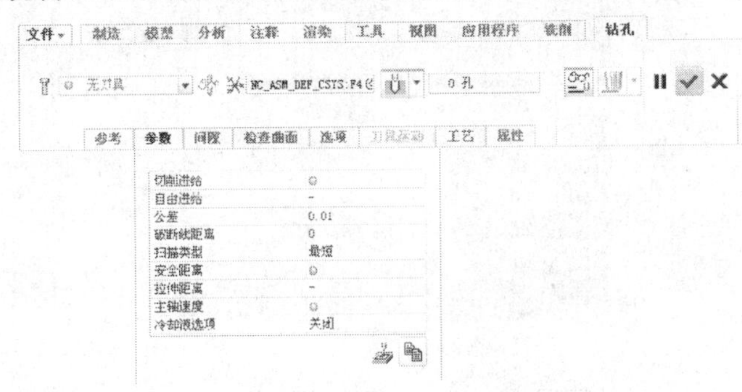

图6-220 “参数”下滑面板

- “破断线距离”：在加工通孔时用于设定切削深度超出工件的深度值。
- “扫描类型”：用于设定刀具的走刀路径。在该选项中，系统提供了以下几个预设值。
  - “类型1”：通过增加刀具的Y坐标并在X轴方向上来回移动进行孔加工。
  - “类型螺旋”： 从距坐标系最近的孔开始按顺时针方向进行孔加工。
  - “类型一方向”：通过增加刀具的X坐标并减少Y坐标来加工孔。
  - “选出顺序”：按用户选择的顺序来进行孔加工。
  - “最短”：系统自动确定采用运动时间最短的方式进行孔加工。
- “拉伸距离”：用于设置钻削提刀长度。

2. 表面

使用表面循环方式进行孔加工时，制造参数的设置在如图6-221所示的“表面钻孔”操控面板上的“参数”下滑面板中进行。

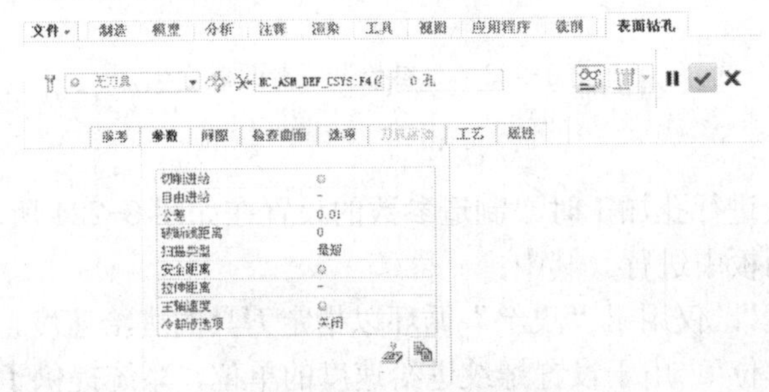

图6-221 “参数”下滑面板

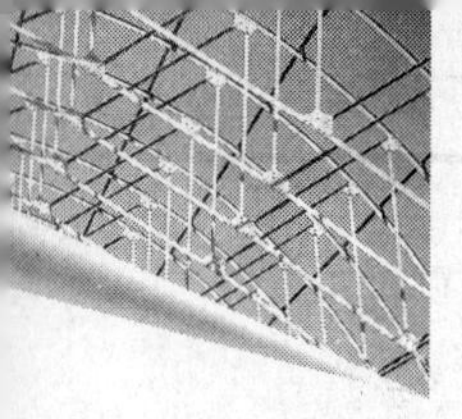

3．镗孔

使用镗孔循环方式进行孔加工时，制造参数的设置在如图 6-222 所示的“镗孔”操控面板上的“参数”下滑面板中进行。其中：

- “定向角”：用在退刀前指定非对称刀具从孔壁向后移开之前的方向。此参数选项仅适用于“镗孔”循环和背面定位钻孔。
- “角拐距离”：用于在退刀前指定非对称刀具从孔壁向后移开的距离。此参数选项仅适用于“镗孔”循环和背面定位钻孔。

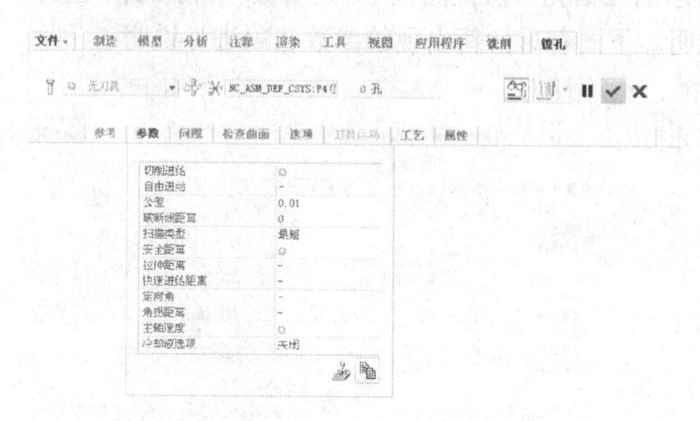

图 6-222 “参数”下滑面板

4．沉头孔

使用沉头孔循环方式进行孔加工时，制造参数的设置在如图 6-223 所示的“沉头孔加工”操控面板上的“参数”下滑面板中进行。其中：

- “延时”：用于设置在切削孔底部时刀具的停留时间。

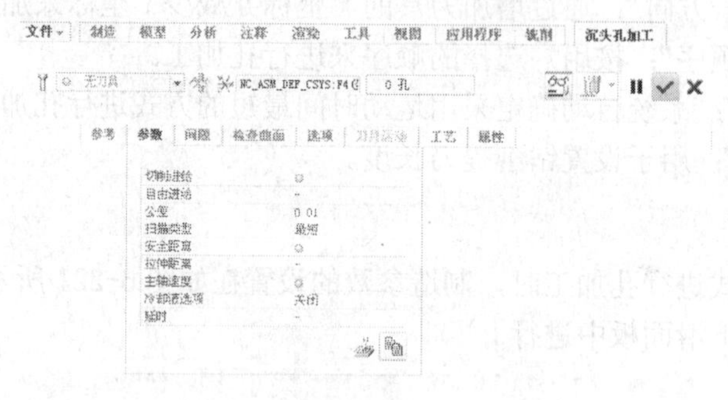

图 6-223 “参数”下滑面板

5．攻丝

使用攻丝循环方式进行孔加工时，制造参数的设置在如图 6-224 所示的“攻丝”操控面板上的“参数”下滑面板中进行。其中：

- “螺纹进给量”：仅用于“攻丝”循环以指定刀具的进给速度，取代切割进给。
- “螺纹进给单位”：用于设置螺纹进给速度的单位，系统提供了 TPI（默认）、MMPR、IPR 等单位。该参数选项仅适用于“攻丝”循环。

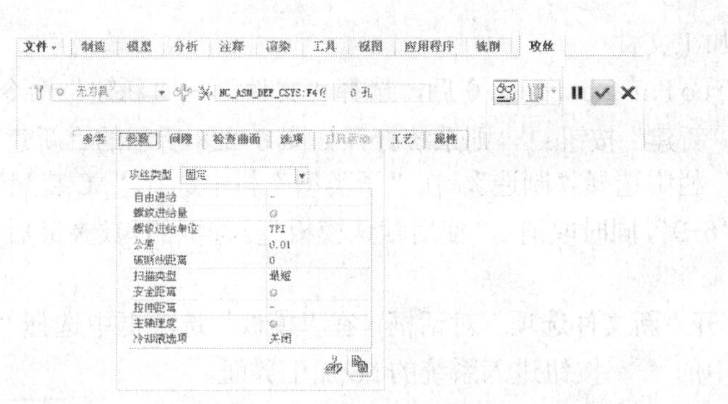

图 6-224　“参数”下滑面板

6. 铰孔

使用铰孔循环方式进行孔加工时，制造参数的设置在如图 6-225 所示的“铰孔”操控面板上的“参数”下滑面板中进行。

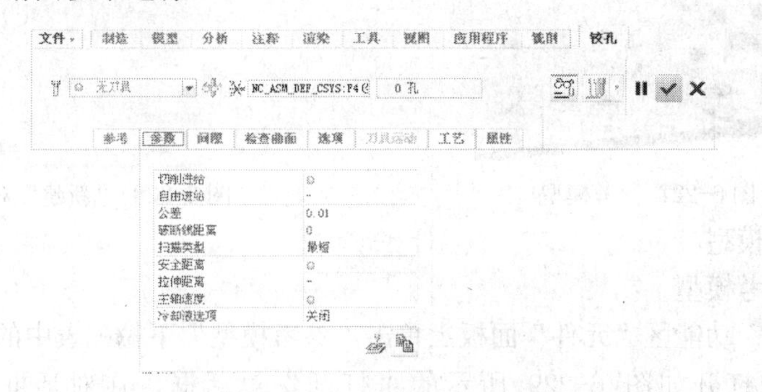

图 6-225 “参数”下滑面板

7. 定制

使用自定义循环方式进行孔加工时，制造参数在如图 6-226 所示的对话框中进行。其中：

- “安全距离”：用于设定刀具在移动至下一加工孔前的回缩距离。

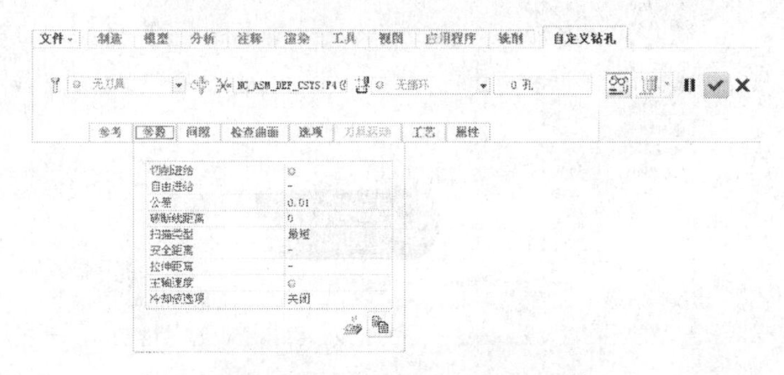

图 6-226 “参数”下滑面板

6.9.4　实例练习——孔加工

下面将通过加工图 6-227 所示参考模型的孔，来说明孔加工的一般操作流程与技巧。

1. 创建 NC 加工文件

（1）启动 Creo Parametric 1.0 后，选择“文件”→“新建”命令，或者单击“快速访问”工具栏中的“新建”按钮，则系统打开如图 6-228 所示的“新建”对话框。在“新建”对话框的“类型”栏中选择“制造”，在“子类型”栏中选择“NC 装配”，然后在“名称”文本框中输入名称“6-9”，同时取消对“使用默认模板”复选框的勾选，最后单击对话框中的 确定 按钮。

（2）系统打开“新文件选项”对话框，在“模板”选项框中选择“mmns_mfg_nc”选项，接着单击对话框中的 确定 按钮进入系统的 NC 加工界面。

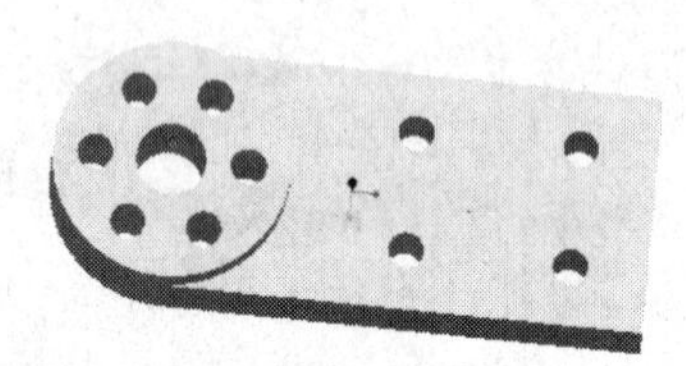

图 6-227 参考模型

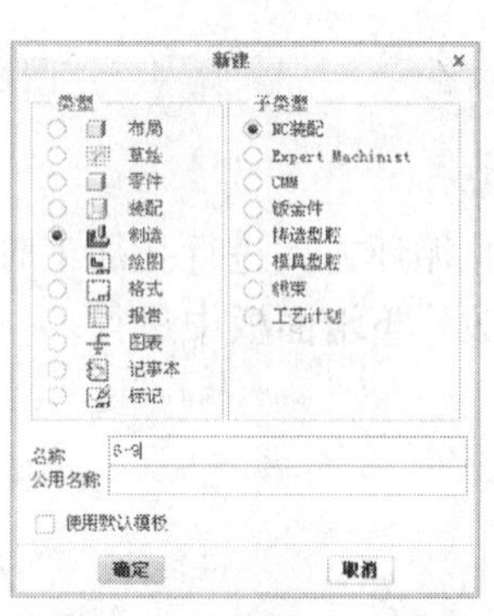

图 6-228 “新建”对话框

2. 创建制造模型

（1）装配参考模型

1）在“制造”功能区“元件”面板上单击“参考模型”下拉列表中的“装配参考模型”按钮，则系统打开如图 6-229 所示的“打开”对话框，在对话框中选择光盘文件“yuanwenjian\6\6-9\czmx.prt”，然后单击对话框中的 打开 按钮，则系统立即在图形显示区中导入参考模型。

图 6-229 “打开”对话框

2）系统打开“元件放置”操控面板，选择约束类型为“默认”，表示在默认位置装配参照模型。此时操控板上“状况”后面显示为“完全约束”。单击操控板中的“完成”按钮，在系统打开的“警告”对话框中单击 确定 按钮完成模型放置，放置效果如图 6-230 所示。

（2）装配工件

1）在“制造”功能区“元件”面板上单击“工件”下拉列表中的“装配工件”按钮，则系统再次弹出“打开”对话框。在对话框中选择光盘文件“yuanwenjian\6\6-9\gj.prt”，然后单击对话框中的 打开 按钮。

2）系统打开“元件放置”操控面板，选择约束类型为“默认”，表示在默认位置装配参考模型。此时操控板上“状况”后面显示为“完全约束”。单击操控板中的“完成”按钮，完成模型放置，放置效果如图 6-231 所示。

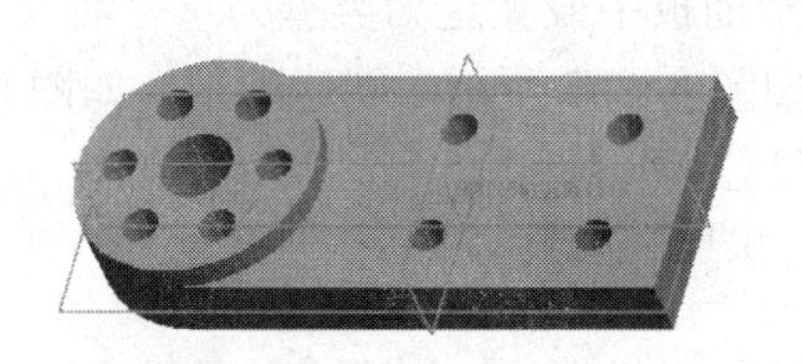

图 6-230 装配后的参考模型

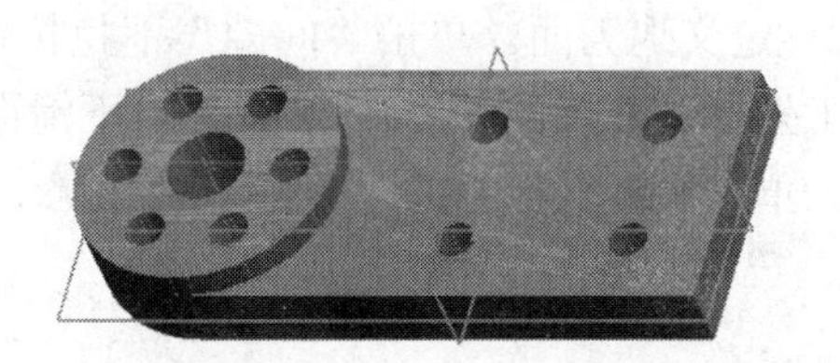

图 6-231 工件放置效果图

3．孔加工操作设置

（1）定义工作机床及刀具

1）在“制造”功能区“机床设置”面板上单击“工作中心”下拉列表中的“铣削”按钮，则系统打开如图 6-232 所示的“铣削工作中心”对话框，在“名称”后的文本框中输入操作名称“6-9”；在“轴数”下拉框中选择“3 轴”选项。

2）在“铣削工作中心”对话框中选取“刀具”选项卡，在选项卡中单击 刀具... 按钮，系统打开“刀具设定”对话框，设置刀具的各项参数，如图 6-233 所示，依次单击“刀具设定”对话框中的 应用 → 确定 按钮，完成刀具的设置返回到“铣削工作中心”对话框，再单击“确定”按钮，完成机床定义。

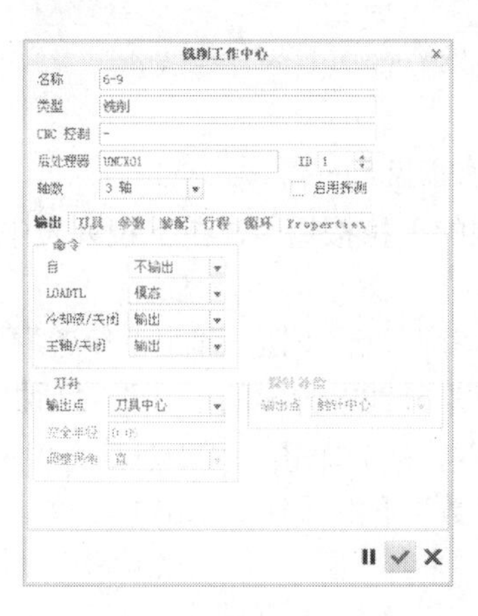

图 6-232 “操作设置”对话框

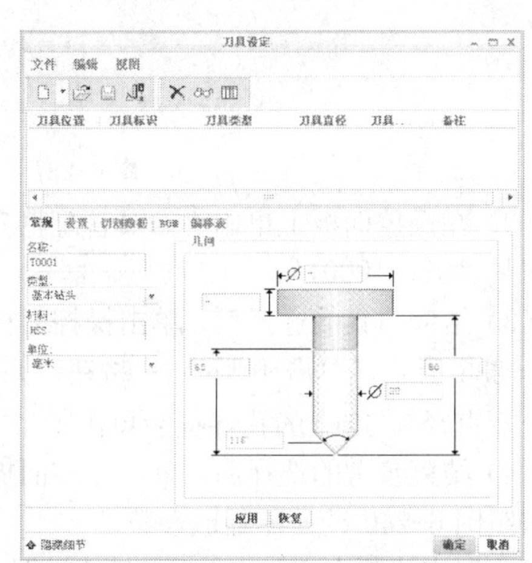

图 6-233 “刀具设定”对话框

（2）操作设置

1）定义加工零点。单击“制造”功能区“工艺”面板上的“操作”按钮，系统将打开如图 6-234 所示的“操作”操控面板。

用户可以直接在模型树窗口中精确选择现有的坐标系，也可以自行创建一个新的坐标系。

在此采用前者，直接在模型树窗口中选择系统坐标系 NC_ASM_DEF_CSYS 作为加工坐标系。

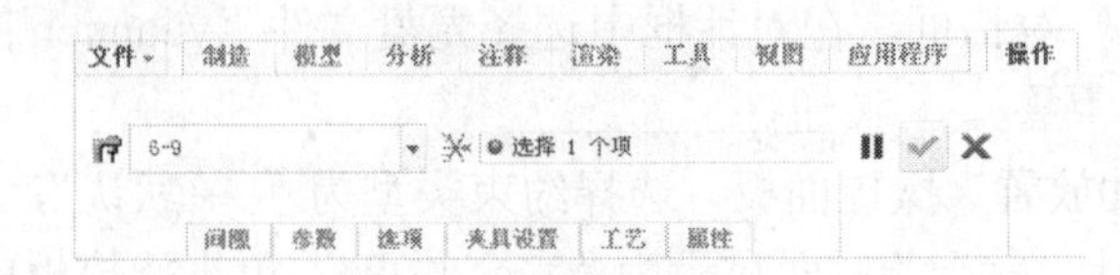

图 6-234 “操作”操控面板

2）定义退刀面。单击“间隙”下拉按钮，在下滑面板中设置退刀类型为“平面”；设置沿加工坐标系 Z 轴的深度值为“60”，下滑面板设置如图 6-235 所示，创建的平面如图 6-236 所示。单击操控面板中的“完成”按钮，完成设置。

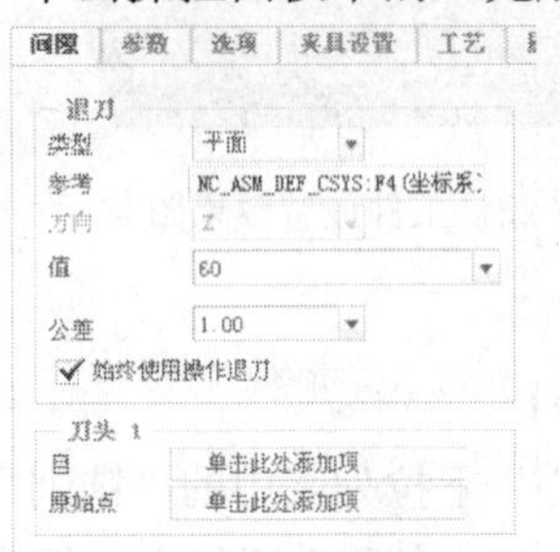

图 6-235 “间隙”下滑面板

图 6-236 创建的退刀面

4．创建孔加工 NC 加工序列

（1）此时在功能区弹出“铣削”功能区，单击“铣削”功能区“孔加工循环”面板上的“标准”按钮，系统打开“钻孔”操控面板，如图 6-237 所示。

图 6-237 “钻孔”操控面板

（2）在操控面板上单击“刀具管理器”按钮右侧的下拉按钮，在下拉列表中选择已设置的刀具“01：T0001”。

（3）结束刀具的选择后，单击操控面板上的“参考”下滑按钮，弹出“参考”下滑面板，如图 6-238 所示。单击 详细信息... 按钮，系统打开如图 6-239 所示的“孔”对话框，在对话框中选择直径为 30mm 的孔特征后单击 >> 按钮添加选取，最后单击“孔”对话框中的按钮。

（4）结束参考的选择后，单击操控面板上的“参数”下滑按钮，弹出“参数”下滑面板，然后按照图 6-240 设置各制造参数。

至此便完成整个孔加工 NC 序列的设置。

5．刀具路径演示与检测

（1）在“钻孔”操控面板上单击“显示刀具路径”按钮，系统打开如图 6-241 所示的“播放路径”对话框，适当调整演示速度后，单击对话框中的 ▶ 按钮，则系统开始在屏幕上动态演示刀具加工的路径。图 6-242 所示为屏幕演示完后的结果。

（2）在“钻孔”操控面板上单击“显示刀具路径”按钮右侧的下拉按钮，在下拉列表中单击“显示切削刀具运动”按钮，系统进入 VERICUT 仿真模拟工作界面。适当调整模拟速度后，单击按钮开始进行动态加工模拟。图 6-243 为加工模拟完成后的效果图。

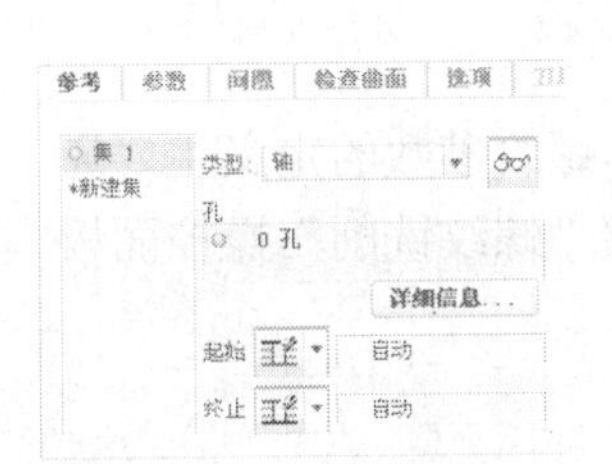

图 6-238　“参考”下滑面板

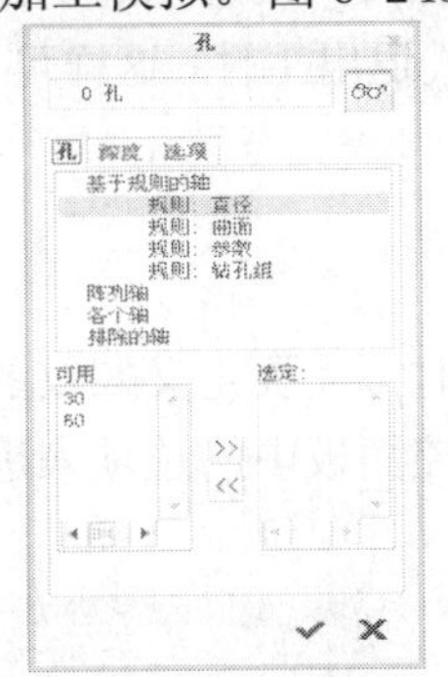

图 6-239　“孔”对话框

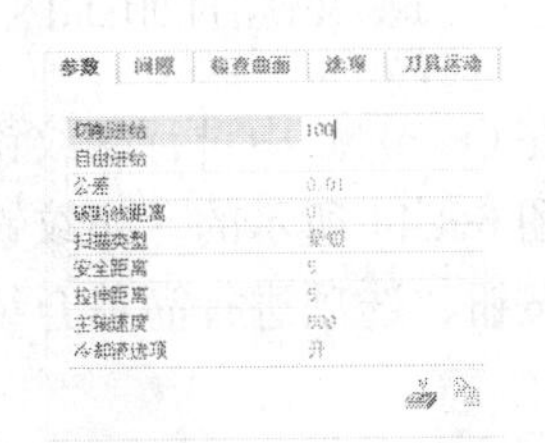

图 6-240　“参数”下滑面板

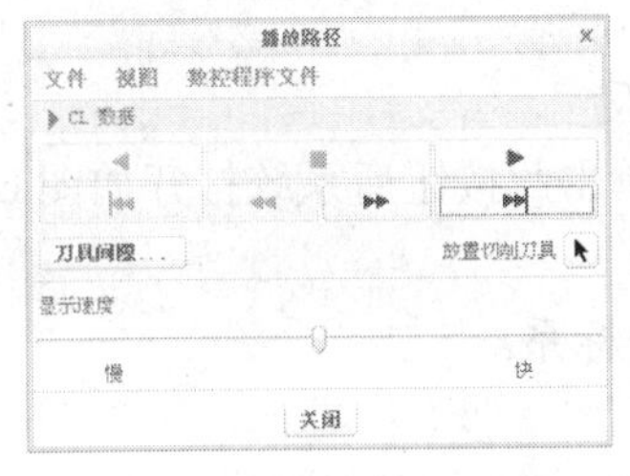

图 6-241　“播放路径”对话框

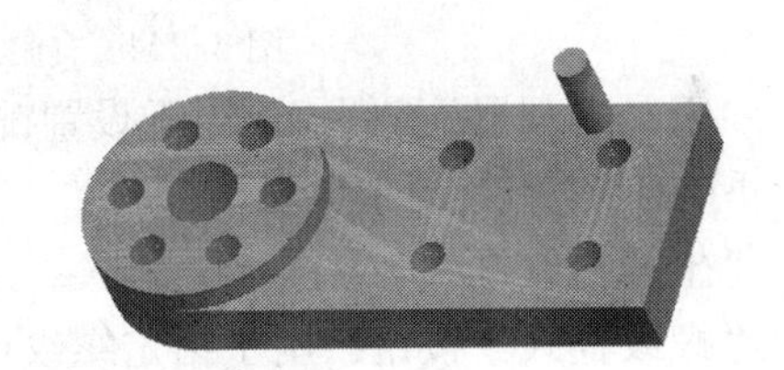

图 6-242　生成的刀具路径

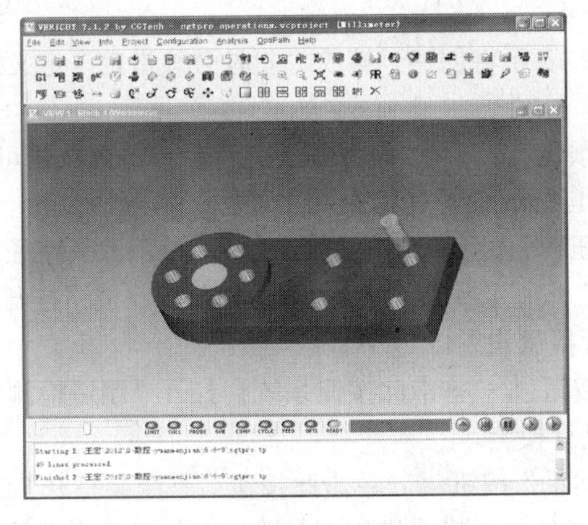

图 6-243　模拟完成后的窗口

（3）关闭界面，返回到“钻孔”操控面板，单击操控板中“完成”按钮，完成创建。

6.10　螺纹铣削加工

6.10.1　螺纹铣削加工简介

螺纹铣削主要是针对零件上的内螺纹或外螺纹所使用的一种加工方法。在 Creo/NC 加工

中，进行螺纹铣削时，必须使用螺纹铣削类型的刀具，而不能使用常规的铣削刀具。为了保证螺纹的质量和精度，铣削时需要注意刀具的切入和切出方式。一般采用螺旋进刀的方式切入工件，在退刀时刀具也是以螺旋方式退出工件，这样可以保证刀具切入和切出时的平稳性。

6.10.2 螺纹铣削加工区域设置

在 Creo/NC 中进行螺纹铣削加工时，需要定义螺纹的有关参数。螺纹参数的定义主要通过如图 6-244 所示的“螺纹铣削”操控面板中的选项来进行。下面对“螺纹铣削”操控面板中的按钮、选项进行简单介绍。

图 6-244 “螺纹铣削”操控面板

- “刀具管理器”按钮：用于设置铣削刀具参数，单击此按钮后系统打开如图 6-245 所示的“刀具设定”对话框。
- “坐标拾取框” NC_ASM_DEF_CSYS:F4(：用于拾取参考坐标系。
- “螺纹样式”按钮：用于指定螺纹样式。
  - “内部”：表示将创建内螺纹。此时必须指定“定义螺纹”选项卡上的“大径”。
  - “外部”：表示将创建外螺纹。此时必须指定“定义螺纹”选项卡上的“小径”。
- “刀具放置位置预览”按钮：设置好了刀具后单击此按钮可显示刀具的所在位置，用户也可在界面自行放置刀具。
- “刀具路径”按钮：用于选择是否在模型上显示刀具路径。
- “显示刀具路径”按钮：产生刀具路径后单击此按钮打开“播放路径”对话框，对刀具路径进行播放设置。
- “计算和显示”按钮：单击此按钮系统会打开“制造检测”菜单，通过此菜单可以对刀具路径进行检测。
- “显示切削刀具运动”按钮：单击此按钮后系统会打开 VERICUT 仿真模拟工作界面，在界面中以实体加工模式进行刀具路径与加工效果的仿真模拟。

除了上面的图标按钮和选项外，“螺纹铣削”操控面板中还包括以下几个选项卡：

- “参考”下滑面板：用于设置螺纹铣削的加工面。
- “参数”下滑面板：用于设置制造加工的各项参数。
- “间隙”下滑面板：用于对退刀面的修改或设置。
- “选项”下滑面板：用于对刀具的进入点、进刀轴、退刀轴等进行设置。
- “刀具运动”下滑面板：设置好刀具及路径后刀具信息会显示在此面板中，对刀具信息可以进行修改或添加。
- “工艺”下滑面板：用于设置时间。

■　“属性”下滑面板：用于设置名称和备注。

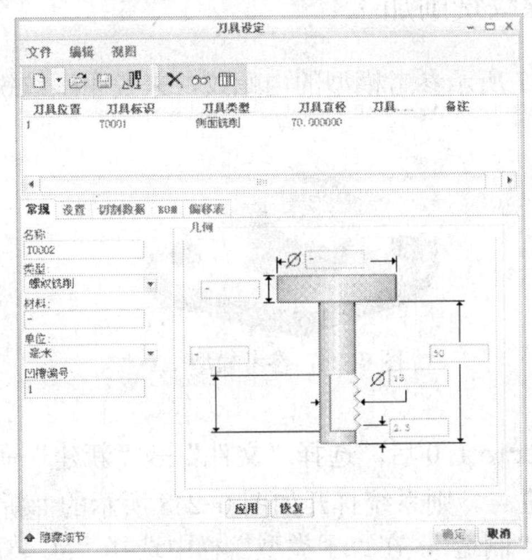

图 6-245 “刀具设定”对话框

6.10.3　螺纹铣削加工参数说明

螺纹铣削加工参数的设置在如图 6-246 所示的“螺纹铣削”操控面板上的“参数”下滑面板中进行，其中大部分参数选项在前面已说明。下面重点对新出现的参数选项进行说明。

■　“螺纹进给量”：用 THREAD_FEED_UNIT(螺纹进给单位)设置螺距的值。

■　“螺纹进给单位”：用于设置螺纹铣削进给单位。在该参数选项中，系统提供了以下三个预设值。

● “TPI”：螺纹/英寸。

● “MMPR”：毫米/转。

● “IPR”：英寸/转。

■　“入口角”：用于设置进刀运动使用的圆弧总度数。

■　“螺纹直径”：用于设置铣削螺纹的外径/内径。

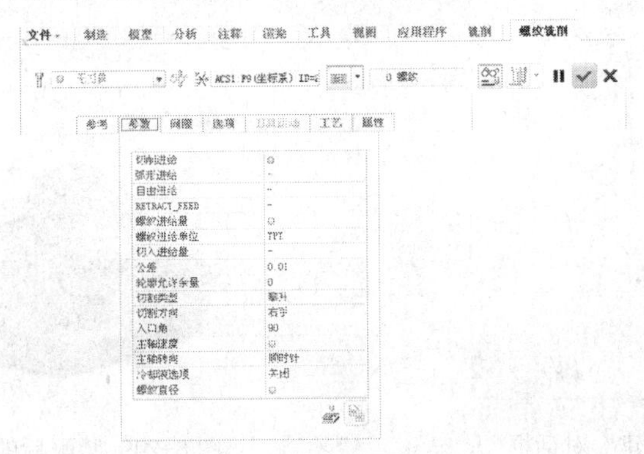

图 6-246 “参数”下滑面板

6.10.4 实例练习——螺纹铣削加工

下面将通过加工图 6-247 所示参考模型的内螺纹，来说明螺纹铣削加工的一般流程与操作技巧。

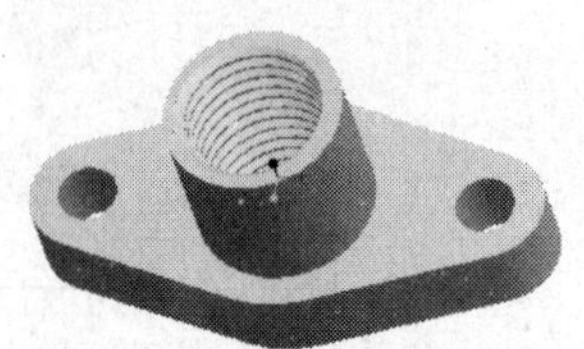

图 6-247 参考模型

1. 创建 NC 加工文件

（1）启动 Creo Parametric 1.0 后，选择“文件”→“新建”命令，或者单击“快速访问”工具栏中的“新建”按钮，则系统打开如图 6-248 所示的“新建”对话框。在“新建”对话框的“类型”栏中选择“制造”，在“子类型”栏中选择“NC 装配”，然后在“名称”文本框中输入名称“6-10”，同时取消对“使用默认模板”复选框的勾选，最后单击对话框中的 确定 按钮。

（2）系统打开“新文件选项”对话框，在“模板”选项框中选择“mmns_mfg_nc”选项，接着单击对话框中的 确定 按钮进入系统的 NC 加工界面。

2. 创建制造模型

（1）装配参考模型

1）在“制造”功能区“元件”面板上单击“参考模型”下拉列表中的“装配参考模型”按钮，则系统打开“打开”对话框。在对话框中选择光盘文件“yuanwenjian\6\6-10\czmx.prt”，然后单击对话框中的 打开 按钮，则系统立即在图形显示区中导入参考模型。

2）系统打开“元件放置”操控面板，选择约束类型为“默认”，表示在默认位置装配参照模型。此时操控板上“状况”后面显示为“完全约束”。单击操控板中的“完成”按钮，在系统打开的“警告”对话框中单击 确定 按钮完成模型放置，放置效果如图 6-249 所示。

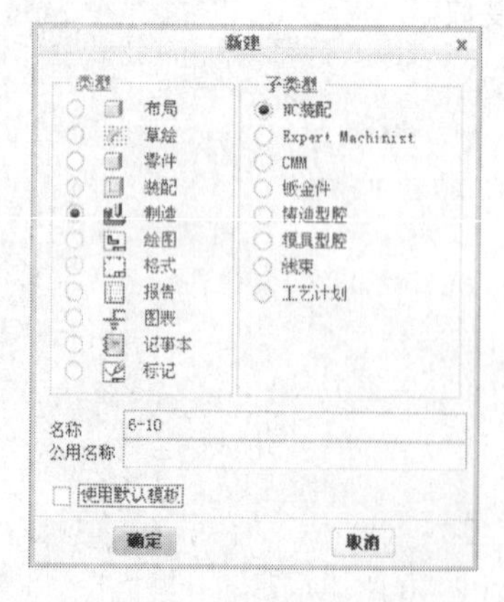

图 6-248 “新建”对话框

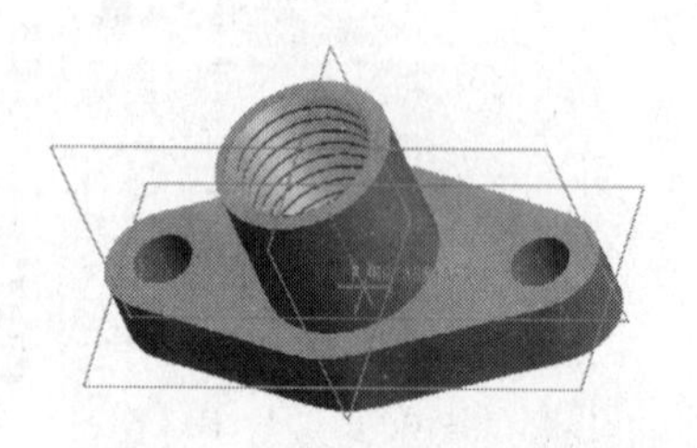

图 6-249 装配后的参考模型

（2）装配工件

1）在“制造”功能区“元件”面板上单击“工件”下拉列表中的“装配工件”按钮，则系统再次弹出“打开”对话框。在对话框中选择光盘文件“yuanwenjian\6\6-10\gj.prt”，然后单击对话框中的 打开 按钮。

2）系统打开“元件放置”操控面板，选择约束类型为“默认”，表示在默认位置装配参考模型。此时操控板上“状况”后面显示为“完全约束”。单击操控板中的“完成”按钮，完成模型放置，放置效果如图6-250所示。

3. 螺纹铣削加工操作设置

（1）定义工作机床及刀具

1）在“制造”功能区“机床设置”面板上单击“工作中心”下拉列表中的“铣削”按钮，则系统打开如图6-251所示的“铣削工作中心”对话框，在“名称”后的文本框中输入操作名称“6-10”；在“轴数”下拉框中选择“3轴”选项。

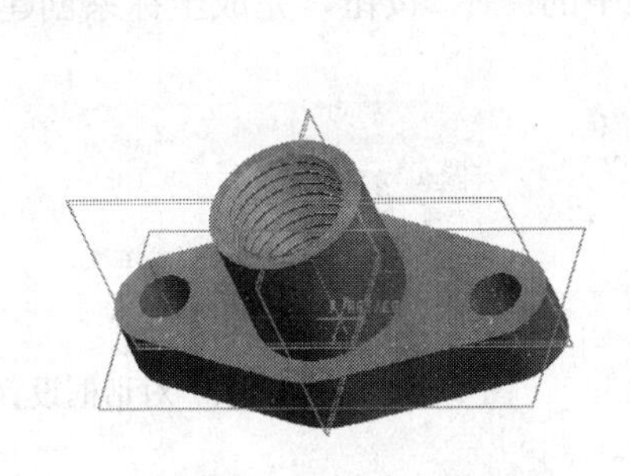

图6-250 工件放置效果图

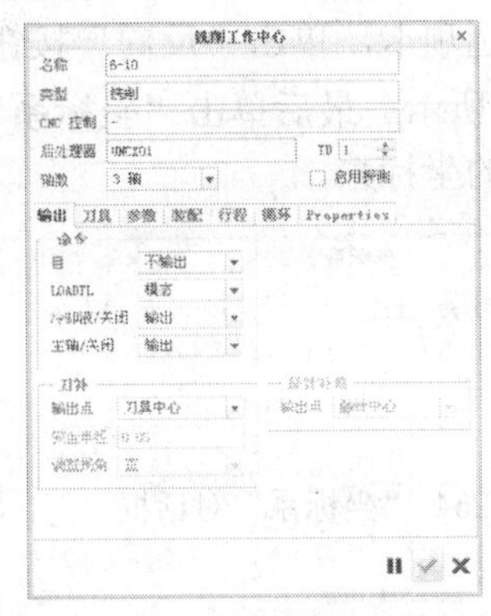

图6-251 “铣削工作中心”对话框

2）在“铣削工作中心”对话框中选取“刀具”选项卡，在选项卡中单击 刀具... 按钮，系统打开“刀具设定”对话框，设置刀具的各项参数，如图6-252所示。依次单击“刀具设定”对话框中的 应用 → 确定 按钮，完成刀具的设置返回到“铣削工作中心”对话框，再单击“确定”按钮，完成机床定义。

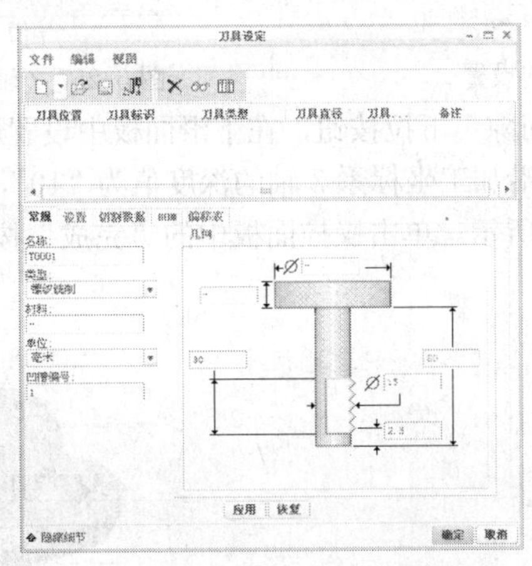

图6-252 “刀具设定”对话框

（2）操作设置

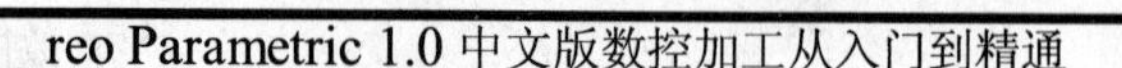

1）定义加工零点。单击“制造”功能区“工艺”面板上的“操作”按钮，系统将打开如图 6-253 所示的“操作”操控面板。

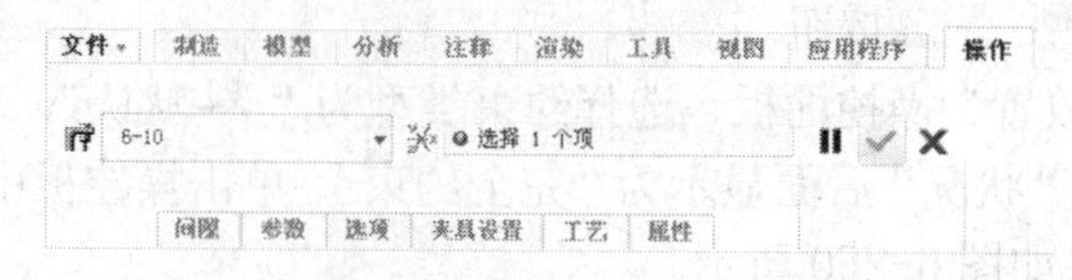

图 6-253 “操作”操控面板

用户可以直接在模型树窗口中精确选择现有的坐标系，也可以自行创建一个新的坐标系。本实例采用后者，单击“模型”功能区“基准”面板上的“坐标系”按钮，系统打开如图 6-254 所示的“坐标系”对话框，然后按住 Ctrl 键，在制造模型中依次选择 NC_ASM_FRONT、NC_ASM_RIGHT 基准平面和工件的上表面，此时“坐标系”对话框中的设置如图 6-255 所示。选择“方向”选项卡，单击“反向”按钮调整，对话框设置如图 6-256 所示，其中 Z 轴的方向如图 6-257 所示。最后单击“坐标系”对话框中的确定按钮，完成坐标系创建。在模型中选择新创建的坐标系。

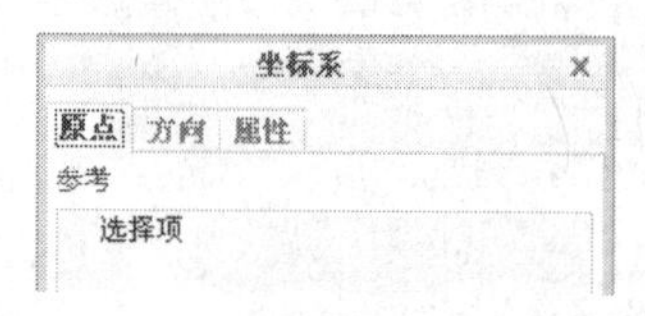

图 6-254 “坐标系”对话框

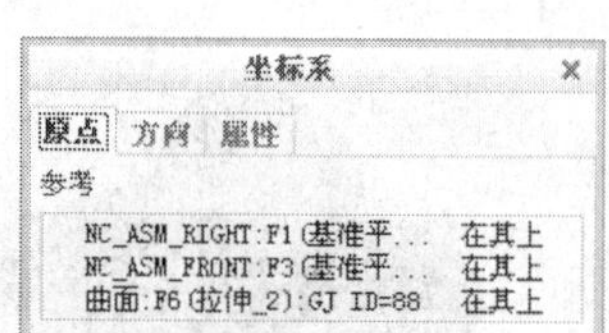

图 6-255 “坐标系”对话框设置

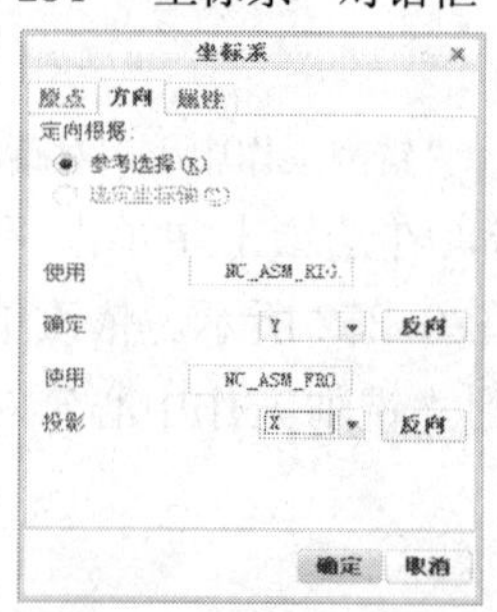

图 6-256 调整方向设置

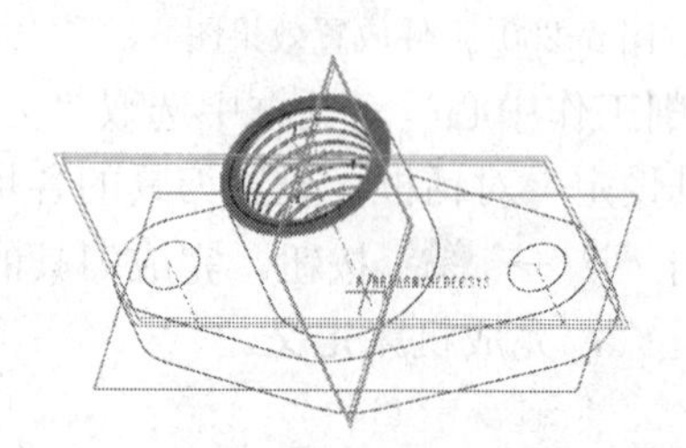

图 6-257 Z 轴方向

2）定义退刀面。单击“间隙”下拉按钮，在下滑面板中设置退刀类型为“平面”；选择参考为新创建的坐标系；设置沿加工坐标系 Z 轴的深度值为“10”，下滑面板设置如图 6-258 所示，创建的平面如图 6-259 所示。单击操控面板中的“完成”按钮，完成设置。

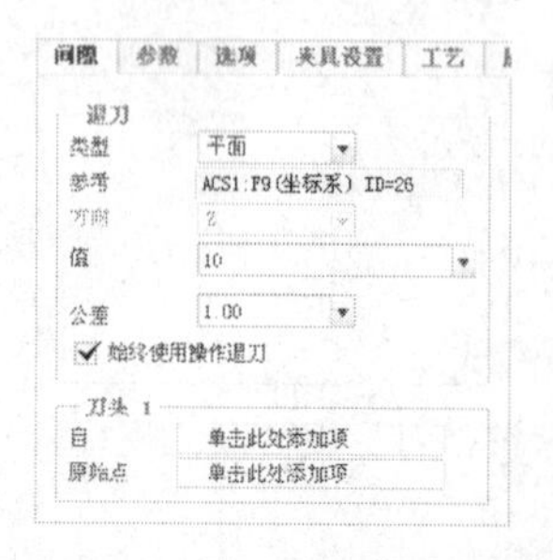

图 6-258 “间隙”下滑面板

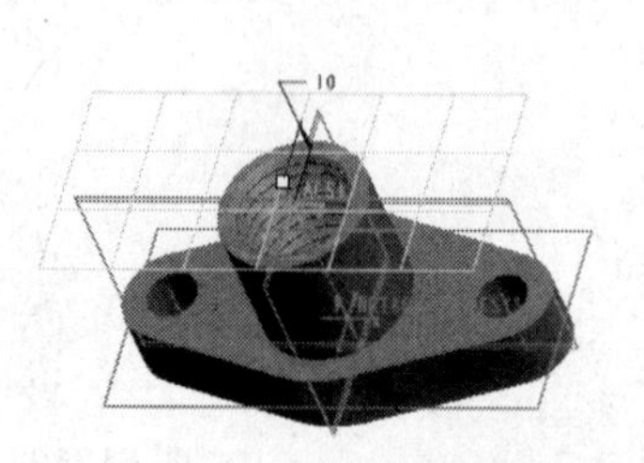

图 6-259 创建的退刀面

4．创建螺纹铣削NC加工序列

（1）此时在功能区弹出“铣削”功能区，单击“铣削”功能区“铣削”面板上的“螺纹铣削”按钮，系统打开“螺纹铣削”操控面板，如图6-260所示。

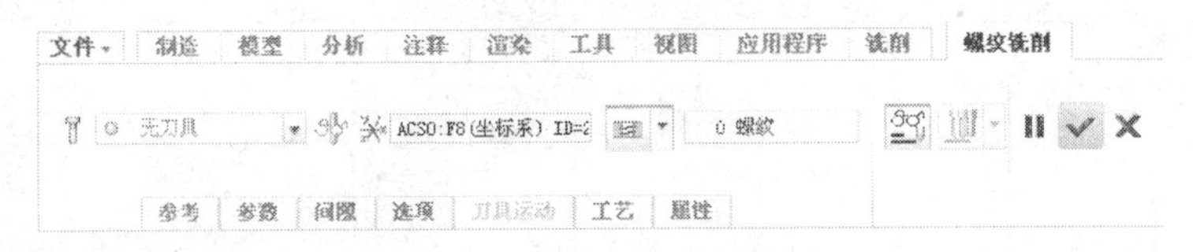

图6-260 “螺纹铣削”操控面板

（2）在操控面板上单击“刀具管理器”按钮右侧的下列按钮，在下拉列表中选择已设置的刀具“01：T0001”。

（3）结束刀具的选择后，单击操控面板上的“参考”下滑按钮，弹出“参考”下滑面板，如图6-261所示。单击详细信息...按钮，系统打开如图6-262所示的“孔”对话框，在对话框中选择“各个轴”选项后单击控制面板右侧“基准”面板上的“轴”按钮，系统打开“基准轴”对话框，选取NC_ASM_RIGHT和NC_ASM_FRONT基准面作为参考创建基准轴“AA_1”。选取创建的基准轴。单击“孔”对话框中的“深度”选项卡，设置起点类型为“选定曲面”，选取工件上表面；设置终点类型为“至选定参考”，选取工件下表面，对话框设置如图6-263所示。最后单击“孔”对话框中的按钮。

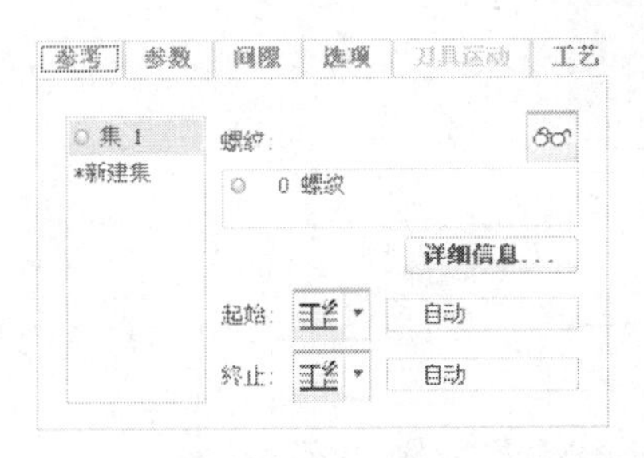

图6-261 “参考”下滑面板

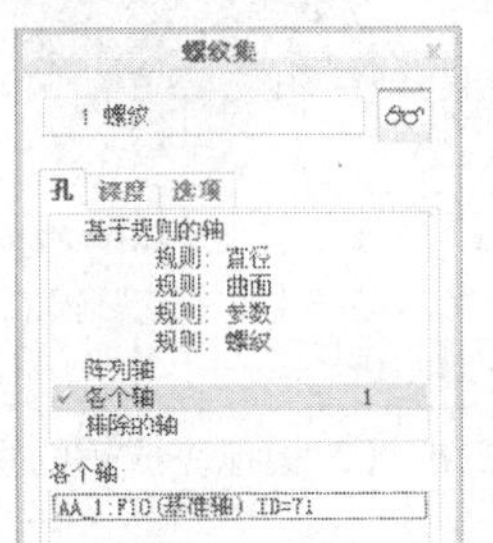

图6-262 “孔”对话框

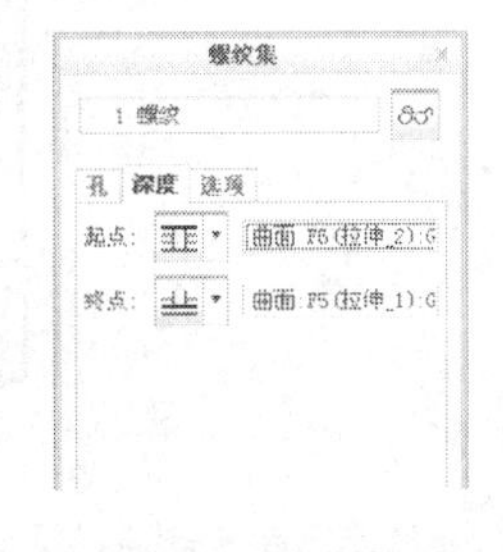

图6-263 “深度”选项卡

（4）结束参考的选择后，单击操控面板上的“参数”下滑按钮，弹出“参数”下滑面板，然后按照图6-264设置各制造参数。

至此便完成整个孔加工NC序列的设置。

5．刀具路径演示与检测

（1）在“螺纹铣削”操控面板上单击“显示刀具路径”按钮，系统打开如图6-265所示的“播放路径”对话框。适当调整演示速度后，单击对话框中的按钮，则系统开始在屏幕上动态演示刀具加工的路径。图6-266所示为屏幕演示完后的结果。

（2）在“螺纹铣削”操控面板上单击“显示刀具路径”按钮右侧的下拉按钮，在下拉列表中单击“显示切削刀具运动”按钮，系统进入VERICUT仿真模拟工作界面，适当调整模拟速度后，单击按钮开始进行动态加工模拟。图6-267为加工模拟完成后的效果图。

（3）关闭界面，返回到“螺纹铣削”操控面板，单击操控板中的“完成”按钮，完成创建。

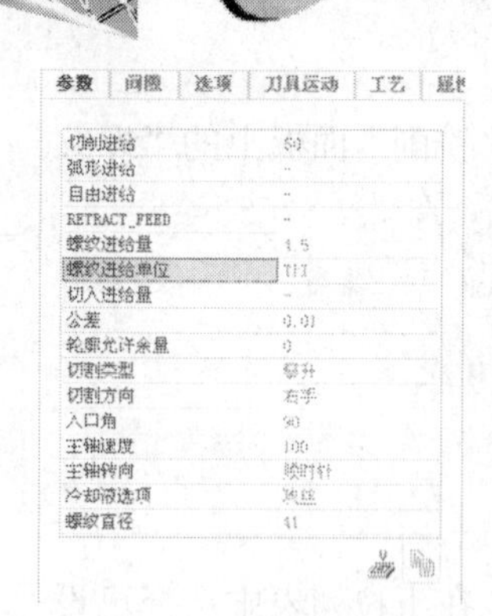

图 6-264 “参数”下滑面板

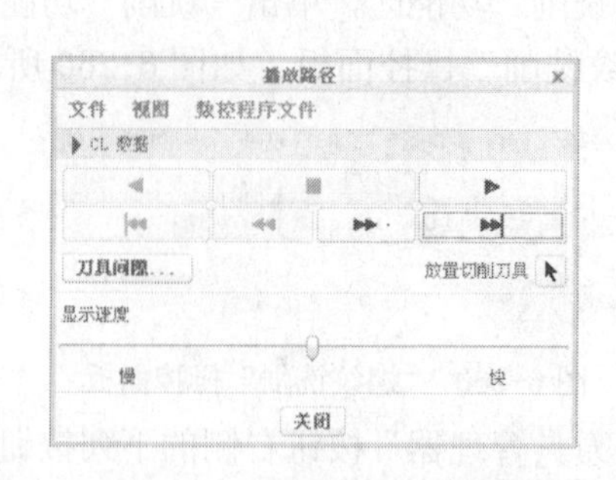

图 6-265 “播放路径”对话框

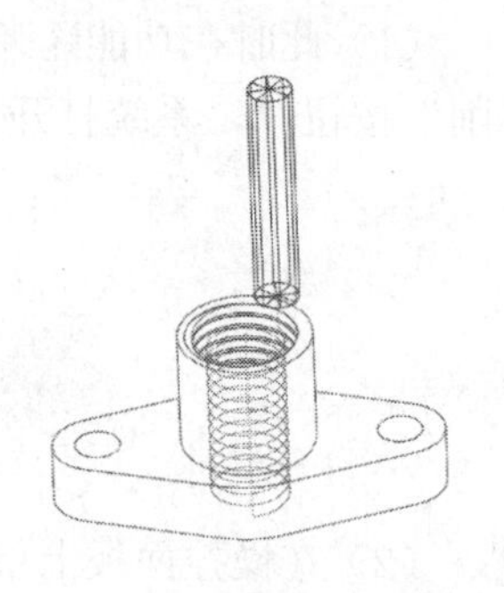

图 6-266 生成的刀具路径

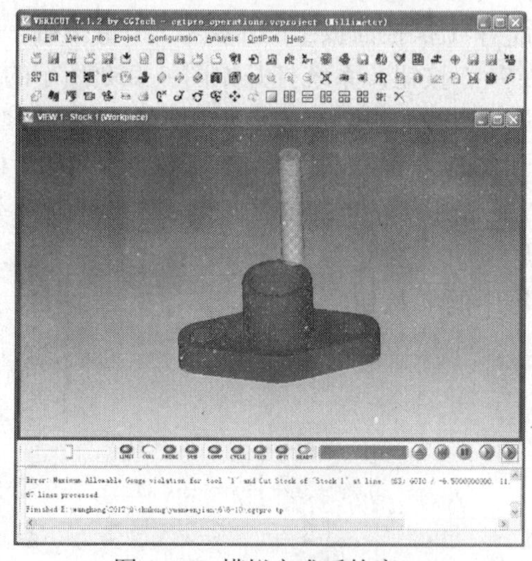

图 6-267 模拟完成后的窗口

6.11 雕刻铣削加工

6.11.1 雕刻铣削加工简介

雕刻加工主要是针对零件上的雕刻文字、图像及沟槽类特征所使用的一种加工方法。在 Creo/NC 中使用雕刻加工时，要先创建“凹槽”修饰特征，才能进行后续的操作。加工时刀具直径决定了切削宽度，“坡口深度”参数决定切削深度。如果将“步长深度”参数值设置为小于“坡口深度”参数值，就可以多个步长增量进行“雕刻”加工。

6.11.2 雕刻铣削加工区域设置

在 Creo/NC 加工中，可将“雕刻加工”指定为 3 轴或 5 轴。对于 3 轴雕刻加工，可用两种方法来指定刀具轨迹：

- 通过选择要跟随的参照“凹槽”特征来指定刀具轨迹。该方法为系统默认的设置。此时刀具轴垂直于参照“凹槽”特征所投影的曲面。
- 通过选择一条或多条要跟随的曲线来指定刀具轨迹。此时刀具轴线将沿曲线运动来驱动刀具。用户可从图形显示区、“模型树”中分别选择曲线，也可通过鼠标框选来选择。

对于5轴雕刻加工，可用三种方法来指定刀具轨迹：

- 通过选择要跟随的参照“凹槽”特征来指定刀具路径。该方法为系统默认的设置。此时刀具轴线垂直于参照“凹槽”特征所投影的曲面。
- 通过选择刀具要跟随的一组边来指定刀具路径。这时，必须选择一个控制曲面，即刀具轴将要垂直的曲面。控制曲面必须与刀具轨迹所选的各条边中的一条边相邻。对于所有其它边，边的同侧曲面将被作为控制曲面。
- 通过选择一条或多条要跟随的曲线来指定刀具路径。这时，必须选择一个法向曲面，即垂至于刀具轴线的零件曲面。用户可从图形显示区、“模型树”中分别选择曲线，也可通过鼠标框选来选择。

6.11.3　雕刻铣削加工参数说明

雕刻加工参数的设置在如图6-268所示的“编辑序列参数‘槽加工’”对话框中进行。其中大部分参数选项已在前面章节中经介绍过。下面重点就新出现的几个参数选项进行说明。

- “步长深度”：用于指定每层切削的深度。
- “坡口深度”：用于指定雕刻铣削加工深度。
- “序号切割”：用于限定“步长深度”层切的次数。

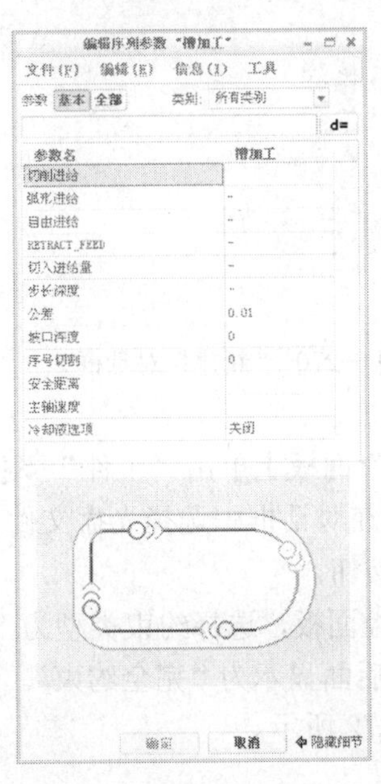

图6-268　“编辑序列参数‘槽加工’”对话框

6.11.4　实例练习——雕刻铣削加工

下面将通过加工图 6-269 所示参考模型上的装饰文字，来说明雕刻铣削加工的一般流程与操作技巧。

1．创建 NC 加工文件

（1）启动 Creo Parametric 1.0 后，选择“文件”→“新建”命令，或者单击“快速访问”工具栏中的“新建”按钮，则系统打开如图 6-270 所示的“新建”对话框。在“新建”对话框的“类型”栏中选择“制造”，在“子类型”栏中选择“NC 装配”，然后在“名称”文本框中输入名称“6-11”，同时取消对“使用默认模板”复选框的勾选，最后单击对话框中的 确定 按钮。

（2）系统打开“新文件选项”对话框，在“模板”选项框中选择“mmns_mfg_nc”选项，接着单击对话框中的 确定 按钮进入系统的 NC 加工界面。

2．创建制造模型

（1）装配参考模型

1）在“制造”功能区“元件”面板上单击“参考模型”下拉列表中的“装配参考模型”按钮，则系统打开“打开”对话框，在对话框中选择光盘文件“yuanwenjian\6\6-11\czmx.prt”，然后单击对话框中的 打开 按钮。则系统立即在图形显示区中导入参考模型。

2）系统打开“元件放置”操控面板，选择约束类型为“默认”，表示在默认位置装配参照模型。此时操控板上“状况”后面显示为“完全约束”。单击操控板中的“完成”按钮，在系统打开的“警告”对话框中单击 确定 按钮完成模型放置，放置效果如图 6-271 所示。

图 6-269 参考模型

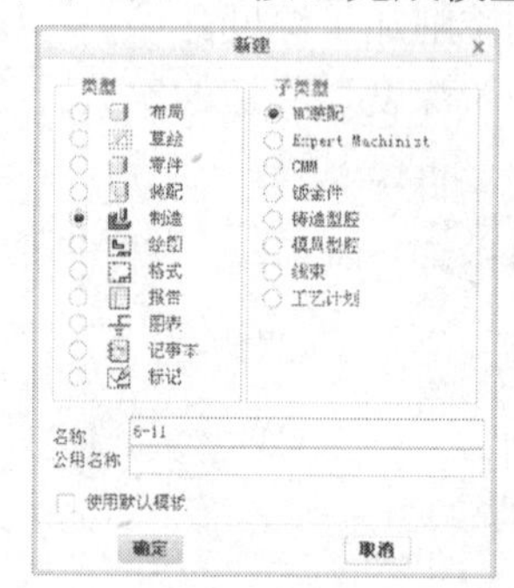

图 6-270 “新建”对话框

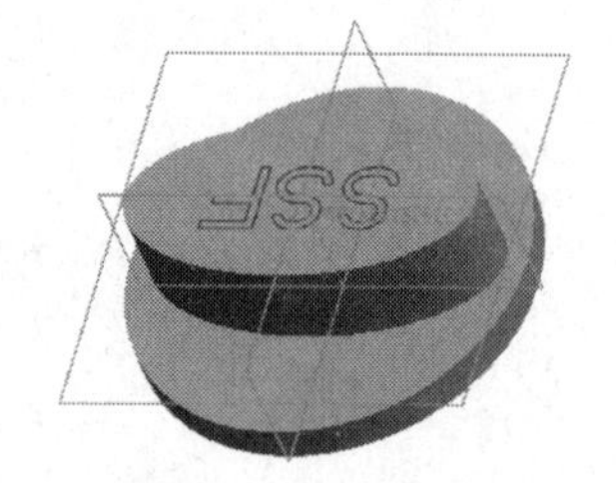

图 6-271 装配后的参考模型

（2）装配工件

1）在“制造”功能区“元件”面板上单击“工件”下拉列表中的“装配工件”按钮，则系统再次弹出“打开”对话框。在对话框中选择光盘文件“yuanwenjian\6\6-11\gj.prt”，然后单击对话框中的 打开 按钮。

2）系统打开“元件放置”操控面板，选择约束类型为“默认”，表示在默认位置装配参考模型。此时操控板上“状况”后面显示为“完全约束”。单击操控板中的“完成”按钮，完成模型放置，放置效果如图 6-272 所示。

3．雕刻铣削加工操作设置

（1）定义工作机床。在“制造”功能区“机床设置”面板上单击“工作中心”下拉列表中的“铣削”按钮，则系统打开如图 6-273 所示的“铣削工作中心”对话框，在“名称”后的文本框中输入操作名称“6-11”；在“轴数”下拉框中选择“3 轴”选项。单击“确定”按钮，完成机床定义。

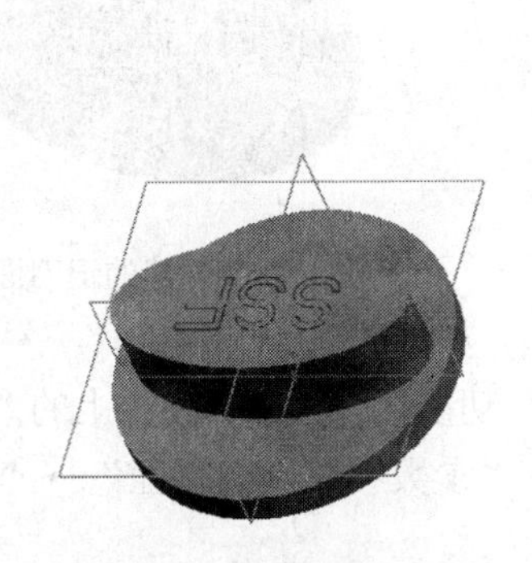

图 6-272　工件放置效果图

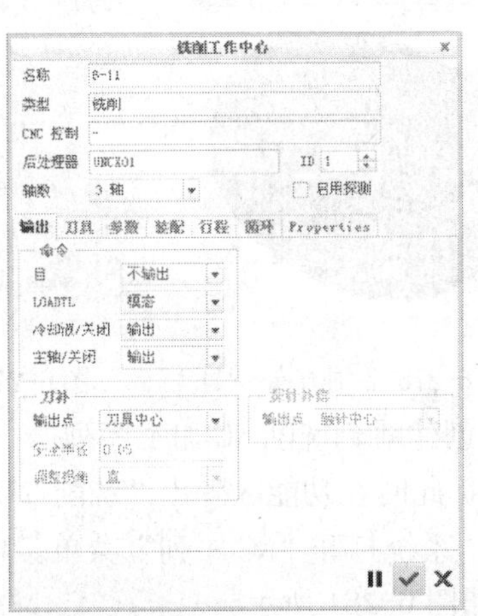

图 6-273　“铣削工作中心”对话框

（2）操作设置

1）定义加工零点。单击“制造”功能区“工艺”面板上的“操作”按钮，系统将打开如图 6-274 所示的“操作”操控面板。

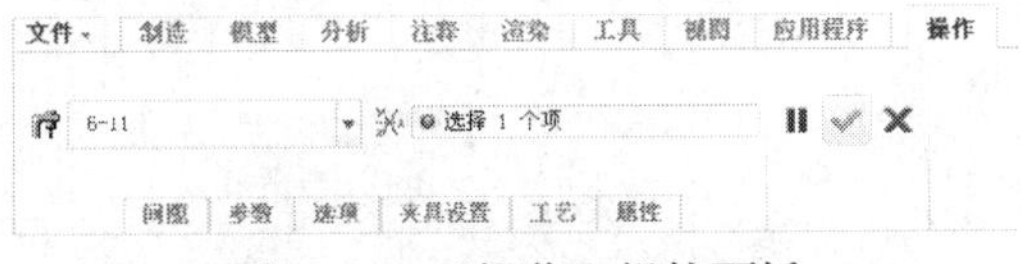

图 6-274　“操作”操控面板

用户可以直接在模型树窗口中精确选择现有的坐标系，也可以自行创建一个新的坐标系。本实例采用后者，单击“模型”功能区“基准”面板上的“坐标系”按钮，系统打开如图 6-275 所示的“坐标系”对话框，然后按住 Ctrl 键，在制造模型中依次选择 NC_ASM_FRONT、NC_ASM_RIGHT 基准平面和工件的上表面，此时“坐标系”对话框中的设置如图 6-276 所示。选择“方向”选项卡，单击“反向”按钮调整，对话框设置如图 6-277 所示，其中 Z 轴的方向如图 6-278 所示。最后单击“坐标系”对话框中的 确定 按钮，完成坐标系创建。在模型中选择新创建的坐标系。

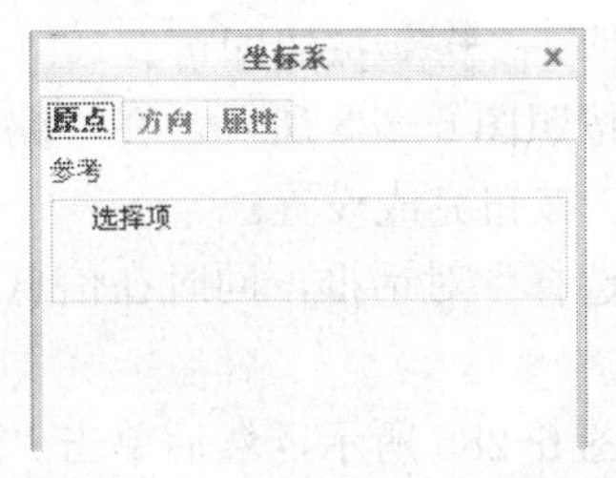

图 6-275　“坐标系”对话框

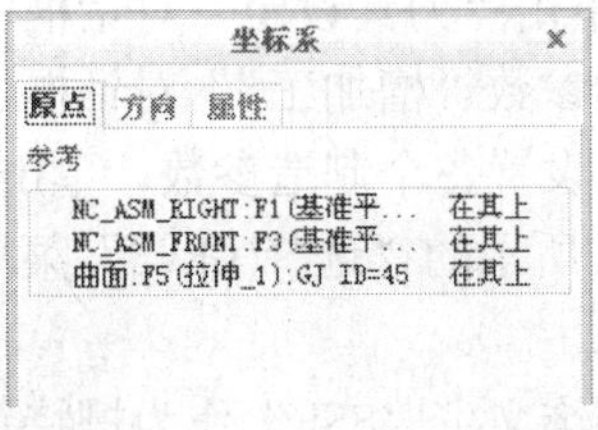

图 6-276　“坐标系”对话框设置

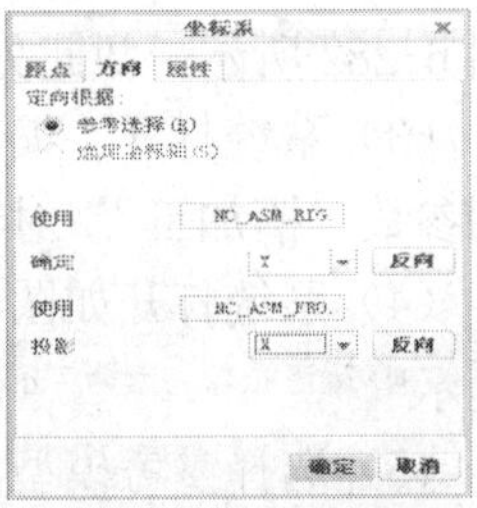

图 6-277　调整方向设置

2）定义退刀面。单击“间隙”下拉按钮，在下滑面板中设置退刀类型为“平面”；选择

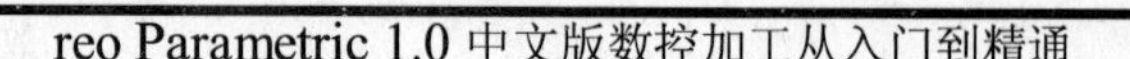

参考为新创建的坐标系；设置沿加工坐标系 Z 轴的深度值为“10”，下滑面板设置如图 6-279 所示，创建的平面如图 6-280 所示。单击操控面板中的“完成”按钮✓，完成设置。

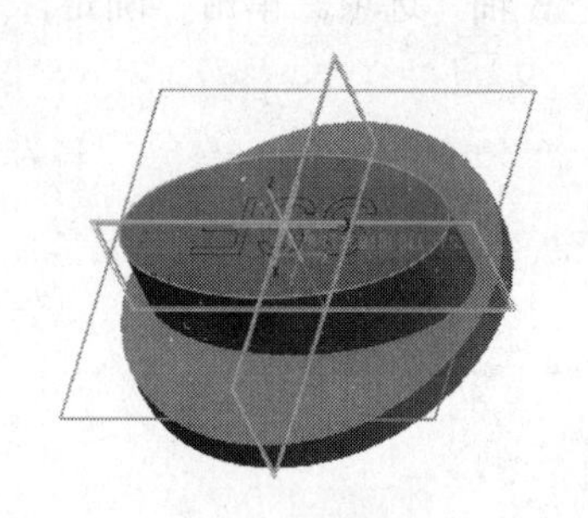

图 6-278 Z 轴方向

图 6-279 “间隙”下滑面板

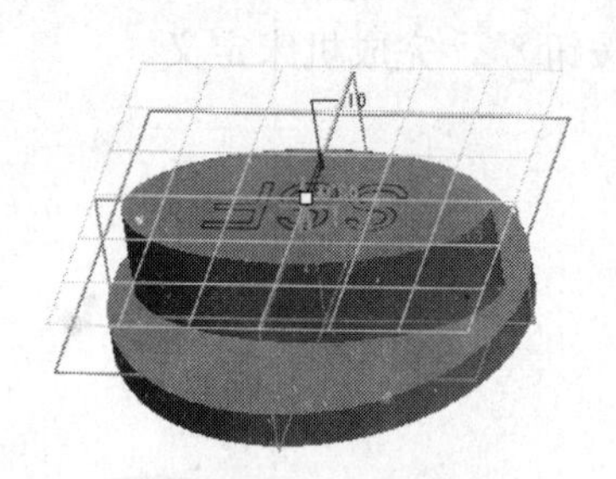

图 6-280 创建的退刀面

4. 创建雕刻铣削 NC 加工序列

（1）此时在功能区弹出“铣削”功能区，单击“铣削”功能区“铣削”面板上的“雕刻”按钮，系统打开“NC 序列”菜单。依次勾选“刀具”→“参数”→“槽特征”→“完成”选项，如图 6-281 所示。

图 6-281 “NC 序列”菜单

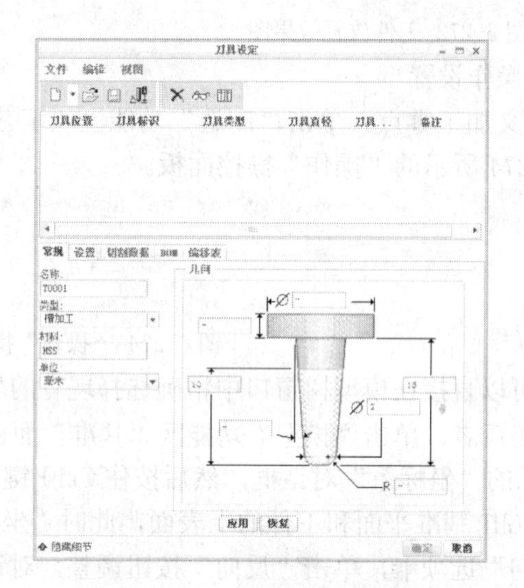

图 6-282 “刀具设定”对话框

（2）系统打开“刀具设定”对话框，因在加工操作环境的设置中已对刀具进行了定义，如图 6-282 所示，故此处只需单击“刀具设定”对话框中的 应用 → 确定 按钮即可。

（3）系统打开“编辑序列参数“槽加工””对话框，然后按照图 6-283 所示，在“编辑序列参数“槽加工””对话框中设置各个制造参数。单击 确定 按钮完成设置。

（4）系统打开如图 6-284 所示的“选择 GRVS”菜单和“选择”对话框，同时在信息栏中提示➡指定添加到选择中的槽特征。

（5）选择参考模型上的装饰文字“SSF”作为槽特征，如图 6-285 所示，然后单击“选择 GRVS”菜单中的“完成/返回”选项。至此完成了曲面铣削加工 NC 序列的设置。

5. 刀具路径演示与检测

（1）在“NC序列”菜单中选择“播放路径”选项，如图6-286所示。在系统打开的“播放路径”菜单中依次选择“屏幕演示”选项，如图6-287所示。

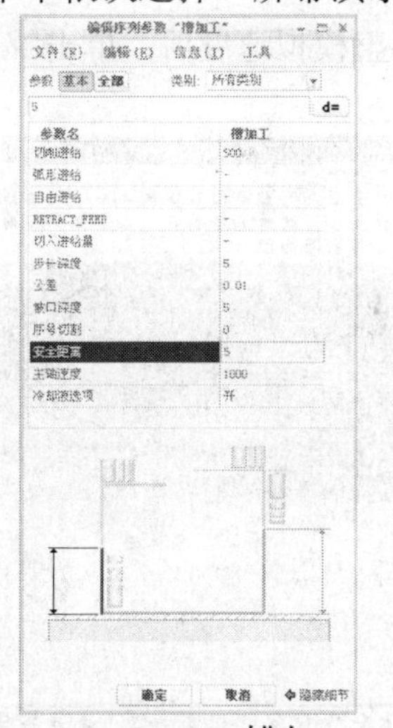

图6-283 “编辑序列参数‘槽加工’”对话框

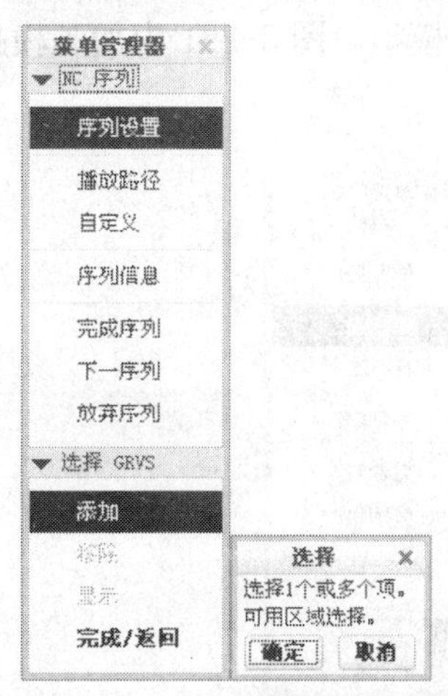

图6-284 “选择GRVS”菜单和“选择”对话框

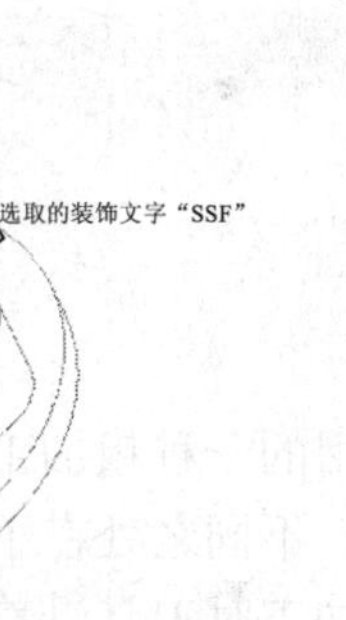

图6-285 选择的装饰文字　　图6-286 “播放路径”选项

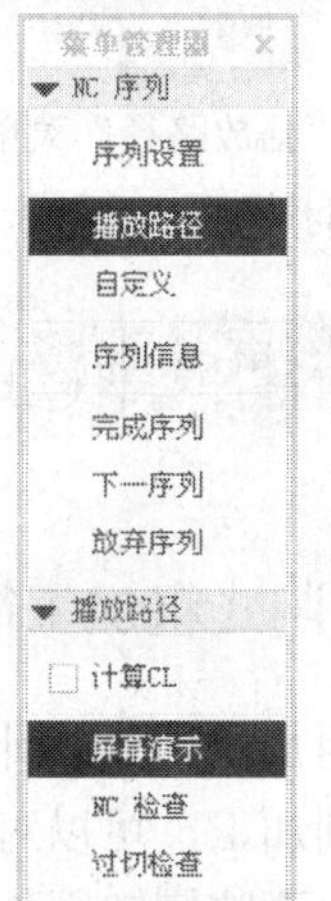

图6-287 选择“屏幕演示”选项

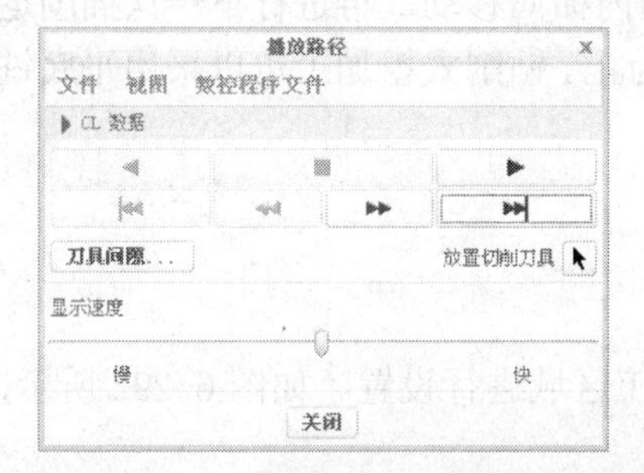

图6-288 “播放路径”对话框

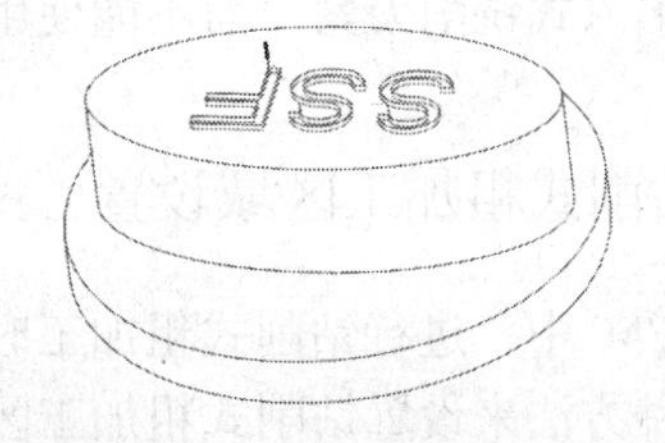

图6-289 生成的刀具路径

（2）系统打开如图6-288所示的“播放路径”对话框，适当调整演示速度后，单击对话框中的 ▶ 按钮，则系统开始在屏幕上动态演示刀具加工的路径。图6-289所示为屏幕演示完后的结果。

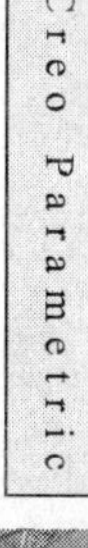

（3）刀具路径演示完后，单击“播放路径”对话框中的关闭按钮。然后单击“播放路径”菜单中的“NC 检查”选项，如图 6-290 所示。

（4）系统进入 VERICUT 仿真模拟工作界面，适当调整模拟速度后，单击按钮开始进行动态加工模拟。图 6-291 为加工模拟完成后的效果图。

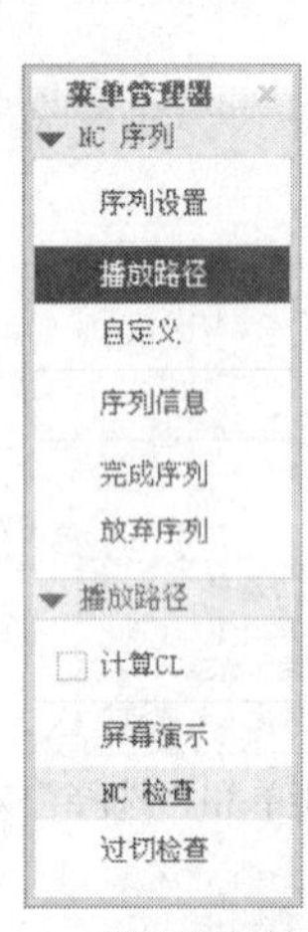

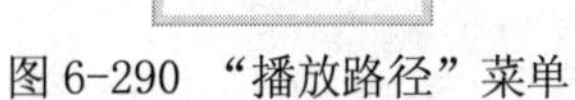
图 6-290 “播放路径”菜单

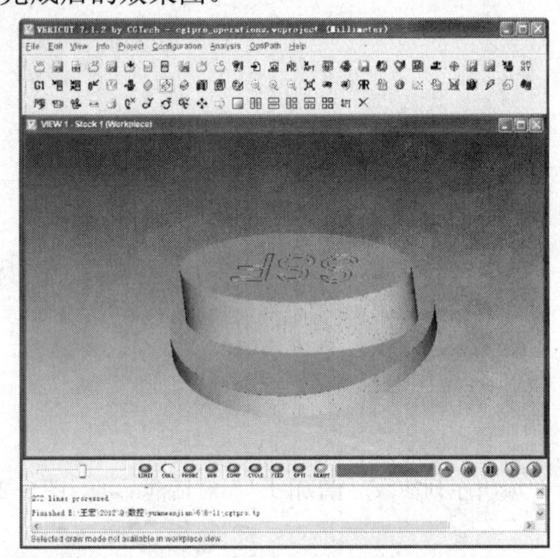
图 6-291 模拟完成后的菜单

（5）关闭界面，返回“NC 序列”菜单，选择“完成序列”选项退出。

6.12 钻削式粗加工

6.12.1 钻削式粗加工简介

钻削式粗加工主要是针对工件上的凹槽或凸台特征所使用的一种粗加工方法。该方法类似于腔槽铣削加工，可以对不同形状的凹槽类特征进行加工。不同之处在于钻削式粗加工只用于粗加工，而腔槽铣削加工则可以用于精加工。钻削式粗加工时刀具沿着与 Z 轴平行的轴线向下插入工件底部，然后退回到退刀面，在 XY 平面内横向移动，再进行下一次插削运动，如此反复进行加工，直至加工完所有指定的切削材料为止。钻削式粗加工可以采用平底铣刀、圆头铣刀或陷入式铣削刀具，而不能使用球形铣刀。

6.12.2 钻削式粗加工区域设置

在 Creo/NC 中，进行钻削式粗加工时，需要对加工区域进行设置。如图 6-292 所示，系统提供了四种方法来设置钻削式粗加工区域。

- “模型”：通过从参考模型上选择面来定义钻削式粗加工范围，这种方法简便，但可编辑性较差。
- “工件”：通过从工件上选择面来定义钻削式粗加工范围。

- “铣削体积块”：通过创建或选择一个“铣削体积块”，然后从此体积块上选择面来定义钻削式粗加工范围。
- “铣削曲面”：通过创建或选择“铣削曲面”来定义钻削式粗加工范围。这种方法方便，且可编辑性强。

6.12.3　钻削式粗加工参数说明

钻削式粗加工参数的设置在如图 6-293 所示的“编辑序列参数‘陷入铣削’”对话框中进行，其中大部分参数选项在前面章节中已说明。下面重点对新出现的参数选项进行说明。

- “切入步长”：用于设定钻削式粗加工步距。

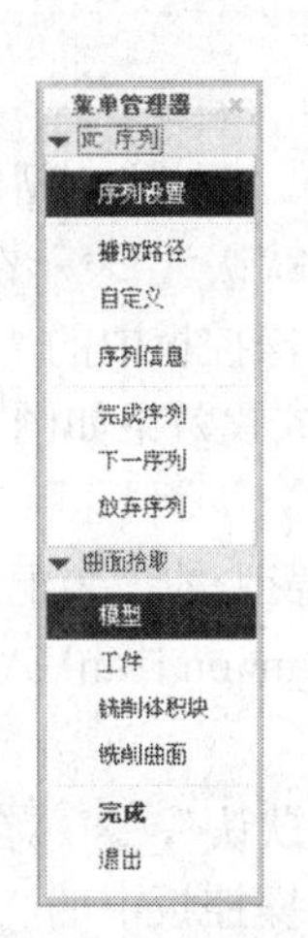

图 6-292　钻削式粗加工区域设置方法

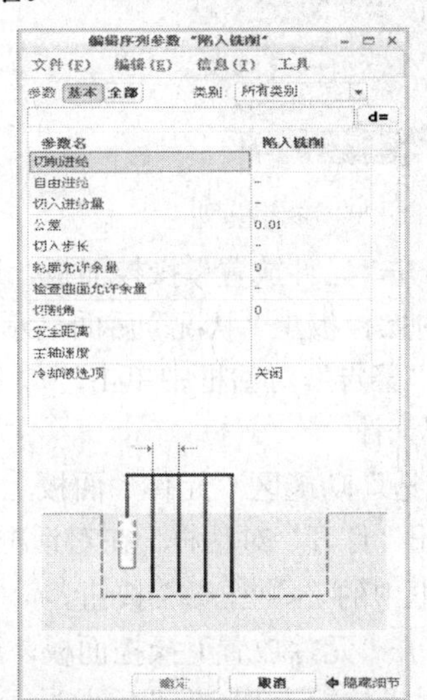

图 6-293　“编辑序列参数‘陷入铣削’”对话框

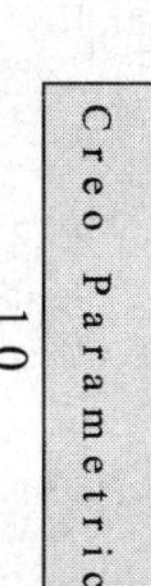

6.12.4　实例练习——钻削式粗加工

下面将通过加工图 6-294 所示参考模型的凹槽，来说明钻削式粗加工的一般流程与操作技巧。

1. 创建 NC 加工文件

（1）启动 Creo Parametric 1.0 后，选择“文件”→“新建”命令，或者单击“快速访问”工具栏中的“新建”按钮，则系统打开如图 6-295 所示的“新建”对话框。在“新建”对话框的“类型”栏中选择“制造”，在“子类型”栏中选择“NC 装配”，然后在“名称”文本框中输入名称“6-12”，同时取消对“使用默认模板”复选框的勾选，最后单击对话框中的 确定 按钮。

（2）系统打开“新文件选项”对话框，在“模板”选项框中选择“mmns_mfg_nc”选项，接着单击对话框中的 确定 按钮进入系统的 NC 加工界面。

2. 创建制造模型

（1）装配参考模型

1）在“制造”功能区“元件”面板上单击“参考模型”下拉列表中的“装配参考模型”按钮，则系统打开“打开”对话框，在对话框中选择光盘文件“yuanwenjian\6\6-12\czmx.prt”，然后单击对话框中的 打开 按钮。则系统立即在图形显示区中导入参考模型。

图 6-294 参考模型

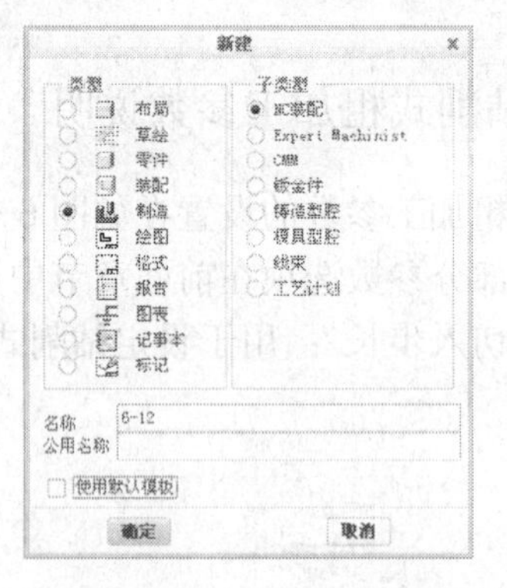

图 6-295 “新建”对话框

2）系统打开“元件放置”操控面板，选择约束类型为“默认”，表示在默认位置装配参照模型。此时操控板上“状况”后面显示为“完全约束”。单击操控板中的“完成”按钮，在系统打开的“警告”对话框中单击 确定 按钮完成模型放置，放置效果如图 6-296 所示。

（2）装配工件

1）在“制造”功能区“元件”面板上单击“工件”下拉列表中的“装配工件”按钮，则系统再次弹出“打开”对话框。在对话框中选择光盘文件“yuanwenjian\6\6-12\gj.prt”，然后单击对话框中的 打开 按钮。

2）系统打开“元件放置”操控面板，选择约束类型为“默认”，表示在默认位置装配参考模型。此时操控板上“状况”后面显示为“完全约束”。单击操控板中的“完成”按钮，完成模型放置，放置效果如图 6-297 所示。

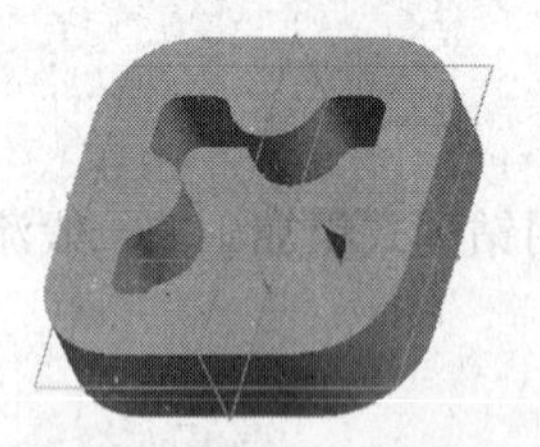

图 6-296 装配后的参考模型

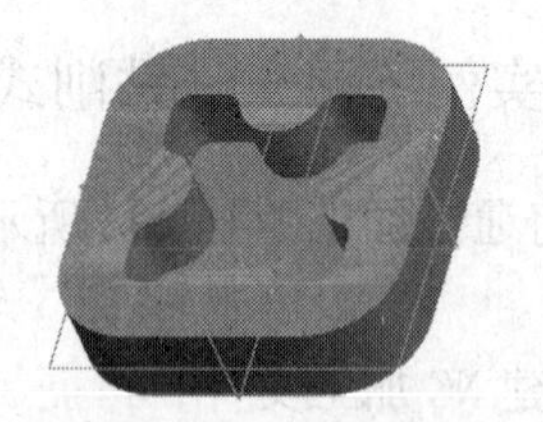

图 6-297 工件放置效果图

3．钻削式粗加工操作设置

（1）定义工作机床

在“制造”功能区“机床设置”面板上单击“工作中心”下拉列表中的“铣削”按钮，则系统打开如图 6-298 所示的“铣削工作中心”对话框，在“名称”后的文本框中输入操作名称“6-12”；在“轴数”下拉框中选择“3 轴”选项。单击“确定”按钮，完成机床定义。

（2）操作设置

1）定义加工零点。单击“制造”功能区“工艺”面板上的“操作”按钮，系统将打开如图 6-299 所示的“操作”操控面板。

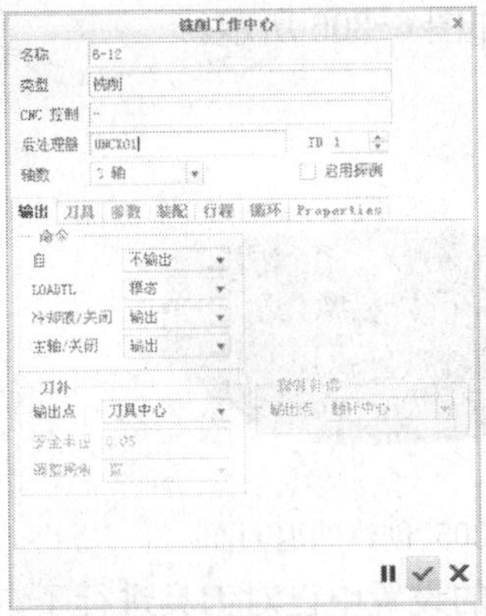

图 6-298 “操作设置”对话框

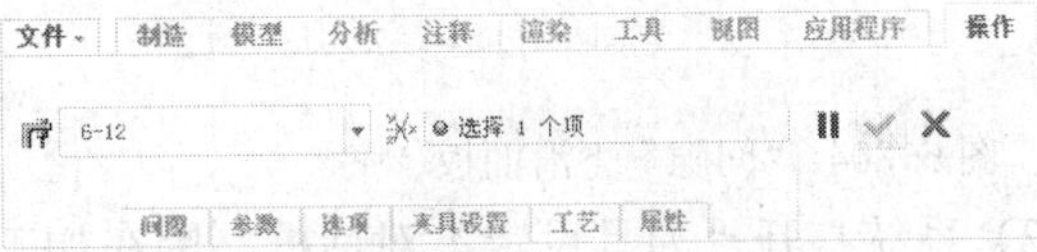

图 6-299 “操作”操控面板

用户可以直接在模型树窗口中精确选择现有的坐标系，也可以自行创建一个新的坐标系。本实例采用后者，单击“模型”功能区“基准”面板上的“坐标系”按钮，系统打开如图 6-300 所示的“坐标系”对话框，然后按住 Ctrl 键，在制造模型中依次选择 NC_ASM_FRONT、NC_ASM_RIGHT 基准平面和工件的上表面，此时“坐标系”对话框中的设置如图 6-301 所示。选择“方向”选项卡，单击“反向”按钮调整，对话框设置如图 6-302 所示，其中 Z 轴的方向如图 6-303 所示。最后单击“坐标系”对话框中的 确定 按钮，完成坐标系创建。在模型中选择新创建的坐标系。

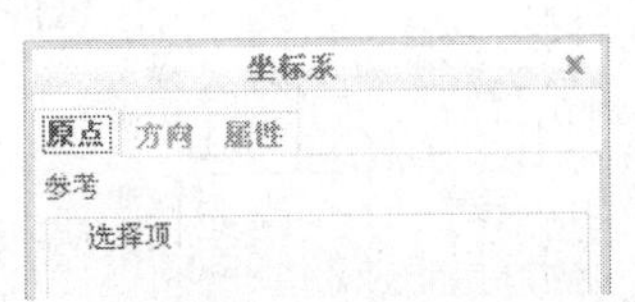

图 6-300 “坐标系”对话框

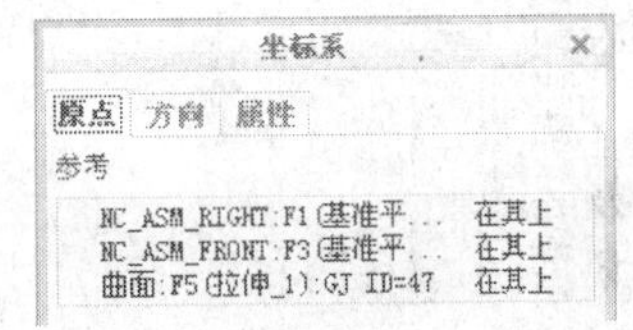

图 6-301 “坐标系”对话框设置

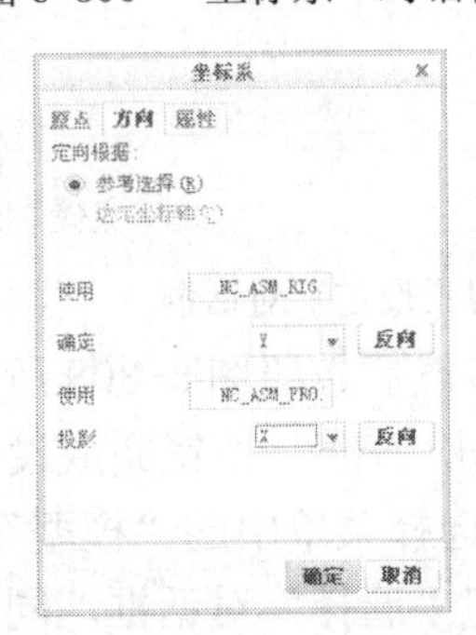

图 6-302 调整方向设置

图 6-303 Z 轴方向

2）定义退刀面。单击“间隙”下拉按钮，在下滑面板中设置退刀类型为“平面”；选择参考为新创建的坐标系；设置沿加工坐标系 Z 轴的深度值为“10”，下滑面板设置如图 6-304 所示，创建的平面如图 6-305 所示。单击操控面板中的“完成”按钮，完成设置。

4．创建钻削式粗加工 NC 加工序列

（1）此时在功能区弹出“铣削”功能区，单击“铣削”功能区“铣削”面板上的下拉按

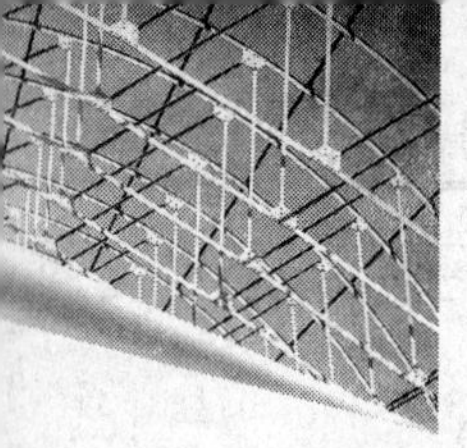
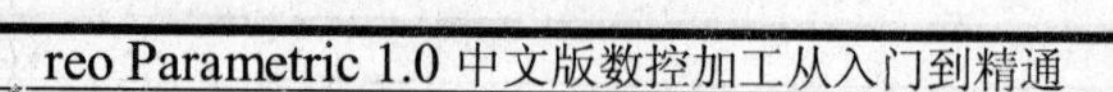

钮，在下拉列表中单击的“钻削式粗加工”按钮，系统打开“NC 序列”菜单。依次勾选“刀具”→“参数”→“曲面”→“起始轴”→“完成”选项，如图 6-306 所示。

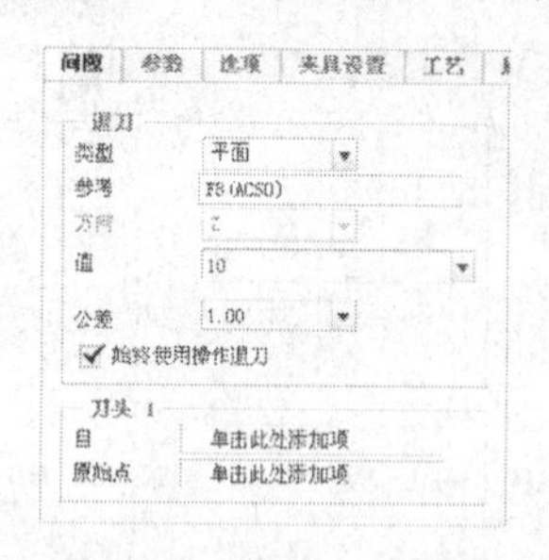

图 6-304 “间隙”下滑面板

图 6-305 创建的退刀面

（2）系统打开“刀具设定”对话框，因在加工操作环境的设置中已对刀具进行了定义，如图 6-307 所示，故此处只需单击“刀具设定”对话框中的 应用 → 确定 按钮即可。

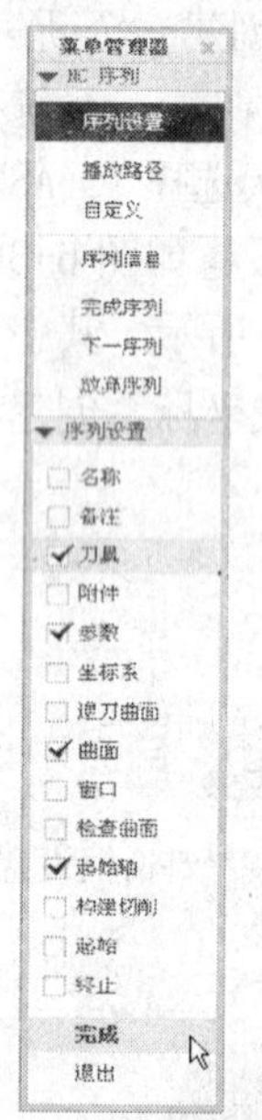

图 6-306 “NC 序列”菜单

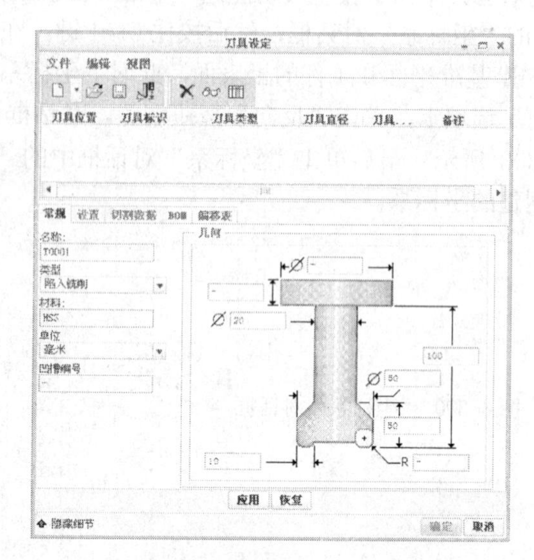

图 6-307 “刀具设定”对话框

（3）系统打开“编辑序列参数‘陷入铣削’”对话框，然后按照图 6-308 所示，在“编辑序列参数‘陷入铣削’”对话框中设置各个制造参数。单击 确定 按钮完成设置。

（4）系统打开如图 6-309 所示的“曲面拾取”菜单，选择菜单中的“模型”和“完成”选项。接着系统打开如图 6-310 所示的“选择曲面”菜单和“选择”对话框，同时在信息栏中提示 ➡选择要加工模型的曲面。。

（5）选择参考模型凹槽的底面，如图 6-311 所示，然后单击“选择曲面”菜单中的“完成/返回”选项。至此完成了曲面铣削加工 NC 序列的设置。

（6）系统打开“起始轴”菜单，在菜单中选项“添加”选项，则系统打开“CR/选取轴”菜单，如图 6-312 所示，接着选择菜单中的“创建”选项，则弹出如图 6-313 所示的“基准轴”对话框，然后按住 Ctrl 键在图形显示区中选择 NC_ASM_FRONT 和 NC_ASM_RIGHT 基准面，此时“基准轴”对话框中的设置如图 6-314 所示。最后依次单击“基准轴”对话框中的 确定 按钮和“CR/选取轴”菜单的“完成/返回”选项。

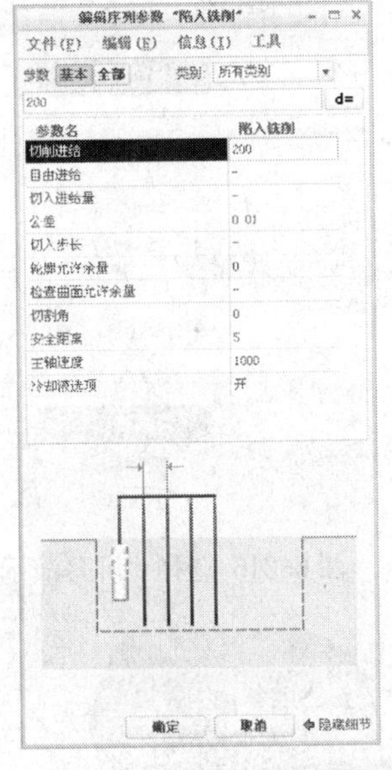

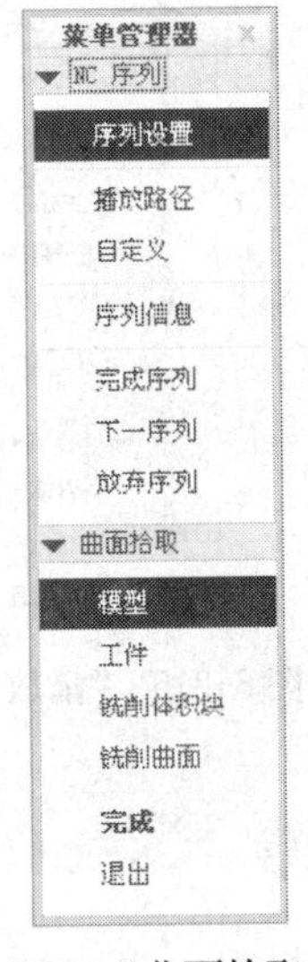

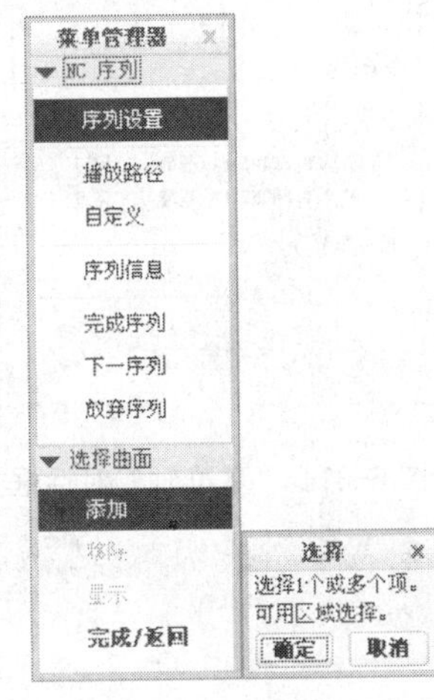

图 6-308 “编辑序列参数‘陷入铣削’”对话框　图 6-309 “曲面拾取”菜单　图 6-310 “选择曲面”菜单

（7）系统返回到“起始轴”菜单，然后单击菜单中的“完成/返回”选项，结束起始轴的设置。至此完成了钻削式粗加工 NC 加工序列的设置。

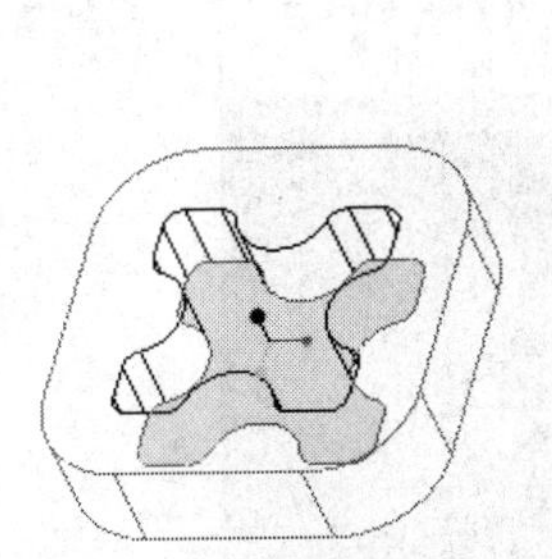

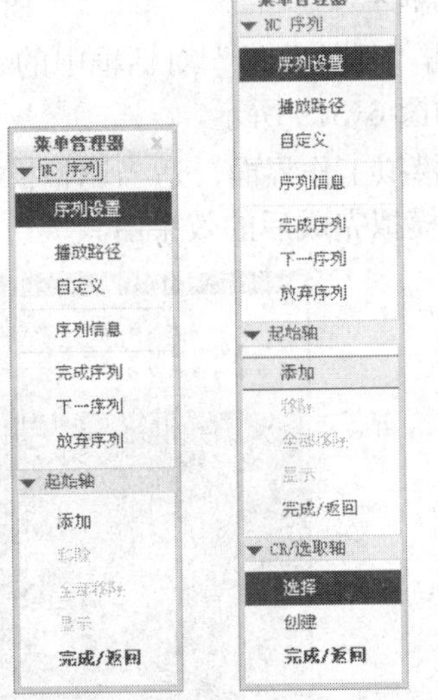

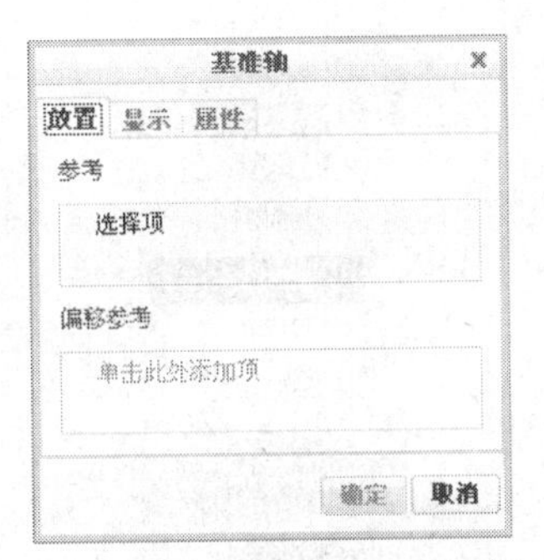

图 6-311 选择的铣削曲面　图 6-312 “起始轴”菜单及“CR/选取轴”菜单　图 6-313 “基准轴”对话框

5．刀具路径演示与检测

（1）在“NC 序列”菜单中选择“播放路径”选项，如图 6-315 所示。在系统打开的“播放路径”菜单中依次选择“屏幕演示”选项，如图 6-316 所示。

（2）接着系统打开如图 6-317 所示的“播放路径”对话框，适当调整演示速度后，单击对话框中的 ▶ 按钮，则系统开始在屏幕上动态演示刀具加工的路径。图 6-318 所

示为屏幕演示完后的结果。

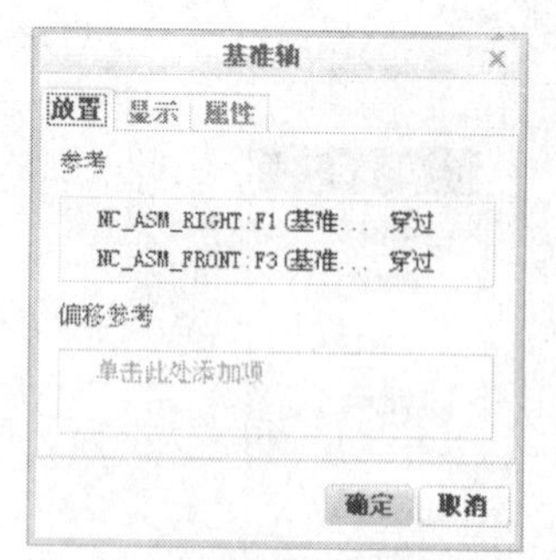

图 6-314 “基准轴”对话框

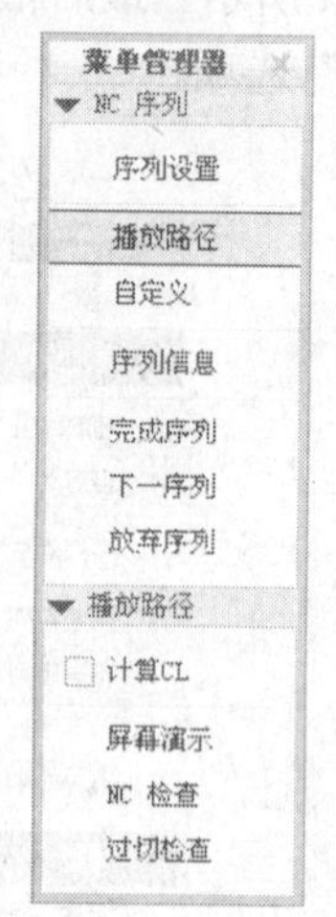

图 6-315 “播放路径”选项

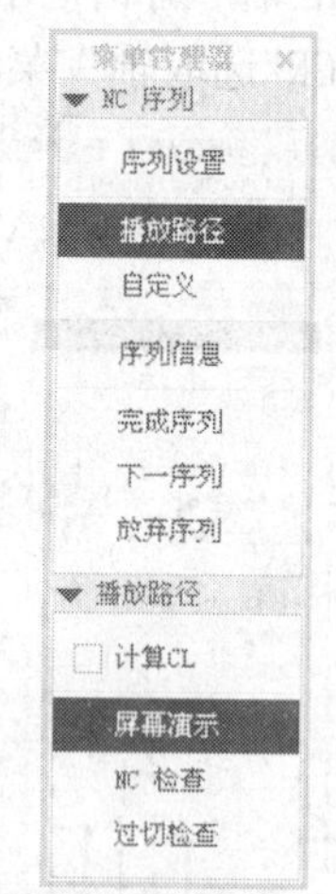

图 6-316 选择“屏幕演示”选项

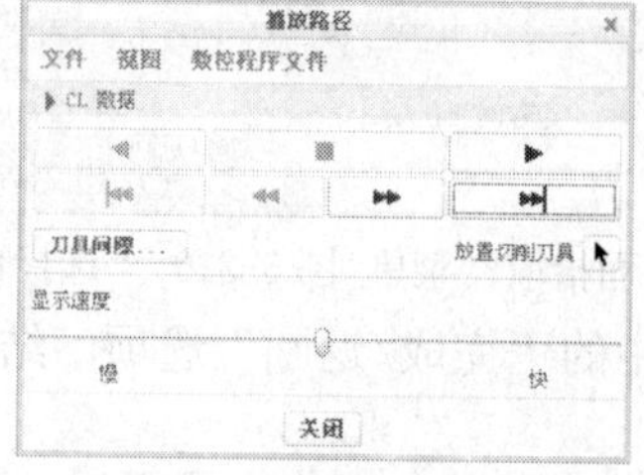

图 6-317 “播放路径”对话框

图 6-318 生成的刀具路径

（3）刀具路径演示完后，单击“播放路径”对话框中的关闭按钮。然后单击“播放路径”菜单中的“NC 检查”选项，如图 6-319 所示。

（4）系统进入 VERICUT 仿真模拟工作界面，适当调整模拟速度后，单击按钮开始进行动态加工模拟。图 6-320 为加工模拟完成后的效果图。

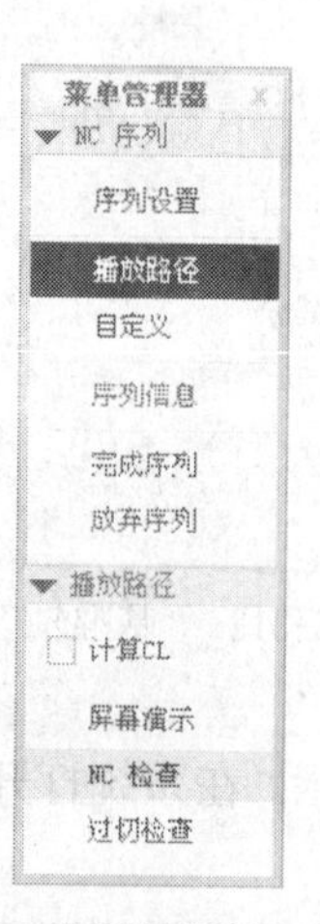

图 6-319 “播放路径”菜单

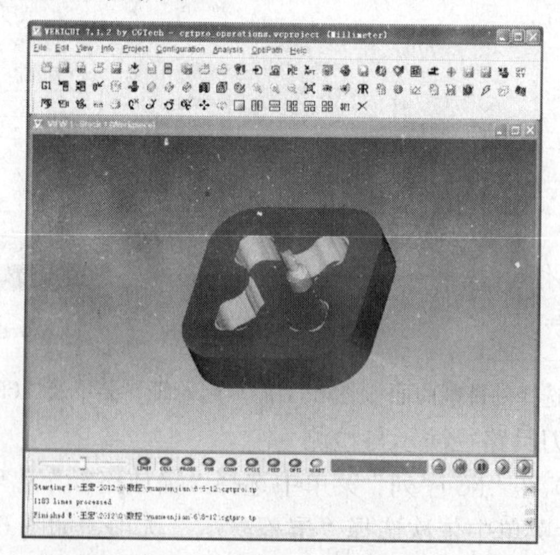

图 6-320 模拟完成后的菜单

（5）关闭界面，返回“NC 序列”菜单，选择“完成序列”选项退出。

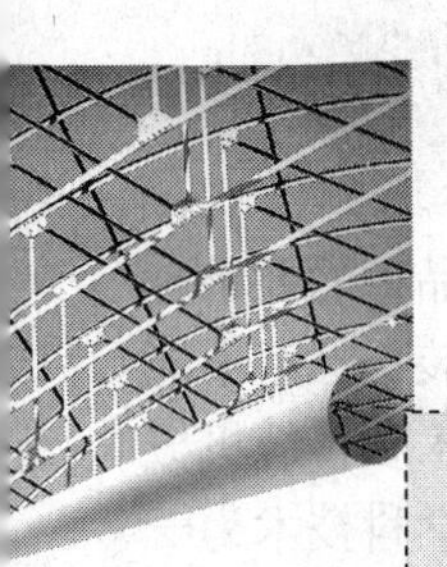

第7章 数控车削加工

本章导读

数控车削主要用于加工回转体零件的内外圆柱面、圆锥面、球面等，此外也可以加工回转体零件的端面，以及内外螺纹。本章首先介绍了数控车削加工的基础知识，然后以实例详细介绍了区域车削、轮廓车削、槽车削、螺纹车削和孔加工等车削加工方式的操作过程与技巧。

重点与难点

- 数控车削加工基础
- 区域车削
- 轮廓车削
- 槽车削
- 螺纹车削
- 孔车削加工

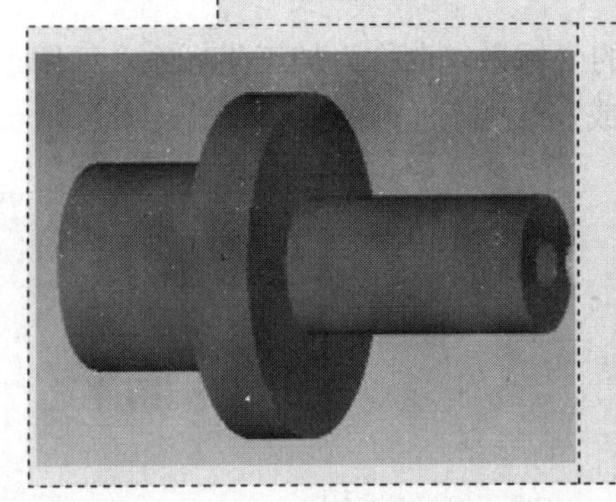

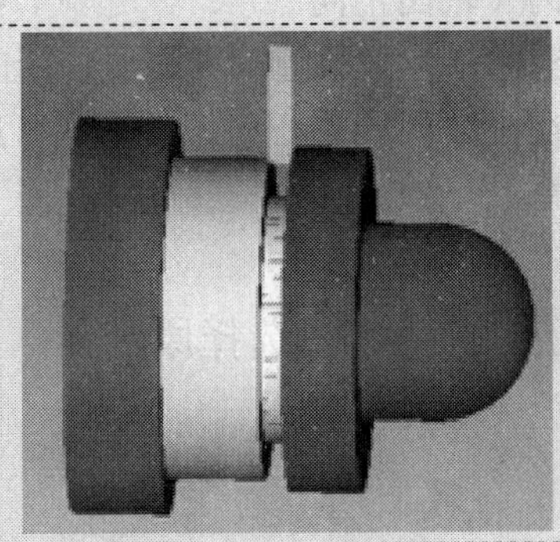

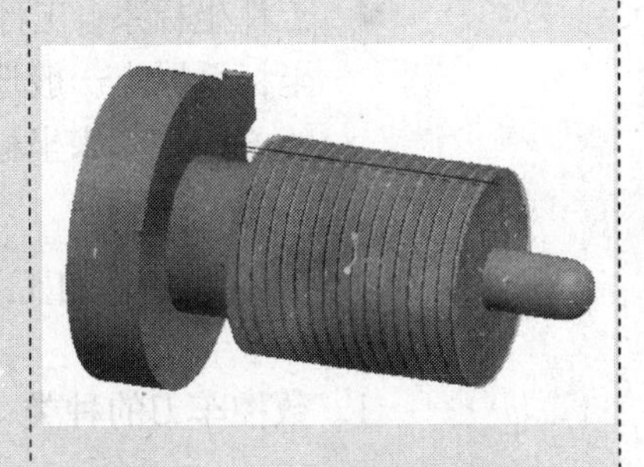

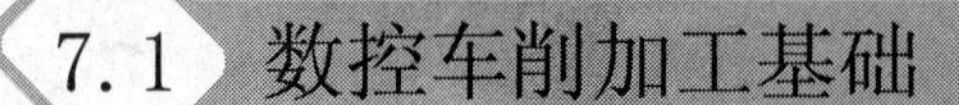

7.1 数控车削加工基础

随着科学技术的飞速发展，社会对机械产品的结构、性能、精度、效率和品种的要求越来越高，单件与中小批量产品的比重越来越大。传统的通用、专用机床和工艺装备已经不能很好地适应高质量、高效率、多样化加工的要求。而数控机床作为电子信息技术和传统机械加工技术结合的产物，集现代精密机械、计算机、通信、液压气动、光电等多学科技术为一体，有效地解决了复杂、精密、小批多变零件的加工问题，能满足高质量、高效益和多品种、小批量的柔性生产方式的要求，适应各种机械产品迅速更新换代的需要，代表着当今机械加工技术的趋势与潮流。其中数控车床由于具有高效率、高精度和高柔性的特点，在机械制造业中得到日益广泛的应用，成为目前应用最广泛的数控机床之一。

7.1.1 数控车削加工的主要对象

在数控车削加工过程中，工件的旋转是主运动，刀架的移动是进给运动。通过主运动和进给运动，刀具和工件之间产生相对运动，从而使刀具接近工件并把多余的工件材料切除。由于数控车床具有加工精度高、能作直线和圆弧插补(高档车床数控系统还有非圆曲线插补功能)以及在加工过程中能自动变速等特点，因此其工艺范围较常规车床宽得多。针对数控车床的特点，下列几种零件最适合数控车削加工。

- 轮廓形状特别复杂或难以控制尺寸的回转体零件；
- 表面粗糙度、尺寸精度要求高的回转体零件；
- 带特殊螺纹的回转体零件。

7.1.2 数控车床坐标系的确定

数控车床的坐标系统由机床坐标系和工件坐标系组成。

- 机床坐标系：机床坐标系是机床上固定的坐标系，在机床制造完成后便已确定。机床坐标系原点一般位于主轴线与卡盘后端面的交点上，沿机床主轴线方向为 Z 轴，刀具远离卡盘而指向尾座的方向为 Z 轴的正向。X 轴位于水平面上，并与 Z 轴垂直，刀架离开主轴线的方向为 X 轴的正向。
- 工件坐标系：工件坐标系是在数控编程时所使用的坐标系，也称为加工坐标系。工件坐标系原点一般选在主轴回转中心与工件右端（或左端面）面的交点上，且 X、Z 轴的方向与车床坐标系的一致。

7.1.3 数控车削加工刀具的种类与选择原则

1. 数控车刀的种类

数控车削一般使用标准的机夹可转位刀具，其类型有外圆刀具、外螺纹刀具、内圆刀具、内螺纹刀具、切断刀具、孔加工刀具（包括中心孔钻头、镗刀、丝锥等）。

2. 数控车刀的选择原则

选择车刀类型主要应考虑几方面的因素：

- 一次连续加工的表面尽可能多；
- 在切削过程中刀具不能与工件轮廓发生干涉；
- 有利于提高加工效率和加工表面质量；
- 有合理的刀具强度和寿命。

7.1.4　数控车削加工方式

在 Creo/NC 中进行车削加工时，首先要在“制造”功能区“机床设置”面板上单击“工作中心”下拉按钮，在下拉列表中选取“车床”命令，表示使用车床进行加工，系统打开如图 7-1 所示的“车床工作中心”对话框。在对话框中可以对车床进行设置。然后利用“操作”命令设置加工操作后系统打开“车削”功能区面板，如图 7-2 所示。在该功能区面板中系统提供了车削加工中的各种加工方式，包括区域车削、轮廓车削、槽车削、螺纹车削和孔加工等 5 种车削加工方式。

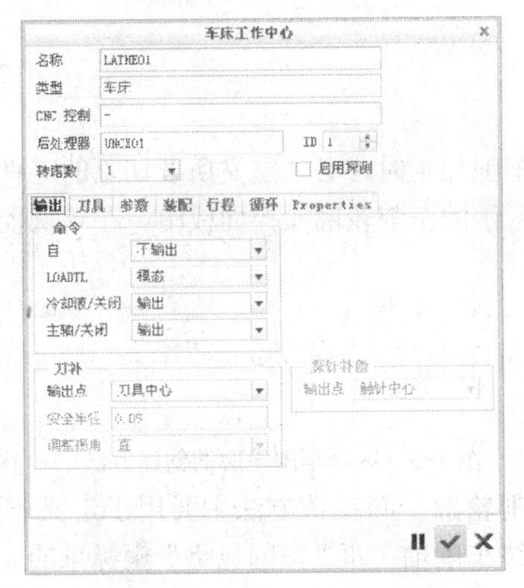

图 7-1 “车床工作中心”对话框

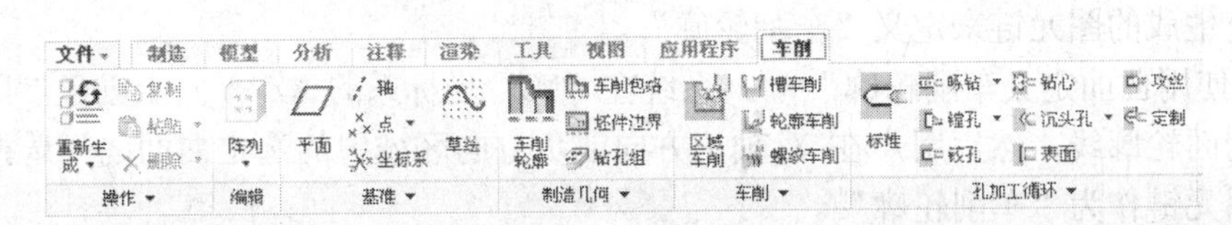

图 7-2 “车削”功能区面板

- “区域车削”：通过定义制造模型横截面中将要去除材料的区域，然后扫描该区域生成刀具路径，并按设定的步长深度增量去除材料。主要用于粗车加工。

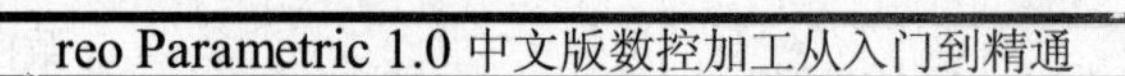

- “轮廓车削”：通过草绘、使用曲面或基准曲线交互式地定义切削运动。主要用于车削回转体零件的外形轮廓。
- “槽车削”：通过使用两侧都有刃口的刀具，以步进式运动车削狭窄的凹槽。主要用于车削回转体零件的凹槽部位。
- “螺纹车削”：表示采用螺纹车削加工方式，创建一个螺纹 NC 序列。主要用于车削内螺纹或外螺纹。
- “孔加工”：表示采用孔加工车削方式，使用钻孔循环创建一个孔加工的 NC 序列。主要用于车削零件上的孔。

7.2 区域车削加工

7.2.1 区域车削加工简介

区域车削属于粗车加工范畴。通过区域车削，可以根据参考模型形状或选择的形状曲线去除用户所指定的材料区域。加工时刀具将按照设定的步长深度增量进行切除材料。区域车削加工走刀方式比较灵活。它可以结合使用“步长深度”和“切入进给量”等参数控制加工方式。

7.2.2 车削轮廓设置

在 Creo/NC 中进行区域车削加工时，必须定义所要切除的工件材料区域。工具材料区域的定义主要集中在如图 7-3 所示的车削轮廓操控面板中。在该操控面板中，系统提供了以下五种方法来定义车削轮廓。

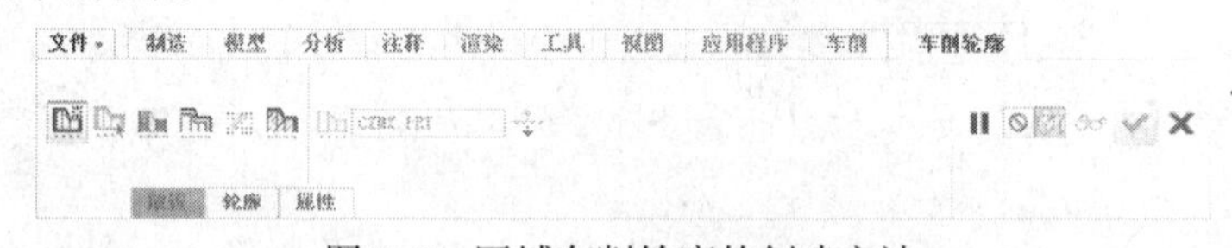

图 7-3　区域车削轮廓的创建方法

- “使用包络定义车削轮廓”：该方法主要用于定义非圆形剖面零件的“车削轮廓”。系统通过围绕车削轴（即“车削包络”坐标系的 Z 轴）旋转参照零件或工件生成“车削包络”，然后使旋转体的外部周界与此坐标系的 XZ 平面相交，利用相交生成的图元链来定义“车削轮廓”。
- “使用曲面定义车削轮廓”：系统在“NC”坐标系的 XZ 平面上创建参照零件的剖面轮廓线，然后用户在 X 轴正方向或负方向区域中的选定曲面之间选择适当的图元链作为“车削轮廓”。
- “使用曲线链定义车削轮廓”：通过从现有的“车削轮廓”中选择图元链来定义新的“车削轮廓”。也可选择其他类型的基准曲线段来定义“车削轮廓”，但是，这些基准曲线必须位于“NC 序列”坐标系的 XZ 平面上。

■ “使用草绘定义车削轮廓”：当选择采用“草绘”方式创建“车削加工轮廓”时，用户必须在“NC 序列”坐标系的 XZ 平面中绘制车削加工轮廓，且车削轮廓必须完全在 X 轴的一侧（正或负）。草绘“车削轮廓”时，只能包含一个连续的图元链，而不允许多个环或链。进入“草绘”界面后，系统默认的坐标轴方向如下：

- 如果车床方向定义为“水平”，则 Z 轴指向右且 X 轴指向上，如图 7-4 所示。
- 如果车床方向定义为“垂直”，则 Z 轴指向上且 X 轴指向右，如图 7-5 所示。

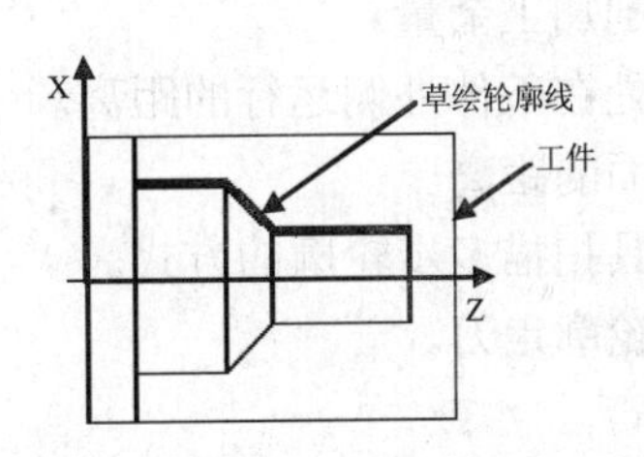

图 7-4 默认 X、Z 坐标方向

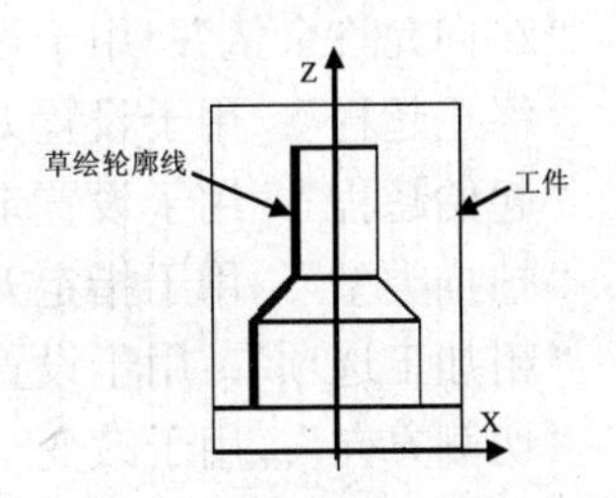

图 7-5 默认 X、Z 坐标方向

■ “使用横截面定义车削轮廓”：如果车削的参考模型具有复杂的轮廓，则通过选择边或草绘并对齐来定义车削轮廓的过程可能要花费很多时间。这时可使用“截面”法来定义“车削轮廓”。该方法是在“NC 序列”坐标系的 XZ 平面剖切参考模型得到剖面轮廓线后，从中选择适当的图元链来定义“车削轮廓”。

7.2.3　区域车削加工参数说明

区域车削加工参数的设置在如图 7-6 所示的“区域车削”操控面板上的“参数”下滑面板中进行。

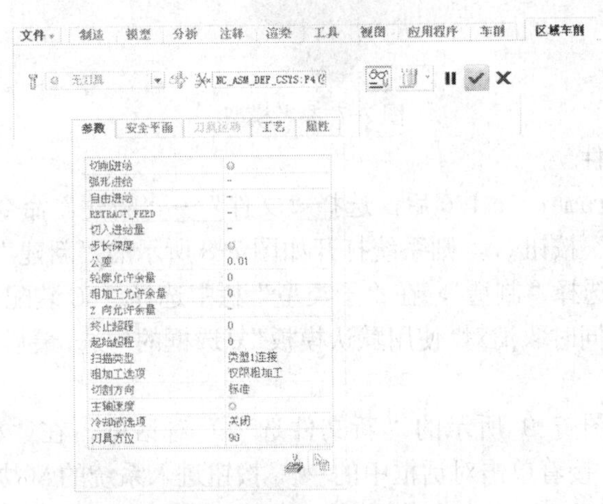

图 7-6 “参数”下滑面板

■ “切削进给”：用于设置车削加工进给速度。

■ “弧形进给”：用于设定所有沿弧的切割移动的进给率。

■ “自由进给”：用于设定非切割运动的进给率。

■ “RETRACT_FEED”：用于设定退刀速度。

■ “切入进给量”：用于设定刀具插入移动速度。
■ “步长深度”：用于设置每一层切割的递增深度。
■ “公差”：用于设定刀具轨迹与模型几何的最大允许偏差。
■ “轮廓允许余量”：用于设置粗车削后为精加工所留下的加工余量，此值必须小于“粗加工允许余量”的值。
■ “粗加工允许余量”：用于设置未加工毛坯的余量。
■ “Z 向允许余量”：用于设置 Z 轴方向上的车削加工余量。
■ “终止超程”：用于设置刀具在每一走刀终点处在工件外侧运行的距离。
■ “起始超程”：用于设置走刀始点距工件外端面的距离。
■ “扫描类型”：用于指定刀具运动的类型和刀具扫描多步轮廓的方式。
■ “粗加工选项”：用于设置区域车削中是否要轮廓走刀。
■ “切割方向”：用于改变车削的方向。
■ “主轴速度”：用于设置车床主轴的旋转速度。
■ “冷却液选项”：用于指定所需冷却液流量类型。
■ “刀具方位”：用于设置车削刀具相对于加工坐标系 Z 轴的方向。

7.2.4 实例练习——区域车削加工

下面将通过加工图 7-7 所示的参考模型，来说明区域车削加工的一般流程和操作技巧。

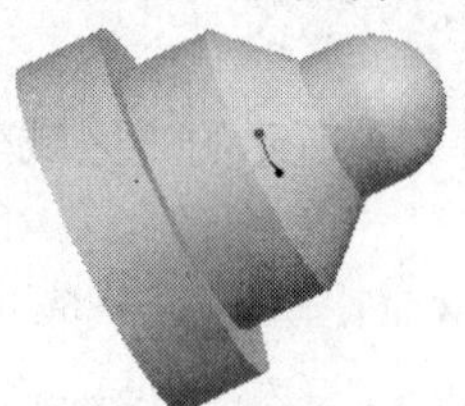

图 7-7 参考模型

1. 创建 NC 加工文件

（1）启动 Creo Parametric 1.0 后，选择“文件”→“新建”命令，或者单击“快速访问”工具栏中的“新建”按钮，则系统打开如图 7-8 所示的“新建”对话框。在“新建”对话框的“类型”栏中选择“制造”，在“子类型”栏中选择“NC 装配”，然后在“名称”文本框中输入名称“7-2”，同时取消对“使用默认模板”复选框的勾选，最后单击对话框中的 确定 按钮。

（2）系统打开如图 7-9 所示的“新文件选项”对话框，在“模板”选项框中选择“mmns_mfg_nc”选项，接着单击对话框中的 确定 按钮进入系统的 NC 加工界面。

2. 创建制造模型

（1）装配参考模型。在“制造”功能区“元件”面板上单击“参考模型”下拉列表中的“装配参考模型”按钮，则系统打开如图 7-10 所示的“打开”对话框，在对话框中选择光盘文件“yuanwenjian\7\7-2\czmx.prt”，然后单击对话框中的 打开 按钮。则系统立即在图形显示区中导入参考模型。

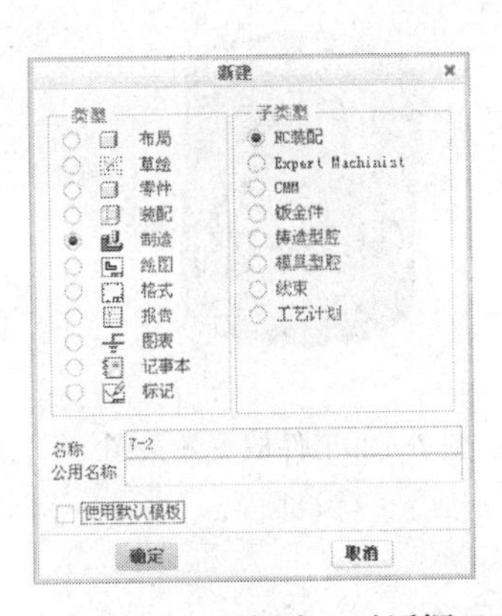

图 7-8 “新建”对话框

图 7-9 “新文件选项”对话框

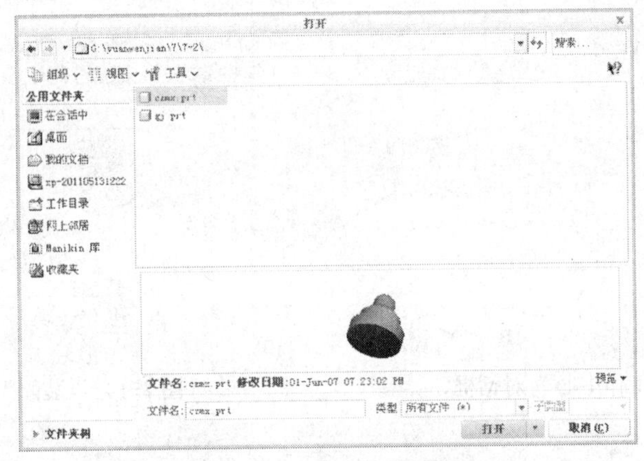

图 7-10 “打开”对话框

系统打开“元件放置”操控面板，选择约束类型为“默认”，表示在默认位置装配参照模型。此时操控板上“状况”后面显示为“完全约束”。单击操控板中的“完成”按钮，在系统打开的“警告”对话框中单击确定按钮完成模型放置，放置效果如图 7-11 所示。

（2）装配工件

1）在“制造”功能区“元件”面板上单击“工件”下拉列表中的“装配工件”按钮，则系统再次弹出“打开”对话框。在对话框中选择光盘文件“yuanwenjian\7\7-2\gj.prt”，然后单击对话框中的打开按钮。

2）系统打开“元件放置”操控面板，选择约束类型为“默认”，表示在默认位置装配参考模型。此时操控板上“状况”后面显示为“完全约束”。单击操控板中的“完成”按钮，完成模型放置，放置效果如图 7-12 所示。

3．区域车削加工操作设置

（1）定义工作机床。在“制造”功能区“机床设置”面板上单击“工作中心”下拉列表中的“车床”按钮，则系统打开如图 7-13 所示的“车床工作中心”对话框，在“名称”后的文本框中输入操作名称“7-2”；在“转塔数”下拉框中选择塔台数为“1”。单击“装配”选项卡，在“方向”下拉框中选择“水平”选项，如图 7-14 所示，单击“确定”按钮，完成机床定义。

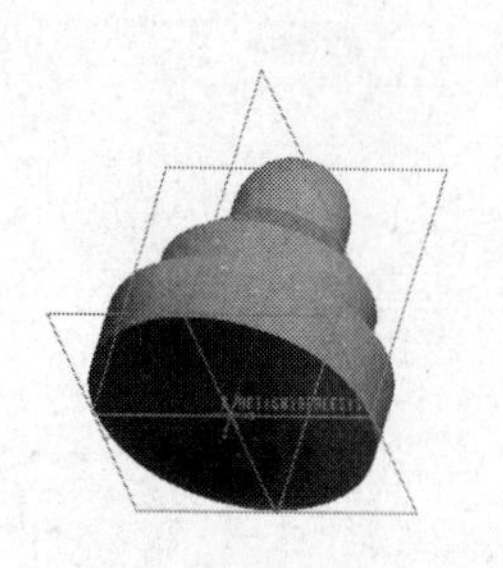

图 7-11 装配后的参考模型

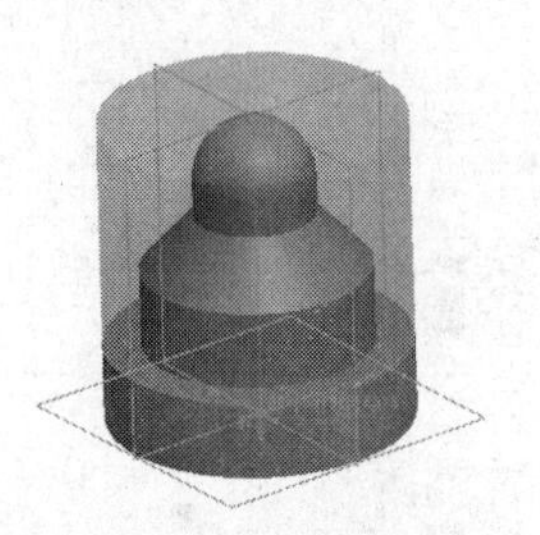

图 7-12 工件放置效果图

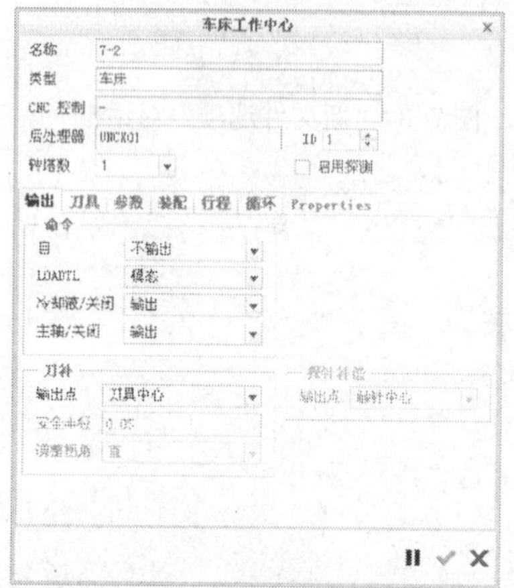

图 7-13 “车床工作中心”对话框

图 7-14 “装配”选项卡

（2）操作设置

1）定义加工零点。单击“制造”功能区“工艺”面板上的“操作”按钮，系统将打开如图 7-15 所示的“操作”操控面板。

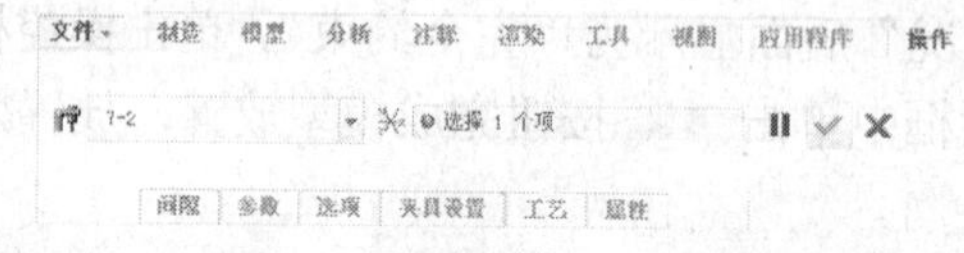

图 7-15 “操作”操控面板

用户可以直接在模型树窗口中精确选择现有的坐标系，也可以自行创建一个新的坐标系。本实例采用后者，单击“模型”功能区“基准”面板上的“坐标系”按钮，系统打开如图 7-16 所示的“坐标系”对话框，然后按住 Ctrl 键，在制造模型中依次选择 NC_ASM_TOP、NC_ASM_RIGHT、NC_ASM_FRONT 基准平面，此时“坐标系”对话框中的设置如图 7-17 所示。选择“方向”选项卡，单击“反向”按钮调整，对话框设置如图 7-18 所示，其中 Z 轴的方向如图 7-19 所示。最后单击“坐标系”对话框中的 确定 按钮，完成坐标系创建。在模型中选择新创建的坐标系。

2）定义退刀面。单击“间隙”下拉按钮，在下滑面板中设置退刀类型为“平面”；选择参考为新创建的坐标系；设置沿加工坐标系 Z 轴的深度值为“450”，下滑面板设置如图 7-20 所示，创建的平面如图 7-21 所示。单击操控面板中的“完成”按钮，完成设置。

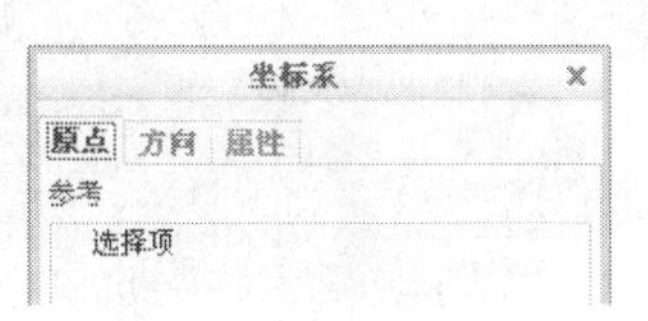

图 7-16 “坐标系”对话框

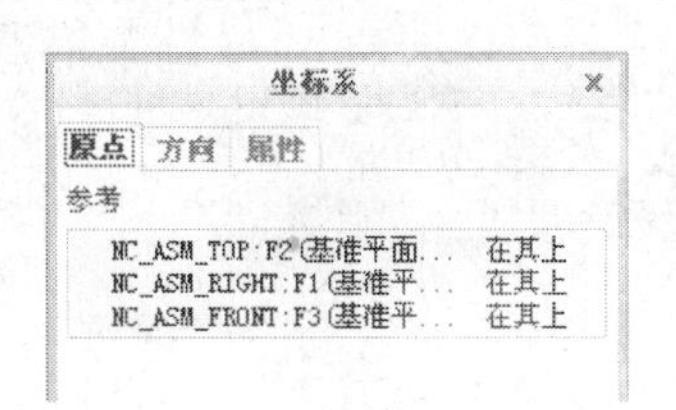

图 7-17 “坐标系”对话框设置

图 7-18 调整方向设置

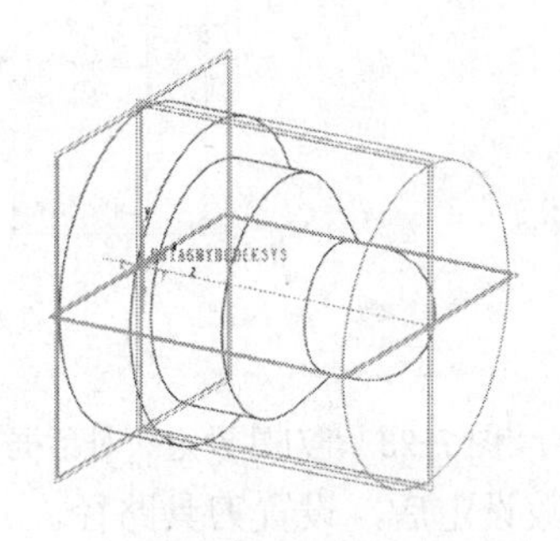

图 7-19 Z 轴方向

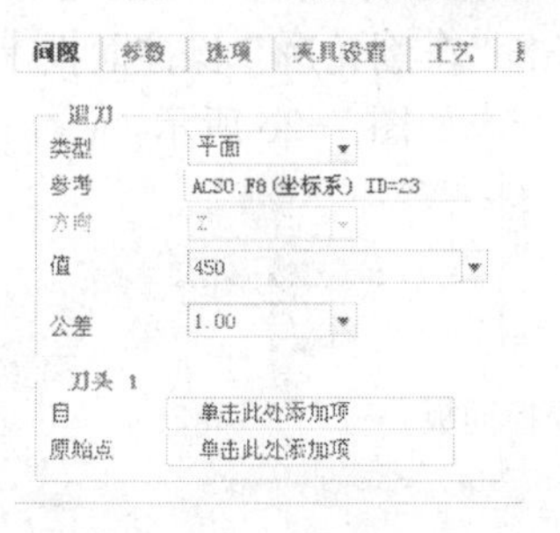

图 7-20 “间隙”下滑面板

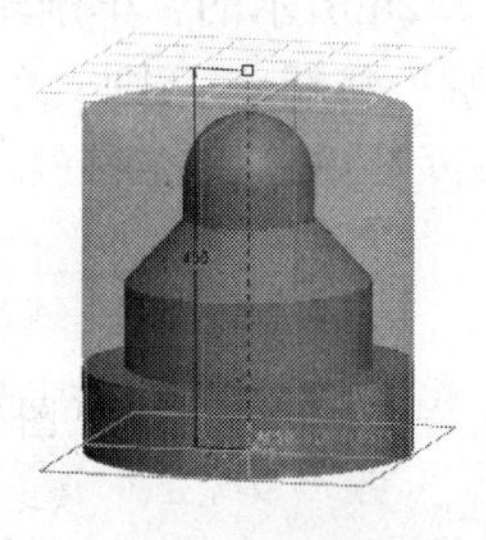

图 7-21 创建的退刀面

4．区域车削 NC 加工序列

（1）此时在功能区弹出“车削”功能区，单击“车削”功能区“车削”面板上的“区域车削”按钮，系统打开“区域车削”操控面板，如图 7-22 所示。

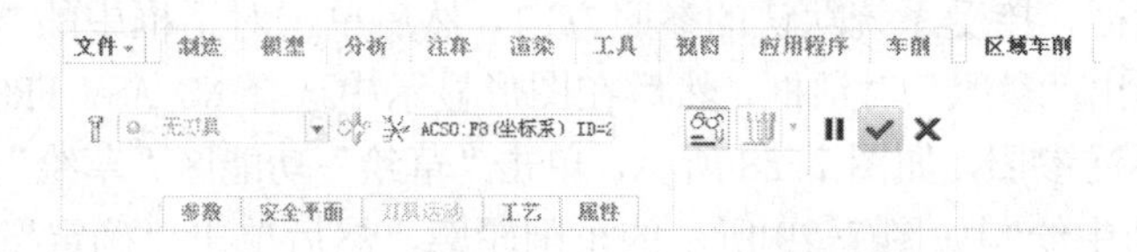

图 7-22 “区域车削”操控面板

（2）在操控面板上单击“刀具管理器”按钮，系统打开“刀具设定”对话框，定义表面铣削加工刀具，设置如图 7-23 所示，设置完成后依次单击“刀具设定”对话框中的 应用 → 确定 按钮。

（3）结束刀具的设定后，单击操控面板上的“参数”下滑按钮，弹出“参数”下滑面板，然后按照图 7-24 所示设置各制造参数。

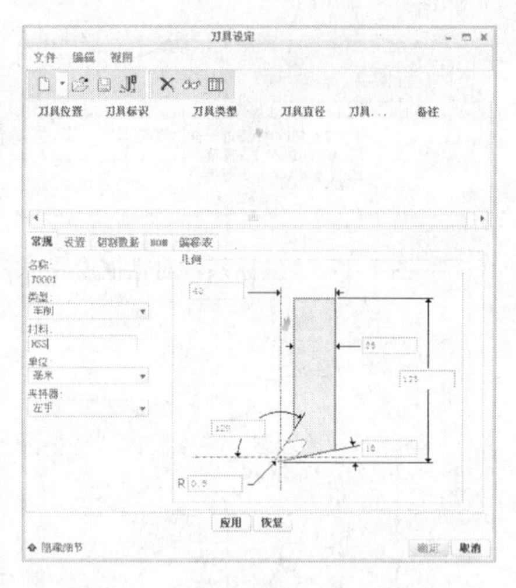

图 7-23 “刀具设定”对话框

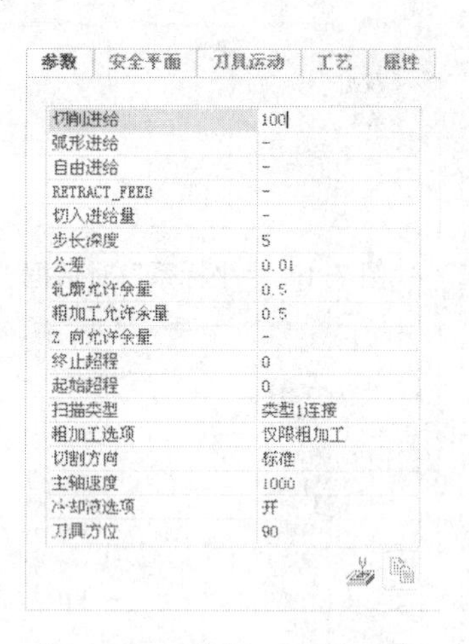

图 7-24 “参数”下滑面板

（4）参数设定后，设置刀具路径。

（5）单击功能区右侧的“几何”下拉按钮，在下拉列表中单击“车削轮廓”按钮，系统打开如图 7-25 所示的“车削轮廓”操控面板。单击“车削轮廓”操控面板上的“使用草绘定义车削轮廓”按钮，则“车削轮廓”操控面板变成如图 7-26 所示。

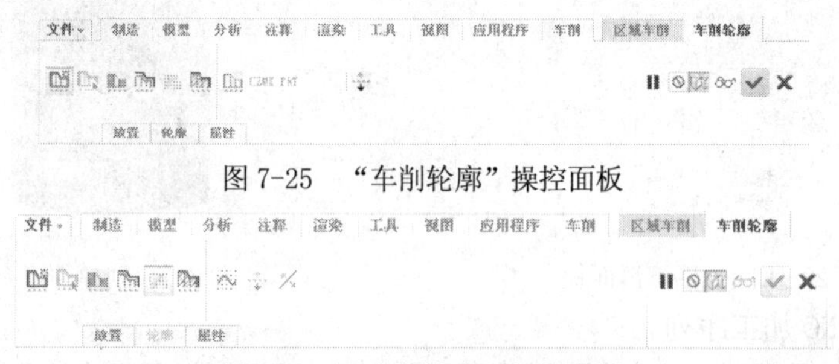

图 7-25 “车削轮廓”操控面板

图 7-26 “车削轮廓”操控面板

（6）单击“车削轮廓”操控面板上的“定义内部草绘”按钮，则系统打开如图 7-27 所示的“草绘”对话框，接受系统默认的参照方向，然后单击对话框中的 草绘 按钮。系统进入草绘界面，同时弹出“参照”对话框，然后在图形显示中选择 NC_ASM_FRONT 基准面作为草绘车削轮廓的尺寸标注参照，如图 7-28 所示。单击“草绘”功能区“草绘”面板上的“投影”按钮，在草绘界面中绘制如图 7-29 所示的车削轮廓，然后单击“确定”按钮，退出草图绘制环境。

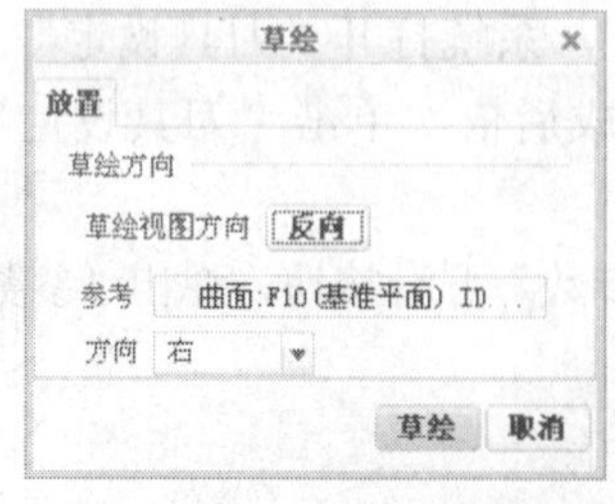

图 7-27 “草绘”对话框

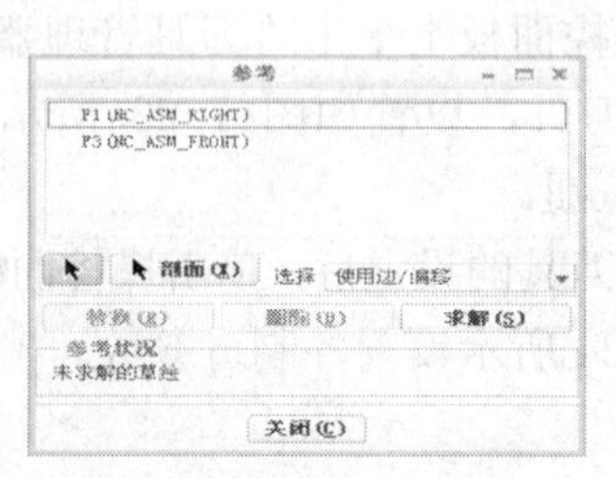

图 7-28 “参照”对话框

（7）系统返回到“车削轮廓”操控面板，然后单击操控面板上的“反向”按钮，更改材料的移除侧，结果如图 7-30 的箭头所示。最后单击操控面板中的“完成”按钮，结束车削轮廓的绘制。

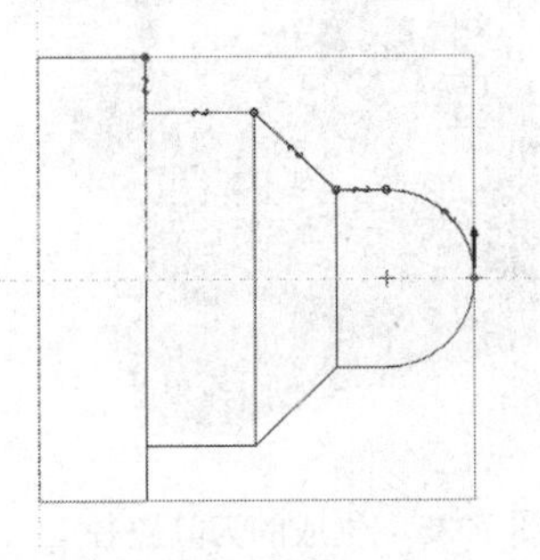

图 7-29 草绘车削轮廓

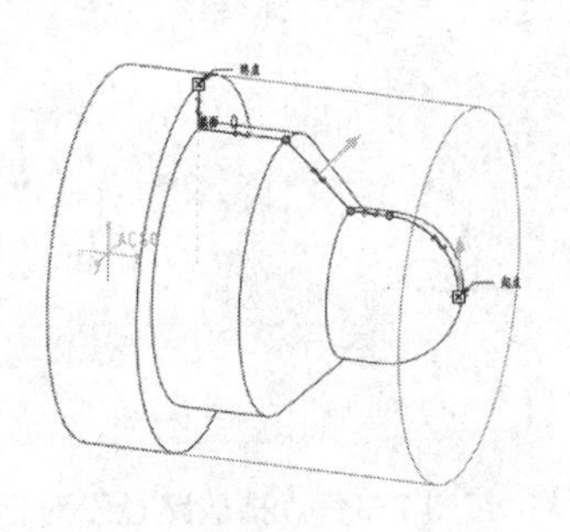

图 7-30 材料移除侧

（8）单击操控面板的“继续”按钮，即变为可编辑状态。单击操控面板上的“刀具运动”下滑按钮，弹出如图 7-31 所示的“刀具运动”下滑面板，单击“区域车削”按钮，系统打开 “区域车削切削”对话框，选取上一步创建的曲线，在对话框中选取“开始延伸”方向为“Z 正向”，此时对话框如图 7-32 所示，模型如图 7-33 所示。单击对话框中的“确定”按钮，返回到“区域车削”操控面板。至此完成了区域车削加工 NC 序列的设置。

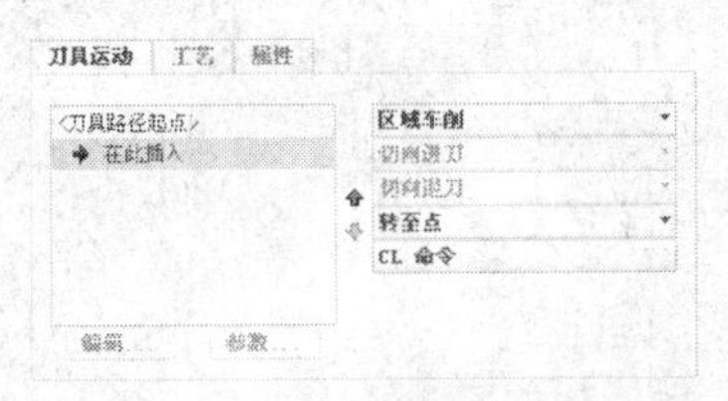

图 7-31 “刀具运动”下滑面板

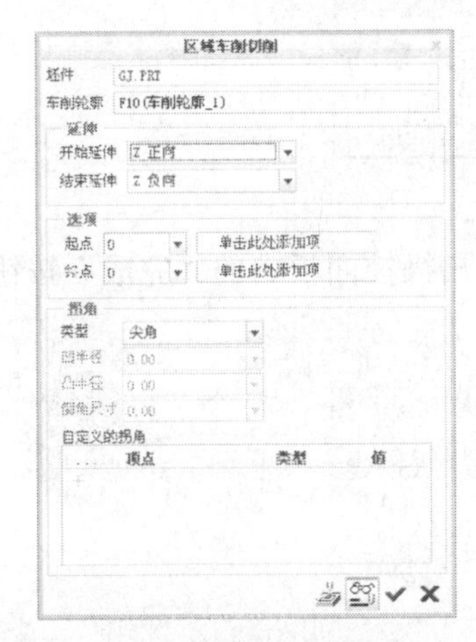

图 7-32 “区域车削切削”对话框设置

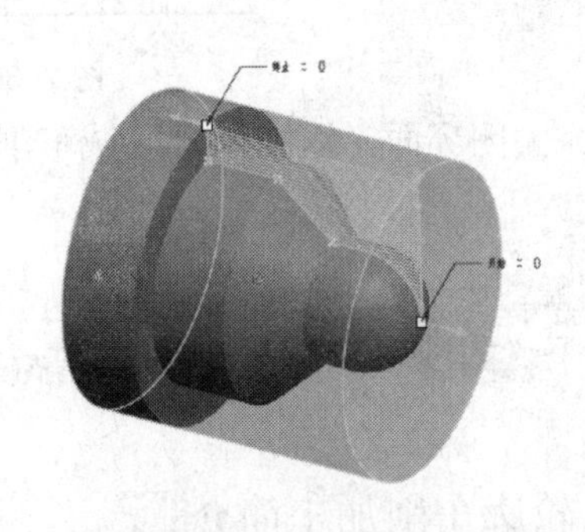

图 7-33 模型显示

5．刀具路径演示与检测

（1）在“区域车削”操控面板上单击“显示刀具路径”按钮，系统打开如图 7-34 所

示的“播放路径”对话框。适当调整演示速度后，单击对话框中的 ▶ 按钮，则系统开始在屏幕上动态演示刀具加工的路径。图 7-35 所示为屏幕演示完后的结果。

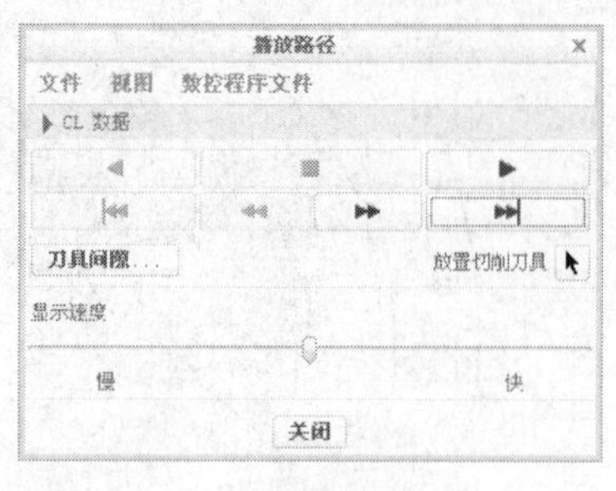

图 7-34 “播放路径”对话框

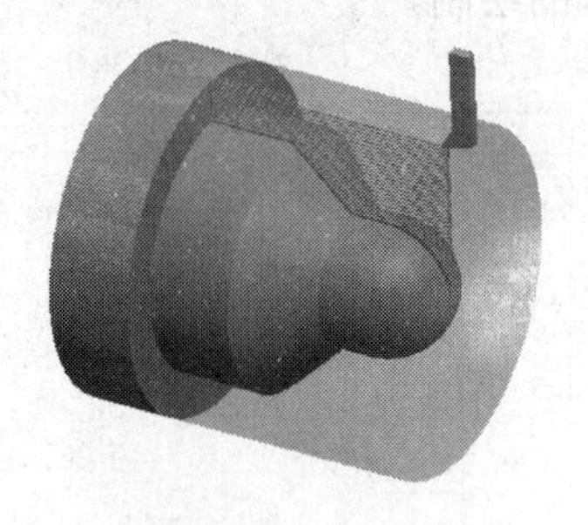

图 7-35 生成的刀具路径

（2）在“区域车削”操控面板上单击“显示刀具路径”按钮右侧的下拉按钮，在下拉列表中单击“显示切削刀具运动”按钮，系统进入 VERICUT 仿真模拟工作界面，适当调整模拟速度后，单击按钮开始进行动态加工模拟。图 7-36 为加工模拟完成后的效果图。

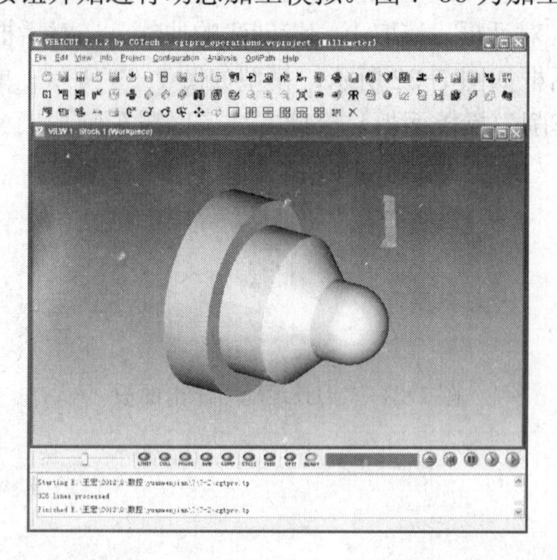

图 7-36 模拟完成后的窗口

（3）关闭界面，返回到“区域车削”操控面板，单击操控面板中的“完成”按钮，完成创建。

7.3 轮廓车削加工

7.3.1 轮廓车削加工简介

轮廓车削主要是针对回转体零件的外形轮廓所使用的一种加工方法。加工时刀具沿着用户指定的轮廓一次走刀完成所有轮廓的加工。因此，该车削加工方式一般用于精车加工，但在切削余量不大的情况下也可以用于粗车加工。

7.3.2　车削轮廓设置

与区域车削加工一样，轮廓车削加工的“车削轮廓”设置，也是通过车削轮廓操控面板来进行，请读者参阅本书 7.2.2 节。

7.3.3　轮廓车削加工参数说明

轮廓车削加工参数的设置在如图 7-37 所示的“轮廓车削”操控面板上的“参数”下滑面板中进行。其中大部分参数选项在区域车削加工中出现，下面着重对新出现的参数选项进行说明。

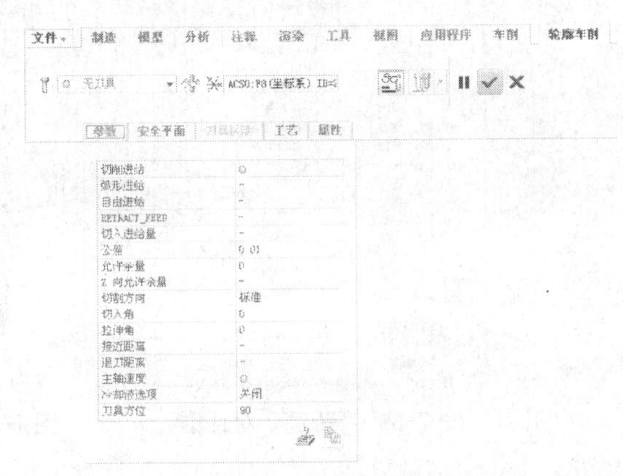

图 7-37 “参数”下滑面板

- “允许余量”：用于设置轮廓车削后留在所有曲面上的加工余量。
- “切入角”：用于设置刀具切入材料时与 Z 轴的夹角。
- “拉伸角”：用于设置刀具退出切削时与 Z 轴的夹角。
- “接近距离”：用于设置刀具进入切削前所移动的距离。
- “退刀距离”：用于设置刀具退出切削后所移动的距离。

7.3.4　实例练习——轮廓车削加工

下面将通过加工图 7-38 所示的参考模型，来说明轮廓车削加工的一般流程和操作技巧。

1. 创建 NC 加工文件

（1）启动 Creo Parametric 1.0 后，选择“文件”→“新建”命令，或者单击“快速访问”工具栏中的“新建”按钮，则系统打开如图 7-39 所示的“新建”对话框。在“新建”对话框的“类型”栏中选择“制造”，在“子类型”栏中选择“NC 装配”，然后在“名称”文本框中输入名称“7-3”，同时取消对“使用默认模板”复选框的勾选，最后单击对话框中的 确定 按钮。

（2）系统打开“新文件选项”对话框，在“模板”选项框中选择“mmns_mfg_nc”选项，

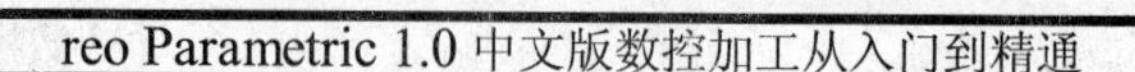

接着单击对话框中的 确定 按钮进入系统的 NC 加工界面。

2. 创建制造模型

(1) 装配参考模型

1) 在“制造”功能区“元件”面板上单击“参考模型”下拉列表中的“装配参考模型”按钮，则系统打开“打开”对话框，在对话框中选择光盘文件“yuanwenjian\7\7-3\czmx.prt”，然后单击对话框中的 打开 按钮，则系统立即在图形显示区中导入参考模型。

2) 系统打开“元件放置”操控面板，选择约束类型为“默认”，表示在默认位置装配参照模型。此时操控板上“状况”后面显示为“完全约束”。单击操控板中的“完成”按钮，在系统打开的“警告”对话框中单击 确定 按钮完成模型放置，放置效果如图 7-40 所示。

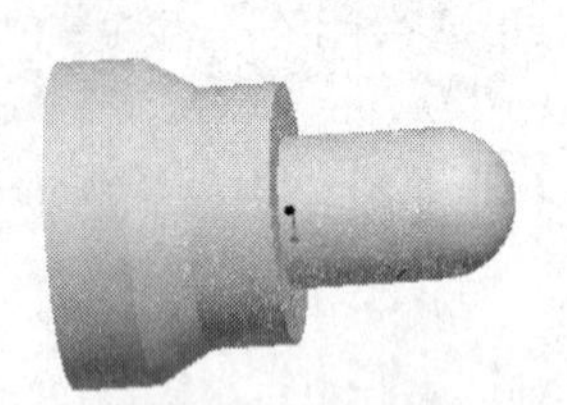
图 7-38 参考模型

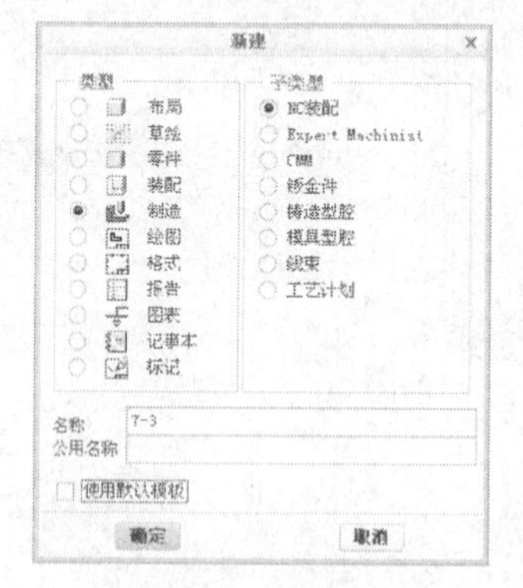

图 7-39 “新建”对话框

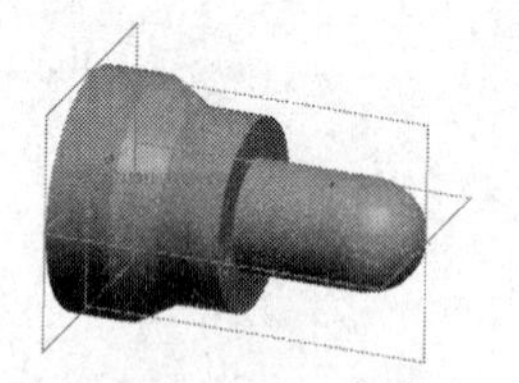
图 7-40 装配后的参考模型

(2) 装配工件

1) 在“制造”功能区“元件”面板上单击“工件”下拉列表中的“装配工件”按钮，则系统再次弹出“打开”对话框。在对话框中选择光盘文件“yuanwenjian\7\7-3\gj.prt”，然后单击对话框中的 打开 按钮。

2) 系统打开“元件放置”操控面板，选择约束类型为“默认”，表示在默认位置装配参考模型。此时操控板上“状况”后面显示为“完全约束”。单击操控板中的“完成”按钮，完成模型放置，放置效果如图 7-41 所示。

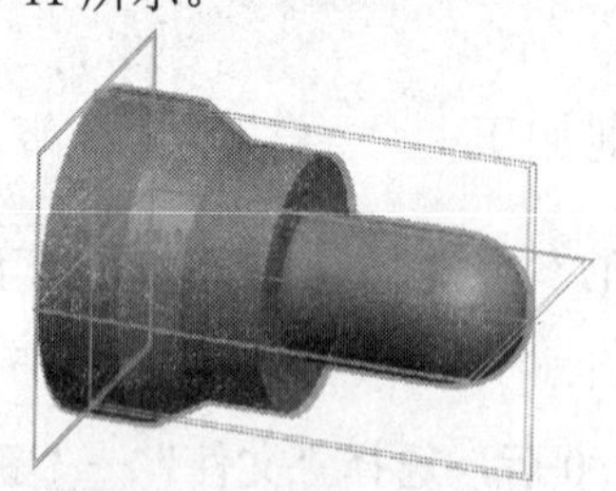
图 7-41 工件放置效果图

3. 轮廓车削加工操作设置

(1) 定义工作机床。在“制造”功能区“机床设置”面板上单击“工作中心”下拉列表中的“车床”按钮，则系统打开如图 7-42 所示的“车床工作中心”对话框，在“名称”后的文本框中输入操作名称“7-3”；在“转塔数”下拉框中选择塔台数为“1”。单击“装配”

选项卡，在“方向”下拉框中选择“水平”选项，如图 7-43 所示，单击“确定”按钮✓，完成机床定义。

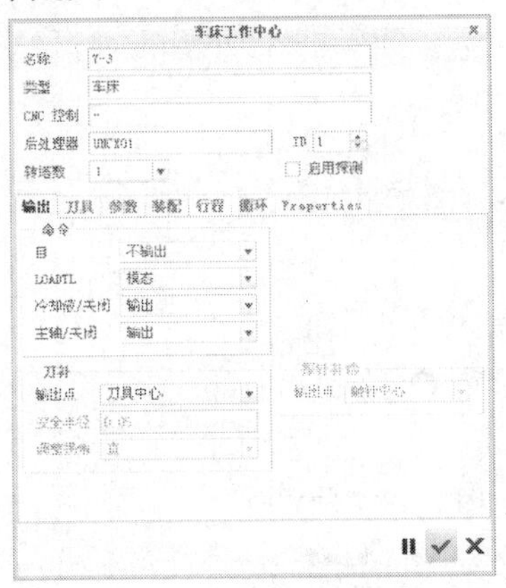

图 7-42　“车床工作中心”对话框

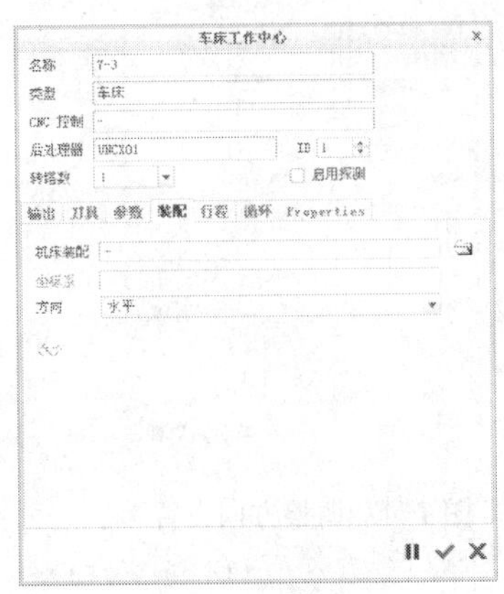

图 7-43　“装配”选项卡

（2）操作设置

1）定义加工零点。单击“制造”功能区“工艺”面板上的“操作”按钮，系统将打开如图 7-44 所示的“操作”操控面板。

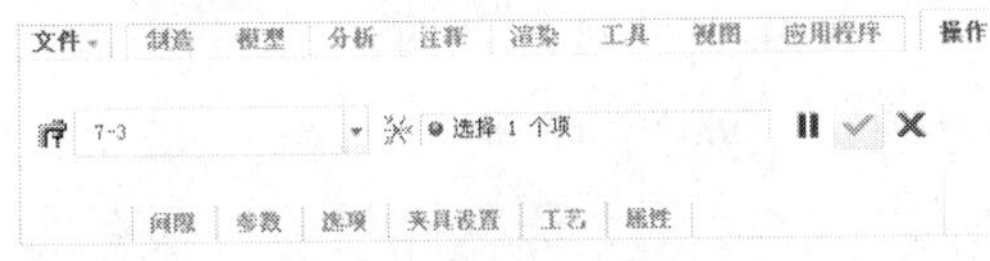

图 7-44　“操作”操控面板

2）用户可以直接在模型树窗口中精确选择现有的坐标系，也可以自行创建一个新的坐标系。本实例采用后者，单击“模型”功能区“基准”面板上的“坐标系”按钮，系统打开如图 7-45 所示的“坐标系”对话框，然后按住 Ctrl 键，在制造模型中依次选择 NC_ASM_TOP、NC_ASM_RIGHT、NC_ASM_FRONT 基准平面，此时“坐标系”对话框中的设置如图 7-46 所示。选择“方向”选项卡，单击“反向”按钮调整，对话框设置如图 7-47 所示，其中 Z 轴的方向如图 7-48 所示。最后单击“坐标系”对话框中的 确定 按钮，完成坐标系创建。在模型中选择新创建的坐标系作为加工零点。

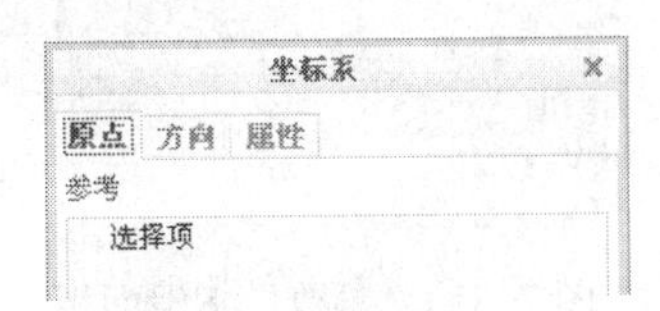

图 7-45　“坐标系”对话框

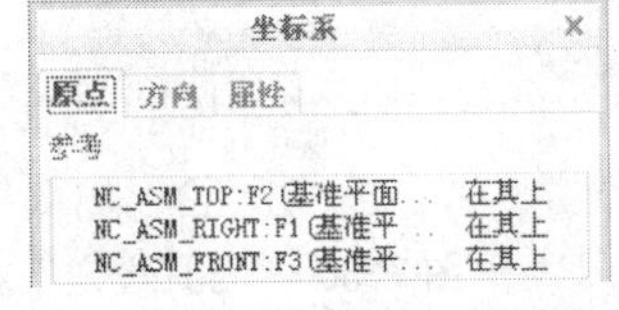

图 7-46　“坐标系”对话框设置

3）单击操控面板中的“完成”按钮✓，至此完成了轮廓车削加工的操作设置。

4．创建轮廓车削 NC 加工序列

（1）此时在功能区弹出“车削”功能区，单击“车削”功能区“车削”面板上的“轮廓车削”按钮，系统打开“轮廓车削”操控面板，如图 7-49 所示。

（2）在操控面板上单击“刀具管理器”按钮，系统打开“刀具设定”对话框，定义表面铣削加工刀具，设置如图 7-50 所示，设置完成后依次单击“刀具设定”对话框中的

应用 → 确定 按钮。

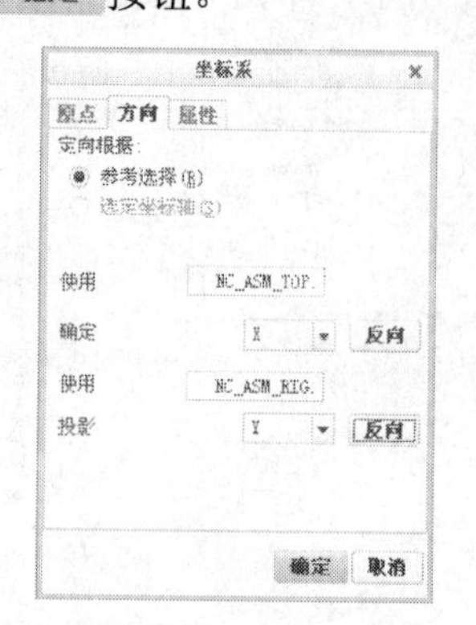

图 7-47 调整方向设置

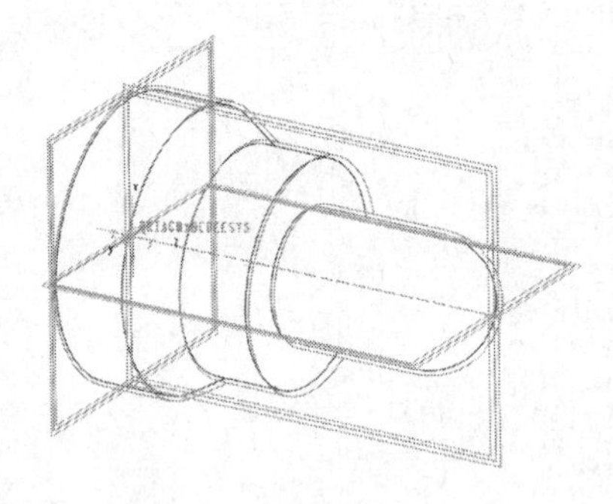

图 7-48 Z 轴方向

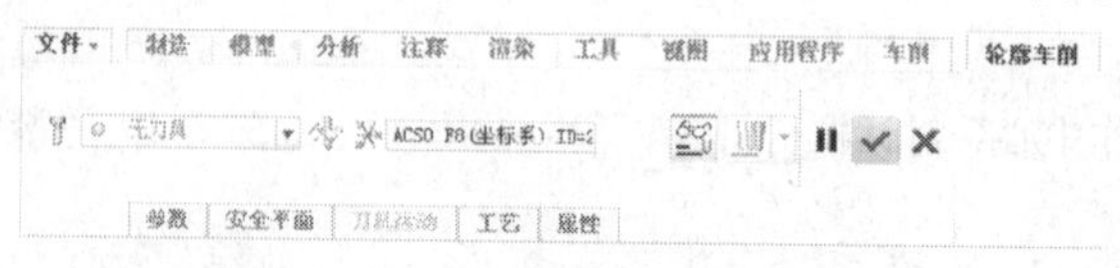

图 7-49 “轮廓车削”操控面板

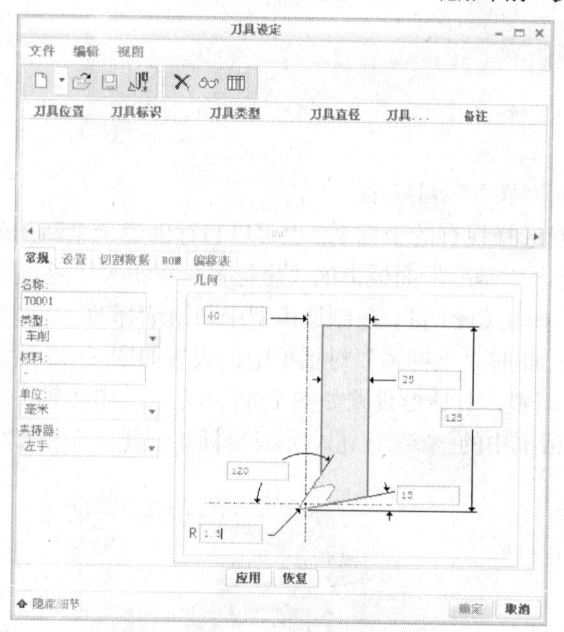

图 7-50 “刀具设定”对话框

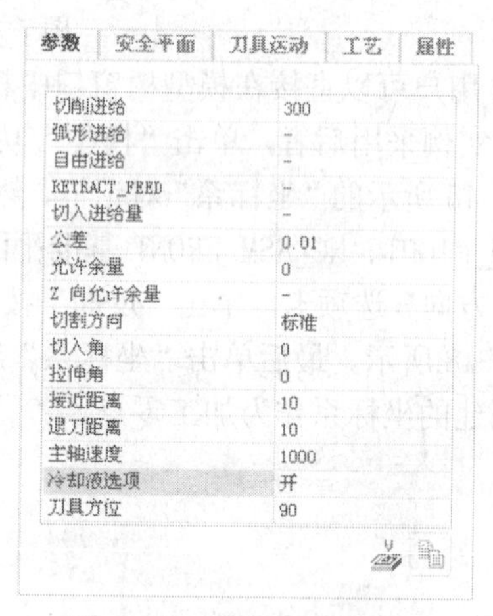

图 7-51 “参数”下滑面板

（3）结束刀具的设定后，单击操控面板上的“参数”下滑按钮，弹出“参数”下滑面板，然后按照图 7-51 所示设置各制造参数。

（4）参数设定后，设置刀具路径。

（5）单击功能区右侧的“几何”下拉按钮，在下拉列表中单击“车削轮廓”按钮，系统打开如图 7-52 所示的“车削轮廓”操控面板。单击“车削轮廓”操控面板上的“使用曲面定义车削轮廓”按钮，则“车削轮廓”操控面板变成如图 7-53 所示。

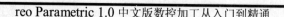

（6）按住 Ctrl 键在图形显示区中选择如图 7-54 所示的两个曲面。可以在模型上单击箭

头修改起始点，结果如图7-55所示。最后单击操控面板中的“完成”按钮✔，完成设置。

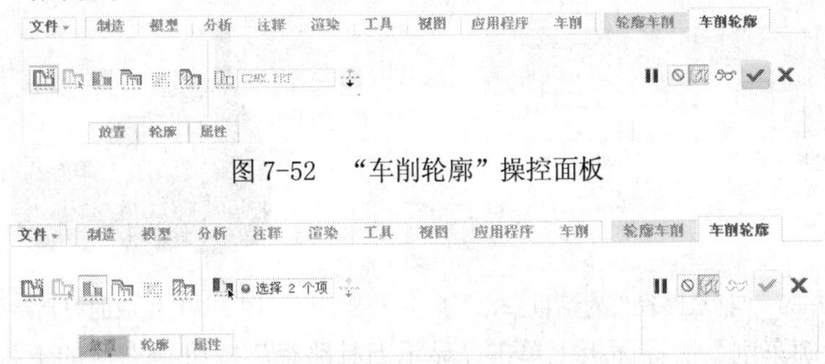
图7-52　“车削轮廓”操控面板

图7-53　“车削轮廓”操控面板

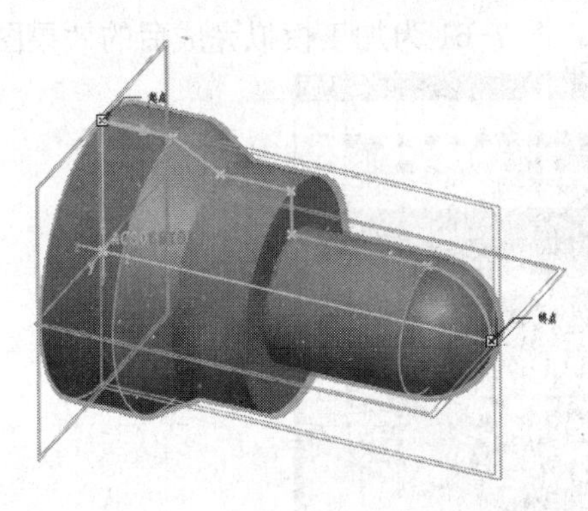
图7-54 选择的曲面

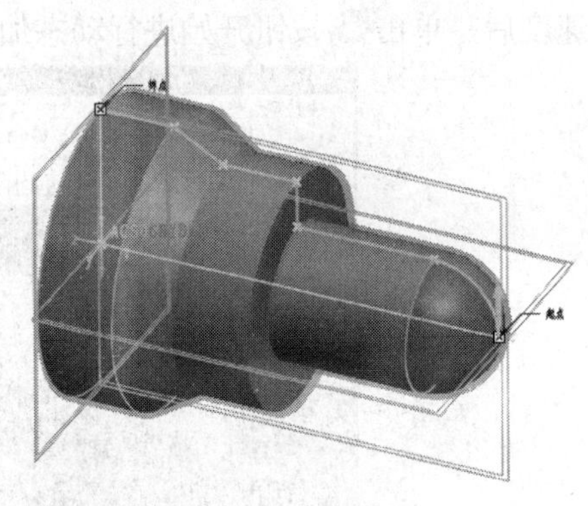
图7-55 更改后的车削轮廓方向

（7）单击操控面板的“继续”▶按钮，即变为可编辑状态。单击操控面板上的“刀具运动”下滑按钮，弹出如图7-56所示的“刀具运动”下滑面板，单击“轮廓车削”按钮，系统打开 “轮廓车削切削”对话框，选取上一步创建的曲线，此时对话框如图7-57所示、模型如图7-58所示。单击对话框中的“确定”按钮✔，返回到“区域车削”操控面板。至此完成了轮廓车削加工NC序列的设置。

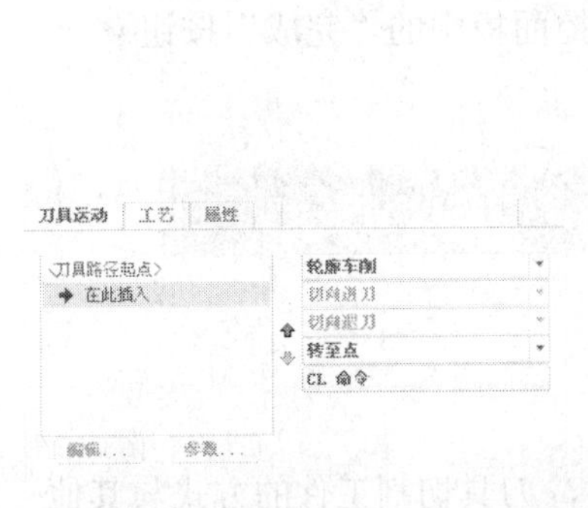

图7-56　“刀具运动”下滑面板

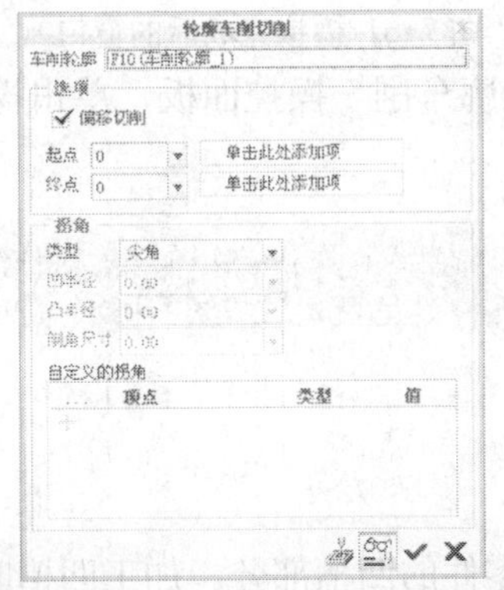

图7-57　“轮廓车削切削”对话框

图7-58 模型显示

5．刀具路径演示与检测

（1）在“轮廓车削”操控面板上单击“显示刀具路径”按钮，系统打开如图7-59所示的“播放路径”对话框，适当调整演示速度后，单击对话框中的▶按钮，则系统

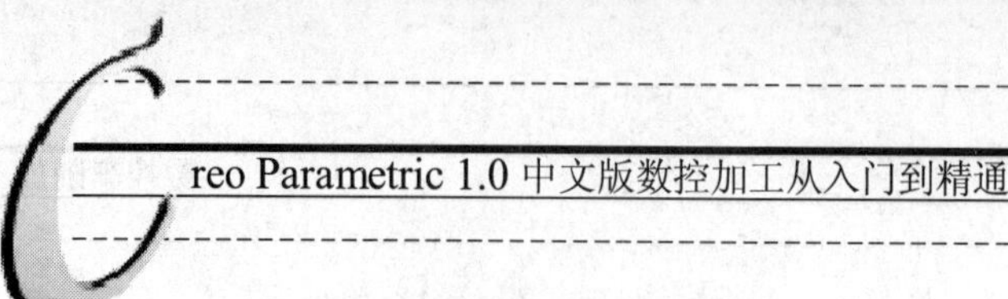

开始在屏幕上动态演示刀具加工的路径。图 7-60 所示为屏幕演示完后的结果。

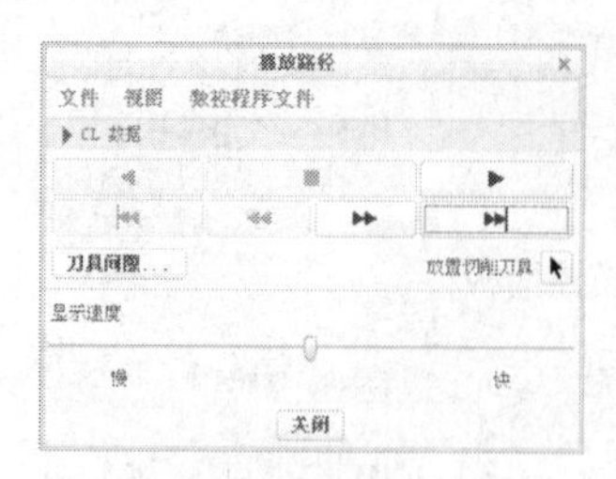

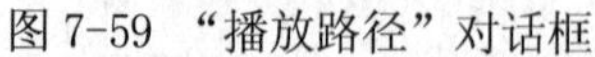
图 7-59 “播放路径”对话框

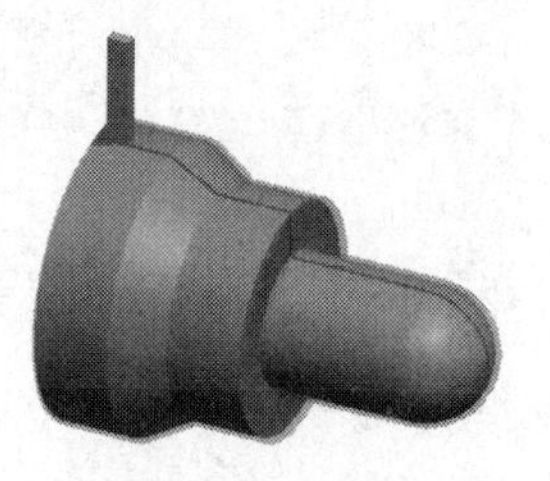
图 7-60 生成的刀具路径

（2）在“轮廓车削”操控面板上单击“显示刀具路径”按钮右侧的下拉按钮，在下拉列表中单击“显示切削刀具运动”按钮，系统进入 VERICUT 仿真模拟工作界面，适当调整模拟速度后，单击按钮开始进行动态加工模拟。图 7-61 为加工模拟完成后的效果图。

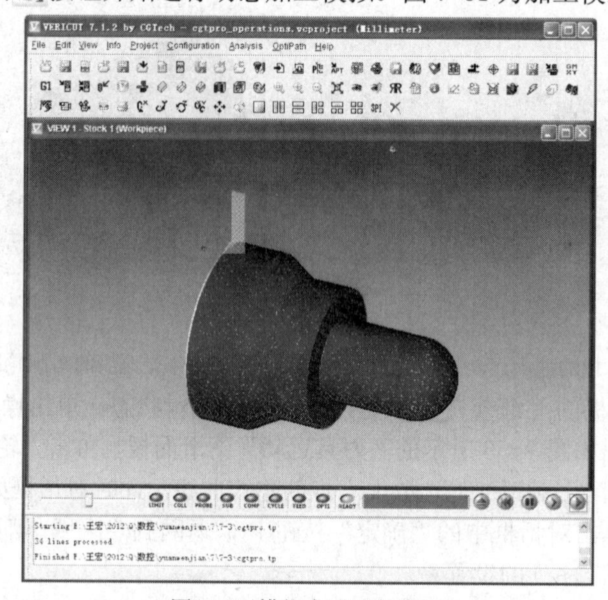

图 7-61 模拟完成后的窗口

（3）关闭界面，返回到“轮廓车削”操控面板，单击操控面板中的“完成”按钮，完成创建。

7.4 槽车削加工

7.4.1 槽车削加工简介

槽车削主要用于加工回转体零件的凹槽部分。加工凹槽时，刀具切割工件的方式与其他车削方式不同，它是在垂直于回转体轴线的方向进刀，切到规定深度后在垂直于主轴轴线的方向退刀，而其他车削是平行于回转体轴线进行切削的。所以槽车削加工用的刀具与其他车削加工方式的刀具也有所不同。槽车削所用的车刀两侧都有切削刃，且刀具控制点在左侧刀尖半径的中心，故它可以对凹槽两侧同时进行车削。

7.4.2　槽车削轮廓设置

槽车削加工的“车削轮廓”设置，也是通过车削轮廓操控面板来进行的，读者可参阅本章 7.2.2 节。

7.4.3　槽车削加工参数说明

槽车削加工参数的设置在如图 7-62 所示的“槽车削”操控面板上的“参数”下滑面板中进行。下面着重对新出现的参数选项进行说明。

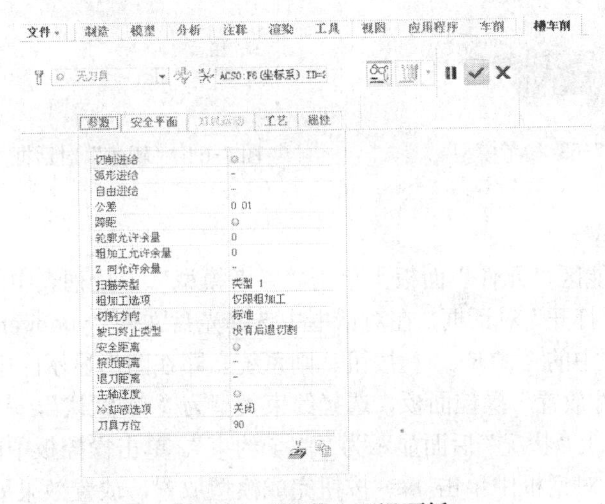

图 7-62 “参数”下滑面板

- “跨距”：用于设置相邻两次切削间的距离。
- “坡口终止类型”：用于设置轮廓走刀时是否执行中间退刀。在该参数项中，系统提供了以下两个预设值。
    - “连续的”：刀具从一侧进入凹槽，对整个凹槽进行切削，然后从另一侧退出。
    - “没有后退切割”：刀具从一侧进入凹槽，沿着凹槽轮廓在某一中间点退刀，从另一侧进入并完成切削。

7.4.4　实例练习——槽车削加工

下面将通过加工图 7-63 所示参考模型的凹槽，来说明槽车削加工的一般流程和操作技巧。

1. 创建 NC 加工文件

（1）启动 Creo Parametric 1.0 后，选择“文件”→“新建”命令，或者单击“快速访问”工具栏中的“新建”按钮，则系统打开如图 7-64 所示的“新建”对话框。在“新建”

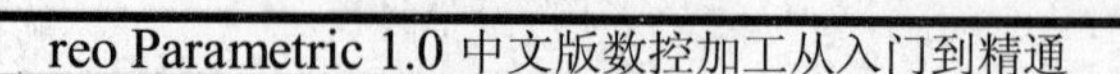

对话框的“类型”栏中选择“制造”，在“子类型”栏中选择“NC 装配”，然后在“名称”文本框中输入名称“7-4”，同时取消对“使用默认模板”复选框的勾选，最后单击对话框中的 确定 按钮。

（2）系统打开“新文件选项”对话框，在“模板”选项框中选择“mmns_mfg_nc”选项，接着单击对话框中的 确定 按钮进入系统的 NC 加工界面。

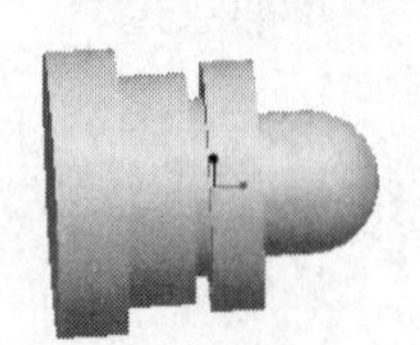

图 7-63 参考模型

图 7-64 “新建”对话框

2. 创建制造模型

（1）装配参考模型

1）在“制造”功能区“元件”面板上单击“参考模型”下拉列表中的“装配参考模型”按钮，则系统打开“打开”对话框，在对话框中选择光盘文件“yuanwenjian\7\7-4\czmx.prt”，然后单击对话框中的 打开 按钮。则系统立即在图形显示区中导入参考模型。

2）系统打开“元件放置”操控面板，选择约束类型为“默认”，表示在默认位置装配参照模型。此时操控板上“状况”后面显示为“完全约束”。单击操控板中的“完成”按钮，在系统打开的“警告”对话框中单击 确定 按钮完成模型放置，放置效果如图 7-65 所示。

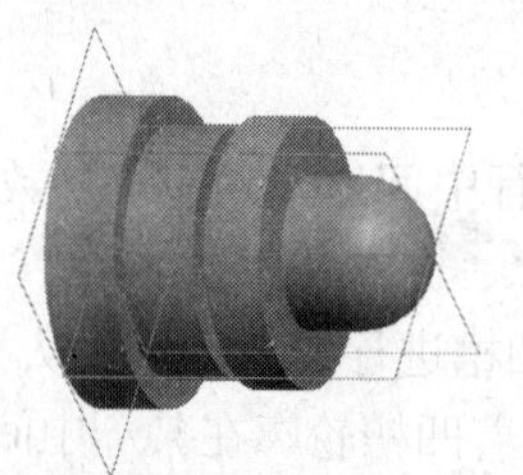

图 7-65 装配后的参考模型

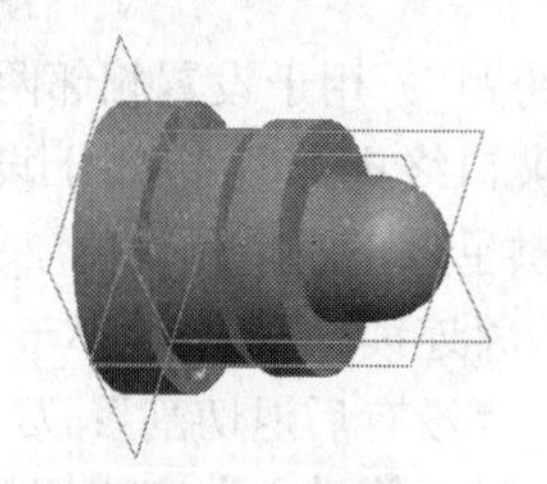

图 7-66 工件放置效果图

（2）装配工件

1）在“制造”功能区“元件”面板上单击“工件”下拉列表中的“装配工件”按钮，则系统再次弹出“打开”对话框。在对话框中选择光盘文件“yuanwenjian\7\7-4\gj.prt”，然后单击对话框中的 打开 按钮。

2）系统打开“元件放置”操控面板，选择约束类型为“默认”，表示在默认位置装配参考模型。此时操控板上“状况”后面显示为“完全约束”。单击操控板中的“完成”按钮，完成模型放置，放置效果如图 7-66 所示。

3. 槽车削加工操作设置

（1）定义工作机床

在“制造”功能区“机床设置”面板上单击“工作中心”下拉列表中的“车床”按钮，则系统打开如图 7-67 所示的“车床工作中心”对话框，在“名称”后的文本框中输入操作名称“7-4”；在“转塔数”下拉框中选择塔台数为“1”。单击“装配”选项卡，在“方向”下拉框中选择“水平”选项，如图 7-68 所示，单击“确定”按钮，完成机床定义。

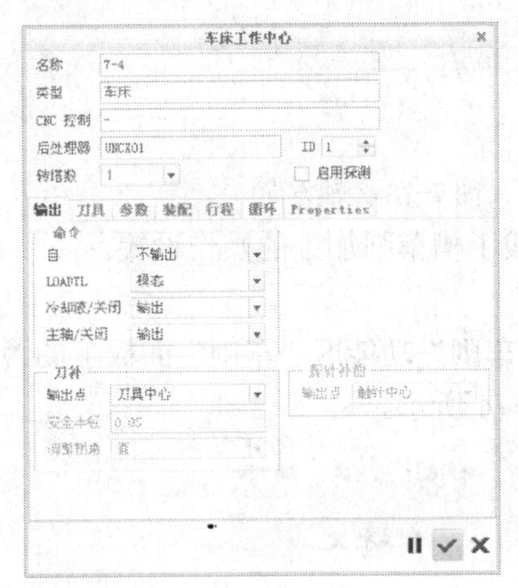

图 7-67 “车床工作中心”对话框

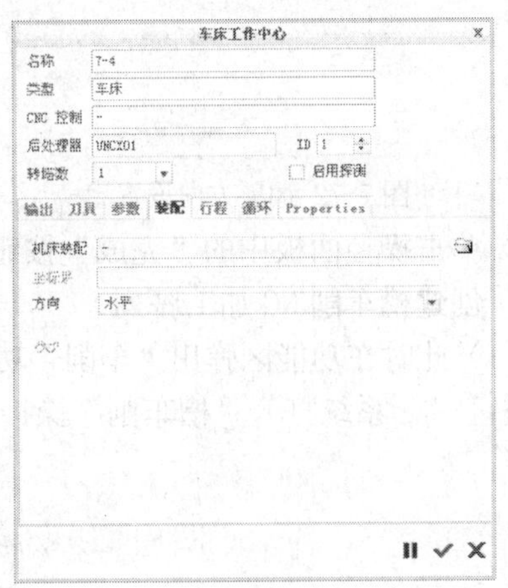

图 7-68 “装配”选项卡

（2）操作设置

1）定义加工零点。单击“制造”功能区“工艺”面板上的“操作”按钮，系统将打开如图 7-69 所示的“操作”操控面板。

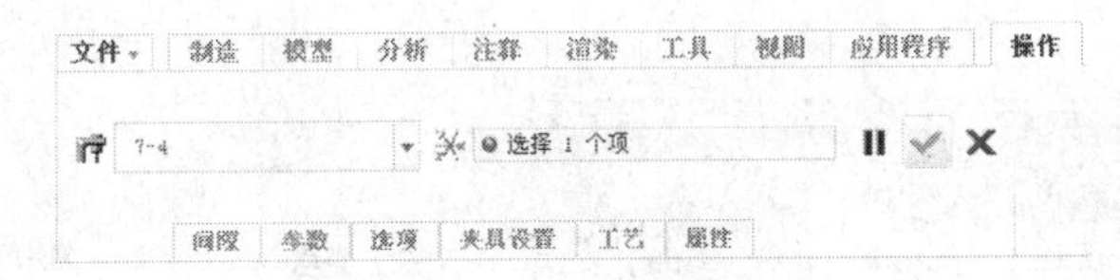

图 7-69 “操作”操控面板

2）用户可以直接在模型树窗口中精确选择现有的坐标系，也可以自行创建一个新的坐标系。本实例采用后者，单击“模型”功能区“基准”面板上的“坐标系”按钮，系统打开如图 7-70 所示的“坐标系”对话框，然后按住 Ctrl 键，在制造模型中依次选择 NC_ASM_TOP、NC_ASM_RIGHT、NC_ASM_FRONT 基准平面，此时“坐标系”对话框中的设置如图 7-71 所示。选择“方向”选项卡，单击“反向”按钮调整，对话框设置如图 7-72 所示，其中 Z 轴的方向如图 7-73 所示。最后单击“坐标系”对话框中的 确定 按钮，完成坐标系创建。在模型中选择新创建的坐标系作为加工零点。

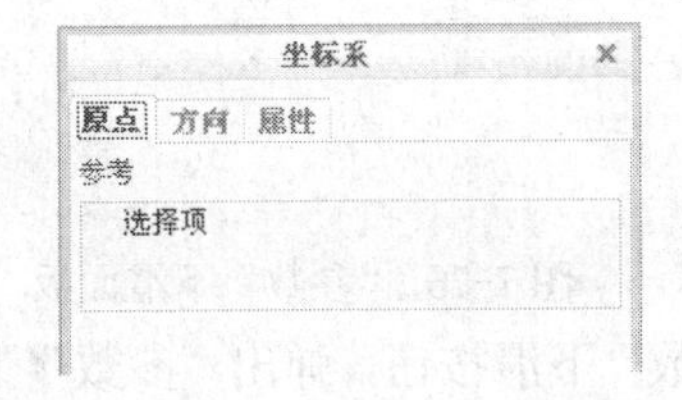

图 7-70 “坐标系”对话框

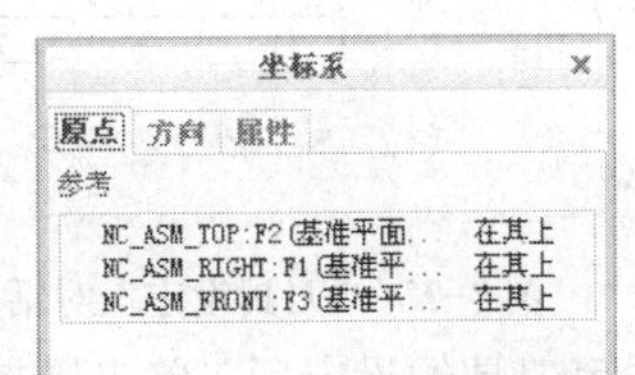

图 7-71 “坐标系”对话框设置

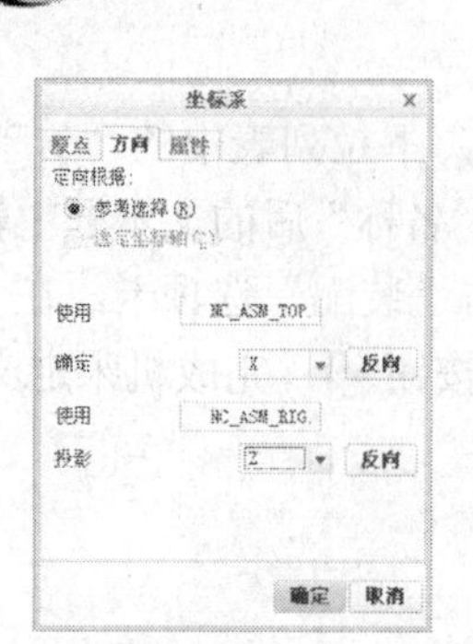

图 7-72 调整方向设置

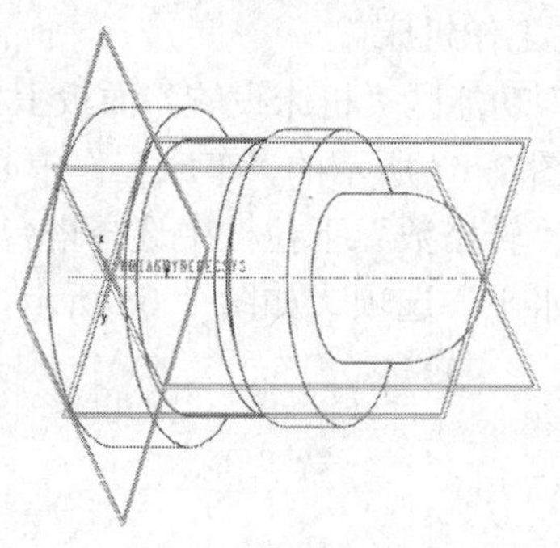

图 7-73 Z 轴方向

3）单击操控面板中的“完成”按钮✓，至此完成了槽车削加工的操作设置。

4．创建槽车削 NC 加工序列

（1）此时在功能区弹出“车削”功能区，单击“车削”功能区“车削”面板上的“槽车削”按钮，系统打开“槽车削”操控面板，如图 7-74 所示。

图 7-74 “槽车削”操控面板

（2）在操控面板上单击“刀具管理器”按钮，系统打开“刀具设定”对话框，定义表面铣削加工刀具，设置如图 7-75 所示，设置完成后依次单击“刀具设定”对话框中的 应用 → 确定 按钮。

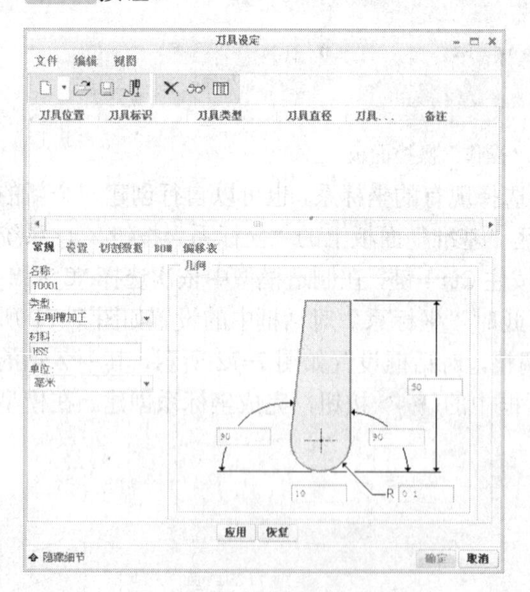

图 7-75 “刀具设定”对话框

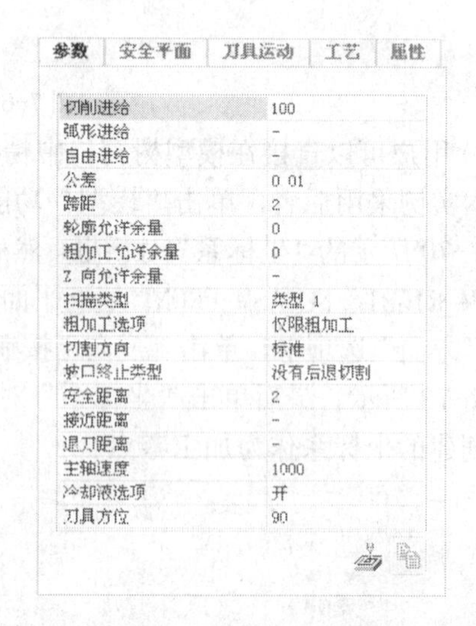

参数 安全平面 刀具运动 工艺 属性

切削进给	100
弧形进给	-
自由进给	-
公差	0.01
跨距	2
轮廓允许余量	0
粗加工允许余量	0
Z 向允许余量	-
扫描类型	类型 1
粗加工选项	仅限粗加工
切割方向	标准
坡口终止类型	没有后退切割
安全距离	2
接近距离	-
退刀距离	-
主轴速度	1000
冷却液选项	开
刀具方位	90

图 7-76 “参数”下滑面板

（3）结束刀具的设定后，单击操控面板上的“参数”下滑按钮，弹出“参数”下滑面板，然后按照图 7-76 设置各制造参数。

（4）参数设定后，设置刀具路径。

（5）单击功能区右侧的“几何”下拉按钮，在下拉列表中单击“车削轮廓”按钮，系统打开如图 7-77 所示的“车削轮廓”操控面板。单击“车削轮廓”操控面板上的“使用横截面定义车削轮廓”按钮，则“车削轮廓”操控面板变成如图 7-78 所示。此时图形显示区中的参考模型上出现一条轮廓线，如图 7-79 所示。接着用鼠标分别拖动轮廓的“起点”和“终点”到如图 7-80 所示的位置，单击箭头修改起点位置。最后单击操控面板中的“完成”按钮，完成设置。

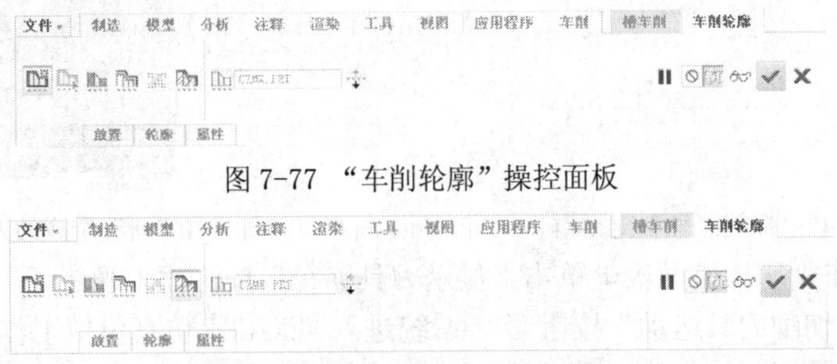

图 7-77　“车削轮廓”操控面板

图 7-78　“车削轮廓”操控面板

（6）单击操控面板的“继续”按钮，即变为可编辑状态。单击操控面板上的“刀具运动”下滑按钮，弹出如图 7-81 所示的“刀具运动”下滑面板，单击“槽车削切削”按钮，系统打开 “槽车削切削”对话框，选取上一步创建的曲线，在对话框中选取“开始延伸”方向及“结束延伸”方向都为“X 正向”，此时对话框如图 7-82 所示、模型如图 7-83 所示。单击对话框中的“确定”按钮，返回到“槽车削车削”操控面板。至此完成了槽车削 NC 加工序列的设置。

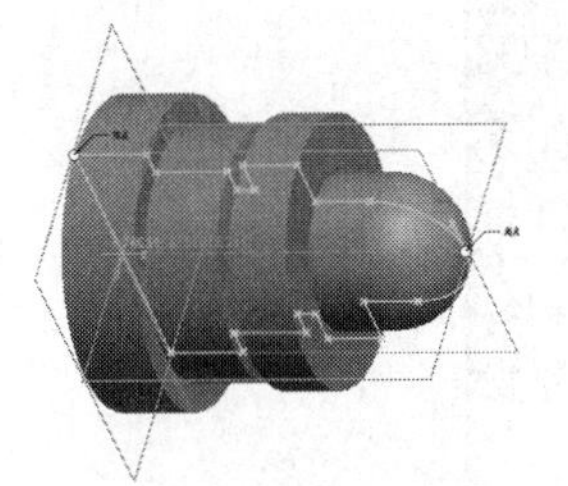

图 7-79 轮廓线

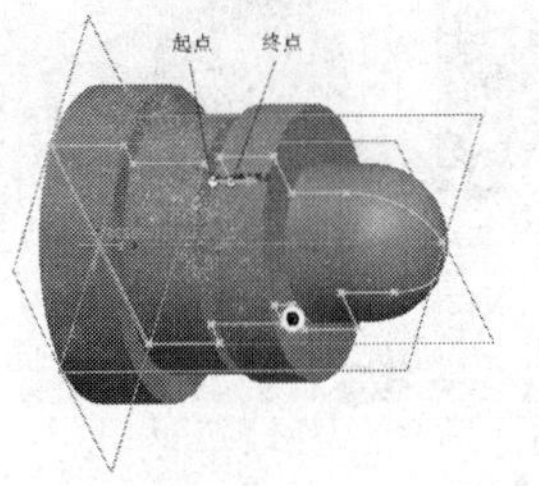

图 7-80 定义的车削轮廓线

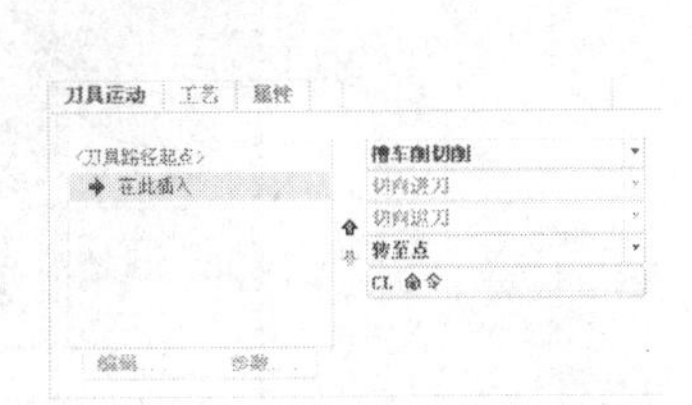

图 7-81 “刀具运动”下滑面板

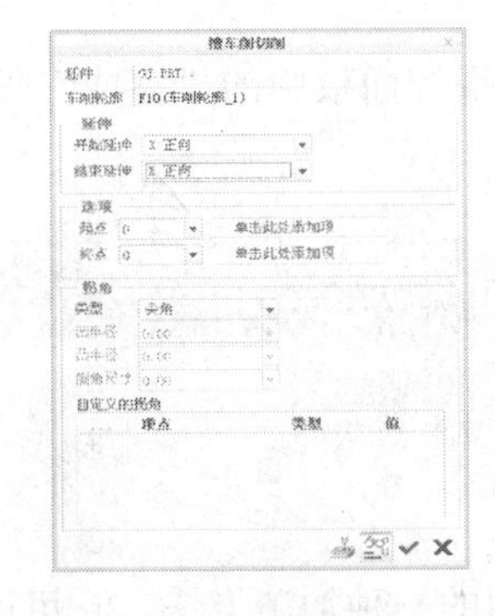

图 7-82 “槽车削切削”对话框设置

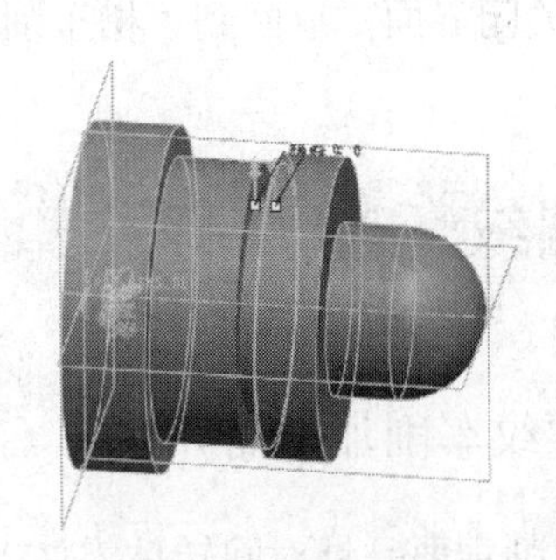

图 7-83 模型显示

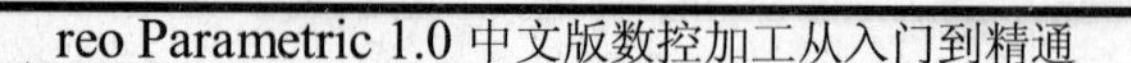

5. 刀具路径演示与检测

（1）在“槽车削”操控面板上单击“显示刀具路径”按钮，系统打开如图 7-84 所示的“播放路径”对话框，适当调整演示速度后，单击对话框中的按钮，则系统开始在屏幕上动态演示刀具加工的路径。图 7-85 所示为屏幕演示完后的结果。

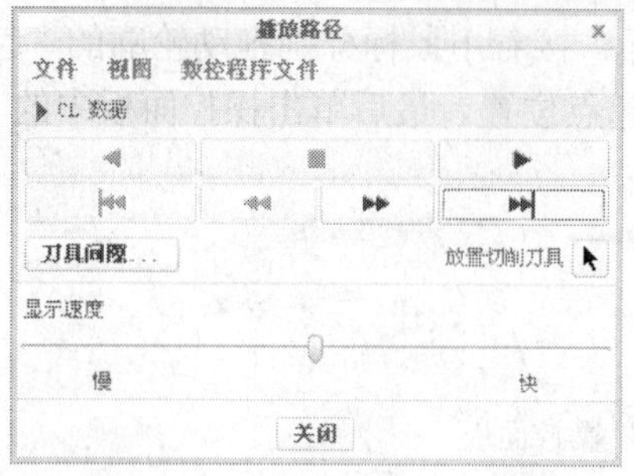

图 7-84 “播放路径”对话框

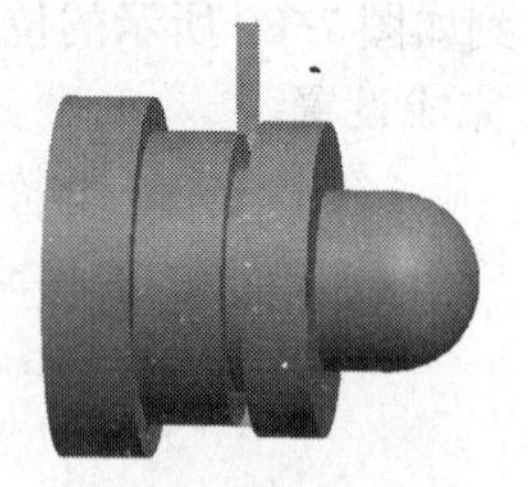

图 7-85 生成的刀具路径

（2）在“槽车削”操控面板上单击“显示刀具路径”按钮右侧的下拉按钮，在下拉列表中单击“显示切削刀具运动”按钮，系统进入 VERICUT 仿真模拟工作界面，适当调整模拟速度后，单击按钮开始进行动态加工模拟。图 7-86 所示为加工模拟完成后的效果图。

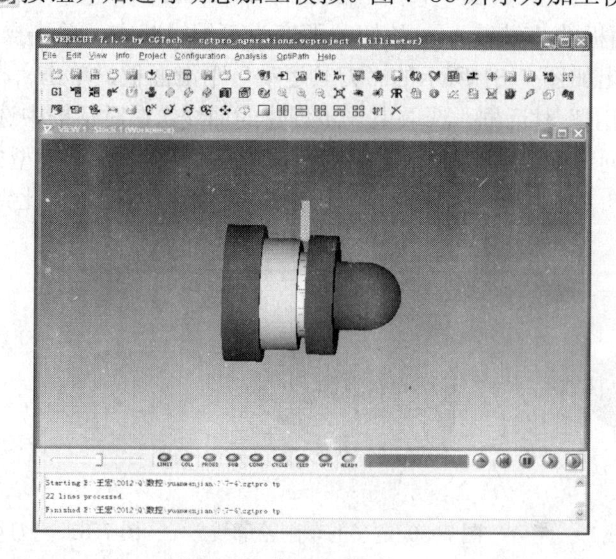

图 7-86 模拟完成后的窗口

（3）关闭界面，返回到“槽车削”操控面板，单击操控面板中的“完成”按钮，完成创建。

7.5 螺纹车削加工

7.5.1 螺纹车削加工简介

螺纹车削主要是针对回转体零件上的螺纹特征所使用的一种加工方法。它可以用来加工回转体零件上的“盲的”或“通的”内螺纹和外螺纹。在Creo/NC中螺纹车削不能进行三维实体加工模拟（即“NC检查”），但可以进行刀具路的径屏幕演示。螺纹车削必须指定主刀具运动的一条单线（对于外螺纹，此线必须外径相应；对于内螺纹，必须与内径相应），但不需要定义切削扩展方向，最后加工的螺纹深度将由“螺纹进给量”参数来计算。

7.5.2　螺纹车削轮廓设置

螺纹车削加工的“车削轮廓”设置，也是通过车削轮廓操控面板来进行的，读者可参阅本章7.2.2节。

7.5.3　螺纹车削加工参数说明

螺纹车削加工参数的设置在如图7-87所示的“螺纹车削”操控面板上的“参数”下滑面板中进行。下面着重对新出现的几个参数选项进行简单说明。

- “螺纹进给量”：用于设置螺纹的螺距值。
- “螺纹进给单位”：用于设置螺纹车削进给单位。在该参数选项中，系统提供了以下三个预设值。
  - “TPI”：螺纹/英寸。
  - “MMPR”：毫米/转。
  - “IPR”：英寸/转。
- “序号切割”：用于设置加工到螺纹指定深度的切割次数。
- “余量百分比”：用于设置每次走刀要去除剩余材料的百分比。
- “进给角度”：用于设置刀具切入螺纹时的夹角。

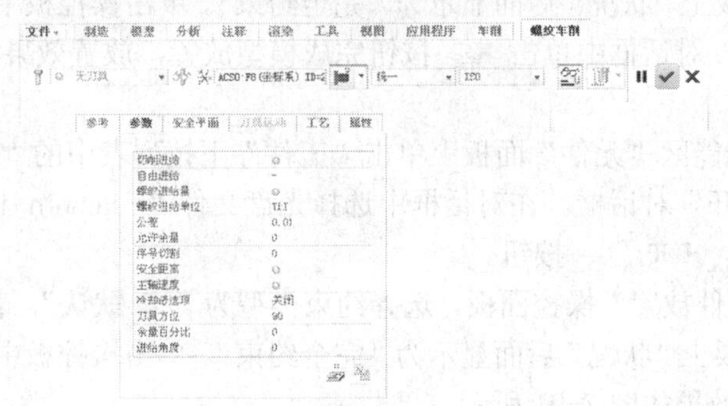

图7-87　“参数”下滑面板

7.5.4　实例练习——螺纹车削加工

下面将通过加工图7-88所示参考模型的外螺纹，来说明螺纹车削加工的一般流程和操作技巧。

1. 创建NC加工文件

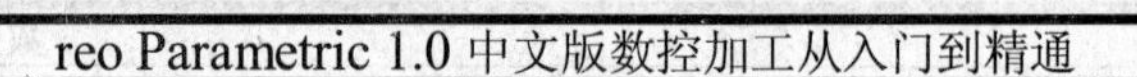

（1）启动 Creo Parametric 1.0 后，选择“文件”→“新建”命令，或者单击“快速访问”工具栏中的“新建”按钮，则系统打开如图 7-89 所示的“新建”对话框。在“新建”对话框的“类型”栏中选择“制造”，在“子类型”栏中选择“NC 装配”，然后在“名称”文本框中输入名称“7-5”，同时取消对“使用默认模板”复选框的勾选，最后单击对话框中的 确定 按钮。

（2）接着系统打开“新文件选项”对话框，在“模板”选项框中选择“mmns_mfg_nc”选项，接着单击对话框中的 确定 按钮进入系统的 NC 加工界面。

图 7-88 参考模型

图 7-89 “新建”对话框

2．创建制造模型

（1）装配参考模型

1）在“制造”功能区“元件”面板上单击“参考模型”下拉列表中的“装配参考模型”按钮，则系统打开“打开”对话框，在对话框中选择光盘文件“yuanwenjian\7\7-5\czmx.prt”，然后单击对话框中的 打开 按钮。则系统立即在图形显示区中导入参考模型。

2）系统打开“元件放置”操控面板，选择约束类型为“默认”，表示在默认位置装配参照模型。此时操控板上“状况”后面显示为“完全约束”。单击操控板中的“完成”按钮，在系统打开的“警告”对话框中单击 确定 按钮完成模型放置，放置效果如图 7-90 所示。

（2）装配工件

1）在“制造”功能区“元件”面板上单击“工件”下拉列表中的“装配工件”按钮，则系统再次弹出“打开”对话框。在对话框中选择光盘文件“yuanwenjian\7\7-5\gj.prt”，然后单击对话框中的 打开 按钮。

2）系统打开“元件放置”操控面板，选择约束类型为“默认”，表示在默认位置装配参考模型。此时操控板上“状况”后面显示为“完全约束”。单击操控板中的“完成”按钮，完成模型放置，放置效果如图 7-91 所示。

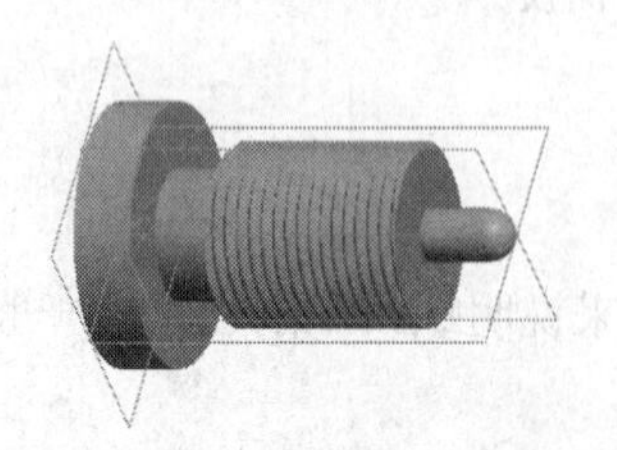

图 7-90 装配后的参考模型

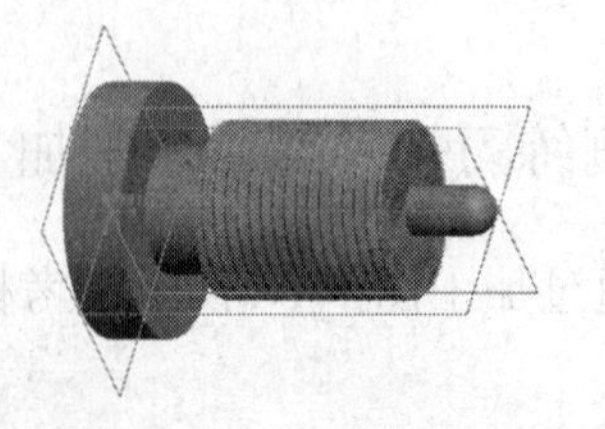

图 7-91 工件放置效果图

3. 螺纹车削加工操作设置

（1）定义工作机床。在“制造”功能区“机床设置”面板上单击“工作中心”下拉列表中的“车床”按钮，则系统打开如图 7-92 所示的“车床工作中心”对话框，在“名称”后的文本框中输入操作名称“7-5”；在“转塔数”下拉框中选择塔台数为“1”。单击“装配”选项卡，在“方向”下拉框中选择“水平”选项，如图 7-93 所示，单击“确定”按钮，完成机床定义。

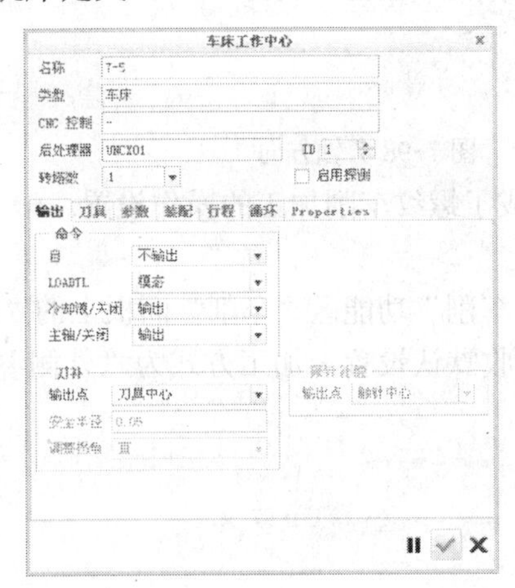

图 7-92 “车床工作中心”对话框

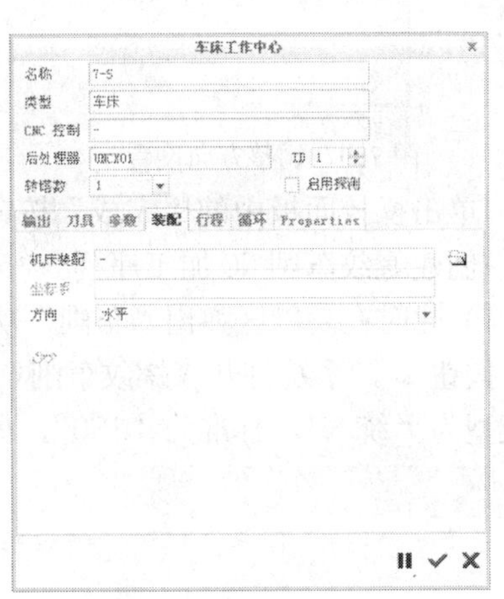

图 7-93 “装配”选项卡

（2）操作设置

1）定义加工零点。单击“制造”功能区“工艺”面板上的“操作”按钮，系统将打开如图 7-94 所示的“操作”操控面板。

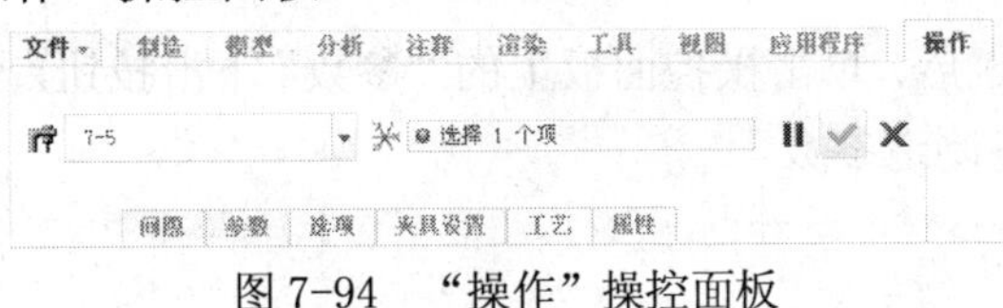

图 7-94 “操作”操控面板

2）用户可以直接在模型树窗口中精确选择现有的坐标系，也可以自行创建一个新的坐标系。本实例采用后者，单击“模型”功能区“基准”面板上的“坐标系”按钮，系统打开如图 7-95 所示的“坐标系”对话框，然后按住 Ctrl 键，在制造模型中依次选择 NC_ASM_TOP、NC_ASM_RIGHT、NC_ASM_FRONT 基准平面，此时“坐标系”对话框中的设置如图 7-96 所示。选择“方向”选项卡，单击“反向”按钮调整，对话框设置如图 7-97 所示，其中 Z 轴的方向如图 7-98 所示。最后单击“坐标系”对话框中的 确定 按钮，完成坐标系创建。在模型中选择新创建的坐标系作为加工零点。

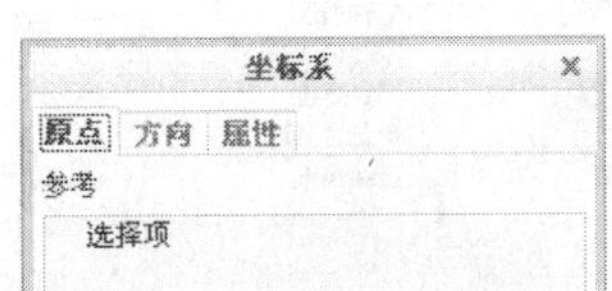

图 7-95 “坐标系”对话框

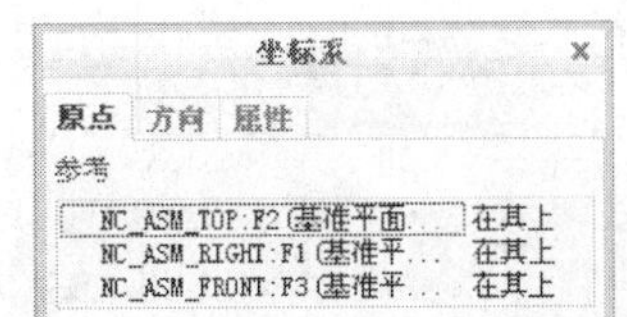

图 7-96 “坐标系”对话框设置

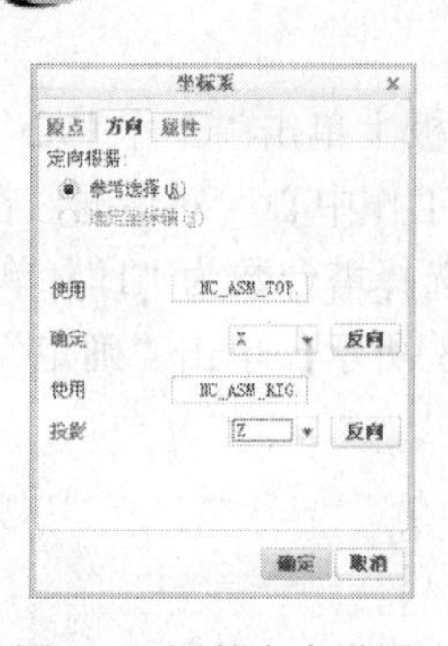

图 7-97 调整方向设置

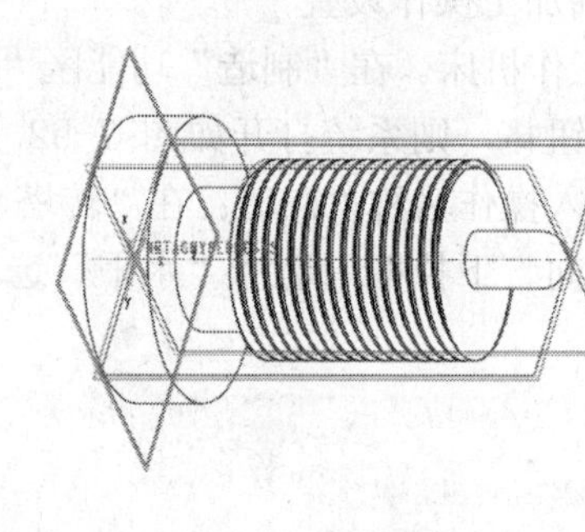

图 7-98 Z 轴方向

3）单击操控面板中的“完成”按钮✓，至此完成了螺纹车削加工的操作设置。

4. 创建螺纹车削 NC 加工序列

（1）此时在功能区弹出“车削”功能区，单击“车削”功能区“车削”面板上的“螺纹车削”按钮，系统打开“螺纹车削”操控面板。接收默认设置：加工方式为“外侧”，选取类型为“统一”，标准为“ISO”，如图 7-99 所示。

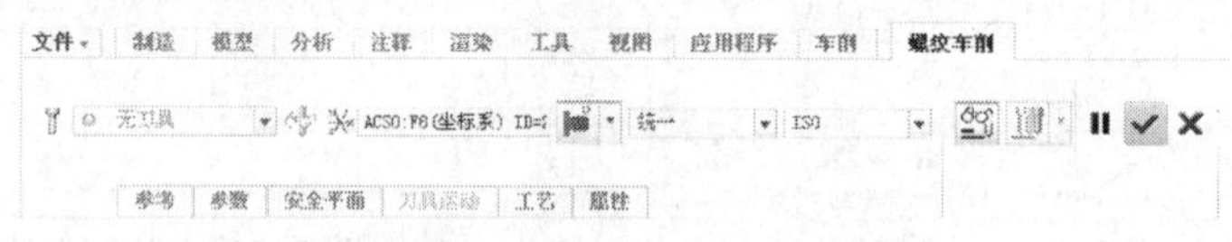

图 7-99 “螺纹车削”操控面板

（2）在操控面板上单击“刀具管理器”按钮，系统打开“刀具设定”对话框，定义表面铣削加工刀具，设置如图 7-100 所示，设置完成后依次单击“刀具设定”对话框中的 应用 → 确定 按钮。

（3）结束刀具的设定后，单击操控面板上的“参数”下滑按钮，弹出“参数”下滑面板，然后按照图 7-101 所示各制造参数。

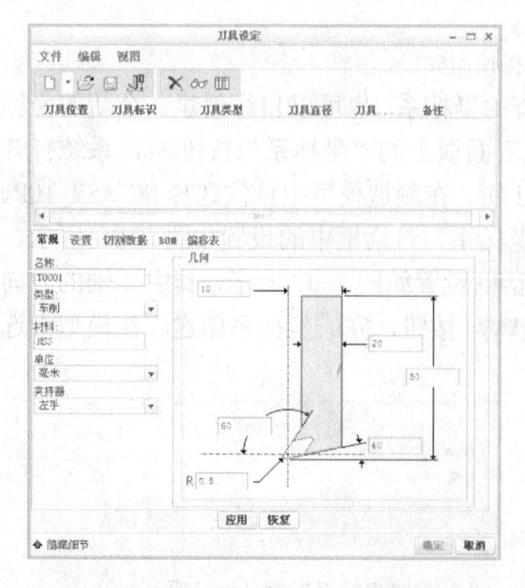

图 7-100 “刀具设定”对话框

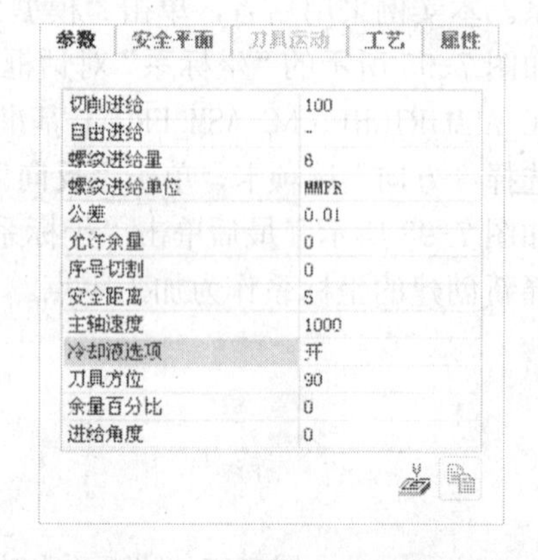

图 7-101 “参数”下滑面板

（4）参数设定后，设置刀具路径。单击功能区右侧的“几何”下拉按钮，在下拉列表中单击“车削轮廓”按钮，系统打开如图 7-102 所示的“车削轮廓”操控面板。单击“车削轮廓”操控面板上的“使用草绘定义车削轮廓”按钮，则“车削轮廓”操控面板变成如图 7-103 所示。

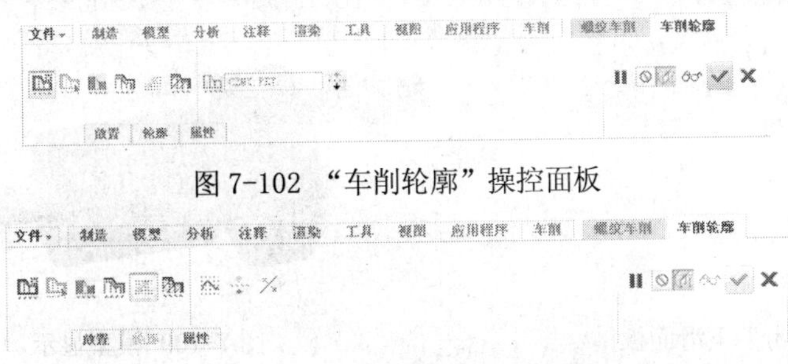

图 7-102 “车削轮廓”操控面板

图 7-103 “车削轮廓”操控面板

（5）单击“车削轮廓”操控面板上的“定义内部草绘”按钮，则系统打开如图 7-104 所示的“草绘”对话框，接受系统默认的参照方向，然后单击对话框中的 草绘 按钮。系统进入草绘界面，同时弹出“参照”对话框，然后在图形显示中选择 NC_ASM_RIGHT 基准面作为草绘车削轮廓的尺寸标注参照，如图 7-105 所示。在草绘界面中绘制如图 7-106 所示的车削轮廓线，然后单击“确定”按钮，退出草图绘制环境。

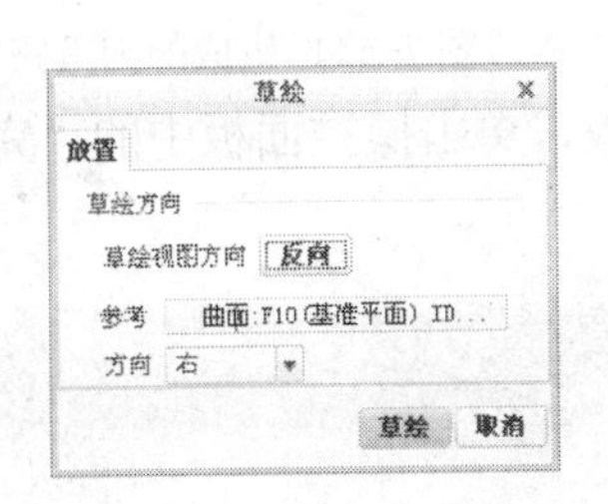

图 7-104 “草绘”对话框

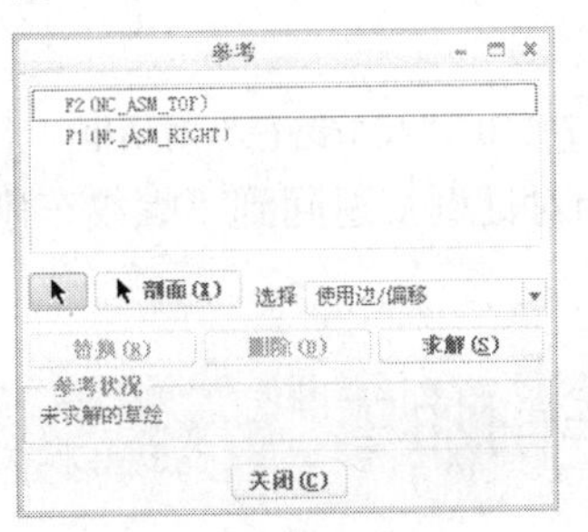

图 7-105 “参照”对话框

（6）接着系统返回到“车削轮廓”操控面板，然后单击操控面板上的“反向”按钮，更改材料的移除侧，结果如图 7-107 的箭头所示。最后单击操控面板中的“完成”按钮，完成车削轮廓的绘制。

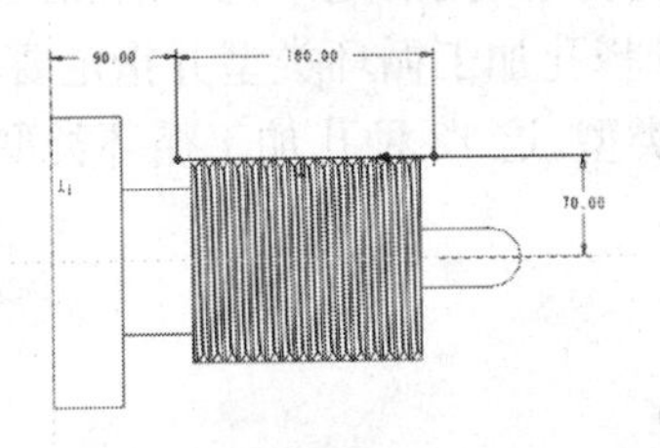

图 7-106 草绘车削轮廓

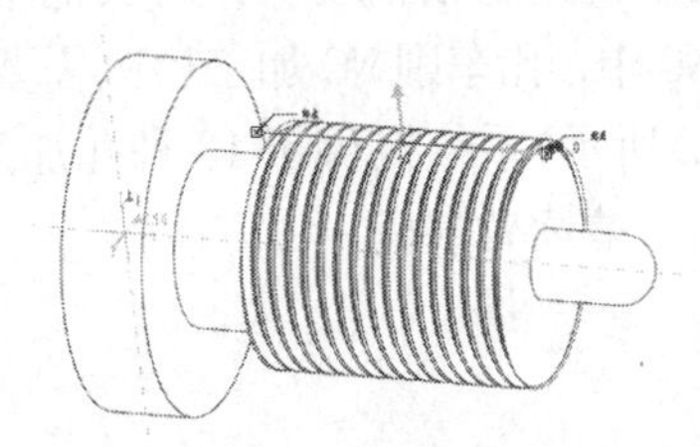

图 7-107 材料移除侧

（7）单击操控面板的“继续”按钮，即变为可编辑状态。单击操控面板上的“参考”下滑按钮，弹出如图 7-108 所示的“参考”下滑面板，选取上一步创建的曲线，此时模型如图 7-109 所示。至此完成螺纹车削 NC 加工序列的设置。

5. 刀具路径演示

（1）在“螺纹车削”操控面板上单击“显示刀具路径”按钮，系统打开如图 7-110 所示的“播放路径”对话框，适当调整演示速度后，单击对话框中的 ▶ 按钮，则系统开始在屏幕上动态演示刀具加工的路径。图 7-111 所示为屏幕演示完后的结果。

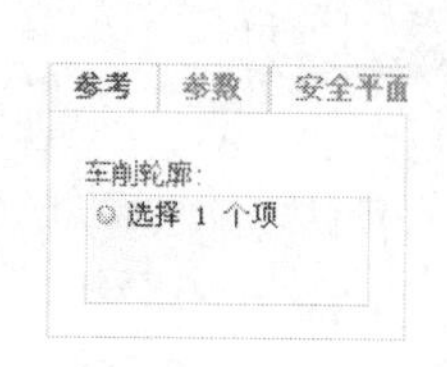

图 7-108 “参考”下滑面板

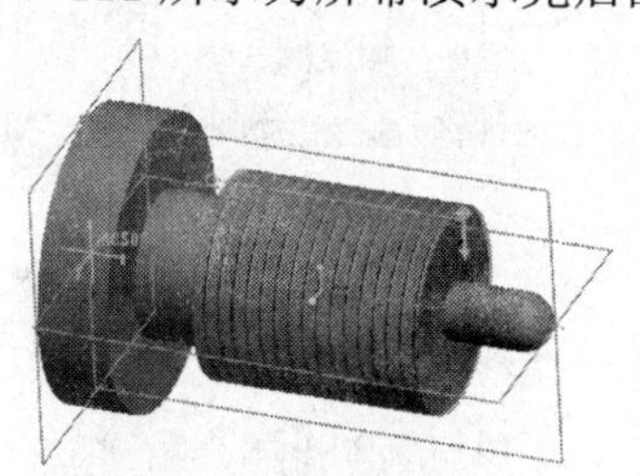

图 7-109 模型显示

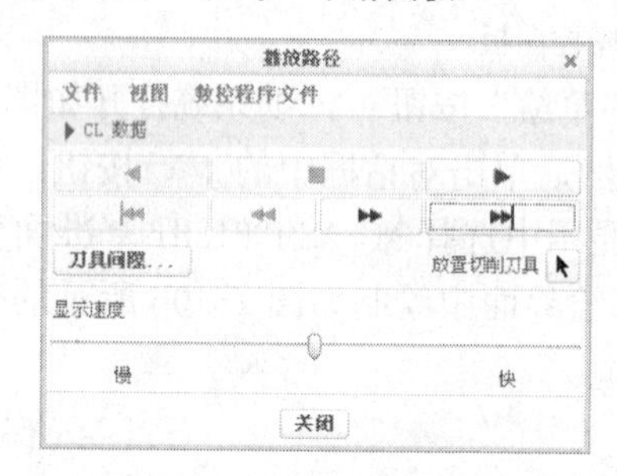

图 7-110 “播放路径”对话框

图 7-111 生成的刀具路径

（2）关闭对话框，返回到“螺纹车削”操控面板，单击操控面板中的“完成”按钮✓，完成创建。

7.6 孔车削加工

7.6.1 孔车削加工简介

孔车削主要是针对回转体零件上的孔特征所使用的一种车削加工方法。回转体零件上的孔特征必须位于机床主轴轴线上。与其他车削加工方式不同的是，孔车削加工必须设置退刀面。在 Creo/NC 中，孔车削 NC 加工序列需要通过选择孔加工循环类型并指定要车削的孔来创建。如图 7-112 所示，系统提供了 13 种孔加工循环类型。这 13 种孔加工循环类型在本书 6.9.1 节有详细介绍，请读者参阅。

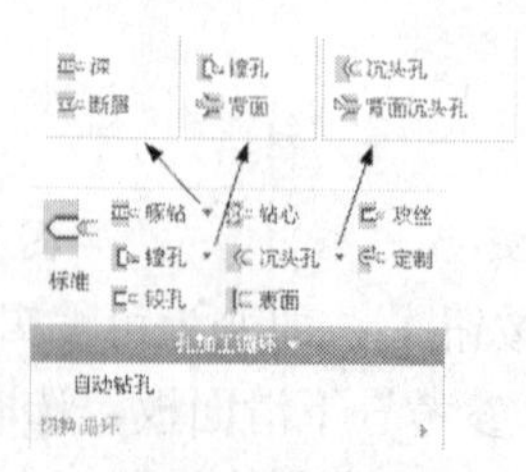

图 7-112 孔加工循环类型

7.6.2　车削孔的定义

在Creo/NC中进行孔车削加工时，需要对欲加工的孔进行定义。孔的定义主要在“孔”对话框中进行。在“孔”对话框中系统提供了“基于规则的轴”、“阵列轴”、“各个轴”、“排除的轴”等方式来定义要车削的孔特征。这几种定义方式在本书6.9.2节有详细介绍，请读者参阅。

7.6.3　孔车削加工参数说明

在Creo/NC中，孔车削加工参数会随所选择的孔加工循环方式的不同而发生变化。各种孔加工循环方式所对应的加工参数在本书6.9.3节有详细介绍，请读者参阅。

7.6.4　实例练习——孔车削加工

下面将通过加工图7-113所示的参考模型，来说明孔车削加工的一般流程和操作技巧。

1. 创建NC加工文件

（1）启动Creo Parametric 1.0后，选择“文件”→“新建”命令，或者单击“快速访问”工具栏中的“新建”按钮，则系统打开如图7-114所示的“新建”对话框。在“新建”对话框的“类型”栏中选择“制造”，在“子类型”栏中选择“NC装配”，然后在“名称”文本框中输入名称“7-6”，同时取消对“使用默认模板”复选框的勾选，最后单击对话框中的确定按钮。

（2）系统打开“新文件选项”对话框，在“模板”选项框中选择“mmns_mfg_nc”选项，接着单击对话框中的确定按钮进入系统的NC加工界面。

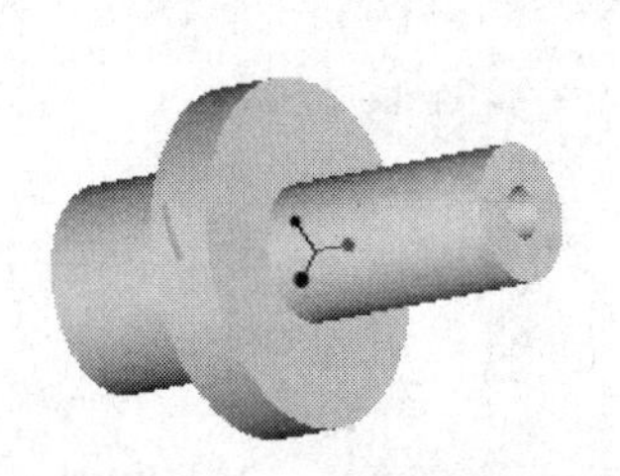

图7-113　参考模型

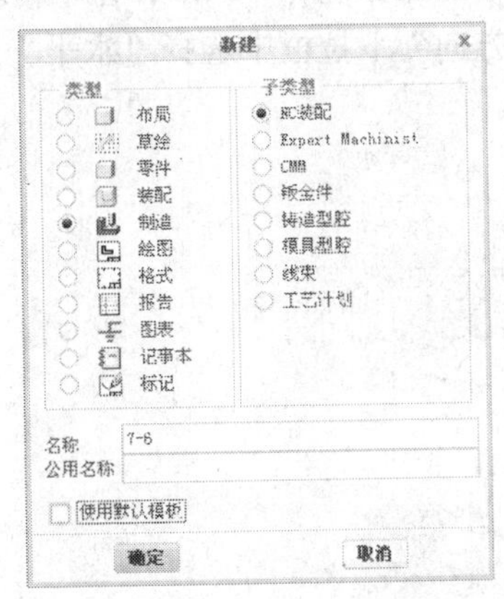

图7-114　“新建”对话框

2. 装配参考模型

（1）在“制造”功能区“元件”面板上单击“参考模型”下拉列表中的“装配参考模型”按钮，则系统打开“打开”对话框。在对话框中选择光盘文件“yuanwenjian\7\7-6\czmx.prt”，然后单击对话框中的打开按钮，则系统立即在图形显示区中导入参考模型。

（2）系统打开“元件放置”操控面板，选择约束类型为“ 默认”，表示在默认位置装配参照模型。此时操控板上“状况”后面显示为“完全约束”。单击操控板中的“完成”按钮，在系统打开的“警告”对话框中单击确定按钮完成模型放置，放置效果如图 7-115 所示。

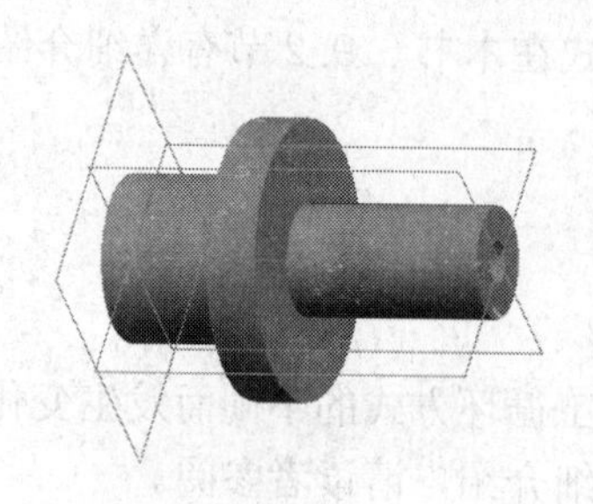

图 7-115 装配后的参考模型

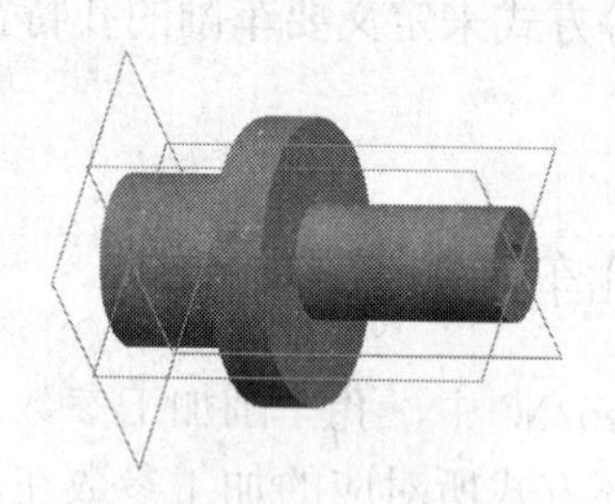

图 7-116 工件放置效果图

3．装配工件

（1）在“制造”功能区“元件”面板上单击“工件”下拉列表中的“装配工件”按钮，则系统再次弹出“打开”对话框。在对话框中选择光盘文件“yuanwenjian\7\7-6\gj.prt”，然后单击对话框中的打开按钮。

（2）系统打开“元件放置”操控面板，选择约束类型为“ 默认”，表示在默认位置装配参考模型。此时操控板上“状况”后面显示为“完全约束”。单击操控板中的“完成”按钮，完成模型放置，放置效果如图 7-116 所示。

4．孔车削加工操作设置

（1）定义工作机床。在“制造”功能区“机床设置”面板上单击“工作中心”下拉列表中的“车床”按钮，则系统打开如图 7-117 所示的“车床工作中心”对话框，在“名称”后的文本框中输入操作名称“7-6”；在“转塔数”下拉框中选择塔台数为“1”。单击“装配”选项卡，在“方向”下拉框中选择“水平”选项，如图 7-118 所示，单击“确定”按钮，完成机床定义。

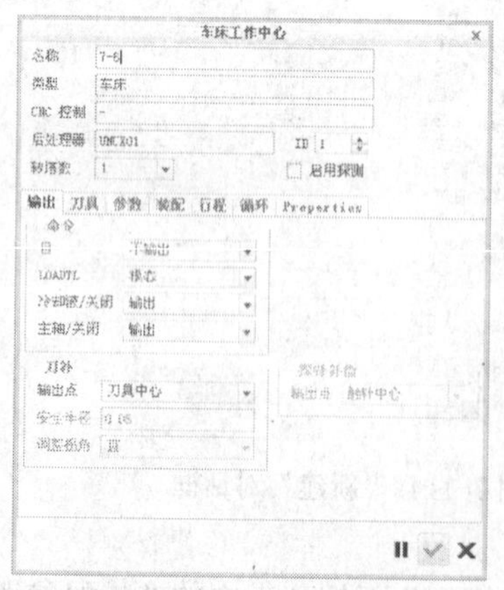

图 7-117 “车床工作中心”对话框

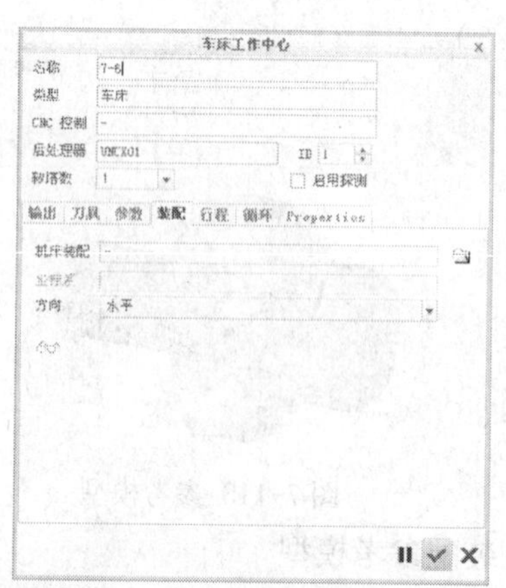

图 7-118 “装配”选项卡

（2）操作设置

1）定义加工零点。单击“制造”功能区“工艺”面板上的“操作”按钮，系统将打开如图 7-119 所示的“操作”操控面板。

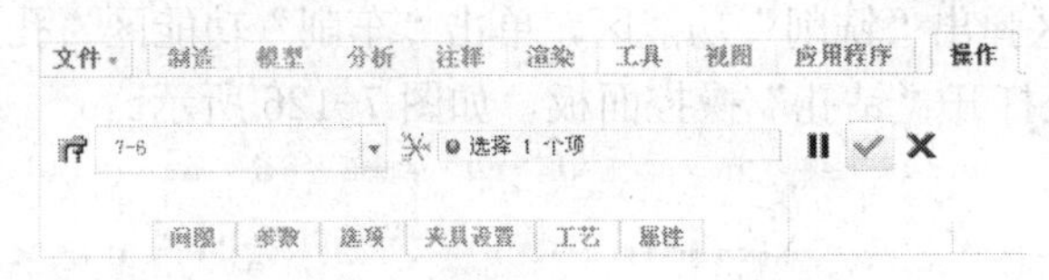

图 7-119 “操作”操控面板

用户可以直接在模型树窗口中精确选择现有的坐标系，也可以自行创建一个新的坐标系。本实例采用后者，单击“模型”功能区“基准”面板上的“坐标系”按钮，系统打开如图 7-120 所示的“坐标系”对话框，然后按住 Ctrl 键，在制造模型中依次选择 NC_ASM_TOP、NC_ASM_RIGHT、NC_ASM_FRONT 基准平面，此时“坐标系”对话框中的设置如图 7-121 所示。选择“方向”选项卡，单击“反向”按钮调整，对话框设置如图 7-122 所示，其中 Z 轴的方向如图 7-123 所示。最后单击“坐标系”对话框中的 确定 按钮，完成坐标系创建。在模型中选择新创建的坐标系作为加工零点。

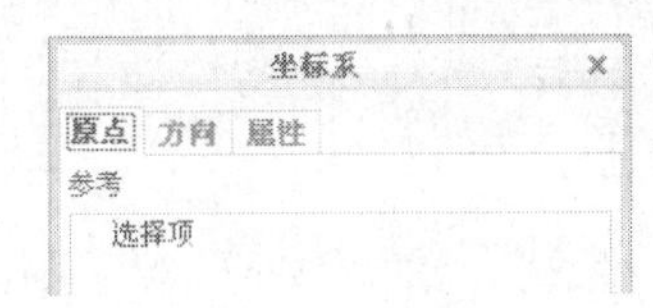

图 7-120“坐标系”对话框

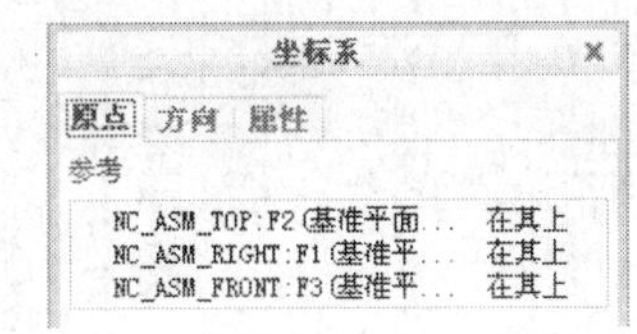

图 7-121 “坐标系”对话框设置

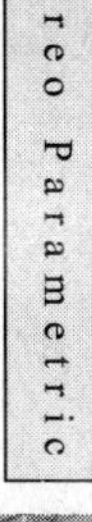

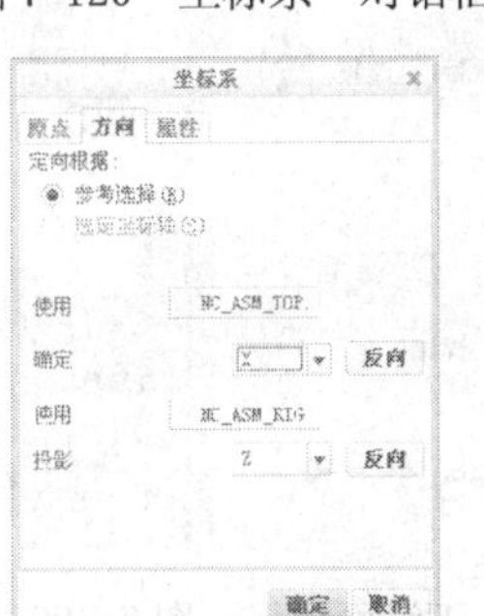

图 7-122 调整方向设置

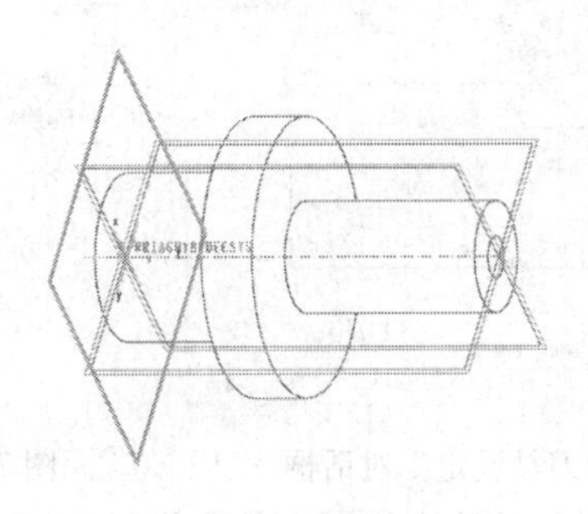

图 7-123 Z 轴方向

2）定义退刀面。单击“间隙”下拉按钮，在下滑面板中设置退刀类型为“平面”；选择参考为新创建的坐标系；设置沿加工坐标系 Z 轴的深度值为“300”，下滑面板设置如图 7-124 所示，创建的平面如图 7-125 所示。单击操控面板中的“完成”按钮，至此完成了孔车削加工的操作设置。

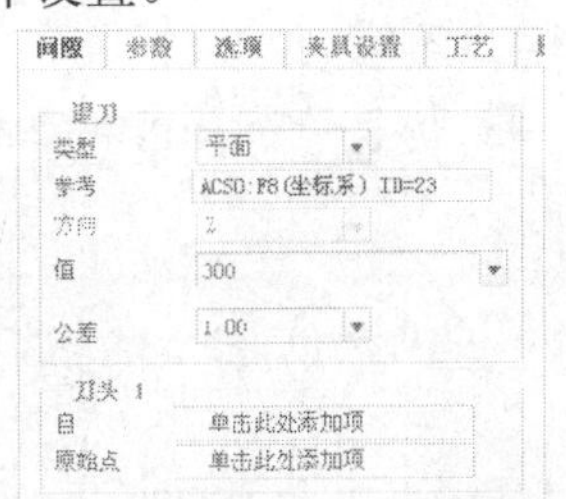

图 7-124 “间隙”下滑面板

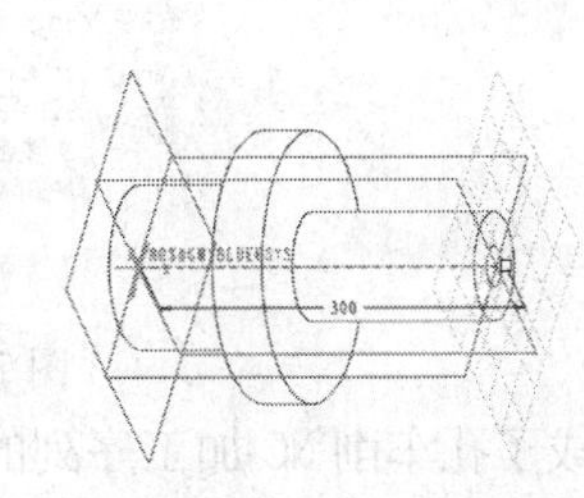

图 7-125 创建的退刀面

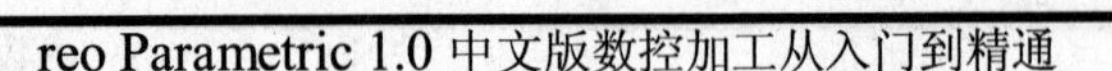

5．创建孔车削 NC 加工序列

（1）此时在功能区弹出“铣削”功能区，单击“车削”功能区“孔加工循环”面板上的“标准”按钮，系统打开“钻孔”操控面板，如图 7-126 所示。

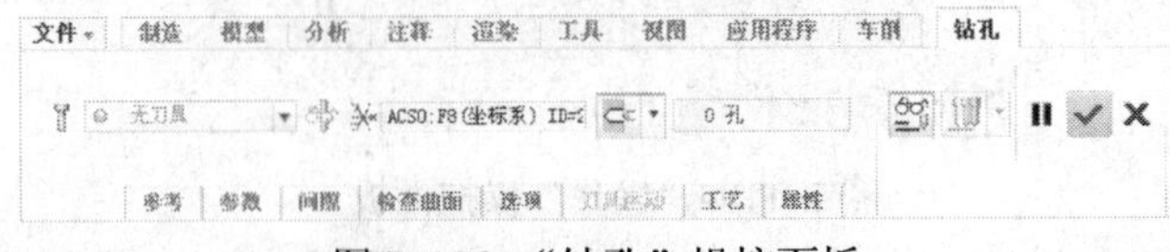

图 7-126 “钻孔”操控面板

（2）在操控面板上单击“刀具管理器”按钮，系统打开“刀具设定”对话框，定义表面铣削加工刀具，设置如图 7-127 所示，设置完成后依次单击“刀具设定”对话框中的 应用 → 确定 按钮。

（3）结束刀具的选择后，单击操控面板上的“参考”下滑按钮，弹出“参考”下滑面板，如图 7-128 所示。单击 详细信息... 按钮，系统打开如图 7-129 所示的“孔”对话框，在对话框中选择直径为 30mm 的孔特征后单击 >> 按钮添加选取，最后单击“孔”对话框中的 ✔ 按钮。

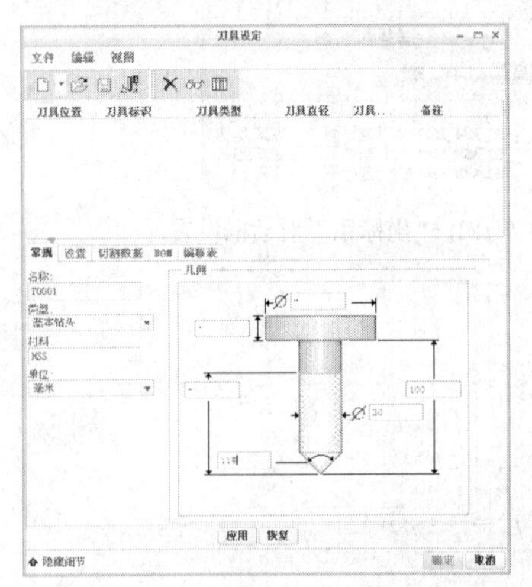

图 7-127 “刀具设定”对话框

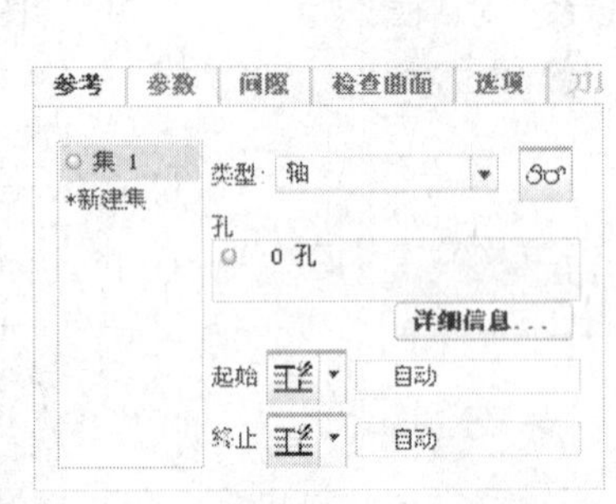

图 7-128 “参考”下滑面板

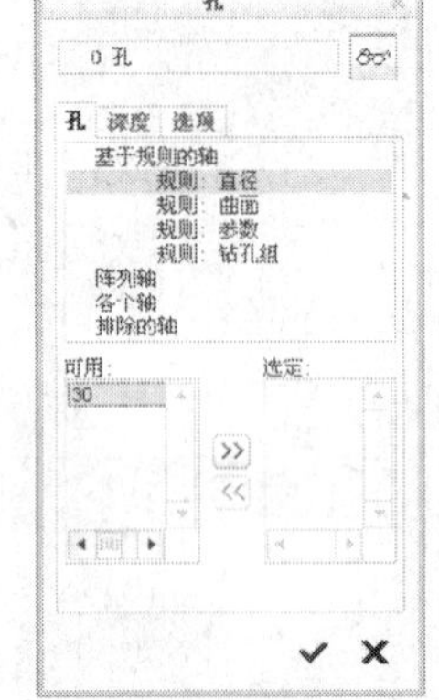

图 7-129 “孔”对话框

（4）结束参考的选择后，单击操控面板上的“参数”下滑按钮，弹出“参数”下滑面板，然后按照图 7-130 所示设置各制造参数。

切削进给	200
自由进给	-
公差	0.01
破断线距离	0
扫描类型	最短
安全距离	5
拉伸距离	-
主轴速度	1000
冷却液选项	攻丝

图 7-130 “参数”下滑面板

至此完成了孔车削 NC 加工序列的设置。

6．刀具路径演示与检测

（1）在“钻孔”操控面板上单击“显示刀具路径”按钮，系统打开如图 7-131 所示的“播放路径”对话框，适当调整演示速度后，单击对话框中的▶按钮，则系统开始在屏幕上动态演示刀具加工的路径。图 7-132 所示为屏幕演示完后的结果。

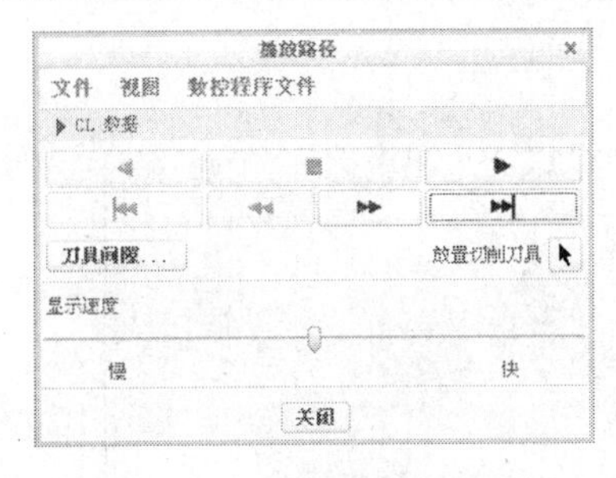

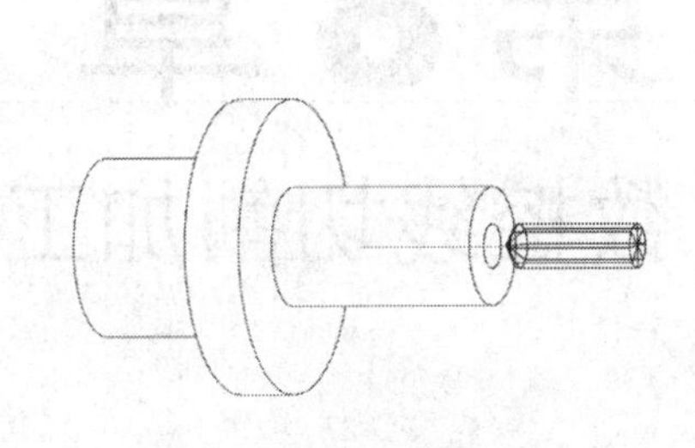

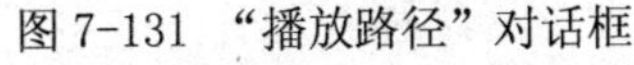

图 7-131 “播放路径”对话框　　　　图 7-132 生成的刀具路径

（2）在“钻孔”操控面板上单击“显示刀具路径”按钮右侧的下拉按钮，在下拉列表中单击“显示切削刀具运动”按钮，系统进入 VERICUT 仿真模拟工作界面，适当调整模拟速度后，单击按钮开始进行动态加工模拟。图 7-133 为加工模拟完成后的效果图。

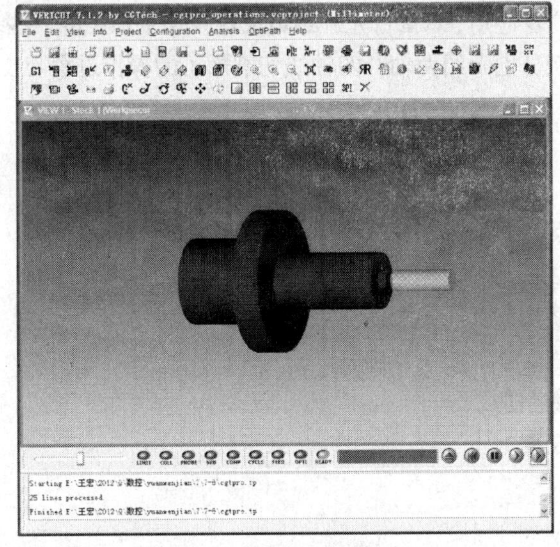

图 7-133 模拟完成后的窗口

（3）关闭界面，返回到“钻孔”操控面板，单击操控板中的“完成”按钮✔，完成创建。

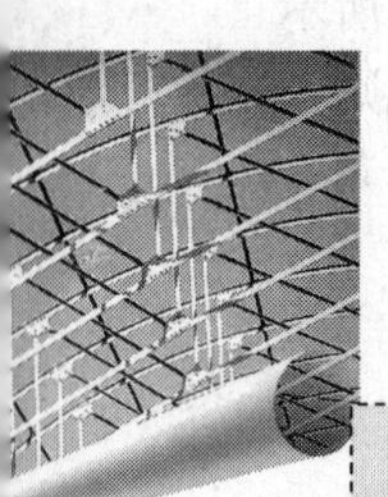

第8章 数控线切割加工

本章导读

电火花线切割加工是数控加工技术的一个重要的组成部分，在现代模具制造业中得到了广泛应用。本章首先介绍电火花线切割加工的一些基础知识，然后通过两个实例分别介绍两轴、四轴线切割加工的操作过程与技巧。

重点与难点

- 电火花线切割加工原理
- 电火花线切割加工特点
- 电火花线切割加工工艺内容
- 两轴线切割加工
- 四轴线切割加工

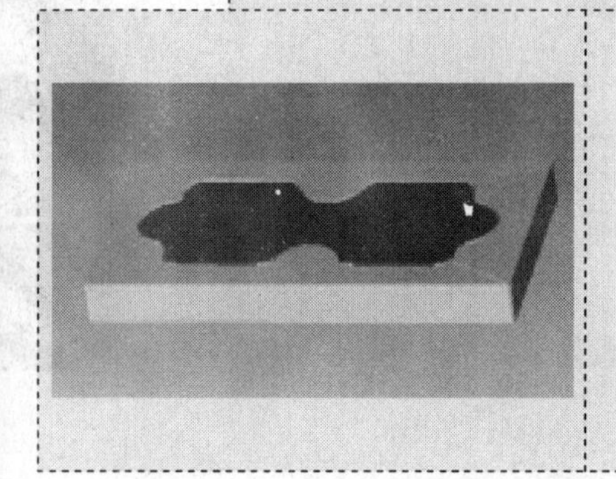

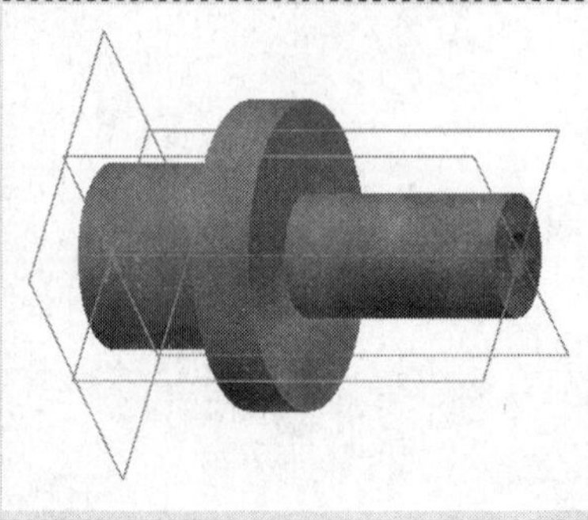

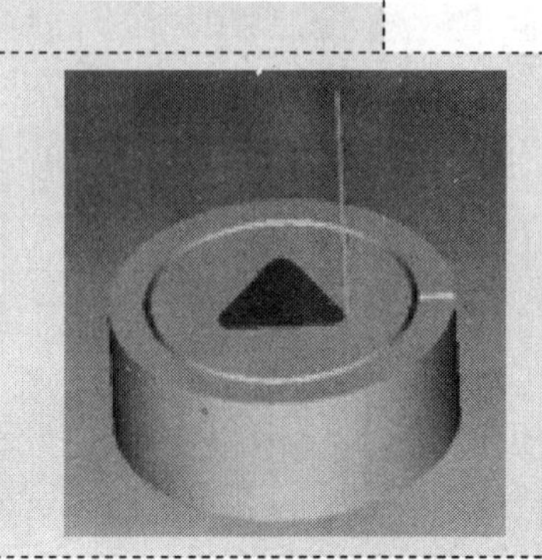

8.1 线切割加工基础知识

传统的切削加工方法主要依靠机械能来切除金属材料或非金属材料。随着工业生产和科学技术的发展，产生了多种利用其他能量形式进行加工的特种加工方法，主要是指直接利用电能、化学能、声能和光能等来进行加工的方法。在此，机械能以外的能量形式的应用是特种加工区别于传统加工的一个显著标志。

新的能量形式直接作用于材料，使得加工产生了诸多特点。例如，加工用的工具硬度不必大于被加工材料的硬度，这就使得高硬度、高强度、高韧性材料的加工变得容易；又如，在加工过程中，工具和工件之间不存在显著的机械切削力，从而使微细加工成为可能。正是这些特点，促使特种加工方法获得了很大的发展，目前已广泛应用于航空航天、电子、动力、电器、仪表、机械等行业。

8.1.1 线切割加工原理

线切割加工(WEDM)是线电极电火花加工的简称，是在电火花加工的基础上发展起来的一种新工艺形式。其加工原理如图8-1所示。被切割工件作为工件电极、而卷绕在丝筒上的电极丝作为工具电极与高频脉冲电源的负极相接。电极丝8穿过工件5上预先钻好的小孔，经导向轮4由贮丝筒6带动连续地沿其自身轴线作往复交替移动，并在张紧状态下由上、下导丝轮支撑着通过加工区。安装在坐标工作台9上的工件接脉冲电源的正极，工件通过绝缘板安装在工作台上，由数控装置10按加工程序发出指令，控制两台步进电机11，驱动工作台在水平面上沿X轴、Y轴两个坐标方向移动而合成任意平面曲线轨迹。由高频脉冲电源对电极丝8与工件施加脉冲电压，喷嘴3将乳化液或去离子水等工作液以一定的压力喷向加工区。当电极丝与工件的距离小到一定程度时，在脉冲电压的作用下，工作液被击穿，电极丝与工件之间形成瞬时放电通道，产生瞬时高温，使金属局部熔化甚至气化而被蚀除下来。若工作台按照规定的步序带动工件不断地进给，就能切割出所需要的形状。

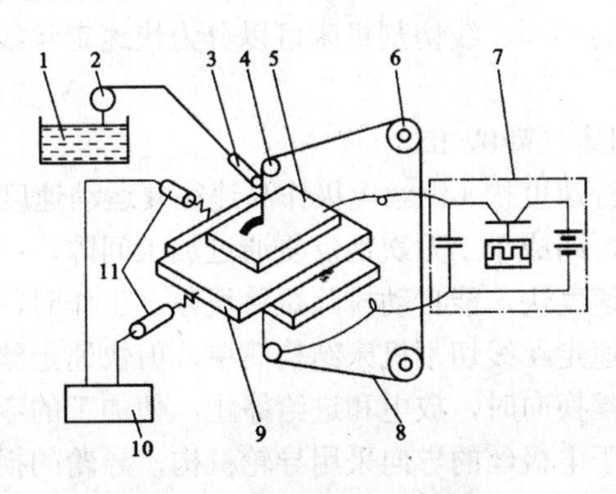

图8-1 线切割机床加工原理

1—工作液　2—泵　3—喷嘴　4—导向轮　5—工件　6—贮丝筒　7—脉冲电源

8—电极丝　9—坐标工作台　10—数控装置　11—步进电机

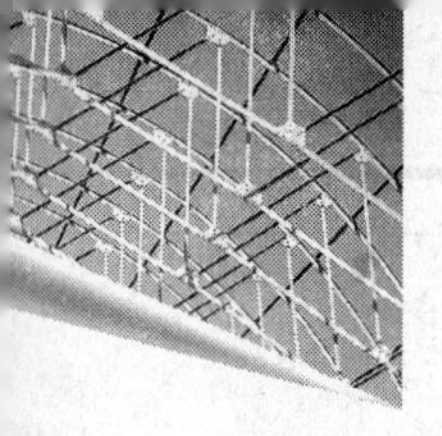

8.1.2 线切割加工特点与应用范围

1. 线切割加工的特点

- 可以加工用一般切削方法难以加工或无法加工的形状复杂的工件，如冲模、凸轮、样板、外形复杂的精密零件及窄缝等，加工的尺寸精度可达 0.01～0.02mm，表面粗糙度可达 1.6μm。
- 电极丝在加工中不接触工件，两者之间的作用力很小，因而不需要电极丝、工件及夹具具有足够的刚度，以抵抗切削变形。
- 电极丝材料不必比工件材料硬，可以加工用一般切削方法难以加工或无法加工的金属材料和半导体材料，如淬火钢、硬质合金等。但非导电材料用线切割加工无法实现。
- 直接利用电、热能进行加工，可以比较方便地对影响加工精度地加工参数（如脉冲宽度、脉冲间隔、加工电流等）进行调整，有利于加工精度的提高，便于实现加工过程的自动化控制。
- 与一般切削加工相比，线切割加工的效率低，加工成本高，不适合形状简单的大批量零件的加工。

2. 线切割加工的应用范围

线切割广泛用于加工硬质合金、淬火钢模具零件以及切割样板。由于所用的电极丝很细，特别适用于加工形状复杂的细小零件、窄缝等。如形状复杂、带有尖角的窄缝形小型凹模，可采用整体淬火后线切割加工，既能保证模具精度，又可简化模具的设计和制造。此外，线切割加工还可以用于除盲孔以外其他难以加工的金属零件的加工。由于线切割加工具有上述许多特点，已成为机械制造行业中不可缺少的一种先进加工方法，并为新产品、精密零件的制造开辟了一条新的途径。

8.1.3 线切割机床的分类

根据电极丝运行速度的不同，线切割机床可以分为快速走丝线切割机床和慢速走丝线切割机床。

1. 快速走丝线切割机床（WEDM-HS）

这类机床的电极丝运行速度快（钼丝电极作高速往复运动速度可达 480～600m/min），而且是双向往返循环地运行，即成千上万次地反复通过加工间隙，一直使用到断丝为止。快速走丝线切割机床由于走丝速度快，能自动排除短路现象。工作时，工作液通过快速运行的电极丝带入到加工间隙。快速走丝线切割机床结构简单，但快速走丝容易造成电极丝抖动，机床的振动较大，而且电极丝换向时，放电和进给停止，使加工的零件表面容易出现凹凸不平的斑马形条纹。此外，由于电极丝的导向采用导轮机构，导轮的损耗大，而电极丝的反复使用，对其也有一定的损耗，这些都给提高加工精度带来较大的困难。一般快速走丝线切割加工精度为 0.01～0.02mm，表面粗糙度 *Ra* 为 2.5μm。

2. 低速走丝线切割机床（WEDM-LS）

这类机床的走丝速度一般不超过0.2m/s，可使用纯铜、黄铜、钨、钼和各种合金以及金属涂敷线作为电极丝。工作时电极丝单向运行，经放电加工后不再使用，避免了电极丝损耗给加工精度带来的影响。此外低速走丝线切割机床一般配备了电极丝张力调节机构，使电极丝在慢速运行过程中，工作平稳，抖动小。所有这些保证了低速走丝线切割加工的精度。一般低速走丝线切割加工精度为0.005～0.01mm，表面粗糙度 *Ra* 为0.4μm。

根据对电极丝运动轨迹的控制形式不同，线切割机床又可分为模仿形控制线切割机床、光电跟踪控制线切割机床和数字程序控制线切割机床。

（1）模仿形控制线切割机床　这类机床在进行线切割加工前，需预先制造出与工件形状相同的靠模，加工时把工件毛坯和靠模同时装夹在机床工作台上，在切割过程中电极丝紧紧地贴着靠模边缘作轨迹移动，从而切割出与靠模形状和精度相同的工件来。

（2）光电跟踪控制线切割机床　这类机床在进行线切割加工前，需先根据零件图样按一定放大比例描绘出一张光电跟踪图，加工时将图样置于机床的光电跟踪台上，跟踪台上的光电头始终追随墨线图形的轨迹运动，再借助于电气、机械的联动，控制机床工作台连同工件相对电极丝做相似形的运动，从而切割出与图样形状相同的工件来。

（3）数字程序控制线切割机床　这类机床是采用先进的数字化自动控制技术，驱动机床按照加工前根据工件几何形状参数预先编制好的数控加工程序自动完成加工，不需要制作靠模样板也无需绘制放大图，比前面两种控制形式具有更高的加工精度和更广的应用范围。目前国内外95%以上的线切割机床都已采用数控化。

8.1.4　线切割加工工艺内容

利用线切割机床进行加工时，经常会遇到如何解决加工速度与表面粗糙度的矛盾、加工速度的提高与减少电极丝损耗的矛盾以及如何避免断丝的问题等。要正确解决这些问题，就必须制定出合理的线切割加工工艺。线切割加工工艺的制定包括以下内容。

1．切割起点与切割路线的选择

（1）切割起点的选择　切割起点是工件串联几何图形的起始切割点，往往也是几何图形的终止点。起切点选择不当，会使工件切割表面留下痕迹。选择起切点时应注意以下几点：

- 起切点尽可能选择在几何图形的拐角处。有多个拐角点时，优先选择直线与直线相交的拐角点，其次选择直线与圆弧、圆弧与圆弧相交的拐点。
- 起切点尽可能选在工件表面粗糙度要求低的一侧。
- 起切点尽可能选在工件切割后容易修磨的表面上。
- 可在穿丝点与起切点间加入导引入切割轨迹，以改善切割痕迹。

（2）切割路径的选择　切割路线的选择主要以防止或减少工件变形为原则，一般应考虑使靠近装夹这一边的图形最后切割为宜。图8-2所示的由外向内顺序的切割路线，通常在加工凸模时采用。其中图8-2a所示的切割路线是不合理的，因为当切割完第一条边，继续加工时，由于原来主要连接的部位被割离，余下材料与夹持部分的连接较少，工件刚度大大降低，容易产生变形而影响加工精度。如按图8-2b所示的切割路线加工，则可减小由于工件材料割离后残余应力重新分布而引起的变形。所以，一般情况下，最好将工件与夹持部分分割的线

段安排在切割路线的末端。对于精度要求较高的零件，最好采用图 8-2c 所示的方案，电极丝不是由工件外部切入，而是将切割起点取在工件预制的穿丝孔中，该方案可使工件的变形达到最小。

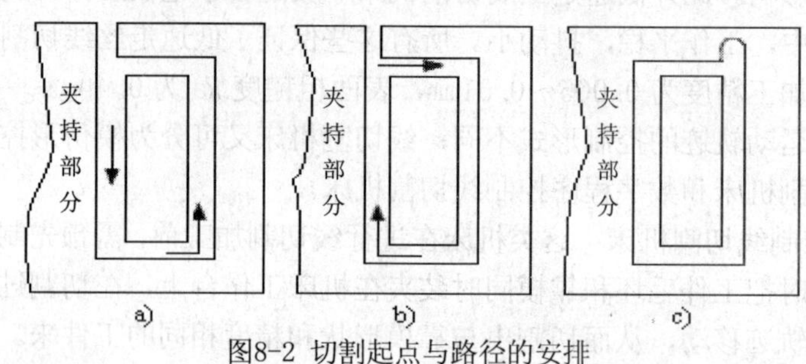

图8-2 切割起点与路径的安排

2. 穿丝孔的选择

穿丝孔是工件上为穿过电极丝而预先钻制的小孔，它主要用来保证工件的加工部位相对于工件其他部位的位置精度。穿丝孔大小的选择应便于钻孔或镗孔加工，不宜过大或过小，一般在3~10mm范围内并取整数值。由于穿丝孔常用做加工基准，因此穿丝孔的加工一般在具有较高精度的机床上进行，或采用电火花穿孔，以保证穿丝孔的位置、尺寸精度。

3. 电参数的选择

- 脉冲宽度的选择：脉冲宽度越大则单个脉冲的能量越大，放电间隙加大，切割效率越高，加工也越稳定，但表面粗糙度值会增大。较小的脉冲宽度能减小表面粗糙度值，但由于放电间隙较小，加工稳定性较差。因此要根据不同工件的加工要求选择合适的脉冲宽度。
- 脉冲间隔的选择：脉冲间隔小，相当于提高脉冲频率，增加单位时间内的放电次数，使切割速度提高，但会给排屑带来困难（尤其对较厚的工件），使加工间隙的绝缘度来不及恢复，从而引起加工不稳定；脉冲间隔大，使排屑有充裕的时间，可防止断丝但减少了单位时间的放电次数，使切割速度下降。脉冲间隔与工件厚度成正比。
- 放电峰值电流的选择：放电峰值电流会影响切割速度及断丝，一般在进行试切时要限定放电峰值电流的大小。低速走丝机床峰值电流一般约为 100~150A，最大可达1000A。工件较厚、粗切削时可采用较大的放电峰值电流。
- 空载电压的选择：空载电压的大小直接影响到放电间隙的大小，进而会引起切割速度和加工精度的变化，对断丝也影响较大。当电极丝直径较小（如 0.1mm）、切缝较窄，或者要减小加工面腰鼓形时，应选较低的空载电压；当要改善表面粗糙度、减小拐角的塌角时，应选择较高的空载电压。一般低速走丝机床空载电压选 150V 以下。

8.2 两轴线切割加工

8.2.1 两轴线切割加工简介

根据加工联动轴数的不同，线切割加工可分为两轴线切割和四轴线切割。其中两轴线切割加工主要用于切割二维轮廓图形，加工时电极丝沿着用户指定的轨迹切割工件。在Creo/NC中创建两轴线切割加工路径的方法与轨迹铣削中使用的方法类似。两轴线切割加工可以在同一加工轮廓中自动创建粗加工、精加工和分离运动，也可以创建无芯线切割运动。

8.2.2　两轴线切割加工参数说明

两轴线切割加工参数的设置在如图8-3所示的“编辑序列参数‘轮廓加工线切割’”对话框中进行。下面按照对话框中的排列顺序对各参数选项进行简单说明。

- “切削进给”：用于设置线切割进给速度。
- “弧形进给”：用于设置所有沿弧的切割移动的进给率。
- “自由进给”：用于设置非切割运动时的进给率。
- “公差”：用于设定刀具轨迹与模型几何的最大允许偏差。
- “跨度”：用于设置无芯线切割的横向切割距离。该参数值必须是一个小于电极丝直径的正值。
- “轮廓精加工走刀数”：用于设置线切割精加工的走刀次数。
- “停止距离”：在切削运动结束前，系统发出CL 停止命令时（STOP 或 OPSTOP，取决于 END_STOP_CONDITION 参数值）的移动距离。
- “反转距离”：当进行多条轮廓线切割加工时，从终点反转到下一条轨迹的距离。
- “附属宽度”：用于指定沿轮廓切割时不进行切割的距离，在电极丝两侧留有一小块材料。
- “刀补移动量”：用于设置刀具补偿的线性移动距离。
- “注册表”：用于设置登录表的名称。

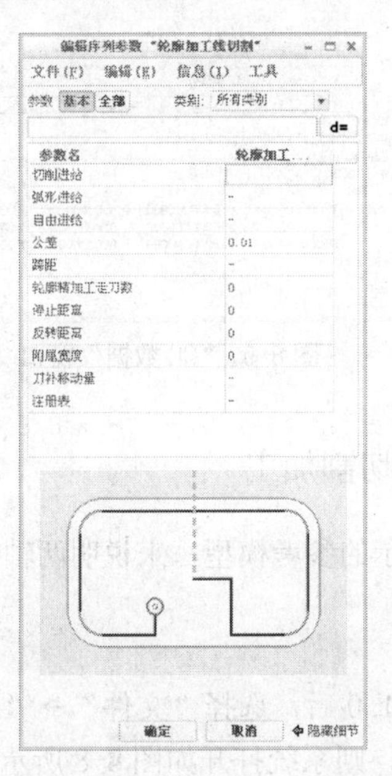

图8-3　“编辑序列参数‘轮廓加工线切割’”对话框

8.2.3　两轴线切割加工路径的自定义

在线切割加工参数设置好后，系统将打开如图 8-4 所示的“自定义”对话框和如图 8-5 所示的“CL 数据”窗口。单击“自定义”对话框中的 插入 按钮，则系统打开如图 8-6 所示的“WEDM 选项”菜单，利用该菜单用户可以制定线切割加工路径。下面简单介绍“WEDM 选项”菜单中各选项的功能。

- “粗加工”：用于创建单次线切割粗加工运动。
- “精加工”：用于创建线切割精加工运动，精加工的次数由“NUM_CREOFILE_PASSES”参数项来指定。
- “分离”：用于创建分离加工运动。
- “无芯”：将指定轮廓内的所有工件材料都去除掉。
- “镜像”：将指定轮廓内的所有工件材料镜像到另一侧。
- “草绘”：通过在“NC 序列”坐标系的 XY 平面上草绘封闭轮廓来定义刀具路径。
- “边”：通过选择边来定义刀具路径。选择的边必须构成一个封闭轮廓。
- “曲线”：通过选择曲线来定义刀具路径。选择的曲线必须构成一个封闭轮廓。
- “曲面”：通过选择曲面的边来定义刀具路径。
- “使用先前的”：利用上一个“NC 序列”的刀具路径来定义当前刀具路径。

图 8-4 “自定义”对话框

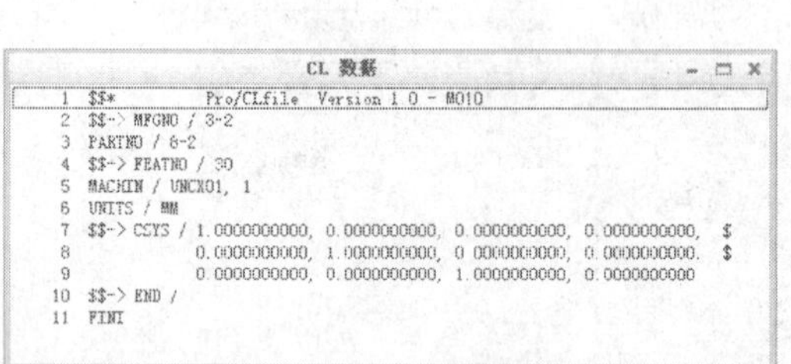

图 8-5 “CL 数据”窗口

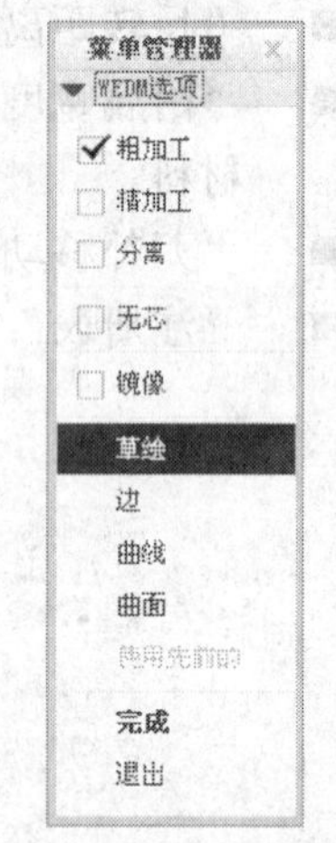

图 8-6 “WEDM 选项”菜单

8.2.4　实例练习——两轴线切割加工

下面将通过加工如图 8-7 所示的参考模型，来说明两轴线切割加工的一般流程与操作技巧。

1. 创建 NC 加工文件

（1）启动 Creo Parametric 1.0 后，选择“文件”→“新建”命令，或者单击“快速访问”工具栏中的“新建”按钮，则系统打开如图 8-8 所示的“新建”对话框。在“新建”对话框的“类型”栏中选择“制造”，在“子类型”栏中选择“NC 装配”，然后在“名称”文本框中输入名称“8-2”，同时取消对“使用默认模板”复选框的勾选，最后单击对话框中的 确定 按钮。

图 8-7 参考模型

（2）系统打开如图 8-9 所示的“新文件选项”对话框，在“模板”选项框中选择“mmns_mfg_nc”选项，接着单击对话框中的 确定 按钮进入系统的 NC 加工界面。

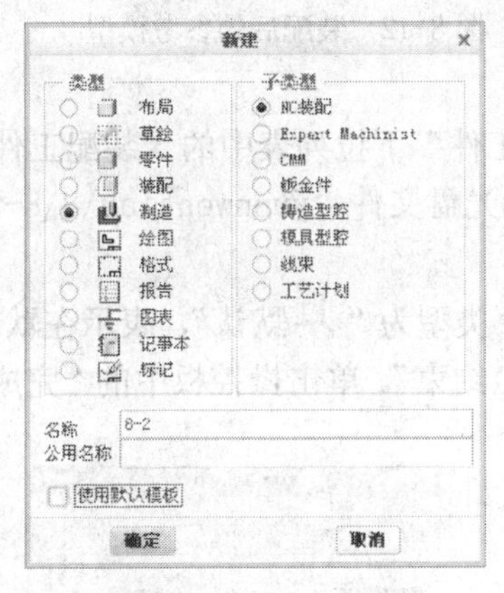

图 8-8 “新建”对话框

图 8-9 “新文件选项”对话框

2. 创建制造模型

（1）装配参考模型

1）在“制造”功能区“元件”面板上单击“参考模型”下拉列表中的“装配参考模型”按钮，则系统打开如图 8-10 所示的“打开”对话框，在对话框中选择光盘文件“yuanwenjian\8\8-2\czmx.prt”，然后单击对话框中的 打开 按钮。则系统立即在图形显示区中导入参考模型。

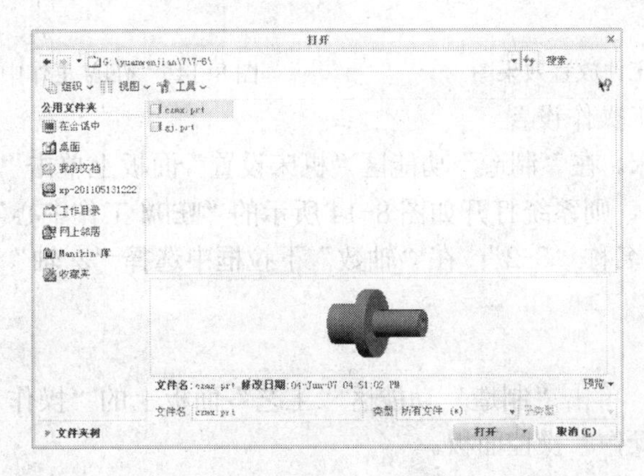

图 8-10 “打开”对话框

2）系统打开“元件放置”操控面板，选择约束类型为“默认”，表示在默认位置装配参照模型。此时操控板上“状况”后面显示为“完全约束”。单击操控板中的“完成”按钮，系统打开如图 8-11 所示的“警告”对话框，单击确定按钮完成模型放置，放置效果如图 8-12 所示。

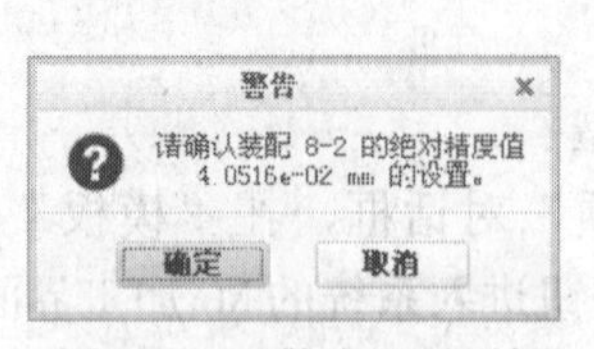

图 8-11 “警告”对话框

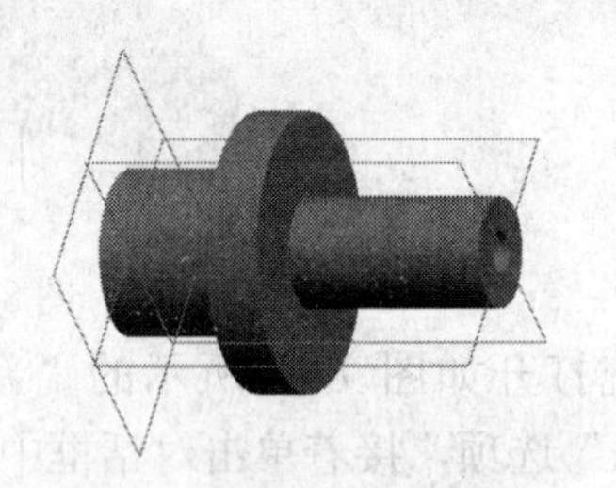

图 8-12 装配后的参考模型

（2）装配工件

1）在“制造”功能区“元件”面板上单击“工件”下拉列表中的“装配工件”按钮，则系统再次弹出“打开”对话框。在对话框中选择光盘文件“yuanwenjian\8\8-2\gj.prt”，然后单击对话框中的打开按钮。

2）系统打开“元件放置”操控面板，选择约束类型为“默认”，表示在默认位置装配参考模型。此时操控板上“状况”后面显示为“完全约束”。单击操控板中的“完成”按钮，完成模型放置，放置效果如图 8-13 所示。

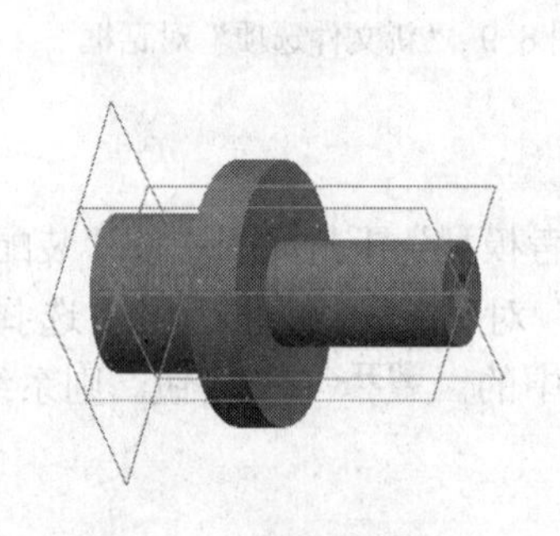

图 8-13 工件放置效果图

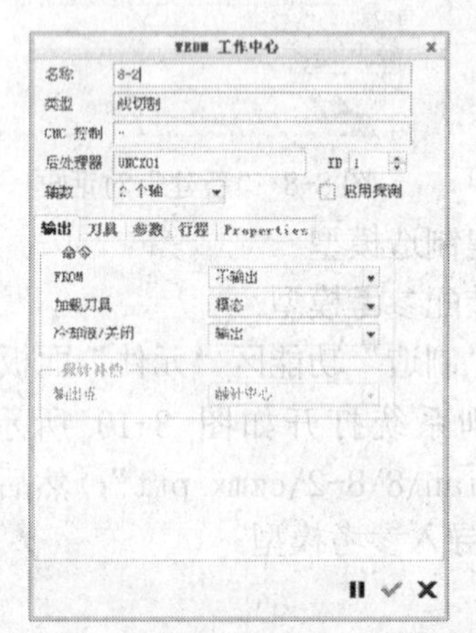

图 8-14 “WEDM 工作中心”对话框

3．两轴线切割加工操作设置

（1）定义工作机床。在“制造”功能区“机床设置”面板上单击“工作中心”下拉列表中的“线切割”按钮，则系统打开如图 8-14 所示的“WEDM 工作中心”对话框，在“名称”后的文本框中输入操作名称“8-2”；在“轴数”下拉框中选择“2 轴”选项。单击“确定”按钮，完成机床定义。

（2）操作设置

1）定义加工零点。单击“制造”功能区“工艺”面板上的“操作”按钮，系统将打开如图 8-15 所示的“操作”操控面板。

2）用户可以直接在模型树窗口中精确选择现有的坐标系，也可以自行创建一个新的坐标系。本实例采用后者，单击“模型”功能区“基准”面板上的“坐标系”按钮，系统打开如图8-16所示的“坐标系”对话框，然后按住Ctrl键，在制造模型中依次选择NC_ASM_RIGHT、NC_ASM_FRONT、NC_ASM_TOP基准平面，此时“坐标系”对话框中的设置如图8-17所示。选择“方向”选项卡，单击“反向”按钮调整，对话框设置如图8-18所示，其中Z轴的方向如图8-19所示。最后单击“坐标系”对话框中的确定按钮，完成坐标系创建。在模型中选择新创建的坐标系。

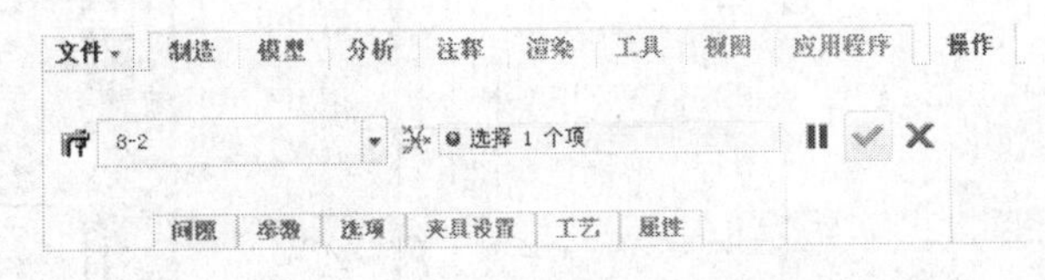

图8-15　“操作”操控面板

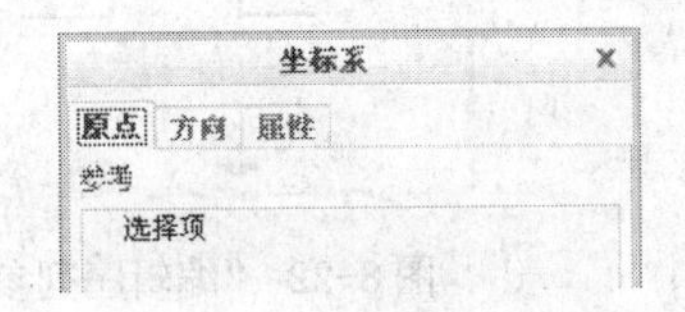

图8-16　“坐标系”对话框

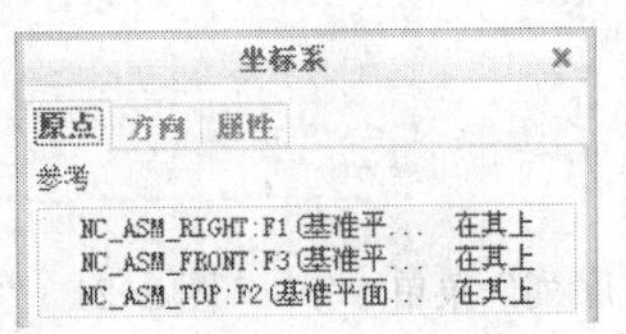

图8-17　“坐标系”对话框设置

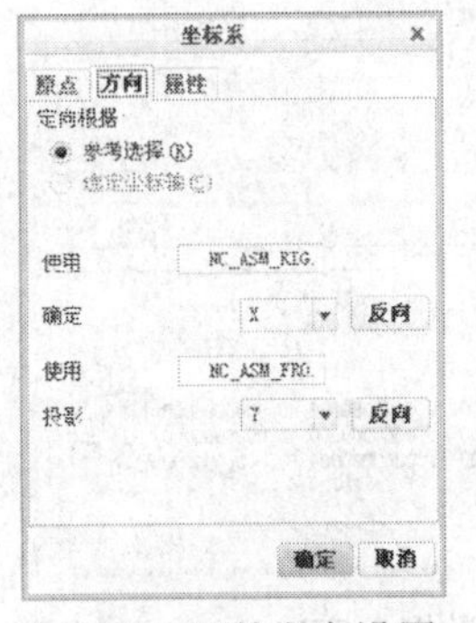

图8-18　调整方向设置

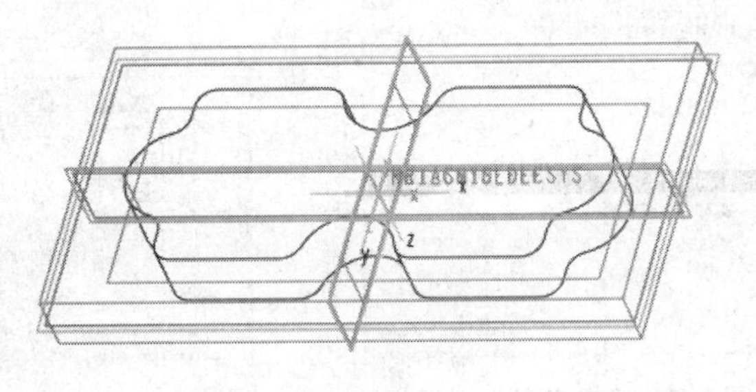
图8-19　Z轴方向

3）单击操控面板中的“完成”按钮，至此完成了两轴线切割加工的操作设置。

4. 创建两轴线切割NC加工序列

（1）此时在功能区弹出“线切割”功能区，单击“线切割”功能区“线切割”面板上的“轮廓加工”按钮，系统打开“NC序列”菜单。依次勾选“刀具”→“参数”→“完成”选项，如图8-20所示。

（2）系统打开“刀具设定”对话框，因在加工操作环境的设置中已对刀具进行了定义，如图8-21所示，故此处只需单击“刀具设定”对话框中的应用→确定按钮即可。

（3）接着系统打开“编辑序列参数‘轮廓加工线切割’”对话框，然后按照图8-22所示，在对话框中设置各个制造参数。单击确定按钮完成设置。

（4）制造参数设置完成后，接着系统打开如图8-23所示的“自定义”对话框和图8-24所示的“CL数据”窗口。

（5）单击“自定义”对话框中的插入按钮，则系统打开“WEDM 选项”菜单，接着在菜单中选择“粗加工”→“边”→“完成”选项，如图8-25所示。

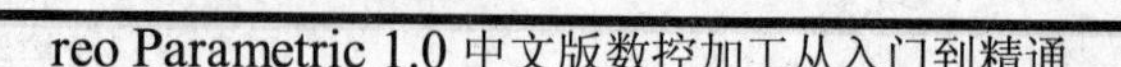

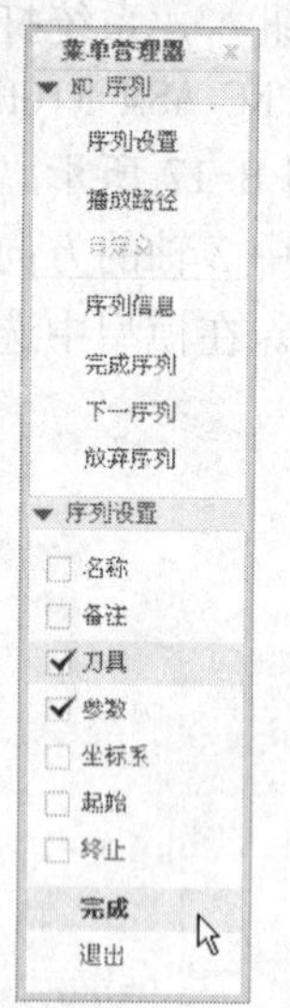

图 8-20 “NC 序列”菜单

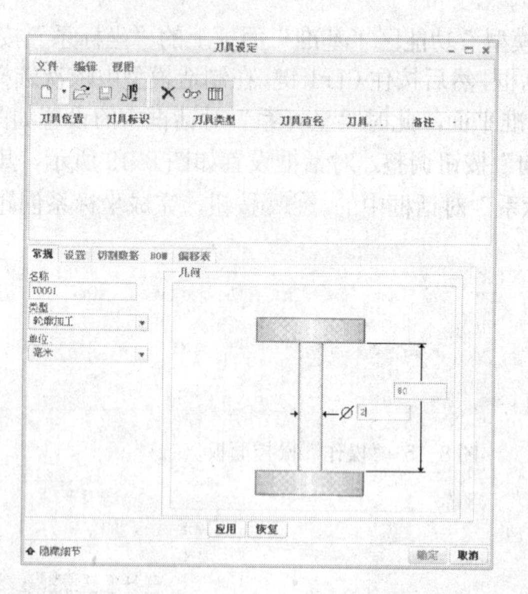

图 8-21 “刀具设定”对话框

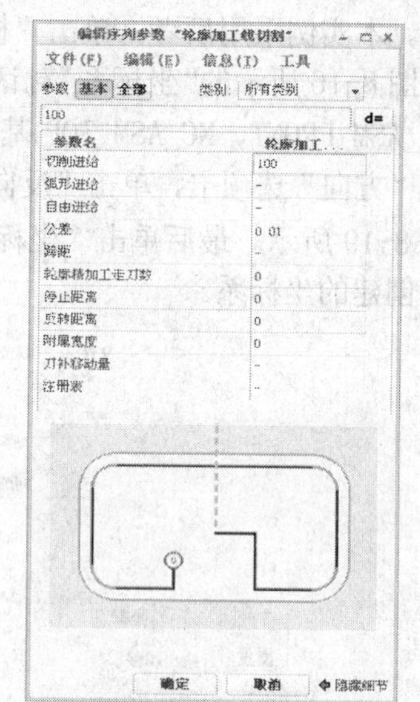

图 8-22 “编辑序列参数‘轮廓加工线切割’”对话框

图 8-23 “自定义”对话框

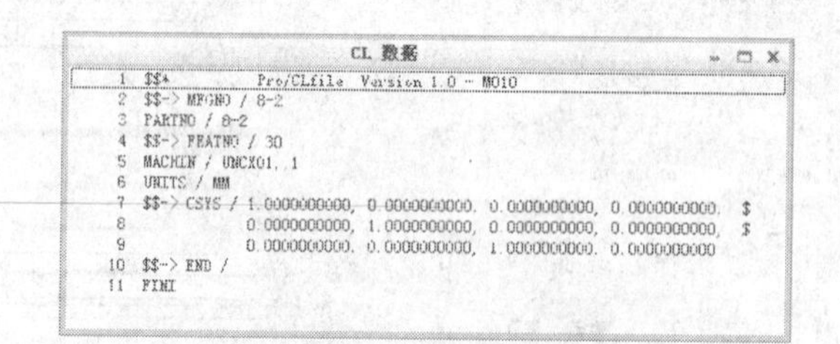

图 8-24 “CL 数据”窗口

（6）在系统打开的“切割”及“切减材料”菜单中选择“螺纹点”→“边”→“方向”→“偏距”→“粗加工”→“完成”选项，如图 8-26 所示。

（7）设置螺纹点（穿丝孔位置）。接着系统打开如图 8-27 所示的“定义点”菜单，同时在系统信息栏中提示 选择或创建基准点为螺纹点。，此时用户可以直接在模型树窗口中精确选择现有的基准点，也可以自行创建一个新的基准点。本例创建一个新的基准点。单击“切割线”功能区“基准”面板上的“点”下拉按钮选取“点”按钮，则系统打开如图 8-28 所示的“基准点”对话框，然后选择如图 8-29 所示的顶点作为放置基准点的参照，此时“基准点”对话框中的设置如图 8-30 所示，最后依次单击“基准点”对话框中的 确定 按钮和“定义点”菜单中的“完成/返回”选项。

（8）在系统打开的“链”菜单中选择“曲面链”和“选择”选项，如图 8-31 所示，这时系统信息栏中提示 选择曲面，当完成时选‘完成’。然后在图形显示区中选择参考模型的上表面，如图 8-32 所示。

（9）系统打开如图 8-33 所示的“链选项”菜单，然后选择菜单中的“全选”选项。系统返回到“链”菜单，最后选择“链”菜单中的“完成”选项。

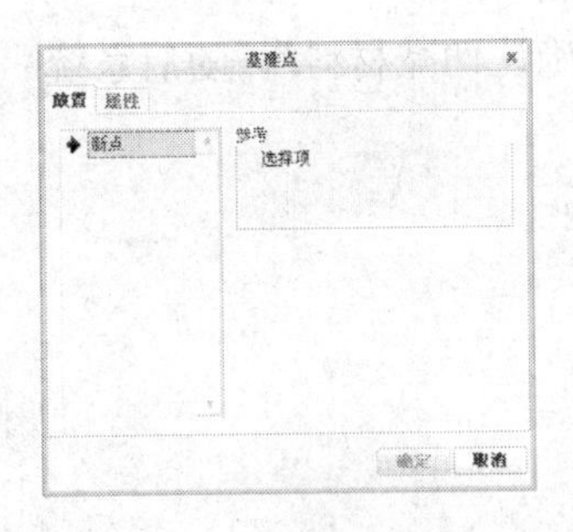

图 8-25 “WEDM 选项”菜单

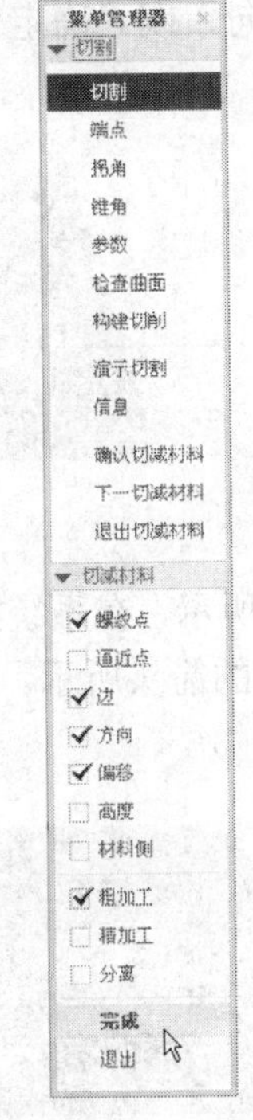

图 8-26 “切割”及“切减材料”菜单

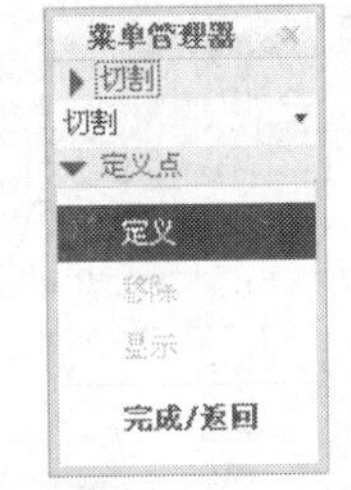

图 8-27 “定义点”菜单

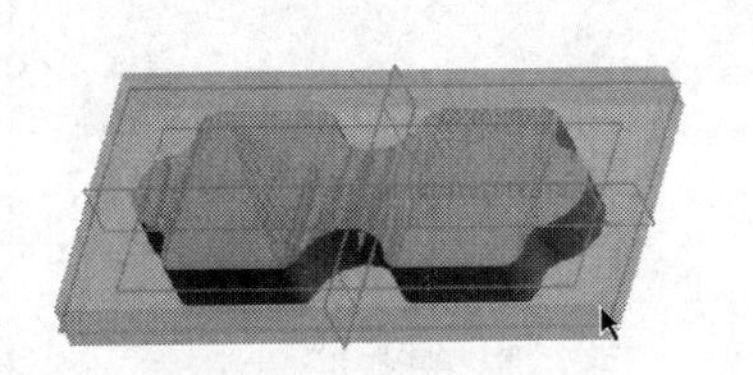

图 8-28 “基准点”对话框

图 8-29 选择的顶点

图 8-30 “基准点”对话框设置

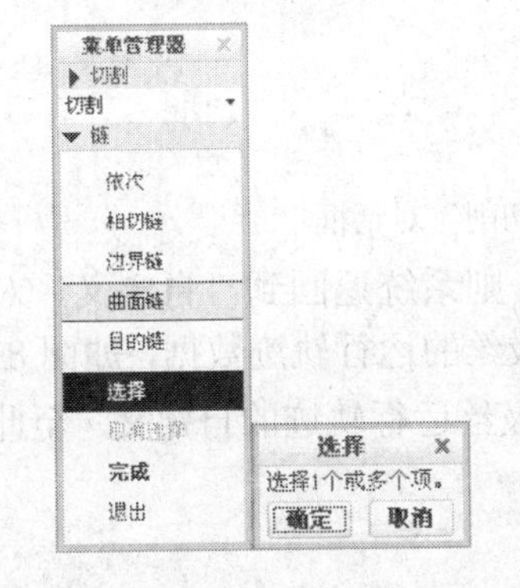

图 8-31 “链”菜单

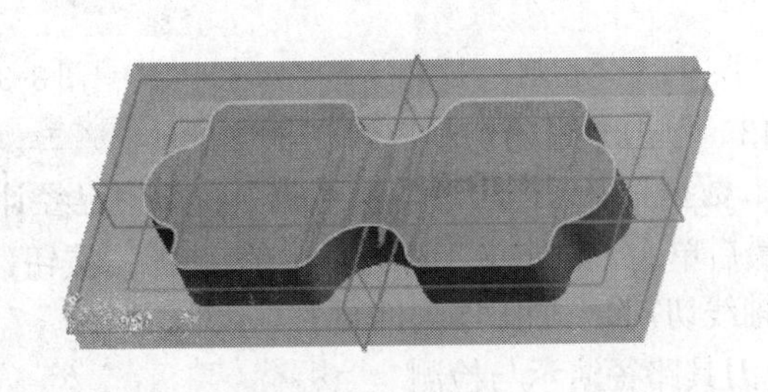

图 8-32 选择的曲面

（10）设置走刀方向。系统打开如图 8-34 所示的“方向”菜单，同时在信息栏中提示 ➪选择轨迹的方向.。在“方向”菜单中选择“反向”或“确定”选项来切换刀具轨迹方向，最后确定的加工轨迹方向如图 8-35 的箭头所示。

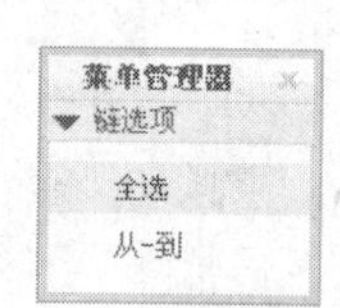

图 8-33 “链选项”菜单

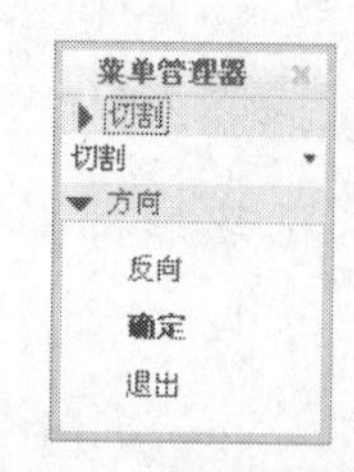

图 8-34 “方向”菜单

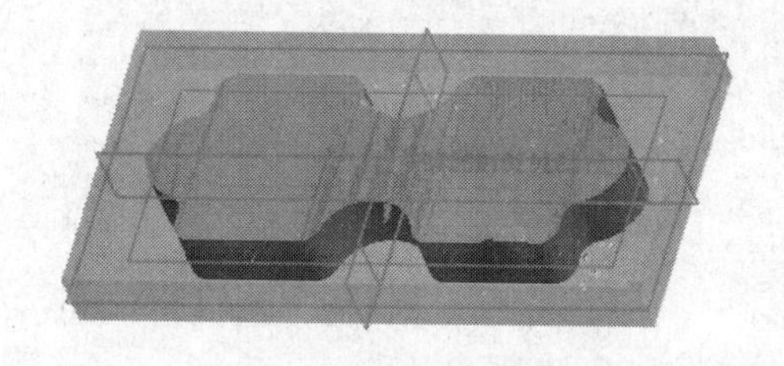

图 8-35 刀具轨迹方向

（11）设置电极丝偏距方向。如图 8-36 所示，在系统打开的“内部减材料偏移”菜单中选择“右”和“完成”选项。结果如图 8-37 的箭头所示。

图 8-36 “内部减材料偏移”菜单

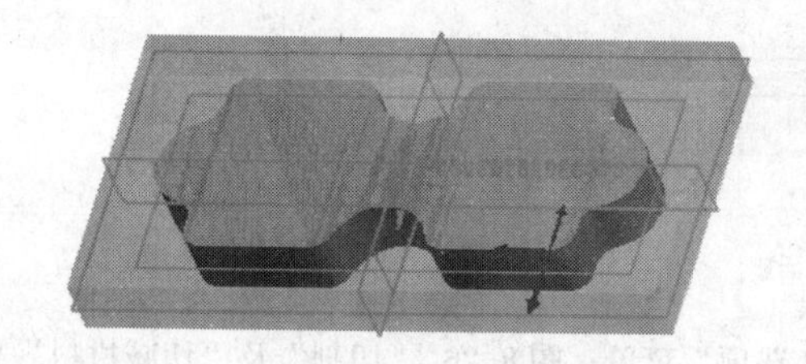

图 8-37 偏距方向

（12）如图 8-38 所示，在系统打开的“切割”菜单中选择“确认切减材料”，随后系统打开如图 8-39 所示的“跟随切削”对话框。

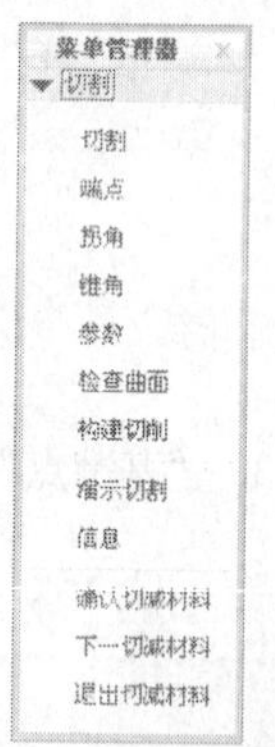

图 8-38 “切割”菜单

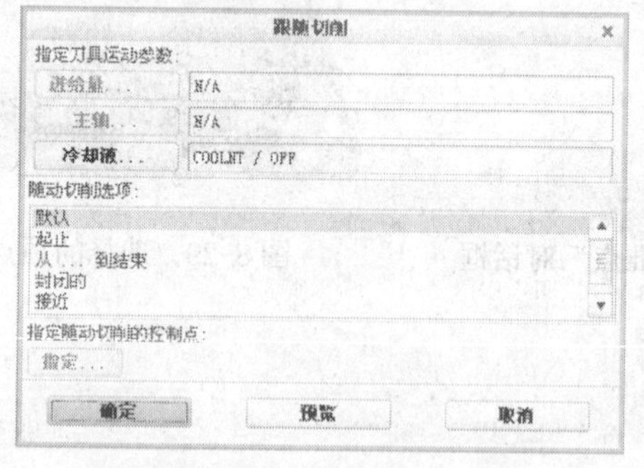

图 8-39 “跟随切削”对话框

（13）单击“跟随切削”对话框中的 确定 按钮，则系统返回到“自定义”对话框和“CL 数据”窗口，此时“CL 数据”窗口中已经计算出电极丝的运行轨迹数据，如图 8-40 所示。最后单击“自定义”对话框中的 确定 按钮，完成电极丝运行轨迹的自定义。至此完成了两轴线切割 NC 加工序列的设置。

5. 刀具路径演示与检测

（1）在“NC 序列”菜单中选择“播放路径”选项，如图 8-41 所示。

（2）在系统打开的“播放路径”菜单中依次选择“屏幕演示”选项，如图 8-42 所示。

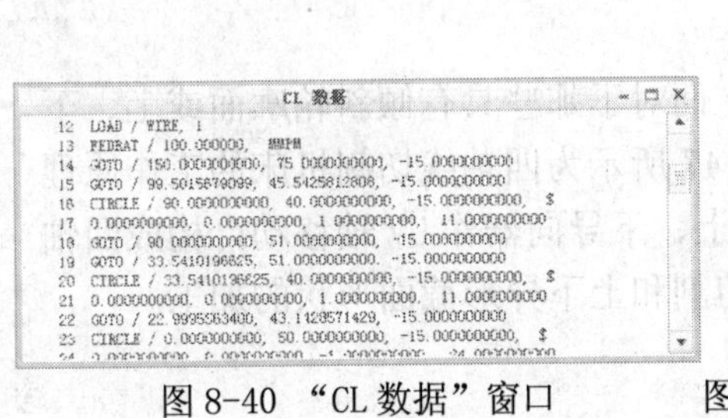
图 8-40 “CL 数据”窗口

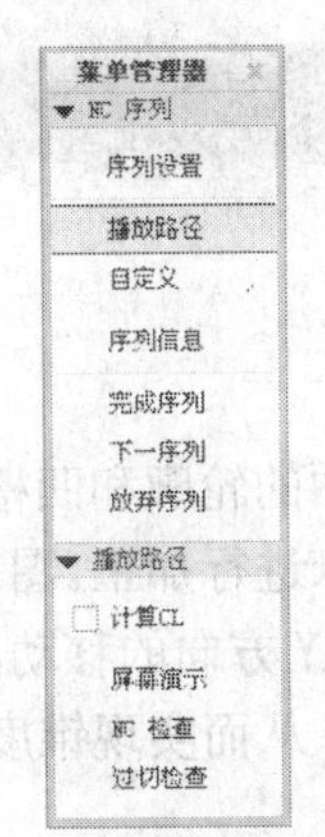

图 8-41 “播放路径”选项

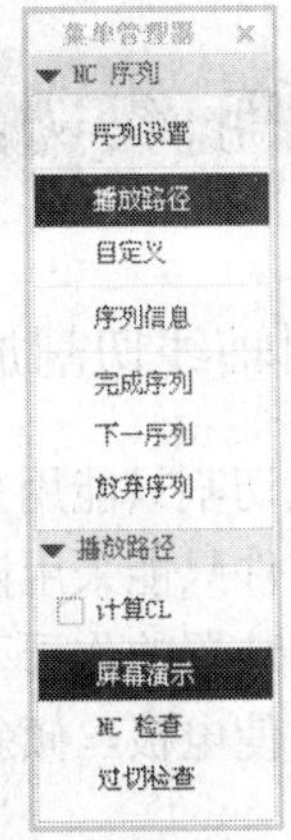

图 8-42 选择“屏幕演示”选项

（3）系统打开如图 8-43 所示的“播放路径”对话框，适当调整演示速度后，单击对话框中的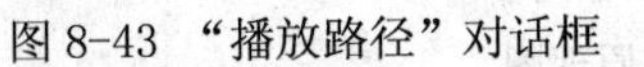按钮，则系统开始在屏幕上动态演示刀具加工的路径。图 8-44 所示为屏幕演示完后的结果。

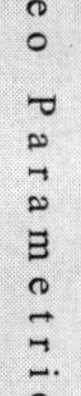

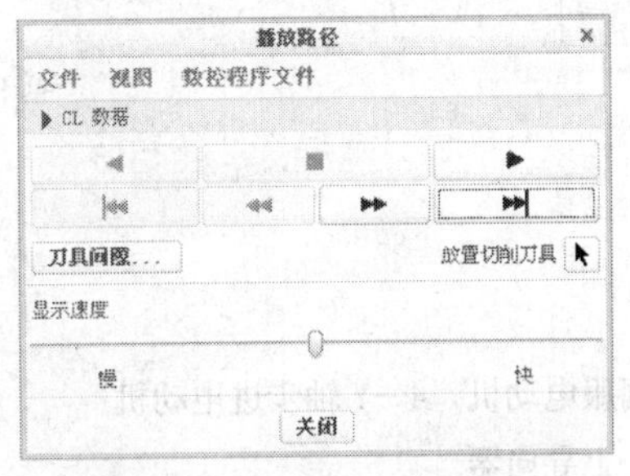

图 8-43 “播放路径”对话框

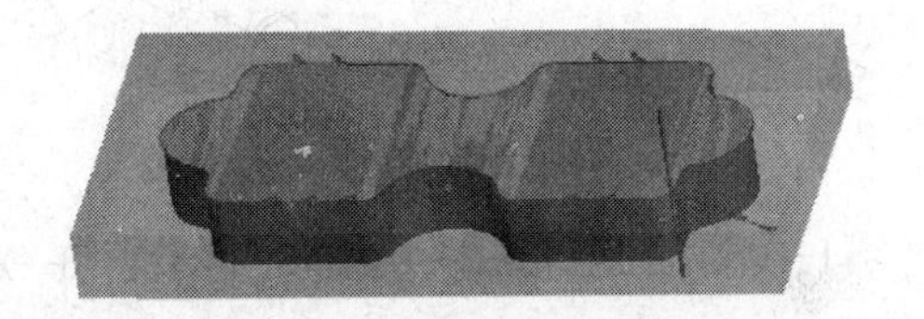
图 8-44 生成的刀具路径

（4）刀具路径演示完后，单击“播放路径”对话框中的关闭按钮。然后单击“播放路径”菜单中的“NC 检查”选项，如图 8-45 所示。

（5）系统进入 VERICUT 仿真模拟工作界面，适当调整模拟速度后，单击按钮开始进行动态加工模拟。图 8-46 为加工模拟完成后的效果图。

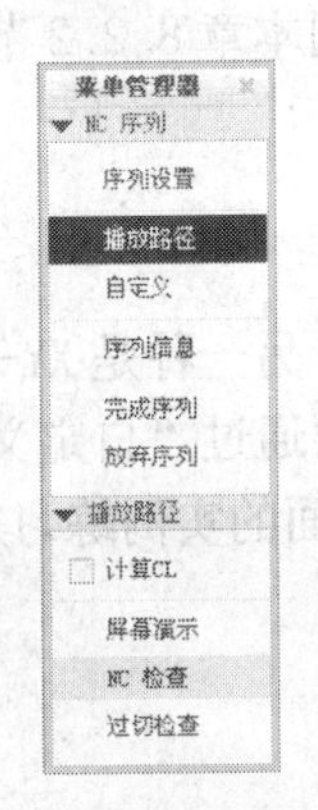

图 8-45 “播放路径”菜单

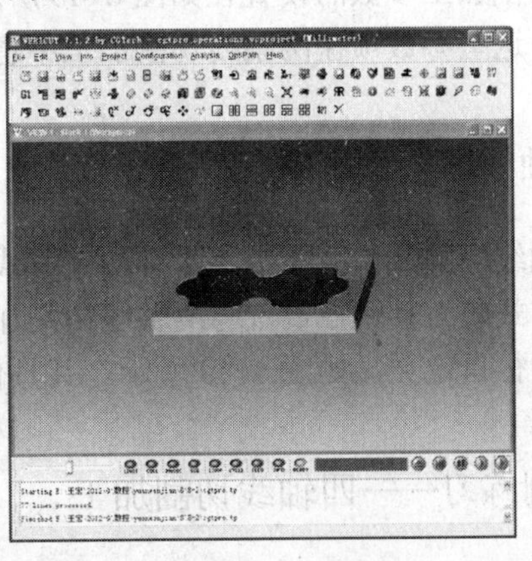
图 8-46 模拟完成后的窗口

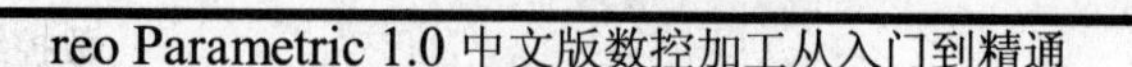

（6）关闭界面，返回“NC 序列”菜单，选择“完成序列”选项退出。

8.3 四轴线切割加工

8.3.1 四轴线切割加工简介

两轴线切割只能用来加工垂直平面的轮廓和凹槽，而对于那些具有倾斜轮廓面或上、下异形面的零件只能采用四轴线切割机床进行加工。图 8-47 所示为四轴线切割机床的工作原理图，在控制装置的作用下，工作台作 XY 方向的移动，上、下导向器作 UV 轴移动，构成四轴联动控制，使电极丝倾斜一定的角度，从而实现锥度切割和上下异形截面形状的加工。

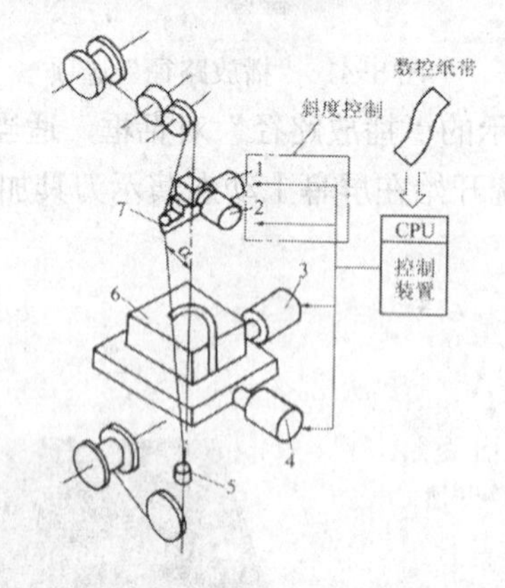

1—U 轴伺服电机　2—V 轴步进电动机　3—X 轴伺服电动机　4—Y 轴步进电动机
5—下导向器　6—工件　7—上导向器

图 8-47 四轴线切割机的工作原理图

8.3.2 四轴线切割加工参数说明

四轴线切割加工参数的设置在如图 8-48 所示的“编辑序列参数‘轮廓加工线切割’”对话框中进行。这些参数项在两轴线切割加工中已有说明，请读者参阅本章 8.2.2 节。

8.3.3 四轴线切割加工路径的自定义

对于四轴线切割，系统提供了两种加工方式：一种是锥角加工，另一种是 XY-UV 加工。这两种加工方式的刀具路径设置与两轴线切割加工基本相同，都需要通过“自定义”对话框对刀具路径进行自定义，如图 8-49 所示。其具体设置过程将通过下面的实例练习来说明。

8.3.4 实例练习——四轴线切割加工

下面将通过加工如图 8-50 所示的参考模型，说明四轴线切割加工一般流程与操作技巧。

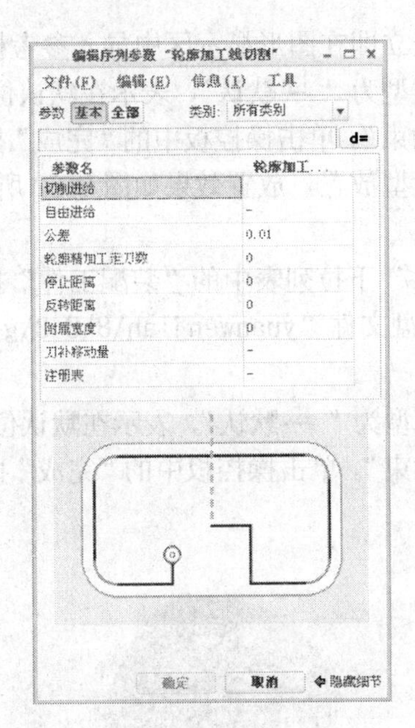

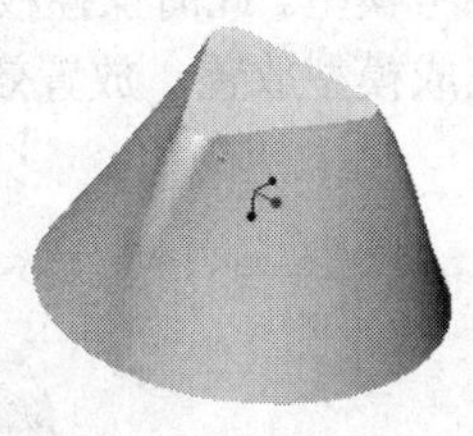

图 8-48　"编辑序列参数'轮廓加工线切割'"对话框　图 8-49　"自定义"对话框　图 8-50 参考模型

1. 创建 NC 加工文件

（1）启动 Creo Parametric 1.0 后，选择"文件"→"新建"命令，或者单击"快速访问"工具栏中的"新建"按钮，则系统打开如图 8-51 所示的"新建"对话框。在"新建"对话框的"类型"栏中选择"制造"，在"子类型"栏中选择"NC 装配"，然后在"名称"文本框中输入名称"8-3"，同时取消对"使用默认模板"复选框的勾选，最后单击对话框中的 确定 按钮。

（2）系统打开"新文件选项"对话框，在"模板"选项框中选择"mmns_mfg_nc"选项，接着单击对话框中的 确定 按钮进入系统的 NC 加工界面。

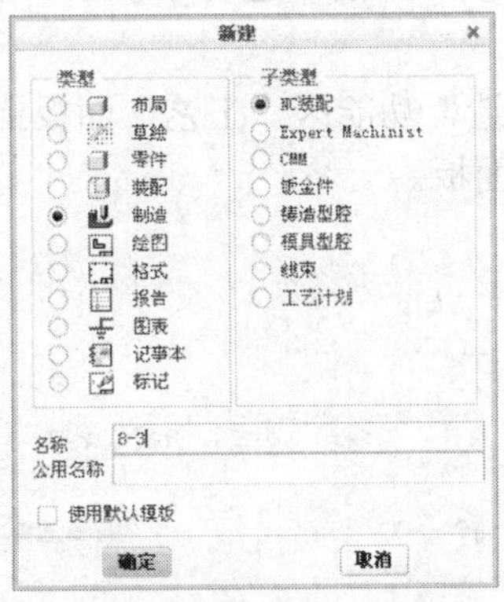

图 8-51 "新建"对话框

2. 创建制造模型

（1）装配参考模型

1）在"制造"功能区"元件"面板上单击"参考模型"下拉列表中的"装配参考模型"按钮，则系统打开"打开"对话框，在对话框中选择光盘文件"yuanwenjian\8\8-3\czmx.

prt”，然后单击对话框中的 打开 按钮，则系统立即在图形显示区中导入参考模型。

2）系统打开“元件放置”操控面板，选择约束类型为“默认”，表示在默认位置装配参照模型。此时操控板上“状况”后面显示为“完全约束”。单击操控板中的“完成”按钮，在系统打开的“警告”对话框中单击 确定 按钮完成模型放置，放置效果如图 8-52 所示。

（2）装配工件

1）在“制造”功能区“元件”面板上单击“工件”下拉列表中的“装配工件”按钮，则系统再次弹出“打开”对话框。在对话框中选择光盘文件“yuanwenjian\8\8-3\gj.prt”，然后单击对话框中的 打开 按钮。

2）系统打开“元件放置”操控面板，选择约束类型为“默认”，表示在默认位置装配参考模型。此时操控板上“状况”后面显示为“完全约束”。单击操控板中的“完成”按钮，完成模型放置，放置效果如图 8-53 所示。

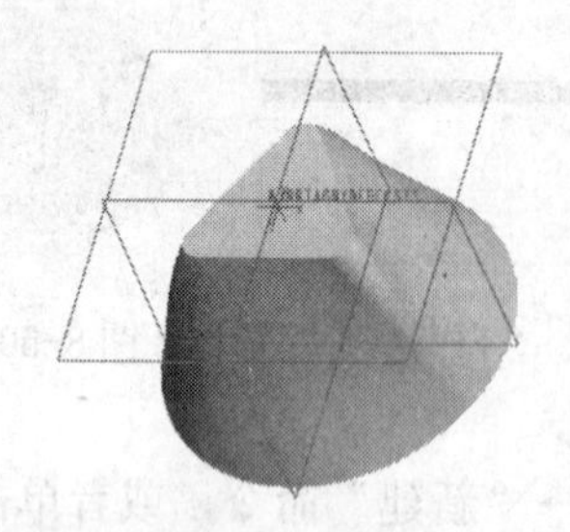

图 8-52 装配后的参考模型

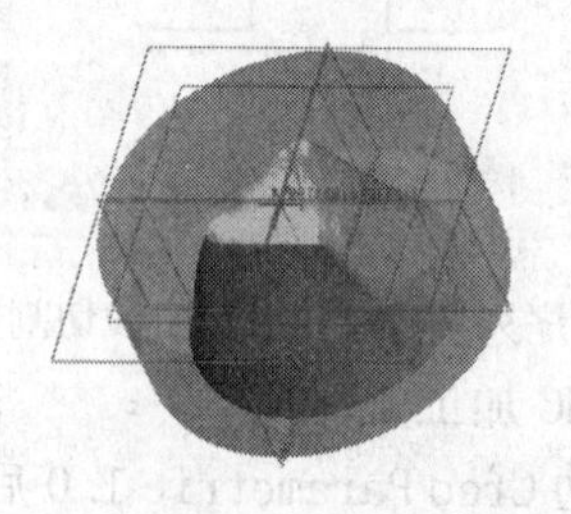

图 8-53 工件放置效果图

3. 四轴线切割加工操作设置

（1）定义工作机床

在“制造”功能区“机床设置”面板上单击“工作中心”下拉列表中的“线切割”按钮，则系统打开如图 8-54 所示的“车床工作中心”对话框，在“名称”后的文本框中输入操作名称“8-3”；在“轴数”下拉框中选择“4 轴”选项。单击“确定”按钮，完成机床定义。

（2）操作设置

1）定义加工零点。单击“制造”功能区“工艺”面板上的“操作”按钮，系统将打开如图 8-55 所示的“操作”操控面板。

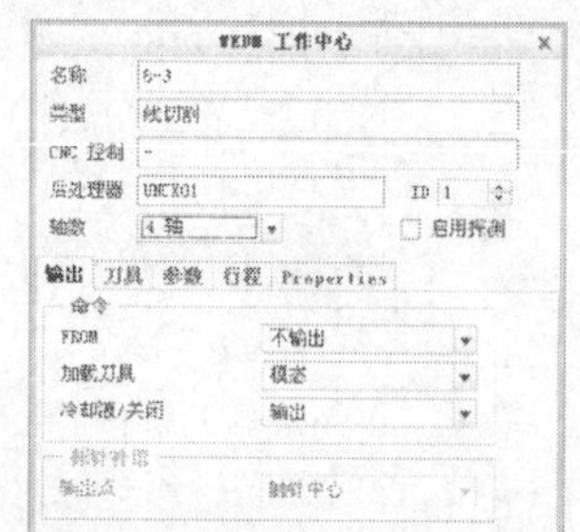

图 8-54 “车床工作中心”对话框

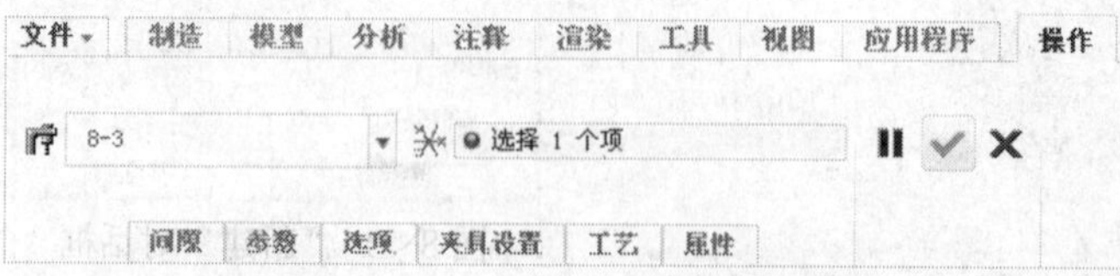

图 8-55 “操作”操控面板

2）用户可以直接在模型树窗口中精确选择现有的坐标系，也可以自行创建一个新的坐标系。本实例采用后者，单击“模型”功能区“基准”面板上的“坐标系”按钮，系统打开如图 8-56 所示的“坐标系”对话框，然后按住 Ctrl 键，在制造模型中依次选择 NC_ASM_RIGHT、

NC_ASM_FRONT、NC_ASM_TOP 基准平面，此时“坐标系”对话框中的设置如图 8-57 所示。选择“方向”选项卡，单击“反向”按钮调整，对话框设置如图 8-58 所示，其中 Z 轴的方向如图 8-59 所示。最后单击“坐标系”对话框中的 确定 按钮，完成坐标系创建。在模型中选择新创建的坐标系作为加工零点。

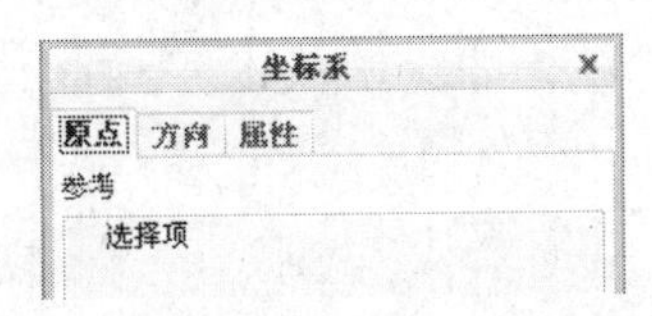

图 8-56 “坐标系”对话框

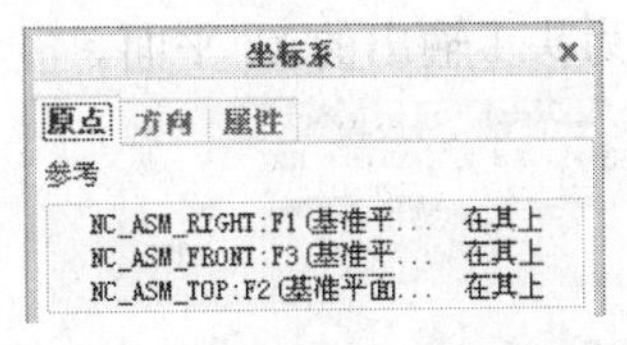

图 8-57 “坐标系”对话框设置

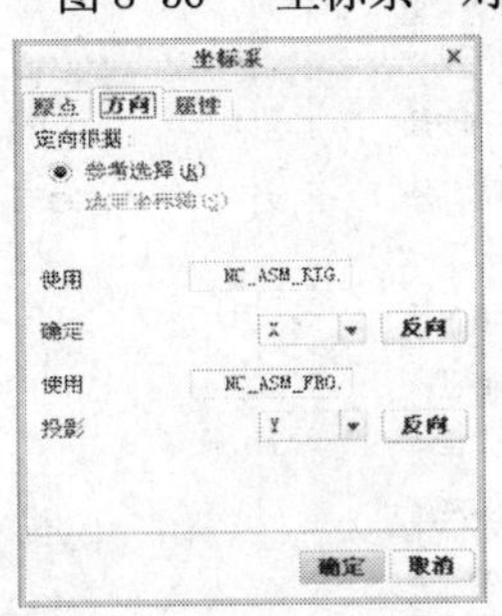

图 8-58 调整方向设置

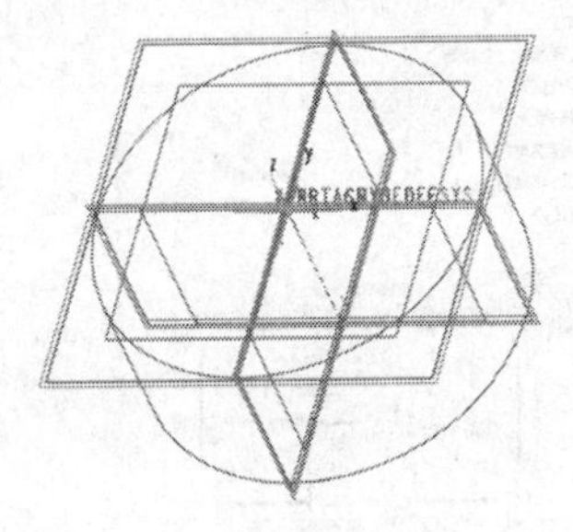

图 8-59 Z 轴方向

3）单击操控面板中的“完成”按钮，至此完成了四轴线切割加工操作设置。

4. 创建四轴线切割 NC 加工序列

（1）此时在功能区弹出“线切割”功能区，单击“线切割”功能区“线切割”面板上的“XY-UV”按钮，系统打开“NC 序列”菜单。依次选择“刀具”→“参数”→“XY 平面”→“UV 平面”→“完成”选项，如图 8-60 所示。

（2）系统打开“刀具设定”对话框，因在加工操作环境的设置中已对刀具进行了定义，如图 8-61 所示，故此处只需单击“刀具设定”对话框中的 应用 → 确定 按钮即可。

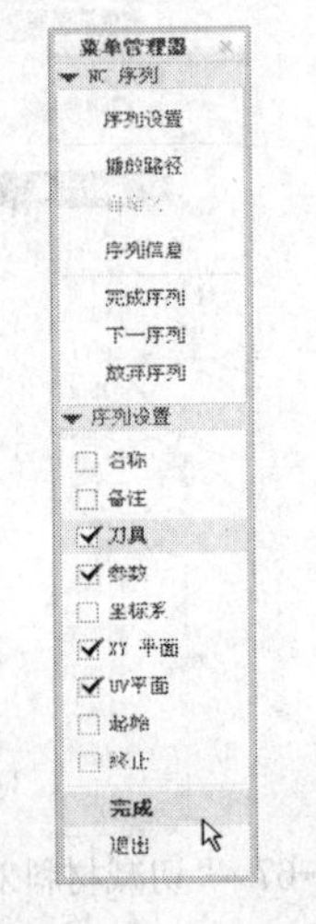

图 8-60 “NC 序列”菜单

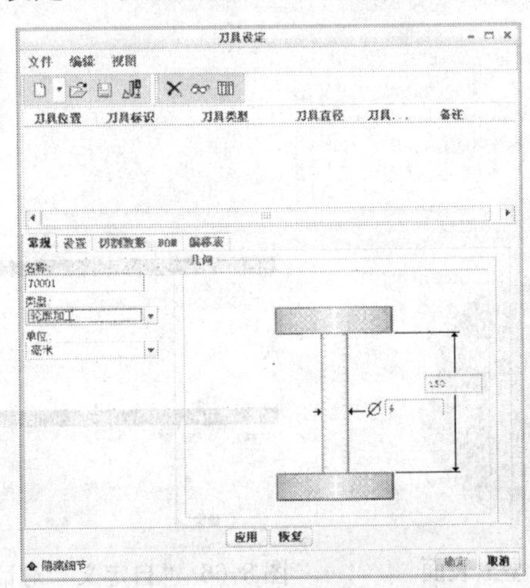

图 8-61 “刀具设定”对话框

（3）系统打开“编辑序列参数“轮廓加工线切割””对话框，然后按照图 8-62 所示，在

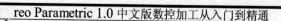

“编辑序列参数“轮廓加工线切割””对话框中设置各个制造参数。单击 确定 按钮完成设置。

（4）系统打开如图 8-63 所示的“CTM 深度”菜单，同时在信息栏中提示 为头1输出指定XY平面.。选择“CTM 深度”菜单中的“指定平面”选项，然后在图形显示区中选择如图 8-64 所示的参考模型底面作为头 1 输出的 XY 平面。

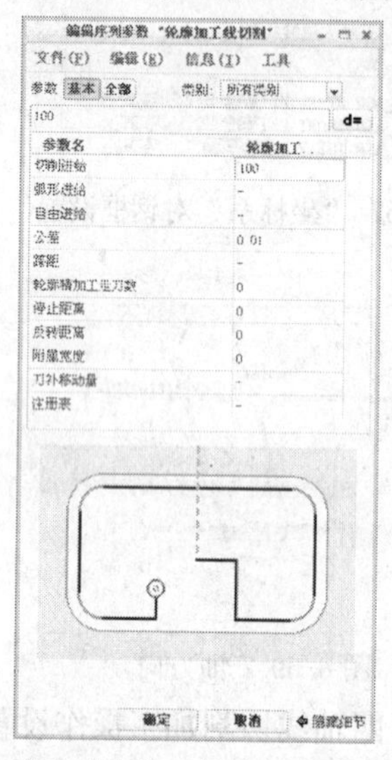

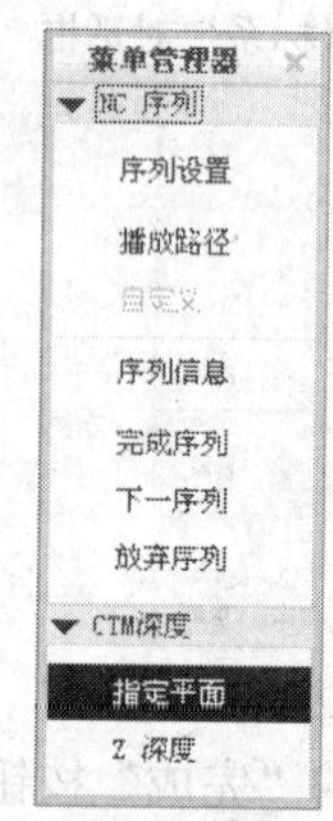

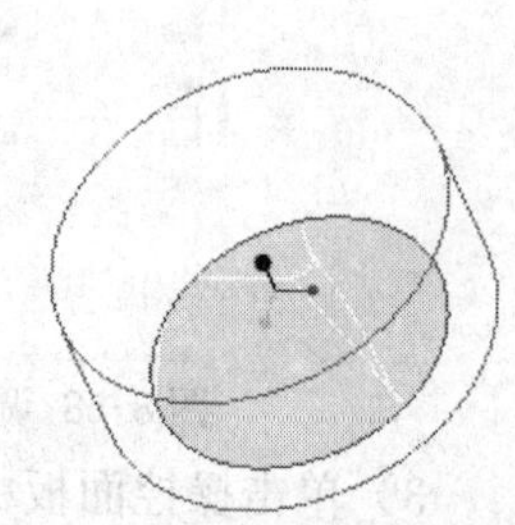

图 8-62 “编辑序列参数‘轮廓加工线切割’”对话框　图 8-63 “CTM 深度”菜单　图 8-64 参考模型底面

（5）在信息栏中系统继续提示 为头2输出指定UV平面.，然后选择如图 8-65 所示的参考模型上表面作为头 2 输出的 UV 平面。

（6）如图 8-66 所示，在系统打开的“自定义”对话框中单击 插入 按钮，然后在打开的“切减材料对齐”菜单中选择“螺纹点”→“围线 1”→“围线 2”→“方向”→“偏移”→“粗加工”→“完成”选项，如图 8-67 所示。

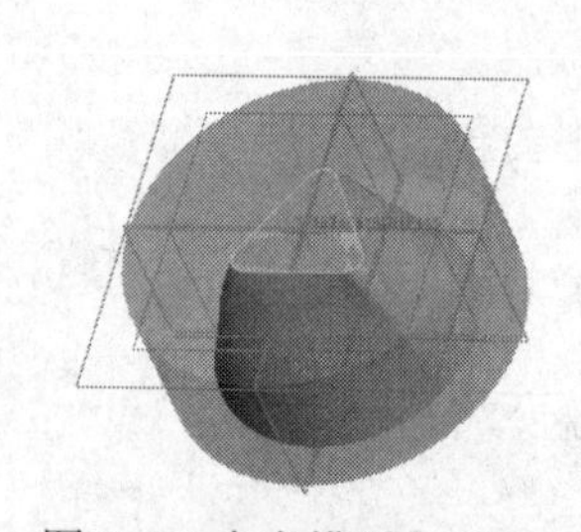

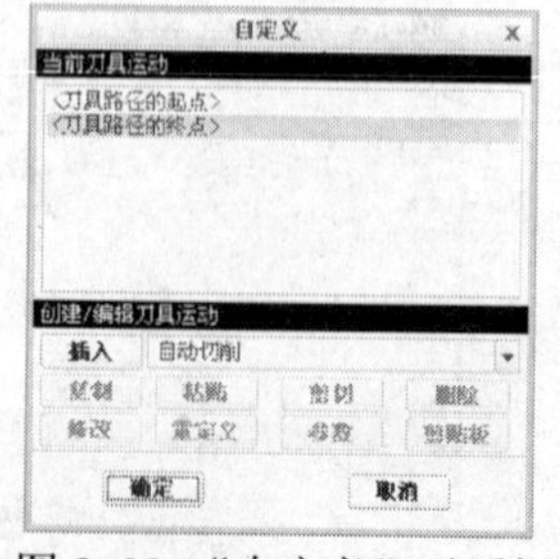

图 8-65 参考模型上表面　图 8-66 “自定义”对话框　图 8-67 “切减材料对齐”菜单

（7）系统打开如图 8-68 所示的“定义点”菜单，同时在信息栏中提示 选择或创建基准点为螺纹点.，此时用户可以直接在模型树窗口中精确选择现有的基准点，也可以自行创建一个新的基准点。本例采用后者，单击“切割线”功能区“基准”面板上的“点”下拉按钮选取“点”按钮，则系统打开如图 8-69 所示的“基准点”对话框，然后选择如图 8-70 所示的边线端点作为放置基准点的参照，此时“基准点”对话框中的设置如图 8-71 所示。最后依次单击对话框中的 确定 按钮和“定义点”菜单中的“完成/返回”选项。

图 8-68 “定义点”菜单

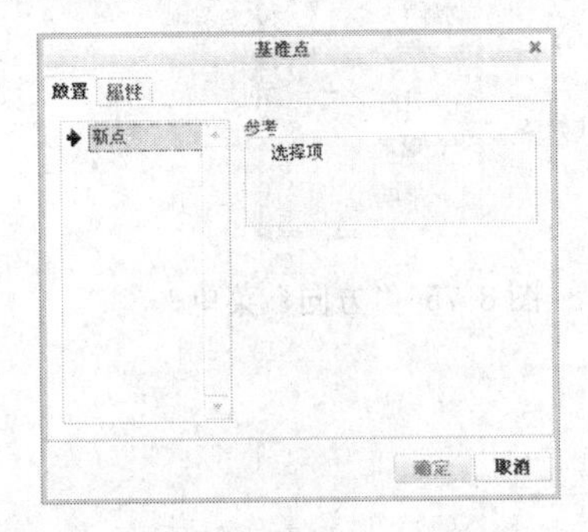

图 8-69 “基准点”对话框

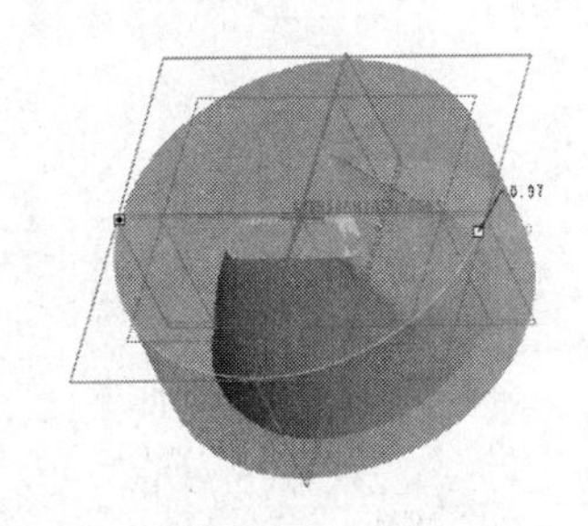
图 8-70 选择的边线端点

（8）定义围线 1。如图 8-72 所示，在系统打开的“轨迹选项”菜单中选择“草绘”选项，弹出“参考”对话框，选取 NC_ASM_RIGHT、NC_ASM_FRONT 基准面作为参考。然后在草绘界面中绘制如图 8-73 所示的线段，单击“确定”按钮，退出草图绘制环境。

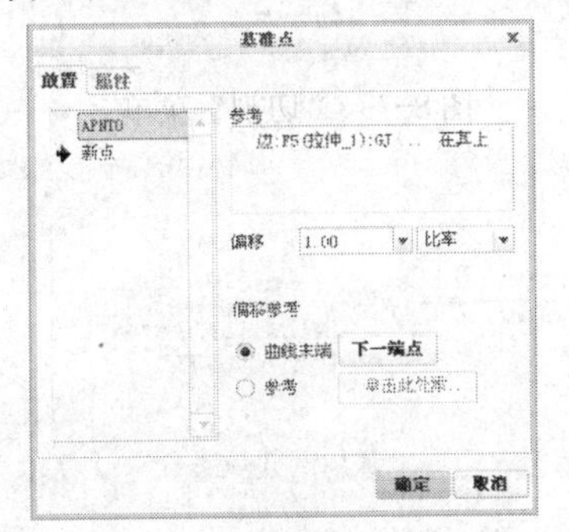

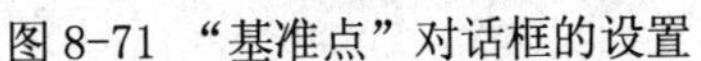
图 8-71 “基准点”对话框的设置

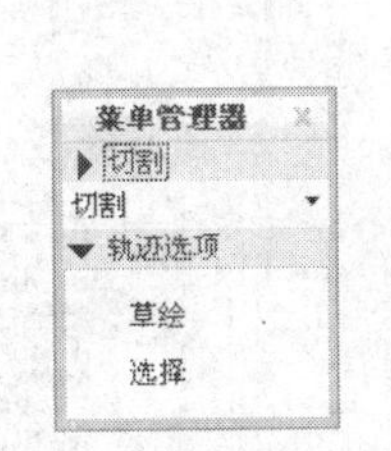

图 8-72 “轨迹选项”菜单

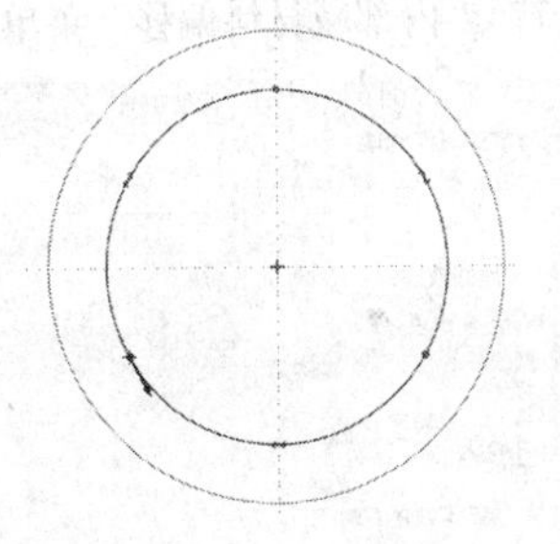
图 8-73 围线 1

（9）系统返回到“轨迹选项”菜单，同时在信息栏中继续提示 选择选项来定义围线2.。

（10）定义围线 2。选择“轨迹选项”菜单中的“草绘”选项，弹出“参考”对话框，选取 NC_ASM_RIGHT、NC_ASM_FRONT 基准面作为参考。然后在草绘界面中绘制如图 8-74 所示的线段。单击“确定”按钮，退出草图绘制环境。

（11）定义轨迹方向。系统打开如图 8-75 所示的“方向”菜单，然后在菜单中选择“反向”或“确定”选项来切换刀具的轨迹方向，最后确定的加工轨迹方向如图 8-76 的箭头所示。

（12）定义刀具偏距方向。如图 8-77 所示，在系统打开的“内部减材料偏移”菜单中选择“左”和“完成”选项，结果如图 8-78 的箭头所示。

（13）如图 8-79 所示。在系统打开的“切割”菜单中选择“确认切减材料”，随后系统打开如图 8-80 所示的“跟随切削”对话框。

（14）单击“随动切削”对话框中的 确定 按钮，接着系统返回到“自定义”对话框和“CL 数据”窗口，此时“CL 数据”窗口中已经计算出电极丝的运行轨迹数据，如图

8-81 所示。然后单击“自定义”对话框中的确定按钮，完成电极丝运行轨迹的自定义。

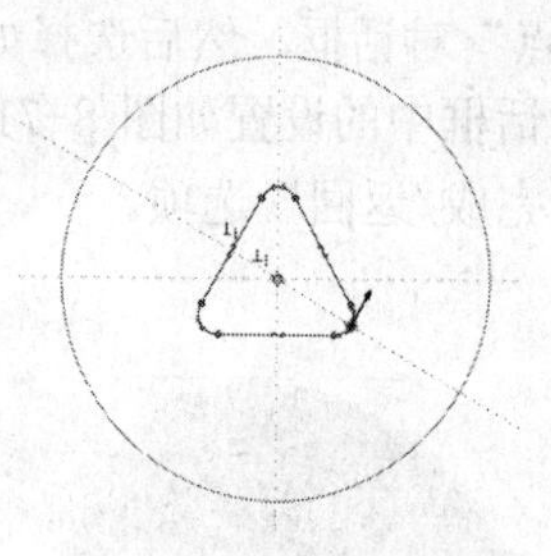

图 8-74 围线 2

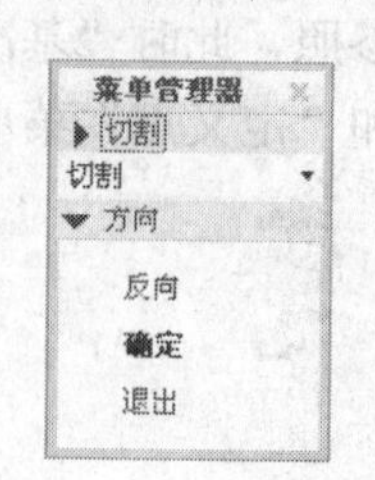

图 8-75 “方向”菜单

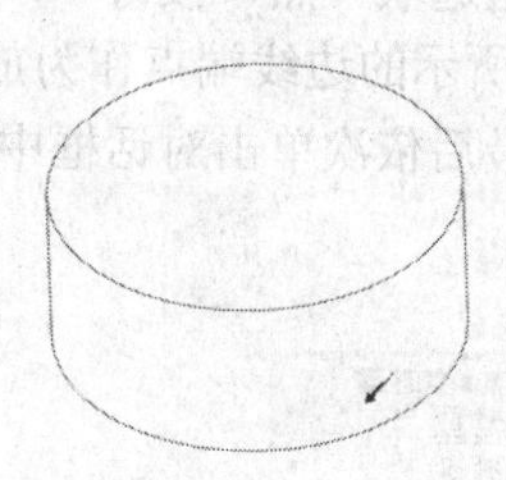

图 8-76 刀具轨迹方向

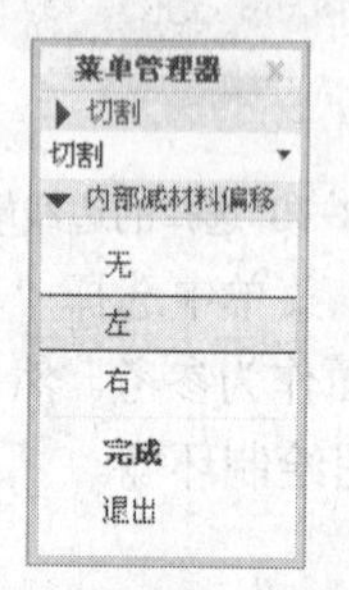

图 8-77 “内部减材料偏移”菜单

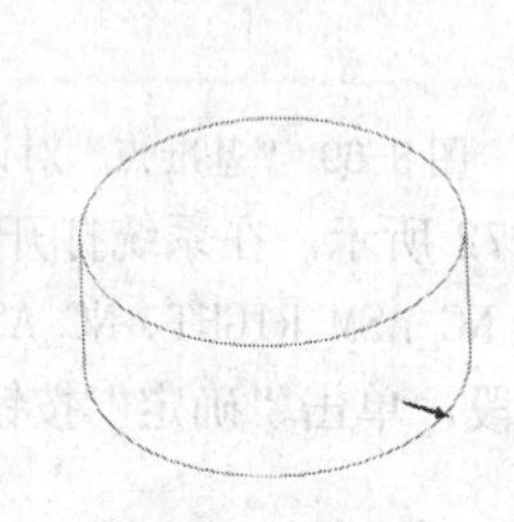

图 8-78 偏距方向

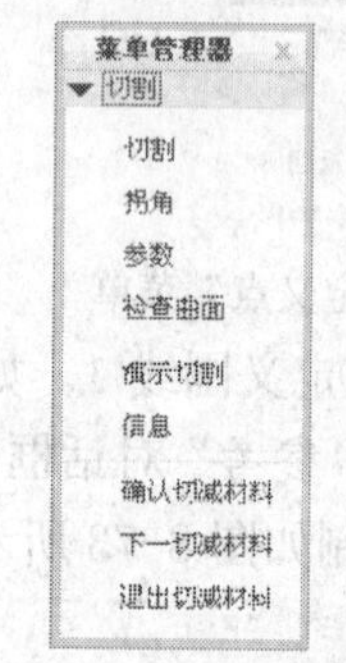

图 8-79 “切割”菜单

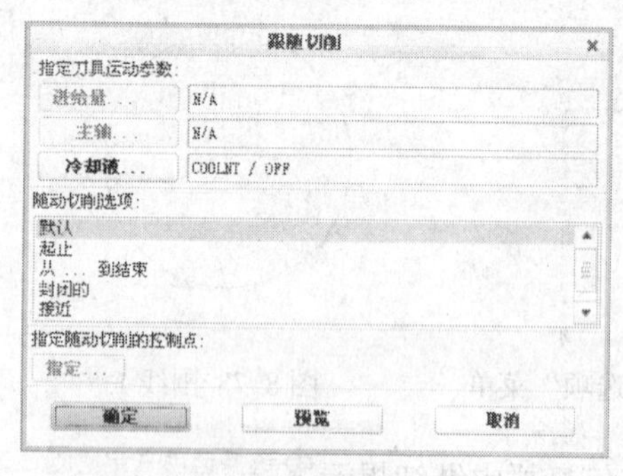

图 8-80 “跟随切削”对话框

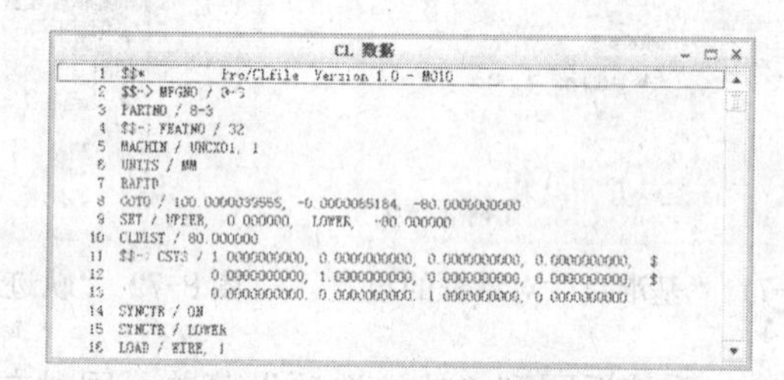

图 8-81 “CL 数据”窗口

至此完成了四轴线切割 NC 加工序列的设置。

5. 刀具路径演示与检测

（1）在“NC 序列”菜单中选择“播放路径”选项，如图 8-82 所示。

（2）在系统打开的“播放路径”菜单中依次选择“屏幕演示”选项，如图 8-83 所示。

（3）系统打开如图 8-84 所示的“播放路径”对话框，适当调整演示速度后，单击对话框中的▶按钮，则系统开始在屏幕上动态演示刀具加工的路径。图 8-85 所示为屏幕演示完后的结果。

（4）刀具路径演示完后，单击“播放路径”对话框中的关闭按钮。然后单击“播放路径”菜单中的“NC 检查”选项，如图 8-86 所示。

（5）系统进入 VERICUT 仿真模拟工作界面，适当调整模拟速度后，单击按钮开始进行动态加工模拟。图 8-87 为加工模拟完成后的效果图。

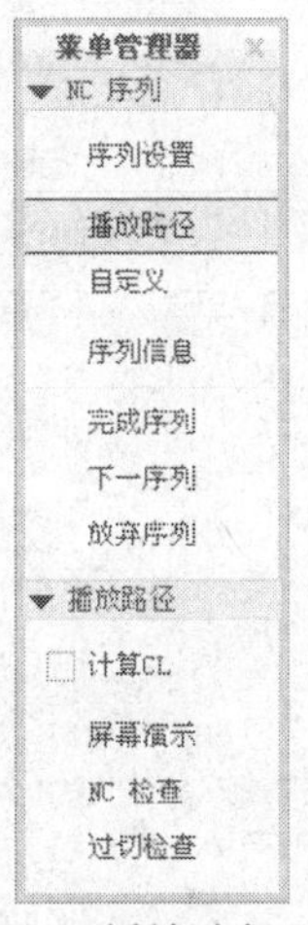

图 8-82 “播放路径”选项

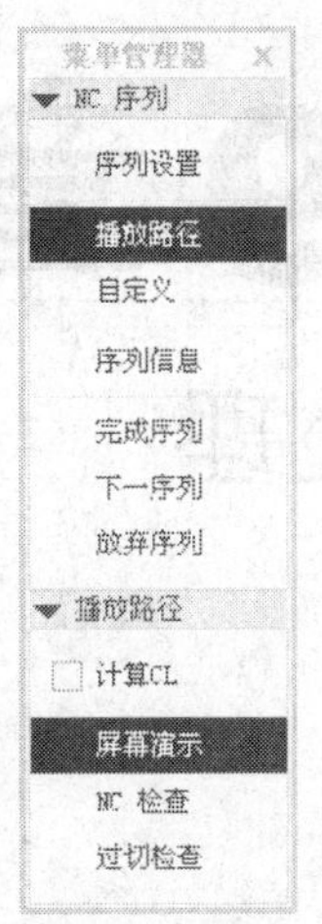

图 8-83 选择“屏幕演示”选项

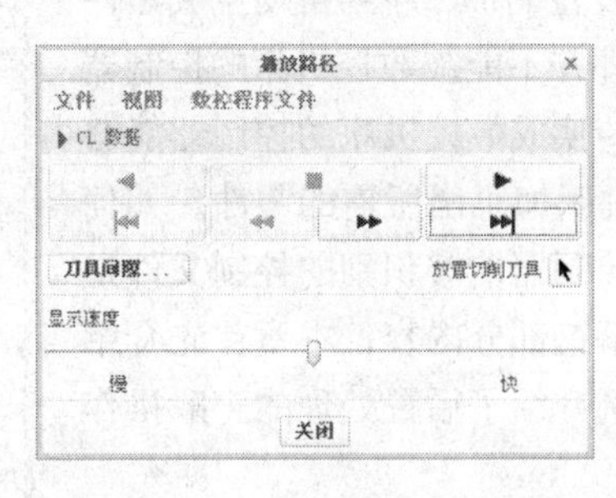

图 8-84 “播放路径”对话框

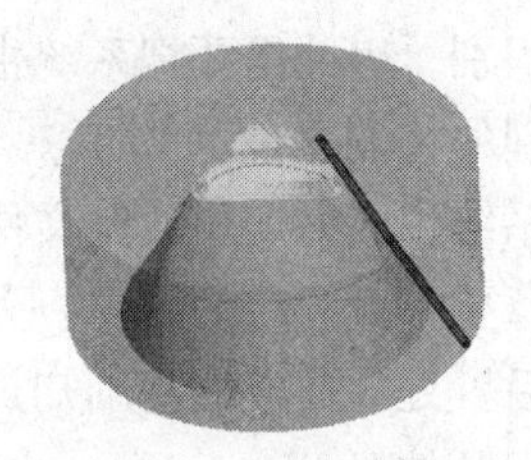

图 8-85 生成的刀具路径

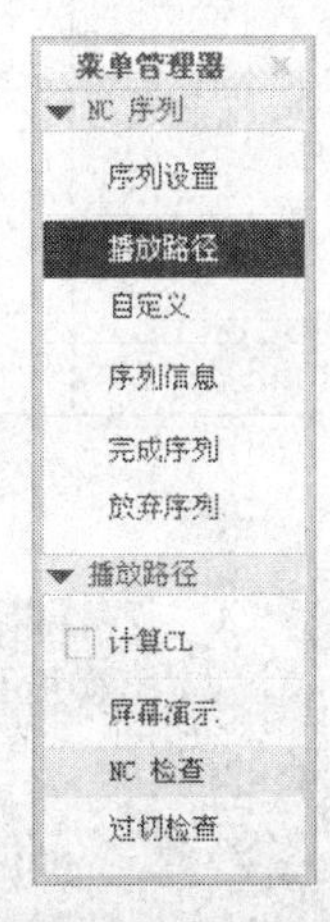

图 8-86 “播放路径”菜单

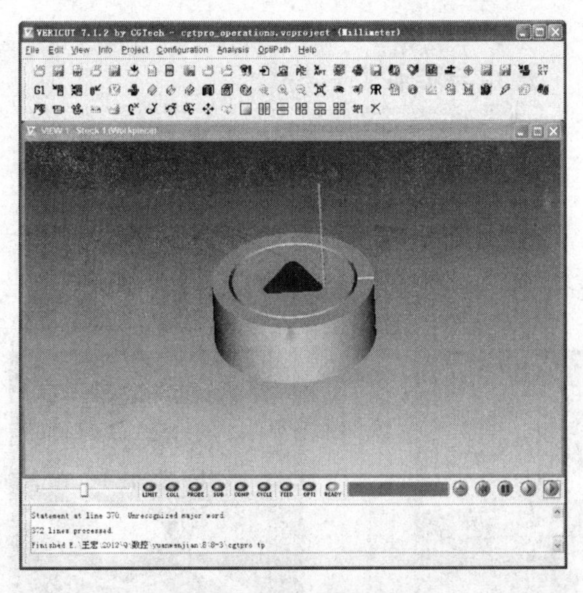

图 8-87 模拟完成后的窗口

（6）关闭界面，返回“NC 序列”菜单，选择“完成序列”选项退出。

第9章 后置处理

本章导读

在Creo/NC加工过程中，系统会根据用户设置的NC序列自动生成零件的ASCII格式的刀位（CL）数据文件。这些文件并不能被数控机床的控制器所识别，因此需要把系统生成的刀位数据文件转换成数控机床的控制器能够识别的控制文件（MCD），然后才能驱动数控机床加工出所需的零件。如何把系统生成的刀位数据文件转换成数控机床的控制器能够识别的控制文件是本章要重点介绍的内容。为了让读者更好地了解这部分内容，本章首先介绍了后置处理的一些基础知识，然后通过一个实例介绍了后置处理的一般操作过程及技巧。

重点与难点

- 刀位数据文件
- 控制数据文件
- 后置处理
- 配置文件
- 配置文件命名规则

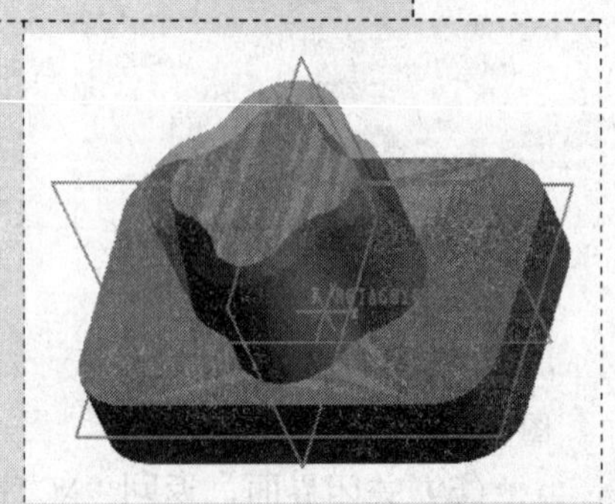

9.1 后置处理简介

后置处理(Post Processing)是自动编程中需要考虑的一个重要问题。自动编程经过刀具路径计算产生的是刀位数据(Cutter Location Data)文件，而不是数控机床的控制数据文件（MCD）。因此，这时需要设法把刀位数据文件转变成指定数控机床所能识别的文件，然后采用通信的方式或DNC方式输入到数控机床的数控系统，才能进行零件的数控加工。把CAD / CAM软件生成的刀位数据文件转换成指定数控机床能执行的数控程序代码的过程就称为后置处理。

刀位数据文件是前置(主)处理程序（Main Proocessor）输出的刀心轨迹节点坐标(圆弧插补时圆心及半径)、刀轴向量及数控机床控制命令信息等组成的一个文件。它由一系列记录组成，每个记录长度(大小)不同，由实型、整型和字符型逻辑字组成。刀位数据文件必须经过后置处理程序转换成数控机床各轴的运动信息后，才能驱动数控机床加工出设计的零件。

后置处理程序（Post Proocessor）是自动编程系统中的一个重要组成部分。后置处理程序的功能是根据主处理程序产生的刀位数据文件和机床特性信息，将其处理成相应数控系统能够接受的控制指令代码。也就是根据刀位数据文件中各种不同的加工要求，将刀位数据文件及机床特性信息文件处理成一个个字，然后把字组成一个适当的程序段，将其输出。目前后置处理程序的编制主要有三种方法：

（1）利用高级语言编写，缺点是工作量大、编制困难，对设计好的后置程序修改很困难，需要有经验的专门的软件人员。

（2）数控软件厂商提供一个通用后置处理软件，同时用户可以通过人机对话的形式，回答提出的一些问题，用来确定一些具体的参数。用户回答后，就形成了针对具体数控机床的后置处理软件。该方法的优点是简单方便，缺点是灵活性差，当用户遇到一些特殊的问题时，常因无法修改源程序而无法解决问题。

（3）数控软件厂家提供一个后置处理软件编制工具包。它提供了一套语法规则，由用户编制针对具体数控机床的专用后置处理程序，特点是既提高了程序格式的灵活性，又使程序编制方法比较简单。

由于数控技术的不断进步，数控厂家不断推出具有先进功能的控制器，这对后置处理提出了更高的要求，那就是要不断提高处理技术，不仅要满足新技术的要求，同时要具有开放功能和通用性，允许用户在后置处理模块中可以描述未来数控系统的功能。通用后置处理就是指后置处理程序功能通用化，能针对不同类型的数控系统对刀位轨迹进行处理，结合数控机床的配置文件，输出数控机床控制系统能够接受的加工指令。整个过程如图9-1所示。

通用后置处理过程与专用后置过程的区别在于专用后置处理程序只能生成唯一指定数控机床的指令，不能对其他数控机床的特性文件进行处理。所以不同的数控系统需要配置不同的后置处理系统。而通用后置处理过程则可以动态生成各类数控机床的特性文件，这些特性文件对各类数控机床格式进行规范化，以便它们由通用后置处理程序处理后生成不同格式的机床指令。Creo/E本身已配置了当前世界上知名度较高的数控厂商的后处理文件，但是毕竟所涉及的系统有限。为了使一般的数控机床能够处理Creo/NC的加工工艺文件，Creo/E所带的

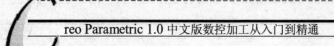

后置处理模块（NC Post）通过设置机床配置文件的方式，扩充了后置处理功能。所以，通过交互的方式设置机床配置文件，就成为后置处理的关键。

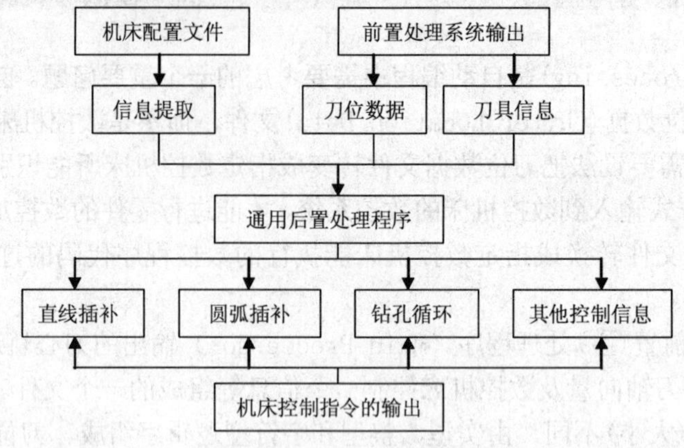

图9-1 通用后置处理流程图

9.2 配置文件的制作

Creo/NC可以生成通用的刀位（Cutter Location）数据文件，这个文件包含着以ASCII码格式存储的刀具运动轨迹和加工工艺参数等重要数据信息。为了使Creo/NC生成的刀位数据文件能够适应不同数控机床的要求，需要将机床数控系统的要求作为一个数据文件存放起来，使系统对刀位数据文件进行后处理时选择此数据文件来满足配置选项的要求。这个数据文件就叫做机床配置文件。

要创建配置文件，首先要对加工机床和数控系统有一个广泛而深入的了解。只有能够详细地描述机床数控系统的各项要求，才能更好地控制机床加工过程。一般来说，在创建配置文件之前应该掌握以下资料：机床用户手册、机床原点和各坐标的行程、各轴进给速度、主轴转速范围、机床控制和编程手册、机床准备功能代码和辅助代码、地址寄存器及其格式、圆弧插补的格式要求等。

9.2.1 配置文件的命名规则

适用于车削加工的选配文件为“uncl01.pnn”；适用于铣削加工的选配文件为“uncx01.pnn”。此处nn为配置文件在创建时被分配的数字标示(ID)。文件内容为ASCII格式的文本文件。文件的前两行包含了文件的基本信息：第1行包含了文件名、创建此文件的时间、日期以及版本号；第2行包含了用户在创建此配置文件时给定的标题，以后在打开此文件时，在文件对话框内将出现此标识。

9.2.2 进入后置处理模式

在 Creo/NC 加工模块中，用户可通过以下两种方法进入后置处理界面：一是启动 Creo

Parametric 1.0 后在“主页”功能区中的“实用工具”面板中选择“NC 后置处理器”命令，如图 9-2 所示；二是在 Creo/NC 加工界面中在“应用程序”功能区中的“制造应用程序”面板中选择“NC 后置处理器”命令，如图 9-3 所示。接着系统打开如图 9-4 所示的“Option File Generator”对话框。

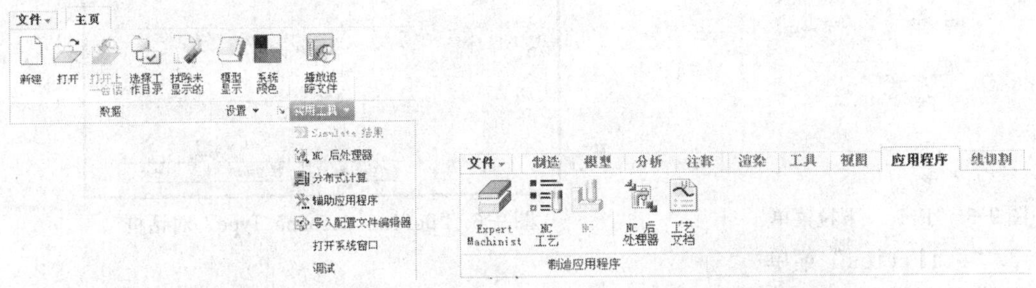

图 9-2 选择“NC 后置处理器”命令　　　　图 9-3 选择“NC 后置处理器”命令

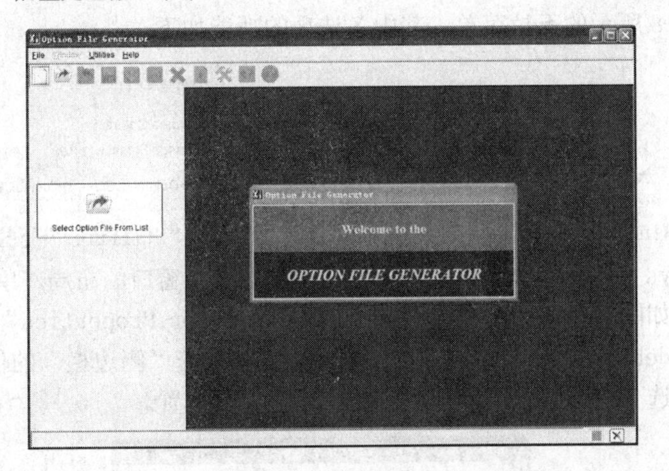

图 9-4 “Option File Generator”对话框

下面简要介绍“Option File Generator”对话框中主菜单栏上各个菜单项的功能。

1．“File”菜单

该菜单主要用于对后置处理的各种文件进行操作。单击“File”菜单后，系统将打开如图 9-5 所示的下拉菜单。其中各选项的功能如下：

■ “New”：用于新建一个配置文件。选择该选项，系统将打开如图 9-6 所示的“Define Machine Type”对话框。有关该对话框的内容将在本章 9.2.3 节中进行详细说明。
■ “Close”：用于关闭处于激活状态的配置文件。
■ “Open”：用于打开保存的配置文件。
■ “Save”：用于保存现有的配置文件。
■ “Save As”：用于另存现有的配置文件。
■ “Exit”：用于退出 NC 后置处理器。

2．“Window”菜单

该菜单主要用于对后置处理过程中的窗口显示进行操作。单击“Window”菜单后，系统将打开如图 9-7 所示的下拉菜单。其中各选项的功能如下：

■ “Cascade”：选择该选项后，则现有的配置文件窗口将会下落到屏幕的中心位置。

■ “Title”：选择该选项后，则现有的配置文件窗口将重新返回到屏幕的左上角位置。

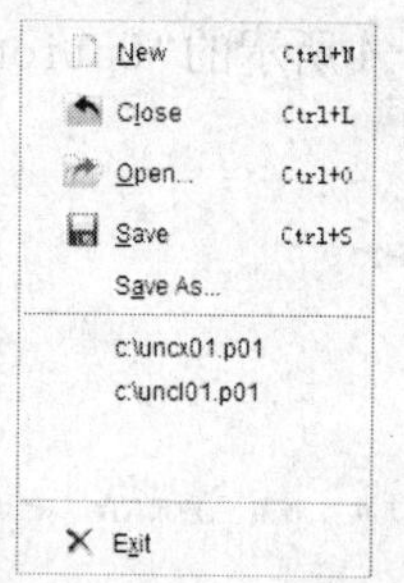

图 9-5 “File”下拉菜单

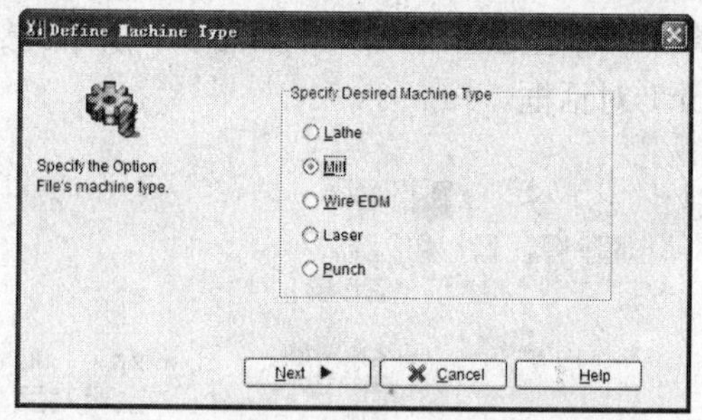

图 9-6 “Define Machine Type”对话框

3. “Utilities”菜单

该菜单主要用于对工具条的显示位置、颜色及字体进行操作。单击“Utilities”菜单后，系统将打开如图 9-8 所示的下拉菜单。其中各选项的功能如下：

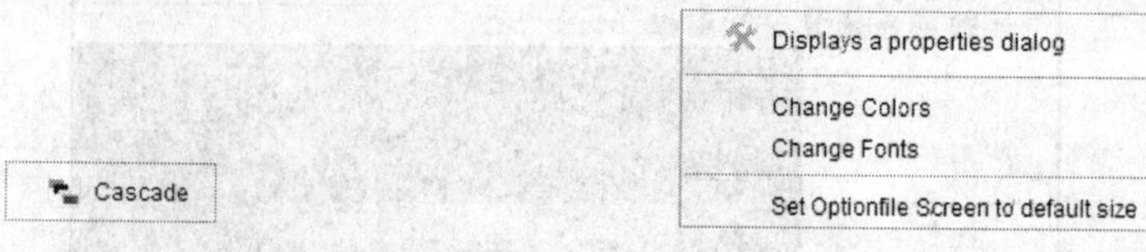

图 9-7 “Window”下拉菜单

图 9-8 “Utilities”下拉菜单

■ “Displays a Creoperties dialog”：用于设置主窗口的布局。单击该选项后，系统将打开如图 9-9 所示的“Option File Generator Properties”对话框。在对话框的“Sidebar Location”栏中勾选选项可以改变“侧边栏”的位置，如图 9-10 所示为勾选“Right side”选项后的“侧边栏”位置。

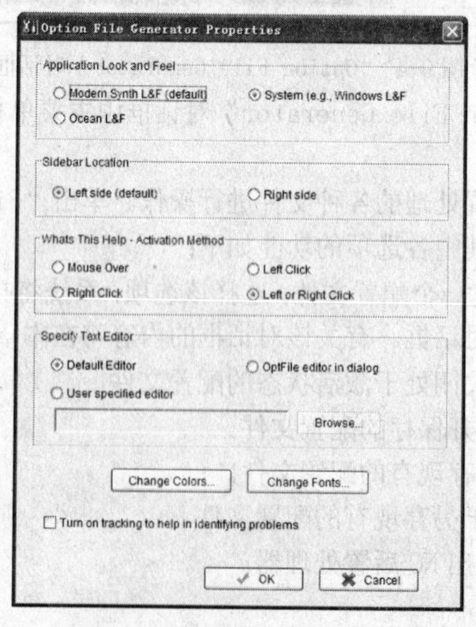

图 9-9 “Option File Generator Preoperties”对话框

■ “Change Colors”：用于设置工具条背景颜色、文本颜色、标签颜色、数据区域的背景颜色以及工作区域的颜色等。单击该选项后，系统将打开如图 9-11 所示的“Edit Colors”对话框。单击“Edit Colors”对话框中的任一种颜色按钮后，系统将打开如图 9-12 所示的“Edit Colors”对话框。在该对话框中用户可以对颜色进行编辑。

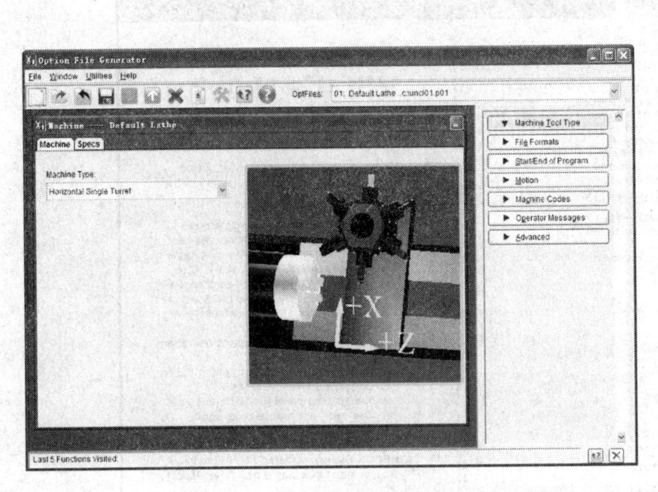

图 9-10 选中“Right side”复选项后的屏幕显示

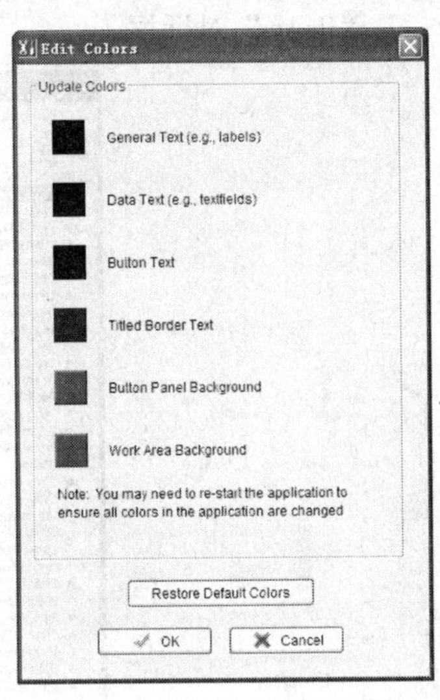

图 9-11 “Edit Colors”对话框

- “Change Fonts”：用于设置对话框中文本的字体以及大小。单击该选项后，系统将打开如图 9-13 所示的“Edit Fonts”对话框。在该对话框中用户可以选择所需的字体及其大小。

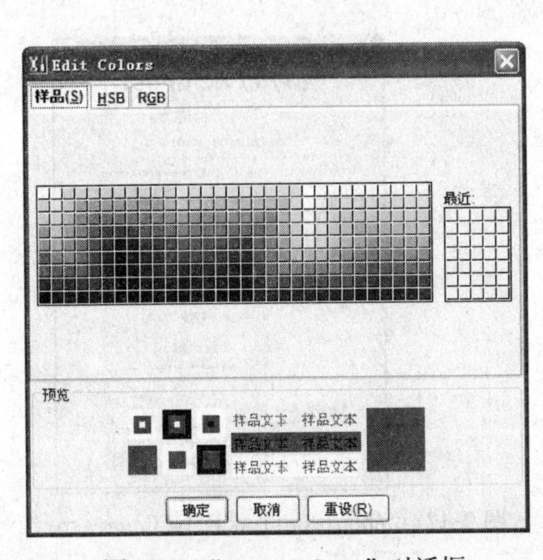

图 9-12 “Edit Colors”对话框

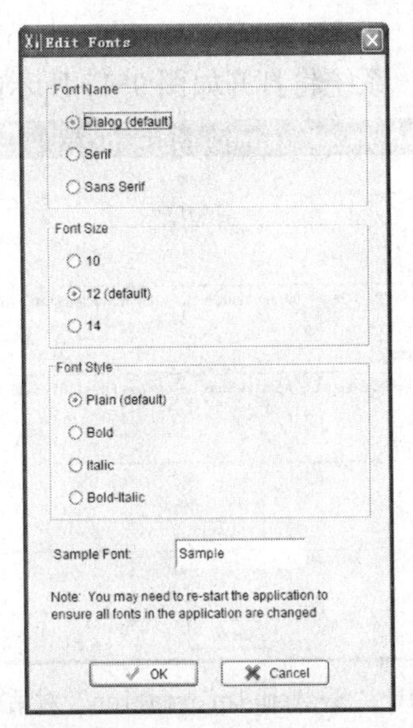

图 9-13 “Edit Fonts”对话框

- “Set Optionfile Screen to default size”：用于将配置文件屏幕设置为默认尺寸。

4.“Help”菜单

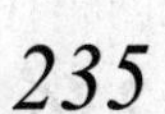

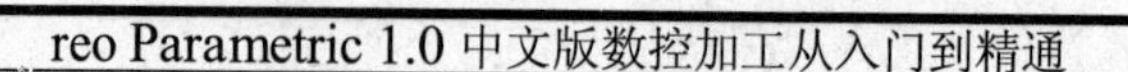

该菜单主要用于提供创建配置文件时的帮助信息。单击“Help”菜单后，系统将打开如图 9-14 所示的下拉菜单。其中各选项的功能如下：

- “Contents”：用于显示帮助内容。单击该选项后，系统将打开如图 9-15 所示的“Help”对话框。

Contents
System Information
About Option File Generator

图 9-14 “Help”下拉菜单

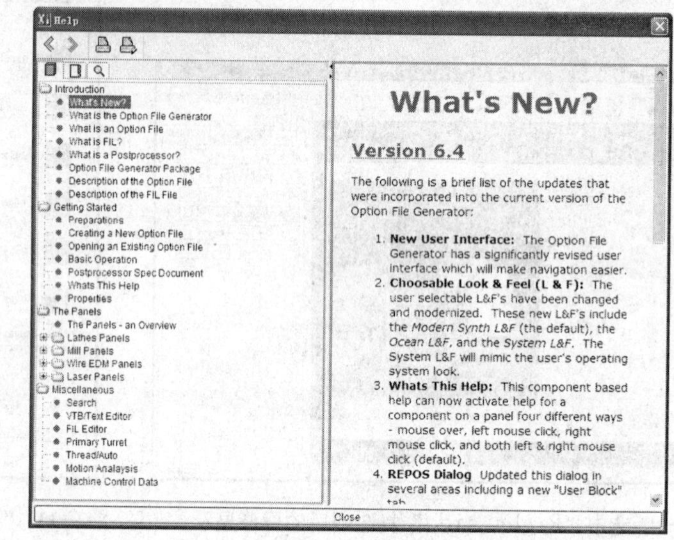

图 9-15 “Help”对话框

- “System Information”：用于显示系统信息。单击该选项后，系统将打开如图 9-16 所示的“System Information”对话框。
- “About Option File Generator”：用于显示该软件的产品信息。单击该选项后，系统将打开如图 9-17 所示的“About Option File Generator”对话框。

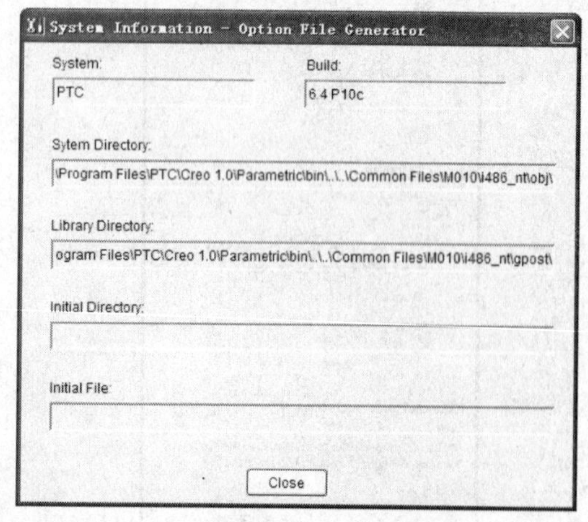

图 9-16 “System Information”对话框

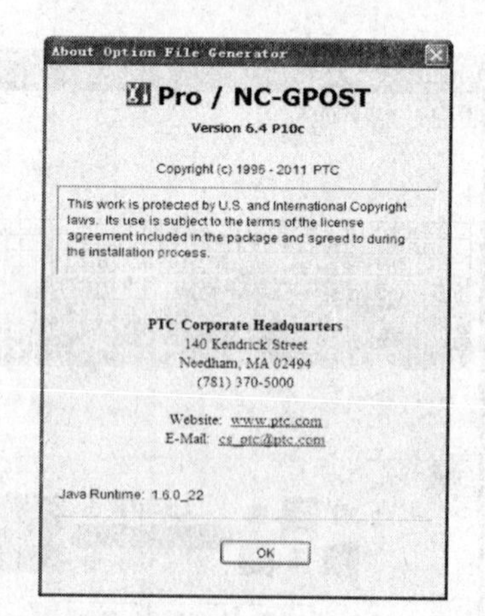

图 9-17 “About Option File Generator”对话框

9.2.3 新建配置文件的初始化

在“Option File Generator”对话框的主菜单栏上依次选择“File”→“New”选项或

者直接单击工具栏上的 按钮，系统将打开如图9-18所示的“Define Machine Type”对话框。在该对话框中用户必须为配置文件指定机床类型。系统提供的机床类型有以下几种：

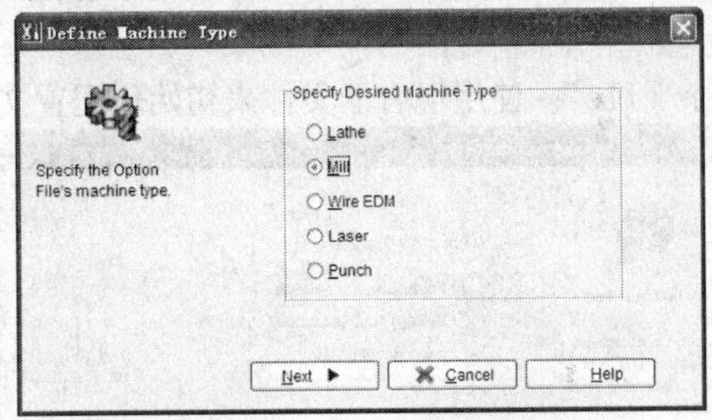

图9-18 “Define Machine Type”对话框

- “Lathe”：车床，表示为车削加工创建配置文件。
- “Mill”：铣床，表示为铣削加工创建配置文件。
- “Wire EDM”：线切割机床，表示为电火花线切割加工创建配置文件。
- “Laser/Contouring”：激光加工机床，表示为激光加工创建配置文件
- “Punch”：冲裁加工机床，表示为冲压加工创建配置文件。

根据所需创建的机床配置文件，用户可在“Define Machine Type”对话框中，选择相应类型的机床（如Lathe），然后单击对话框中的 Next ▶ 按钮，则系统将打开如图9-19所示的“Define Option File Location”对话框。该对话框中各选项的功能如下。

- “Machine Number (must be a number from 1 to 99)”：用于输入机床号，所输入的机床号必须是1～99之间的整数，而不能是其他数值。
- “New Option File Name”：用于显示当前配置文件的名称。
- “Option Files in Current Directory”：用于显示当前目录中已有的配置文件名称。
- “Directories”：用于显示当前配置文件可以存放的路径。

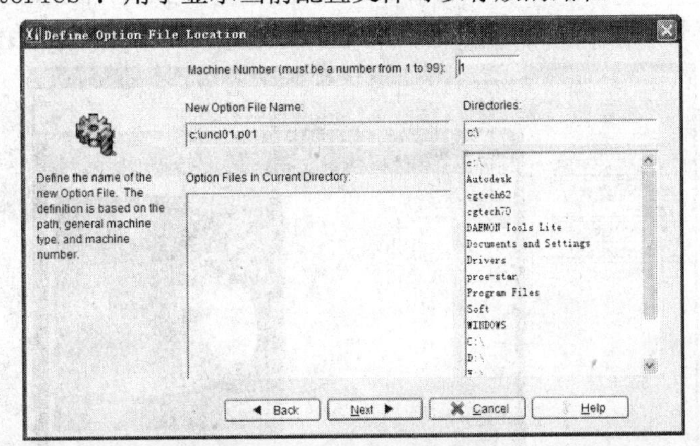

图9-19 “Define Option File Location”对话框

在“Machine Number (must be a number from 1 to 99)”后的文本框中输入机床号后，单击对话框中的 Next ▶ 按钮，则系统将打开如图9-20所示的“Option File Initialization”对话框。在该对话框中系统提供了三种方法来初始化配置文件：

- “PostProcessor defaults”：使用系统默认的后置处理器初始化配置文件。
- “System supplied default option file”：使用系统提供的默认文件来初始化配置文件。
- “Exiting option file”；使用现有的文件来初始化配置文件。

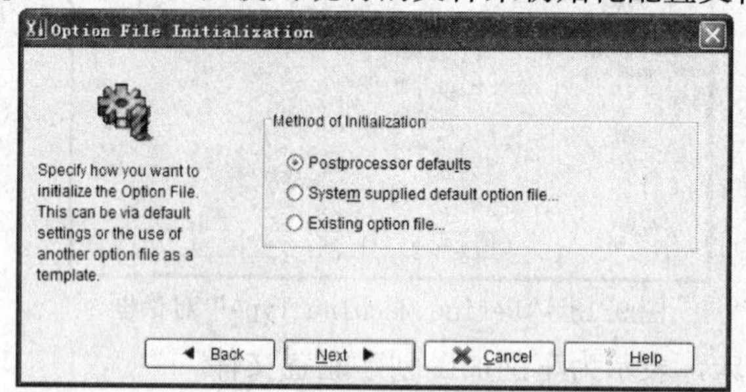

图 9-20 “Option File Initialization” 对话框

在“Option File Initialization”对话框中选择一种初始化方法（例如选择第一种方法)后，单击对话框中的 Next ▶ 按钮，则系统将打开如图 9-21 所示的“Option File Title”对话框，在对话框中用户可以为欲创建的配置文件输入标题。

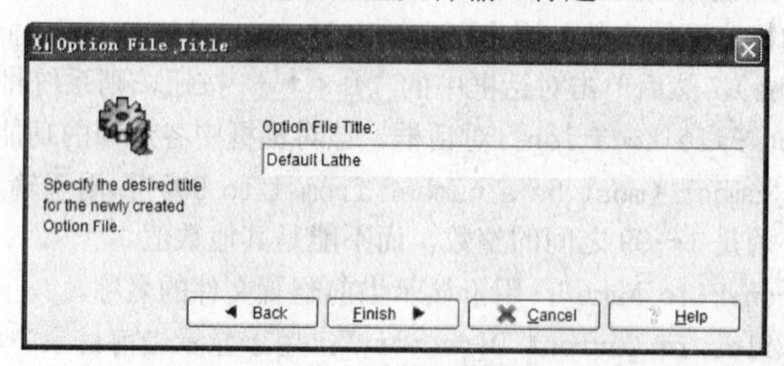

图 9-21 “Option File Title” 对话框

最后单击“Option File Title”对话框中的 Finish ▶ 按钮，则系统返回到如图 9-22 所示的“Option File Generator”对话框，至此便完成了配置文件的初始化。

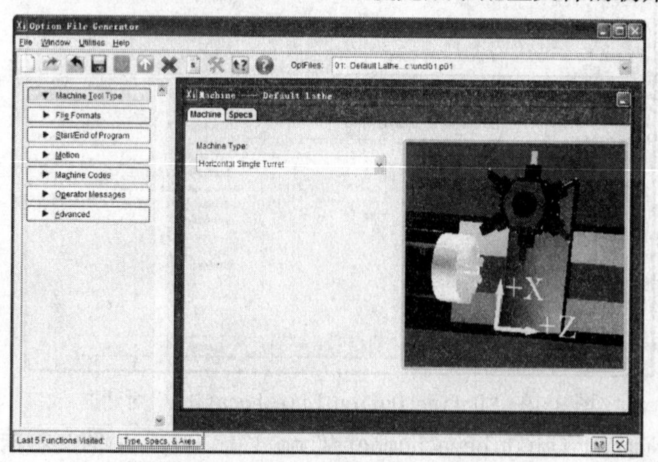

图 9-22 “Option File Generator” 对话框

9.2.4　新建配置文件的参数设置

完成了配置文件的初始化，接下来需对配置文件要求的每一项参数进行设置。这些参数包括：机床类型设置定义配置文件格式、定义程序开始和结束的一般选项、设置与机床运动有关的选项、机床加工代码的描述、操作提示信息等。

1. 机床类型设置

在如图9-22所示的“Option File Generator”对话框中，单击左边的“Machine Tool Type”选项，则在对话框右边将弹出“Machine”、“Specs”两个选项卡：

（1）“Machine”选项卡　该选项卡主要用于设置机床类型。单击“Machine”选项卡后，系统将打开“Machine Type”下拉列表框，在该下拉列表框中用户可以选择所需的机床，如图9-23所示。

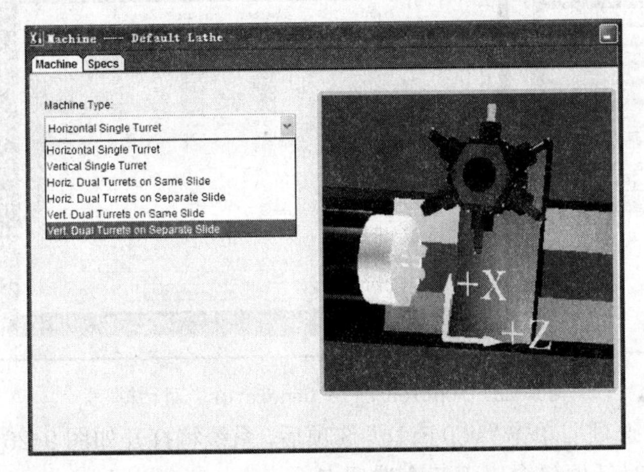

图9-23　“Machine”选项卡

（2）“Specs”选项卡　该选项卡主要用于设置机床的运动属性。单击“Specs”选项卡后，系统将打开如图9-24所示的对话框。

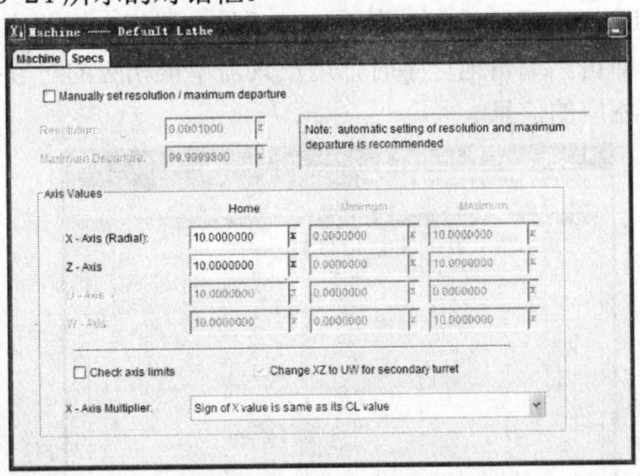

图9-24　“Specs”选项卡

■　“Manually set resolution & max departure”：选择该复选框表示利用手动方式

设置机床的运动精度和最大行程。否则利用系统的默认设置。

- “Resolution”：用于指定机床 X、Y、Z 轴的运动精度。
- “Max Departure”：用于设置机床的最大行程。
- “Axis Values”：用于设置机床 X、Z 轴的原点及其极限行程位置。

2. 定义配置文件格式

如图 9-25 所示，单击“Option File Generator”对话框左边的“File Formats”选项，系统将打开“MCD File”、“List File”、“Sequence Numbers”、“Simulation File”和“HTML Packager”五个选项。下面着重对前三个选项进行简单介绍：

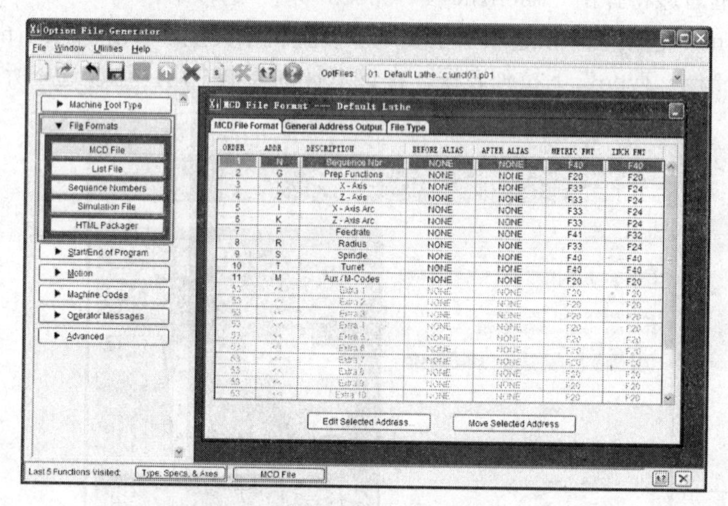

图 9-25 “Option File Generator”对话框

（1）“MCD File”选项　单击“MCD File”选项后，系统将打开如图 9-26 所示的“MCD File Format”对话框。该对话框包含以下三个选项卡：

- “MCD File Format”：该选项卡主要用于设置 MCD（数控）文件地址字。如图 9-26 所示，系统已经对所有的地址字指定了顺序。当然用户也可改变地址字的顺序，其方法是单击“DESCRIPTION”栏中的项，然后按住鼠标左键将它拖动到新位置，最后松开鼠标左键即可。编辑地址字时，用户只需单击相应的对象按钮，然后在打开的对话框中输入相应的信息。

ORDER	ADDR	DESCRIPTION	BEFORE ALIAS	AFTER ALIAS	METRIC FMT	INCH FMT
1	N	Sequence Nbr	NONE	NONE	F40	F40
2	G	Prep Functions	NONE	NONE	F20	F20
3	X	X - Axis	NONE	NONE	F33	F24
4	Z	Z - Axis	NONE	NONE	F33	F24
5	I	X - Axis Arc	NONE	NONE	F33	F24
6	K	Z - Axis Arc	NONE	NONE	F33	F24
7	F	Feedrate	NONE	NONE	F41	F32
8	R	Radius	NONE	NONE	F33	F24
9	S	Spindle	NONE	NONE	F40	F40
10	T	Turret	NONE	NONE	F40	F40
11	M	Aux / M-Codes	NONE	NONE	F20	F20
[illegible]	[illegible]	Extra 1	NONE	NONE	F20	F20
[illegible]	[illegible]	Extra 2	NONE	NONE	F20	F20
[illegible]	[illegible]	Extra 3	NONE	NONE	F20	F20
[illegible]	[illegible]	Extra 4	NONE	NONE	F20	F20
[illegible]	[illegible]	Extra 5	NONE	NONE	F20	F20
[illegible]	[illegible]	Extra 6	NONE	NONE	F20	F20
[illegible]	[illegible]	Extra 7	NONE	NONE	F20	F20
[illegible]	[illegible]	Extra 8	NONE	NONE	F20	F20
[illegible]	[illegible]	Extra 9	NONE	NONE	F20	F20
[illegible]	[illegible]	Extra 10	NONE	NONE	F20	F20

图 9-26 “MCD File Format”选项卡

■ “General Address Output”：该选项卡用于设置小数点的输出格式。单击“General Address Output”选项卡后，系统将打开如图 9-27 所示的对话框。

- “Default (no special control)”：默认方式，小数点后面如果是零，则零不显示，但小数点保留（例如 12.）。
- “Output decimal only if needed”：小数点后面如果是零，则零不显示，小数点不保留（例如 12）。
- “Output at least one zero”：小数点后面如果是零，小数点保留，小数点后则至少显示一个零（例如 12.0）。
- “Insert a blank before each address”：如果选中该复选框，则表示在每一个刀位数据地址前插入一个空格。

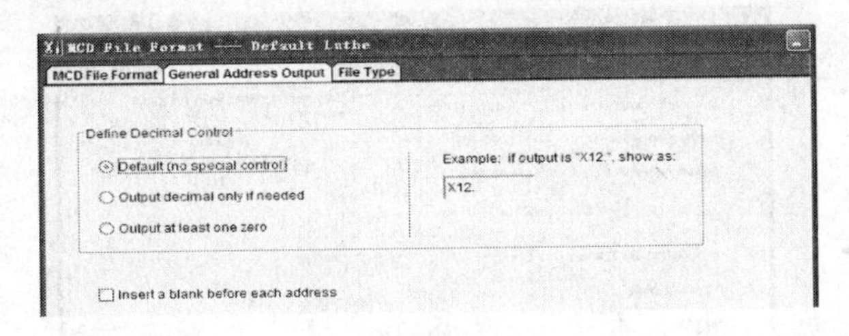

图 9-27 “General Address Output”选项卡

■ “File Type”：单击该选项卡后，系统将打开如图 9-28 所示的对话框。在该对话框中用户可以定义 MCD 文件的类型。用户可选择系统默认类型（*.pul、*.tap）或指定类型，通常指定为“*.NC”。

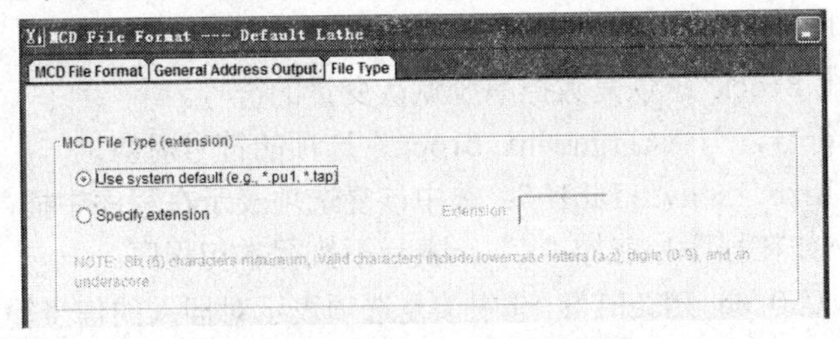

图 9-28 “File Type”选项卡

（2）“List File”选项　单击“List File”选项后，系统将打开如图 9-29 所示的“List File Format”对话框。在该对话框中用户可以进行 MCD 文件格式的定义。

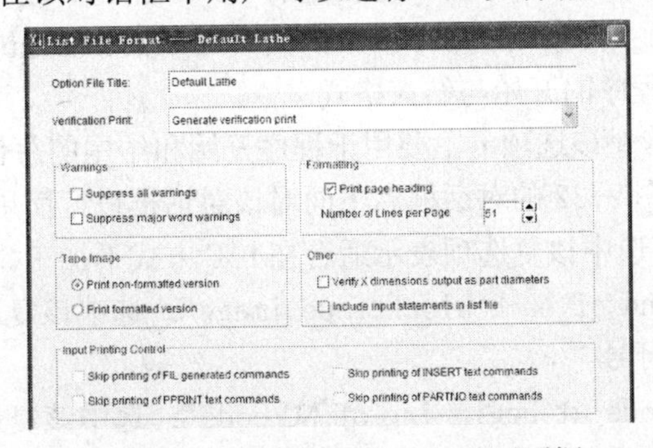

图 9-29 “List File Format”对话框

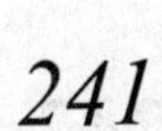

- “Option File Title”：用于设置配置文件的标题，可取系统的默认值。
- “Verification Print”：用于设置打印列表文件。

对话框中的其他选项与警示显示信息、打印格式、纸带等有关。用户可根据具体需要进行选择，一般可接受系统的默认值。

（3）“Sequence Numbers”选项　单击“Sequence Numbers”选项后，系统将打开如图9-30所示的“Sequence Numbers”对话框。在该对话框中用户可以对程序段标号进行编辑。

- “Maximum Sequence Numder”：用于设置程序段标号的最大值。
- “Star Sequence Number”：用于设置程序段标号的开始数字。
- “Sequence Number Increment”：用于设置程序段号的增量值。例如增量值为 5，程序段标号将以 N0005、N0010、N0015 的方式输出。

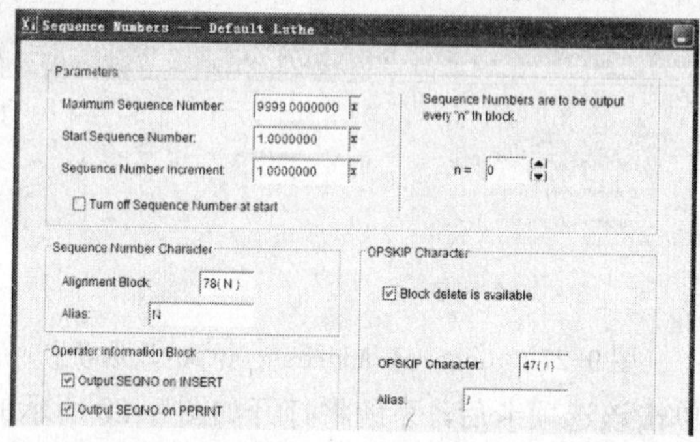

图 9-30 “Sequence Numbers”对话框

- “Sequence Numbers are to be output every “n” th block”：每隔 n 行程序输出一个程序段标号。
- “Alignment Block”：恢复数控系统默认变量的符号。
- “Alias”：符号，与“Alignment Block”选项的符号对应。
- “Block delete is available”：选中该复选项表示在程序中插入删除标识，默认为“/”。例如在程序号前加“/”，表示不执行本句程序。
- “Output SEQNO on INSERT”：选中该复选项表示对插入的信息输出行号。
- “Output SEQNO onPPPINT”：选中该复选项表示对打印的信息输出行号。

3. 定义数控程序的开始与结束格式

单击“Option File Generator”对话框左边的“Start/End of Creogram”选项后，系统将打开如图 9-31 所示的“Program Start / Ent——Default Lathe”对话框。在该对话框中用户可以定义机床加工程序的开始与结束格式。

（1）“General”选项卡　该选项卡主要用于程序开始和结尾的总体编辑。单击“General”选项卡后，系统将打开如图 9-32 的对话框。下面对该对话框进行简单介绍。

- “DNC format”：选中该复选项表示适合在 DNC 方式下加工。
- “EOB char at end of each block tape image”：选中该复选项表示在每一程序行的末尾加上结束符号。
- “Rewind STOP code at beginning of NC code”：选中该复选项表示在程序行的开始处加上恢复数控系统默认变量的符号。

■　“Output user defined startup blocks”：选中该复选项表示可以自定义程序开始的代码。

■　“Rewind START code at end of NC code”：选中该复选项表示在程序行的结束处加上恢复数控系统默认变量的符号。

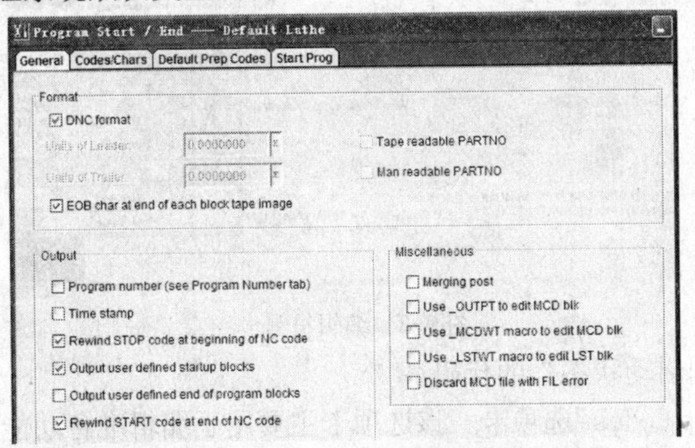

图 9-31　“Program Start / Ent——Default Lathe”对话框

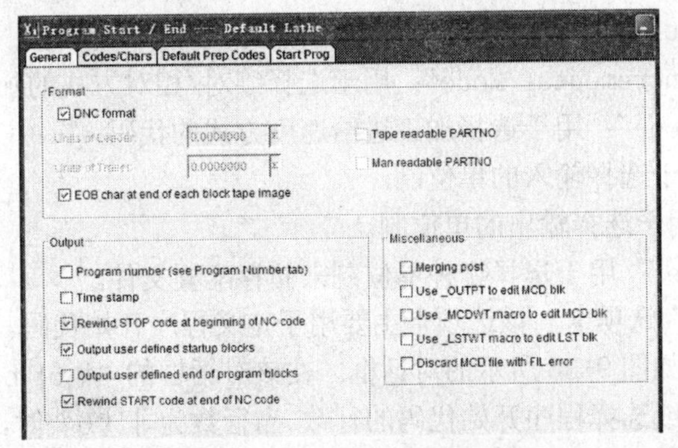

图 9-32　“General”选项卡

（2）“Codes/Chars”选项卡　该选项卡主要用于对程序开始和结尾处使用符号的编辑。单击“Codes/Chars”选项卡后，系统将打开如图 9-33 的对话框。

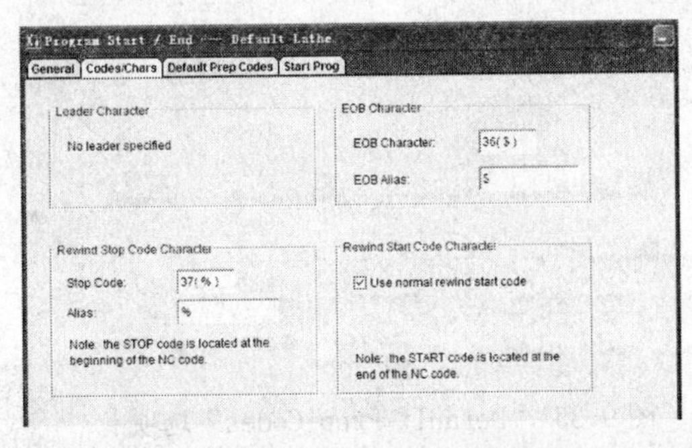

图 9-33　“Codes/Chars”选项卡

■　“EOB Character”：用于编辑程序行末尾的结束符号。其方法是用鼠标单击文本框，然后在系统打开的界面中选择相应的符号，如图 9-34 所示。

■　“Stop Code”：用于编辑程序行开始处的恢复数控系统默认变量的符号。

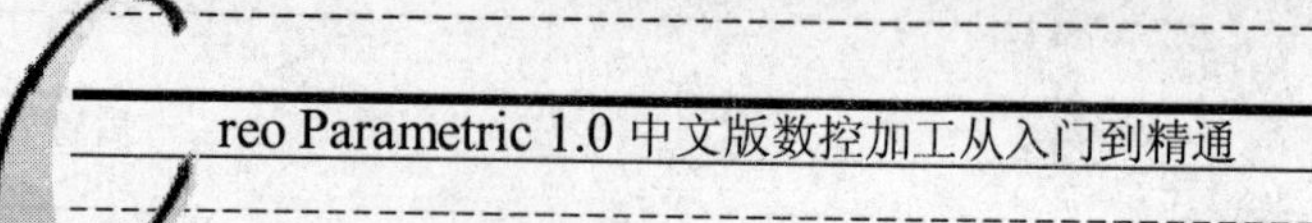

“Use normal rewind start code”：选中该复选项表示用常规的方式在程序结束处

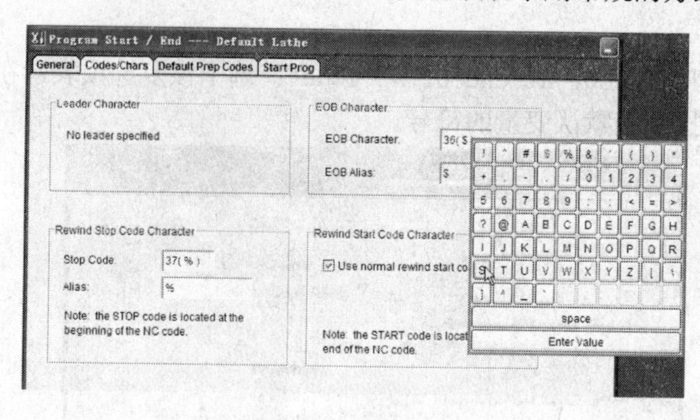

图 9-34 编辑符号

■ 添加“返回到启动状态”的代码。

(3)“Default Prep Codes”选项卡　该选项卡主要用于编辑准备功能代码。单击“Default Prep Codes”选项卡后，系统将打开如图 9-35 所示的对话框。

■ “Inch/Metric Mode”：用于选择英制/公制方式的加工代码。
■ “Absolute/Incremental Mode”：用于选择绝对/相对方式的加工代码。
■ “Feedrate Mode”：用于选择加工进给速度方式的代码。
■ “Input”：用于选择输入的单位制。
■ “Output”：用于选择输出的单位制。
■ “Option File”：用于选择哪种单位制来储存配置文件。

(4)“Start Prog”选项卡　该选项卡主要用于定义程序开始代码。单击“Start Prog”选项卡后，系统将打开如图 9-36 所示的对话框。在该对话框的“# of Lines to Output”下拉列表框中用户可输入或选择程序开始代码的行数。当行数为非“0”时，将显示多个文本框，用户可在文本框中输入程序开始行的代码。

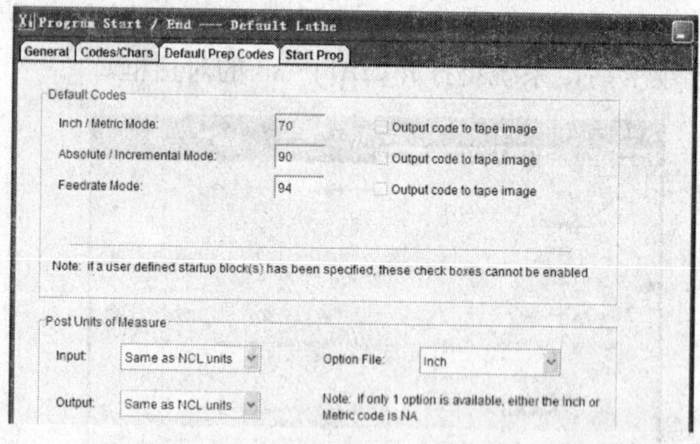

图 9-35 “Default Prep Codes”选项卡

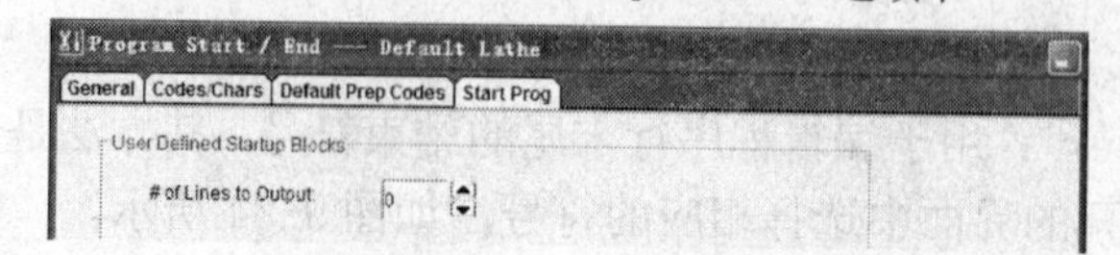

图 9-36 “Start Prog”选项卡

4. 机床指令设置

如图9-37所示，单击“Option File Generator”对话框左边的“Motion”选项后，系统将打开“General”、“Linear”、“Rapid”、“Circular”、“Cycles”和“Curve Fitting”等六个选项。

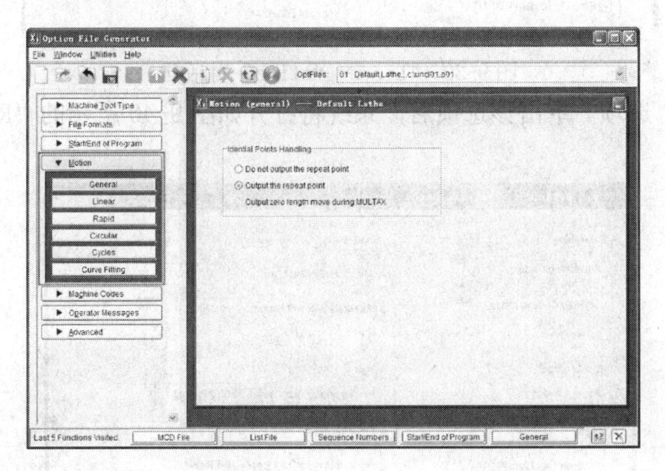

图9-37 “Option File Generator”对话框

(1)“General”选项　单击该选项后，系统将打开如图9-38所示的“Motion(general)”对话框。

- “Do not output the repeat point”：表示不输出相同的点。例如，要从X5 Y6点运动到X10 Y6点，则在加工程序中前面一行为G01 X5 Y6，后面一行则为X10。
- “Output the repeat point”：表示输出相同的点。例如，要从X5 Y6点运动到X10 Y6点，则在加工程序中前面一行为G01 X5 Y6，后面一行则为X10 Y6。
- “Output zero length move during MULTAX”：表示输出一个以“0”作为长度的运动。

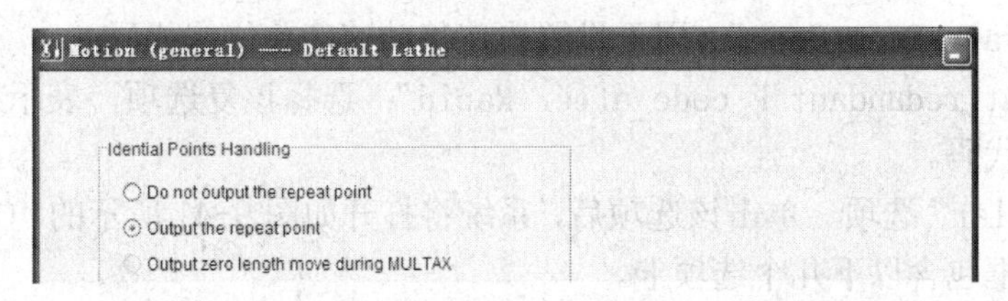

图9-38 “Motion (general)”对话框

(2)“Linear”选项　单击该选项后，系统将打开如图9-39所示的“Linear Motion”对话框。

- “Linear Interpolation”：用于编辑直线插补代码。一般为G01。
- “Prep Code is modal”：选择该复选项，表示代码是模态的。
- “Output XYZ in one block”：表示在同一个代码段中输入XYZ坐标点。
- “Output XY then Z”：表示先输出XY坐标点，然后再输出Z坐标点。
- “Output Z then XY”：表示先输出Z坐标点，然后输出XY坐标点。

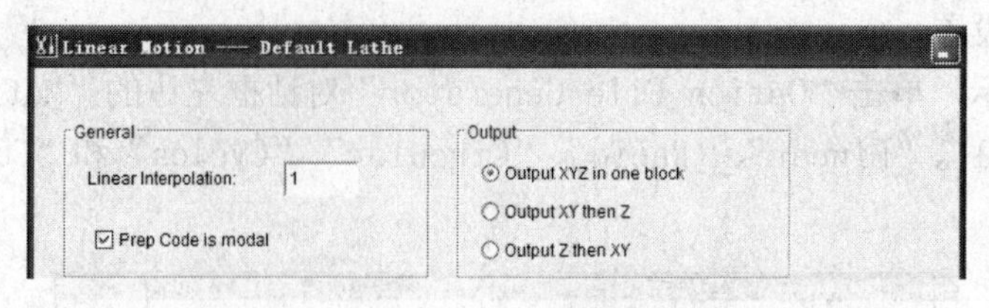

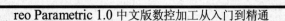

图 9-39 “Linear Motion” 对话框

(3)“Rapid” 选项　单击该选项后，系统将打开如图 9-40 所示的 “Rapid Motion” 对话框。

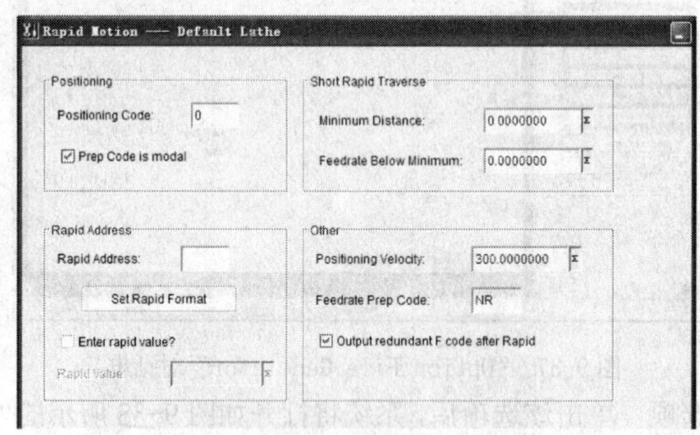

图 9-40 “Rapid Motion” 对话框

- “Positioning Code”：用于设置快速移动代码。一般为 G00。
- “Prep Code is modal”：选择该复选项，表示代码是模态的
- “Minimum Distance”：用于设置允许快速移动的最小距离。
- “Feedrate Below Minimum:”：用于设置允许快速移动的最小速度。
- “Rapid Address”：用于编辑快速移动定位的速度代码。
- “Positioning Velocity”：用于设置快速移动的运行速度。
- “Feedrate Prep Code”：用于设置快速移动速度单位的代码。
- “Output redundant F code after Rapid”：选择该复选项，表示在快速移动后面加上 F 代码。

(4)“Circular”选项　单击该选项后，系统将打开如图 9-41 所示的“Circular Codes”对话框。该对话框包含以下几个选项卡。

1)“General” 选项卡　该选项卡用于编辑圆弧插补的一般选项。

- “Disable circular. Interpolation”：在数控系统没有圆弧插补功能时选中该复选项，表示系统用直线插补来逼近轮廓。
- “Clockwise Prep”：用于设置顺时针方向的圆弧插补代码。
- “CounterCW Prep”：用于设置逆时针方向的圆弧插补代码。
- “Prep/G-codes modal”：选择该复选项，表示圆弧插补代码是模态的。
- “XYZ codes modal”：选择该复选项，表示 XYZ 代码是模态的。
- “Circular Center Output”：用于选择圆弧中心的输出方式。
- “Maximum Degrees Per Block”：用于选择跨越象限的方式。

■　“Correction Method”：用于选择圆弧修改后的输出方式。

■　“Maximum Radius”：用于输入最大的圆弧半径。如果超出输入的范围，将用直线插补来完成。

■　“True radial federate calculation”：选择该复选项，表示要计算实际的径向速度。

■　“Output F code with every circle block”选择该复选项，表示在每个圆弧插补的程序段中输入速度 F。

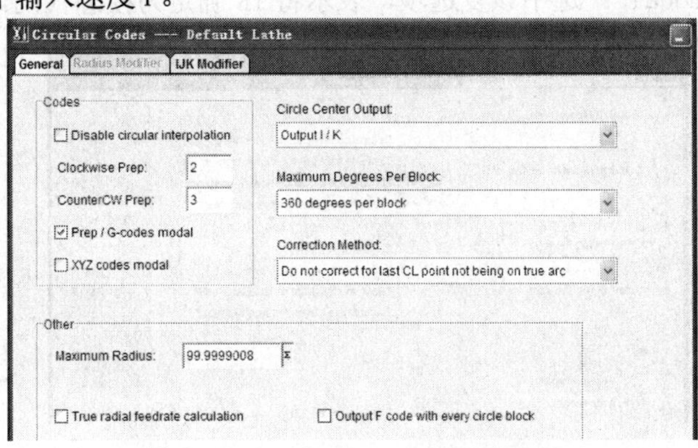

图 9-41 “Circular Codes”选项卡

2）“Radius Modifier”选项卡　该选项卡用于编辑半径 R 选项。单击该选项卡后，系统将打开如图 9-42 所示的对话框。

■　“Radius Register Address”：用于编辑半径寄存器地址。

■　“Radius code modal”：选择该复选项，表示半径 R 是模态的。

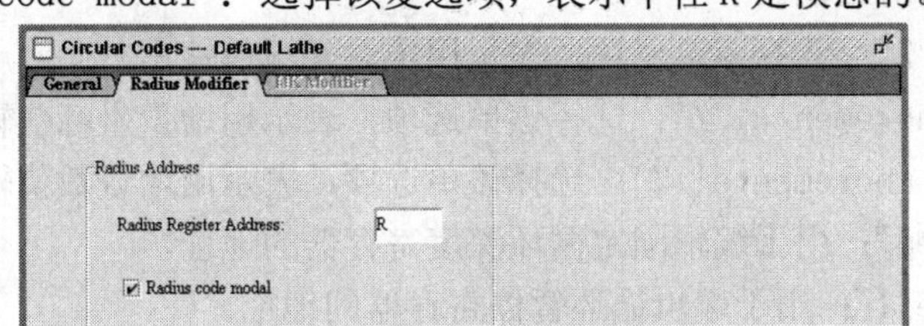

图 9-42 “Radius Modifier”选项卡

3）“IJK Modifier”选项卡　该选项卡用于编辑 IJK 选项。单击该选项卡后，系统将打开如图 9-43 所示的对话框。

■　“Delta arc offset distance unsigned”：选择该单选项，表示用圆弧绝对偏移值的数值输出 IJK。

■　“Center to start point distance signed”：选择该单选项，表示用圆弧相对于圆弧起点的绝对坐标值输出 IJK。

■　“Start point to center distance signed”：选择该复选项，表示用圆弧起点相对于圆心的绝对坐标值输出 IJK。

■　“Absolute coordinates of radius center”：选择该单选项，表示用圆心的绝对坐标输出 IJK。

■　“Delta arc offset distance unsigned”：选择该单选项，表示用圆弧相对偏移值

的数值输出 IJK。

- “Center to start point distance signed”：选择该单选项，表示用圆弧相对于圆弧起点的相对坐标值输出 IJK。
- “Start point to center distance signed”：选择该单选项，表示用圆弧起点相对于圆心的相对坐标值输出 IJK。
- “IK output when zero”：选中该复选项，表示在 IK 为 0 时也输出。
- “IK code modal”：选中该复选项，表示将 IK 确定为模态代码。

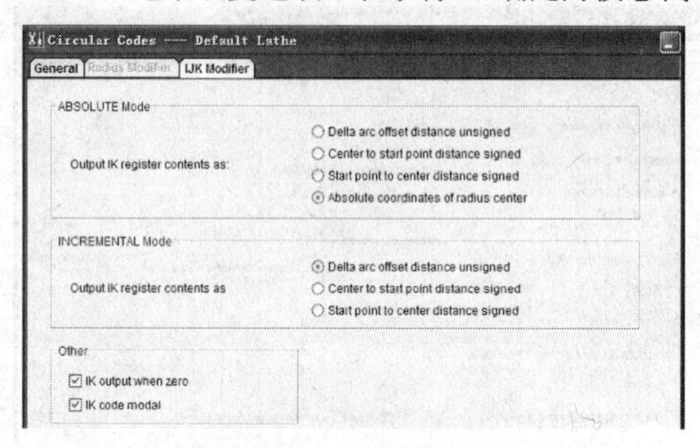

图 9-43 “IJK Modifier”选项卡

（5）“Cycles”选项　单击该选项后，系统将打开如图 9-44 所示的“Cycles Motion”对话框。该对话框包含以下几个选项卡：

1）“Cycle Motion”选项卡　该选项卡用于编辑固定循环选项。单击该选项卡后，系统打开如图 9-44 所示的对话框。

- “Absolute Z”：选择该单选项，表示用绝对坐标值输出 Z。
- “Signed incremental Z”：选择该单选项，表示用增量坐标值输出 Z。
- “Unsigned incremental Z”：选择该单选项，表示用增量数值输出 Z。
- “Cycle Deep”：用于编辑固定循环深度寄存器的地址。
- “Cycle Dwell”：用于编辑循环暂停寄存器的地址。
- “Cycle CAM”：用于编辑循环停止寄存器的地址。
- “2nd Clearance Plane”：用于编辑固定循环第 2 退刀面。

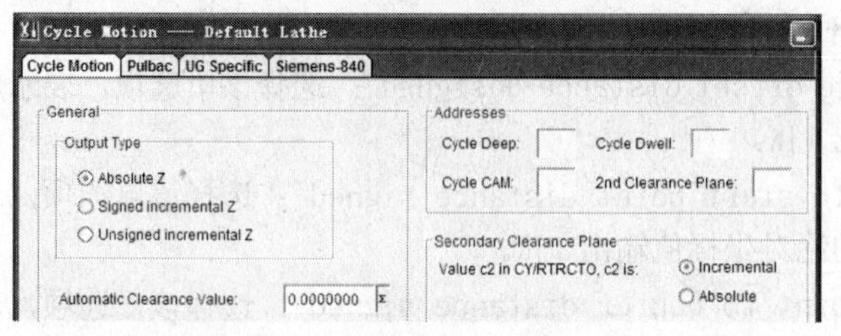

图 9-44 “Cycles Motion”对话框

2）“Pulbac”选项卡　该选项卡用于编辑固定循环返回点的选项。单击该选项卡后，系统打开如图 9-45 所示的对话框。

- “G98/G99 Pulbac available”：选择该复选项，表示可以使用 G98/G99 固定循环返

回选项。

- “Pulbac G-code is from cycle command”：选择该单选项，表示可以使用循环方式下的返回G代码。
- “Specify one G-Code”：选择该单选项，表示可以指定一个返回G代码。
- “Specify multiple G-Code”：选择该单选项，表示可以指定多个返回G代码。
- “G98/G99 is modal，output for new CYCLE/cmd”：选择该单选项，表示G98/G99是模态，在新循环前输出。
- “G98/G99 is non-modal，also output after a G80 Z-retract”：选择该单选项，表示G98/G99是非模态的，在取消固定循环代码G80的返回前输出。

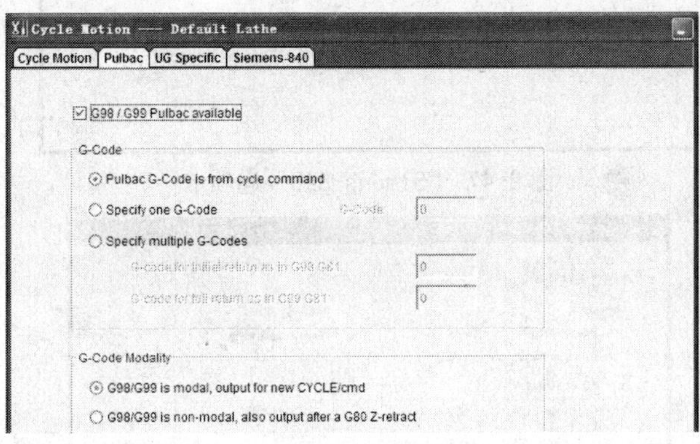

图9-45 “Pulbac”选项卡

3）“UG Specific”选项卡　该选项卡用于编辑UG循环选项。单击该选项卡后，系统打开如图9-46所示的对话框

- “FIL to Process UG CY/cmd”：选择该单选项，表示在文件中处理UG循环。
- “GPost to Process UG CY/cmd”：选择该单选项，表示在GPost中处理UG循环。

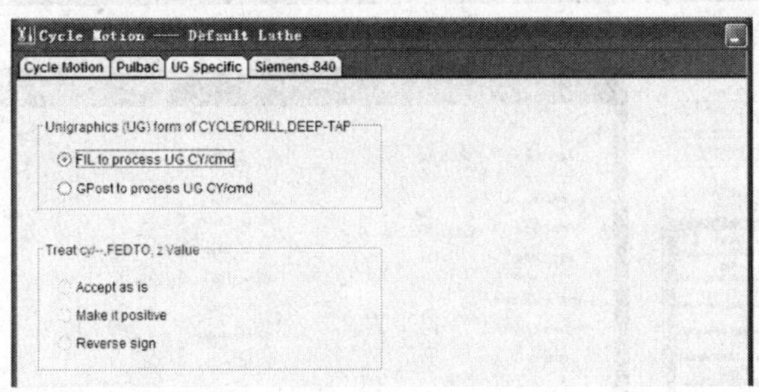

图9-46 “UG Specific”选项卡

4）“Simens-840”选项卡　该选项卡用于编辑西门子系统的循环选项。单击该选项卡后，系统打开如图9-47所示的对话框。

（6）“Curve Fitting”选项　单击该选项后，系统将打开如图9-48所示的“Curve Fitting”对话框。该选项主要用于曲线拟合的编辑。

5．机床加工代码的描述

如图9-49所示，单击“Option File Generator”对话框左边的“Machine Codes”选项后，系统将打开“Prep/G-Codes”、“Aux/M-Codes”、“Cutter Compensation”、“Coolant”、

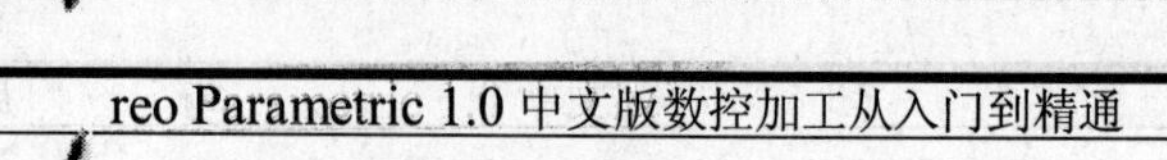

“Feedrates”、“Fixture Offests”、“Spindle”、“Dwell Parameters”、“Thread Formats”和“Turret Index”等 10 个选项。

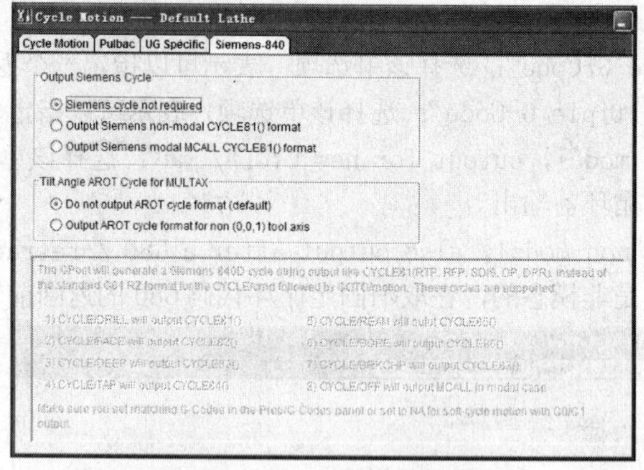

图 9-47 “Simens-840”选项卡

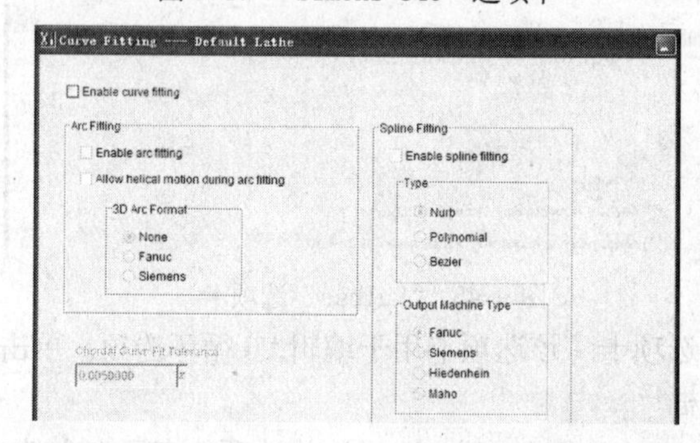

图 9-48 “Curve Fitting”对话框

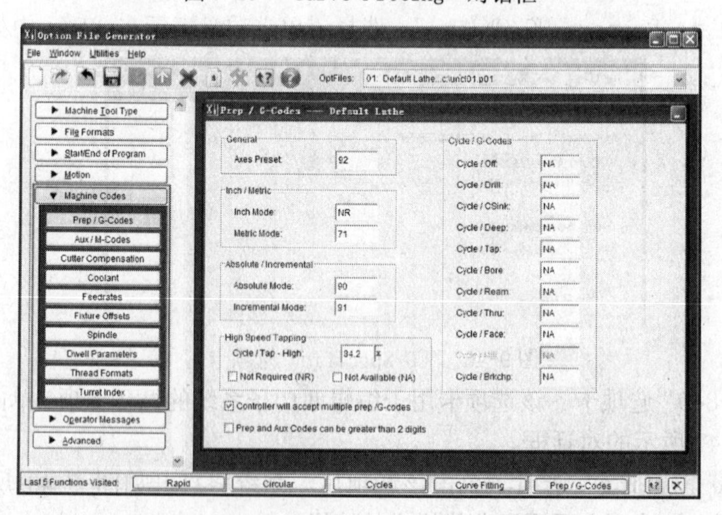

图 9-49 “Option File Generator”对话框

（1）“Prep/G-Codes”选项　单击该选项后，系统将打开如图 9-50 所示的“Prep/G-Codes”对话框。在该对话框中用户可以对机床准备功能代码进行编辑。

■ “Axes preset”：用于建立坐标系统的代码。

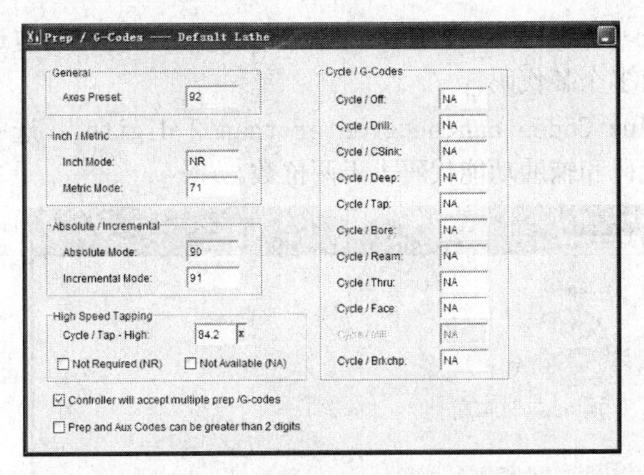

图 9-50 “Prep/G-Codes”对话框

■ “Inch Mode”：用于建立英制单位代码。

■ “Metric Mode”：用于建立公制单位代码。

■ “Absolute Mode”：用于建立绝对编程代码。

■ “Incremental Mode”：用于建立相对编程代码。

■ “High Speed Tapping”：用于建立高速攻丝代码。选中“Not Required (NR)”复选框表示不需要设置，选中“Not Available (NA)”复选框表示机床不提供此功能。

■ “Controller will accept multiple prep /G-codes”：选中该复选框，表示允许在一个代码行中有多个 G 代码。

■ “Prep and Aux Codes can be greater than 2 digits”：选中该复选框，表示允许准备功能代码和辅助功能代码大于两位数。

■ “Cycle/Off”：用于设置取消固定循环代码。

■ “Cycle/Drill”：用于设置钻孔循环代码。

■ “Cycle/CSink”：用于设置沉孔循环代码。

■ “Cycle/Deep”：用于设置深孔钻削循环代码。

■ “Cycle/Tap”：用于设置攻丝循环代码。

■ “Cycle/Bore”：用于设置镗孔循环代码。

■ “Cycle/Ream”：用于设置铰孔循环代码。

■ “Cycle/Thru”：用于设置通孔加工循环代码。如果机床不提供此功能，选择 NA。

■ “Cycle/Face”：用于设置盲孔循环代码。

■ “Cycle/Mill”：用于设置铣削循环代码。如果机床不提供此功能，选择 NA。

■ “Cycle/Brkchp”：用于设置断屑孔循环代码。

（2） “Aux / M-Codes”选项 单击该选项后，系统将打开如图 9-51 所示的“Aux / M-Codes”对话框。

■ “Stop Code”：用于设置程序暂停功能代码。

■ “OpStop Code”：用于设置程序暂停功能代码。

■ “End Code”：用于设置程序结束功能代码。

■ “Rewind Code”：用于设置程序结束并返回到程序开始处的功能代码。

- “Controller accepts multiple Aux / M-codes”：选中该复选框，表示在一行程序段中允许有多个M代码。
- “Prep and Aux Codes can be greater than 2 digits”：选中该复选框，表示允许准备功能代码和辅助功能代码大于两位数。

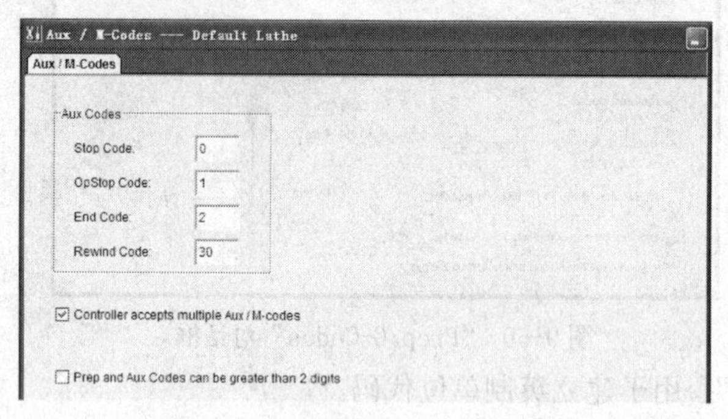

图 9-51 “Aux/M-Codes”对话框

（3）“Cutter Compensation”选项　单击该选项后，系统将打开如图 9-52 所示的“Cutter Compensation”对话框。在该对话框中用户可以编辑机床刀具补偿代码。

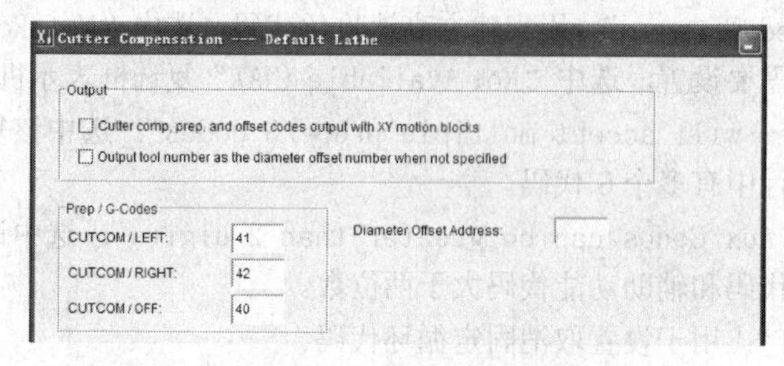

图 9-52 “Cutter Compensation”对话框

- “Cutter comp, prep, and offset codes output with XY motion blocks”：选中该复选框，表示刀具补偿的G代码和直径的偏置代码与XY运动代码在一行输出。
- “Output tool number as the diameter offset number when not specified”：选中该复选框，表示在没有刀具偏置代码时用刀具号代替。
- “CUTCOM / LEFT”：用于编辑左刀补代码。
- “CUTCOM / RIGHT”：用于编辑右刀补代码。
- “CUTCOM / OFF”：用于编辑取消刀补代码。
- “Diameter Offset Address”：用于编辑刀具直径寄存器地址代码。

（4）“Coolant”选项　单击该选项后，系统将打开如图 9-53 所示的“Coolant Codes”对话框。在该对话框中用户可以编辑冷却代码选项。

- “Coolant Mist”：用于编辑喷雾冷却的M代码。
- “Coolant Flood”：用于编辑喷射冷却的M代码。
- “Flood (high pres)”：用于编辑高压喷射冷却的M代码。
- “Flood (low pres)”：用于编辑低压喷射冷却的M代码。
- “Through (high pres)”：用于编辑高压彻底冷却的M代码。

- “Through (low pres)”：用于编辑低压彻底冷却的M代码。
- “Coolant Default”：用于编辑系统默认的冷却代码。
- “Coolant Off”：用于编辑关闭冷却的M代码。
- “On a block by itself”：选中该单选框，表示用单独的行输出冷却代码。
- “With the next XY block”：选中该单选框，表示与XY运动一起输出冷却代码。
- “With the next Z block”：选中该单选框，表示与Z轴运动一起输出冷却代码。
- “Output COOLANT/OFF code by itself”：选中该复选框，表示用单独的行输出冷却关闭代码。

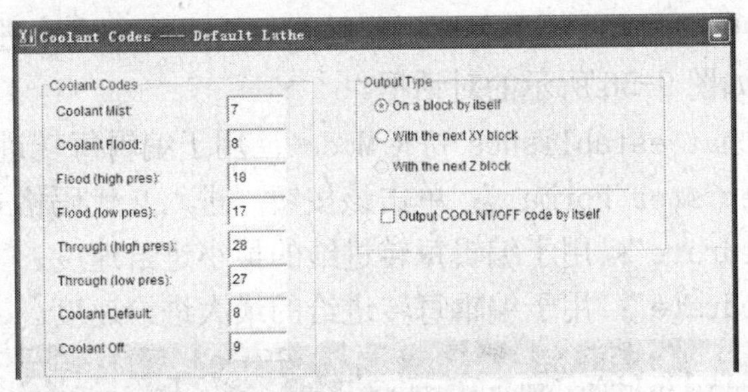

图9-53 “Coolant Codes”对话框

（5）“Feedrates”选项　单击该选项后，系统将打开如图9-54所示的“Feedrates”对话框。在该对话框中用户可以编辑机床进给速度代码选项。

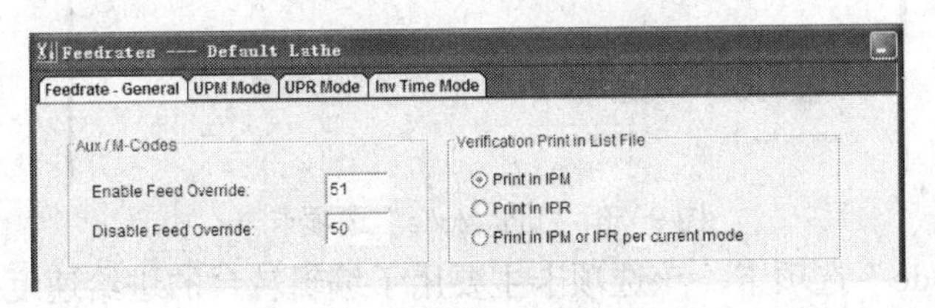

图9-54 “Feedrates”对话框

1）“Feedrate General”选项卡　该选项卡主要用于编辑常规进给速度代码。单击该选项卡后，系统将打开如图9-54所示的对话框。

- “Enable Feed Override”：用于编辑超程时允许进给速度的M代码。
- “Disable Feed Override”：用于编辑超程时禁止进给速度的M代码。
- “Print in IPM”：选中该单选框，表示在列表文件中打印IPM。
- “Print in IPR”：选中该单选框，表示在列表文件中打印IPR。
- “Print in IPM or IPR per current mode”：选中该单选框，表示在列表文件中打印当前的方式，IPM或IPR。

2）“UPM Mode”选项卡　该选项卡主要用于编辑每分钟进给方式下进给速度的代码。单击该选项卡后，系统将打开如图9-55所示的对话框。

- “Prep Code that establishes UPM Mode”：用于编辑每分钟进给的G代码。
- “Feedrate Register Format”：单击该按钮，进入F代码格式的编辑。
- “Minimum Feedrate”：用于编辑每分钟进给的最小进给速度。
- “Maximum Feedrate”用于编辑每分钟进给的最大进给速度。

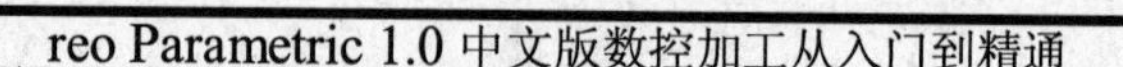

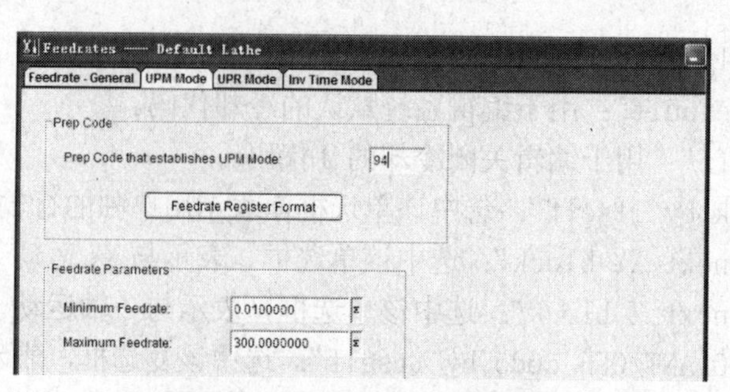

图 9-55 “UPM Mode”选项卡

3)“UPR Mode”选项卡　该选项卡主要用于编辑每转进给方式下进给速度代码。单击该选项卡后，系统将打开如图 9-56 所示的对话框。

- “Prep Code that establishes UPR Mode”：用于编辑每转进给的 G 代码。
- “Feedrate Register Format”：单击该按钮，进入 F 代码格式的编辑。
- “Minimum Feedrate”：用于编辑每转进给的最小进给速度。
- “Maximum Feedrate”：用于编辑每转进给的最大进给速度。

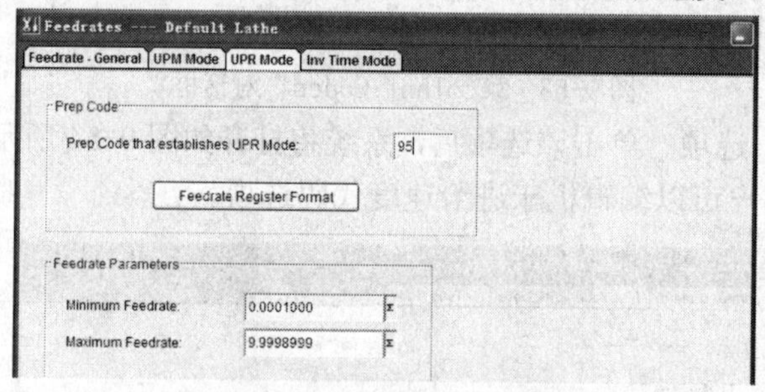

图 9-56 “UPR Mode”选项卡

4)“Inv Time Mode”选项卡　该选项卡主要用于编辑转台的进给速度代码。单击该选项卡后，系统将打开如图 9-57 所示的对话框。

- “Prep Code Establishing Inv Time Mode”：用于编辑回转工作台的进给速度准备代码。

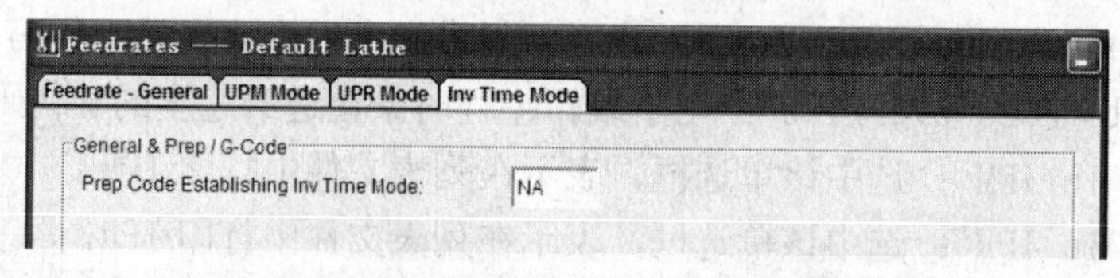

图 9-57 “Inv Time Mode”选项卡

(6)“Fixture Offests”选项　单击该选项后，系统将打开如图 9-58 所示的“Fixture Offests”对话框。在该对话框中用户可以对机床夹具偏置代码进行编辑。

- “Use SELECT for the fixture offsets”：选中该单选框，表示对要输出的夹具偏置代码进行选择。
- “Output when equal to zero”：选中该复选框，表示当夹具偏置为 0 时，仍要输出偏置数据。
- “On a block by itself”：选中该单选框，表示在一个单独的代码行中输出夹具偏置。

- “With next XY block”：选中该单选框，表示在下一个XY运动代码中输出夹具偏置。

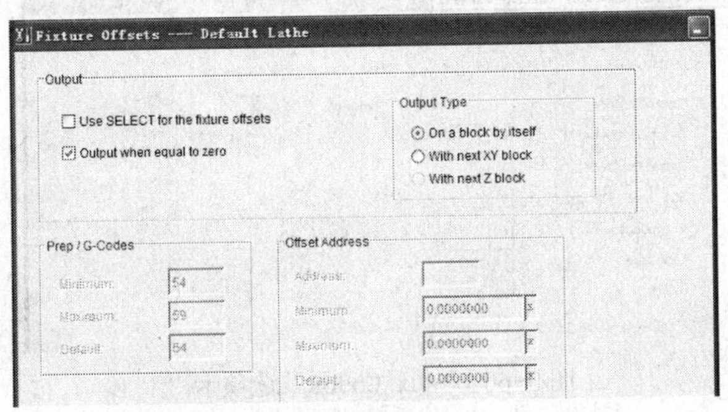

图9-58　“Fixture Offests”对话框

（7）“Spindle”选项　单击该选项后，系统将打开如图9-59所示的“Spindle Codes”对话框。在该对话框中用户可以编辑机床的主轴代码。

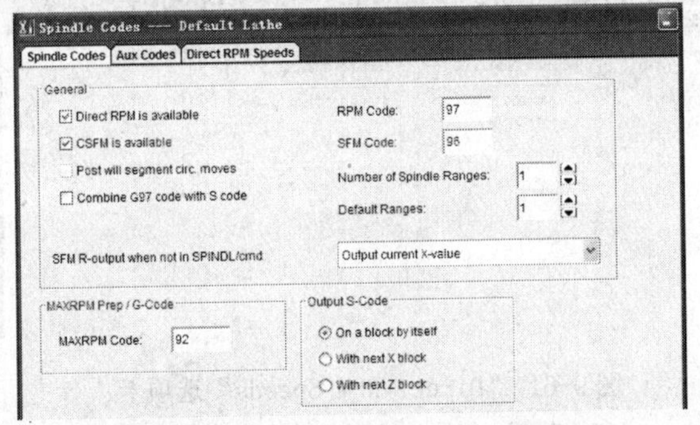

图9-59　“Spindle Codes”对话框

1）“Spindle Codes”选项卡　该选项卡用于编辑机床主轴转速代码。单击该选项卡后，系统将打开如图9-59所示的对话框。

- “Direct RPM is available”：选中该复选框，表示直接用转/分钟为单位来输出主轴转速。
- “CSFM is available”：选中该复选框，表示用恒定SFM模式输出主轴转速。
- “Combine G97 code with S code”：选中该复选框，表示在单独的代码行中输出G97与S代码。
- “MAXRPM Code”：用于编辑Maximum RPM 的G代码。

2）“Aux Codes”选项卡　该选项卡用于编辑机床主轴的M代码。单击该选项卡后，系统将打开如图9-60所示的对话框。

- “Clockwise Code”：用于编辑机床主轴顺时针转动代码。
- “Counterclockwise Code”：用于编辑机床主轴逆时针转动代码。
- “Default Rot. Code”：用于编辑默认的主轴转动代码。
- “Stop Code”：用于编辑机床主轴转动停止代码。
- “Orient Code”：用于编辑机床主轴定向停止代码。

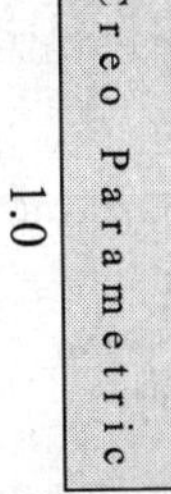

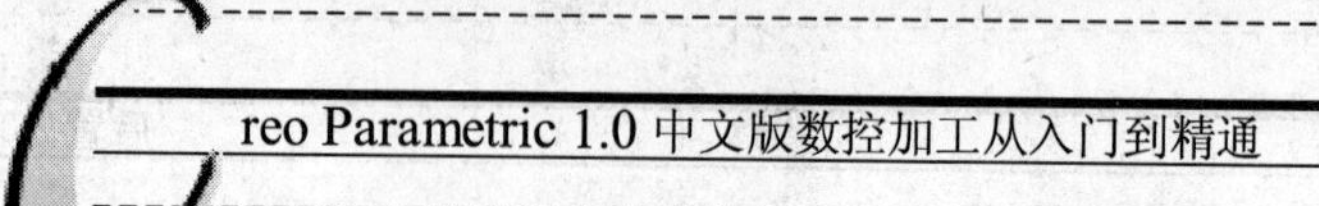

■ “Lock Code”：用于编辑锁定机床主轴横线速的控制代码。

■ “Unlock Code”：用于编辑开启机床主轴横线速的控制代码。

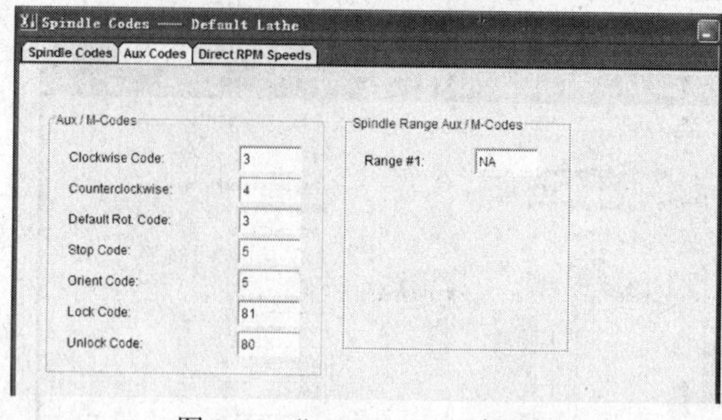

图 9-60 “Aux Codes”选项卡

3）“Direct RPM Speeds”选项卡　该选项卡用于编辑机床主轴转速代码。单击该选项卡后，系统将打开如图 9-61 所示的对话框。

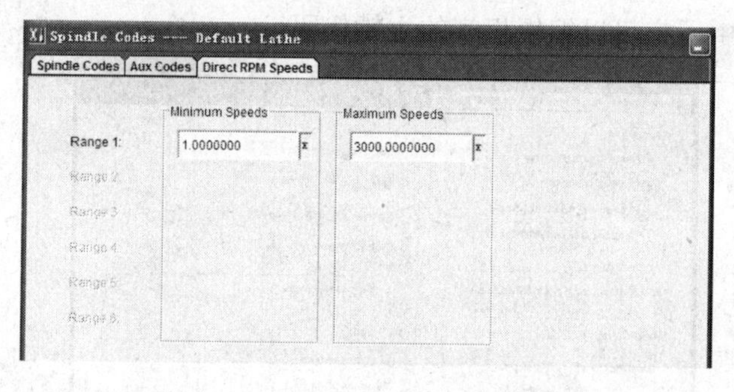

图 9-61 “Direct RPM Speeds”选项卡

（8）“Dwell Parameters”选项　单击该选项后，系统将打开如图 9-62 所示的“Dwell Parameters”对话框。在该对话框中用户可以编辑暂停时间代码。

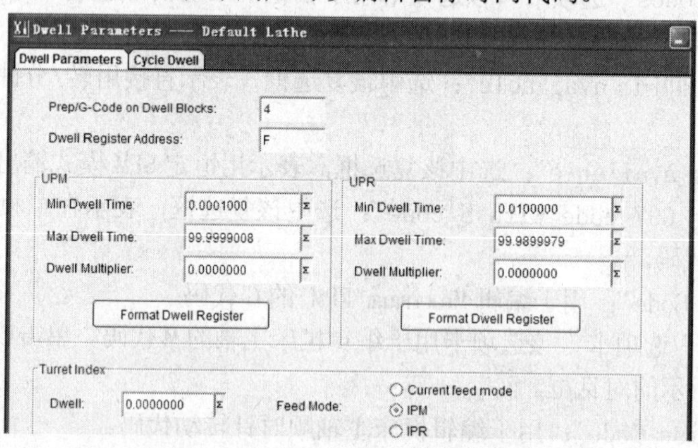

图 9-62 “Dwell Parameters”对话框

1）“Dwell Parameters”选项卡　该选项卡用于编辑机床暂停代码选项。单击该选项卡后，系统将打开如图 9-62 所示的对话框。

■ “Prep/G-Code on Dwell Blocks”：用于编辑暂停功能 G 代码。

■ “Dwell Register Address”：用于编辑暂停寄存器地址。
■ “Min Dwell Time”：用于编辑最小暂停时间。
■ “Max Dwell Time”：用于编辑最大暂停时间。
■ “Dwell Multiplier”：用于编辑规定暂停实际的放大系数。
■ “Dwell”：用于编辑转向中心的暂停时间。

2）“Cycle Dwell”选项卡 该选项卡用于编辑循环暂停代码选项。单击该选项卡后，系统将打开如图 9-63 所示的对话框。

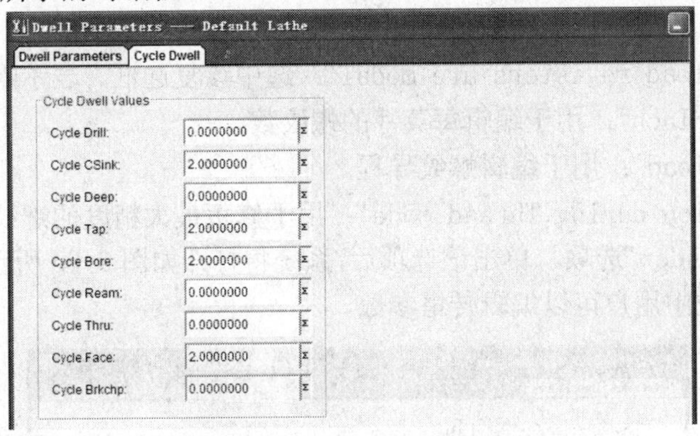

图 9-63“Cycle Dwell”选项卡

■ “Cycle Drill”：为钻孔循环设置暂停时间。
■ “Cycle Csink”：为沉孔循环设置暂停时间。
■ “Cycle Deep”：为深孔循环设置暂停时间。
■ “Cycle Tap”：为攻丝循环设置暂停时间。
■ “Cycle Bore”：为镗孔循环设置暂停时间。
■ “Cycle Ream”：为铰孔循环设置暂停时间。
■ “Cycle Thru”：为通孔加工循环设置暂停时间。
■ “Cycle Face”：为盲孔循环设置暂停时间。
■ “Cycle Brkchp”：为断屑孔循环设置暂停时间。

（9）“Thread Formats”选项 单击该选项后，系统将打开如图 9-64 所示的“Thread Formats”对话框。在该对话框中用户可以编辑螺纹格式代码。

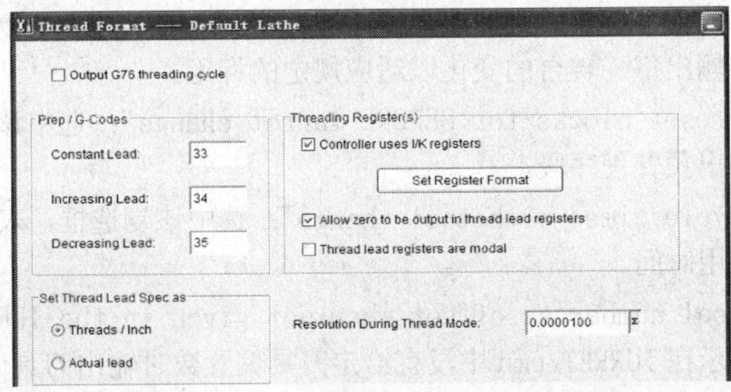

图 9-64 “Thread Formats”对话框

■ “Output G76 threading cycle”：选中该复选框，表示输出 G76 螺纹循环。

- "Constant Lead"：用于编辑等螺距螺纹切削代码。
- "Increasing Lead"：用于编辑增螺距螺纹切削代码。
- "Decreasing Lead"：用于编辑减螺距螺纹切削代码。
- "Controller uses I/K registers"：选中该复选框，表示用 I/K 寄存器作为螺纹切削的控制器。
- "Set Register Format"：用于编辑 I/K 螺纹切削寄存器地址。
- "Allow zero to be output in thread lead registers"：选中该复选框，表示螺距为 0 时，仍要输出螺距值。
- "Thread lead registers are modal"：选中该复选框，表示螺距值为模态。
- "Threads/Inch"：用于编辑每英寸的螺纹数。
- "Actual lead"：用于编辑螺纹导程。
- "Resolution during Thread mode"：用于修正最大精度的螺纹导程值。

（10）"Turret Index"选项　单击该选项后，系统将打开如图 9-65 所示的"Turret Index"对话框。在该对话框中用户可以编辑转塔参数。

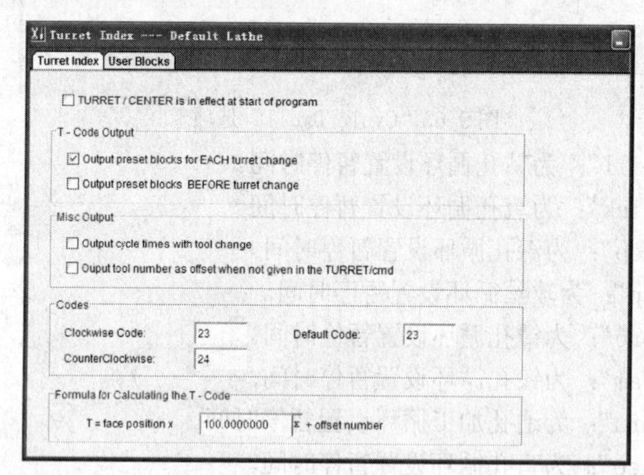

图 9-65 "Turret Index"对话框

- "TURRET / CENTER is in effect at start of Creogram"：选中该复选框，表示 TURRET/CENTER 命令位于程序段开头。
- "Output preset blocks for EACH turret change"：选中该复选框，表示在预置的程序段中输出每一转台的变化以适应规定的标距。
- "Output preset blocks for BEFORE turret change"：选中该复选框，表示在转台变化前输出预置程序段。
- "Output cycle times with tool change"：选中该复选框，表示输出每次换刀之后的刀具使用时间。
- "Output tool number as offset when not given in the TURRET/cmd"：选中该复选框，表示在 TURRET/cmd 中没有给定刀具偏置数时输出刀具偏置数。
- "Clockwise Code"：用于编辑顺时针代码。
- "Counterclockwise"：用于编辑逆时针代码。

■ “Default Code”：用于编辑默认代码。

6. 操作提示信息编辑

单击“Option File Generator”对话框左边的“Operator Message”选项，系统将打开如图9-66所示的“Operator Message/Insert”对话框。

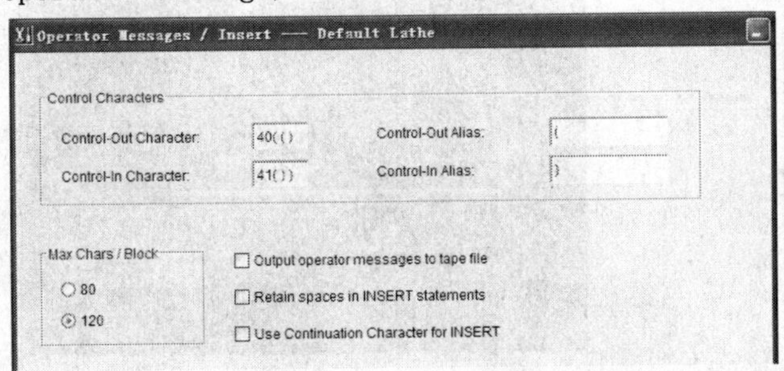

图9-66 “Operator Message/Insert”对话框

■ “Control-Out Character”：用于编辑备注信息的开始符号。
■ “Control-Out Alias”：用于编辑字符串输入的起始符。
■ “Control-In Character”：用于编辑备注信息的结束符号。
■ “Control-In Alias”：用于编辑字符串输入的结束符。
■ “Max Chars/Block”：用于编辑每行备注信息的最多字符数。
■ “Output operation messages to tape file”：选择该复选框，表示将操作信息输出到代码文件中。
■ “Retain spaces in INSERT statements”：选择该复选框，表示在INSERT指令中保留空格。
■ “Use Continuation Character for INSERT”：选择该复选框，表示在INSERT指令中使用续行符。

9.3 实例练习——后置处理

下面将通过自定义XK5025型立式升降台数控铣床的配置文件，来说明Creo/NC加工后置处理的操作过程与技巧。XK5025型立式升降台数控铣床的技术参数见表9-1。

表9-1　XK5025型立式升降台数控铣床的技术参数

机床联动轴数	3
最大行程	400mm
定位精度	0.013mm
准备功能字	G71　G90　G94　G17

9.3.1 初始化配置文件

（1）启动Creo Parametric 1.0后，在“主页”功能区中的“实用工具”面板中选择“NC

后置处理器”命令，则系统打开如图 9-67 所示的“Option File Generator”对话框。

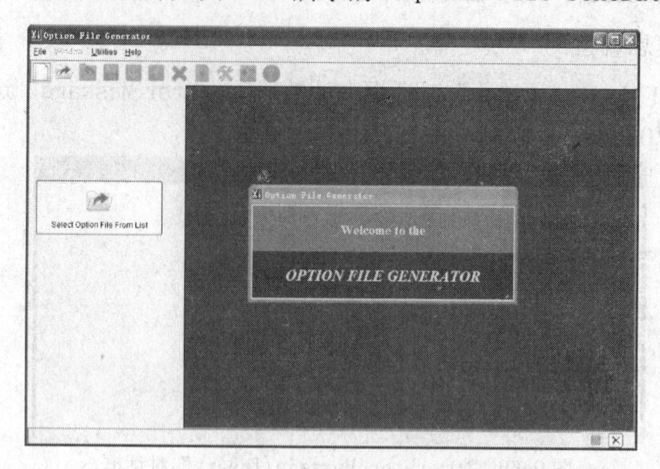

图 9-67 “Option File Generator”对话框

（2）在“Option File Generator”对话框的主菜单栏上依次选择“File”→“New”选项或者直接单击工具栏上的按钮，则系统打开如图 9-68 所示的“Define Machine Type”对话框，接着在该对话框中选择“Mill”（铣床）类型，然后单击对话框中的 Next ▶ 按钮。

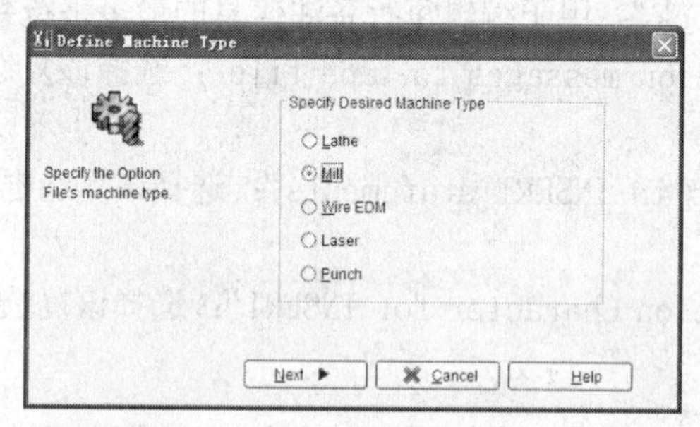

图 9-68 “Define Machine Type”对话框

（3）系统打开如图 9-69 所示的“Define Option File Location”对话框，接着在对话框的“Machine Number (must be a number from 1 to 99)”选项后输入配置文件的标识号 05（若用户输入的标识号已经存在，则要更改标识号，以避免将已存在的配置文件覆盖掉），然后单击对话框中的 Next ▶ 按钮。

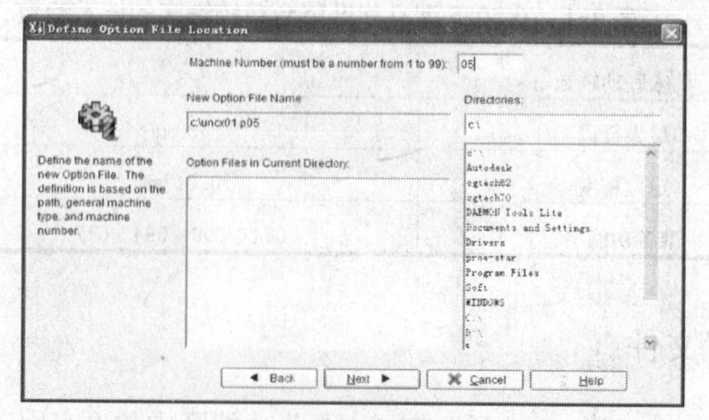

图 9-69 “Define Option File Location”对话框

（4）系统打开如图9-70所示的“Option File Initialization”对话框。然后在对话框中选择“PostCreocessor defaults”单选按钮，表示使用系统默认的后置处理器初始化配置文件。最后单击对话框的 Next ▶ 按钮。

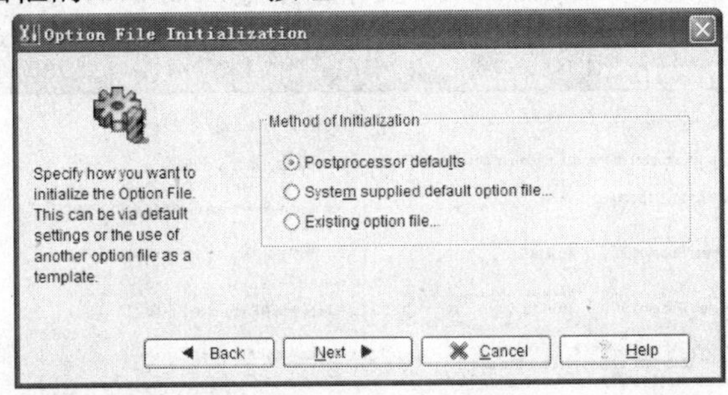

图9-70 “Option File Initialization”对话框

（5）如图9-71所示，在系统打开的“Option File Title”对话框中，输入配置文件的名称“XK5025-Mill”。然后单击 Finish ▶ 按钮，完成配置文件的初始化。

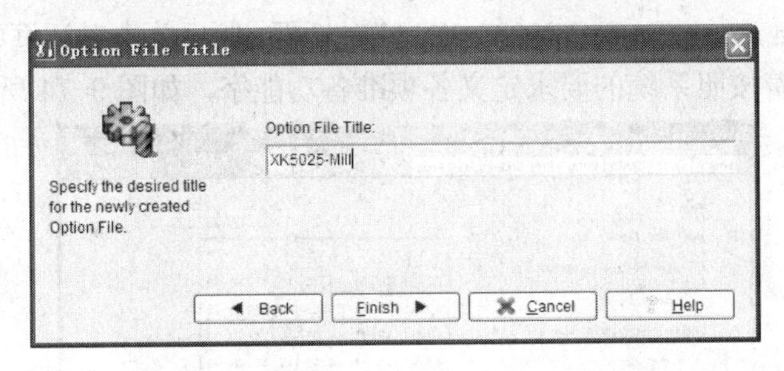

图9-71 “Option File Title”对话框

9.3.2 自定义配置文件

（1）在“Option File Generator”对话框中，单击左边的“Machine Tool Type”选项，系统将打开如图9-72所示的“Axes and Specs——XK5025-Mill”对话框。在“Machine”选项卡中，打开“Machine Type”下拉列表框，然后选择其中的“Mills without Rotary Axes”选项。

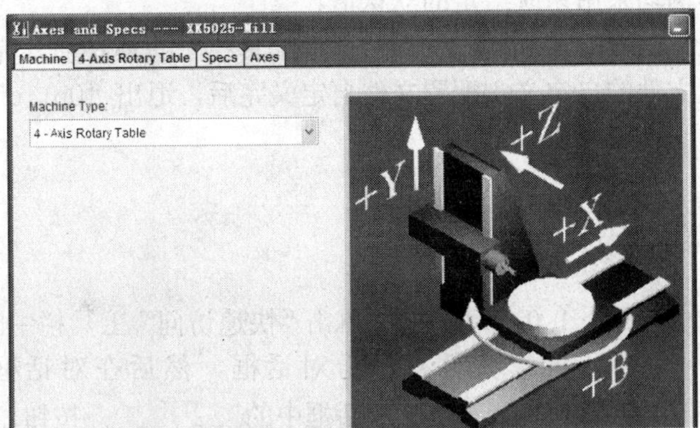

图9-72 “Axes and Specs——XK5025-Mill”对话框

（2）在“Axes and Specs——XK5025-Mill”对话框中打开“Specs”选项卡，然后选中“Manually set resolution / max departure”复选框，接着在“Maximum Departure”文本框中输入 400，在“Linear Resolution”文本框中输入 0.013，如图 9-73 所示。

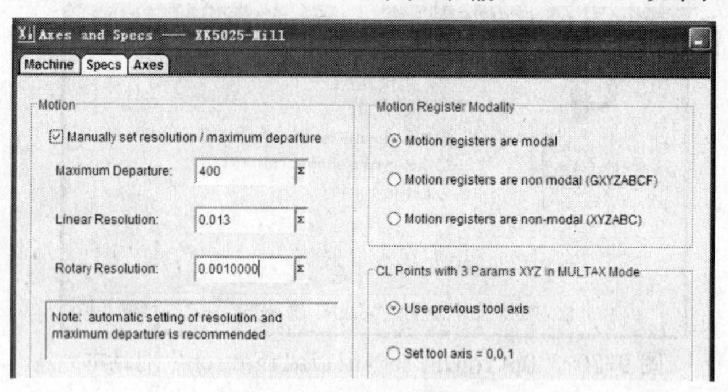

图 9-73 “Specs”选项卡

（3）选择“Option File Generator”对话框左边的“Start/End of Program”选项，则系统打开“Program Start/End--XK5025-Mill”对话框，然后单击对话框中的“Default Prep Codes”选项卡，接着按照系统的要求定义各项准备功能字，如图 9-74 所示。

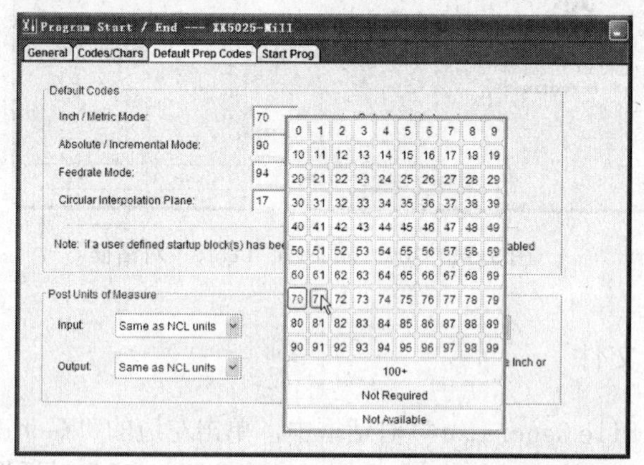

图 9-74 “Program Start/End——XK5025-Mill”对话框

此外，用户还可以根据加工的具体要求，设置自动换刀参数、设置夹具偏置代码、定义机床主轴转速等。本例均采用系统给定的默认值。

（4）单击“Option File Generator”对话框工具栏上的按钮，完成 XK5025 型立式升降台数控铣床配置文件的自定义。配置文件自定义完后，退出“Option File Generator”对话框。

9.3.3 创建数控加工程序

（1）在 Creo Parametric 1.0 启动界面中单击“快速访问”工具栏中的“打开”按钮，则系统打开如图 9-75 所示的“文件打开”对话框，然后在对话框中选择光盘文件“yuanwenjian\6\6-6\6-6.asm”，接着单击对话框中的 打开 按钮。系统在图形显示区中导入如图 9-76 所示的制造模型。

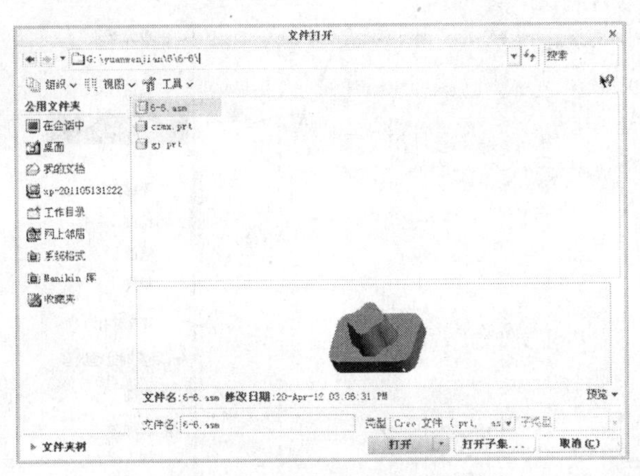

图 9-75 “文件打开”对话框

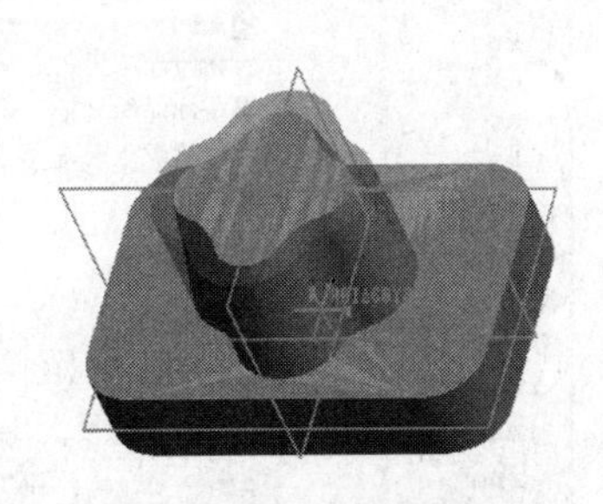

图 9-76 制造模型

（2）单击“制造”功能区“输出”面板上的“保存 CL 文件”按钮，系统打开“选择特征”菜单，如图 9-77 所示；依次选择“选择”→“NC 序列”选项，系统打开“NC 序列列表”菜单，如图 9-78 所示；选择“1：轮廓铣削 1，操作：OP010”选项，系统打开“路径”菜单，如图 9-79 所示；选择“文件”选项。

图 9-77 “选择特征”菜单

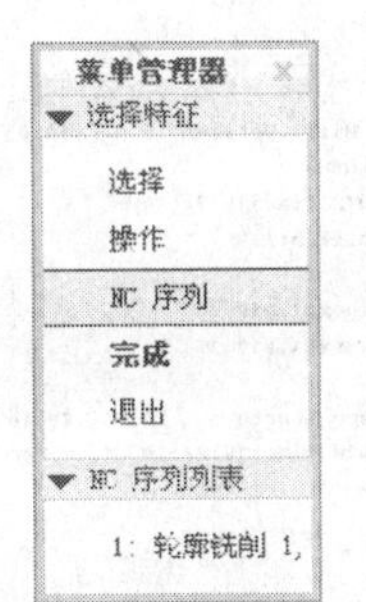

图 9-78 “NC 序列列表”菜单

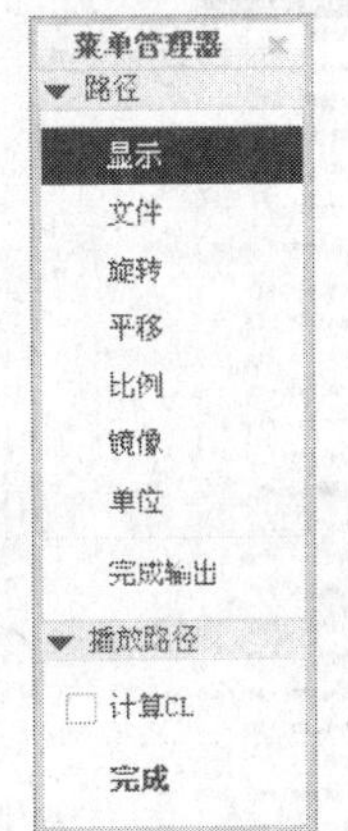

图 9-79 “路径”菜单

（3）系统打开如图 9-80 所示的“输出类型”菜单，依次勾选“CL 文件”→“MCD 文件”→“交互”选项后选择“完成”选项，系统打开“保存副本”对话框，在对话框的“新建名称”文本框中输入文件名称“Mill”，如图 9-81 所示，系统自动为文件添加扩展名“.ncl”。然后单击对话框中的 确定 按钮。

（4）系统打开如图 9-82 所示的“后置期处理选项”菜单，依次勾选“详细”→“追踪”→“完成”选项。

（5）系统打开“后置处理列表”菜单，如图 9-83 所示，选择“UNCX01.P19”配置文件选项。

（6）单击回车键后系统打开“信息窗口”对话框，如图 9-84 所示。在该对话框中系统显示了一些与后置处理相关的信息。最后单击对话框中的 关闭 按钮，关闭“信息窗口”对话框。

（7）返回到“路径”菜单，选择“完成输出”选项。此时在工作目录下，生成了“mill.ncl”和“mill.tap”文件。

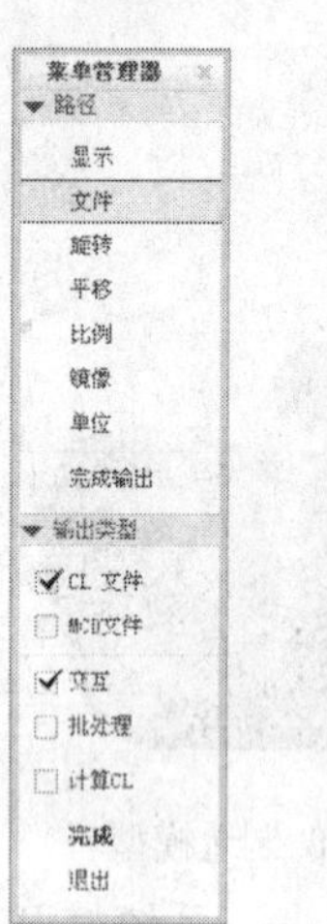

图 9-80 “输出类型”菜单

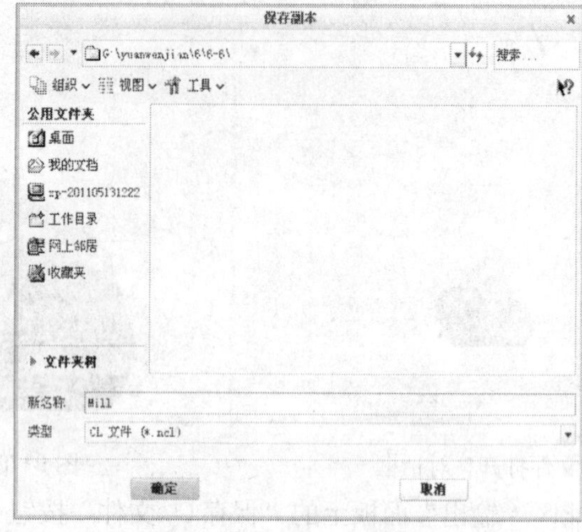

图 9-81 “保存副本”对话框

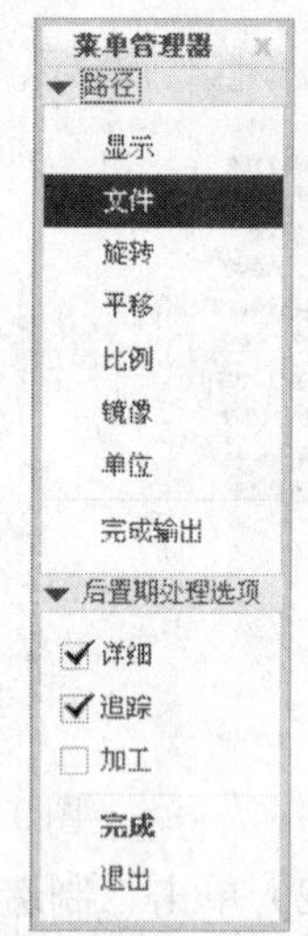

图 9-82 “后置期处理选项”菜单

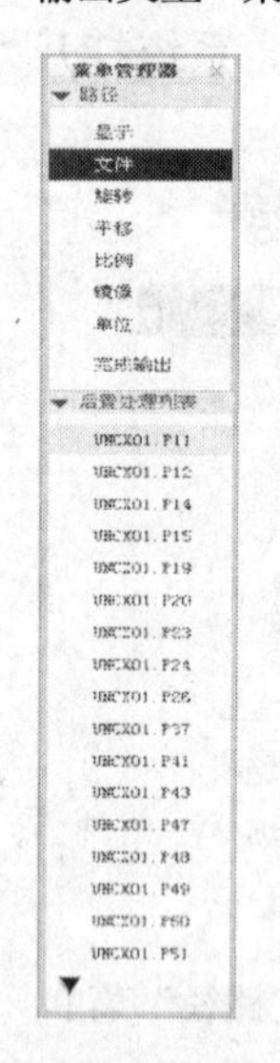

图 9-83 “后置处理列表”菜单

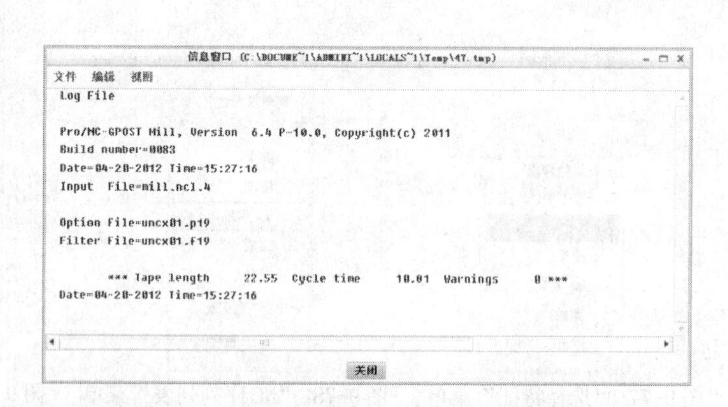


```
Log File

Pro/NC-GPOST Mill, Version  6.4 P-10.0, Copyright(c) 2011
Build number=0083
Date=04-28-2012 Time=15:27:16
Input  File=mill.ncl.4

Option File=uncx01.p19
Filter File=uncx01.f19

      *** Tape length     22.55  Cycle time     10.01  Warnings     0 ***
Date=04-28-2012 Time=15:27:16
```

图 9-84 “信息窗口”对话框

（8）在工作目录中找到“mill.tap”文件，然后用记事本打开该文件，则结果如图 9-85 所示。

```
mill.tap - 记事本
文件(F) 编辑(E) 格式(O) 查看(V) 帮助(H)
%
N5 G90 G94
N10 G40 G49
N15 ( / 6-6)
N20 H6
N25 S1000 M3
N30 G0 X20.983 Y29.1
N35 Z5. M8
N40 Z2.
N45 G1 Z-2. F500
N50 G3 X28.436 Y21.774 I33.407 J34.286
N55 G2 X43.215 Y0. I19.786 J0.
N60 G2 X29.09 Y-21.503 I19.786 J0.
N65 G3 X21.87 Y-29.029 I34.437 J-33.859
N70 G2 X0. Y-44.053 I0. J-28.623
N75 G2 X-21.805 Y-29.193 I0. J-28.623
N80 G3 X-29.214 Y-21.667 I-34.336 J-34.118
N85 G2 X-43.729 Y0. I-20.3 J0.
N90 G2 X-28.56 Y21.925 I-20.3 J0.
N95 G3 X-20.92 Y29.249 I-33.307 J34.524
N100 G2 X0. Y43.079 I0. J20.341
N105 G2 X20.983 Y29.1 I0. J20.341
N110 G1 X21.451 Y29.295
Ln 1, Col 1
```

图 9-85 用记事本应用程序打开的“mill.tap”文件

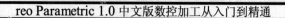

第10章 数控加工综合实例

本章导读

在实际加工过程中，毛坯一般需要经过多道加工工序才能得到最终需要的零件。如何经济、合理地安排零件的加工工序是数控编程人员必须掌握的一项基本技能。本章将通过三个实例来详细介绍数控铣削加工、数控车削加工和数控线切割加工的综合应用技巧。学习完本章后，相信读者会对数控加工方法的综合应用有一个深刻的了解并能熟练使用不同的数控加工方法进行复杂零件的加工。

重点与难点

- 零件的加工工艺分析
- 零件的加工工艺安排
- 数控铣削加工方法的综合应用
- 数控车削加工方法的综合应用
- 数控线切割加工方法的综合应用

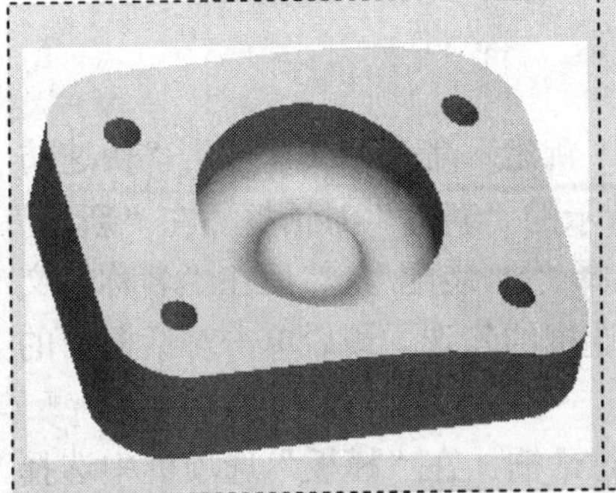

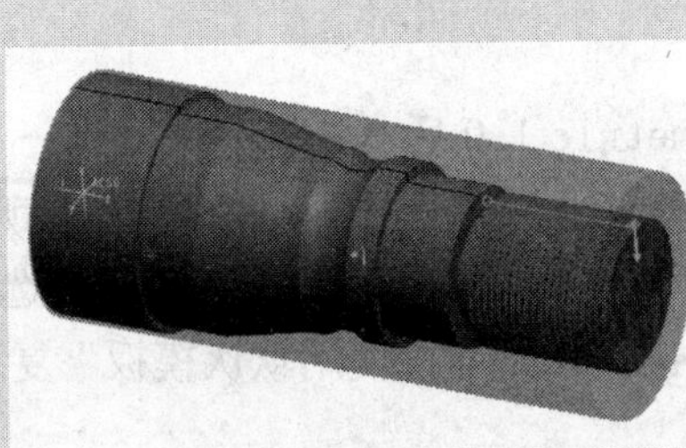

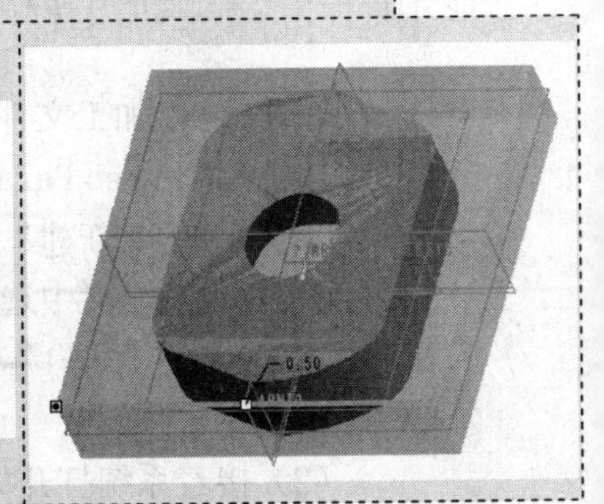

10.1 数控铣削加工综合实例

本节将通过加工图 10-1 所示的零件，来说明铣削加工方法的综合应用技巧。从零件的外观结构来看，整个加工过程涉及的铣削加工方法有体积块铣削、局部铣削、孔加工、曲面铣削、轮廓铣削等。

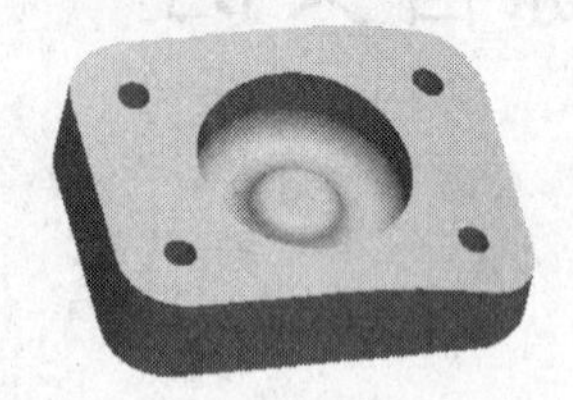

图 10-1 铣削加工零件

10.1.1 零件工艺分析

从待加工零件的外形来看，其结构并不复杂，主要由凹槽面、曲面、孔、外围轮廓面等组成。零件加工难度较大的部位主要集中在上表面，而外围轮廓面的加工可以比较容易地控制。

10.1.2 数控加工工艺安排

根据待加工零件的结构特点，可以先用体积铣削加工方法粗加工零件的上部凹槽，再用局部铣削加工方法对凹槽进行精加工，接着用孔加工方法加工零件的四个孔，然后用曲面铣削加工方法加工零件的上顶面，最后用轮廓铣削加工方法加工零件的外围轮廓面。由于零件的同一特征可以使用不同的加工方法，因此，在具体安排加工工艺时，读者可以根据自己的实际情况来确定。本实例安排的加工工艺和加工方法不一定是最佳的，其目的只是让读者了解一下各种铣削加工方法的综合应用技巧。

10.1.3 数控加工程序编制

1. 建立 NC 加工文件

（1）启动 Creo Parametric 1.0 后，选择“文件”→“新建”命令，或者单击“快速访问”工具栏中的“新建”按钮，则系统打开如图 10-2 所示的“新建”对话框。在“新建”对话框的“类型”栏中选择“制造”，在“子类型”栏中选择“NC 装配”，然后在“名称”文本框中输入名称“10-1”，同时取消对“使用默认模板”复选框的勾选，最后单击对话框中的 确定 按钮。

（2）接着系统打开如图 10-3 所示的“新文件选项”对话框，在“模板”选项框中选择

"mmns_mfg_nc"选项，接着单击对话框中的 确定 按钮进入系统的NC加工界面。

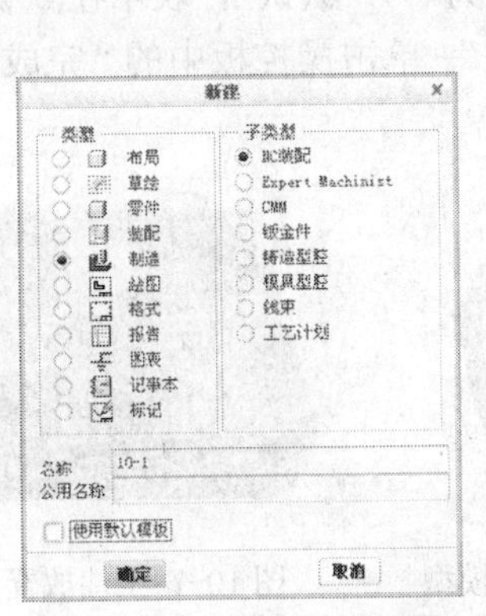

图10-2 "新建"对话框

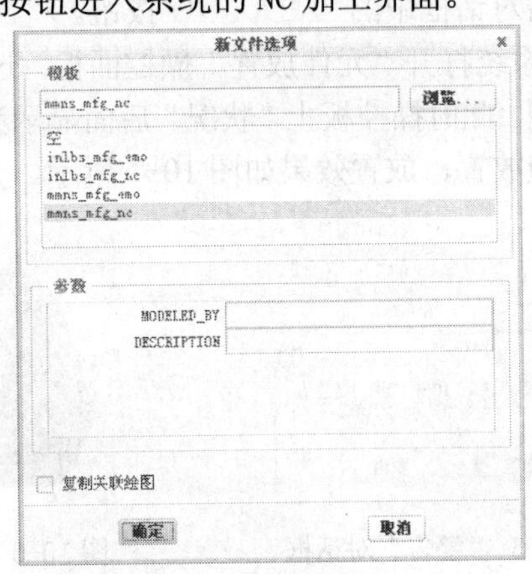

图10-3 "新文件选项"对话框

2. 创建制造模型

（1）装配参考模型

1）在"制造"功能区"元件"面板上单击"参考模型"下拉列表中的"装配参考模型"按钮，则系统打开如图10-4所示的"打开"对话框，在对话框中选择光盘文件"yuanwenjian\10\10-1\czmx.prt"，然后单击对话框中的 打开 按钮。则系统立即在图形显示区中导入参考模型。

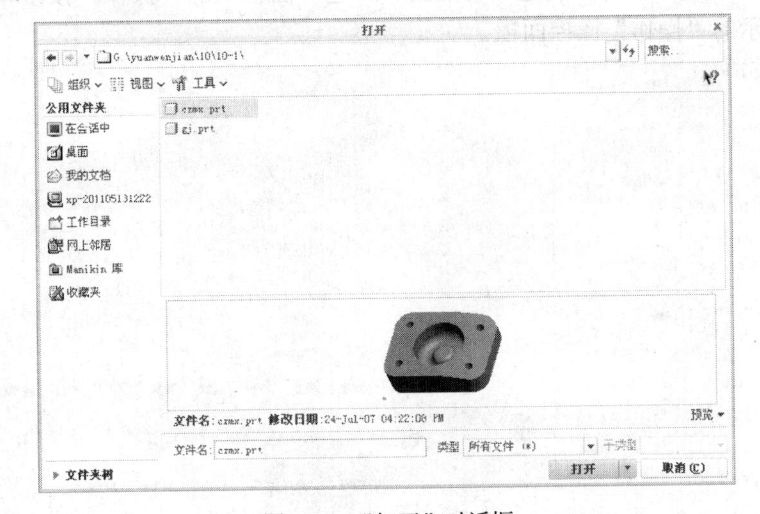

图10-4 "打开"对话框

2）系统打开"元件放置"操控面板，选择约束类型为"默认"，表示在默认位置装配参照模型。此时操控板上"状况"后面显示为"完全约束"。单击操控板中的"完成"按钮，系统打开如图10-5所示的"警告"对话框，单击 确定 按钮完成模型放置，放置效果如图10-6所示。

（2）装配工件

1）在"制造"功能区"元件"面板上单击"工件"下拉列表中的"装配工件"按钮，则系统再次弹出"打开"对话框。在对话框中选择光盘文件"yuanwenjian\10\10-1\gj.prt"，

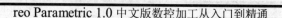

然后单击对话框中的 打开 按钮。

2）系统打开“元件放置”操控面板，选择约束类型为“默认”，表示在默认位置装配参考模型。此时操控板上“状况”后面显示为“完全约束”。单击操控板中的“完成”按钮，完成模型放置，放置效果如图 10-7 所示。

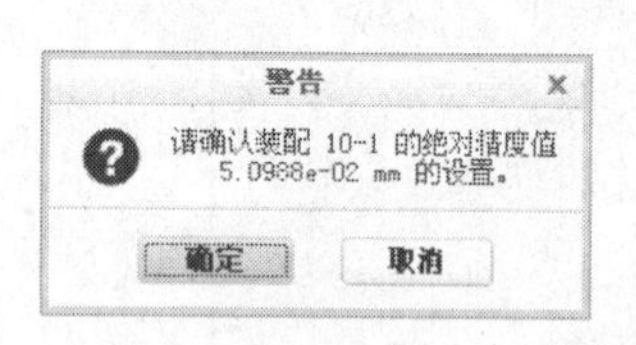

图 10-5 “警告”对话框

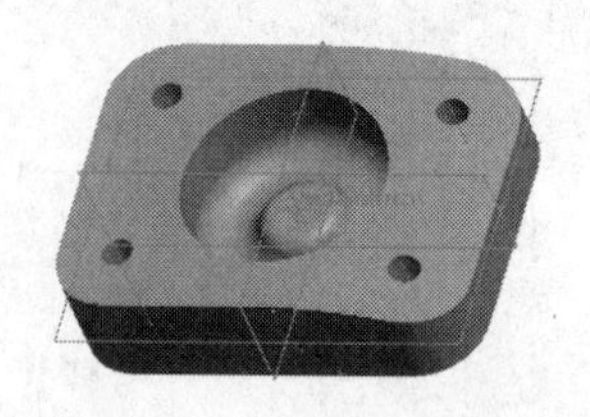

图 10-6 装配后的参考模型

图 10-7 工件放置效果图

3. 加工操作设置

（1）定义工作机床　在“制造”功能区“机床设置”面板上单击“工作中心”下拉列表中的“铣削”按钮，则系统打开如图 10-8 所示的“铣削工作中心”对话框，在“名称”后的文本框中输入操作名称“10-1”；在“轴数”下拉框中选择“3 轴”选项。单击“确定”按钮，完成机床定义。

（2）操作设置

1）定义加工零点　单击“制造”功能区“工艺”面板上的“操作”按钮，系统将打开如图 10-9 所示的“操作”操控面板。

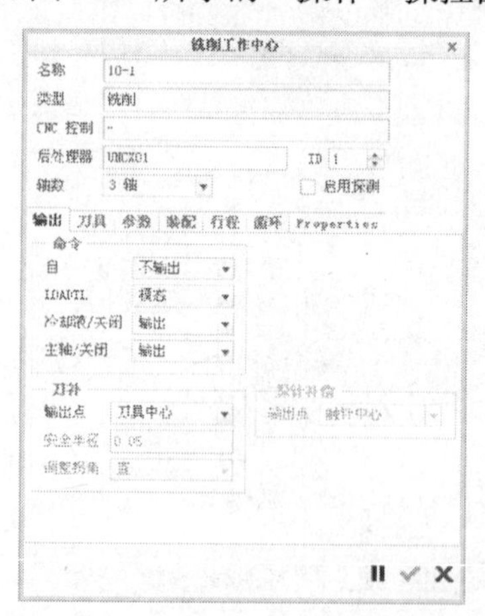

图 10-8 “铣削工作中心”对话框

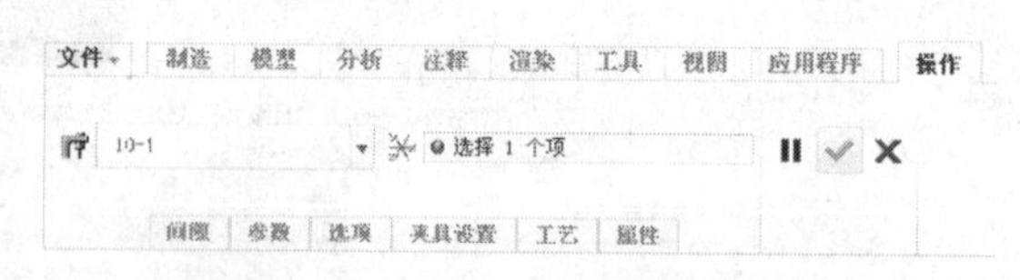

图 10-9 “操作”操控面板

用户可以直接在模型树窗口中精确选择现有的坐标系，也可以自行创建一个新的坐标系。本实例采用后者，单击“模型”功能区“基准”面板上的“坐标系”按钮，系统打开如图 10-10 所示的“坐标系”对话框，然后按住 Ctrl 键，在制造模型中依次选择 NC_ASM_FRONT、NC_ASM_RIGHT 基准平面和工件的上表面，此时“坐标系”对话框中的设置如图 10-11 所示。选择“方向”选项卡，单击“反向”按钮调整，对话框设置如图 10-12 所示，其中 Z 轴的方向如图 10-13 所示。最后单击“坐标系”对话框中的 确定 按钮，完成坐标系创建。在模型中选择新创建的坐标系。

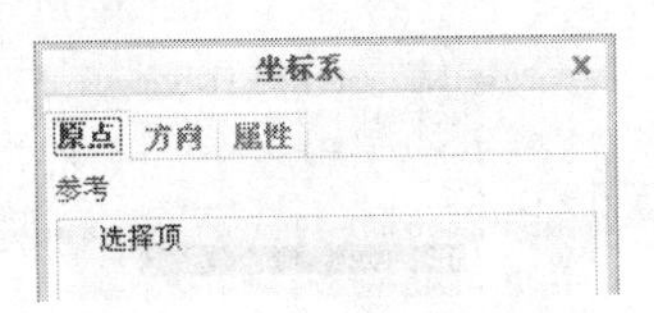

图 10-10 “坐标系”对话框

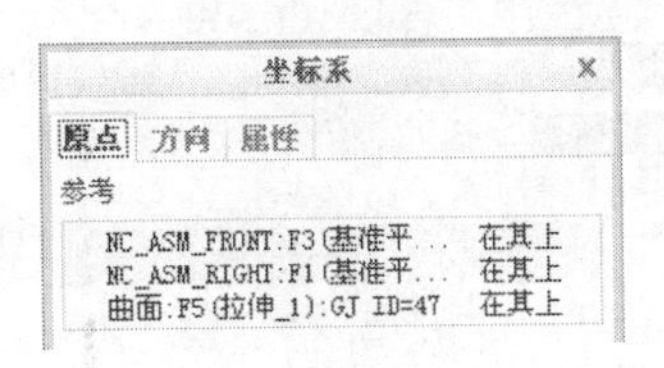

图 10-11 “坐标系”对话框设置

图 10-12 调整方向设置

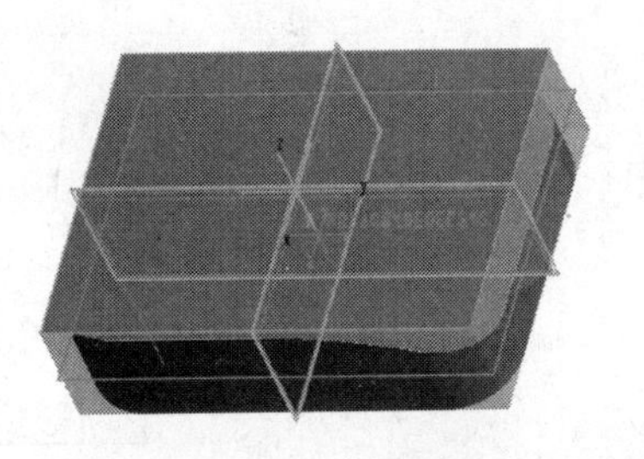

图 10-13　Z 轴方向

2）定义退刀面　单击“间隙”下拉按钮，在下滑面板中设置退刀类型为“平面”；选择参考为新创建的坐标系；设置沿加工坐标系 Z 轴的深度值为“5”，下滑面板设置如图 10-14 所示，创建的平面如图 10-15 所示。单击操控面板中的“完成”按钮，完成设置。

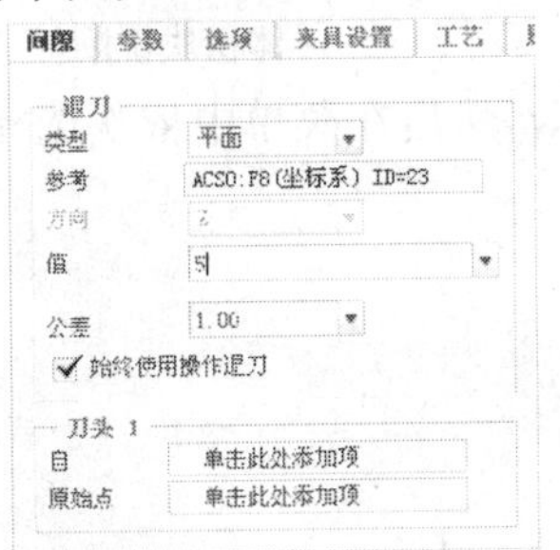

图 10-14 “间隙”下滑面板

图 10-15 创建的退刀面

4. 创建体积块铣削 NC 加工序列

（1）此时在功能区弹出“铣削”功能区，单击“铣削”功能区“铣削”面板上的“体积块粗加工”按钮，系统打开“NC 序列”菜单。依次勾选“刀具”→“参数”→“体积”→“完成”选项，如图 10-16 所示。

（2）系统打开“刀具设定”对话框，因在加工操作环境的设置中已对刀具进行了定义，如图 10-17 所示，故此处只需单击“刀具设定”对话框中的 应用 → 确定 按钮即可。

（3）系统打开“编辑序列参数‘体积块铣削’”对话框，然后按照图 10-18 所示，在“编辑序列参数‘体积块铣削’”对话框中设置各个制造参数。单击 确定 按钮完成设置。

（4）系统在信息提示栏中提示➡选择先前定义的铣削体积块.。单击“铣削”功能区“制造几何”面板上的“铣削体积块”按钮，系统打开“铣削体积块”功能区，进入工作界面。

（5）单击“体积块特征”面板中的“收集体积块工具”按钮，接着系统打开如图 10-19 所示的“聚合体积块”及“聚合步骤”菜单。在菜单中依次选择“选择”→“完成”选项。

图 10-16 “NC 序列” 菜单

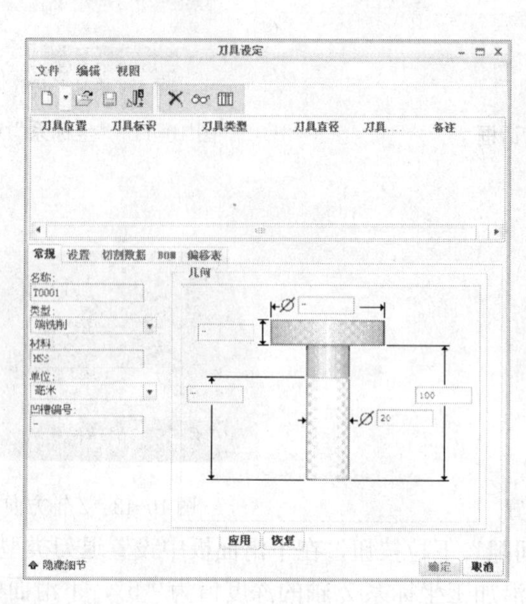

图 10-17 “刀具设定” 对话框

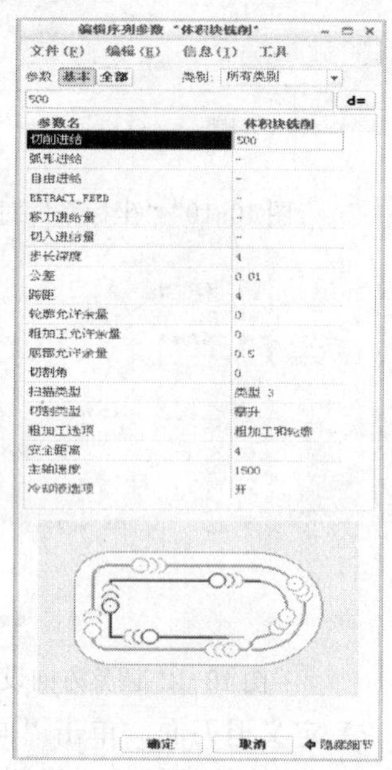

图 10-18 “编辑序列参数‘体积块铣削’” 对话框

（6）系统打开“聚合选取”菜单，如图 10-20 所示，然后在菜单中依次选择“曲面”→“完成”选项。

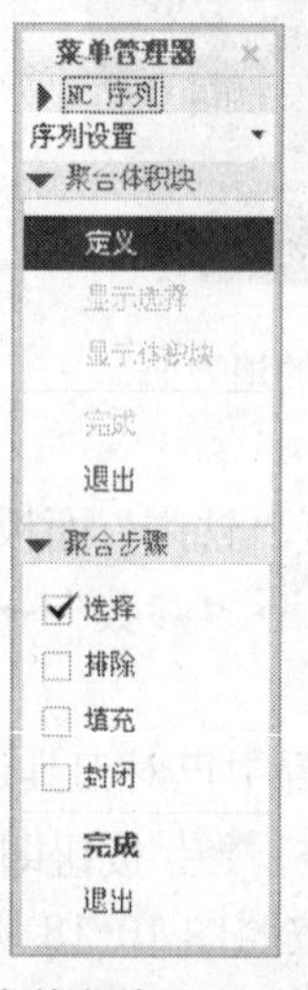

图 10-19 “聚合体积块”及“聚合步骤”菜单

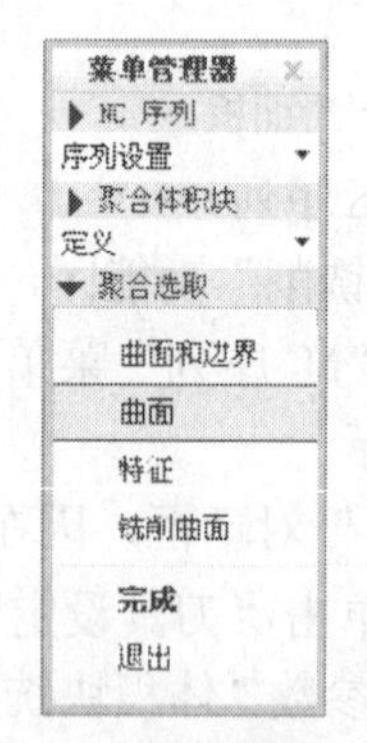

图 10-20 “聚合选取”菜单

图 10-21 选取曲面

（7）系统提示➡指定连续曲面.，然后选择参考模型的凹槽表面，如图 10-21 所示。最后单击“特征参考”菜单中的“完成参考”选项，完成曲面的选取。

（8）如图 10-22 所示，在系统打开的“聚合体积块”菜单中选择“完成”选项，最后单击工作界面右侧的“确定”按钮✔。至此便完成了铣削体积块的创建，结果如图 10-23 所示。

（9）系统返回到“NC 序列”菜单，选择“完成序列”选项。至此完成了整个 NC 序列的设置。

5．创建局部铣削 NC 加工序列

（1）在“铣削”功能区“铣削”下拉面板中选择“局部铣削”下拉列表中的“前一步骤”命令，系统弹出如图 10-24 所示的“选择特征”菜单。

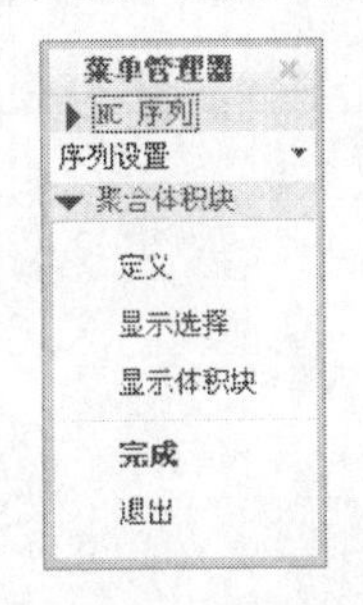

图 10-22 “聚合体积块”菜单

图 10-23 创建的体积铣削块

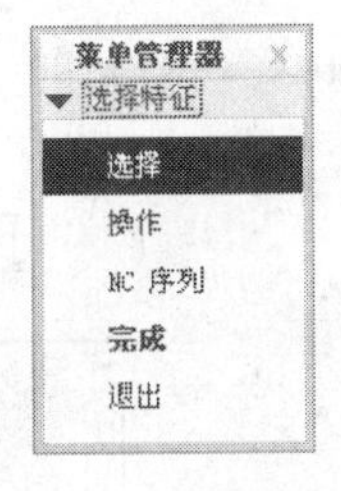

图 10-24 “选择特征”菜单

（2）选择“NC 序列”选项后弹出“NC 序列列表”菜单，选择“1:体积块铣削，操作：OP010”选项作为局部铣削加工的参考刀具路径，如图 10-25 所示。

（3）接着系统打开如图 10-26 所示的“选取菜单”菜单，同时在信息栏中系统提示➡选择参考体积块铣削 NC 序列的切削动作.，然后在“选取菜单”菜单中选择“切削运动 #1”选项。

（4）在系统打开的“序列设置”菜单中勾选“刀具”→“参数”→“完成”选项，如图 10-27 所示。

图 10-25 “NC 序列列表”菜单

图 10-26 “选取菜单”菜单

图 10-27 “序列设置”菜单

（5）系统弹出“刀具设定”对话框。在系统打开的“刀具设定”对话框中设置刀具的各项几何参数，如图 10-28 所示，设置完后，依次单击对话框中的 应用 → 确定 按钮。

（6）结束刀具的设定后，系统打开“编辑序列参数‘局部铣削’”对话框，然后按图 10-29 所示设置各个制造参数，接着单击对话框中的 确定 按钮，完成加工参数的设置。

（7）选择“NC 序列”菜单的“完成序列”选项。至此完成了局部铣削加工 NC 序列的设置。

6．创建孔 NC 加工序列

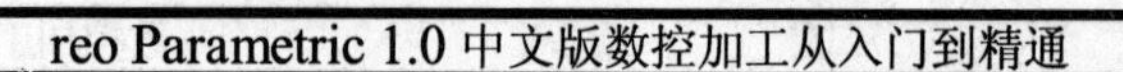

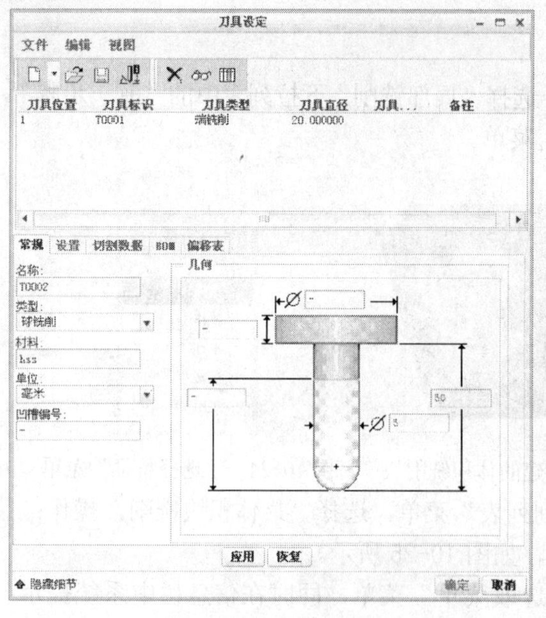

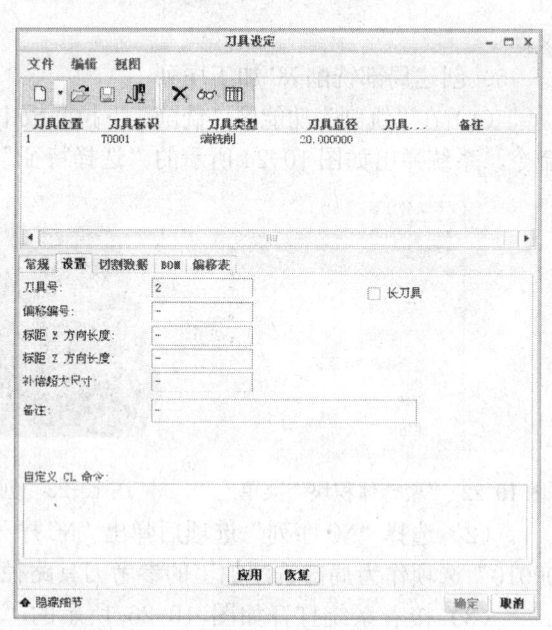

“常规”选项卡　　　　　　　　　　　　　　“设置”选项卡

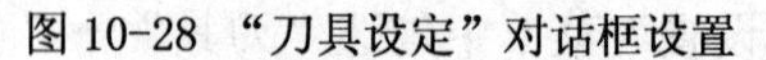

图 10-28 “刀具设定”对话框设置

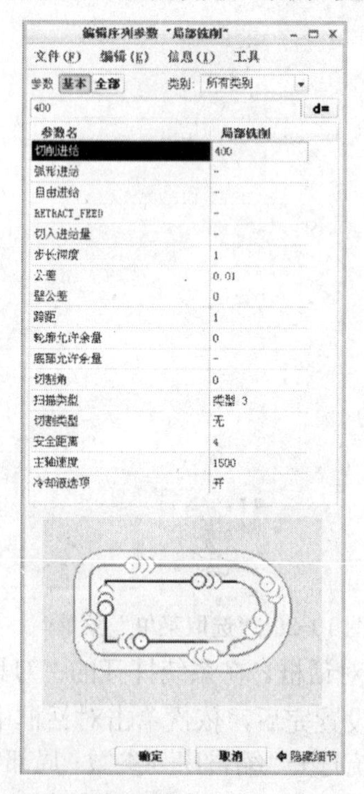

图 10-29 “编辑序列参数‘局部铣削’”对话框

（1）此时在功能区弹出“铣削”功能区，单击“铣削”功能区“孔加工循环”面板上的“标准”按钮，系统打开“钻孔”操控面板，如图 10-30 所示。

（2）在操控面板上单击“刀具管理器”按钮，系统打开“刀具设定”对话框，定义表面铣削加工刀具，设置如图 10-31 所示，设置完成后依次单击“刀具设定”对话框中的 应用 → 确定 按钮。

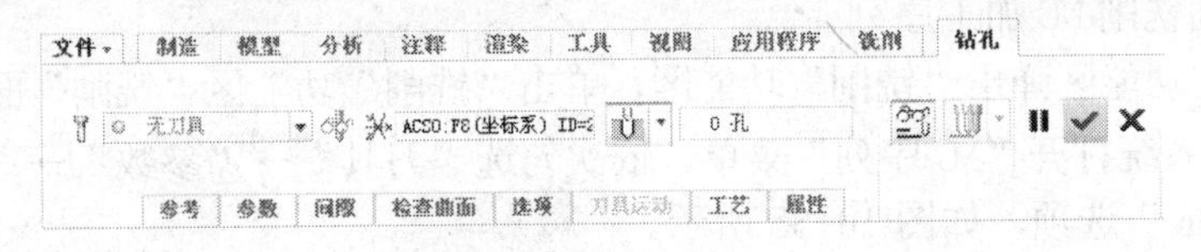

图 10-30 “钻孔”操控面板

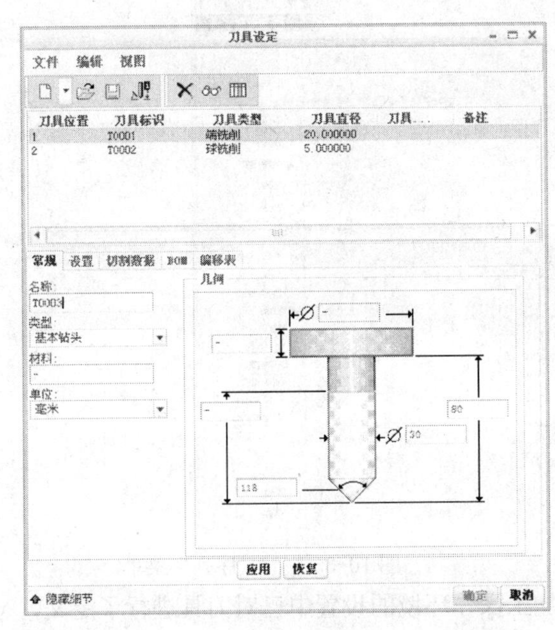

“常规”选项卡

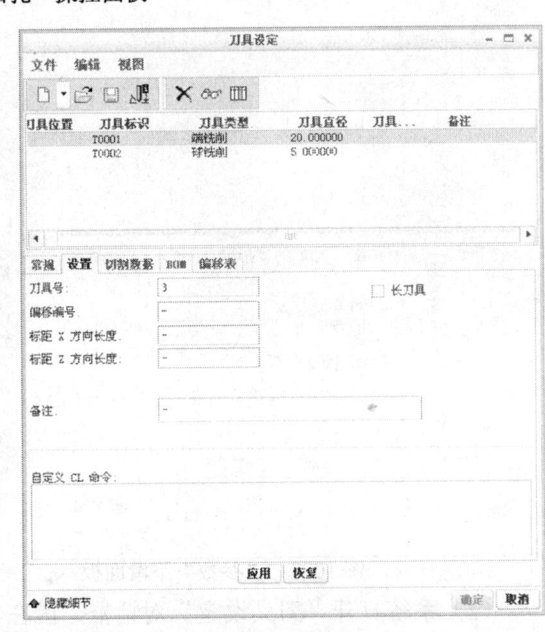

“设置”选项卡

图 10-31 “刀具设定”对话框

（3）结束刀具的设置后，单击操控面板上的“参考”下滑按钮，弹出“参考”下滑面板，如图 10-32 所示。单击 详细信息... 按钮，系统打开如图 10-33 所示的“孔”对话框，在对话框中选择直径为 30mm 的孔特征后单击 >> 按钮添加选取，最后单击“孔”对话框中的 ✓ 按钮。

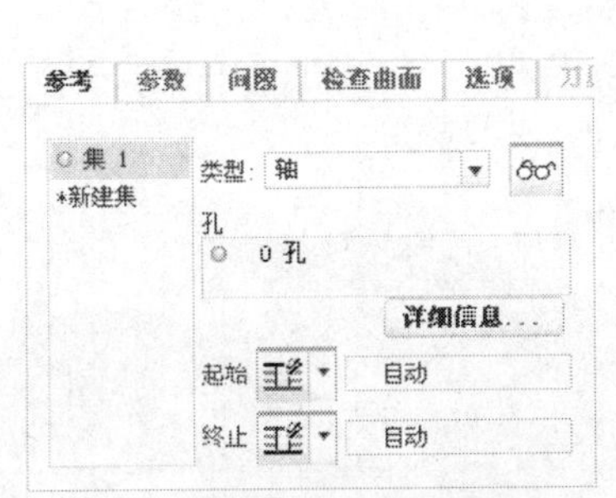

图 10-32 “参考”下滑面板

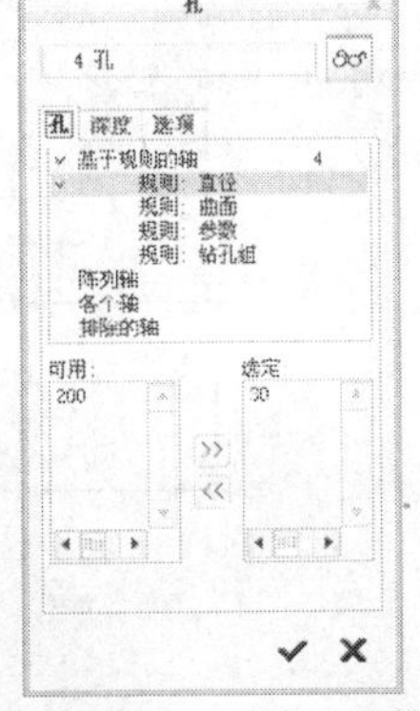

图 10-33 “孔”对话框

（4）结束参考的选择后，单击操控面板上的“参数”下滑按钮，弹出“参数”下滑面板，

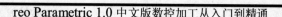

然后按照图 10-34 所示设置各制造参数。

（5）单击操控面板中的“完成”按钮，至此便完成整个孔加工 NC 序列的设置。

7. 创建曲面铣削 NC 加工序列

（1）此时在功能区弹出“铣削”功能区，单击“铣削”功能区“铣削”面板上的“曲面铣削”按钮，系统打开“NC 序列”菜单。依次勾选“刀具”→“参数”→“曲面”→“定义切削”→“完成”选项，如图 10-35 所示。

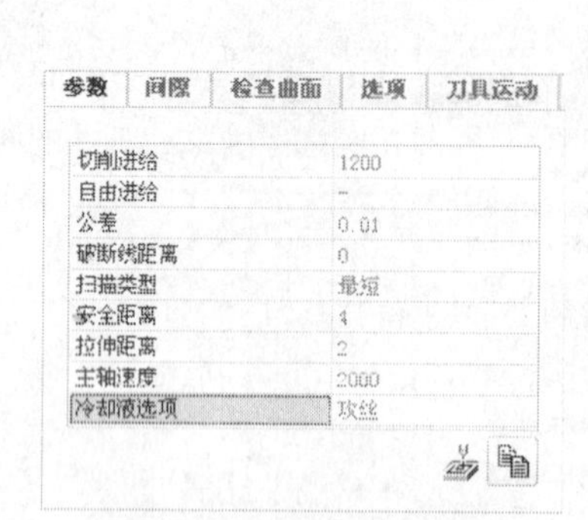

图 10-34 “参数”下滑面板

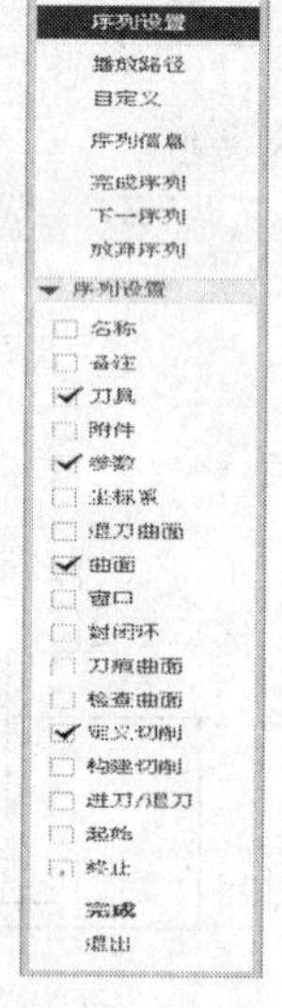

图 10-35 “NC 序列”菜单

（2）系统打开“刀具设定”对话框，因在加工操作环境的设置中已对刀具进行了定义，如图 10-36 所示，故此处只需单击“刀具设定”对话框中的 应用 → 确定 按钮即可。

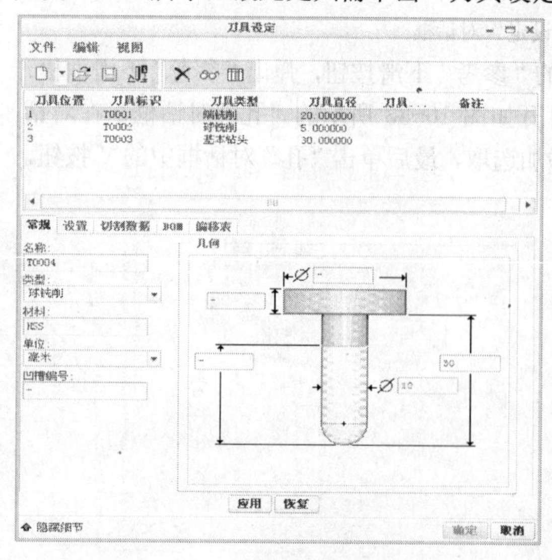

“常规”选项卡

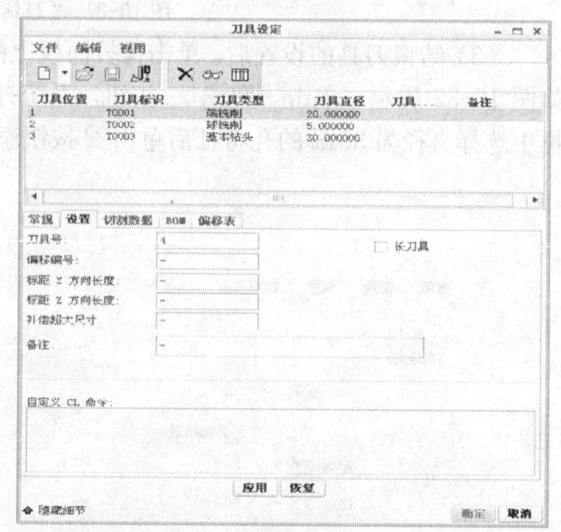

“设置”选项卡

图 10-36 “刀具设定”对话框

（3）系统打开“编辑序列参数‘曲面铣削’”对话框，然后按照图 10-37 所示，在“编辑序列参数‘曲面铣削’”对话框中设置各个制造参数。单击 确定 按钮完成设置。

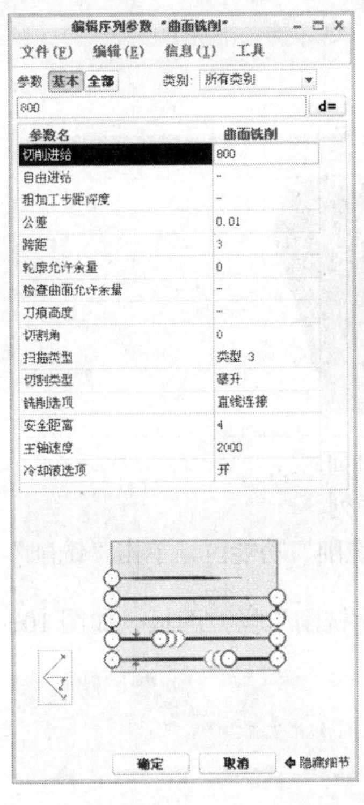

图 10-37 “编辑序列参数‘曲面铣削’”对话框

（4）随后系统打开如图 10-38 所示的“曲面拾取”菜单，选择菜单中的“模型”和“完成”选项。接着系统打开如图 10-39 所示的“选择曲面”菜单和“选择”对话框，同时在信息栏中提示 选择要加工模型的曲面。。

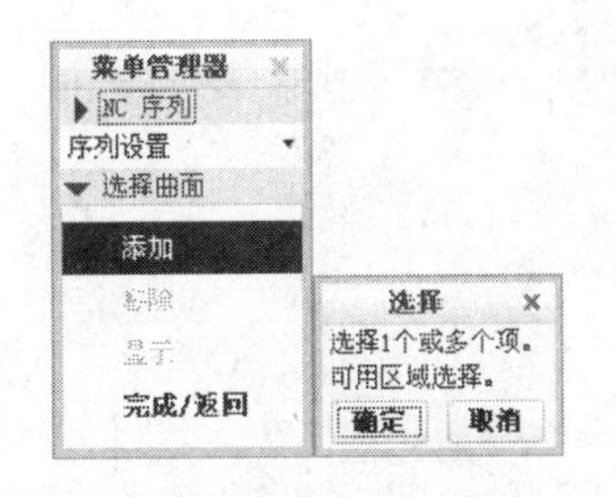

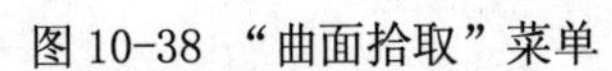
图 10-38 “曲面拾取”菜单　　图 10-39 “选择曲面”菜单

（5）在图形显示中选择参考模型的上表面，如图 10-40 所示，然后单击“选择曲面”菜单中的“完成/返回”选项。

（6）系统打开“切削定义”对话框，在“切削类型”中选择“直线切削”单选项，在“直线切削”中选择“相对于 X 轴”单选项，然后在切削角度文本框中输入相对于坐标系 X 轴的角度为 180º，如图 10-41 所示，最后单击对话框中的 确定 按钮，完成曲面铣削方式的定义。

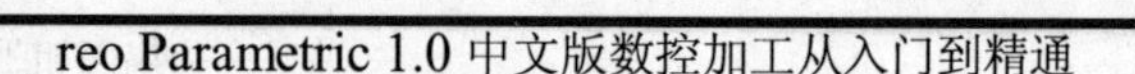

（7）返回到“NC 序列”菜单，选择“完成/返回”选项。至此完成了曲面铣削加工 NC 序列的设置。

图 10-40　选择的铣削曲面

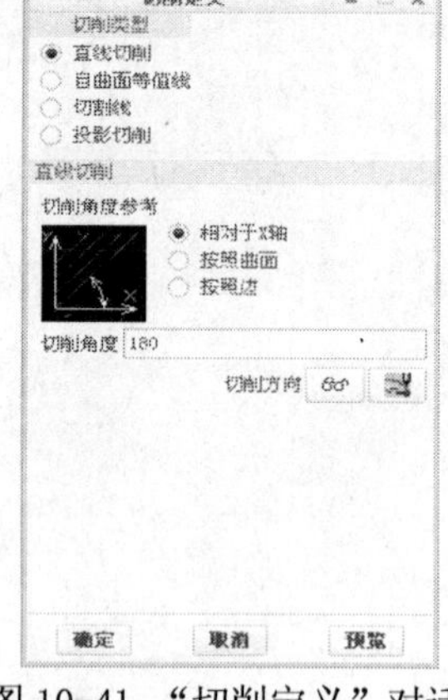

图 10-41　“切削定义”对话框

8．创建轮廓铣削 NC 加工序列

（1）此时在功能区弹出“铣削”功能区，单击“铣削”功能区“铣削”面板上的“轮廓铣削”按钮，系统打开“轮廓铣削”操控面板，如图 10-42 所示。

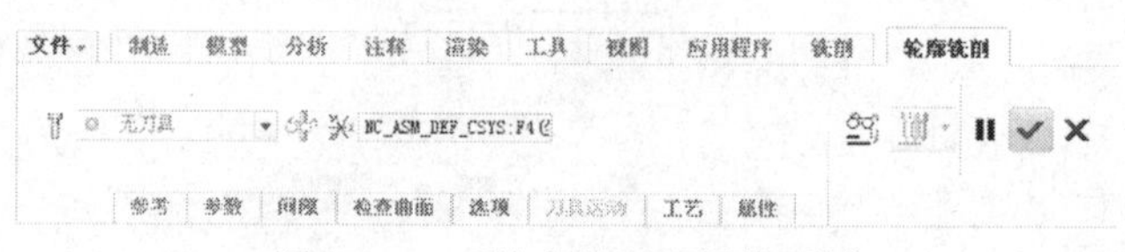

图 10-42　“轮廓铣削”操控面板

（2）在操控面板上单击“刀具管理器”按钮，系统打开“刀具设定”对话框，定义表面铣削加工刀具，设置如图 10-43 所示，设置完成后依次单击“刀具设定”对话框中的 应用 → 确定 按钮。

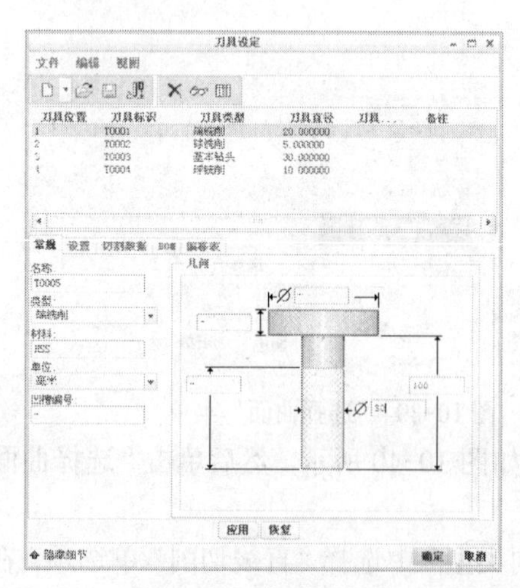

“常规”选项卡

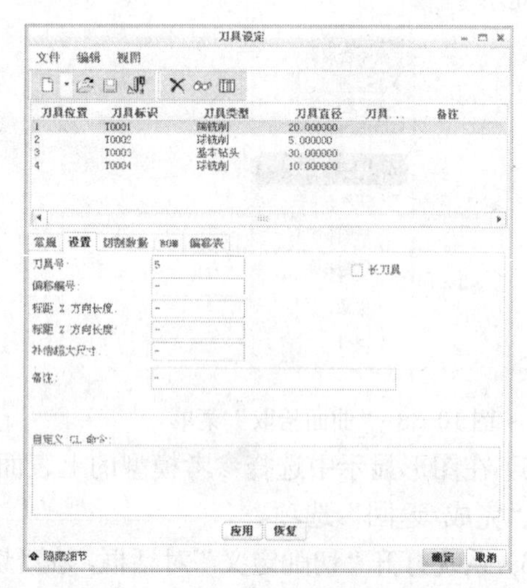

“设置”选项卡

图 10-43　“刀具设定”对话框

（3）结束刀具的设定后，单击操控面板上的“参数”下滑按钮，弹出“参数”下滑面板，然后按照图 10-44 设置各制造参数。

（4）参数设定后，单击操控面板上的“参考”下滑按钮，弹出“参考”下滑面板，选取类型为“曲面”，选择如图 10-45 所示的参考模型的曲面作为铣削曲面。单击操控板中的“完成”按钮✔，至此完成了轮廓铣削加工 NC 序列的设置。

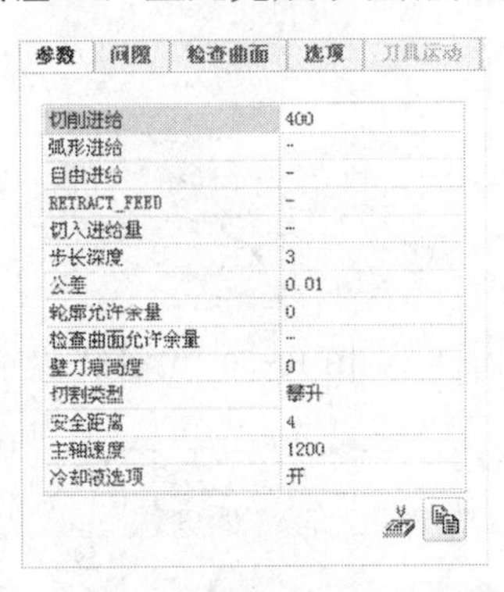

图 10-44 “参数”下滑面板

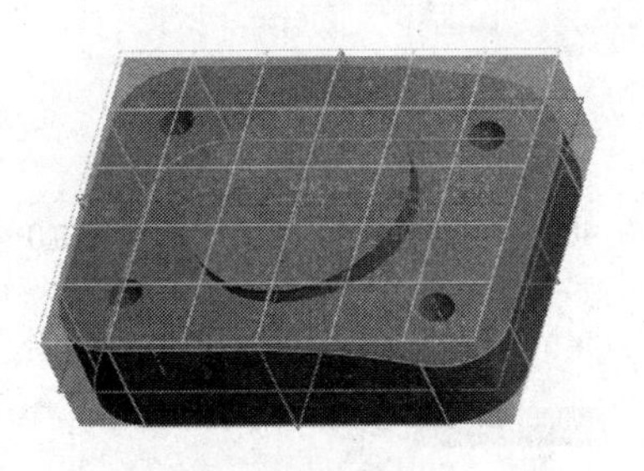

图 10-45 选择的铣削曲面

9．刀具路径检测

（1）在模型树中选取“1. 体积块铣削 [OP010]”、“2. 局部铣削 [OP010]”、“3. 钻孔 1 [OP010]”、“4. 曲面铣削 [OP010]”、“5. 轮廓铣削 1 [OP010]”特征后单击鼠标右键，在弹出的右键快捷菜单中选择“播放路径”选项，系统通过计算后弹出如图 10-46 所示的“播放路径”对话框。

（2）在“播放路径”对话框中单击 ▶ 按钮，则系统开始在屏幕上按加工顺序动态演示刀具加工的路径。图 10-47 所示为屏幕演示完后的结果。

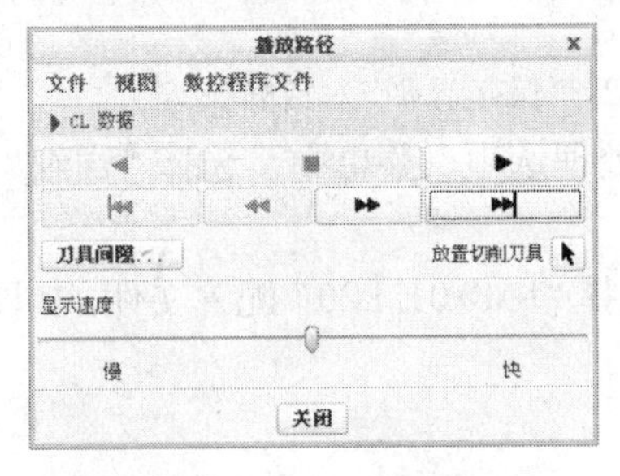

图 10-46 “播放路径”对话框

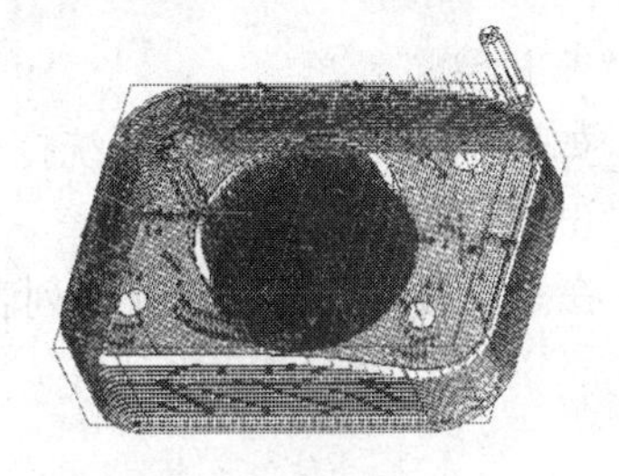

图 10-47 生成的刀具路径

10．后置处理

（1）单击“制造”功能区“输出”面板上的“保存 CL 文件”按钮，系统打开如图 10-48 所示的“选择特征”菜单，在菜单中选取“操作”选项，系统打开如图 10-49 所示的“选取菜单”菜单，选取“OP010”选项，则系统打开如图 10-50 所示的“路径”菜单。

（2）在“路径”菜单中选择“文件”选项，则系统打开“输出类型”菜单，然后按照图 10-51 所示设置输出类型。

（3）系统打开如图 10-52 所示的“保存副本”对话框，然后在对话框的“新名称”文本框中输入文件名称“10-1”，系统自动为文件添加扩展名“.ncl”。最后单击对话框中的 确定

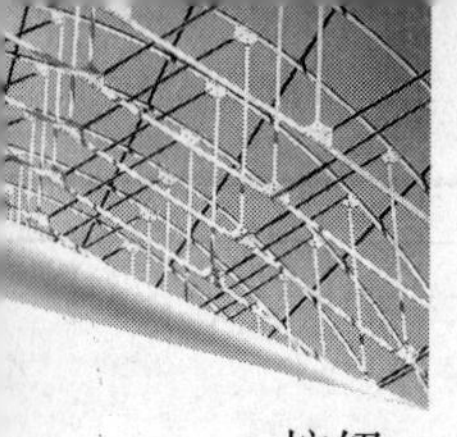
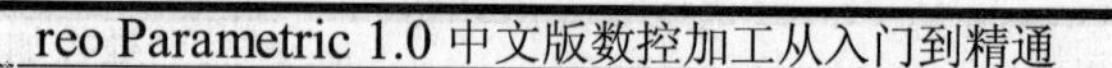

按钮。

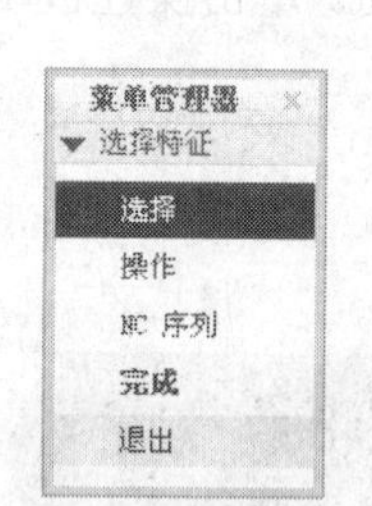

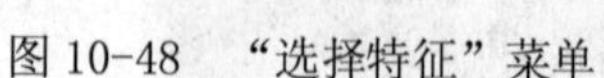
图 10-48 “选择特征”菜单

图 10-49 “选取菜单”菜单

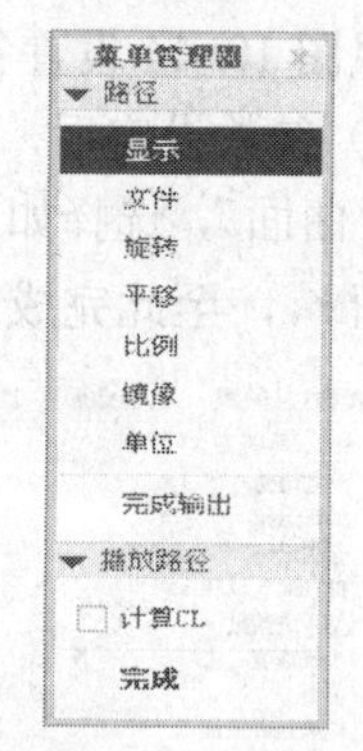

图 10-50 “路径”菜单

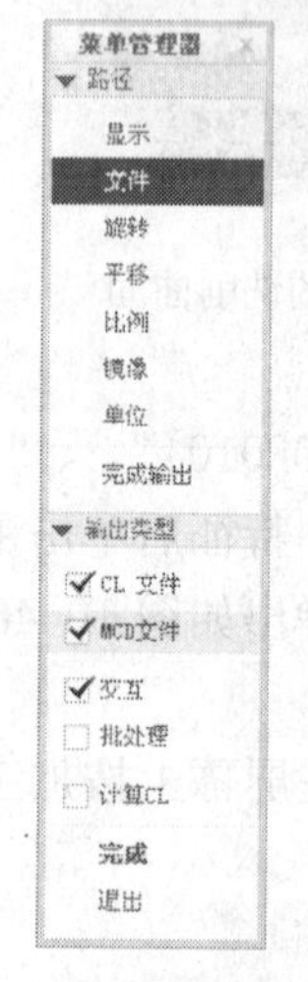

图 10-51 “输出类型”菜单

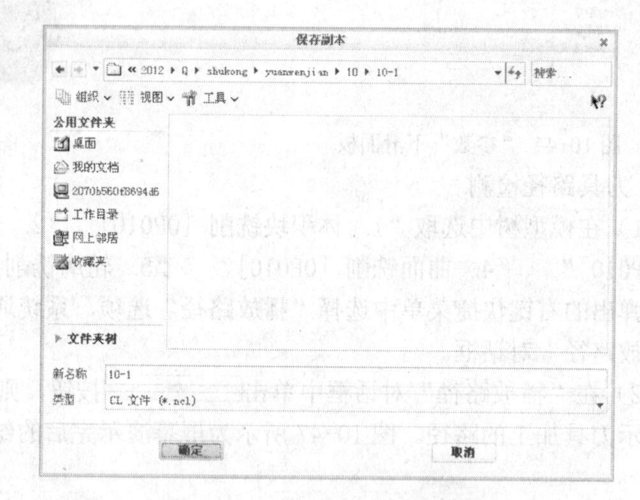

图 10-52 “保存副本”对话框

（4）如图 10-53 所示，在系统打开的“后置期处理选项”菜单中，选择“详细”→“追踪”→“完成”选项。

（5）在系统打开的“后置处理列表”菜单中，选择“UNCX01.P20”配置文件，如图 10-54 所示。

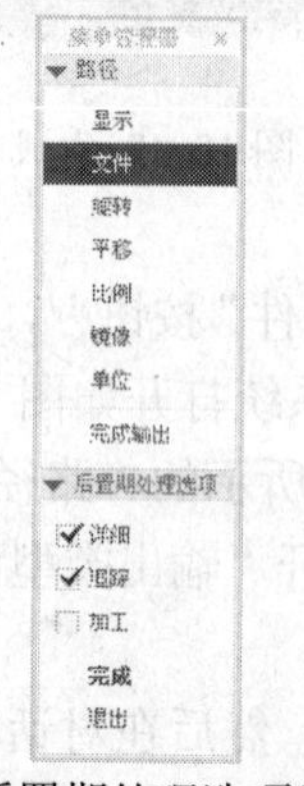

图 10-53 “后置期处理选项”菜单

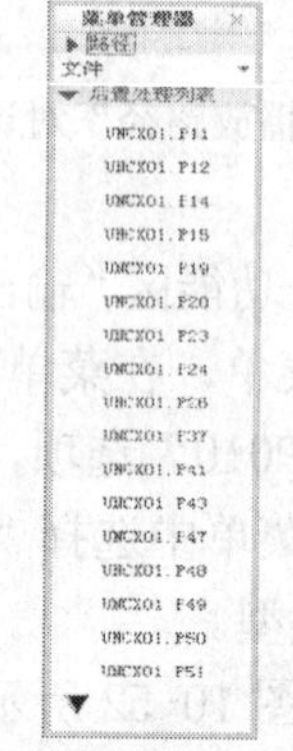

图 10-54 “后置处理列表”菜单

（6）接着系统打开“信息窗口”对话框，在该对话框中显示了与后置处理相关的一些信息。然后单击对话框中的 关闭 按钮，关闭“信息窗口”对话框。在“路径”菜单中选择“完成输出”选项，此时在工作目录下，生成了“10-1. ncl”和“10-1. tap”文件。

（7）在工作目录中找到“10-1. tap”文件，然后用记事本打开该文件，结果如图 10-55 所示。至此便完成了后置处理。

```
10-1.tap - 记事本
文件(F) 编辑(E) 格式(O) 查看(V) 帮助(H)
%
(Date:05/23/12 Time:16:21:05)
G98G80G90G49G17
( / 10-1)
T1M6
S1500M3
M8
G0X3.35Y-89.938
G43Z5.H1
G1Z4.F2540.
Z-4.F500.
X-3.35
G2X-26.73Y-85.939I3.35J89.938
G1X-26.73Y-85.939Z-4.
X26.73
X26.73Y-85.939Z-4.
G3X37.226Y-81.94I-26.73J85.939
G1X-37.226
```

图 10-55 用记事本应用程序打开的“10-1. tap”文件

10.2 数控车削加工综合实例

本节将通过加工图 10-56 所示的零件，来说明车削加工方法的综合应用技巧。从零件的外观结构来看，整个加工过程涉及到的车削加工方法有区域铣削、轮廓铣削、槽车削、螺纹车削等。

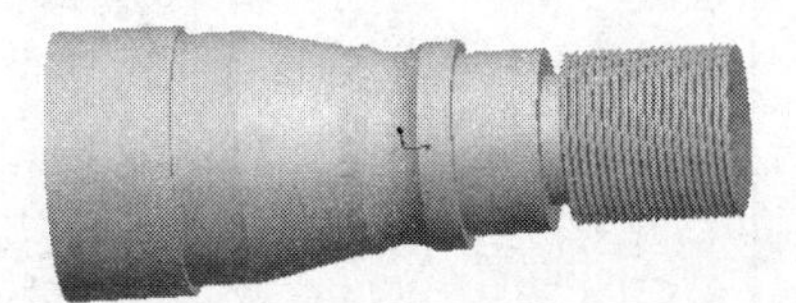

图 10-56 车削加工零件

10.2.1 零件工艺分析

从零件的外形来看，其主要由外圆柱面、圆弧面、凹槽以及外螺纹等组成。结合零件的外形特点，加工时可先加工外轮廓，再加工凹槽，最后加工螺纹。

10.2.2 数控加工工艺安排

根据加工零件的结构特点，首先用区域车削加工方法粗加工出零件的外形轮廓，接着用轮廓车削加工方法对零件外形轮廓进行精加工，然后使用槽车削加工方法加工零件的凹槽，最后用螺纹车削加工方法加工零件的外螺纹。由于零件的同一特征可以使用不同的加工方法，因此，在具体安排加工工艺时，读者可以根据自己的实际情况来确定。本实例安排的加工工艺和加工方法不一定是最佳的，其目的只是让读者了解一下各种车削加工方法的综合应用技巧。

10.2.3 数控加工程序编制

1. 建立NC加工文件

（1）启动Creo Parametric 1.0后，选择“文件”→“新建”命令，或者单击“快速访问”工具栏中的“新建”按钮，则系统打开如图10-57所示的“新建”对话框。在“新建”对话框的“类型”栏中选择“制造”，在“子类型”栏中选择“NC装配”，然后在“名称”文本框中输入名称“10-2”，同时取消对“使用默认模板”复选框的勾选，最后单击对话框中的确定按钮。

（2）系统打开“新文件选项”对话框，在“模板”选项框中选择“mmns_mfg_nc”选项，接着单击对话框中的确定按钮进入系统的NC加工界面。

2. 创建制造模型

（1）装配参考模型

1）在“制造”功能区“元件”面板上单击“参考模型”下拉列表中的“装配参考模型”按钮，则系统打开“打开”对话框，在对话框中选择光盘文件“yuanwenjian\10\10-2\czmx.prt”，然后单击对话框中的打开按钮。则系统立即在图形显示区中导入参考模型。

2）系统打开“元件放置”操控面板，选择约束类型为“默认”，表示在默认位置装配参照模型。此时操控板上“状况”后面显示为“完全约束”。单击操控板中的“完成”按钮，在系统打开的“警告”对话框中单击确定按钮完成模型放置，放置效果如图10-58所示。

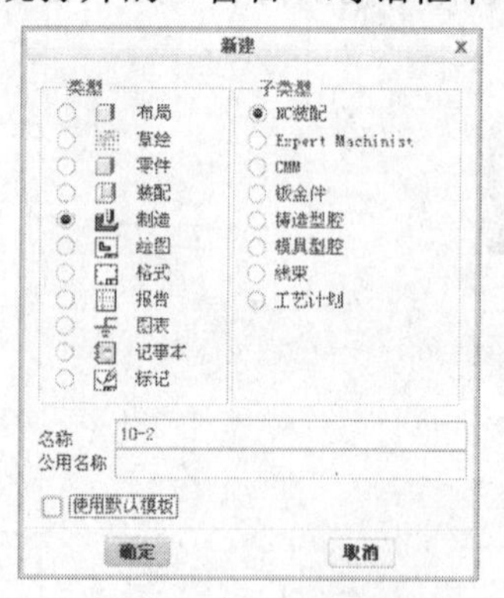

图10-57 “新建”对话框

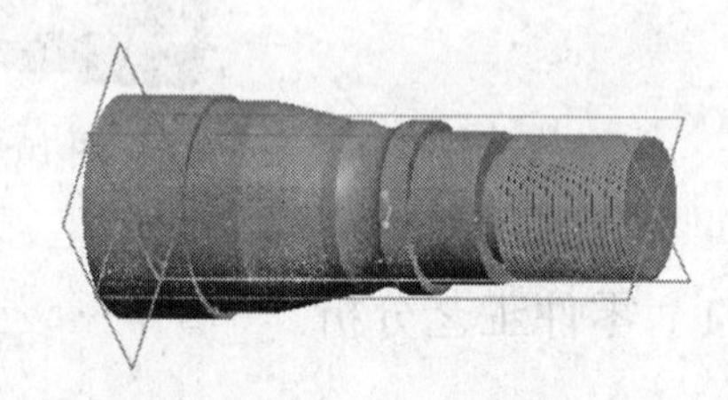

图10-58 装配后的参考模型

（2）装配工件

1）在“制造”功能区“元件”面板上单击“工件”下拉列表中的“装配工件”按钮，则系统再次弹出“打开”对话框。在对话框中选择光盘文件“yuanwenjian\10\10-2\gj.prt”，然后单击对话框中的打开按钮。

2）系统打开“元件放置”操控面板，选择约束类型为“默认”，表示在默认位置装配参考模型。此时操控板上“状况”后面显示为“完全约束”。单击操控板中的“完成”按钮，完成模型放置，放置效果如图10-59所示。

3. 加工操作设置

（1）机床定义　在“制造”功能区“机床设置”面板上单击“工作中心”下拉列表中的

“车床”按钮，则系统打开如图10-60所示的“车床工作中心”对话框，在“名称”后的文本框中输入操作名称“10-2”；在“转塔数”下拉框中选择塔台数为“1”。单击“装配”选项卡，在“方向”下拉框中选择“水平”选项，如图10-61所示，单击“确定”按钮，完成机床定义。

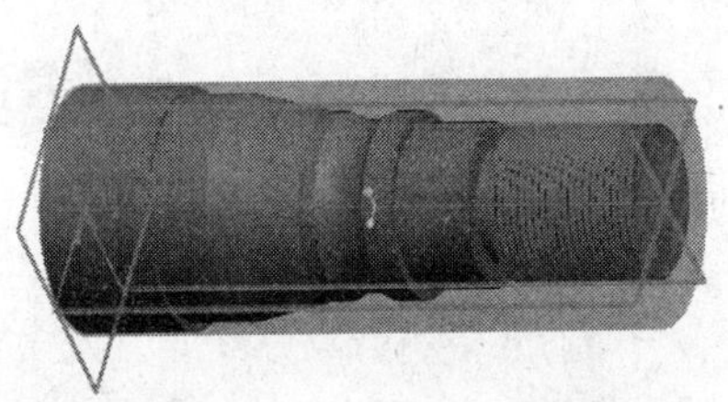

图10-59　工件放置效果图

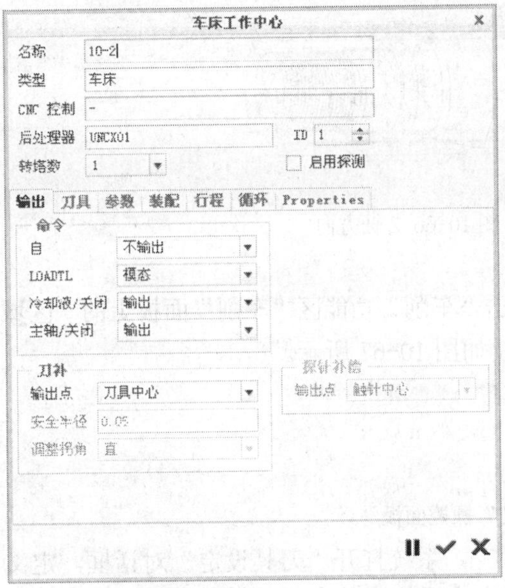

图10-60　“车床工作中心”对话框

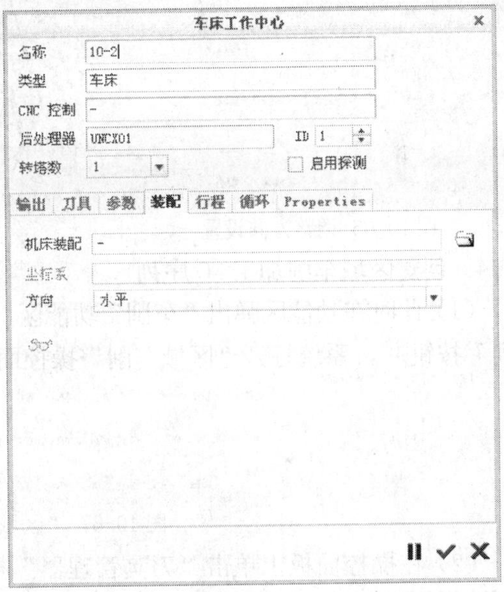

图10-61　“装配”选项卡

（2）操作设置

1）定义加工零点。单击“制造”功能区“工艺”面板上的“操作”按钮，系统将打开如图10-62所示的“操作”操控面板。

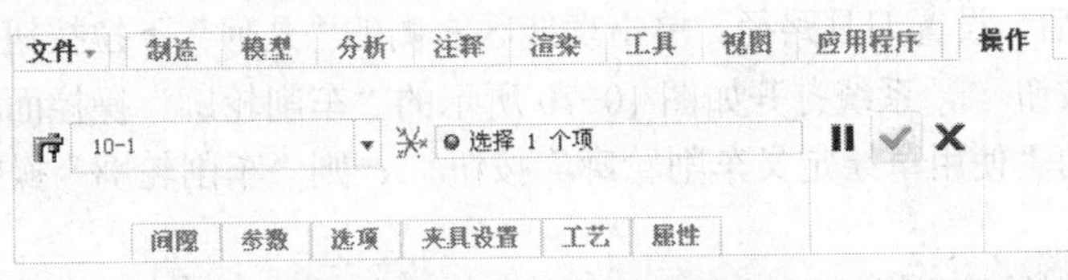

图10-62　“操作”操控面板

2）用户可以直接在模型树窗口中精确选择现有的坐标系，也可以自行创建一个新的坐标系。本实例采用后者，单击“模型”功能区“基准”面板上的“坐标系”按钮，系统打开如图10-63所示的“坐标系”对话框，然后按住Ctrl键，在制造模型中依次选择NC_ASM_FRONT、NC_ASM_TOP、NC_ASM_RIGHT基准平面，此时“坐标系”对话框中的设置如图10-64所示。选择“方向”选项卡，单击“反向”按钮调整，对话框设置如图10-65所示，其中Z轴的方向如图 10-66 所示。最后单击“坐标系”对话框中的 确定 按钮，完成坐标系创建。在模型中选择新创建的坐标系。单击操控面板中的“完成”按钮✔，至此便完成了加工操作的设置。

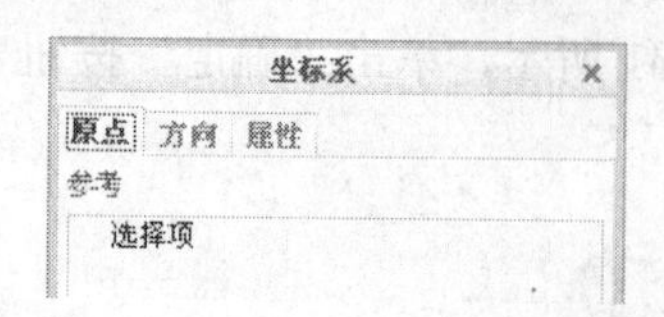

图 10-63 “坐标系”对话框

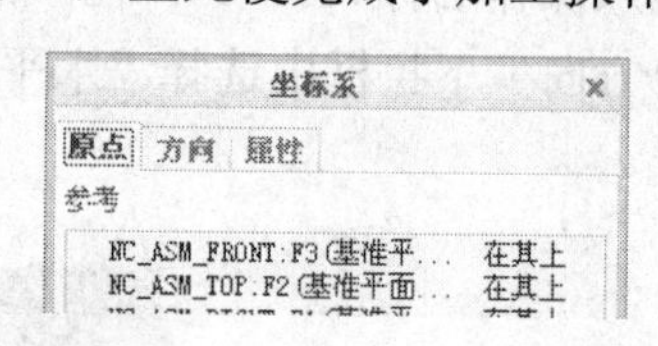

图 10-64 “坐标系”对话框设置

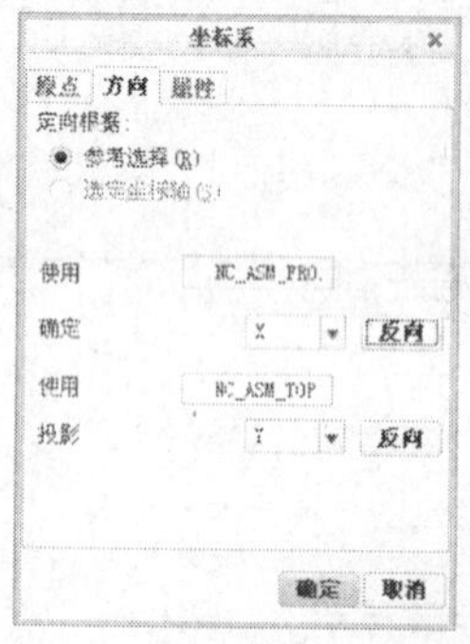

图 10-65 调整方向设置

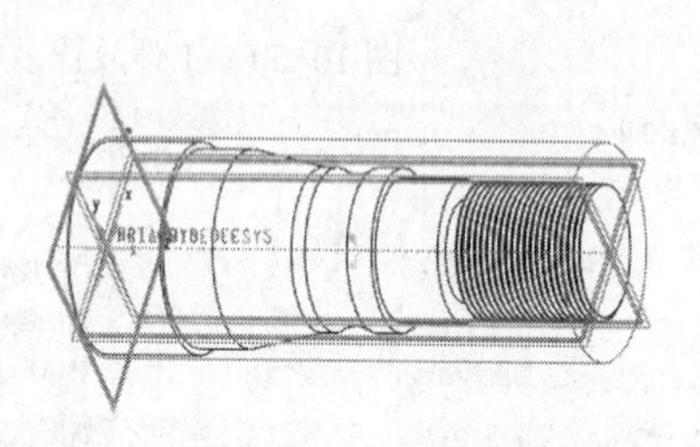

图 10-66 Z 轴方向

4. 创建区域车削加工 NC 序列

（1）此时在功能区弹出“车削”功能区，单击“车削”功能区“车削”面板上的“区域车削”按钮，系统打开“区域车削”操控面板，如图 10-67 所示。

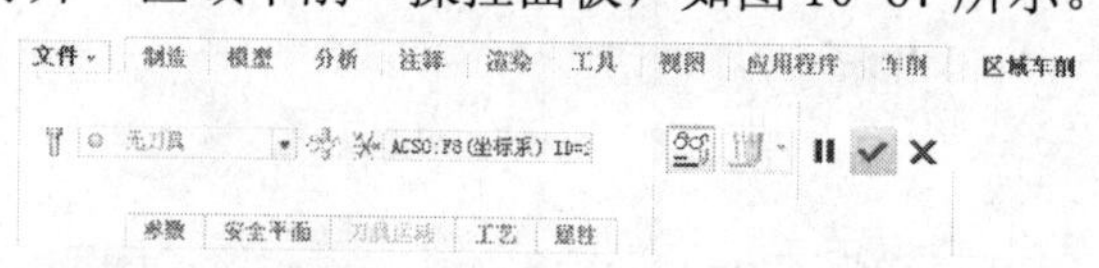

图 10-67 “区域车削”操控面板

（2）在操控面板上单击“刀具管理器”按钮，系统打开“刀具设定”对话框，定义表面铣削加工刀具，设置如图 10-68 所示。设置完成后依次单击“刀具设定”对话框中的 应用 → 确定 按钮。

（3）结束刀具的设定后，单击操控面板上的“参数”下滑按钮，弹出“参数”下滑面板，然后按照图 10-69 所示设置各制造参数。

（4）参数设定后，设置刀具路径。单击功能区右侧的“几何”下拉按钮，在下拉列表中单击“车削轮廓”按钮，系统打开如图 10-70 所示的“车削轮廓”操控面板。单击“车削轮廓”操控面板上的“使用草绘定义车削轮廓”按钮，则“车削轮廓”操控面板变成如图 10-71 所示。

（5）单击“车削轮廓”操控面板上的“定义内部草绘”按钮，则系统打开如图 10-72 所示的“草绘”对话框，接受系统默认的参照方向，然后单击对话框中的 草绘 按钮，系统进入草绘界面，同时弹出“参考”对话框。然后在图形显示中选择 NC_ASM_RIGHT 基准面作为草绘车削轮廓的尺寸标注参照，如图 10-73 所示。单击“草绘”功能区“草绘”面板上的“投影”按钮□，在草绘界面中绘制如图 10-74 所示的车削轮廓，然后单击“确定”按钮✔，退出草图绘制环境。

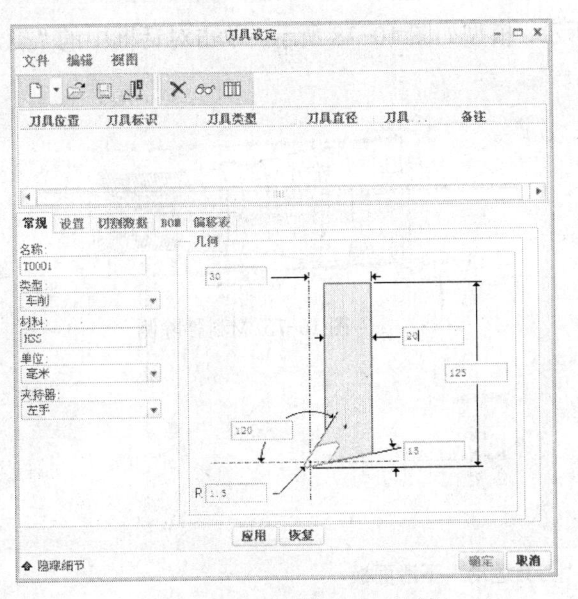

图 10-68 “刀具设定”对话框

参数	安全平面	刀具运动	工艺	属性

参数	值
切削进给	500
弧形进给	-
自由进给	-
RETRACT_FEED	-
切入进给量	-
步长深度	4
公差	0.01
轮廓允许余量	0.5
粗加工允许余量	0.5
Z 向允许余量	-
终止超程	0
起始超程	0
扫描类型	类型1连接
粗加工选项	仅限粗加工
切割方向	标准
主轴速度	1000
冷却液选项	开
刀具方位	90

图 10-69 “参数”下滑面板

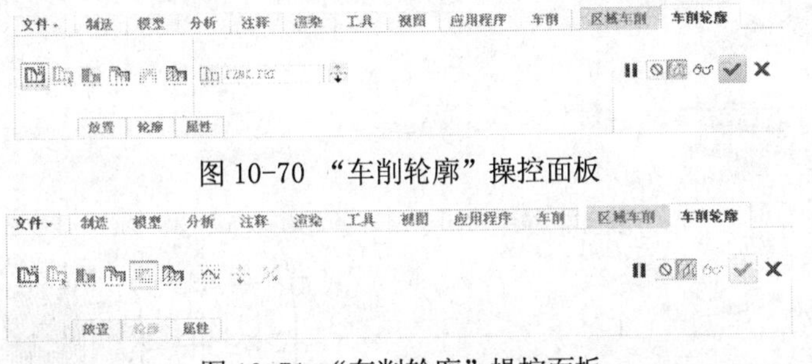

图 10-70 “车削轮廓”操控面板

图 10-71 “车削轮廓”操控面板

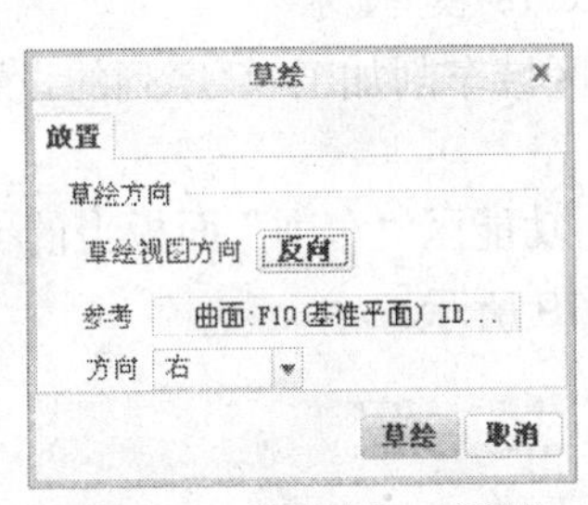

图 10-72 “草绘”对话框

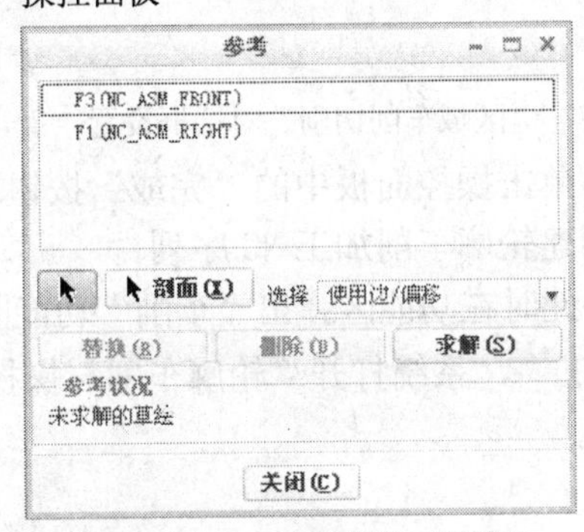

图 10-73 “参照”对话框

（6）接着系统返回到“车削轮廓”操控面板，然后单击操控面板上的“反向”按钮，更改材料的移除侧，结果如图 10-75 的箭头所示。最后单击操控面板中的“完成”按钮，结束车削轮廓的绘制。

（7）单击操控面板的“继续”按钮，即变为可编辑状态。单击操控面板上的“刀具运动”下滑按钮，弹出如图 10-76 所示的“刀具运动”下滑面板，单击“区域车削”按钮，系统打开 “区域车削切削”对话框，选取上步创建的曲线，在对话框中选取“开始延伸”方

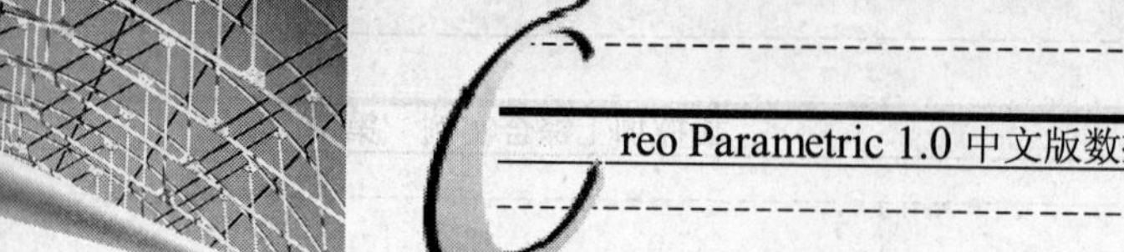

向为“Z 正向”，此时对话框如图 10-77 所示、模型如图 10-78 所示。单击对话框中的“确定”按钮✓，返回到“区域车削”操控面板。

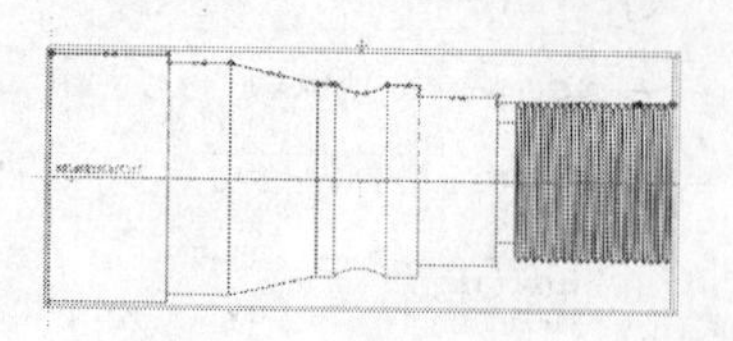

图 10-74 草绘车削轮廓

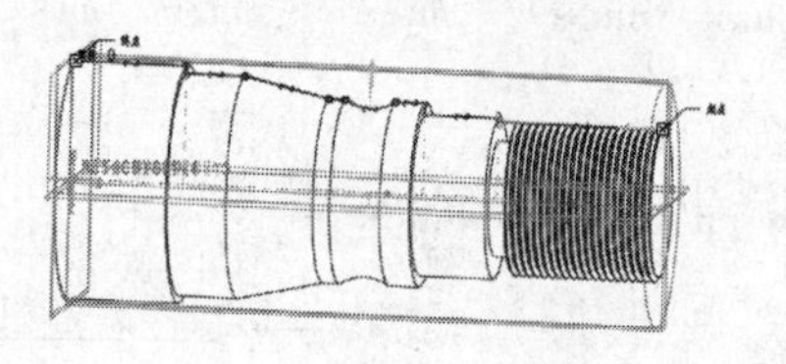

图 10-75 材料移除侧

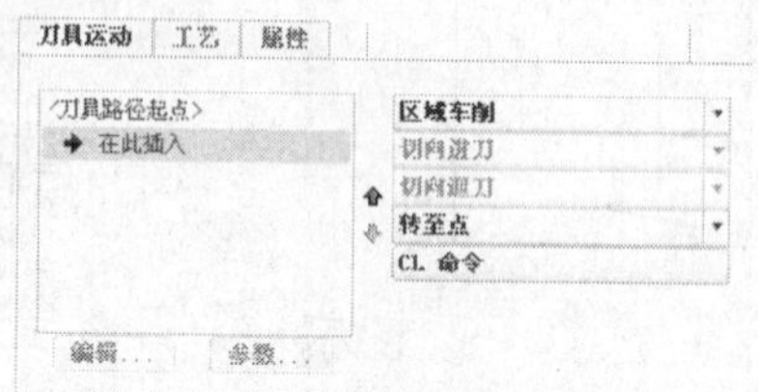

图 10-76 “刀具运动”下滑面板

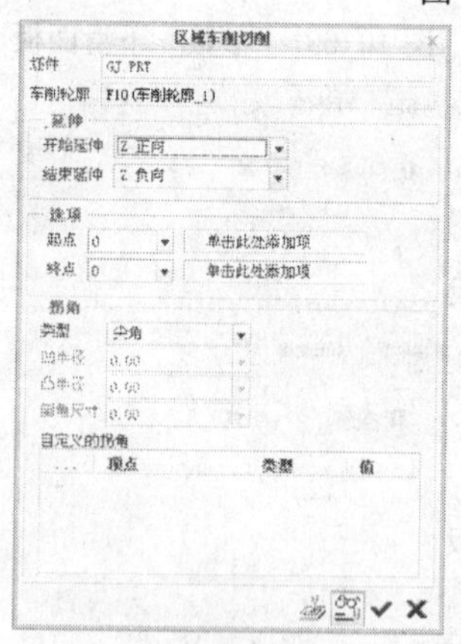

图 10-77 “区域车削切削”对话框设置

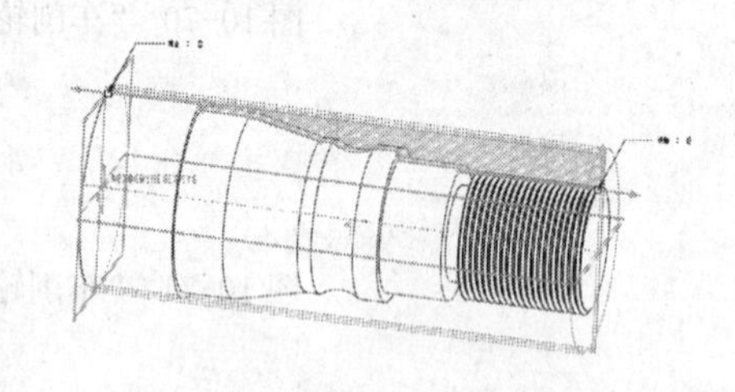

图 10-78 模型显示

（8）单击操控面板中的“完成”按钮✓，至此完成了区域车削加工 NC 序列的设置。

5．创建轮廓车削加工 NC 序列

（1）此时在功能区弹出“车削”功能区，单击“车削”功能区“车削”面板上的“轮廓车削”按钮，系统打开“轮廓车削”操控面板，如图 10-79 所示。

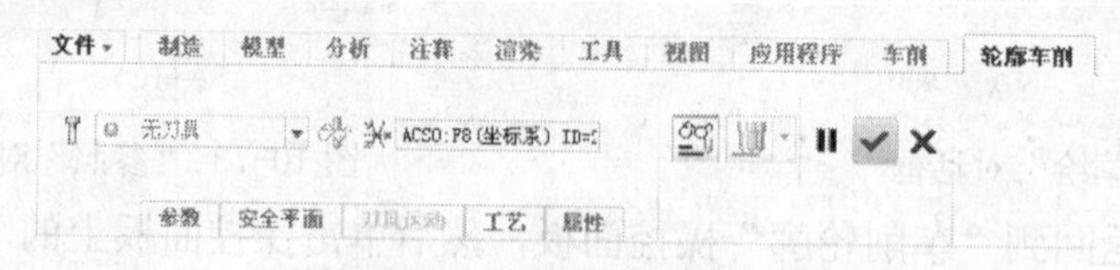

图 10-79 “轮廓车削”操控面板

（2）在操控面板上单击“刀具管理器”按钮，系统打开“刀具设定”对话框，定义表面铣削加工刀具，设置如图 10-80 所示，设置完成后依次单击“刀具设定”对话框中的 应用 → 确定 按钮。

（3）结束刀具的设定后，单击操控面板上的“参数”下滑按钮，弹出“参数”下滑面板，

然后按照图 10-81 所示设置各制造参数。

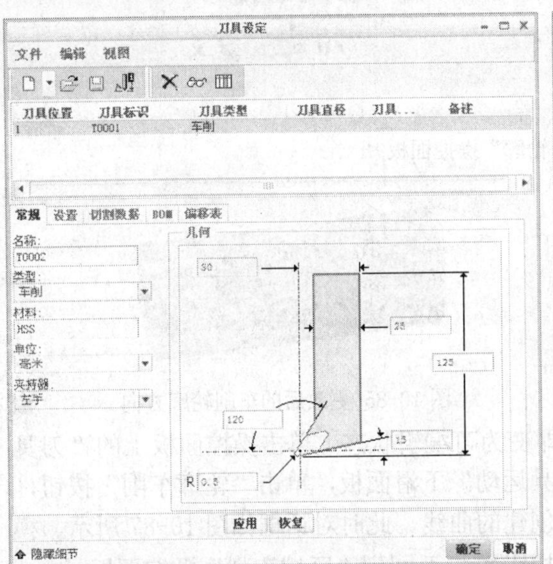

“常规”选项卡

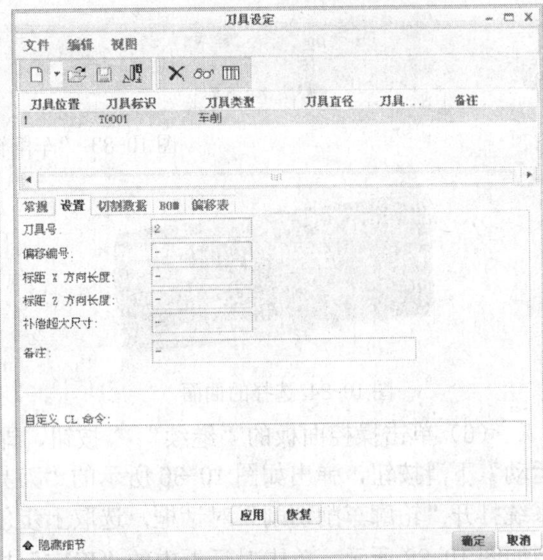

“设置”选项卡

图 10-80 “刀具设定”对话框

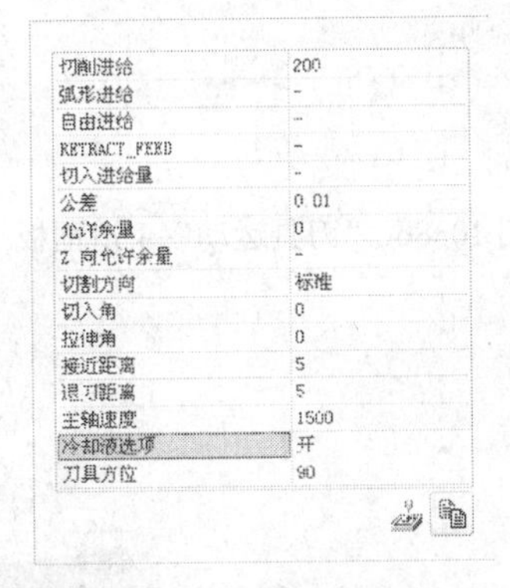

切削进给	200
弧形进给	-
自由进给	-
RETRACT_FEED	-
切入进给量	-
公差	0.01
允许余量	0
Z 向允许余量	-
切割方向	标准
切入角	0
拉伸角	0
接近距离	5
退刀距离	5
主轴速度	1500
冷却液选项	开
刀具方位	90

图 10-81 “参数”下滑面板

（4）参数设定后，设置刀具路径。单击功能区右侧的“几何”下拉按钮，在下拉列表中单击“车削轮廓”按钮，系统打开如图 10-82 所示的“车削轮廓”操控面板。单击“车削轮廓”操控面板上的“使用曲面定义车削轮廓”按钮，则“车削轮廓”操控面板变成如图 10-83 所示。

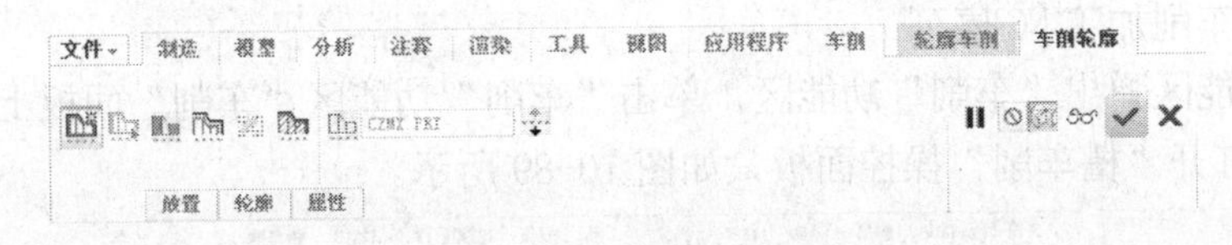

图 10-82 “车削轮廓”操控面板

（5）按住 Ctrl 键在图形显示区中选择如图 10-84 所示的两个曲面。可以在模型上单击箭头修改起始点，结果如图 10-85 所示。最后单击操控面板中的“完成”按钮，完成设置。

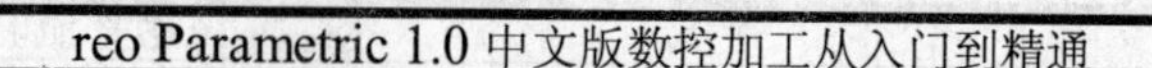

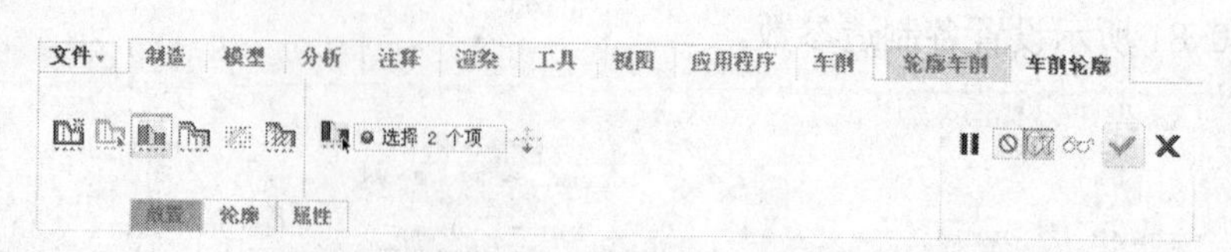

图 10-83 “车削轮廓”操控面板

图 10-84 选择的曲面

图 10-85 更改后的车削轮廓方向

（6）单击操控面板的“继续”按钮，即变为可编辑状态。单击操控面板上的“刀具运动”下滑按钮，弹出如图 10-86 所示的“刀具运动”下滑面板，单击“轮廓车削”按钮，系统打开“轮廓车削切削”对话框，选取上步创建的曲线，此时对话框如图 10-87 所示，模型如图 10-88 所示。单击对话框中的“确定”按钮，返回到“区域车削”操控面板。

（7）单击操控面板中的“完成”按钮，至此便完成了轮廓车削加工 NC 序列的设置。

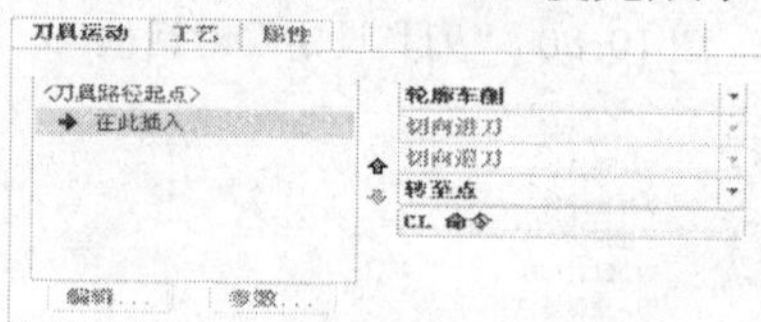

图 10-86 “刀具运动”下滑面板

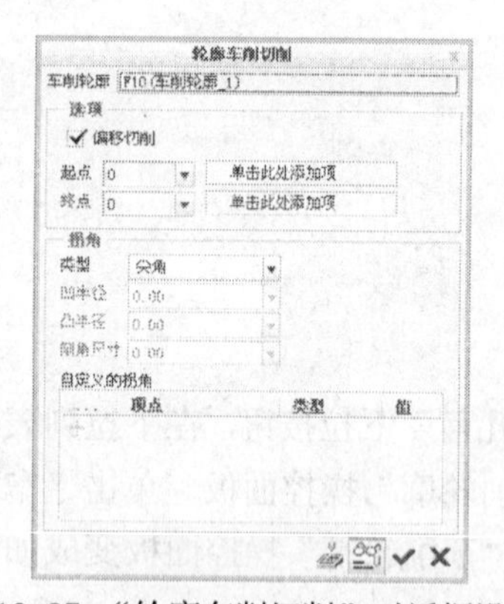

图 10-87 “轮廓车削切削”对话框设置

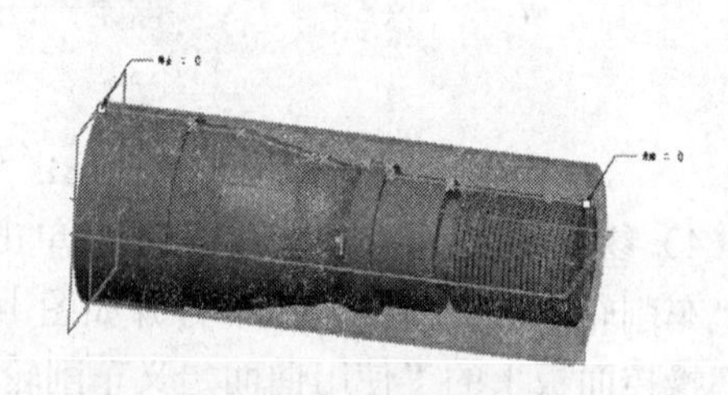

图 10-88 模型显示

6. 创建槽车削加工 NC 序列

（1）在功能区弹出“车削”功能区，单击“车削”功能区“车削”面板上的“槽车削”按钮，系统打开“槽车削”操控面板，如图 10-89 所示。

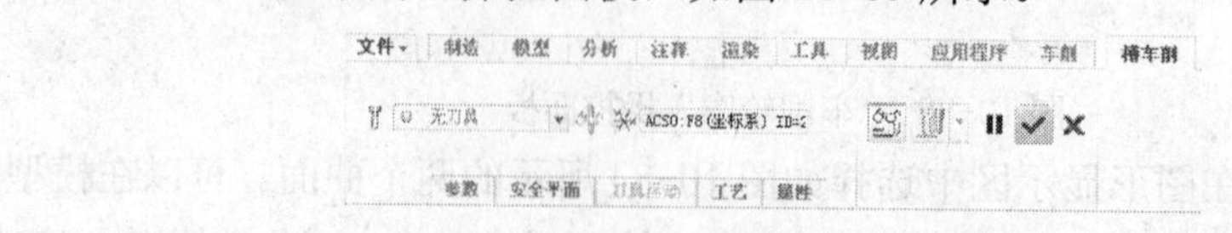

图 10-89 “槽车削”操控面板

（2）在操控面板上单击“刀具管理器”按钮，系统打开“刀具设定”对话框，定义表面铣削加工刀具，设置如图 10-90 所示，设置完成后依次单击“刀具设定”对话框中的 应用 → 确定 按钮。

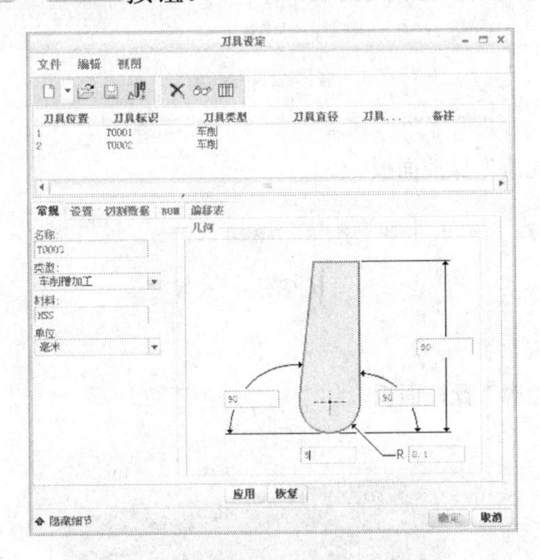

“常规”选项卡

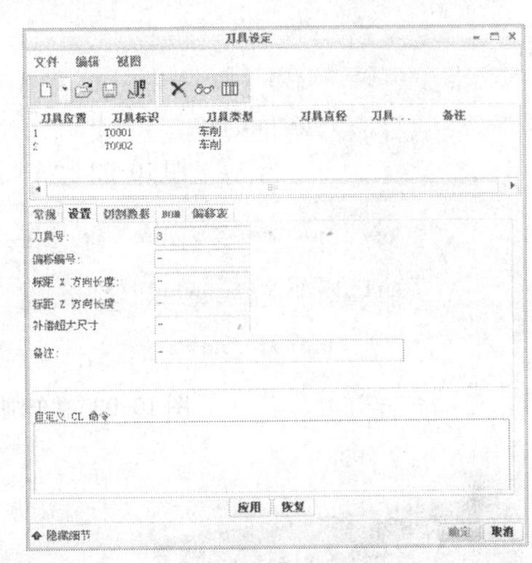

“设置”选项卡

图 10-90 “刀具设定”对话框

（3）结束刀具的设定后，单击操控面板上的“参数”下滑按钮，弹出“参数”下滑面板，然后按照图 10-91 所示设置各制造参数。

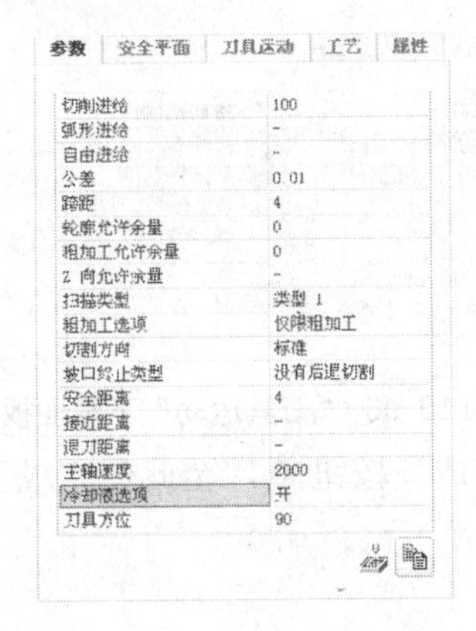

图 10-91 “参数”下滑面板

（4）参数设定后，设置刀具路径。单击功能区右侧的“几何”下拉按钮，在下拉列表中单击“车削轮廓”按钮，系统打开如图 10-92 所示的“车削轮廓”操控面板。单击“车削轮廓”操控面板上的“使用横截面定义车削轮廓”按钮，则“车削轮廓”操控面板变成如图 10-93 所示。此时图形显示区中的参考模型上出现一条轮廓线，如图 10-94 所示。接着用鼠标分别拖动轮廓的“起点”和“终点”到如图 10-95 所示的位置，单击箭头修改起点位置。最后单击操控面板中的“完成”按钮，完成设置。

（5）单击操控面板的“继续”按钮，即变为可编辑状态。单击操控面板上的“刀具运动”下滑按钮，弹出如图 10-96 所示的“刀具运动”下滑面板，单击“槽车削切削”按钮，

系统打开 “槽车削切削”对话框，选取上步创建的曲线，在对话框中选取“开始延伸”方向及“结束延伸”方向都为“X 正向”，此时对话框如图 10-97 所示、模型如图 10-98 所示。单击对话框中的“确定”按钮✓，返回到“槽车削车削”操控面板。

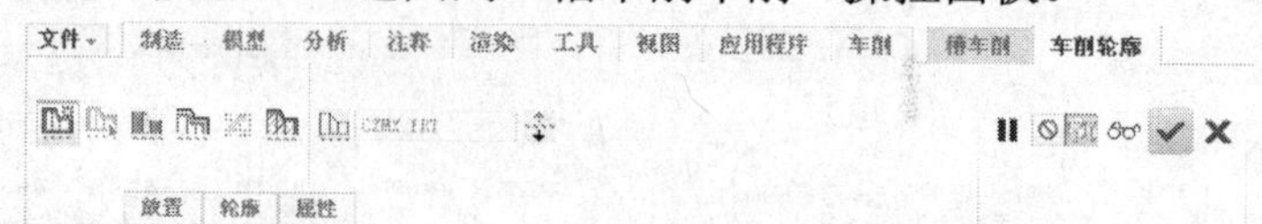

图 10-92 “车削轮廓”操控面板

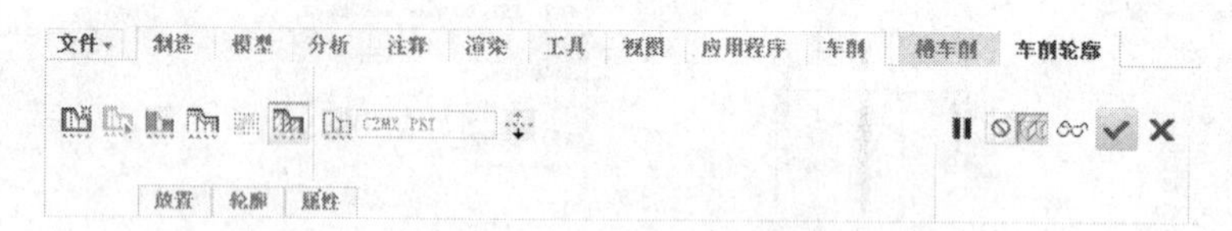

图 10-93 “车削轮廓”操控面板

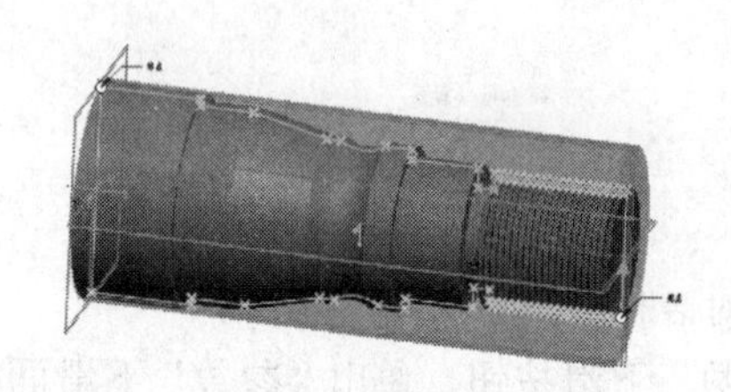

图 10-94 轮廓线

图 10-95 定义的车削轮廓线

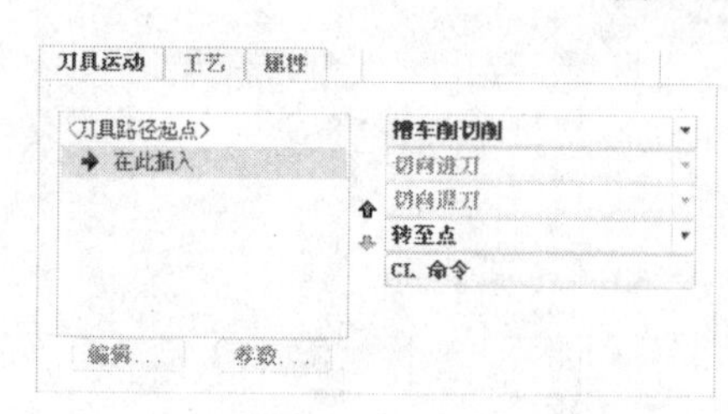

图 10-96 “刀具运动”下滑面板

（6）单击操控面板中的“完成”按钮✓，至此便完成了槽车削加工 NC 序列的设置。

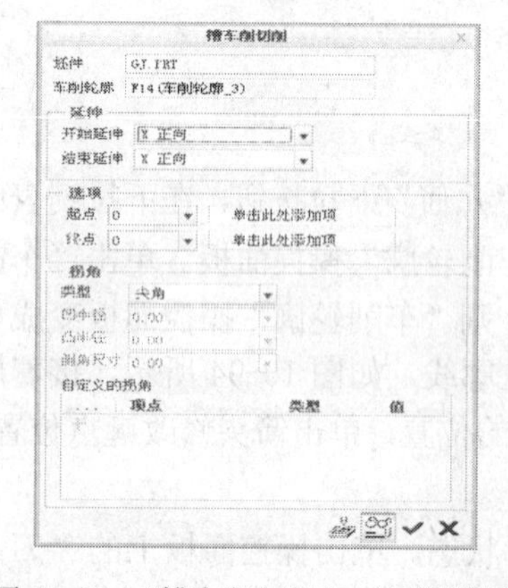

图 10-97 “槽车削切削”对话框设置

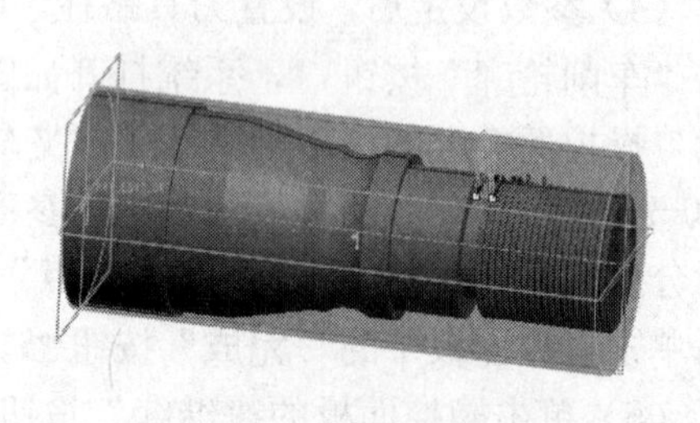

图 10-98 模型显示

7. 创建螺纹车削加工 NC 序列

（1）此时在功能区弹出“车削”功能区，单击“车削”功能区“车削”面板上的“螺纹车削”按钮，系统打开“螺纹车削”操控面板。接受默认设置：加工方式为“外侧”，选取类型为“统一”，标准为“ISO”，如图 10-99 所示。

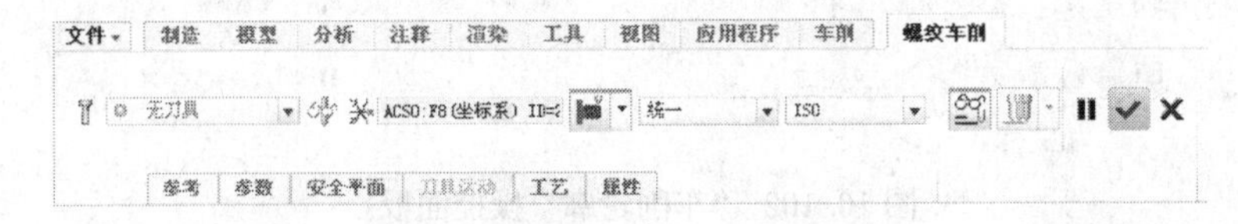

图 10-99 “螺纹车削”操控面板

（2）在操控面板上单击“刀具管理器”按钮，系统打开“刀具设定”对话框，定义表面铣削加工刀具，设置如图 10-100 所示，设置完成后依次单击“刀具设定”对话框中的 应用 → 确定 按钮。

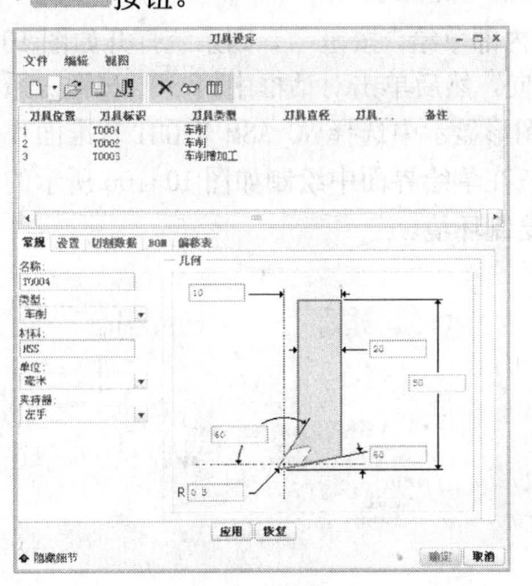

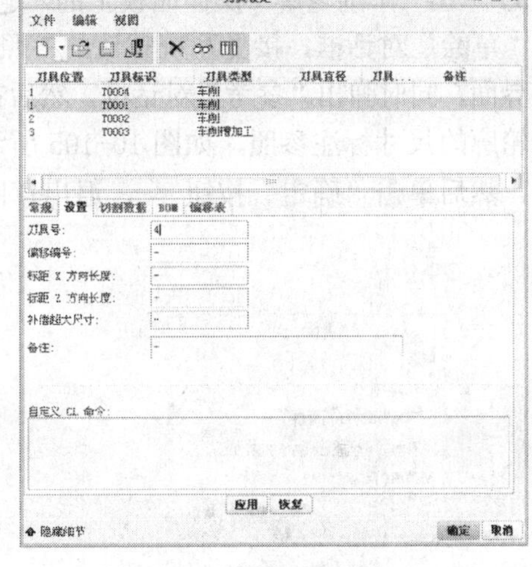

“常规”选项卡　　　　　　　　　　　　“设置”选项卡

图 10-100 “刀具设定”对话框

（3）结束刀具的设定后，单击操控面板上的“参数”下滑按钮，弹出“参数”下滑面板，然后按照图 10-101 所示设置各制造参数。

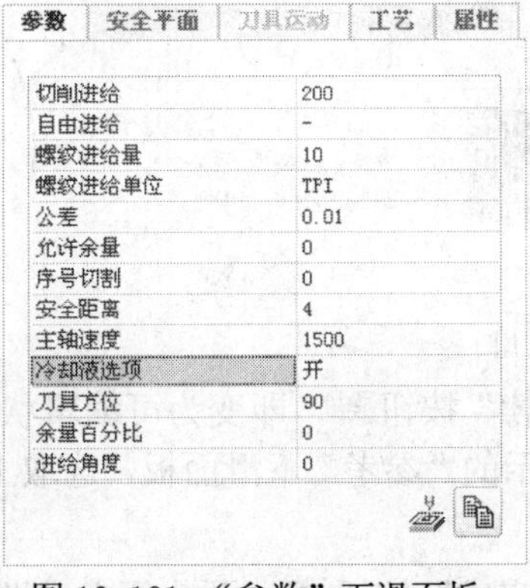

图 10-101 “参数”下滑面板

（4）参数设定后，设置刀具路径。单击功能区右侧的“几何”下拉按钮，在下拉列表中单击“车削轮廓”按钮，系统打开如图 10-102 所示的“车削轮廓”操控面板。单击“车削轮廓”操控面板上的“使用草绘定义车削轮廓”按钮，则“车削轮廓”操控面板变成如图 10-103 所示。

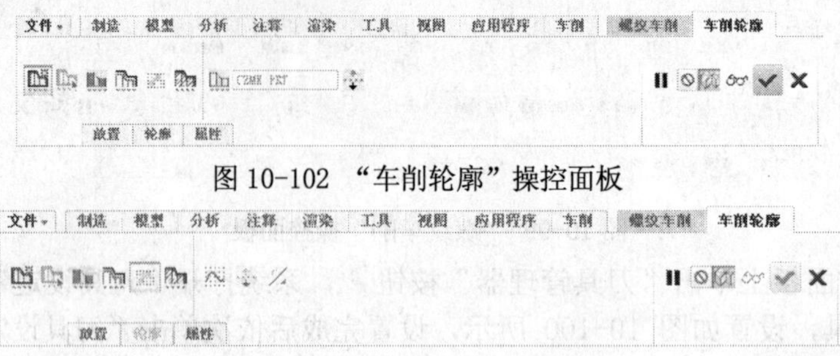

图 10-102 “车削轮廓”操控面板

图 10-103 “车削轮廓”操控面板

（5）单击“车削轮廓”操控面板上的“定义内部草绘”按钮，则系统打开如图 10-104 所示的“草绘”对话框，接受系统默认的参照方向，然后单击对话框中的草绘按钮。系统进入草绘界面，同时弹出“参考”对话框，然后在图形显示中选择 NC_ASM_RIGHT 基准面作为草绘车削轮廓的尺寸标注参照，如图 10-105 所示。在草绘界面中绘制如图 10-106 所示的车削轮廓线，然后单击“确定”按钮，退出草图绘制环境。

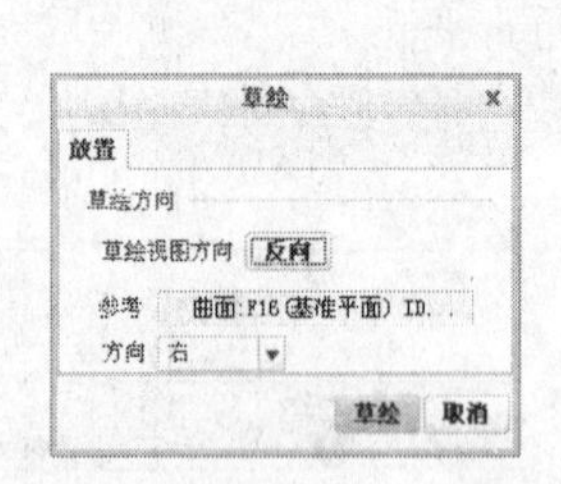

图 10-104 “草绘”对话框

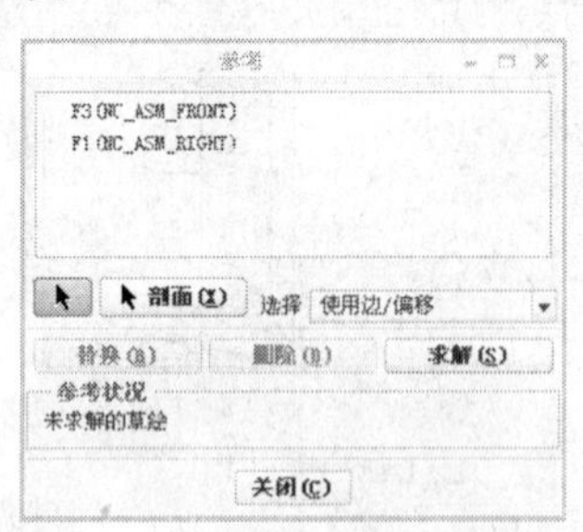

图 10-105 “参照”对话框

（6）系统返回到“车削轮廓”操控面板，然后单击操控面板上的“反向”按钮，更改材料的移除侧，结果如图 10-107 的箭头所示。最后单击操控面板中的“完成”按钮，完成车削轮廓的绘制。

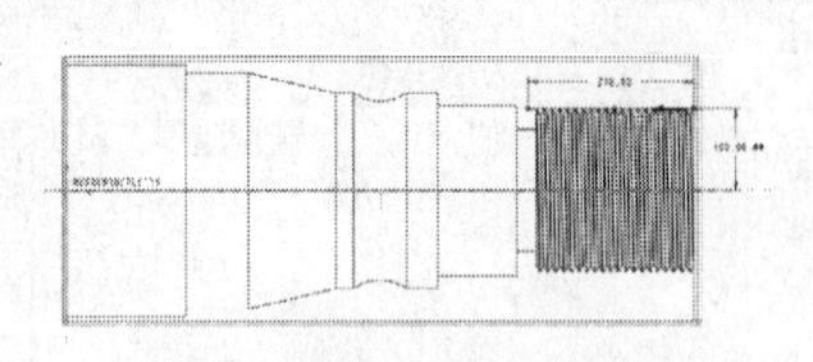

图 10-106 草绘车削轮廓

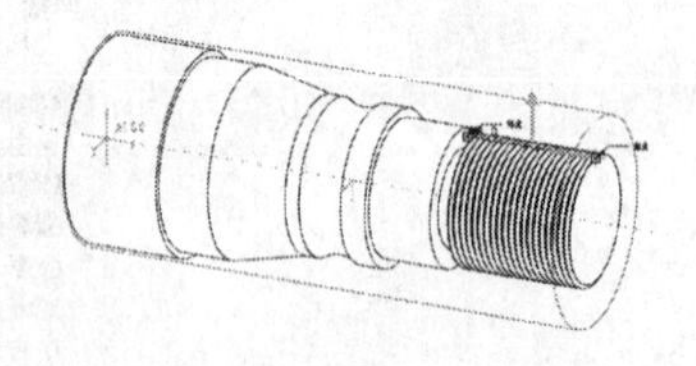

图 10-107 材料移除侧

（7）单击操控面板的“继续”按钮，即变为可编辑状态。单击操控面板上的“参考”下滑按钮，弹出如图 10-108 所示的“参考”下滑面板，选取上步创建的曲线，此时模型如图 10-109 所示。

（8）单击操控面板中的“完成”按钮，至此便完成螺纹车削 NC 加工序列的设置。

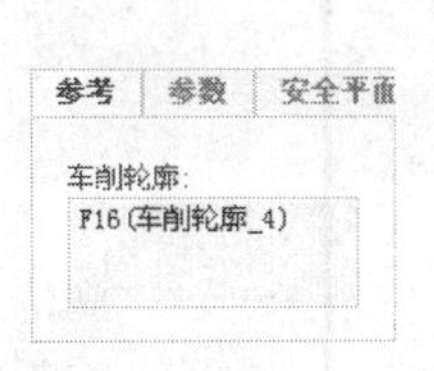

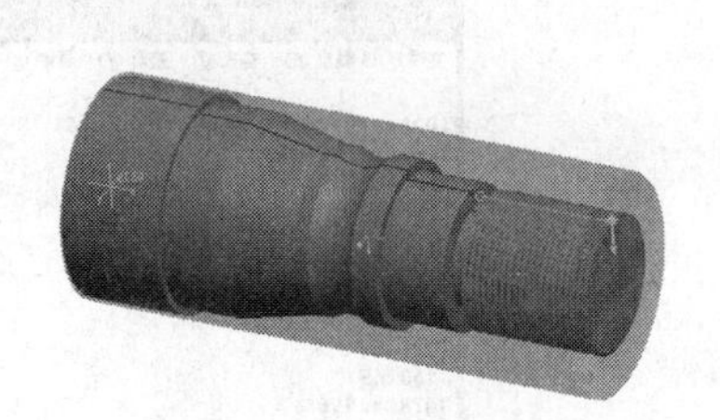

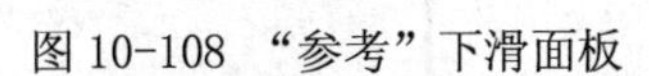

图 10-108 “参考”下滑面板　　　　图 10-109 模型显示

8. 刀具路径检测

（1）在模型树中选取“1. 区域车削 1 [OP010]”、“2. 轮廓车削 1[OP010]” 、“3. 槽车削 1 [OP010]” 、“4. 螺纹车削 1 [OP010]”特征后单击鼠标右键，在弹出的右键快捷菜单中选择“播放路径”选项，系统通过计算后弹出如图 10-110 所示的“播放路径”对话框。

（2）在“播放路径”对话框中单击 ▶ 按钮，则系统开始在屏幕上按加工顺序动态演示刀具加工的路径。图 10-111 所示为屏幕演示完后的结果。

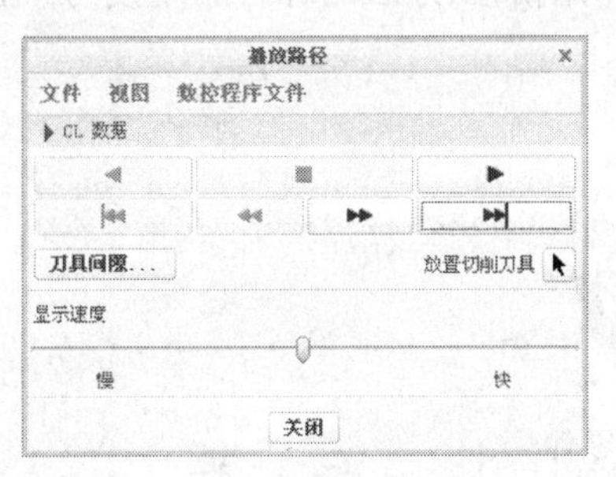

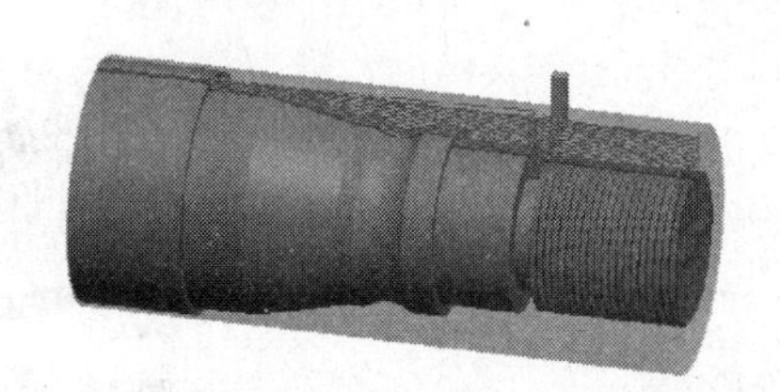

图 10-110 “播放路径”对话框　　　　图 10-111 生成的刀具路径

9. 后置处理

（1）单击“制造”功能区“输出”面板上的“保存 CL 文件”按钮，系统弹出“选择特征”菜单，在菜单中选取“操作”选项，系统打开“选取菜单”菜单，选取“OP010”选项，则系统打开“路径”菜单。

（2）在“路径”菜单中选择“文件”选项，则系统打开“输出类型”菜单，然后在菜单中选择“CL 文件”→“MCD 文件”→“交互”→“完成”选项。

（3）接着系统打开“保存副本”对话框，然后在对话框的“新名称”文本框中输入文件名称“10-2”，系统自动为文件添加扩展名“.ncl”。最后单击对话框中的 确定 按钮。

（4）在系统打开的“后置期处理选项”菜单中，选择“详细”→“追踪”→“完成”选项。

（5）在系统打开的“后置处理列表”菜单中，选择“UNCX01.P20”配置文件。

（6）接着系统打开“信息窗口”对话框，在该对话框中显示了与后置处理相关的一些信息。然后单击对话框中的 关闭 按钮，关闭“信息窗口”对话框。在“路径”菜单中选择“完成输出”选项，此时在工作目录下生成了“10-2.ncl”和“10-2.tap”文件。

（7）最后，在工作目录中找到“10-2.tap”文件，然后用记事本打开该文件，结果如图 10-112 所示。至此便完成了后置处理。

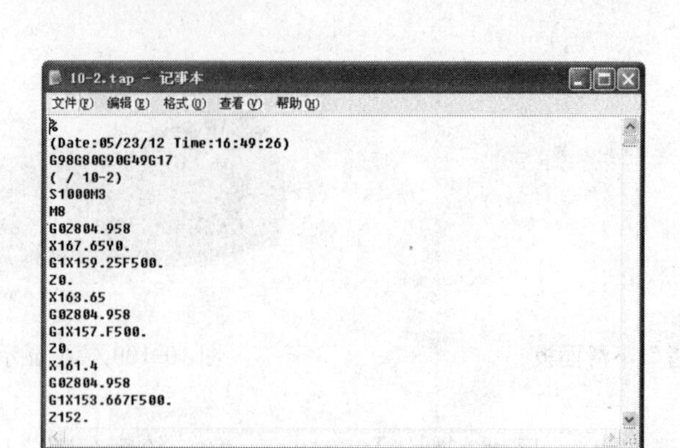


```
%
(Date:05/23/12 Time:16:49:26)
G98G80G90G49G17
( / 10-2)
S1000M3
M8
G02804.958
X167.65Y0.
G1X159.25F500.
Z0.
X163.65
G02804.958
G1X157.F500.
Z0.
X161.4
G02804.958
G1X153.667F500.
Z152.
```

图 10-112 用记事本应用程序打开的“10-2.tap”文件

10.3 数控线切割加工综合实例

本节将通过加工图 10-113 所示的零件，来说明线切割加工方法的综合应用技巧。在本实例中将应用到两轴线切割加工和四轴线切割加工。

图 10-113 线切割加工零件

10.3.1 零件工艺分析

从待加工零件的外形来看，其结构并不复杂，主要由外围轮廓面和内部的上下异形面组成。对于外围轮廓面可使用两轴线切割进行加工，内部的上下异形面可使用四轴线切割进行加工。

10.3.2 数控加工工艺安排

根据待加工零件的结构特点，可以先用两轴线切割加工出零件的外形轮廓，然后用四轴线切割加工零件内部的上下异形面。由于零件的同一特征可以使用不同的加工方法，因此，在具体安排加工工艺时，读者可以根据自己的实际情况来确定。本实例安排的加工工艺和加工方法不一定是最佳的，其目的只是让读者了解一下数控线切割加工方法的综合应用技巧。

10.3.3 数控加工程序编制

1. 建立 NC 加工文件

（1）启动 Creo Parametric 1.0 后，选择“文件”→“新建”命令，或者单击“快速访问”工具栏中的“新建”按钮，则系统打开如图 10-114 所示的“新建”对话框。在“新建”对话框的“类型”栏中选择“制造”，在“子类型”栏中选择“NC 装配”，然后在“名称”文本框中输入名称“10-3”，同时取消对“使用默认模板”复选框的勾选，最后单击对话框中的确定按钮。

（2）接着系统打开“新文件选项”对话框，在“模板”选项框中选择“mmns_mfg_nc”选项，接着单击对话框中的确定按钮进入系统的 NC 加工界面。

2. 创建制造模型

（1）装配参考模型

1）在“制造”功能区“元件”面板上单击“参考模型”下拉列表中的“装配参考模型”按钮，则系统打开“打开”对话框，在对话框中选择光盘文件“yuanwenjian\10\10-3\czmx.prt”，然后单击对话框中的打开按钮。则系统立即在图形显示区中导入参考模型。

2）系统打开“元件放置”操控面板，选择约束类型为“默认”，表示在默认位置装配参照模型。此时操控板上“状况”后面显示为“完全约束”。单击操控板中的“完成”按钮，系统打开“警告”对话框，单击确定按钮完成模型放置，放置效果如图 10-115 所示。

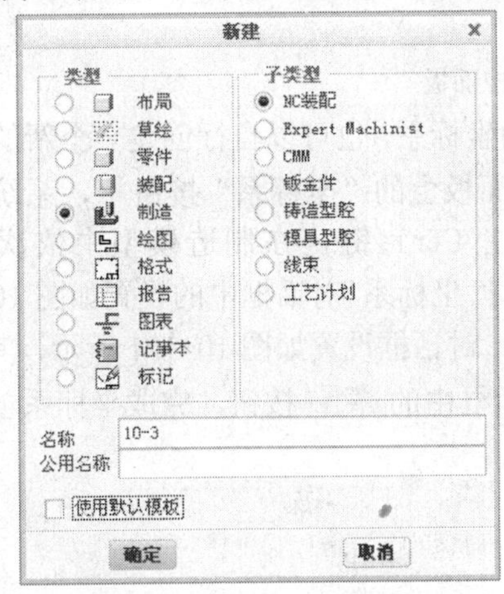

图 10-114 “新建”对话框

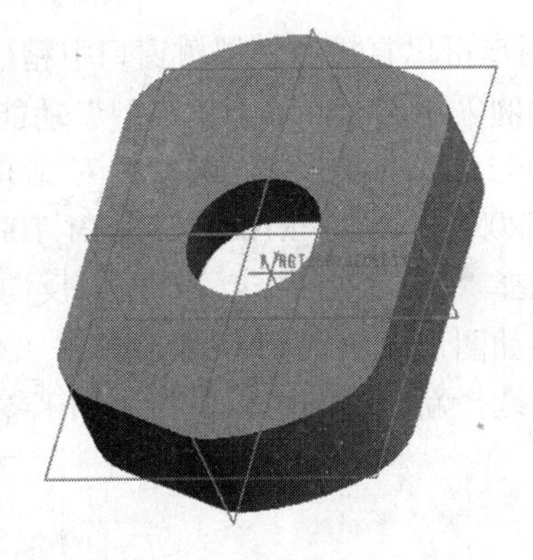

图 10-115 装配后的参考模型

（2）装配工件

1）在“制造”功能区“元件”面板上单击“工件”下拉列表中的“装配工件”按钮，则系统再次弹出“打开”对话框。在对话框中选择光盘文件“yuanwenjian\10\10-3\gj.prt”，然后单击对话框中的打开按钮。

2）系统打开“元件放置”操控面板，选择约束类型为“默认”，表示在默认位置装配参考模型。此时操控板上“状况”后面显示为“完全约束”。单击操控板中的“完成”按钮，完成模型放置，放置效果如图 10-116 所示。

3. 加工操作设置

（1）定义工作机床　在“制造”功能区“机床设置”面板上单击“工作中心”下拉列表中的“线切割”按钮，则系统打开如图 10-117 所示的“车床工作中心”对话框，在“名称”后的文本框中输入操作名称“10-3”；在“轴数”下拉框中选择“4 轴”选项。单击“确

定”按钮，完成机床定义。

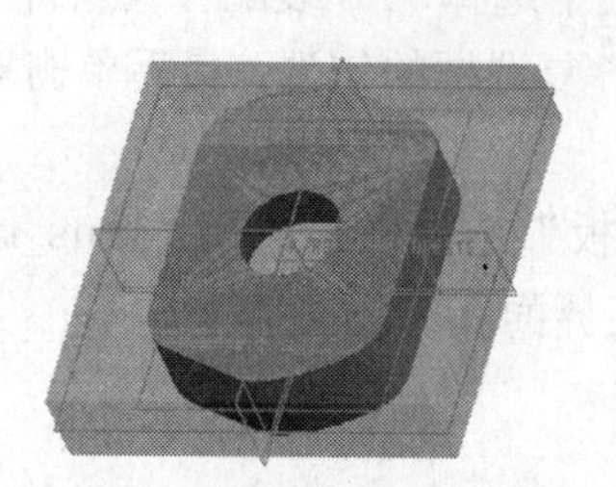
图 10-116 工件放置效果图

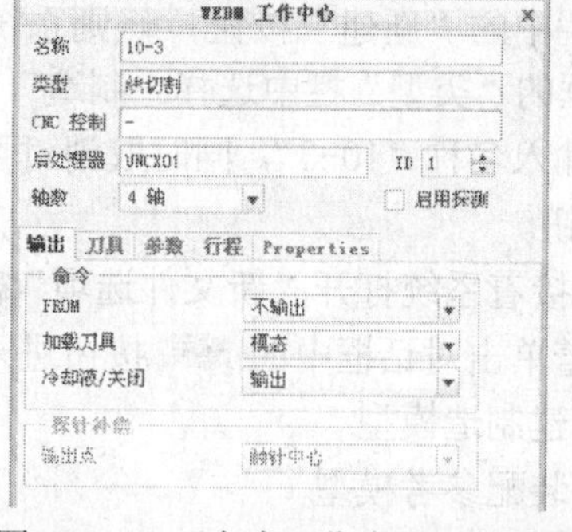

图 10-117 “车床工作中心”对话框

（2）操作设置

1）定义加工零点。单击“制造”功能区“工艺”面板上的“操作”按钮，系统将打开如图 10-118 所示的“操作”操控面板。

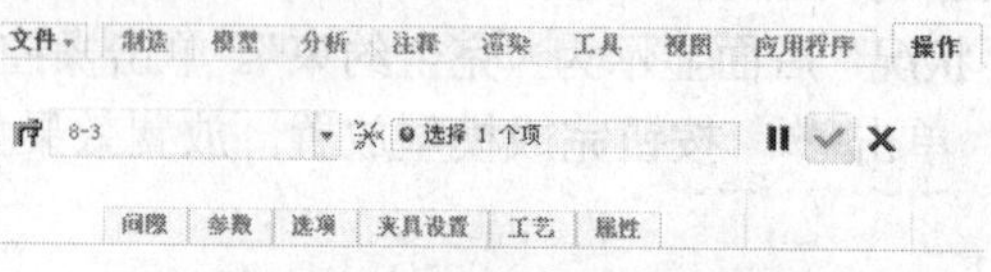

图 10-118 “操作”操控面板

2）用户可以直接在模型树窗口中精确选择现有的坐标系，也可以自行创建一个新的坐标系。本实例采用后者，单击“模型”功能区“基准”面板上的“坐标系”按钮，系统打开如图 10-119 所示的“坐标系”对话框，然后按住 Ctrl 键，在制造模型中依次选择 NC_ASM_FRONT、NC_ASM_RIGHT、NC_ASM_TOP 基准面，此时“坐标系”对话框中的设置如图 10-120 所示。选择“方向”选项卡，单击“反向”按钮调整，对话框设置如图 10-121 所示，其中 Z 轴的方向如图 10-122 所示。最后单击“坐标系”对话框中的确定按钮，完成坐标系创建。在模型中选择新创建的坐标系作为加工零点。

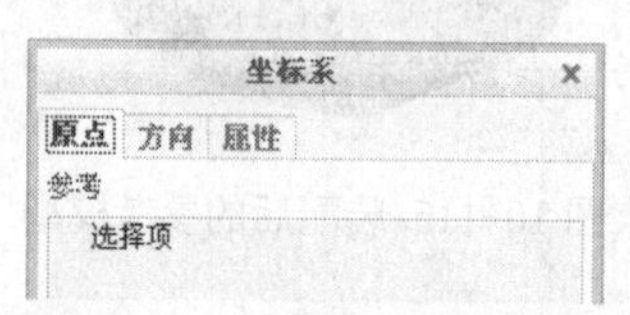

图 10-119 “坐标系”对话框

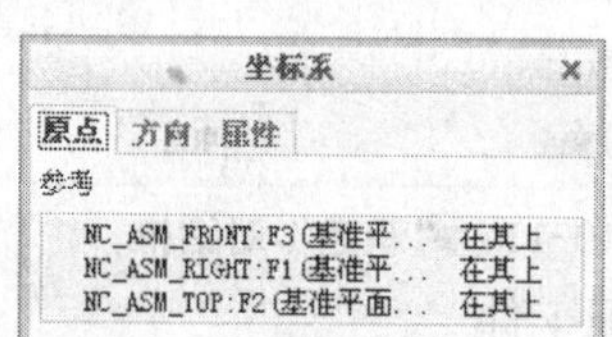

图 10-120 “坐标系”对话框设置

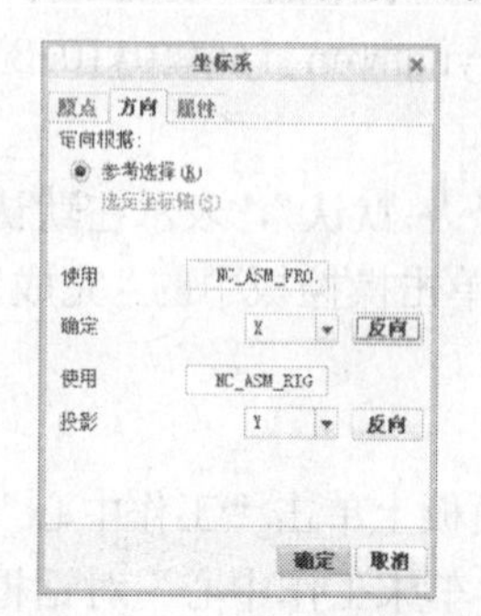

图 10-121 调整方向设置

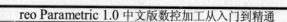

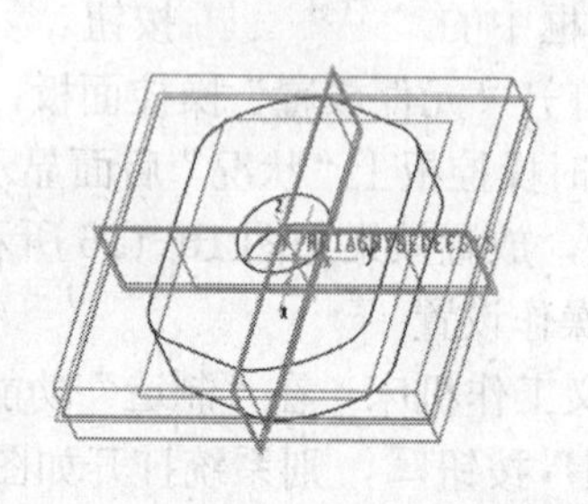
图 10-122 Z 轴方向

3）单击操控面板中的“完成”按钮✔，至此便完成了线切割加工的操作设置。

4．创建两轴线切割加工 NC 序列

（1）此时在功能区弹出“线切割”功能区，单击“线切割”功能区“线切割”面板上的“轮廓加工”按钮，系统打开“NC 序列”菜单。依次勾选“刀具”→“参数”→“完成”选项，如图 10-123 所示。

（2）系统打开“刀具设定”对话框，因在加工操作环境的设置中已对刀具进行了定义，如图 10-124 所示，故此处只需单击“刀具设定”对话框中的 应用 → 确定 按钮即可。

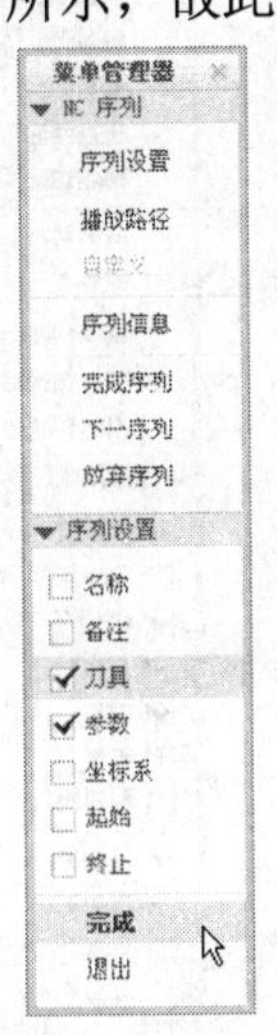

图 10-123　“NC 序列”菜单

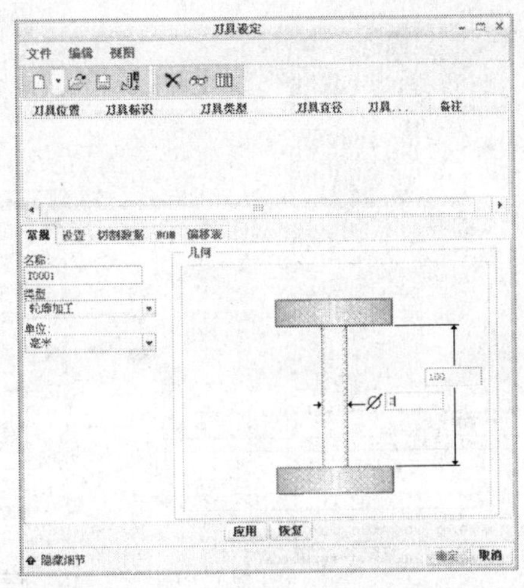

图 10-124　“刀具设定”对话框

（3）系统打开“编辑序列参数‘轮廓加工线切割’”对话框，然后按照图 10-125 所示，在对话框中设置各个制造参数。单击 确定 按钮完成设置。

（4）制造参数设置完成后，接着系统打开如图 10-126 所示的“自定义”对话框和图 10-127 所示的“CL 数据”窗口。

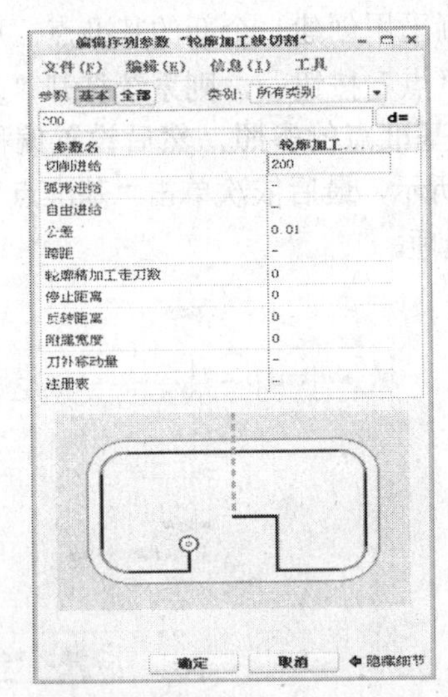

图 10-125　“编辑序列参数‘轮廓加工线切割’”对话框

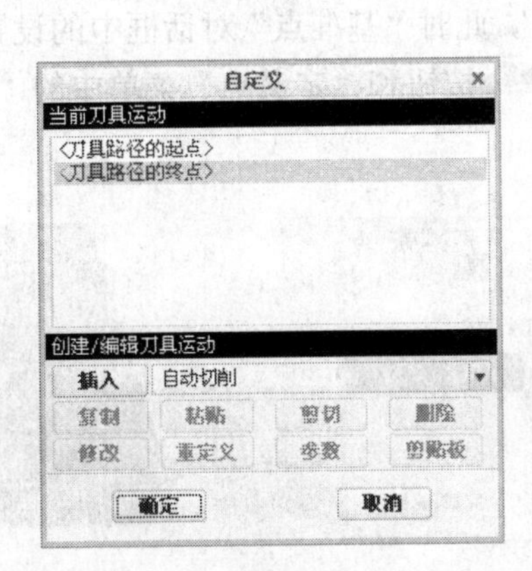

图 10-126　“自定义”对话框

（5）单击“自定义”对话框中的 插入 按钮，则系统打开“WEDM 选项”菜单，接着在菜单中选择“粗加工”→“边”→“完成”选项，如图 10-128 所示。

（6）在系统打开的“切割”及“切减材料”菜单中选择“螺纹点”→“边”→“方向”→“偏移”→“粗加工”→“完成”选项，如图 10-129 所示。

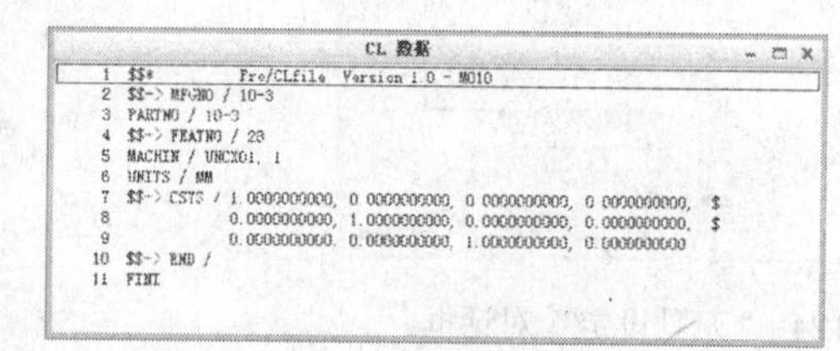

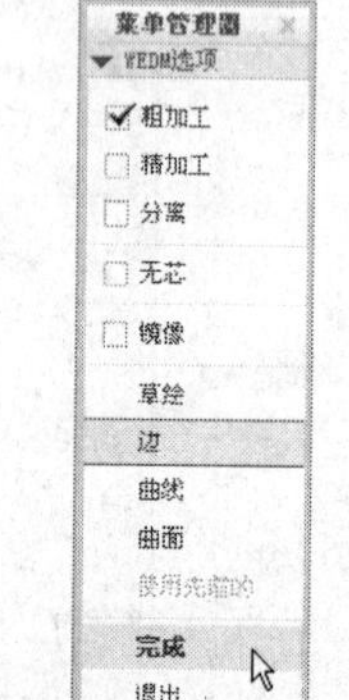

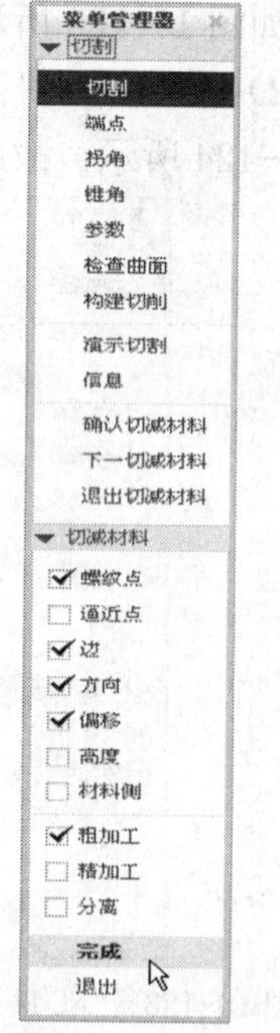

图 10-127“CL”窗口　图 10-128 “WEDM 选项”菜单　图 10-129 “切割”及“切减材料”菜单

（7）设置螺纹点（穿丝孔位置）。接着系统打开如图 10-130 所示的“定义点”菜单，同时在系统信息栏中提示 选择或创建基准点为螺纹点. ，此时用户可以直接在模型树窗口中精确选择现有的基准点，也可以自行创建一个新的基准点。本例采用创建一个新的基准点。单击“切割线”功能区“基准”面板上的“点”下拉按钮选取“点”按钮，则系统打开“基准点”对话框，然后选择如图 10-131 所示的边线作为放置基准点的参照，然后设置偏移比率为“0.5”，此时“基准点”对话框中的设置如图 10-132 所示，最后依次单击“基准点”对话框中的 确定 按钮和“定义点”菜单中的“完成/返回”选项。

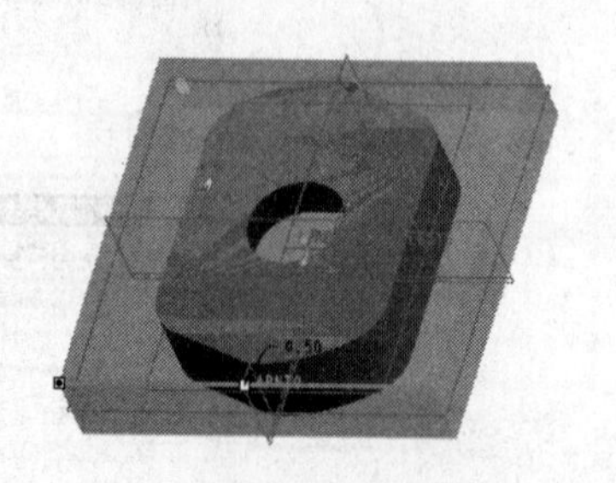

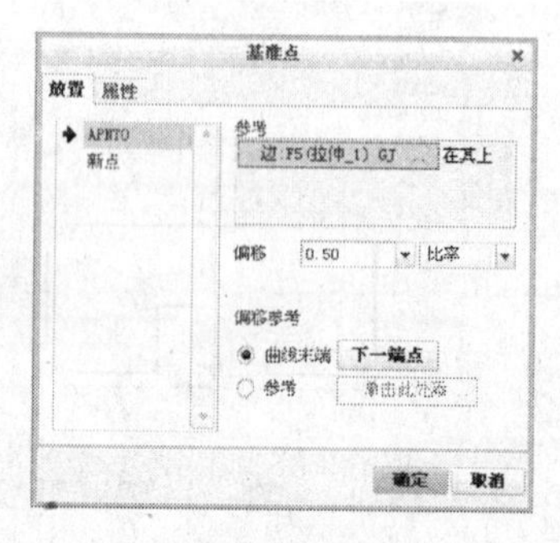

图 10-130 “定义点”菜单　图 10-131 选择的顶点　图 10-132 “基准点”对话框设置

（8）在系统打开的“链”菜单中选择“依次”和“选择”选项，如图 10-133 所示，这时系统信息栏中提示➡选择形成轨迹的边.。然后在图形显示区中边线作为轨迹边，如图 10-134 所示。最后单击“链”菜单中的“完成”选项，完成轨迹边的选取。

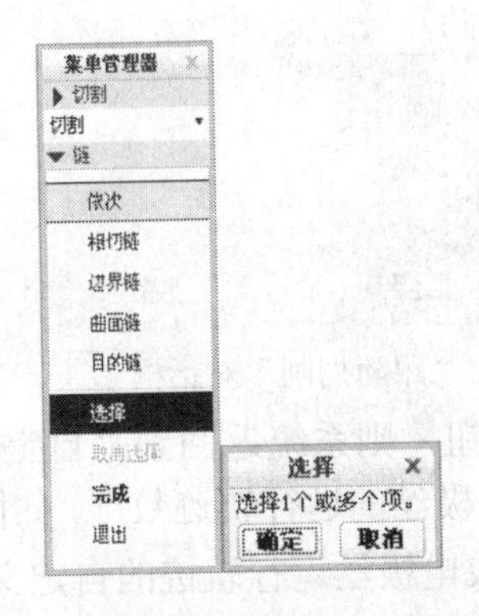

图 10-133 “链”菜单

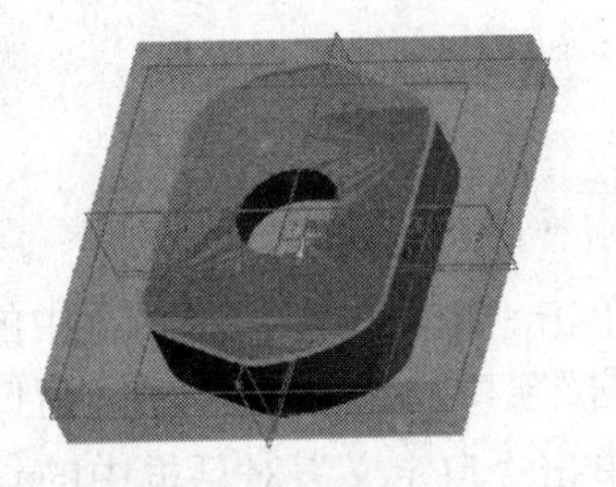
图 10-134 选择的边线

（9）设置走刀方向。系统打开如图 10-135 所示的“方向”菜单，同时在信息栏中提示➡选择轨迹的方向.。在“方向”菜单中选择“确定”选项来确定刀具轨迹方向，最后确定的加工轨迹方向如图 10-136 的箭头所示。

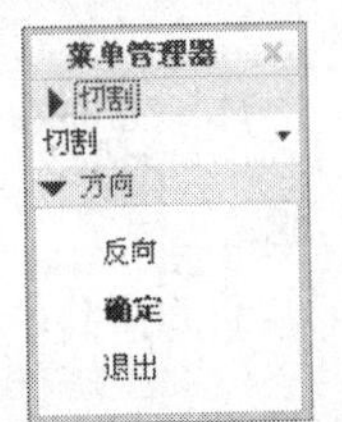

图 10-135 “方向”菜单

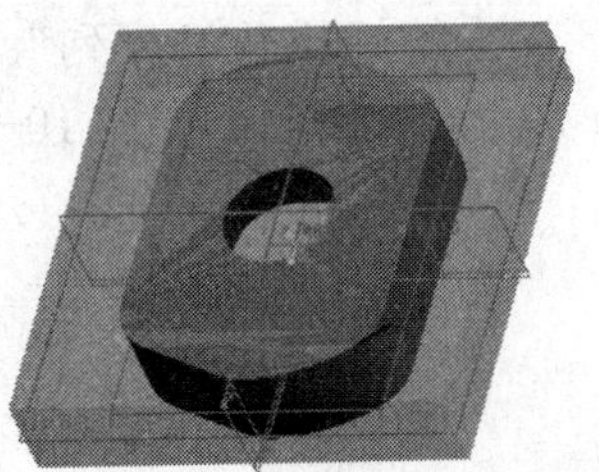
图 10-136 刀具轨迹方向

（10）设置电极丝偏距方向。如图 10-137 所示，在系统打开的“内部减材料偏移”菜单中选择“无”和“完成”选项。结果如图 10-138 的箭头所示。

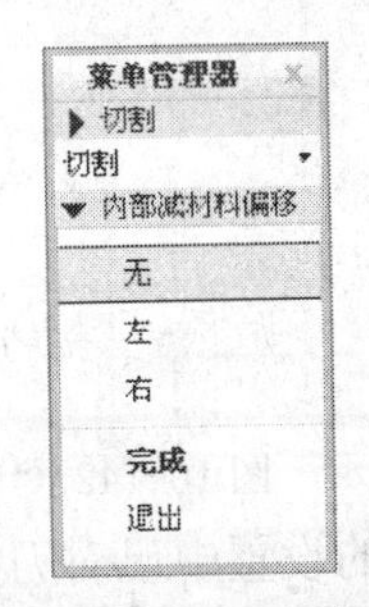

图 10-137 “内部减材料偏移”菜单

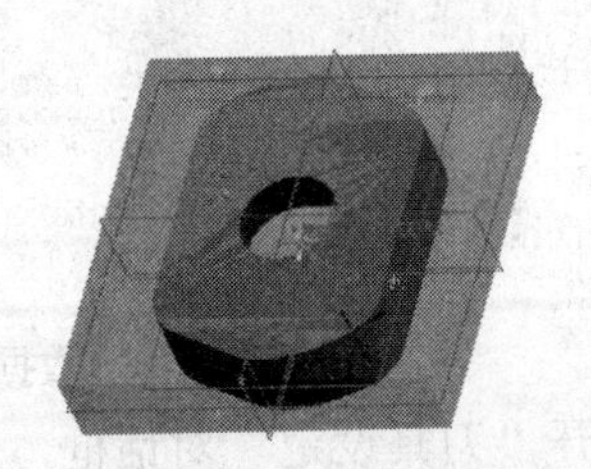
图 10-138 偏距方向

（11）如图 10-139 所示，在系统打开的“切割”菜单中选择“确认切减材料”，随后系统打开如图 10-140 所示的“跟随切削”对话框。

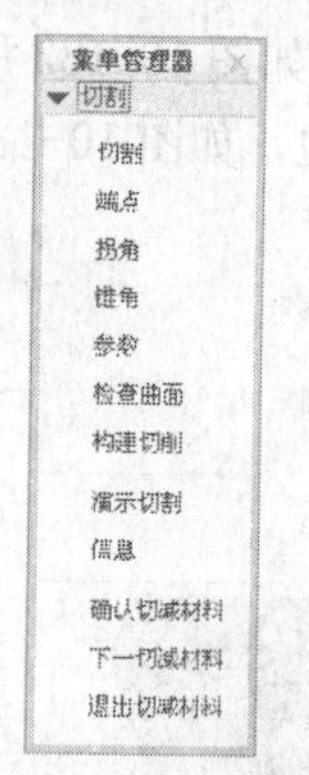

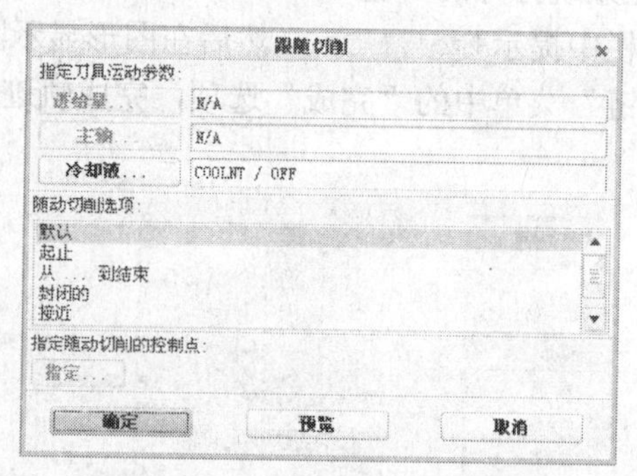

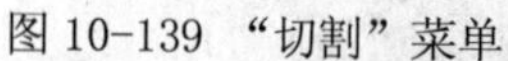

图 10-139 “切割”菜单　　图 10-140 “跟随切削”对话框

（12）单击“跟随切削”对话框中的 确定 按钮，则系统返回到“自定义”对话框和“CL 数据”窗口，此时“CL 数据”窗口中已经计算出电极丝的运行轨迹数据，如图 10-141 所示。最后单击“自定义”对话框中的 确定 按钮，完成电极丝运行轨迹的自定义。

（13）最后依次选择“NC 序列”菜单中的“完成序列”选项。至此便完成了两轴线切割加工 NC 序列的设置。

5. 创建 4 轴线切割加工 NC 序列

（1）此时在功能区弹出“线切割”功能区，单击“线切割”功能区“线切割”面板上的“XY-UV”按钮，系统打开“NC 序列”菜单。依次勾选“刀具”→“参数”→“XY 平面”→“UV 平面”→“完成”选项，如图 10-142 所示。

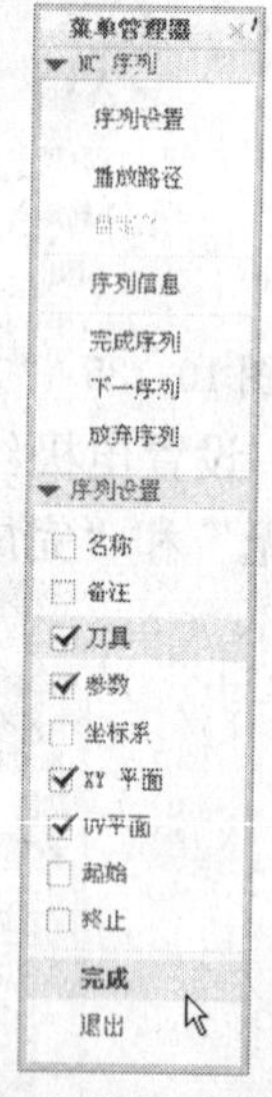

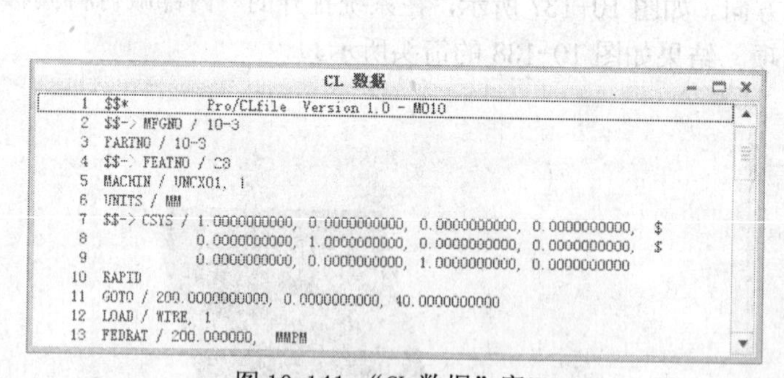

图 10-141 “CL 数据”窗口　　图 10-142 “NC 序列”菜单

（2）系统打开“刀具设定”对话框，因在加工操作环境的设置中已对刀具进行了定义，如图 10-143 所示，故此处只需单击“刀具设定”对话框中的 应用 → 确定 按钮即可。

（3）系统打开“编辑序列参数 ‘轮廓加工线切割’”对话框，然后按照图 10-144 所示，在对话框中设置各个制造参数。单击 确定 按钮完成设置。

（4）系统打开如图 10-145 所示的“CTM 深度”菜单，同时在信息栏中提示为头1输出指定XY平面.。选择“CTM 深度”菜单中的“指定平面”选项，然后在图形显示区中选择如图 10-146 所示的参考模型底面作为头 1 输出的 XY 平面。

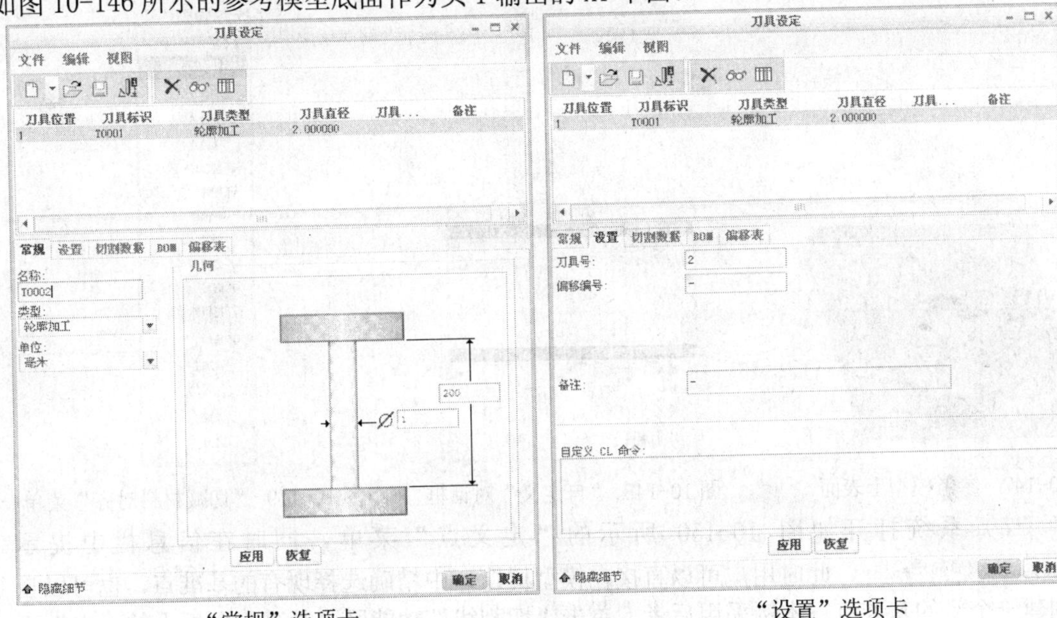

“常规”选项卡　　“设置”选项卡

图 10-143 “刀具设定”对话框

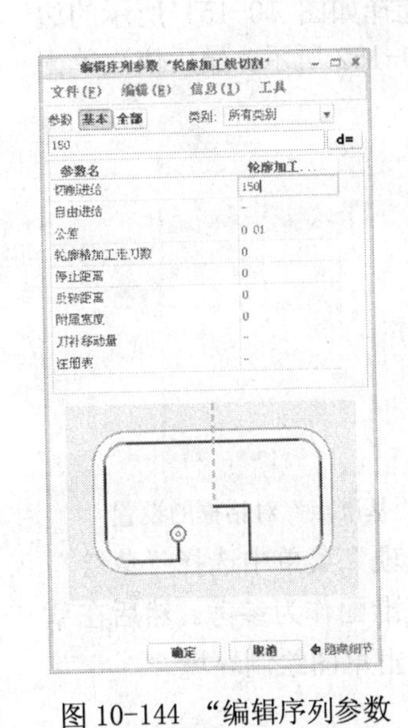

图 10-144 “编辑序列参数‘轮廓加工线切割’”对话框

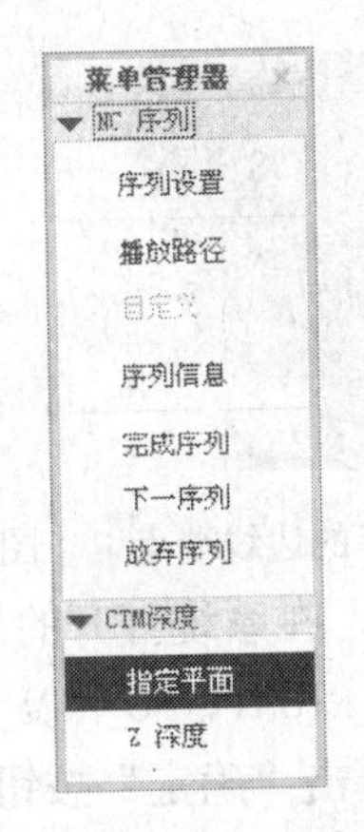

图 10-145 “CTM 深度”菜单

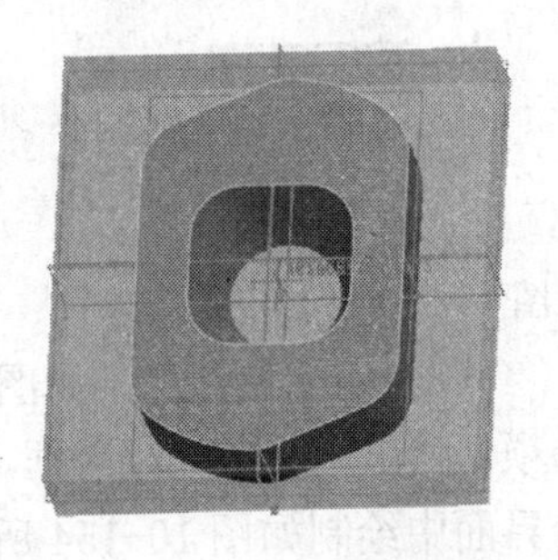

图 10-146 参考模型底面

（5）在信息栏中系统继续提示为头2输出指定UV平面.，然后选择如图 10-147 所示的参考模型上表面作为头 2 输出的 UV 平面。

（6）如图 10-148 所示，在系统打开的“自定义”对话框中单击 插入 按钮，然后在打开的“切减材料对齐”菜单中选择“螺纹点”→“围线 1”→“围线 2”→“方向”→“偏移”→“粗加工”→“完成”选项，如图 10-149 所示。

图 10-147 参考模型上表面

图 10-148 “自定义”对话框

图 10-149 “切减材料对齐”菜单

（7）系统打开如图 10-150 所示的“定义点”菜单，同时在信息栏中提示选择或创建基准点为螺纹点.，此时用户可以直接在模型树窗口中精确选择现有的基准点，也可以自行创建一个新的基准点。本例采用后者，单击“切割线”功能区“基准”面板上的“点”下拉按钮选取“点”按钮，则系统打开“基准点”对话框，然后选择如图 10-151 所示的边线作为放置基准点的参照，此时“基准点”对话框中的设置如图 10-152 所示。最后依次单击对话框中的确定按钮和“定义点”菜单中的“完成/返回”选项。

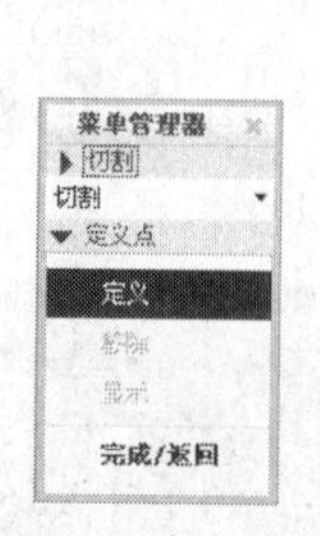

图 10-150 “定义点”菜单

图 10-151 选择的边线端点

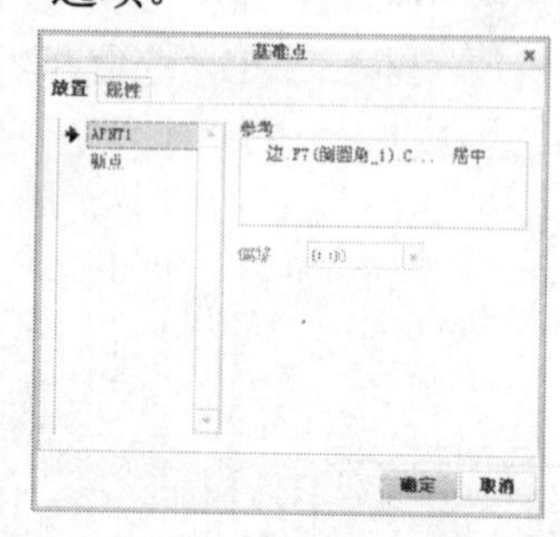

图 10-152 “基准点”对话框的设置

（8）定义围线 1。如图 10-153 所示，在系统打开的“轨迹选项”菜单中选择“草绘”选项，弹出“参考”对话框，选取 NC_ASM_RIGHT、NC_ASM_FRONT 基准面作为参考。然后在草绘界面中绘制如图 10-154 所示的线段，单击“确定”按钮✔，退出草图绘制环境。

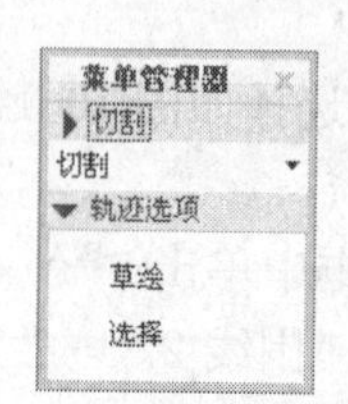

图 10-153 “轨迹选项”菜单

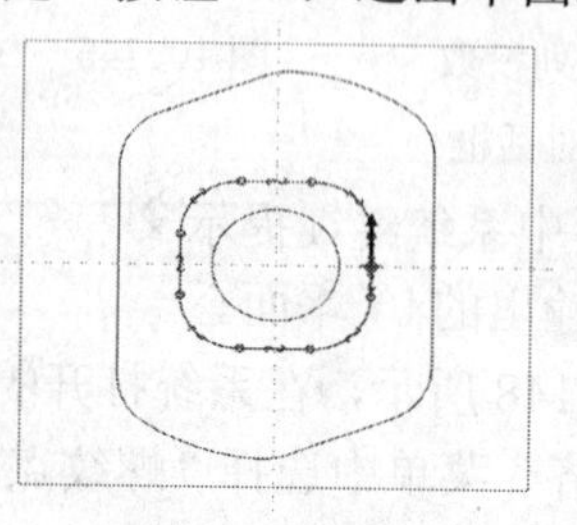

图 10-154 围线 1

（9）接着系统返回到“轨迹选项”菜单，同时在信息栏中继续提示➡选择选项来定义围线2.。

（10）定义围线 2。选择“轨迹选项”菜单中的“草绘”选项，弹出“参考”对话框，选取 NC_ASM_RIGHT、NC_ASM_FRONT 基准面作为参考。然后在草绘界面中绘制如图 10-155 所示的线段。单击“确定”按钮✔，退出草图绘制环境。

（11）定义轨迹方向。系统打开如图 10-156 所示的“方向”菜单，然后在菜单中选择“确定”选项来切换刀具的轨迹方向，最后确定的加工轨迹方向如图 10-157 的箭头所示。

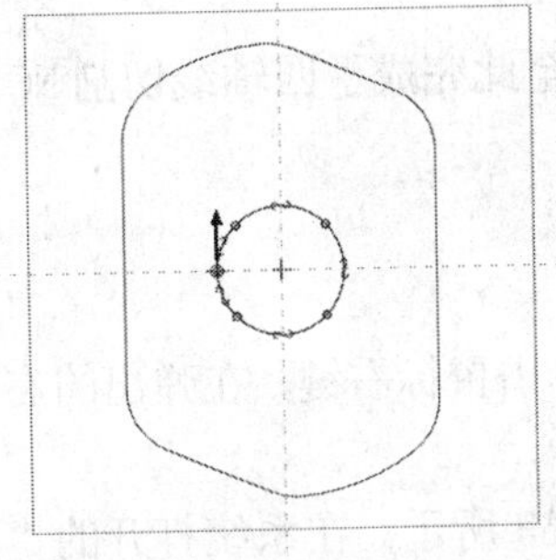

图 10-155 围线 2

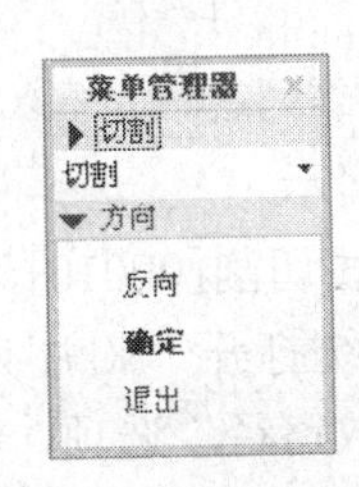

图 10-156 “方向”菜单

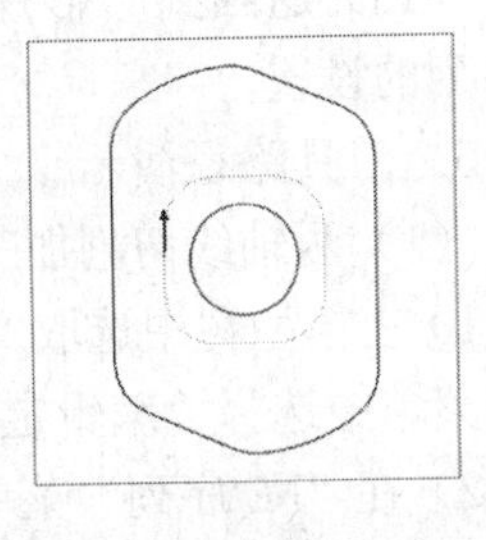
图 10-157 刀具轨迹方向

（12）定义刀具偏距方向。如图 10-158 所示，在系统打开的“内部减材料偏移”菜单中选择“无”和“完成”选项，结果如图 10-159 的箭头所示。

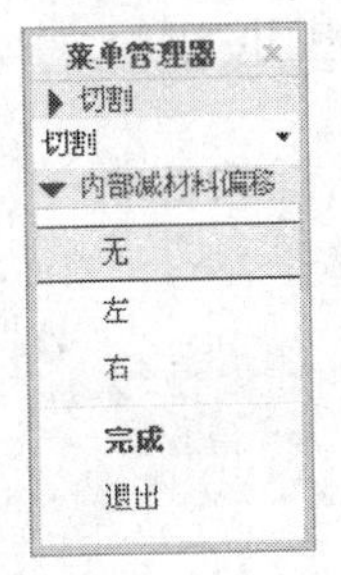

图 10-158 “内部减材料偏移”菜单

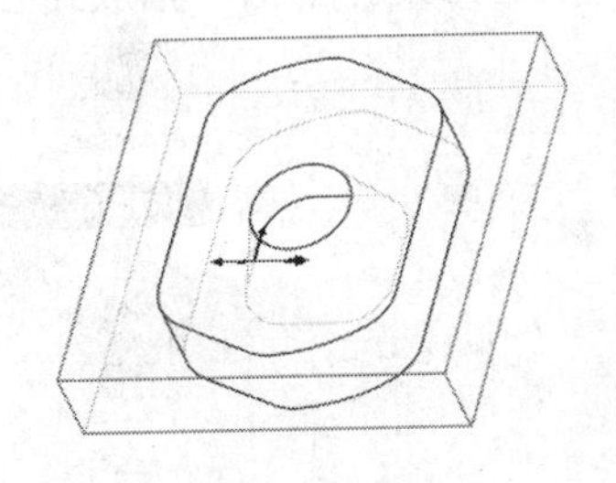
图 10-159 偏距方向

（13）如图 10-160 所示。在系统打开的“切割”菜单中选择“确认切减材料”，随后系统打开如图 10-161 所示的“跟随切削”对话框。

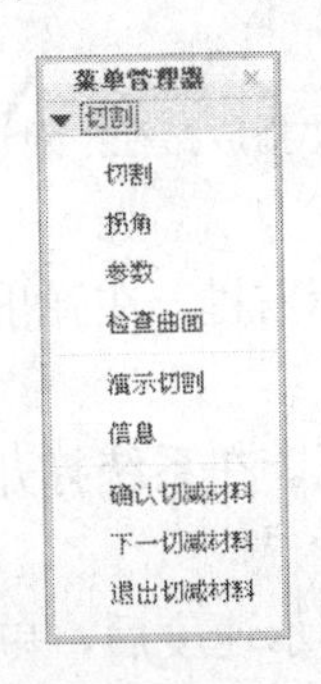

图 10-160 “切割”菜单

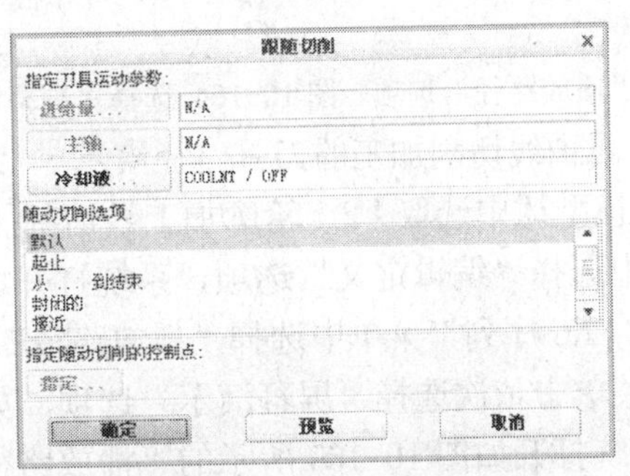

图 10-161 “跟随切削”对话框

（14）单击“随动切削”对话框中的 确定 按钮，接着系统返回到“自定义”对话框和“CL 数据”窗口，此时“CL 数据”窗口中已经计算出电极丝的运行轨迹数据，如图

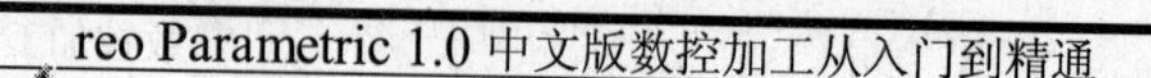

10-162 所示。然后单击“自定义”对话框中的确定按钮，完成电极丝运行轨迹的自定义。

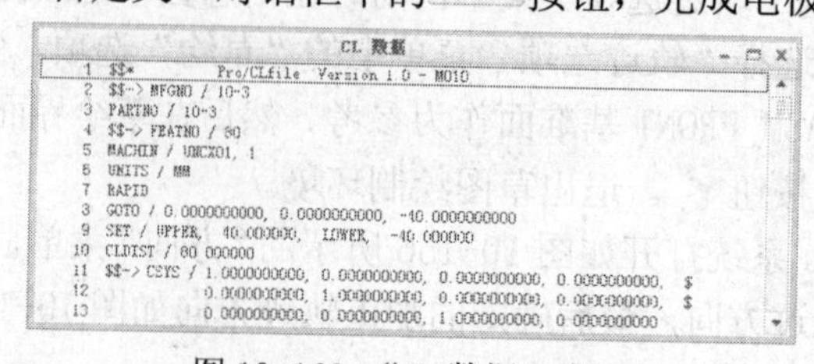

图 10-162 “CL 数据”窗口

（15）返回到“NC 序列”菜单，选择“完成/返回”选项。至此完成了四轴线切割 NC 加工序列的设置。

6．刀具路径演示

（1）两轴线切割加工的刀具路径演示

1）在模型树中选取“1. 轮廓加工线切割[OP010]”特征后单击鼠标右键，在弹出的右键快捷菜单中选择“编辑定义”选项，系统打开“NC 序列”菜单。

2）在“NC 序列”菜单中选择“播放路径”选项，如图 10-163 所示。在系统打开的“播放路径”菜单中依次选择“屏幕演示”选项，如图 10-164 所示。

3）接着系统打开如图 10-165 所示的“播放路径”对话框，适当调整演示速度后，单击对话框中的 ▶ 按钮，则系统开始在屏幕上动态演示刀具加工的路径。图 10-166 所示为屏幕演示完后的结果。单击“播放路径”对话框中的关闭按钮。

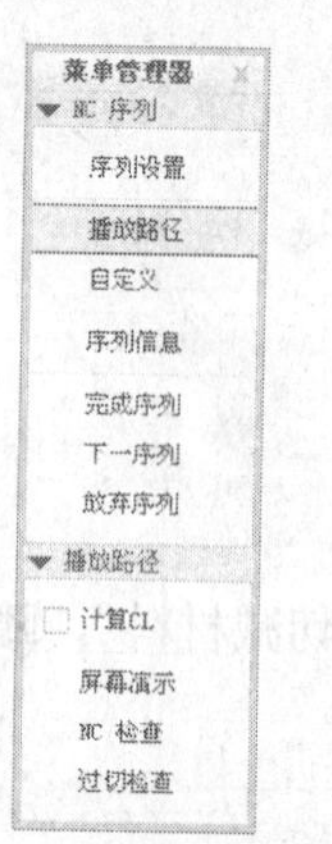

图 10-163 “播放路径”选项

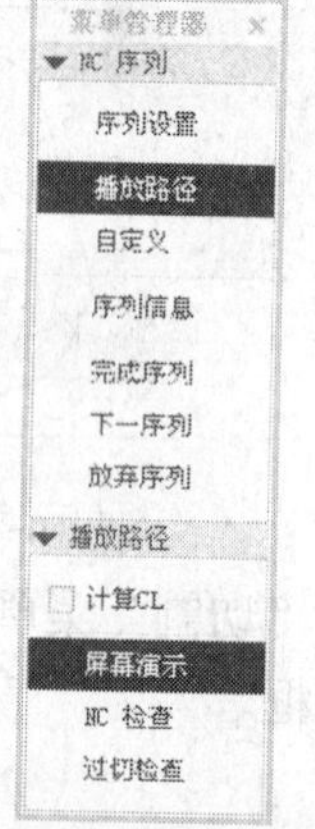

图 10-164 选择“屏幕演示”选项

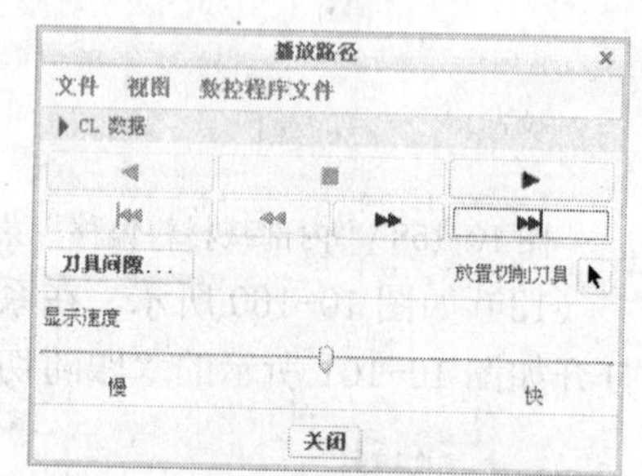

图 10-165 “播放路径”对话框

（2）四轴线切割加工的刀具路径演示

1）在模型树中选取“2. 轮廓加工线切割[OP010]”特征后单击鼠标右键，在弹出的右键快捷菜单中选择“编辑定义”选项，系统打开“NC 序列”菜单。

2）在“NC 序列”菜单中选择“播放路径”选项，如图 10-167 所示。在系统打开的“播放路径”菜单中依次选择“屏幕演示”选项，如图 10-168 所示。

3）系统打开如图 10-169 所示的“播放路径”对话框，适当调整演示速度后，单击对话框中的 ▶ 按钮，则系统开始在屏幕上动态演示刀具加工的路径。图 10-170 所示为屏幕演示完后的结果。单击“播放路径”对话框中的关闭按钮。

9．后置处理

（1）单击“制造”功能区“输出”面板上的“保存CL文件”按钮，系统“选择特征”菜单，在菜单中选取“操作”选项，系统打开“选取菜单”菜单，选取“OP010”选项，则系统打开“路径”菜单。

图10-166 生成的刀具路径

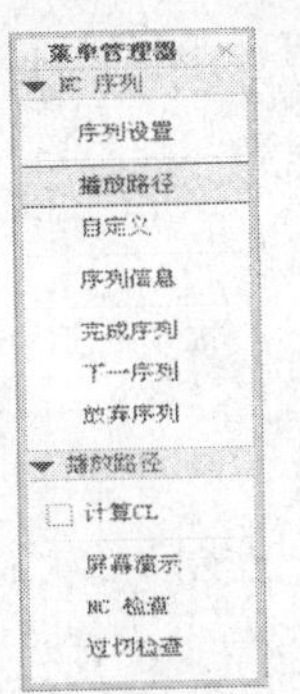

图10-167 “播放路径”选项

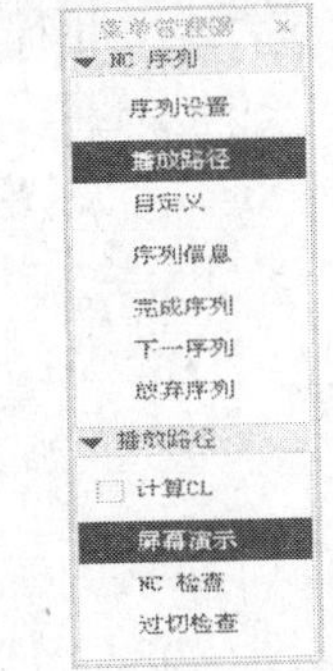

图10-168 选择“屏幕演示”选项

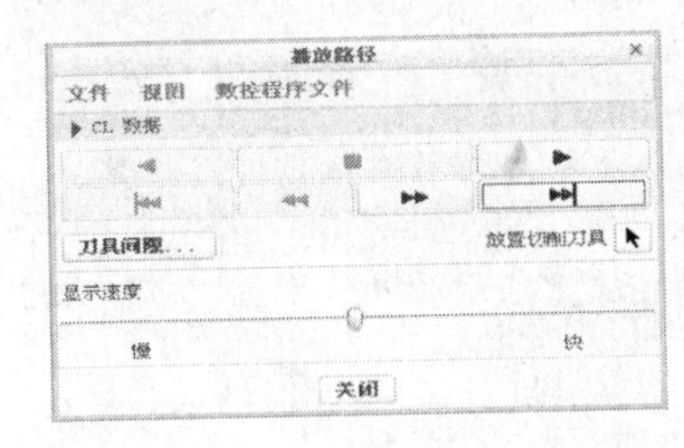

图10-169 “播放路径”对话框

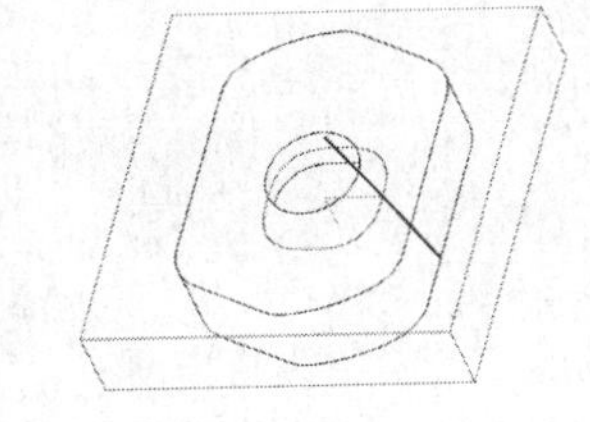

图10-170 生成的刀具路径

（2）在“路径”菜单中选择“文件”选项，则系统打开“输出类型”菜单，然后在菜单中选择“CL文件”→“MCD文件”→“交互”选项。

（3）接着系统打开“保存副本”对话框，然后在对话框的“新名称”文本框中输入文件名称“10-3”，系统自动为文件添加扩展名“.ncl”。最后单击对话框中的 确定 按钮。

（4）在系统打开的“后置期处理选项”菜单中，选择“详细”→“追踪”→“完成”选项。

（5）在系统打开的“后置处理列表”菜单中，选择“UNCX01.P20”配置文件。

（6）接着系统打开“信息窗口”对话框，在该对话框中显示了与后置处理相关的一些信息。然后单击对话框中的 关闭 按钮，关闭“信息窗口”对话框。在“路径”菜单中选择“完成输出”选项，此时在工作目录下生成了“10-3.ncl”和“10-3.tap”文件。

（7）最后，在工作目录中找到“10-3.tap”文件，然后用记事本打开该文件，结果如图10-171所示。至此便完成了后置处理。

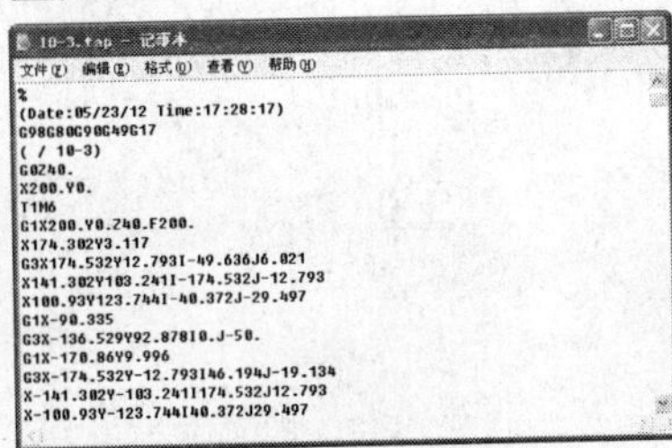

图10-171 用记事本应用程序打开的“10-3.tap”文件